Managing Stress

Principles and Strategies for Health and Well-Being

(Ninth Edition)

压力管理策略

——健康和幸福之道——

[美] Brian Luke Seaward 著

许 燕 等 译

中国轻工业出版社

图书在版编目（CIP）数据

压力管理策略：健康和幸福之道／（美）布赖恩·卢克·西沃德（Brian Luke Seaward）著；许燕等译．—北京：中国轻工业出版社，2020.8（2023.9重印）

ISBN 978-7-5184-2882-3

Ⅰ．①压…　Ⅱ．①布…②许…　Ⅲ．①心理压力－心理调节－通俗读物　Ⅳ．①B842.6-49

中国版本图书馆CIP数据核字（2020）第029609号

责任编辑：孙蔚雯
策划编辑：孙蔚雯　　　　责任终审：杜文勇
责任校对：刘志颖　　　　责任监印：吴维斌

出版发行：中国轻工业出版社（北京东长安街6号，邮编：100740）
印　　刷：三河市鑫金马印装有限公司
经　　销：各地新华书店
版　　次：2023年9月第1版第2次印刷
开　　本：889×1194　1/16　印张：26.75　插图：4
字　　数：680千字
书　　号：ISBN 978-7-5184-2882-3　定价：98.00元
读者热线：010-65181109，65262933
发行电话：010-85119832　传真：010-85113293
网　　址：http://www.chlip.com.cn　http://www.wqedu.com
电子信箱：1012305542@qq.com
如发现图书残缺请拨打读者热线联系调换
180595Y2X101ZYW

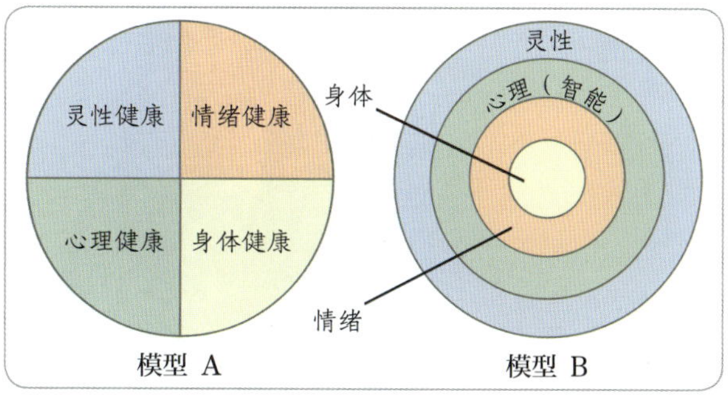

图 1.10（彩） 健康范式的两种不同取向。在模型 A 里，按伊丽莎白·库伯勒-罗斯的陈述，所有的部分都存在于人类机体中，但每一个部分在个体成长的圆轮中分别占据一个位置。情绪方面是最先发展的，精神方面则在最后。在模型 B 里，各个成分相互叠加，精神成分处于最外延，包含其他方面。

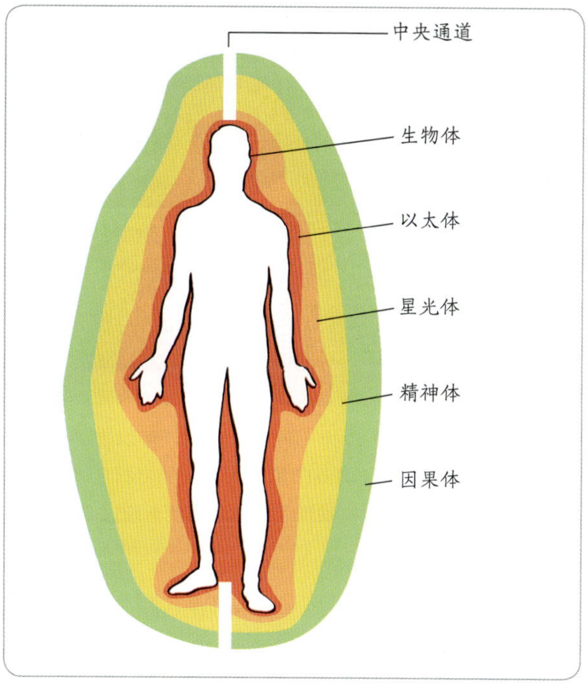

Courtesy of Inner Traditions.

图 4.4（彩） 人类能量场，也称为电磁场和金场（the auric field），有很多层次，每一层代表了一种意识状态，也有一个相关的精微振动频率。

Courtesy of Lyn Gerber.

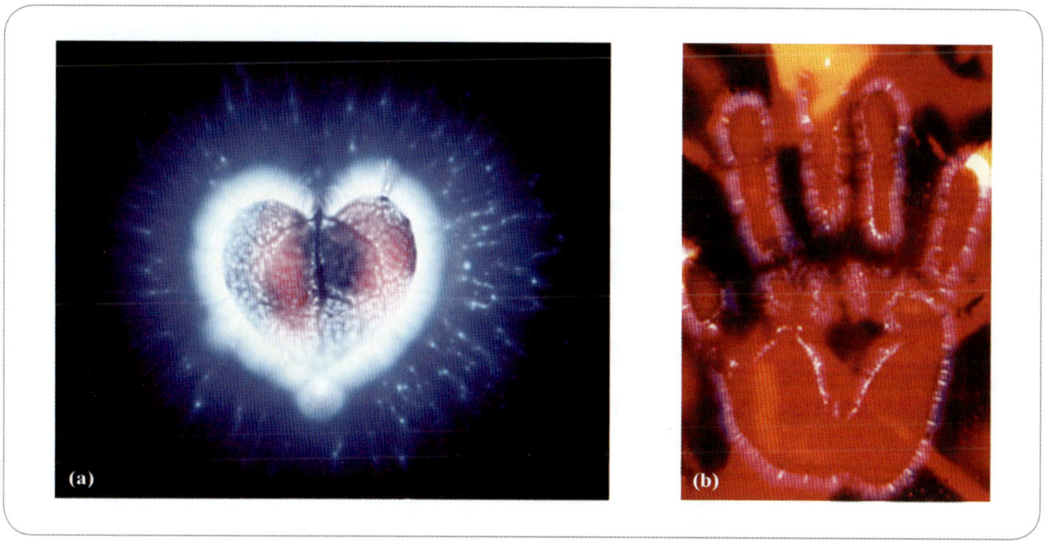

图 4.6（彩）（a）克里安拍摄的显示一片白杨树叶光环的照片。研究表明，如果将叶片撕掉一部分，整个叶片的光环依然保留。围绕在叶片周围的光环是由通过电磁胶片显像可见的微小的光粒子组成的。（b）克里安拍摄的显示人类手部能量场的照片，照片中是著名的治疗者奥尔加·伍瑞尔（Olga Worell）的手。

图 11.1（彩） 艺术，作为一种个人表达，可以追溯到几千年前，就像照片中古代美洲印第安人绘制的岩石艺术，在新墨西哥的三条河流中也被发现了，并且据传有超过 2000 年的历史。

图 11.2（彩） 成年人正在回顾孩童所认识的世界；涂色是可以缓解压力的方式。成人涂色书，尤其是曼荼罗，不仅仅是一种流行趋势，还成了一种流行的解压方法。

图 11.3（彩） 简简单单的树的图画其实提示了很多关于个体的信息，包括其自尊水平。

图 11.4（彩） 这位艺术家画了自画像（上图），其中表达了一些健康问题（脖子和手的酸痛）。她解释说："我正经历着一些身体限制（我的双手），但是我计划多参加一些活动，比如徒步旅行和游泳等。"她的第二张画（下图）画于几周后。"我的生活确实发生了变故，但是我看到了希望在地平线上升起。"

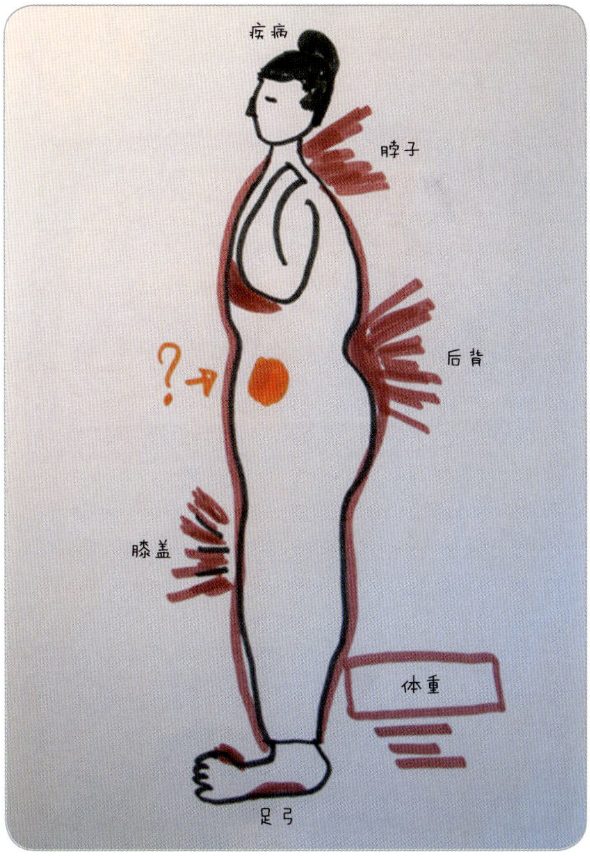

图 11.5（彩） 选择疾病的主题（压力和疾病），这个女人立刻把情绪与各种身体疾病联系了起来，甚至给她的图贴上“不自在”的标签。

图 11.6（彩） 治疗偏头痛的艺术治疗范例。注意，这幅画没有画出嘴（支持躯体化患者的概念）。

图 11.7（彩） 涂鸦似乎不像一种疗法。但是，它们确实能够揭示言语无法表达的信息。

图 11.8（彩） 这是一个高自尊的学生画的画。鱼代表美丽和自由。橘黄色代表重大的生活改变（作画者是大四学生，即将毕业），绿色植物（代表稳定）长着四片叶子，代表她得到的四个工作机会。

(Left) Courtesy of Robin Thompson; (right) © Inspiration Unlimited. Used with permission.

A　　B

图 11.9（彩）（A）当地球被一种外力所拥抱时，从无意识中传来行星疗愈的讯息。“最初出现的形象是一个年轻女性的经典形象，我快速用橘色笔画了一下。当她出现的时候，地球的形象让人觉得很有必要——蓝色的圆或鼓，然后是提供治疗的需要，呼吸的渴望，以及斯堪的纳维亚的草药束。当我画这个的时候，我哭了起来。（B）被网络噪声（不和谐的声音）激怒，这个人画了处在“在电子争霸战的时代”的自己，这个崭新的嘈杂的新世界令他备感沮丧。“这些天我在为自己思考。”他补充说。

Courtesy of Julie Kosey.

图 11.10（彩） 我首先创造了龙的形象，作为一种代表恐惧的形象。然后我选择了“画任何东西”的任务，于是画了一朵美丽的花。当我同时看着它们时，对我来说，这朵花代表了爱克服了恐惧（龙）。

图 11.11（彩） 选择主题：闭上眼睛，画一条线，然后睁开眼睛，完成画，这个人看到了舞者的活力和能量，表达了一种自由的运动，且受到了色彩选择的强化。

图 11.12（彩） 不用成为艺术家，你也可以做艺术治疗。这无关才艺，而是让你的潜意识通过颜色和图像来说话。

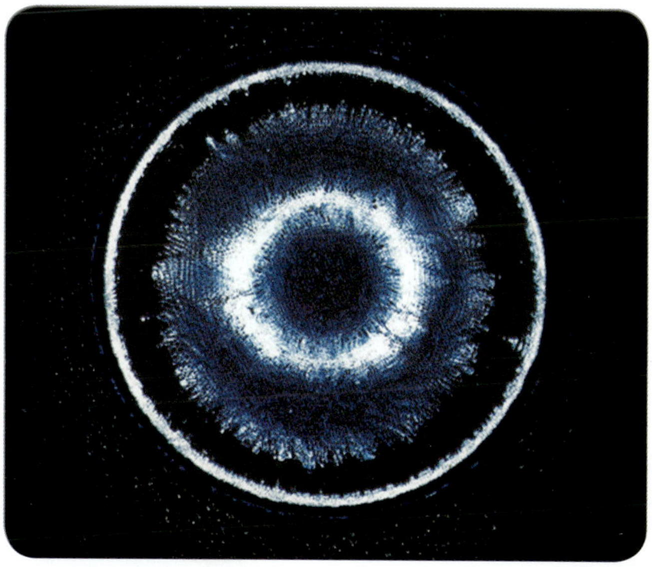

图 21.3（彩） 由澳大利亚原住民乐器迪吉里杜管发出的"声波"被采集到一小片水中，呈现出美丽的谐波模式，显示了声波振动对水的入射效应。

表 21.2（彩） 频谱冥想

音符	身体区域（脉轮）	颜色	冥想的想法
B	头	紫	我连接万物。
A	前额正中	靛	我是平衡的。
G	喉	蓝	我的生活有一个有意义的目标。
F	心	绿	我选择去爱。
E	腹腔神经丛	黄	我是被爱的
D	肚脐之下	橙	我是中心。
C	脊柱末端	红	我是基础。

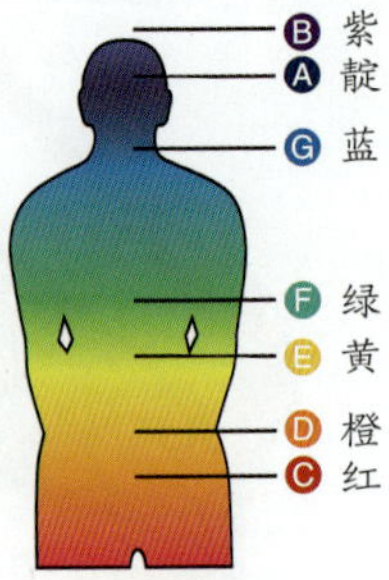

七种音符
七种颜色
七个脉轮

译 者 序

我是压力的经历者，也是心理枯竭的体验者。2000年，我选择将压力与心理枯竭作为我们研究团队的课题，并于2007年欣然接受了《压力管理策略——健康和幸福之道》（第五版）的翻译工作，力图将关于压力的知识传递给大众。12年后，我为何要再次翻译这本书的第九版，因为我依然喜欢这本书，它具备了专业与科普、理论与方法、专著与教材的融合特色，不愧为畅销书！

本书为何畅销不衰？当年，压力已是一个高频词，时至今日，不仅依然如旧，压力对人们的压迫反而变本加厉，肆虐泛滥。感受压力的群体从精英到普通百姓，从高压群体到各类人群，压力成了每个人都无法躲避的心理常态。自从研究压力与心理枯竭以来，我已经为各界人士讲了400余场有关压力的身心调适讲座，有些人甚至听过两三遍，可见大众对压力知识的渴求程度有多么强。对于压力，人们最想知道的是以下问题。

什么是压力管理？

压力现象虽然无法消灭，但是我们可以有效地管理它。压力管理有四个原则：

- 一是觉察压力：要及时判断自己的压力反应及强弱，特别是身心的警报信号；
- 二是确认原因：要寻找压力产生的内外原因，分析问题；
- 三是接纳的态度：压力现象不可消灭，要对它采取接纳的态度，迎接挑战，与压力共舞；
- 四是应对：采取有效的方法处理好压力，主动实施行动。

压力产生的原因是什么？

压力作为时代进步的附加品，让人们领略了它的狂妄不羁与肆无忌惮，特别是在VUCA时代，全球环境变得更加不稳定（volatile）、不确定（uncertain）、复杂（complex）和模糊（ambiguous），具备了压力产生的关键条件。我们的心理要不断适应外部环境的快速变化，完成越来越高的工作与学习要求，以跟上时代的步伐，不被淘汰。面对这些挑战与冲击，人们身心俱疲，甚至出现枯竭。有人说，21世纪是心理学的时代，因为人类开始真正关注解决自身的问题了。社会焦虑、不安全感、丧失感、疏离感等，使人们产生了减小心理负荷的要求。人民希望过上美好生活，获得心理和谐，提高生活和工作幸福感。VUCA时代的特征与人民心理和谐间的矛盾日益凸显，成为这个时代的普遍问题。压力是伴随问题而生存的，哪里有问题，哪里就有压力，压力渗透于我们生活的方方面面，让我们无处可躲，我们只有面对。

压力会产生什么作用？

压力是一把双刃剑，有积极压力和消极压力之分。在压力状态下，人们的反应是不同的。消极压力会降低工作与学习效率，破坏人的身心健康，甚至会摧毁人的精神，使人沮丧或暴躁、无助或颓废、伤人或自毁。反之，积极压力是推动人们不断前进的动力，使人精神振奋，努力奋斗，取得辉煌成就。大庆石油工人铁人王进喜有句话，“井没压力不出油，人没压力轻飘飘。”被人们引用至今，因为它显示出了一种摧不毁、打不倒的精神力量。

压力会导致什么样的结果？

压力会导致生命枯竭。通往生命枯竭有两条路径：一条是生理枯竭：由亚健康状态到过劳死；另一条是心理枯竭：由心烦意乱到自杀。时时刻刻存在于我们身边的压力，最严重的结果是置我们于死地，且杀人不见血。我们要了解压力会在我们身上如何反映，这也是给我们发出的身心预警信号。压力会引发我们的生理应激反应：植物性神系统紊乱、失眠、过敏、疼痛、肠胃不和、三高、不孕不育、免疫力下降等，甚至会出现心血管系统的疾病和癌症；压力引发的心理枯竭指标有认知枯竭、情绪枯竭、去人性化、价值衰落、攻击行为等。

有效应对压力的方法有哪些？

压力应对的路径有三级：

- 一级应对是解决问题：面对压力的第一步是解决问题，而不是逃避；
- 二级应对是自我调节：当问题暂时无法解决或环境无法改变时，要通过身心调节方法安抚自己，缓解压力的伤害；
- 三级应对是社会支持：当个人无力解决压力问题或心理困扰时，要借助外部资源帮助自己渡过难关。良好的压力应对方法与技术可以提升我们的心理生存力，让我们与压力共存。

上述关于压力的问题解答、应对策略以及放松技巧，在这本书中都有详细介绍。这本书从哲学、文化、社会、生理、医学、心理、体育、艺术、宗教等多个视角引导人们准确认识和思考压力，并提供了各种缓解压力的方法与技巧。作者以广博的知识基础道出了压力的复杂机理，体现了科学普及与学术研究的有机结合。

本书翻译的顺利完成是我们研究团队（昵称“燕窝”）共同努力的结果。王芳、蒋奖、郑芳芳、刘亚楠、王斐、潘益中、周鹏、梁志祥、王萍萍、张宏宇、王其峰、袁莉敏、张珊珊、付丹丹、何茜、柳恒超、陶塑、何茜、张姝玥、李红菊、田一、李旭，以及史慧玥、焦丽颖、杨颖、高树青、蔡雨桐、朱勤、牛道平、叶昊静、孙明月、蒋壮、段亚利等人承担了两个版次的翻译工作。为了使这本书成为大众心理服务的知识宝典，在翻译与审校的过程中，我们尽可能以浅显的语言风格来描述压力的发生原因、表现特征、应激过程、应对策略、减压技巧等，让更多的人能够从中受益。

人生无论是在遭遇困境，还是追求成功，都需要了解压力对我们的各种影响。

当你身心疲惫时，我推荐你阅读这本书；
当你面对挑战时，我推荐你阅读这本书；
当你感到沮丧时，我推荐你阅读这本书；
当你遭遇不公时，我推荐你阅读这本书；
当你反思自我时，我推荐你阅读这本书；
当你阅览人生时，我推荐你阅读这本书；
当你追求卓越时，我推荐你阅读这本书。

经历人生，体验苦难，更重要的是要学会与压力共舞，让压力成为我们前进的助推器，而不能成为击溃我们的敌人。愿读者们在享用知识的力量时，感受生活的灿烂！

许燕

2019 年 10 月 3 日于广西阳朔

献给我的家人和所有的朋友，

献给我所遇到的许多伟大的人，他们是我人生旅程中精神动力的源泉。

感谢他们令我生活在一个更加美妙的世界之中。

本书的部分版税收入将捐献给非营利性组织，致力于环境保护及健康事业。

“没有问题能在产生它的相同意识水平上解决。”

——**阿尔伯特·爱因斯坦**（Albert Einstein）

“你的时间是有限的，所以不要在别人的生活中浪费时间。
不要被教条所束缚，那只会让你活在别人的思维里。
不要让外界噪声般的意见淹没了你内心的声音。
最重要的是，要有跟随你的心和直觉的勇气。在某种程度上，
它知道你真正想成为什么样的人。而其他的一切都是次要的。”

——**史蒂夫·乔布斯**（Steve Jobs）

推 荐 序

Courtesy of Larry Dossey, MD.

“狂喜之后就要清洗！”[1]这句古老的谚语可以帮助我们理解现代人的健康与疾病。在过去的50年里，人们已经确信了精神对于身体的巨大影响。我们的情绪、思想、态度和行为可以令我们健康，也可以使我们生病。既然现在我们已经领悟了这一点，就到了将它付诸实践的时候。换句话说，是到了该进行“清洗”的时候。不过，这一任务并不简单。我们如何才能使身心协调统一呢？我们如何才能减缓现代生活所带来的压力呢？我们如何才能将这种压力转化为动力呢？我们又如何才能学会从这种转变中获益呢？在这些过程中，我们能变得更明智、更健康吗？找到相关建议或许并不难，因为自吹自擂的所谓“专家”到处都是。这些人在各种小报、脱口秀节目以及自助书籍中叫卖所谓“零压力”生活的最新法则，致使整个压力管理领域声名不佳。

在这一众喧嚣中，我发现布赖恩·卢克·西沃德（Brian Luke Seaward）博士所著的《压力管理策略——健康和幸福之道》（*Managing Stress: Principles and Strategies for Health and Well-Being*）一书着实令人精神一振。他使用条理清晰的语言带领我们穿行于精神与身体的交汇地带。一页页地读下去，你会发现他是一个十分睿智的引导者，并且具有绝大多数压力管理手册中所缺乏的品质——幽默。西沃德博士对压力管理领域相当熟悉，他不但教授这门课程且以此作为毕生的志向和事业。他为压力管理的每一个步骤都提供了科学的证据。最为关键的是，西沃德博士大胆地超越了惯常的做法，谈到了人类的灵魂及精神层面。因为他认识到，要想获得对压力的成功管理以及最佳的健康，必须先探究生命意义的问题所在。

“压力管理”的说法自1994年被提出之后，人类生活的节奏的确加快了不少，正因为这一变化，美国人开始被一大堆先进的医疗模式所包围，而忽略了寻找自己内心平静的重要性。

作为一位一直呼吁只有精神和身体统一整合方能达到真正理想的健康状态的医生，我十分高兴且荣幸来推荐这本书。对于压力管理领域，本书做出了卓有意义的贡献，它可以为任何想要追求生命和谐的人提供有效的指导服务。医学和健康促进领域正在迎来新的一天，而西沃德博士已经早早醒来，观赏了日出之景并与我们进行了分享。

——拉里·多西（Larry Dossey），医学博士

《探索——科学和治疗杂志》（*Explore: The Journal of Science and Healing*）执行主编

《健康和医学的替代性疗法》（*Alternative Therapies in Health and Medicine*）前执行主编

《重塑医学、统一思想、治愈心灵》（*Reinventing Medicine*、*One Mind*、and *Healing Words*）作者

---

① 原文是：After ecstasy，the laundry！这里的“清洗”乃佛教用语。这句谚语的大意是：在开悟的狂喜之后，依然要面对平凡琐碎的生活，真正的修炼不是避世隐居，而是要跟自己的仇恨与伤痛和平相处！引申义则是：在享受之后，要承担相应的责任。——译者注

前　言

压力：新常态？

当今年轻人成长的世界不仅和其父母不同，与其哥哥姐姐所处的环境也截然不同。在 20 年前出版的第一版《压力管理策略》中，专家们就已经承认，人们生活的世界已经变得更加疯狂了。在第一版出版之后的近 20 年时间中，我们的日常生活经历着文化的革新。其中最令人瞩目的变化存在于音乐产业（iTunes①）、新闻行业、就业市场、银行业、通信业、酒店业（Airbnb②）、出租车行业（Uber③），更不用说日常生活中社交媒体和信息分享方式的变化了。此外，各种健康问题也日趋复杂。自闭症、过度肥胖、糖尿病、寨卡病毒、青少年自杀行为、阿片类药物成瘾问题也日趋严重。人口的增加和人口结构的变化也很大。例如，拉美裔、亚裔和穆斯林人口逐步增加以及老年人口不断增长。罗伊·布里克斯（Roy Blixer）曾说过，“只有湿漉漉的小婴儿才喜欢改变。”总的来说，人们不喜欢改变，尤其不喜欢无法控制的改变。杂志曾以“压力会一直存在（习惯它吧！）”作为大标题。可以说，压力成了一种新常态。尽管地球在不断变化，但你要找到你心中那份不变的平静。

在 Wi-Fi④ 数字时代，许多学科的专家一直在讨论信息处理的现状，结果并不乐观。人们把大量的时间，甚至是全部时间，花费在“短信息处理”和“短信息传送”上。简单地说，这就意味着为特定事实挑选有限的信息，而不花时间处理更大的事情，获取更多信息，也更不会去使用批判性、综合性、创造性思维和记忆。打个比方，如今“人们只盯着一两棵树，而忽略了整片森林”。

平板电脑、智能手机及其他电子设备的普及，加上现在可以实时获取信息，使人们的注意广度下降，这种生活方式逐渐开始改变了（有些人说是降低了）21 世纪人类的智力水平。现代人丢失的是被称为“缓慢的线性思维能力”和基于直觉的知识。在心理健康领域，知识（一个心理健康研究领域）被认为是收集、加工、回忆和交流信息的能力。智慧是知识和经验（真实的，而不是虚拟的）的炼金术。然而，时间在如今已经成为稀罕的商品，越来越多的时间被浪费在各种电子屏幕前。人们更愿意选择信息而不是知识。结果，智慧也变得越来越稀少。

简单来说，信息收集（例如，准确的事实和数字）和深层智慧的应用有很大区别。最常见的例子就像一个人没准备好必要的装备和补给品，就冒险去美国国家公园进行一天的远足。这些人通常有手机和 GPS⑤ 跟踪设备，以备在被困在山顶或者落下悬崖时呼救。但是，准确的事实和数字不能取代常识（积累的智慧），对技术的依赖也不能作为无知的借口。充满压力的时代——就如我们现在生活的时代——尤其需要智慧。

压力管理是智慧的整合：是知识和个人经历随着时间的积累，而不仅是对准确的事实和数字的收集。压力管理是把与压力有关的所有方面联系起来，是

---

① 美国苹果公司开发的数字媒体播放器。——译者注

② 中文译作“爱彼迎”，一家广受全球旅行者喜爱的民宿预订平台。——译者注

③ 中文译作“优步”，全球即时用车软件。——译者注

④ 是 Wireless-Fidelity 的缩写；中文译作“无线保真”，常称作“无限宽带或无线网”。——译者注

⑤ 是 Global Positioning System 的缩写；中文译作“全球定位系统”。——译者注

身心灵与情感整合的曼荼罗模式，充满永恒的智慧。压力管理也是一个转变过程，一个人的动机由恐惧转向爱与同情心。在快速变化的时代，山是力量的象征，这就是本书第九版选择山峰作为封面的原因。

快速浏览新闻标题，你就会发现最显著的变化就是气候变化。全球变暖、能源需求、恐怖主义、个人破产、水资源短缺、技术进步和新疾病席卷全球。作为地球的公民，我们会受变化的影响。而且，随着变化带来的压力，人类对压力的免疫力在下降。我们遇到的改变可以被视为威胁，也可被看作成长的机会。本书第九版是对世界不同文化的永恒智慧的独特整合，并用新的视角、研究成果和实践方法，帮助人们在剧烈变化的世界中增强心理弹性，应对压力。

本书中有很多多元文化概念被认为是永恒的智慧，也被称为常识。但是，“在人们有压力的时候，常识并不常见。”作为新的 Wi-Fi 一代，人们不再只期望实时进行信息检索，也期望用智慧来满足他们的各种需要（然而很少能解决生活中问题）。对于这样的情况，专家们创造了一个术语“一次性知识”。这是互联网心理现象，是指人们只关注表面的信息（谷歌搜索列表前十的热门搜索），而不去真正掌握信息的内容。本书发掘了存在于表面之下的永恒智慧，通过最新研究和实用建议，让你掌握最好的压力管理技术和资源，为你的生命旅程架起一座通往美好生活的桥梁。

1994 年，《压力管理策略》首次出版，它的出版本身就是一次新的突破。在此之前，没有大学教科书整体而全面地描述压力对幸福和健康的影响。10 年前被认为前卫的话题现在已被公众所熟知，成了家喻户晓的词语，例如，太极、瑜伽、紫锥菊[①]、普拉提、经络和脉轮。当地球村敲响你的门时，来自亚洲、非洲和拉丁美洲的不同文化的智慧为我们提供了融合多元文化的平衡身心健康的方法。众所周知，随着生活节奏不断加快，人们越来越渴望获取可靠的资讯，以在变化中实现和保持内心的平衡感。本书第一版出版的时候就在市场上占据了一席之地，后来更被认为是压力管理领域的权威书籍。更令我欣喜的是，我现在还能听到这种赞誉。我也很高兴听到这么多关于这本教科书的写作风格、布局以及制作的评论：美观、易读、易懂。本书选择了许多照片、漫画和艺术作品，使其更具视觉吸引力。就像之前的版本一样，本书依然决定不使用压力诱导性的负面照片。现在的电视和网络中充斥了太多负面图片，我的本意还是希望在这本书中给读者传递一种正能量。

第九版中进行了什么样的改进？

有关压力和压力管理（现在叫心理弹性）的领域充满活力，总是有新的信息随时被纳入整个知识体系。第九版在压力管理这个庞大的话题中增加了许多前沿的研究成果。

第 1 章：压力的本质

- 社会压力：美国心理学协会和哈佛大学公共卫生学院的最新研究强调压力和健康问题远远超出霍姆斯（Holmes）和拉赫（Rahe）最初的研究范围。美国国家公共无线电台（National Public Radio，NPR）和凯撒健康（Kaiser Health）基金会关于压力的研究也指出，现代人的压力源大到重大生活变故，小到日常琐事。
- 失眠一直都与压力相关，第九版新增了七种能够改善睡眠的方法。

第 2 章：压力社会学

- 科技压力可能不是新的话题，但新的研究强调了重复使用屏幕设备产生的问题，就像将我们的记忆内存完全外包给科技产品。词典中关于科技压力的新术语包括“数字化毒性”和“数字失智症”。这部分将重点介绍几个有关屏幕设备分散注意力的危害以及导致更多压力的研究。
- 越来越多的新闻揭示了不断加剧的环境脱节现象，饮用水污染问题和气候变化导致的洪涝灾害，这些都会增加人们的压力水平。

---

① 紫锥菊被西方广泛用于提高免疫力、治疗感冒及流感、抵抗感染、加速伤口愈合及减少炎症。——译者注

第3章：压力生理学

- 从生理学到治疗的角度看待惊恐发作：许多学生第一次经历惊恐发作是在大学期间。美国越来越多的人开始承受这种病症的困扰。这一现象常被叫作"类固醇应激反应"。本章将带你了解这种反应以及改善方法。

第4章：压力和疾病

本章中的新话题是希望引起读者对压力和疾病的关注，这些话题也经常见于新闻。

- 微生物和压力：身体健康的秘密就是肠道细菌。新的研究表明：如果想要健康，肠道健康至关重要。超过70％的免疫系统在肠道中，压力与疾病密不可分。
- 莱姆病和压力：新的研究表明，莱姆病（及其合并感染情况）是一种新出现的疾病。它在美国已经流行，并与压力联系紧密。这部分将带你了解这种使人类免疫力低下的疾病。
- DNA①、端粒、压力和衰老：获诺贝尔奖的关于端粒和压力的研究成了头条新闻。这项研究对健康长寿有着深远意义。
- 压力和炎症：炎症与许多健康问题相关。这部分将带你了解压力与炎症之间的关系。

第6章：压力情绪：愤怒、恐惧与欢乐

- 恐惧：脆弱和羞耻。与压力有关的情绪是复杂的，但研究人员布里内·布朗（Brene Brown）将这项复杂的研究简单化，他揭示了脆弱会使恐惧更加持久并固化，使人们没法找寻克服恐惧的方法。
- 幸福：理解和追求正性压力的方式。关于幸福主题的研究揭示了我们做出的选择和所持看法可以对精神状态产生积极的影响。

第9章：健康边界：行为矫正

- 因为"行为修正"这个词听起来有些枯燥无聊，又因为太多与压力相关的问题涉及有问题的边界，我们将对这一章的标题进行更新，阐述建立健康边界的重要性。

第11章：表达性艺术治疗

- 增加了关于新近流行的成人涂色书籍的内容，这些涂色书籍现在被用作压力应对策略。

第12章：幽默疗法（喜剧放松）

- 增加了大笑瑜伽的内容。大笑瑜伽是一种应对压力的新技巧，它结合了幽默和团体支持的手段来应对压力。

第13章：创造性的问题解决

- 增加了畅销书作家伊丽莎白·吉尔伯特（Elizabeth Gilbert）有关创造力障碍的内容。她指出，恐惧对于创意过程有一种破坏性作用。在这一章中新增了人物故事（在"有人情味的压力"专栏中），展示了一位学生如何运用本章知识解决生活中的压力。

第16章：其他的压力应对技巧

- 夏威夷宽恕：荷欧波诺波诺。当今世界充满愤怒，学会化解愤怒对于找到内心的平静至关重要。应对压力的最新方法之一是夏威夷式宽恕，称为荷欧波诺波诺。

第18章：冥想和正念

- 增加了有关大脑执行功能的部分，以及如何比较左脑和右脑的不同功能，以理解人类意识。

在快速变化的世界中，我们该如何进行压力管理？

这一版作为全新的修订版本，会尽力做到将压力管理各方面最新、最先进的研究成果融合进来，

① 是deoxyribonucleic acid的缩写；中文译作"脱氧核糖核酸"，又称"去氧核糖核酸"。它是染色体的主要化学成分，也是组成基因的材料。——译者注

全面地介绍健康心理学、心理神经免疫学、整体康复学等相关学科的经典研究、新近研究、理论及应用等方面的内容。

虽然身心健康领域还处于不断发展的状态，但从不同的角度来看，它似乎正处于一场新革命的风口浪尖。在这场革命中，身心灵被看作一个平谐统一的整体。所以，本书是最早介绍身心灵整体观的书籍之一。

自 1993 年美国国家健康研究院（National Institutes of Health）成立替代医学研究院（Office of Alternative Medicine，即补充和替代医学中心），资金的投入带动了补充性或整体性医学领域的大量研究。从某种程度来说，压力管理的每一种技术都属于补充或替代医学范畴。人们对于身心灵理念的兴趣正在持续增长。本书承载了这个领域日渐丰富的知识体系的共同果实。

这本书只起到了抛砖引玉的作用，要想对压力管理有更深刻的认识，还要阅读其他书籍和研究论文，以及请教相关专家。没有哪本书可以容纳所有信息，这本书也不例外。但我希望这本书能让你走上一条健康的生活之路。

致　谢

1982年，因为在电影《红》(*Reds*)中的表演而获得奥斯卡最佳女配角奖的莫琳·斯特普尔顿(Maureen Stapleton)走上领奖台发表获奖感言。她说："我要感谢我所遇到的每一个人。"当我写作这本书时，也是同样的感觉。事实上，我要感谢的还包括许多我并不认识的人。我想和大家分享我的感激之情。感谢乔·皮钦斯基(Joe Pechinski)、戴夫·克拉克(Dave Clarke)、坎达丝·珀特(Candace Pert)、詹姆斯·欧文·马修斯(James Owen Mathews)，以及我的导师伊丽莎白·库伯勒-罗斯(Elisabeth Kübler-Ross)和拉里·多西(Larry Dossey)。有太多的朋友、同事、学者和名人在这里被列出。特别感谢马克·埃利森(Mark Ellison)和萨莉·卡德曼(Sally Cadman)的研究。衷心感谢兰迪·格拉斯伯根(Randy Glasbergen)和布拉德·外利(Brad Veley)精彩的卡通画。同时也感谢我所有的学生、朋友和同事，他们如此亲切地允许我在本书中使用他们的艺术治疗照片。我将永远感激。特别感谢琼斯和巴特利特学习出版社(Jones & Bartlett Learning)的凯西·艾斯珀蒂(Cathy Esperti)、卡特·麦克利斯特(Carter McCalister)、南希·希契科克(Nancy Hitchcock)和韦斯·德莎诺(Wes DeShano)。谢谢你们做出了有史以来最好的一版。

书　评

教授的评价

“这本书以生动的、现实的、创造性的方式帮助学生走进压力管理的世界。认识到应对压力是一个‘整体性’工程，西沃德博士对精神和压力的解读真正启迪了我和我的学生的心灵。就像一个学生所说的，‘这门课不仅教给了我大量有用的信息，而且让我学到了如何有效地处理压力。再加上每天练习放松技巧和写日志，令我在课程结束之后还能坚持应用下去。’对我个人来说，这本书让我重新花时间练习我所教授的这些技术，它们已经成了我生活中的一部分。”

——杰奎琳·R. 本尼迪斯（Jacqueline R. Benedis），MS，CHES，健康教育专家

“西沃德博士的书是我所看到的最好的教授整体性压力管理的书籍。无论我想了解失业的教授们的认知重构过程、护士们一天的精神状态，还是大一新生的压力，都可以在这本书里找到答案。它通俗易读、指导性强，而且幽默感十足。”

——葆拉·拉韦克（Paula LeVeck），RN，博士

“现今社会里，压力几乎是所有疾病的症结。西沃德博士的书直击压力的本质，一针见血。我希望能有更多人将这本书上的知识付诸实践，用我们内心的力量与疾病战斗。”

——凯莉·斯托布（Kelly Stobbe），MEd，美国健康协调会顾问事务主任

“对于我所上的研究生课程来说，《压力管理策略》是一本完美的教材，它将研究的、临床的和教育的成分美妙地结合在一起。它既适用于有一定基础的学生，也适用于初学者。”

——瓦莱丽·扬希（Valerie Yancey），博士

“《压力管理策略》是一本独特的教材，它引导人们去探索心灵、身体及精神的互动。西沃德博士以清晰简洁的方式对压力管理进行了深刻、现代且非常专业的阐述。对我们来说，这本书是一份礼物。”

——伊莱恩·马西森·韦纳（Elaine Matheson Weiner），RN，MPH，CHES

“西沃德博士的《压力管理策略》是我所用过的内容最广泛又通俗易懂的教材。它的与众不同之处在于将科学研究、精神层面的启发以及许多普通人的故事结合在一起，既利于个人阅读，又利于专业学习。我向所有想要给学生提供该领域新近进展并帮助他们获得生活平衡的教师推荐这本书。”

——杰米·达米科（Jamie Damico），RN，MSN，CNS

“我向所有教授压力管理的大学教师强烈推荐这本书。其清晰的整体性压力管理取向可以使人们更清楚而深刻地理解压力的前因后果，从中还可以学到许多实用的技术。我的学生经常对我说，他们从每章最后的自测题里受益无穷。我看过许多压力管理的书籍，我可以毫不含糊地说，这一本是最棒的。”

——科尼·斯帕诺（Conee Spano），健康教育专家

学生的评价

“在以后的人生中，我都会记得并且应用从这本书里学到的知识。我觉得呼吸训练、瑜伽和芳香疗法最有效。”

——克里斯蒂娜·S.，北科罗拉多大学

“时间管理那一章太神奇了！在上这次课之前，我总是不珍惜时间。现在，我认识到时间是宝贵的资源，必须善加利用。我已经学会了合理分配时间，少看电视。谢谢！”

——杰森·A.，印第安纳大学

“从读第1章开始，我就知道这不是我在学期末会卖掉的那种书。它对我的帮助非常大。谢谢！”

——比尔·G.，瑞查兰德学院

“这本书对我最有意义的地方是它教会了我处理我的愤怒情绪。以前，我从不知道我可以做到这一点，现在我知道要放轻松，不让情绪控制我的生活。特别是有关音乐治疗和呼吸的那两章很棒。”

——梅勒妮·B.，北科罗拉多大学

“我觉得这本书里最有分量的是关于人类精神的那一章。虽然之前我已经听说过其中的大部分内容，但从来没有这么广泛而简洁。我的内心渴望从此改变，那就是要努力获得精神上的成长。”

——艾维茨·B.，新墨西哥大学

“我从没想过，写日志可以那么有效地帮我处理在生活中遇到的紧张和困扰。”

——艾米莉·B.，佛蒙特大学

“懂得处理压力的多种方法真是令人愉快。上大学时，有很多次我都感觉自己压力好大，需要释放。现在我已经掌握了各种技巧，让我的生活更加轻松。”

——阿斯彭·V.，马里兰大学

“我本来以为这本书也和其他教科书一样无聊透顶呢！嘿，我错了！我学到了关于我的身体、心理和精神的大量知识。作为一名运动员，我现在知道了如何享受生活。幽默治疗那一章最棒，要保持笑口常开噢！”

——威尔·C.，犹他大学

导　言

在文艺复兴时代，一个哲学家决定了西方医学的走向，这位哲学家名叫勒内·笛卡尔（René Descartes，1596—1650）。他提出心理和身体是两个独立的实体，应该分别诊断和治疗。这种身心二元论促进了人们对人类本质的认识。后来，阿尔伯特·爱因斯坦革命性地提出了统一场论，虽然这一理论一开始被认为是荒谬可笑的，但很快便引导西方科学回到了所有事物（能量和物质）都相互联系和影响的前提之下。人类的心智、情绪、身体和精神性也是这样一些相连的实体。

不过，直到最近，现代科学才真正着手把笛卡尔在 360 年前分隔开的部分整合起来。但要在压力管理领域做到身体、心理和精神的整合十分复杂。20 世纪末，一些理论和研究发现（如心理意象、瑜伽调息、裂脑研究、荣格理论、β-内啡肽等）从不同角度支持了一句古老的格言：一切皆有联系。

压力是今日美国文化中的热点问题，其流行源于人们对有效应对压力以过上正常和幸福生活的需要。不过，应对压力是一个过程，不是结果。许多人因为匆忙的生活方式和对即刻满足的期望，试图消灭压力，而不是管理、减轻或控制压力，结果压力不会消失，反而会改头换面卷土重来。从而给身体造成损害。研究显示，现在 70% ～ 80% 的疾病都与压力有强烈联系（即使不是直接相关）。所谓的生活方式疾病，如癌症和心血管疾病，看起来都直接与应激反应有关。21 世纪伊始，随着美国医疗改革成为一个重要的全国性议题，个体对自己健康负责的能力及需要也在大增。当然，仅有压力管理的概念是不够的，要想获得完全的健康就得不断应用这些知识，去实践那些应对和放松技巧。

本书希望帮助你获得基本的知识并掌握应用的技巧。具体来说，本书提供了 16 种应对策略，你可以使用它们更有效地处理你的压力。除此之外，还有 12 种放松技巧帮你减轻或消除潜在或实际存在的压力症状。你能获得生理、心理、情绪和精神的健康的最佳状态，就是我的心愿。为此，我建议你在今后需要的时候经常翻看这本书。现在为了期末考试而记住的“某个理论”，以后某一天可能会改变你的人生。

目　　录

第四部分 放松技巧

第一部分

压力的概述

生活要么是一场大胆的冒险，要么什么也不是。

——*海伦·凯勒*（Helen Keller）

第 1 章

压力的本质

我不能也不应该消灭我的压力，而仅可以教会自己去享受它。

——汉斯·塞利（Hans Selye）

你觉得有压力吗？如果你的回答是肯定的，那么多考虑一下你自己吧。最近，哈里斯（Harris）和盖洛普（Gallup）的民意测验都指出，美国公众以及几乎全球所有人都处于一种令人担忧的精神状态。这是全球性的，无一例外。人们都认为，在他们生活的方方面面都有越来越强烈的焦虑、沮丧、不安和不满情绪。在经济衰退那挥之不去的影响下，加上随后的就业市场的挑战，社会开始出现问题。转基因食物过敏、自闭症患者的增加、人口过剩、气候变化导致的灾害（例如，飓风桑迪和严重干旱）、世界银行问题、枪支暴力和恐怖袭击（如美国桑迪胡克小学事件和波士顿马拉松比赛事件）以及全球的**压力**带来的问题随处可见。最具讽刺意味的是，在被认为是世界上生活水平最高的国家之一——美国，其疾病控制和预防中心（Centers for Disease Control and Prevention）估计几乎有 1/4 的人口是抗抑郁药服用者。目前的估计显示，美国每三个人中就有一人患有慢性病——癌症、冠心病、类风湿关节炎、糖尿病和狼疮。这很不正常！

此外，自经济衰退开始以来，恐惧和愤怒的气氛基本笼罩了整个国家，这样的环境使得人们永久处于挫折与焦虑状态。全球问题似乎加剧了我们每个人的压力。无论你是一个大学生，还是一个在跨国公司的首席执行官，无论你住在哪里，银行账户里有多少钱，压力都不会厚此薄彼！但是，不一定都是这样的。即使个人问题与社会和全球的问题相撞，撞击出了一场压力的“完美风暴”，我们对自己的态度和行为也有很多选择。本章将帮助你连接心智、身体和精神性，去创造积极的选择，帮助你在 21 世纪人类之旅的汹涌海洋中掌舵你的生命。

变化和不确定的时代

在今天，压力和变化成了同义词。变化随处可见。经济、技术、通信、信息检索、医疗以及气候变化只是我们要面对的众多变化中的一部分。总的来说，人都不喜欢改变。因为改变往往会破坏人的舒适区。“已知”，无论多么糟糕，似乎也比“未知”更安全。然而，改变，尤其是无法控制的改变，一直存在。然而，现在的改变已经更加迅速和激烈，如果没有足够的参照点去定位自己，几乎在每个人心中，压力都有可能导致永久的不安全感。但压力也不总是这样。哪里有变化，哪里就有机

> **压力（stress）**：个体觉知（真实存在或想象中的）对自身的心理、生理、情绪及精神的威胁时的体验，以及所导致的一系列生理反应及适应。

会。哪里有机会，哪里就有慰藉。

以前，结婚、换新工作、买房、抚养孩子、重返校园、面对朋友或亲人的死亡、身患痛苦的慢性病，都被认为是可能改变生活的重大事件。虽然这些重大事件确实对人们的生活有巨大的影响，但是都比不过一个新的社会压力源，就像是在既有的临界质量上再加上一片羽毛，彻底打破平衡。想想这些因素是如何直接影响你的生活的：技术的飞快进步（从软件升级到网络下载）、互联网（非成瘾）的使用［如脸谱网（facebook）］、智能手机和 Wi-Fi 的使用、24/7[①] 可及的社会、全球经济危机（如失业、粮食价格）、全球恐怖主义、碳足迹和公共卫生问题（如最新的流行病——臭虫或寨卡病毒），这个不断变化且不确定性的时代往往会放大个人压力。也许，现在最迫切的问题是如何面对个人界限及其缺陷的问题。高科技的进步带来了快速变化的社会结构，不断侵蚀着个人边界。边界不限于家庭和工作、财务状况、营养习惯、人际关系，还有很多问题都会增加个人压力。就连正在进行的反恐战争似乎也没有边界！讽刺的是，边界的缺失，加上社区归属感匮乏的破碎社会，会造成严重的孤独感。这也会加剧个人压力水平。信不信由你，从前的生活并不都是这样的。

现代意义上的压力现象对于漫长的人类历史来说还是一个相当新鲜的事物。“压力”一词由不为人们所熟知，到现在已经成为与“全球变暖”“智能手机应用”一样广为人知的词语。事实上，压力作为一个描述生理唤醒的词语可以追溯到石器时代，是一种适应性的“生存机制”。然而，当年的生存手段已经变成了疾病的罪魁祸首，威胁着全世界无数人的生命。美国压力研究机构（The American Institute of Stress）引用了以下数据。

- 43% 的成年人正遭受压力对健康的不良影响。
- 80% 的初级保健医生的来访者的病症都与压力有关。

① 这是一天 24 小时、一周 7 天的缩写，即全天候提供服务的意思。——译者注

压力与死亡的所有主要原因联系在一起，包括心脏病、癌症、肺病、意外事故、肝硬化与自杀。一些健康专家推测。70% ～ 85% 的疾病都与压力有关。

2010 年，美国国家健康统计中心（National Center for Health Statistics）提供了一组疾病指数，将压力也作为影响健康的因素之一纳入计算。在 1955 年以前，造成人类死亡的主要原因是一些传染性急性疾病（如小儿麻痹症、麻疹、肺结核、伤寒、脑炎），但这些疾病现在大多都已灭绝或可通过疫苗和药物手段有效控制。第二次世界大战（此后简称“二战”）之后，世界进入高科技时代，一时之间，几乎所有原本生活在工业社会的人的生活方式都发生了天翻地覆的改变。大量消费品的诞生方便了人们的生活，如洗衣机、烘干机、电视、微波炉、DVD[②] 播放机、笔记本电脑、移动电话，等等。这些工具表面上是增加了人们的休息时间，实际上抑制了人们自身的努力和生产力，从而导致了大量不健康的生活方式，最为明显的结果就是肥胖。

目前，造成人类死亡的主要原因是一些生活方式疾病，这类疾病病程比较长，可达几年甚至几十年（见图 1.1）。跟传染性疾病主要依靠药物治疗不同，生活方式疾病主要靠转变生活习惯和行为来预防和矫治。以前只是认为压力与疾病之间有关联，现在看来，压力可能是导致某些类型疾病，特别是自体免疫系统疾病的因素。不管怎样，压力会削弱生理系统的功能，加速疾病的恶化，这一点已经是人所共知的。在各种生活方式疾病之中，最恶名远播的是冠心病，它曾一直是美国人的首要死因，远高于其他疾病。美国心脏协会（American Heart Association）指出，每 34 秒就有一个人死于心脏疾病。而正当冠心病的发病率在过去 10 年中有所下降时，癌症的发病率又接连攀升成了首位死因。根据 2013 年美国癌症学会（American Cancer Society）的统计数据，目前，每四个人里就有一个人身患癌症。至

② 是 digital video disc 的缩写；中文译作数字多功能光盘。——译者注

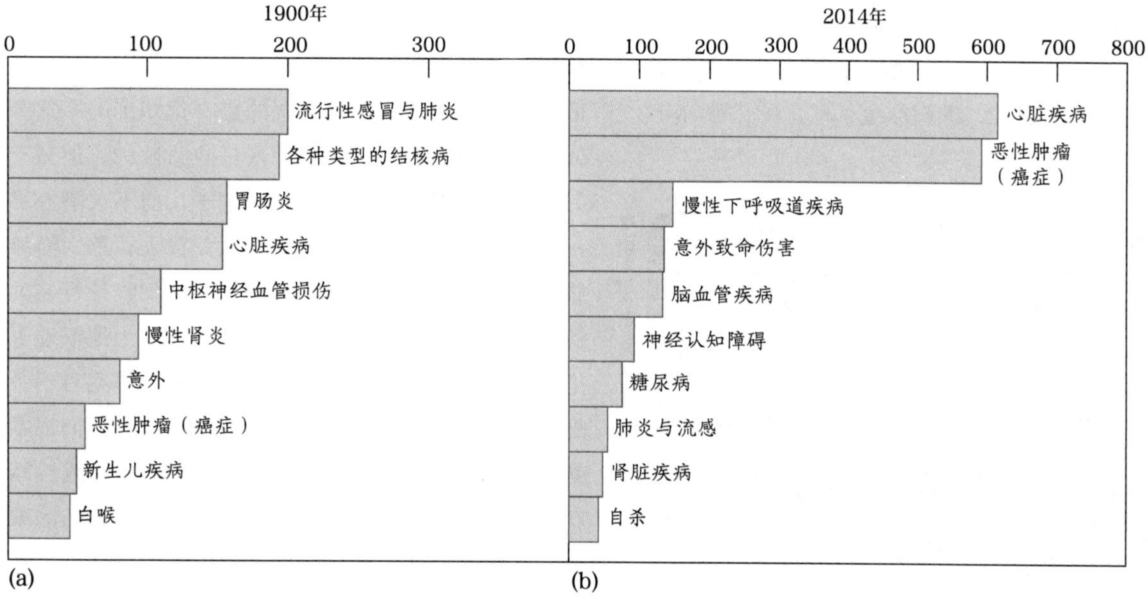

Data from (a) National Center for Health Statistics, Washington, D.C., 2010.; (b) Kochanek, K.D., Murphy, S.L., Xu, J., and Tejada-Vera, B., Division of Vital Statistics. Deaths: Final Data for 2014, *National Vital Statistics Reports, 65*(4):1-121, 2016.

图 1.1 在（a）1900 年和（b）2014 年，美国居前 10 位的死因在每 10 万人口中导致的死亡人数。

于其他令人担忧的现象，如自杀、家庭暴力、自残、杀人、酗酒、滥用药物等，其发生率的持续走高也是压力下的连带症状表现。时至今日，研究依然表明，人们无力应对自己一生中所要面对的个人的、社会的乃至全世界的变迁问题。

“压力”一词最早是物理学中的术语，本意是指施加在物体上的力量。与之相对，休闲放松指的是在晚上或周末进行的与工作无关的活动。或者更具体一些，休闲放松也指去远足度假。压力一词成为表述人类状态的流行语始于著名生理学家汉斯·塞利（Hans Selye）的《生活中的压力》（*The Stress of Life*）一书，他在其中报告了自己的研究结果，阐释了人在慢性压力下的生理反应及其与疾病的关系。如今，压力一词已约定俗成地被用来描述人们在面对工作、人际关系、个人责任等要求时所感受到的心理和精神上的紧张状态。此外，对一些人来说，压力似乎还与自尊紧密相连。与此同时，休闲放松在美国文化中逐渐成了奢侈品，很多人发现自己根本没有足够的时间休息。随着现代经济的发展，可以观察到一些关于工作与休闲的有趣现象。比如，平均周工作时已经从 40 小时增长到了 60 小时。美国劳动和统计部（U.S. Department of Labor and Statistics）指出，随着越来越多的服务性工作出现，为了满足顾客的需要，加班现象会越来越普遍。不仅仅是更多的人花更多的时间工作，他们用于上下班交通的时间也在增加（而这一般是不算进工作时间内的）。除此之外，人们下班之后也经常从事与工作有关的活动，休息和放松时间因而减少，即使在工作之余，也不得不妥协。从 2010 年开始，亿客行公司（Expedia）[1] 就开始进行每年关于假期的调查（叫作“假期剥夺调查”）。2012 年的调查结果显示，1/3 的美国人计划在假期里使用便携计算机和移动电话工作。1/5 的美国人因为工作而取消或推迟自己的假期。在 2010 的夏季，一个新词进入了美国词典，这个词就是“staycation（宅度假）”，这个单词的含义是，由于财务或工作限制，人们选择待在家里度假。而选择去山上或海滩度假的人们也会带上智能手机和笔记本电脑，事实上他们还在工作。毫无疑问，埋头苦干不会给大脑和身体带来放松的机会。和其他国家进行比较的话，美国人的休假时间最少（德国人的休假时间平均为每年 4～6 周）。“当前，与经济相关的压力使得人们比以往任何时候都需要时间远离他们的工作。不幸的是，1/3 的美国人并不会享受他们的假期。美国亿客行公司的总经理

① 源于美国的综合旅游服务网站，提供线上机票预订、酒店预计、汽车出租、游船等多元化的旅游服务。——译者注

蒂姆·麦克唐纳（Tim MacDonald）说，高科技带来的所谓“红利”“股息”只是假象，因为它们制造了充满压力的生活方式，继而产生了严重的健康赤字（图 1.2）。

图 1.2 随着经济、生态和科技的快速发展，全球人民都变得更有压力了。于是更加需要学习压力管理技术，以在全球的变化中保持平衡。

压力的界定

在当代，“压力”一词有着多种含义与界定。在东方哲学中，压力被认为是内心平和的缺失。在西方文化中，压力是一种失去控制的表现。著名医生瑟奇·卡西里·金（Serge Kahili King）把压力定义为个体所经历的一切变化。这一界定或许太宽泛了，但它是正确的。从心理学角度来说，著名的研究者理查德·拉扎勒斯（Richard Lazarus）认为，压力是事件和责任超出个人应对能力范围时所产生的焦虑状态。从生理学角度来说，压力是身体的疲惫和受折磨程度。塞利在他的界定中还补充，压力是身体对于施加于其上、需要其适应的一切要求的非特异性反应，无论这一要求产生的是喜悦还是痛苦。塞利发现，无论是一个积极情境（如晋升），还是一个消极情境（如失业），人生理上的反应或唤起都是差不多的。因此，对于塞利来说，身体是不懂得分辨积极压力和消极压力的。

不过，新近的心理神经免疫学数据显示，在积极和消极压力间存在着某些生理学差异（如不同神经递质的释放）。“**整体医学**”领域的专家因此将拉扎勒斯与塞利的界定加以扩展，认为压力是无力应对觉知到的（真实存在或想象中的）心理、生理、情绪及精神受到威胁时所产生的一系列生理反应及适应现象。在这里需要强调的是“觉知到的”这个词，因为一个情境对于一个人是威胁性的，但对于另一个人未必构成压力。举个例子，前不久举办了一个抽奖活动，得奖者可以双人免费去百慕大海滩旅行一周。凯莉获奖后欣喜若狂，立刻收拾行装准备出发。但她的丈夫约翰闷闷不乐，因为他恨透了坐飞机，而且他不会游泳。在他看来，那绝对不会是一段有趣的时光。事实上，他甚至希望他们根本就没有获奖。夫妻两人对同一件事的看法截然相反。而且，因为“事后诸葛亮”的缘故，我们的观点时常改变。许多当时看来不啻灾难的事件后来却变得微不足道，就像马克·吐温（Mark Twain）说的：“我是一个老头儿，我知道一大堆麻烦事，不过大多数并未发生过。”压力的整体定义指出，它是一个非常复杂的现象，影响到整个人，而不仅仅是身体，它涉及许多因素，其中一些甚至可能还没有被学者和研究人员认识。但随着研究进展，有一点已经越来越清晰，那就是压力的反应绝不仅仅局限于生理唤醒，身体绝不是心理战争游戏的最终战场。

应激反应

1914 年，哈佛大学的心理学家**沃尔特·坎农**首次提出“**战或逃反应**”，来描述面对威胁时，身体生理唤醒的动力性。坎农在一系列的动物实验中发现，身体面对压力的立即反应有两种模式：要么实施攻击以保护自己，要么逃走以躲避危险。坎农所观察到的这一面对急性压力的身体反应现在被统称为**压力反应**。后来的实验又发现，战斗反应是由愤怒或侵犯引发的，通常在保护自己的势力范围或者攻击比自己弱小的侵犯者时出现。战斗反应需要生理上的准备以补充力量并持续一小段时间，用现在的话说，是短暂却强烈的无氧工作。与之相反，坎农认为逃跑反应是由于恐惧引发的，它能让人的身体忍受长时间的奔跑，如躲避狮子和熊。不过，在很多情况下，逃跑反应不仅指逃之夭夭，还包括藏起来或退缩反应（逃跑反应的一种变体是**僵直反**

图 1.3 一些最糟糕的压力源于你的想象。

应，在创伤后应激障碍的个案中常常可以看到，在巨大的威胁下，人们愣在那里，呆若木鸡）。事实上，人类的身体会在同一时间为这两种反应做好准备。从进化的角度来看，这一机制十分有利于生存，因而几乎所有的哺乳动物都发展了此机能。

简单来说，战或逃的反应可以分为四个阶段。

- **阶段一**：来自五官的刺激信息传到大脑（例如，一声尖叫、烟味、毒气、听到一辆垃圾车经过门前等）。
- **阶段二**：大脑对刺激信息进行解读，确认是否具有威胁。如果刺激被认为不是威胁，反应就到此结束（例如，尖叫声是从电视里发出来的）。如果刺激被认为是威胁，大脑便迅速激活神经和内分泌系统，为防御和/或逃走做准备。
- **阶段三**：身体保持激活、唤醒状态，直至威胁消失。
- **阶段四**：一旦威胁离开，身体恢复**内稳态**，即一种生理上的平静状态。

战或逃反应被认为主要是在应对来自物理世界的威胁时产生的，目的是对抗危及个体生存的情境。在今日社会，虽然物理威胁依然存在，如恐怖袭击，但它们已不像精神上的威胁那么普遍。一个由塞利和西米恩（Simeons）在 1961 年提出，后经萨波斯基（Sapolsky, 2009）发展的理论指出，事实上，战或逃反应已经是过时的机制了，它跟不上人类心智发展进化的脚步。**应激反应**可以被各种类型的威胁所激活，而不仅仅是身体上的。但生理上的反应是决定性的。当你即将知道自己的期末考试成绩时，当你步入一个重要会议的会场却已经迟到时，当你深夜在停车场感觉有人跟踪你时，你的身体都会进入一种准备状态。此外，即使威胁完全是想象出来的，它所引起的应激反应的强度也是完全一样的，不论是你 4 岁时害怕有怪物躲在你的床底下（图 1.3），还是现在你怀疑你的老板不再器重你并打算解雇你，全都是一样的。

坎农指出，在战或逃反应中，一些生理机制的

> **整体医学（holistic medicine）**：一种治疗取向，崇尚心理、身体、精神、情绪的整合、平衡、和谐，以促进内心世界的平和。压力管理中所使用的每一种技术都支持整体医学这一理念。
>
> **沃尔特·坎农（Walter Cannon）**：20 世纪哈佛大学的心理学家，提出了压力下的“战或逃”的反应。
>
> **战或逃反应（fight-or-flight response）**：由沃尔特·坎农提出，指面对威胁时，本能的生理反应——要么战斗，要么逃跑——是具有进化意义的生存机制。
>
> **压力反应（stress reaction）**：身体对于主观意识到的威胁的原初（中央神经系统）反应。
>
> **僵直反应（freeze response）**：应激反应的一部分，在这种反应中，个体既不打架也不逃跑，而是像被车灯照到的鹿一样僵住了，就像一个人忘记了奔跑一样。
>
> **内稳态（homeostasis）**：一种完全平静或放松的生理状态；标志包括心跳平稳、血压适中、呼吸顺畅。
>
> **应激反应（stress response）**：释放肾上腺素和去甲肾上腺素，以为各种器官和组织准备战斗或逃跑。

激活会影响几乎所有的生理系统，以制造能量准备活动。以下是一部分生理反应。

1. 心跳加快，为工作中的肌肉供血。
2. 血压升高，为工作中的肌肉传输血液。
3. 呼吸急促，为工作中的肌肉提供充足的氧气，以促进能量的新陈代谢。
4. 手脚的大肌肉群动脉血管扩张。
5. 肌肉收缩时血液里的葡萄糖代谢速度加快。
6. 大量的自由脂肪酸动员起来，作为持续运动（如奔跑）的能量来源。
7. 血液凝固速度加快，以使流血时伤口愈合时间缩短。
8. 肌肉力量增强。
9. 胃蠕动减少，腹部血流量下降，以使血液流到工作中的肌肉。
10. 汗液分泌增多，以降低体温。

可惜的是，以上这些代谢和生理变化只被视作人们面对攻击、追逐等事件时采取行动的生理基础。虽然面对所有威胁的身体反应都是一样的，但当要处理的是对于自我的威胁时，比如收到了一张交通罚单，或者在杂货店排长长的队，它们就变得无效了。

关心和友好

面对压力，女人的反应和男人不同吗？答案似乎很明显。

一般来说，男人表现出更多的敌意，而女人倾向于表达爱心。在战或逃反应被认为是人类面对压力的唯一反应时，谢利·泰勒（Shelly Taylor）及其同事对女性在压力下的反应展开了研究，填补了这一理论在性别差异方面的缺失。泰勒对于仅以男性为研究对象得到的结果作为战或逃反应的基础感到不解，故而认为应对这一理论进行重新检验，加入对女性的考察。2000 年，泰勒及其同事提出了一个新的女性应激反应理论，称为**“关心和友好”**。男性和女性都具有在危险中生存的固定机制，除此之外，女性还具有天生的爱心反应，即与人为善。这继而创造出了一个强大的社会支持系统，这是一个无价的应对策略。泰勒认为，女性对于压力的反应与 DNA 有关，由大脑化学神经递质和激素的联合作用显现出来。关心和友好行为是建立在体贴基础之上的，可能是由于女性激素激发的，这使她们能够抵抗得住如潮水一般袭来的压力激素的影响。此外，社会因素也可能有利于关心和友好行为模式的保持（图 1.4）。

图 1.4　战或逃反应并不只是在应对压力时发生。处理个人问题时，女性往往会需要联合在一起，也就是表现出“关心和友好”。

男女不仅在应对压力的生理上是有差异的，似乎在讨论和解决问题的行为方面也有性别特异性。男人往往会通过寻找解决问题的方法来思考问题，而女人则喜欢谈论问题。女性之间的关系通过分享悄悄话维系。然而，尽管谈论可能有益，但研究人员发现，如果只有谈论，压力源往往是持久的，而不能解决压力。他们把基于压力内容的对话叫作**共同反刍**。虽然谈话可以加强女性的友谊，但是如果没有迅速得出解决方案，只会增加焦虑和抑郁。专家警告，“不健康的反刍”和情绪感染就是由此而来的。

公平地说，生存的概念是复杂的，可能并不因为激素或性别而泾渭分明。女性有时候也会在背地里中伤自己的朋友且不知悔改，或者抛弃自己刚出生的孩子而不知所踪。相反，有些男性会选择平和的方式而不是暴力（例如，我们能够想到的甘地、马丁·路德·金等）。当处境艰难时，男人也会结伴去喝啤酒或打高尔夫球，以示宣泄。

压力的种类

就像一些人质疑的那样，不是所有的压力都是有害的。事实上，许多人相信，人类必须经受一定程度的压力才能保持健康。人类的身体需要内稳态或生理的平静，但也需要一定程度的生理唤醒以保证许多器官处于最佳功能状态，包括心脏和肌肉骨骼系统。压力怎么可能是好的呢？当压力作为一种积极的动机出现，就被认为是有益的。超出这个最理想的点，就会造成伤害。

实际上，压力可以分为三种类型：**正性压力**、**中性压力**和**负性压力**。正性压力是良好的压力，产生于个体被激发和鼓舞的情境中。坠入爱河便是一种正性压力，邂逅电影明星或著名运动员也是一种正性压力。一般来说，属于正性压力的情境都是令人愉快的，因此它们不被视作威胁。中性压力是一些不会引发后续效应的感官刺激，它们无所谓好坏。听到一则远方偏僻角落发生了地震的新闻，便属于中性压力。第三类是负性压力，即不好的消极压力，经常被简称为“压力”。负性压力又可以分为两类：**急性压力**和**慢性压力**。前者来势汹汹，但迅速消退；后者出现的时候不甚强烈，但旷日持久（如几小时、几天、几周甚至几个月）。下面是一个急性压力的例子。你行驶在高速公路上，风从发梢掠过，你感觉生活是那么美好。突然，你从后视镜中瞥到了闪烁的蓝色灯光。天哪！你赶紧减速并停了下来。警车也在你后面停了下来。你的心跳加速，你的声音颤抖，你的手心渗出汗水。你赶紧从钱包中掏出证件，并把车窗摇了下来。当警察询问你为什么要超速驾驶时，你的声音比平常提高了三个八度。检查过你的汽车和证件之后，警察仅仅是警告了你一下。喔！警察回到了他的车里并开车走人了。你等他驶出了视线，重新发动汽车，开回了高速公路。在几分钟之内，你的心脏恢复了平静，你的手心又干燥了，你开始跟着收音机里的歌曲哼唱起来。威胁解除了。急性压力的强度仿佛洪水猛兽，但非常短暂。

另一方面，慢性压力不会那么强烈，但可能持久得让人无法忍受。以下是一些例子：一整个学期忍受和“一个从地狱来的室友”住在一起；虽然每月都在还信用卡账单，但账单还是越来越厚；一个讨厌的老板使你的工作变得比奴隶还要凄惨；生活在一个你无法忍受的城市里；与男友 / 女友、丈夫 / 妻子维持不咸不淡的关系，难以继续下去，但分开唯恐更糟。因此，慢性压力被视作不折不扣的恶棍，与疾病有关系的正是这种压力，因为身体要被危险不断地唤起。

有一个运用于运动成就领域的**耶基斯–多德森法则**，也可以很好地解释正性压力和负性压力，及其与健康之间的关系。就像图 1.5 中显示的那样，当压力增加，正性压力会逐渐转化为负性压力，绩效或健康状况随之下降，生病的风险加大。最佳的压力水平在中点，正性压力变为负性压力的临界点。研究表明，在最佳水平处的与压力有关的激素可以帮助提高身体的功能和信息处理能力，如注意力等，使人更加警觉。不过，离开最佳水平后，各方面的效能都开始下降，从生理角度来说，就是健康处于危险之中。如果每个人的

关心和友好（tend and befriend）：谢利·泰勒提出的一个理论，认为女性经历压力时不一定选择战斗或逃跑，而是转而寻找朋友帮忙，来应对不愉快的事件或情境。

共同反刍（co-rumination）：女性通过寻求朋友之间的支持来应对压力的交谈。

正性压力（eustress）：好的压力，会激发个体达到成就或健康的理想水平。

中性压力（neustress）：被认为无关紧要或无所谓的信息或感官刺激。

负性压力（distress）：真实的或想象中的威胁性事件，个体对它的解释是厌恶或消极的，它会产生恐惧或愤怒的情绪。常被简称为压力。

急性压力（acute stress）：性质强烈但持续短暂的压力。

慢性压力（chronic stress）：不像急性压力那么强烈，但可以持续很长时间的压力（如经济问题）。

耶基斯–多德森法则（Yerkes-Dodson principle）：一个理论说明某些压力（正性压力）对于健康和绩效是必要的，但如果离开了最佳水平，不管是高出还是低于最佳水平，都会随着压力的上升而产生危害。

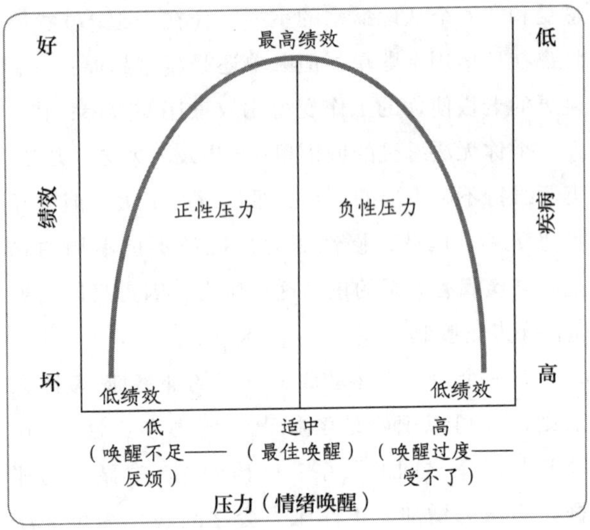

图 1.5 耶基斯–多德森曲线说明，在某一个点上，压力或唤醒确实可以提高绩效。中点左边的压力被认为是正性压力；右边的压力被认为是对绩效和健康有伤害的，被称作负性压力。

最佳水平都是一样的就简单了，但可惜不是这样的。因此，任何有效的压力管理程序的焦点都有两方面：（1）找到你的最佳压力水平，使它有益于你而非伤害你；（2）使用应对策略和放松技巧降低生理唤醒水平，使你能够远离压力过大的危险区域。

压力源的分类

被认为是威胁的情境、环境或刺激，都被称作**压力源**，也就是制造或引发压力的东西。你可以想象到，如果给压力源列个清单，这个清单不仅无穷无尽，而且每个人都会不一样。急性压力通常是毫无预警突然出现的急性压力源的结果，就像半夜突然响起电话铃声，或者你突然发现汽车钥匙不见了。一般来说，来不及对情况做缜密的分析，身体就已经开始做出反应了，不过恢复镇静也是一瞬间的事情。而慢性压力源则可能给出一些先兆，值得我们关注，因为它们对身体的影响更加持久和显著。许多研究已经探明了压力源的本质，它们可以被分为三类：生物生态层面的、精神心理层面的以及社会层面的。

生物生态层面的影响

有许多生物和生态层面的因素可能引发不同程度的应激反应，一些因素甚至不为我们所觉知。比如阳光、重力、电磁场等会影响我们的生物节律。通过时间生物学领域的研究，我们已知这些因素会影响三类生物节律：（1）**昼夜节律**，生理机能在 24 小时周期内的起伏波动（如体温）；（2）**次昼夜节律**，短于 24 小时的周期性起伏波动（如胃的收缩和细胞分裂）；（3）**超昼夜节律**，超过 24 小时的周期性起伏波动（如月经）。这些生理变化都受到自然现象的影响，如地球的公转、自转（昼夜交替、四季变换也因此而起，见图 1.6）。生物生态影响的一个典型例子是**季节性情绪障碍**（**SAD**），这是一种居住在北极圈及附近的许多人易患上的疾病。这些人每年都有很长一段时间见不到阳光，因此变得抑郁。除此之外，由技术革命带来的不良影响也属于此类，如因飞机飞越好几个时区而导致的时差症。电子垃圾、环境污染、太阳辐射、噪声污染等也都属于生物生态层面的影响。一些人工合成的食物添加剂还可能引起体内多种压力激素的释放。值得注意的是，越来越多的健康专家认为，在 21 世纪，人们的压力水平之所以提高，可能缘于我们越来越少接触纯天然物质，体内生理系统受到了影响。不过，只要改变生活方式，比如养成良好的饮食习惯、加强锻炼（见第 27 章）、定期放松，就能恢复内稳态，使那些生物生态层面的影响因素对健康发挥积极的促进作用。

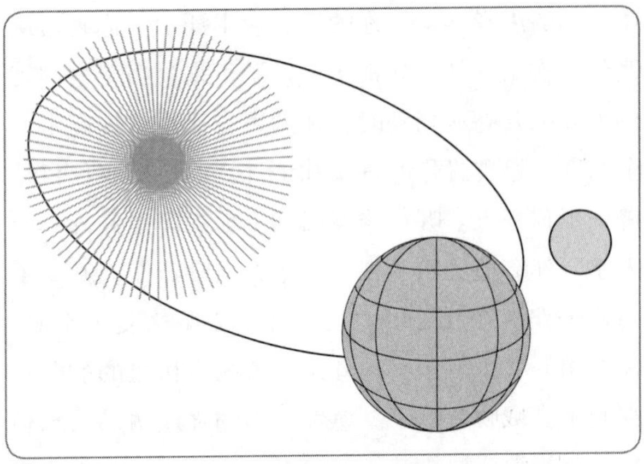

图 1.6 由于地球围绕太阳旋转的轴是倾斜的，极地附近地区接受的阳光照射是十分不均匀的。研究显示，光照不足与抑郁有关，即季节性情绪障碍或寒冬癫狂症。

精神心理层面的影响

精神心理层面的影响在各种压力源中占据最大的比重。它们来自我们心理上对刺激的知觉。人们对于自我的思想、信念、态度、观点、知觉以及价值观（见第 4 章和第 5 章）会有本能的防御。一旦以上这些受到挑战、违背，甚至改变，自我就会感觉受到威胁，继而产生应激反应。精神心理层面的压力源反映了我们人格的独特架构，用压力研究者肯尼思·佩尔蒂埃（Kenneth Pelletier）的话来说，就是“知觉到的自我与理想中的自我形象之间的分歧”。这类压力源最可能引发压力，因此它正是本书的重点，后面将会有很大篇幅用于介绍有效的认知应对策略，帮助你管理这类压力，在它们对身体造成伤害之前进行阻截。

社会层面的影响

社会层面的影响早就被当作个体困境的来源之一而被广泛研究。其中最突出的是过度拥挤和城市的无限扩张。多个动物研究表明，当动物数量超出了一定界限，即使食物和水充足，也会造成看似健康的动物死亡。看来，对个体空间的需要对于任何物种都是通用的。人类面对拥挤的城市、交通堵塞、收银台前长长的队伍以及其他个人空间受到侵略的情况时，同样表现出了挫败感。这一特殊的社会层面的影响应该是起源于自然界的本能。除此之外，社会层面因素带来的压力还包括金融风险、搬迁、科技进步、违反人权的行为、社会经济地位低下等。

从 21 世纪看：美国的社会压力

与压力有关的社会层面影响被研究了几十年，其中最杰出的就是霍姆斯（Holmes）和拉赫（Rahe）的研究。他们提出了社会再适应量表（Social Readjustment Rating Scale，SRRS）和生活变化单位（life-change units，LCU）的概念。在他们 50 年的研究中，终于第一次发现了几个最主要的生活压力源，包括丧偶、失业、丧子、离婚和高额抵押贷款。虽然这些类型的压力源一直存在，但敌不过社会高速发展。随着这种快速变化的步伐，新的压力源重置了众所周知的压力源列表，进一步证实了压力对人的健康有害。

美国心理学协会（American Psychological Association，APA）和哈佛大学在 2014 年和 2015 年的公共健康综合研究中发现了许多压力指标，表明压力确实是一个不可忽视的健康因素。在过去的 10 年中，美国心理学协会每年会进行一次名为“美国压力：以健康为代价的（Stress in America: Paying with Our Health）”的调查。在不同的人口群体（性别群体、收入水平群体、世代群体等），超过 3000 人参加了调查，结果并不乐观。2014 年的研究发表于 2015 春季的研究报告中，主要发现了以下情况。

- 在过去几年里，虽然报告的压力水平下降，半数以上 18—40 岁的成年人在 1—10 级中报告了 5 级以上的压力。
- 老人似乎压力最小，千禧一代（生于 1982—2000 年）压力最大。
- 排名前五的压力原因是：（1）财务压力（金钱）；（2）职业责任（工作）；（3）家庭责任；（4）个人健康问题；（5）家庭健康问题。
- 总体而言，女性比男性有更多的压力（差距越来越大），孩子们似乎会从父母身上模仿压力行为。

压力源（stressor）：被视作威胁的任何真实的或想象的情境、环境或刺激。

昼夜节律（circadian rhythms）：一种生物节律，24 小时之内循环发生（如体温）的身体内部时钟，也被称为生物钟。它也会受到压力的影响，导致的伤害对身体的影响更大。

次昼夜节律（ultradian rhythms）：24 小时内多次发生的生物节律（如饥饿感）。也会受到压力的影响。

超昼夜节律（infradian rhythms）：超过 24 小时的生物节律（如女性月经）。也会受到压力的影响。

季节性情绪障碍（seasonal affective disorder，SAD）：因为缺乏阳光照射而产生生理反应，继而引发抑郁感受。

根据这项调查，有效的应对技巧似乎供不应求。这项研究强调了压力和疾病之间的关系。研究强调了人们需要运用更好的压力管理技巧。

基于各种因素，包括非裔人人权运动与性歧视的政治方面，美国心理学协会在2015年的调查特别关注了歧视对压力水平的影响。结果揭示了对歧视的看法（基于种族或族群、年龄、残疾、性别、性取向以及性别认同）是显著的个人压力源，所有这些都会影响个人健康（APA，2016）。

类似于美国心理学协会的"美国压力"研究，美国国家公共广播电台和凯撒健康基金会在2014年进行了一系列调查，并提出了调查结果。调查题目是"美国压力的负担（The Burden of Stress in America）"。他们发现：

- 一半的受访者（超过2000人）列举了过去一年的紧张经历；
- 与健康相关的压力是最经常被提到的；
- 责任和经济重负问题是列表上的首要压力；
- 额外的压力包括工作问题、健康问题、家庭问题和不满意自己的外表。

这项研究还研究了常见的日常压力。位居榜首的是家庭计划混乱、政治上幻灭、看/读/听新闻、家务、跑腿、汽车问题、上班、丢手机以及使用社交媒体。无论是日常琐事还是更大的问题，受访者都报告了睡眠模式和饮食习惯等受压力影响很大的行为。

并不是所有人都有压力。有些人似乎处理得很好，许多人认为他们有心理弹性，性格好，有家人和朋友，参加户外活动，有爱好，坚持体育锻炼，进行冥想，以及能和宠物玩耍。

一方面，某些重大生活事件，如结婚（见图1.7）、换新工作，对于一些人来说可能是慢性压力源；另一方面，著名的压力研究者**理查德·拉扎勒斯**在1984年提出，急性压力源或**日常生活琐事**（比如，将钥匙锁在车里，每天上下班堵车，等等）的累积也可能和配偶亡故一样对个体的健康造成负面的影响。这些琐事往往使个体达不到预期目标，带来挫败感，从而引发愤怒反应，而慢性压力源更多地引发了恐惧和焦虑。拉扎勒斯将琐事定义为"每天与环境的消极互动"。他还假设，情绪体验的平衡（即正面情绪和负面情绪一样多）对于人们是必需的，一个人如果老体验不到生活的快感和情绪的振奋，也一样容易生病。拉扎勒斯等人的研究进一步证明了这一假设的价值。对于认为认知才是决定压力源影响力的人来说，生活方式、变故、琐事等社会层面的影响可能不值一提。但可以负责任地说，无论是哪一种类的压力源，都与人类健康有着深远联系。

图1.7 结婚当然是美妙的，然而在筹备婚礼的过程中，它可能成为一个人的头等压力源，而且这一压力会一直持续，直到婚礼一如所愿地圆满举行。

一般适应综合征

继坎农在20世纪进行的开创性工作之后，塞利这位年轻的内分泌学家也因为对战或逃反应的研究，特别是以大鼠为对象进行的慢性应激反应的研究，成了该领域的先驱。塞利发现，当大鼠反复经受压力时，会发生一些生理上的适应性变化，举例如下。

1. 肾上腺皮质（制造压力激素的腺体）扩大。
2. 持续释放压力激素；肾上腺皮质释放皮质类固醇。
3. 淋巴腺体（胸腺、脾脏、淋巴结）功能衰退或萎缩。
4. 白细胞数量显著减少。
5. 胃和结肠发生溃疡。
6. 器官坏死。

以上这些生理变化有很多是很微妙的，可能直到造成了永久性损伤才会被注意。塞利将它们统称为**一般适应综合征**，指身体试图适应压力的过程。在研究中，塞利区分了一般适应综合征的三个阶段。

- **阶段一：预警反应阶段**。预警反应描述的就是坎农所说的战或逃反应。在这一阶段里，许多身体系统被激活，最先是神经系统和内分泌系统，接着是心血管系统、肺和肌肉骨骼系统。就像烟雾报警器在起火时会发出嗡嗡声一样，全身的感官都处于警戒状态，直到危险解除。
- **阶段二：抵抗阶段**。在抵抗阶段，身体试图恢复平静状态，但由于知觉到威胁依然存在，没办法达到完全的内稳态。相反，由于身体持续被激活，新陈代谢加快，久而久之，一些器官负荷不了，继而进入第三个同时也是最后一个阶段。
- **阶段三：衰竭阶段**。当一个或多个器官承受不了过快的新陈代谢的压力，无法正常工作时，就会导致衰竭，继而可能引起器官坏死，甚至整个有机体的死亡。

塞利的一般适应综合征指出了压力带来的生理危险的特征。他的研究为理解压力与疾病之间的强烈联系以及心理—身体—精神的平衡打开了一扇门。此外，他的工作还为放松技巧在减缓压力中的使用奠定了基础。配合当时的医疗模式，最初的压力管理程序把焦点放在缓解或消除压力症状上，不过很可惜，这一手段并不总能奏效。

存在于变化世界中的压力

如果你看最新的推特（Twitter）[①]、脸谱网的更新，或者互联网浏览器主页的头条新闻，你就会了解：这就是压力大的时代。我们的世界正在迅速变化，而且变化带来的潜在压力几乎影响到了地球上的每个人（图1.8）。今天，压力已经渗透到几乎每一个人的生活中，渗透到地球的每一个角落，渗透到每一个国家、省份和地区。由于人们必须工作来维持生计，才能养家糊口，工作压力似乎是全球最常见的压力源之一。在调查工作单位中因压力而导致的缺勤后，英国最畅销的报纸之一《每日邮报》（*The Daily Mail*）引用了一则经济报道，称专家指出，压力是21世纪的黑死病（Barrow, 2011）。英国人事和发展研究所（Chartered Institute of Person-

理查德·拉扎勒斯（Richard Lazarus）：著名的压力研究者，提出了日常生活琐事的概念。

日常生活琐事（daily life hassles）：偶然发生的麻烦事，比如钥匙锁在了车里。当一系列麻烦事碰在一起，就会引发巨大的压力。

一般适应综合征（general adaptation syndrome，GAS）：由汉斯·塞利提出，指慢性压力下的反应，包含三个不同阶段：预警反应阶段、抵抗阶段和衰竭阶段。

预警反应阶段（alarm reaction）：塞利的一般适应综合征的第一阶段，在此阶段，个体知觉到威胁，为了生存，神经系统处于战备状态。

抵抗阶段（stage of resistance）：塞利的一般适应综合征的第二阶段，在此阶段，身体试图恢复。

衰竭阶段（stage of exhaustion）：塞利的一般适应综合征的第三阶段，在此阶段，一个或多个器官出现功能障碍。

---

① 美国社交网络及微博客服务的网站，用户可以更新不超过140个字符的消息，这些消息也被称作“推文（Tweet）”。——译者注

专栏 1.1 创伤后应激障碍

压力，有很大的压力！虽然大多数人都声称（甚至自夸）在过着有压力的生活，但事情的真相是，很少有人遇到过真正可怕的死亡和屠杀事件。然而，不断爆发的战争给人们带来的恐惧是众所周知的，那是任何人在心理和精神上都最难承受的压力源。引用美国内战时期的将军威廉·谢尔曼（William T. Sherman）的一句话："战争是地狱。"经历或观察到这类危及生命的事件，例如，严重的身体伤害，遭受可怕的屠杀，或者强烈的心理冲击，都会有长时间、高强度的影响，以致最终会在无意识中在我们心里嵌入了一种难以愈合的情感创伤。

每一场战争似乎都会造成一种焦虑障碍。内战士兵被认为拥有一颗忧郁的"军人的心"。从第一次世界大战归来的士兵还留有强烈的"炮弹恐惧"，而参加过"二战"的士兵和退伍军人表现出的神经质焦虑被描述为严重的"战斗疲劳"。创伤后应激障碍（post-traumatic stress disorder，简称 PTSD）最初用来描述从越南归来的美国士兵难以应对战争的可怕记忆，日夜遭受痛苦的困扰。这种情绪障碍最初于 1980 年被收入《精神障碍诊断与统计手册》（*Diagnostic and Statistical Manual of Mental Disorders*，简称 DSM），从那之后，人们对这一问题进行了深入研究。伊拉克战争和阿富汗战争为这种情绪障碍提供了数不胜数的案例，实在是可悲。

虽然致命的争斗排在最可怕经历的首位，但一个人并不一定要在巴格达街头的自杀式炸弹袭击中幸存下来，才会患上 PTSD。纽约世贸中心和华盛顿五角大楼灾难的幸存者和救援人员还在想方设法处理这种痛苦的创伤，还有数千人仍然处在对 5 级飓风桑迪摧毁城镇的恐惧中，无法逃脱。暴力犯罪的受害者、飞机坠毁的幸存者、性/身体攻击的受害者，以及事件的第一目击者（例如，警官、消防队员和急救医疗技术人员）也很容易受到伤害。由于全球变暖、自然气候变化和恐怖主义，有人认为，PTSD 有可能成为世界公民的共同心理问题，这是一种朋友、同事和家庭成员之间的连锁反应。继发性创伤后应激障碍（secondary PTSD）是指家庭成员、朋友和同事受到身边直接暴露于创伤性冲突的人（甚至是病人）的影响，而经受创伤带来的间接痛苦。

PTSD 的症状包括以下几点：慢性焦虑、噩梦、闪回、失眠、食欲不振、记忆力减退、过度警觉、情感上的脱离，临床抑郁、无助、不安，自杀倾向和物质成瘾（见梅奥诊所网站）。一般来说，患有 PTSD 的人同时会有多个不同症状。有些人的症状可能持续几个月，而另一些人可能终生受折磨，特别是那些在治疗上采取避免接触、忽视或回避态度的患者。PTSD 患者治疗的关键是要让他们进入一个可以识别根深蒂固记忆的无意识状态，让他们在无意识中以健康的方式承认、释放，而不是压抑、推动他们的痛苦记忆。

治疗 PTSD 的专家建议，一定要尽快开始治疗，以防止日益恶化。初始的治疗（干预）被称为临界压力管理（critical incidence stress management，CISM）。CISM 的目的是：（1）明显减少事件的创伤后果；（2）防止更深层次的 PTSD 发生。具体的治疗方法包括眼动脱敏与再加工（eye movement desensitization and reprocessing，EMDR）、咨询、团体治疗，以促进情绪的宣泄。创伤康复研究所（Trauma Recovery Institute）也将艺术治疗、日记写作和催眠作为情感宣泄的其他手段。许多病人还需要一些处方药。虽然药物有助于减少焦虑，但是值得注意的是，它并不能帮助感情伤口愈合。虽然这本书不是专门针对 PTSD 患者的，但书中内容的广度和深度都可以对咨询和治疗有所助益。

nel and Development）的研究表明：压力作为一个公共健康问题，已经超越心脏病、卒中、癌症和下背部疾病，成为最主要的健康问题。美国压力学会（American Institute of Stress）会长丹尼尔·L. 基尔希（Daniel L. Kirsch）也提到，压力是美国的新黑死病，并解释压力是导致我们死亡的最主要原因（Perman，2013）。

压力似乎不分年龄、族群、性别、宗教、国籍和社会经济地位。因此，它被称为"公平的破坏者"。如果不解决，压力会破坏你生活的所有方面。

图 1.8 虽然大多数美国人觉得压力很大，但如果与全球一半以上每天挣不到 2 美元的挣扎在温饱线上的人们相比，美国人已经太幸福了！

尽管压力似乎是从你离开家或者上大学后才开始出现的，但事实上，压力早在上大学之前就存在了。高中，甚至小学的压力，例如校园枪击案、自伤案件、脸谱网上的困扰和失眠都是有据可查的。加上新技术带来的压力，影响是非常明显的。

在美国，哪个群体承受的压力最大？如果你说千禧一代（目前 18—33 岁的人）压力最大，也许是对的。千禧一代的压力远比婴儿潮一代[①]甚至 X 一代[②]（目前年龄为 34—47 岁）大得多。对这个事实的答案，比失业数字和未偿还的大学贷款负债的日常统计数据更复杂一些。专家认为，一个主要的原因是千禧一代的父母采用过度保护的教养方式。不像婴儿潮时期出生的人，千禧一代的父母普遍都有工作，这就导致他们与孩子相处的时间减少。由于对孩子的内疚，家长开始没原则地过度补偿孩子。全美各地的校内咨询中心都在千禧一代的学生身上看到了一个问题。“在这一代孩子的成长过程中，父母为他们（而不是他们自己）准备好了一切条件。一切都由父母给予，对孩子来说，这就培养了一种错误的权利感。这些孩子不知道失败是什么滋味。”（Neu, 2013）千禧一代的压力应对技巧很差，所以当面对逆境时，会觉得专业咨询无法给他们提供持久的帮助（Ferri, 2013）。

压力与失眠

肌肉紧张也许是压力的第一大症状，失眠则是紧随其后的第二大症状。**失眠**是指睡眠质量不佳、醒觉异常、入睡困难等，它可能影响我们每一个人。现在的美国人和他们 19 世纪的同胞比起来，总体睡眠时间减少了 20%。美国国家睡眠基金会（National Sleep Foundation）近期的一份调查报告称，超过 60% 的美国人受到失眠的困扰，导致上班打瞌睡、发生交通事故、工作效率下降，甚至引发婚姻问题。

大量研究已经得出结论，有规律的睡眠是健康的基础，而慢性失眠常与多种精神问题有关。情绪上的压力（对白天压力事件的关注）被认为是引发失眠的首因，心理上的焦虑状态会使思维异常活跃，脑细胞活动兴奋，使人难以入眠。

还有其他一些**睡眠卫生**因素会破坏我们的睡眠，包括激素的变化（经前症状、绝经等）、摄入过量的咖啡因、缺乏锻炼、尿频、昼夜节律混乱（如倒时差）、药物的副作用，以及一些生活习惯问题（如看电视时间过长、酢酒等），都会降低睡眠质量。

至于睡多长时间才够？一般来说，8 小时睡眠是正常的，但有些人只需睡不到 6 小时，有的人需要 10 小时。最新发现，22 岁以下的青少年都需要 8 小时以上的睡眠时间。

不单是压力（心理的、情绪的、生理的、精神的）会影响睡眠时常和质量，睡得不好反过来也会影响压力水平，使人更加易怒、兴趣低落、愤世嫉

失眠（insomnia）：睡眠质量差、醒觉异常或难以入睡。

睡眠卫生（sleep hygiene）：影响睡眠质量的因素，从激素变化和轮班工作，到摄入过量咖啡因等。

---

① 婴儿潮一代是指各国的生育高峰期。在美国，婴儿潮一代是指“二战”结束后，在 1946 年初至 1964 年底出生的人。——译者注

② 在美国是指出生于 20 世纪 60 年代中期至 70 年代末的一代人。——译者注

俗等，继而形成一个恶性循环。许多人因此去求助医生，但药物治疗通常被认为是最后的办法，更先考虑的应该是进行压力管理，压力管理的许多技术都可以有效地提高睡眠质量。

正式的睡眠研究60年前就开始了，不过虽然经过大量研究，但关于我们为什么要花近1/3的时间睡觉的问题依然困扰着科学家。从表面上看，睡眠的作用是去除身体的疲乏，但从睡眠剥夺实验的结果来看，最受失眠影响的不是身体，而是心理，失眠会造成注意力涣散、记忆力下降、问题解决能力减弱等。

失眠可以分为三类：一过性失眠（持续一两周的短期失眠）、周期性失眠（一段时间内周期性发作的失眠）、慢性失眠（持续很长时间的连续失眠）。其中，慢性失眠的危害最大。

对于大学生来说，彻夜不眠、考前通宵温书复习、深夜聚会、看通宵电影等行为稀松平常，但这些行为是要付出代价的。前面已经说了，22岁以下的年轻人最需要睡眠，他们却常常是睡得最少的人。

虽然睡眠可以使人放松，但必须记住，睡眠并不是一项放松技巧。研究发现，在做梦状态下，心跳、血压和肌肉紧张的程度都可能比平时显著提高。我们可以确定的只是有效的应对和放松技巧可以大大改善睡眠质量。

鉴于现代人（包括大学生）失眠率很高，我们提出了一些能帮助你改善睡眠质量的建议。

1. 下午6点以后，避免饮用含咖啡因的饮料。咖啡因会促进神经系统的应激反应而不是带来放松效果。
2. 每天从事体力活动（有氧运动）是保证良好睡眠的好方法。
3. 保持正常的睡眠周期。养成每晚在同一时间睡觉（15分钟以内）的习惯，并在每天早上（即使在周末）的同一时间醒来。
4. 加强睡眠卫生。创建一个睡眠友好的环境，将光线或噪声减到最小或完全消除，使用舒适的床单、枕头和棉被，很容易让你进入梦乡。

"如果你睡不着，就舔自己的脚，我们家的猫就这么干！"

5. 避免在睡前看手机屏幕，可以尝试看纸质书。
6. 在晚上8点以后不要使用带屏幕的设备，让你的松果体分泌并释放褪黑激素。
7. 让你的卧室成为一个无科技产品的区域。避免在卧室里使用智能手机和计算机，就算只是用手机当闹钟也不行。在你钻到被子里之前，关掉Wi-Fi路由器。

大学生的压力

可以自由选择生活方式使得大学经历跟人生的前18年相比显得格外不同。除非你还住在家里，否则大学生活将变成你从依赖到独立的转折点。不过，在不知不觉中，压力也将一步步向你逼近，以下便是大学生经常碰到的压力源。

- **室友的影响**：在寝室里找到一个跟自己志同道合的人不是一件容易的事，特别是如果你原来在家里有自己的房间的话。我们都知道，好朋友不一定是好室友，但室友可能成为长久的朋友。室友给你的压力在于，在各种情境下，不管是好的还是坏的，你都要学会妥协，发挥你的交际技能。你可能会觉得寝室真不是人住的地方，但请记住，学校已经尽最大的努力做了最好的安排，只不过他人的生活习惯可能的确与你完全不同而已。
- **专业追求**：你的专业是什么？或许在大学岁月里最流行的一个问题就是“我未来要做什

么？”我们都知道，学生在大学里可以换专业，事实上，很多人都会这么做。但如果你的父母要求你选择一条你未必喜欢的职业道路（如法律或医学），又或者你为了取悦父母而选择了一个他们喜欢但你自己未必喜欢的专业，问题就变得更复杂了。

- **学业上（考试、论文、项目等）的最后期限：**期中考试、期末考试、写研究报告、完成项目等，都是为了检验你的学习成果。在美国，一般来说，一个学期需要获得 15 ～ 17 个学分，许多科目的最后期限可能都集中在同一天。如果你完成得不理想，就会导致最终的成绩不佳，甚至不及格。
- **助学贷款：**假如你申请了助学贷款，压力便会接踵而来。大学教育的花费十分巨大，还清贷款的压力会让你自觉像个奴隶。如果你准备接受资助，就必须明白，要想及时还清借款是有难度的。而在美国，如果你拖欠超过 2 周，就会被取消上课的资格。
- **储蓄：**上大学以后，你开始要为自己的开销付账，因此必须学会储蓄，不让自己超支，而这不光是一项技术，更是一门艺术（据说美国人的信用卡平均负债 5000 ～ 8000 美元）。为了避免这种情况发生，你最好不要花还不是自己的钱，靠自己的能力生活。
- **生活方式：**周末玩到夜里 2 点才睡觉、逃课、吃劣质食品、随意出去旅行……这些都是你的自由，不过你需要为这些行为的后果承担责任。摆脱了父母的控制意味着你必须平衡自由和责任，如果你没有平衡好，压力就会严重干扰你的生活。
- **同伴群体和同伴压力（药物和酒精）：**新生都有被同伴群体接纳的强烈需要，因而他们容易屈从于同伴压力，而在新群体中，同伴压力一般很强。如果群体的行为和你自己的价值观产生分歧，就会引发压力，在这时，遵从群体的想法可能更占上风。
- **对性的探索：**没有了父母的监管，再加上对自己的自我形象更加自信，人们在大学时对性的探索和高中时相比更加频繁。因而，避孕、怀孕、同性恋、双性恋、艾滋病、性无能等问题逐一出现，带来了许多压力。虽然进大学并不是为了探索性，但有些学生对此的兴趣显然超过了对学业的兴趣，致使学习成绩不尽如人意。
- **友谊：**大学里的友谊具有特殊的意义。随着你的成长、成熟，你可能会重新定义你的价值观，而你的朋友也会跟你一样发生变化，友情可能因此出现波折，需要你经常想办法改善人际关系，继而你会明白，你并不能和每一个你喜欢的人做朋友。此外，其他一些压力源也可能破坏你和好朋友的关系。
- **亲密关系：**花时间与某个特别的人在一起，你可以在爱情中成长。不过，维系一段亲密关系需要付出很多，特别是在大学这个其他方面的压力也很大的环境中。一旦失恋，可能会给一方或者双方带来巨大打击，使人无心向学，荒废学业。
- **展开职业生涯：**想要一毕业就挣得和父母一样多是一个不现实的迷思，不过有很多大学生相信这一点。这样的想法给大学毕业生带来了很大的压力，对现实世界的恐惧使他们试图逃避，有些人甚至直到毕业前的最后 1 周才开始找工作。

而对于在职大学生来说，所面对的问题可以总结成一个词：平衡！努力平衡工作、家庭和学业。如果为了满足上级、同事、朋友、配偶、孩子、父母（甚至还有宠物）的要求，你拼命压榨本来属于自己的时间，那么最后只会使一切都成为沉重的负担。而当生存的压力迫在眉睫时，学业经常会被抛在脑后，这样你可能会因为没有时间做作业和准备考试而感到受挫。当然，还有其他一些来自工作、家庭和学校的压力源会破坏你的平衡。

压力管理的整体论取向

在应激反应被辨识之初，人们更关注的是生理方面，如战或逃反应，特别是压力的症状。而当这一领域的研究扩展到了对压力和疾病关系的探讨，

有人情味的压力

约瑟夫·拉莫斯刚刚开始他在科罗拉多大学博尔德分校的第一年。就像其他新生一样，对于现阶段的生活，他每天都有成千上万个想法：选择正确的大学专业、结交新朋友、找一个女朋友、学业成绩、拖延症、跟室友的关系、做资金预算、志愿者工作，以及在课余时间做喜欢的事情。约瑟夫具有一副令多数男大学生羡慕的体格，但他开始担心“大一发胖定律”真的应验，并下决心不让这种情况发生。在高中，约瑟夫踢足球，从事田径和越野运动。他还加入了学生会，是“全国优秀生协会”的会员。他很清楚，被选为毕业舞会之王的荣誉在大学里可能没什么分量。无论好坏，就算不用彻底改造自己，大学也是一段需要重新证明自己的时光。约瑟夫欢迎这一挑战。目前，约瑟夫应对压力的策略包括跑步和做力量训练。他也热爱武术。这些活动帮助他渡过了高中和一些家庭危机，但他意识到，如果他想以理想的成绩进入医学院，从而实现成为一名医生的梦想，他还需要了解更多的压力管理策略来支持他适应大学。

就开始与其他一些领域有了重合，包括心理学、社会学、人类学、物理学、健康学、临床医学，等等。压力一度被认为仅是生理反应的现象，之后逐渐被看作身心结合的现象，而现在则被认为是一个包含了心理、生理、情绪、精神等多种成分的、复杂的、多面的整体现象。从这四个不同角度看待压力或许可以解释为什么存在如此之多的压力界定。

医学界正在经历着缓慢的**范式转变**。所谓范式，指的是一个用于理解常见现实的概念模型。转变则是这一模型发生了变化。在过去的370多年里，西方文化习惯了使用**机械模型**来解释现实，它来源于**勒内·笛卡尔**身心分离的哲学思想以及**伊萨克·牛顿**提出的物理学定律。机械模型将宇宙中的一切事物类比为一个巨大的机械钟，都是遵循次序的和可预测的方式运转。机械模型在提出之初也被称作衰减模型，认为可以在逻辑上解释几乎一切现象。

医学领域深受牛顿物理学的影响，将机械模型应用于人类机体，将身体类比于钟表，关注的是功能失调的症状。医生被训练得像一个修理匠，组装修复破损的部位。对临床医学来说，药物和手术是两大基本工具，最具代表性的就是青霉素的使用和器官移植手术。难怪，这种医学上的机械模型完全剥夺了患者对康复所应担负的责任，而把它们全权交到了医生手中。虽然不可否认其的确取得了许多惊人的成就，如心脏、肝脏的整体移植，但它同样具有明显的局限性和危险的副作用。现代医学不仅是医学，同时也是艺术。不过在机械模型中，无法测量或量化的部分依然备受忽视。此外，无法以科学的因果论加以解释的现象通通被排斥为迷信和没有意义。按照这个逻辑，人类精神无法包含在传统医学模式之内，因为难以测量，而它确实是患者康复的重要潜在力量。今天，人类的精神世界已被世界卫生组织（World Health Organization，WHO）所重视，“现存的健康界定应包含精神方面的内容，卫生从业人员必须对此有充分的认识和体会。”

然而，直到19世纪末，牛顿模型仍被视作绝对真理。1905年，年轻的物理学家**阿尔伯特·爱因斯坦**提出了他的相对论（图1.9）。简单来说，爱因斯坦认为所有物质都具有能量，且所有物质都是在亚原子水平上相联系的，不存在完全不受相连部分影响的个体。在爱因斯坦看来，宇宙不是一个巨大的钟表，而是一个生动的网络。新观念诞生时难免遭受嘲笑，旧观念也难以消亡。不过随着新真理浮

© Classic Vision/age fotostock.

© Tramonto/age fotostock.

图 1.9 伊萨克·牛顿爵士（连同勒内·笛卡尔）的科学思想是现在所谓的机械论取向，建立在宇宙如钟表的假设之上。阿尔伯特·爱因斯坦支持另一种理论，认为宇宙是一个鲜活的网络，万事万物联系在一起，整体大于部分之和。

出水面，它也吸引了一大批好奇的追随者，对传统观念展开检验和论证。爱因斯坦的理论也从最初备受嘲弄发展到今天备受欣赏，由此也带动了量子物理学以及一个全新的“整体系统理论”的发展。就像爱因斯坦所说的，“重力解释不了爱情”，虽说当前的医疗技术极其深奥，但大部分医生还是把人类身体看作钟表，依然做着修修补补的工作。换句话说，西方的现代医学的基本取向 370 多年来都没有改变。在笛卡尔学说中完全分离的心灵和身体依然被分开治疗，未被当作一个生动的系统。身心联结的观点仍旧是一个新鲜陌生的概念。不过，随着一些新发现的出现，医学领域也不像以前一样完全契合于机械钟表和衰减理论的框架了，而开始效法爱因斯坦关于身心是一个错综复杂的网络联结系统的说法。传统的标准概念已缓慢让位于更加综合的范式。例如，医学研究人员最近认识到，情绪会抑制免疫系统的功能，而这一观点在 10 年前都还是可笑和难以置信的。把身体看作钟表已无法回答人类机体的所有问题了，故而一些论题，如微能量系统、安慰剂效应等，正在被重新检验。

不过，在新的概念模式完全建立起来之前，旧范式不会完全被抛弃。略带讽刺的是，一些所谓的新范式实际上是一些早已被抛弃的旧概念的死灰复燃。比如，一个早就提出来的、最近又被重新发掘

范式转变（paradigm shift）： 对现实的观点从一种转变成另一种。

机械模型（mechanistic model）： 一种健康模型，认为身体就是机器，其部件可以修补，也可以更换。

勒内·笛卡尔（René Descartes）： 17 世纪的科学家、哲学家，提出了简化论方法，即笛卡尔法则。他还因其极具影响力的身心分离哲学而闻名，代表名言是“我思故我在”。

伊萨克·牛顿（Isaac Newton）： 18 世纪的物理学家，提倡机械论模式，后来也被拿来解释人类身体。

阿尔伯特·爱因斯坦（Albert Einstein）： 举世闻名的理论物理学家，认为所有物质都具有能量，提出著名的 $E = mc^2$。晚年关注人类的精神世界，是反战主义者。

的整体**健康范式**就很符合爱因斯坦的理论。这一模式认为，健康是生理、智能、情绪、精神四个方面的平衡、统一、和谐。健康的这四个组成部分如此紧密地联系和混杂在一起，根本不可能分开。虽然这些领域的学术研究均是独立的，但事实上，它们是作为一个相联系的动态系统而工作的，就像爱因斯坦对宇宙的假设一样。

“health（健康）”这一英文单词源于盎格鲁语“hal”，意思是“恢复，成为整体，达到神圣”。多年来，整体性常以圆作为象征。健康哲学认为整体总是大于部分之和，需将所有部分看作一个系统［图 1.10（彩）］。应用于临床医学，就是人的各个方面应得到同等对待，看作整体不可分割的一部分。不过，这些进步思想虽然已经深入西方医疗卫生系统，但在真正的医疗实践中，仍然使用药物和手术治疗生理成分，即压力的症状，而经常无视生理与心理、情绪、精神的联系。一些医生依然否认压力和疾病之间的关系，因为他们接受的是机械模型的训练，他们要忠于这种教育。那些非传统的取向（压力管理也是其中之一），特别是生物反馈、冥想治疗、心理意象等方法，被美国医学协会（American Medical Association）视作**替代疗法**。由于“替代”一词在整体健康工作者看来带有负面意义，因此他们经常使用“互补的（complementary）”或“综合的（integrative）”这样的词来表达。压力管理的各项技术均属于互补疗法的范畴。

请注意，康复（healing）和治愈（curing）是不同的概念。治愈一词指的是疾病症状被清除。而康复虽然在某些情况下也包含治愈某些疾病，但更主要还是指个体面对人生甚至死亡时内心的平和感。从这一点来讲，一个人很可能虽然依然在生病，但他康复了。在科技高速发展和追求即刻满足的年代，人们都寄希望于治愈层面，也就是消除症状，而不大关注真正的康复。很多医疗行业的从业人员本身受的是机械范式训练，因而要交替使用这两个概念本身也是一种压力，而且压力还不止于此。1993 年，戴维·埃森博格（David Eisenberg）在《新英格兰医学杂志》(*New England Journal of Medicine*) 上发表了一项具有里程碑意义的研究，指出超过 1/3 的美国人寻求传统医学模式以外的康复方法，因为他们不满意西方的医疗取向。更令人惊讶的是，那些最有效的康复方法竟不包括在医疗保险的范围之内。这就意味着人们要自掏腰包来为这些服务买单。1993 年，PBS 电视台播出了一系列很有影响力的节目，名为《康复与心智》(*Healing and the Mind*)。制片人兼主持人比尔·莫耶斯（Bill Moyers）在其中这样描述这种趋势：“人们对于医疗的整体取向充满深切的渴望。”压力管理技术试图通过解决压力症状背后的原因来支持这种整体取向。

在后续的研究中，埃森博格发现，1997 年，超过 42% 的美国人至少使用过一种替代疗法，也就是说约有 21.1 亿美元是从老百姓的口袋里掏出来的。埃森博格指出，对于替代疗法的巨大需求反衬出保险公司对此的漠视，这是很值得关注的。

让我们再仔细看看健康范式的组成，**心理**（智能）**健康**指收集、处理、回忆、交换信息的能力。暴露于压力之下，认知就会超负荷，决策和沟通时必需的信息处理和记忆能力下降。**身体健康**是主要的生理系统（如心血管系统、消化系统等）功能良好。塞利在《生活中的压力》(*The Stress of Life*) 一书中指出，无力恢复内稳态会使多种器官组织受损，最终伤害主要器官。**情绪健康**界定为充分感受和表达情绪情感的能力，且能控制它们而非受制于它们。愤怒和恐惧这一类的情绪积累起来会超出负荷，导致心理麻痹，甚至抑郁。**精神健康**指的是在培养自我和他人的关系时，高级意识的成熟过程、个人价值体系的发展以及有意义的生活目标。压力会在精神发展的道路上设置一系列障碍，使人难以达到更高层次的自我。近来，学者已将社会健康和环境健康纳入健康范式，而这些在以前也是受到排斥的。如果仔细思考最初的四个成分，你会发现社会健康是精神健康的一大因素。而环境健康则是生理健康和精神健康混杂在一起的产物。虽然本书的焦点在于自我信赖——为了获得内心的平和——但不要忘了，我们与环境中的人和谐相处的最终目的是获得整体的健康。因此，从整体论观点出发，要有效应对压力，所有的健康范式都要重视，整体总是大于部分之和。

不久以前（时至今日还有），许多压力管理课程都是以机械模型为基础的，孤立地关注生理健康。直到压力和疾病的联系被发现，压力管理的课程依然以干预压力的生理症状为主，比如致力于缓解肌肉紧张的放松技巧。这些技术仅针对症状（生理部分），并不针对产生压力的原因（心理的、情绪的、精神的部分），对解决压力问题一无所用。结果，人们的感觉就像篮板球效应，症状消失后又再回来，反反复复。另一方面，心理学家在治疗中教授应对策略（如认知重构、时间管理、记日志等），这些应对策略也很快为人所知。

图 1.11

经过健康范式的大力推广，放松技巧和应对策略被整合到一个完整的压力管理程序之中，也就是说，不再只关注身体，同时也处理生理症状背后的原因。健康模型的首要任务是治疗疾病并增进健康。此外，它还主张将康复的责任归于个体。现在，成功的压力管理都开始采用健康范式和整体论取向，认同整体大于部分之和的道理。不仅应努力减轻压力，更重要的是有效管理。这种管理程序试图关注健康的各个方面。不过要提醒大家注意，健康范式并不排斥药物和手术治疗。相反，它十分赞同多种治疗方法的联合使用，以达到最佳的治疗效果。预防治疗、应对策略以及放松技巧同等重要，都是为了达到和保持内心的平和。

简而言之，有效的整体性压力管理应包含以下特征。

1. 对压力下的身体反应有清楚的把握。
2. 对与压力有关的心理的、生理的、情绪的、精神方面的因素有清晰的认识。
3. 使用多种有效应对策略来应对产生压力的原因。
4. 定期训练放松技巧，以维持身体的和谐平衡。
5. 定期测查应对策略和放松技巧的效果。

健康范式（wellness paradigm）：生理、智能、情绪和精神健康的平衡、统一、和谐，认为人应对自身的健康负责，认为整体大于部分之和。

替代疗法（alternative medicine）：药物和手术治疗之外的帮助达到体内平衡的方式，压力管理技术中几乎所有的方法都包括在内，也被称作完整疗法或整体疗法。

心理健康（mental well-being）：收集、处理、回忆、交换信息的能力。

身体健康（physical well-being）：身体各系统（如呼吸系统、骨骼系统）功能良好。

情绪健康（emotional well-being）：充分感受和表达情绪的能力，并能控制情绪而不被情绪控制。

精神健康（spiritual well-being）：高级意识的成熟状态，源于深刻的人际关系、强有力的价值体系和有意义的人生目标。

总　结

1. 科技发展许诺给人们带来更多的闲暇时间，但实际上加快了生活的节奏，使许多人为了跟上时代的步伐而备感压力。
2. 现在，人们认为，基于科技的便利生活方式与一些疾病有关，包括冠心病、癌症等。
3. 压力是一个物理学的名词，意思是作用在物体上的物理力量，“二战”后被用来表达心理紧张状态。

4. 和许多学术概念一样，在东西方哲学中都存在对压力的多种界定。身心分离说现在正让位于整体说，即综合考虑心理的、生理的、情绪的和精神的层面。
5. 坎农提出战或逃反应来描述生理压力的即时反应，这一反应对于现在的一些非生理的压力已不太适用。
6. 压力分三类：积极的、消极的和中性的。应激分两类：急性（短期）的、慢性（长期）的，后者被认为更有害，因为身体无法恢复到完全和谐的状态。
7. 压力源可以分为三类：（1）生理影响；（2）心理人际影响；（3）社会影响。
8. 霍姆斯和拉赫编制了社会再适应量表来测量主要的生活压力源，发现压力源的强度与健康程度相关。
9. 塞利提出一般适应综合征来解释身体对于慢性压力的消极适应。
10. 面对压力，女性不仅有战或逃反应，还有另一种应对方式，称为“关心和友好”，是一种寻求社会支持的特殊方式。
11. 压力与失眠之间的联系不可否认，美国甚至被说成是睡眠剥夺的社会。但压力管理策略（如身体锻炼、生物反馈、瑜伽、腹式呼吸等）被证明可以有效帮助改善睡眠。
12. 压力可能出现在我们人生中的任何时候，但大学期间的压力源是比较独特的，因为这是个体探索和形成自己的生活方式的时期。而到了老年，随着退休，又会出现新的压力源。
13. 科技的迅猛发展表面上使生活变得简单了，但专家认为这也带来了副作用，即高科技压力，时间和金钱的花费加大，个人时间大幅减少。
14. 压力管理以往都建立在机械模型之上，认为身心是两个独立存在的实体。这一范式目前正在向整体范式转变，即整体大于部分之和，应注重治疗整个人，对压力的症状和原因一视同仁。
15. 有效的压力管理程序必须同时关注心理（智力）、身体、情绪和精神的健康。

学习指导题

1. 如何更好地界定压力？
2. 急性压力与慢性压力有何区别？
3. 什么是一般适应综合征？把各个阶段列举出来。
4. 面对压力，男性和女性的反应相同吗？如果不同，有何区别？
5. 压力如何影响睡眠？尽可能多地举例说明。
6. 什么是整体性压力管理？

第 2 章

压力社会学

美国人是地球上最有娱乐性而最没见识的人。

——罗伯特·F. 肯尼迪（Robert F. Kennedy）

当今世界与坎农提出“战或逃反应”和塞利提出“一般适应综合征”的时代已经不同。他们不会知道，在 21 世纪，压力已经成为日常社会生活的一部分。一些专家认为，集体压力源于我们无力应对生活各方面的改变。简单来说，在过去的半个世纪，生理学并没有以与社会变化同样的速度发展，也许永远不会。

未来学家阿尔文·托夫勒（Alvin Toffler）曾在几十年前出版了畅销书《未来的冲击》（*Future Shock*），其中警告过人们变化带来的影响。在 2010 年，美国国家公共无线电台庆祝此书出版 40 周年时，托夫勒表示，他描述的未来的冲击现在都成了现实。《未来的冲击》中写道：“压力总会伴随着技术扩散、城市扩张和互联网信息泛滥。”

社会媒体理论家和作家道格拉斯·拉什科夫（Douglas Rushkoff），为托夫勒的书写了一个续集叫《当下的冲击》（*Present Shock*）。不像托夫勒在书中描述快速变化即将到来，拉什科夫认为，变化就发生在当下。他写道：“我们的社会已经重新定位了此时此刻发生的事情，就像推特、脸谱网、汤博乐（Tumblr）[①] 和照片墙（Instagram）[②]。”用拉什科夫的话来说：“一切都是活的、真实的、永远在线的。”如今，使用手机的民众在优兔（YouTube）[③] 上发布时事的速度比美国有线电视新闻网的标题新闻还要快（这在 2013 年波士顿马拉松爆炸事件中显而易见）。与即时消息相比，电子邮件已经失去了人们的青睐，博客已经让位给推特。搜索引擎谷歌现也已经推出了“谷歌 Now”选项。线性时间压缩成一个单一的时刻集合，我们沉浸在下一秒钟就被忘记的时代。拉什科夫看到社交媒体产生了一系列新的压力源和综合征的问题，他称之为“当下的冲击”，包括以下方面。

- **整体叙述崩溃**（narrative collapse）：因为关注点只着眼于现在，人们就无法获得关于整体生活的清晰视角（例如，如何解决全球变暖问题或为退休储蓄问题）。每天的生活事件减少到 140 个字符的推文或快速更新的脸谱网状态中，而忽视了个人生活的更大的背景。
- **数字化精神病**（digiphrenia）：不言而喻，在同

① 著名轻博客网站，是一种介于传统博客和微博客之间的全新媒体形态。——译者注

② 一款运行于移动设备的社交应用，用户可随时分享抓拍下的图片。——译者注

③ 一个视频网站，用户可以下载、观看及分享影片或短片。——译者注

一时间允许出现多个不同的社交媒体上。

- **时间过度紧缩症**（overwinding）：将大段时间分为几个小段时间的能力。抓紧每个小段时间，结果是做的事情越来越少，因小失大。
- **碎片信息妄解症**（fractalnoia）：在不了解因果的不完全信息下，由快速媒体浏览与跳跃性结论引发的焦虑。

然而，对窥视隐私的需要和自我疏导的即时满足感也是压力的来源。人们的眼睛可能已经适应了看多个屏幕，手指已经适应了使用小键盘去进行各种引擎搜索。但在一般适应综合征中，人类的神经系统会将感官的强烈刺激解释成超负荷的适应。

既是作家又是外科医生的罗伯塔·李（Roberta Lee）给这种强烈的压力状态起了一个新名字"超级压力（superstress）"。作为医疗健康领域的一线医生，她看到了很多超级压力患者，他们繁忙而费力的生活方式使得慢性压力最终转化为慢性病。她说，如果人们不花时间学习日常生活中的有效的压力管理技巧，例如冥想、锻炼和健康的饮食习惯，就会如此。

霍姆斯和拉赫编制的社会再适应量表包括社会生活中可能破坏个人平衡的各种问题。量表中还包括了最好的应对技巧。但不管你居住在地球的哪个角落，21 世纪最重大的问题就是搬到新城市或失业带来的压力。我们是社会的产物，而社会压力在急剧上升。让我们来快速浏览一下有关当前社会压力对个体影响的新闻标题。

- 司机发短信而撞死行人。
- 佛罗里达家庭使用微型晶片：你是下一个吗？
- 臭虫蔓延到大学校园。
- 消费者智能手机成瘾。
- 经济衰退的影响将持续数年。
- 肥胖症的流行与人工甜味剂有关吗？

专家们一直保持着对变化的警惕。他们提醒：现在的变化速度虽然已经很快了，但之后的速度只会变得更快而不会减慢。

不仅仅是我们所遇到的变化影响了我们的压力水平，我们如何应对这些新变化也同样会产生影响。现在，网络在线参与越来越多，不幸的是，虚拟世界所带来的压力是真实的，而不是虚拟的。大多数社交网站充斥着负面评论、挫折、咒骂和咆哮，所有这一切都表明，公众的不安和匿名性质的直接表达使得言论无比自由，但也有人因公开言论而受到迫害。

员工们与朋友、同事保持联系所选择的沟通途径给予了"职业倦怠"一种全新的含义。在工作时间之外还要使用手机和电脑加班，带来了一连串的无偿加班的诉讼（Simon，2010）。然后是在网络空间与获得或失去的创造性自由有关的压力。确实，自由和创造力由于互联网的出现提升到了一个新的高度；然而，在如今这个自恋和追求曝光的社会中，任何人都可以出版一本书，发行单曲，成为评论家，在自己的优兔视频中成为明星，在任何博客上进行评论，声称自己有 15 分钟的名声。世界上的其他国家则常常以一种被称为"电子窥阴癖"的态度看待这种现象。

世界在迅速变化，文化也在随之改变。我们生活在其中，每一个人的身上也自然担上了这些压力。简单来说，如果不了解社会风俗和文化，就无从了解个人压力水平。就像我们在生活中常听到的那样，"每个人都是文化的产物。"我们不能放弃这个世界，与世隔绝、反璞归真。总的来说，我们会一直带着我们所有的文化倾向。英国诗人约翰·多恩（John Donne）曾说过，"没有人是一座孤岛"。社会连接着我们所有人，努力改变社会文化结构、降低集体压力水平的实例也同样存在。让我们再去快速浏览一下这方面的新闻标题。

- 有机食品购买量在急剧增加。
- 人正在逃离智能手机的黑洞。
- 在过去的 10 年里，骑自行车的人数增加了 60%。
- 强大的美国人还在追求着幸福。

压力的话题是如此之大，以至生理学、心理学、人类学、神学等许多学科的研究人员都在不断研究，社会学也是如此。**社会学**通常被描述为研究家庭、组织和机构中人类的社会行为与整个社会之间的关系的学科。因为每个人都是在家庭中出生的，大多数人为了生计而工作，没有人能躲过社会压力。约翰·多恩通过对现代人的观察，说："没有人是一座孤岛，不管我们喜不喜欢，我们都彼此相连。"

如果不是我们自己有压力，而是我们所生活的社会和文化带来了压力，该怎么办呢？城市规划常常没有考虑到人行道和自然锻炼的小路；关于有孩子的妇女的工作的立法很不完善；性别与种族不平等是永恒的问题。这是渗透在社会结构中的，它们往往隐藏在那些知晓"压力管理是什么"的人身上。达娜·贝克尔（Dana Becker）在她的《在压力之下的国家》（*One Nation Under Stress*）一书中称，美国人的生活充满了压力和政治。贝克尔是宾夕法尼亚布林莫尔学院社会工作专业的教授，在对过去几十年的概述中，她引用了许多社会压力导致个人冲突，特别是最后影响妇女、少数群体和穷人的例子，她主张充分解决"社会磨损"问题。

也许社会压力可以通过流行的网络社交平台显露出来。脸谱网、推特、视频通话（FaceTime）①、优兔、色拉布（Snapchat）②、照片墙和不断更新的网络商店等就是最好的证明。科技甚至改变了人们的谈话方式。例如，如果在聚会中有一个人问了一个问题，五个人都在掏出手机，用谷歌检索答案。技术、经济和环境已经成为构成社会结构的重要因素。在本章，我们将探讨最新的全球社会趋势和我们每个人潜在的压力问题。

技术压力疾病

网络信息海啸已经持续了很多年。然而，第一次毁灭性的浪潮似乎已经深深地冲击了人类思想的海岸。2010 年，脸谱网用户达到了 10 亿（图 2.1）。在同一年，带 USB 驱动器的瑞士军刀也成了"生存"的必要工具。推文宛如洪水一般，脸谱网持续更新，还有网络电话、短信和电子邮件，已经让很多把自己的生活交给科技的人感到烦恼和上瘾。人们对科技的依赖甚至催生了一个词："屏幕成瘾（screen addiction）"。不是电脑屏幕和智能手机，就是平板电脑、谷歌眼镜和蓝牙技术，这些虽然都不是坏事情，但如果你的生活完全围绕着这些因素，就可能成为问题。

科技是为我们服务的，但是许多人把角色颠倒了，变成了科技的奴隶，因此出现了技术压力现象。

与信息时代有关的压力风暴来自大量唾手可得的信息、疏离感以及人们对信息成瘾，这其中既包括了在课堂、讲座中发短信的大学生（Rubinkam, 2010），也包括许多带着智能设备度假的人。因此，工作与休闲无法分离，同时要兼顾两者（图 2.2）。例如，在国家公园露营地或附近寻找 Wi-Fi 信号的人并不罕见，而这里曾是人们希望摆脱现代文明束缚的地方（Seigler, 2010）。同样，根据一项人力资源调查，在全美范围内，只有不到一半的员工在午餐时间离开了办公桌或工作岗位，这导致了更高的

© Corbis/age fotostock

图 2.1　在 2010 年，流行社交网站脸谱网用户超过 10 亿。最初，脸谱网是为了方便大学生交流而诞生的，但如今它已成为增加孤独和社会疏离感的工具。

社会学（sociology）：研究家庭、组织和机构内的人类社会行为以及个人与整个社会关系的学科。

① 苹果公司 iOS 和 Mac OS 系统内置的视频通话软件，通过 Wi-Fi 或者蜂窝数据接入互联网，在两个装有 FaceTime 的设备之间实现视频通话。——译者注

② 一款"阅后即焚"照片分享应用，用户可以拍照、录制视频、添加文字和图画并发送到自己在该应用上的好友列表。这些照片及视频被称为"快照（Snaps）"，而该软件用户自称"快照族（snubs）"。——译者注

图 2.2　科罗拉多州的铜山拥有世界上最好的滑雪场，但现在很多人滑一会儿雪，就会马上查看他们的电子邮件和短信。假期曾经是一种逃避工作的方式，但是现在的人们通过智能手机和笔记本电脑将工作一直带在身边。现在的人们常说，如果没有这些设备，他们将无法生存。

压力和疲劳（Marquardt, 2010）。

许多术语都是因为问题的产生而产生的，这些问题都源于信息海啸和获取信息的便利。总结起来，就是**技术压力**。这是一种被技术淹没的感觉。导致技术压力的因素包括隐私问题、身份盗用、手机辐射、感官刺激、网络诈骗、沉迷网络赌博和色情以及儿童接触成人内容等问题。凯撒家庭基金会（Kaiser Family Foundation）的数据显示，8—18 岁的孩子每天花在娱乐媒体（视频游戏、电视、应用程序等）上的时间超过 7 小时。

也许，大多数人所经历的最普遍的技术压力是电子邮件的无休止的干扰和数字通信代替了当面交谈（图 2.3）。在 2010 年《纽约时报》（*New York Times*）的一系列文章中，技术调查记者马特・里克特（Matt Richtel）指出，人们每小时查看电子邮件的次数高达 37 次。 此外，有些人会有立即回复邮件的冲动，如果他们没有这么做，他们会感到内疚。有多少电子邮件能把一个人推到疲惫门槛的边缘？根据哈里斯互动调查的结果，受访者称每天处理超过 50 封电子邮件会造成的压力，很多人用“电子邮件压力”来解释自己的沮丧感。根据网络监控公司 Pingdom 的数据，2009 年，互联网上发送了超过 90 万亿封电子邮件，平均每天 2470 亿封（Swartz, 2010）。

在数字焦虑症频发的时代，无线网络技术对我们的大脑有什么影响？鉴于最近的发现，我们的脑组织具有适应认知挑战和刺激的能力（这种现象称为神经的可塑性）。牛津大学的一个突触药理学教授苏珊・格林菲尔德（Susan Greenfield, 2008, 2009）对每天接触 6 ～ 8 小时计算机将如何影响神经元的连通性进行了研讨。来自加州大学欧文分校的研究表明，电子邮件持续的打扰会触发应激反应，随后释放的压力激素会影响短期记忆（Richtel, 2010）。如果你曾经想过为什么人们，甚至是你自己，会沉迷于查看电子邮件、语音邮件或推特，那么请思考以下事实：研究表明，接收电子邮件和推特伴随着多巴胺的释放。多巴胺是一种让人“感觉良好”的神经递质，与化学成瘾有关。在没有多巴胺释放的情况下，无聊感会随之而来，直到下一波释放到来才会好（Richtel, 2010）。

格林菲尔德等人致力研究感官输入和大脑生理学，其他研究者则关注人的情感成熟、直觉、心理推理、记忆处理和道德指向（Dossey, 2009）。畅销书《认知过剩》（*Cognitive Surplus*）的作者克莱・舍基（Clay Shirky）提到了社会关系的戏剧性转变——从技术上看，人们从看电视转变到使用网络媒体。这一转变既是希望，也是危险。希望是，这是一种解决世界问题的集体努力——集体努力有时被称为“数字意识”或“维基努力（wiki efforts）”。而危险是，我们正逐渐被网络屏幕或大量的网络噪声淹没（Alter, 2017）。

社会历史上的每一次变革都产生了相关的压力源，例如，从农业社会到工业社会的转变与酗酒的急剧增加有相关关系，这在当时也被认为是“社会疾病”。今天，这一情况突然转向在线技术和社交媒体，在线技术本身就是一种瘾。这种成瘾行为很容易识别，尤其是当飞机降落的时候在机舱内进行观察，或在电影放映厅里当片尾的字幕出现时进

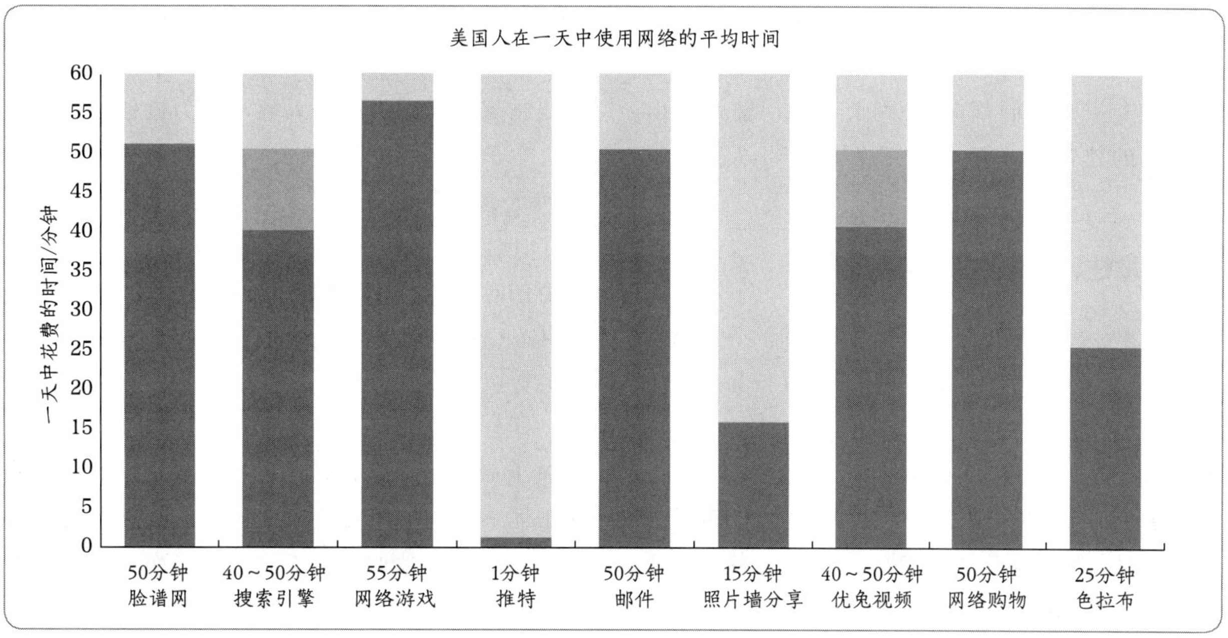

图 2.3　根据今日社交媒体（Social Media Today）、亚马逊（Amazon）、谷歌和娱乐软件协会（Entertainment Software Association）在内的各种组织收集的数据，2016 年，人们平均每天有 8 小时花在屏幕设备上，从打游戏、购物和使用搜索引擎，到在各种社交媒体发布信息。十几岁（12—18 岁）的青少年每天要花费 9 小时在屏幕设备上。优兔视频每天的观看时长是 10 亿小时，屏幕设备的使用和互联网互动对社会的影响不可低估。

行观察，会发现每个人都拿出了手机查看信息。完全不了解没有手机和平板电脑的生活是什么样子的当今年轻人不会理解为什么年长一点的成年人那么关注他们的科技成瘾的习惯。成年人注意到，用着屏幕技术长大的儿童和青少年可能精通网络沟通技巧，但是在面对面交流中，缺乏成熟的社交技巧，包括目光接触。哈佛大学的心理学家谢里·特克尔（Sherry Turkle）在她的《群体性孤独》（*Alone Together*）一书中指出了这些压力因素，说明人们的社交技能随着科技和人工智能的发展而被削弱了。

另一个与技术有关的问题是专家们所说的“**浅薄效应**”。《浅谈——互联网对我们大脑的影响》（*The Shallows: What the Internet Is Doing to Our Brains*）一书的作者尼古拉斯·卡尔（Nicholas Carr）指出：信息的快速浏览与智慧的培养并不相同，但信息的快速浏览已经成为常态，这会导致对复杂问题的理解变得浅薄。不久前，信息和娱乐之间还有一条清晰的界线。但如今，这条界线变得很模糊，正如乔恩·斯图尔特（Jon Stewart）的《每日秀》（*Daily Show*）、赫芬顿邮报网站和每日野兽网站所说的那样，现在很多人会认为这两方面是完全一样的。此外，对信息的挑选似乎可以“重新连接”大脑，从而产生有害的影响。具体来说，它会损害一个人集中精力或专注于某事的能力。卡尔说，大脑的这种新活动不仅会削弱人的记忆力（总是依赖于外部的信息来源），而且会使人们的大脑更难以平静和放松。许多社交媒体专家不同意卡尔的发现，但他们确实赞同这个明显的两难困境：互联网可能会让你变得更聪明，但要小心那些让你分心的

技术压力（technostress）：指依赖各种快节奏生活科技，包括笔记本电脑、便携手机、智能手机、个人数字助理、短信和邮件——这些技术本希望让人有更多的休闲时间。但是，人们已经成了这些技术的奴隶，过度沉迷于持续使用这些设备和技术。

浅薄效应（shallow effect）：由于信息的快速浏览导致对复杂问题的浅层理解。从一个站点跳转到另一个站点，并从搜索中挑选信息，这样会损害一个人集中精力或专注于某件事的能力。

东西。《今日美国》(*USA Today*)记者马尔科·德拉卡瓦(Marco della Cava)采访了关于这个话题的几位专家，他们都向30岁以下的年轻人提出了同样的建议：在Wi-Fi技术方面，要学会克制自己。

数字化毒性、社交控[①]和数字失智症

随着对智能手机的使用和屏幕技术的研究越来越深入，人们正在研究关于技术的各种行为是如何影响认知技能(包括记忆,)以及社交技能(或缺乏社交技能)的。包括麻省理工学院教授谢里·特克尔在内的社会学家认为，屏幕设备引发的最令人担忧的两个问题是孤立和疏离，它们都会使压力延续下去。

数字过载对记忆有什么影响？南缅因大学的比尔·桑顿(Bill Thornton)发表在《社会心理学》(*Social Psychology*)杂志上的研究表明，相比那些在没有手机的情况下完成了同样任务的人，那些在可触及范围内使用手机的人的工作效率低得多(Freidman, 2014)。智能手机不仅分散了人们的注意力，而且对社交媒体信息的不断预期也会使记忆处理和其他认知功能受损，就连准备睡觉的时候，也会使大脑处于警觉状态。

随着信息变得触手可及和世界的发展，大量信息已经成为记忆的障碍，而不是我们人类的资产。在一篇名为"便捷使你变得愚蠢"的文章中，调查记者罗恩·弗里德曼(Ron Friedman)引用了一系列研究，这些研究揭示了一直使用智能手机上网的问题。在第一项研究中，两组人都需要完成一项任务：第一组人可以把手机放在触手可及的地方(在他们工作的桌子上)，第二组人则不能使用他们的智能手机。结果显示，可以使用智能手机的组比对照组的任务表现糟糕20%。在一项类似的研究中，人们被要求参加面对面的谈话，那些可以用智能手机的人发现，与他们交谈的人很无聊，而那些没有智能手机的人没有这样的感受。

结果显示，当一个人的注意力被任务和对短信、电子邮件、电话或社交媒体帖子的预期分散时("专心致志"的对立面)，记忆功能就会被破坏。为了让信息从短期记忆传递到长期记忆，大脑需要休息的时间。当人们痴迷于屏幕时，大脑就没有时间休息，从短期记忆到长期记忆，无法进行必要的信息转换。

同样，一项研究验证了在手写课堂笔记与在电脑上做笔记之间，哪一种有利于记忆形成，结果显示，老式的笔记更利于记忆。当人们聆听和手写的时候，他们要去综合信息，而不仅仅是进行数字化转录，从而更好地展示记忆内容。弗里德曼提出了以下建议来避免数字失智症(digital dementia)：(1)关闭智能手机；(2)关闭电子邮件和信息通知；(3)制定每天的不分心时间计划表。

信息时代的支柱——电信业和通信行业——的繁荣发展，导致美国和全球社会的生活方式在一夜之间发生了转变。在《技术压力》(*Technostress*)一书中，作者韦尔和罗森(Weil & Rosen)认为，在未来的几年里，科学技术的快速发展只会以更高的速度继续下去，给"24/7"这个词赋予了全新的意义。他们预测，和其他人一样，大多数人无法很好地应对这种变化。结果将会是带来更多的压力、更多的疾病、更多的广告、更多的功能障碍，以及更多的个人生活的不平衡(Alter, 2017)。人们普遍认为，技术变革的速度远远超过了伴随创造而来的责任和道德准则的发展水平。以下是目前影响我们生活的某些技术压力：

- **信息过载**：由于脸谱网更新、短信、电子邮件、弹出广告、智能手机应用程序、网站和拼趣(Pinterest)[②]帖子的泛滥，人们很容易被信息淹

---

① FOMO(社交控)，是fear of missing out的缩写，指那些总害怕错过微博、朋友圈等社交媒体中的新鲜事的人。——译者注

② 一款采用瀑布流的形式展现图片内容的手机应用软件，无需用户翻页，新的图片不断自动加载在页面底端，可让用户不断发现新的图片。——译者注

没。除了删除垃圾邮件和关闭弹出式广告，仅仅是检查和回复大量的短信、电子邮件、推文和语音邮件，每天就会花掉你几小时的时间。研究显示，过多的信息，加上各种访问手段，导致了现在所谓的“脑冻结”“信息瘫痪”和“信息压力”，使人变得优柔寡断、无法集中注意力、记忆力减退（Begley, 2011）。

- **网络欺凌**：欺凌可能是一种永恒的“消遣”活动，但通过网络进行骚扰、指责、诽谤和散播谣言，将这种行为在线传播给全球用户，会损毁一个人的声誉。（一些人就是因为网络欺凌而自杀的。）
- **身份盗窃**：除了银行账户号码和信用卡密码，身份盗用现在包括盗取并冒名他人的脸谱网和推特账户。一个人的身份可能会在几秒内被窃取，但可能需要几个月才能恢复。
- **网络黑客**：有人侵入你的在线账户是一方面（这让人备感压力），而且随着国际黑客活动的增多，风险也越来越高，其中最明显的是海外人士渗透到方方面面，从网上银行系统和新闻媒体，到电网联网的电力公司。
- **带宽和云的问题**：如果你曾经尝试下载和观看一部电影，却发现有带宽问题，你就会明白技术压力的含义。随着越来越多的应用程序和软件只能通过云计算进行，当存在云可访问性问题时，压力就会出现。
- **界限**：不到 20 年前，个人生活和职业生活之间有着明确的界限。在当今时代，界限已经被打破，出现了一种很难分辨在哪里结束和从哪里开始的尴尬局面。有了智能手机和平板电脑，人类就可以随时访问网络。人们觉得有必要把这些设备带入电影院、剧院、餐馆、度假地，甚至会带着它们上床睡觉。虽然“24/7”这个词最初是用在零售业上的，但现在它表达的是不间断的可访问性。
- **隐私**：有了持续的可访问性，一个人就没有了隐私。此外，随着人们在互联网上进行大量购买，每个人都会拥有一个消费者简介，然后被卖给其他供应商。从曲奇饼干到书签，再到网络欺凌和身份盗用，隐私在信息时代已经成为一个严肃的问题。随着微芯片缩小到分子大小，信息存储预计将从智能卡扩展到生物技术植入物上。
- **道德标准**：随着人类基因组计划的完成，科学家们也许能够识别出可能遗传基因疾病的人。尽管这一信息可能会给治愈疾病带来深刻启示，但人们担心这些信息落入保险公司手中，这些保险公司会根据遗传图谱撤销保单。基因研究中的科学突破也引发了其他道德和伦理方面的担忧，比如基因克隆和转基因食品。
- **更少的家庭时间**：看电视是可以和家人一起进行的活动，但上网是一种孤独的活动。因此，随着人们在电脑和手机上花费的虚拟时间越来越多，彼此交流的时间越来越少了。
- **在线约会**：随着人们把越来越多的时间花在电脑上，进行社交活动的时间就变少了。很多人都在寻求脸谱网、姻缘网及电子和谐网（eHarmony）的帮助来寻找伴侣。尽管很多人很高兴有了这种结识新朋友的新方式，并且非常幸运地找到了伴侣，但是有些人在网上遭遇了发布虚假信息的对象，未能得偿所愿。
- **Wi-Fi 的压力**：如果你想偷听别人的谈话，或者浏览社交网站的推文，你会很快注意到诸如网络中立性、云失真和带宽访问等问题几乎给所有与互联网相关的人带来了巨大的压力。随着越来越多的内容可以在网上进行查阅，这将导致更高的服务费用，使本来就紧张的预算更加紧张。
- **技术和代沟**：你是否经常被父母要求协助他们完成和新技术相关的事情，比如帮助他们操作 iPod 和数码相机，下载音乐文件，安装软件包，升级操作系统，下载应用程序，或者在家里安装无线网络？在年轻一代中，这并不稀奇，他们觉得自己随时需要为父母“提供技术支持”。

文明衰退

你有没有注意到当今时代的人们看起来更加脾气暴躁、急躁、愤世嫉俗、以自我为中心，甚至有时还野蛮粗鲁？如果有，那么可以告诉你，并不只有你这么认为。一些令人不安的重要新闻标题评论表明，美国文化中存在高度躁动的因素。

- 为什么我们的互联网会被仇恨文化所取代。
- 做礼拜的人在周日的礼拜仪式上被杀。
- 网络骚扰是常态。
- 一男子在闯红灯后向女子开枪。
- 在课堂上，大多数大学生都在发短信。

礼貌，通过社交礼仪所表达的内涵，是指举止得体的行为。许多人认为当今的文化非常缺乏礼仪方面的基本规则。《更新的美国价值观》（*Renewing Values in America*）一书的作者尼撒·拉拉斯（Nitsa Lallas）将这种缺乏礼貌行为归咎于自恋和国家价值观的缺失，这不仅导致了社会的不安，也导致了2008—2009 年经济衰退时期的经济混乱。

此外，在过去的几年中，人们相互交流的方式发生了一场革命性变革，这极大地改变了我们文化的社会结构，尤其是我们在面对面的情况下如何交流。即时可达性已经播下了不耐烦的种子。礼貌已被粗暴取代。在网络上和打电话时咆哮的行为方式延续到了体育赛事和政治集会中，人们会当面大吵大闹。对许多人来说，社交礼仪（例如，得体的行为和优先考虑他人）对于大多数人来说都变得微不足道了，尤其是当身为受害者的体验在爆发的愤怒情绪中不断延续的时候。

当今时代对自我中心和自恋的放纵已经发展到了空前的高度，其中许多内容都和政治上的不文明息息相关（专栏 2.1）。为什么事态恶化到这样的程度？一些人将责任归咎于糟糕的育儿技能。许多人引用广播电台和各种新闻媒体的语言来传播不文明行为。另一些人则把矛头指向技术扩散和不断的自我推销（Meyer, 2008）。许多人说，“野蛮的美国人”是所有这些因素的综合。美国罗格斯大学注意到了美国的礼仪问题的恶化现象，开设了一项名为“礼仪项目”的课程，内容涉及手机礼仪、网络欺凌、公民体育精神、社会责任等（专栏 2.2）。其他大学很可能会遵循这一趋势（Lanman, 2010）。

专栏 2.1 政治上的不文明行为

在 2016 年的美国总统大选中，政治上的不文明程度创下新高，专家认为这是新常态。在总统竞选辩论期间，政治集会上爆发斗殴和候选人相互辱骂的情况并不鲜见。政治风气如此极端，以致各地的人们也与朋友和家人频频为此爆发纷争。人们似乎对持有不同观点的人更加严厉。社交媒体上的咆哮和欺凌已经达到空前的程度。许多人指责候选人、社交媒体和互联网造成了政治上的不文明现象。政治上的不文明反过来又会导致人们在生活的各个方面出现反社会行为，给不断增加的压力添加更大的负荷（Richards, 2016）。

根据《纽约时报》的一项研究，普通的美国年轻人现在把醒着的每一分钟（可能除了在学校上课）都花在了智能手机、电脑、电视或其他电子设备上。成年人似乎也没有什么不同。在电影院可以看到人们在发短信，在餐馆里也可以看到人们在打电话（即使有禁止使用的标志），人们还会一边开车一边发短信（尽管有越来越多地区的法律禁止这种行为）。2006 年，犹他大学的研究人员研究了这一现象：开车时使用手机的分心程度造成的危害是否与酒后驾车的影响相似。通过驾驶模拟器，人们发现，边使用手机边驾驶相当于血液中酒精含量为 0.08% 的醉驾行为，这是大多数州醉酒驾驶的划分标准。尽管许多人可能意识到了谈话和开车的危险，但很少有人愿意放弃这种社交的“多重任务”模式（Dossey, 2009）。

许多人使用科技来避免压力，这就导致社会普遍缺乏文明行为。例如，用推特提交辞职申请，通过脸谱网与女朋友或男朋友分手，或者把一封中伤他人的电子邮件发送给通讯录中的每一个人（图 2.4）。现代文明的缺失不能完全归咎于技术，然而通信设备的使用急剧增加也发挥了作用。你会如何评价自己目前的社交礼仪呢？

专栏 2.2　文明 101

（你父母应该教给你的事情）

下面列出了人们普遍接受的礼貌举止，这是可以增加人们文明行为的简短清单。礼貌可以通过礼仪来表达，其前提是尊重你的同胞（也被称为黄金法则）。

1. 总是说“请”和“谢谢”。
2. 称呼别人时，要看对方的眼睛。
3. 不要打断别人谈话，等他们说完再说。
4. 在公共场合不说粗鲁的语言。
5. 当有人进入房间时要站起来，并礼貌地与他们打招呼。
6. 当你被介绍给新人时，要与之握手。
7. 为进入或出去的人敞开大门。
8. 打喷嚏、咳嗽、打哈欠、咀嚼食物时要捂住嘴。
9. 等着大家一起吃饭。
10. 不要插队（如在机场、电影院等处）。
11. 不要把手机带到餐桌上。
12. 不要通过短信、脸谱网或电子邮件结束恋情。要当面解决。

美国人可能缺乏社交礼仪，但他们在世界各地都享有很高的地位，因为他们对穷人（如波士顿马拉松爆炸案的受害者、纽约和新泽西受飓风桑迪影响的居民，以及无数在中西部地区遭受龙卷风袭击的人）都很慷慨。然而，在观看《超级碗》（*Super Bowl*）或《美国好声音》（*The Voice*）时为抗震救灾发短信捐赠财物完全不同于面对面的交流以及礼貌的社交。而后者正是当今美国文化中最缺乏的直接的社交技巧。

与环境失联

即使你不经常听新闻，也无法忽视人类对地球的影响。“可持续性”这个词已经进入了美国词典，尽管大多数人在实践中基本上忽略了这个概念。从社会学的角度来看，地球可能不是你的家人或所在的单位和组织，但它是你的家，你和它的关系至关重要。现代社会的现状可以说是由于**环境脱节**导致的，在这种状态下，人们与自然环境之间如此脱节，以致无法了解自己对环境的影响程度。“**自然缺失症**”这个词是由获奖作家理查德·卢夫（Richard Louv）在他的《森林里的最后一个孩子》（*Last Child in the Woods*）一书中创造出来的，描述了人们与户外世界之间日益加深的鸿沟。事实证明，现在的孩子们更愿意玩电子游戏或上网，而不是去外面玩，因为那里没有电源插座。多年来，许多专家和杰出人士预测，随着人类与自然的距离越来越远，人们将会受到影响，主要是健康状况受损。

图 2.4　人们更少进行面对面交流了，更多的是通过屏幕进行交谈。在美国文明衰落的背景下，许多专家建议人们多学习一些社交技巧和面对面沟通技巧。

让我们继续回顾当今的新闻标题。

- 2016 年是历史上最热的一年。
- 孩子们在户外的时间比监狱囚犯的放风时间还要少。
- 水力压裂法与数百次地震有关。

礼貌（civility）：指举止良好和行为得体的表现。
环境脱节（environmental disconnect）：人们已经远离了自然，并无法理解大自然对人的有利影响的状态。
自然缺失症（nature deficit disorder）：由理查德·卢夫创造的一个术语，这一词语用于描述今天的一种常见行为（自我隔离），人们（特别是儿童）根本不接触外界环境，而与自然失去了联系。

- 地球二氧化碳浓度刚刚超过了400PPM[①]的气候阈值。
- 世界含水层的枯竭危机。
- 世界银行声称，气候变化使13亿人和1580亿美元处于危险之中。

有一个古老的问题：有多少天使能在大头针上跳舞？今天，这个无法预测的问题已经变成了“有多少人能够在地球上可持续地生活？”有趣的是，一些最早的关于压力生理学的研究涉及在笼子里放置异常多数量的大鼠，随着它们的环境、个体空间、食物供应和生活质量的下降，每增加一个居住者，紧张感都显著增加。今天，这些大鼠和人类的环境和行为之间的相似之处是很明显的，这就证明了“随着人口增长，行为减少”的公理。

为了支持这一前提，科学家最近回顾了关于全球气温升高与暴力事件增加之间关系的60多项研究。他们得出结论，随着全球气温升高，暴力事件、敌意和冲突也会相应增加（Kirwood，2013）。

也许你认为你喝的饮用水是安全的，但你也可能错了。由于铅污染，密歇根州弗林特市的居民被迫饮用瓶装水好几年了。铅是一种众所周知的会导致大脑功能失调的毒素，而在弗林特的饮用水中，这种毒素严重超标，这不仅导致了由自来水无法使用的不便而造成的压力，许多儿童还可能受到长期脑损伤的危险。弗林特的居民多年来一直被迫饮用瓶装水，但由于政治上的分歧，目前这种状况没有任何改善的迹象。弗林特居民最可能因为有毒饮用水上新闻头条，但他们并不是唯一关心这一问题的人。来自全美几个城市和社区的居民也面临类似的问题，至少亚利桑那州的纳瓦霍（Navajo）印第安人也面临着这一威胁。

在其他有关水的新闻中，由于全球变暖引起的海平面上升已经在迈阿密产生了影响，政府已经开始在城市和周边地区抬高公路，以应对因全球变暖导致的洪水问题。上升的海平面也吞噬了路易斯安那州的土地。事实上，据估计由于气候变化，这个“小河之州”每年要损失几平方千米的土地。路易斯安那州的地图形状曾像一只鞋，现在的地图面积已经比10年前小得多。

到目前为止，每个人都不仅听说过全球变暖的问题，还亲身感受到了变暖初期的影响：剧烈的风暴、炎热的夏季、更严重的干旱和极端天气。2010年，墨西哥湾的大规模石油泄漏事件突出了我们对石油的依赖问题。然而，对于一般人来说，更需要注意的是，水资源短缺的问题迫在眉睫，这将极大地影响每一个人。联合国前秘书长潘基文说，世界很可能因为争夺水资源而爆发战争。这种压力源如此严重，以至2010年4月的《国家地理》（*National Geographic*）整期报道了水资源和我们饥渴的世界这一主题。地球政策研究所（Earth Policy Institute）的环境学家莱斯特·布朗（Lester Brown）指出：当有价值的饮用水被用于水力压裂法之类的东西时，法律会判定收集雨水是违法行为，紧张局势会加剧。此外，人口快速增长、能源需求增加、农业灌溉需要、含水层枯竭和供水限制等因素会使水成为全球公民（包括美国人）面临的巨大压力。这里有一些关于水的事实，将影响现在和未来的几年。

- 地球上97.5%的水是咸的，只有2.5%的水是新鲜淡水。
- 2/3的淡水被冻结。
- 许多西部州（如得克萨斯州、亚利桑那州和加利福尼亚州）地下含水层的排水速度比自然恢复的速度更快。
- 许多淡水溪流中含有激素和抗生素，来自被冲入马桶的药物和农业径流中的石化肥料。
- 美国人每天在家使用大约378升水，而发展中国家中的人每天只使用19升水。
- 每生产0.45千克的牛肉需要用9463升水，每生产一条牛仔裤需要6814升水来种植棉花（表2.1）。

营养学家兼《纽约时报》记者简·布罗迪（Jane Brody）指出，美国人的维生素D摄入量不

---

① PPM是parts per million的缩写，意为“百万分之……”。——译者注

有人情味的压力

Courtesy of Juliet Simbo.

社会以及它所创造的文化经常是用隐喻来描述的。一个常见的隐喻是“社会结构（the social fabric[①]）”。对朱丽叶来说，更贴切的比喻可能是将其比喻成一块在儿时被人从她脚下拽走了的地毯。朱丽叶现在住在科罗拉多州的丹佛市，在 13 岁时，她和家人逃离了塞拉利昂——一个位于非洲西海岸的小国家。她引用好莱坞电影开始讲她的故事：

“如果你看过由莱昂纳多·迪卡普里奥（Leonardo DiCaprio）和詹妮弗·康纳利（Jennifer Connelly）主演的电影《血钻》(*Blood Diamond*)，你就能看到塞拉利昂内战的真实写照。我生活在这个世界上。1999 年 1 月 10 日，我目睹了父亲被一个叛乱者用枪指着，那人声称要杀了我的父亲，吸他的血，因为他公开反对当时发生在塞拉利昂的暴行。那持枪的人虽然最终饶了我父亲的命；然而他转身挑衅性地开枪打死了我们家的狗。由于人们的贪婪和仇恨，在塞拉利昂，有许多人死得毫无理由。我被这些事件彻底改变了，认识到我们的生命就像游走在剃刀边缘。”

作为一名美国移民，她必须迅速适应一种全新的文化，其中包含着高速公路、快餐、暴风雪、购物中心、丰富的生活方式、高科技和破碎的家庭结构等新鲜事物。

“一开始，当我试图进入美国生活方式的快车道时，我感到失落和孤独。”她解释。但随着时间的推移，朱丽叶变得不那么害羞了，她变得更加自信，成功地适应了一种新的生活方式。从大学毕业的几个月后，她的目光投向了新领域。朱丽叶希望有机会回到非洲，利用她的知识、技能和经验，让世界变得更美好，她决心从严重的饥饿问题开始。

朱丽叶以一种积极的方式运用了她对文化差异的经验，并希望其他人也会这样做。正如她在高中毕业演讲中所说的，“我对你们说，睁开你们的眼睛，看看国境线之外的世界。感受人类在世界各地的存在，了解他们，甚至体验他们的文化。我希望有一天，你能像我一样感激你对不同的土地和人民的了解。我感谢你成为我的世界的一部分，我欢迎你来我的世界。”

表 2.1　水的实际消耗

生产所需用水量/加仑[②]	2500	756	469	1800	2800	634	37
	0.45千克 牛肉	0.45千克 猪肉	0.45千克 鸡肉	一条 牛仔裤	一张 床单	一个 汉堡	一杯 咖啡

注：淡水消耗远比人们意识到的广泛。仔细观察的话，你会发现很多隐藏的水消耗量。“虚拟水”一词用来描述生产一种产品所需的用水量；从本质上说，这是一种“水足迹”。

Data from National Geographic Society. *Water: Our Thirsty World* [special issue], *National Geographic*, April 2010; and Water Footprint Network. Accessed February 16, 2011.

---

① fabric 一词原意为“织物”。——译者注

② 1 美制加仑 =3.79 升。——译者注

足，这是人们首次注意到这一点。缺乏维生素 D 是由于缺乏阳光照射和不良的饮食习惯。阳光通常被称为“阳光维生素”，因为当阳光照射到皮肤上时，它会起作用，帮助人体合成维生素 D。在当今社会，人们很少花时间在户外度过，不愿意让自己暴露在充沛的阳光下（图 2.5）。

图 2.5　包括儿童在内的人们在户外和大自然当中的时间太少了。许多孩子喜欢玩电脑游戏或上网。脱离自然对人的健康可能是有害的，不暴露在天然的阳光中就无法促进维生素 D 的吸收。

维生素 D 并不是唯一的营养 / 环境问题。纪录片《食品公司》（*Food, Inc.*）或卡尔·韦伯（Karl Weber）的原著能让人敏锐地意识到，从家庭农场转变为工业农场在过去几十年里大大破坏了食品——主要是鸡肉和牛肉——的质量，同时促进了鼓励果糖含量很高的玉米糖浆制品的扩散。食品工业的变化，加上运动不足，是近年来肥胖率急剧增加的重要原因。

遗憾的是，我们缺少阳光维生素，却接触了大量的塑料，不仅仅是塞满垃圾填埋场的水瓶。苏珊·弗赖恩克尔（Susan Freinkel）在广受好评的新书《塑料——一个有毒的爱情故事》（*Plastic: A Toxic Love Story*）中，揭露了这一事实，凸显了一种可怕的生态压力：许多塑料（从石油和天然气中提炼出来）一度被认为是惰性的，现在人们发现它们将合成雌激素泄漏到水体和食物中，进而干扰我们内分泌系统中的激素，而内分泌系统负责协调生长、发育和免疫系统，邻苯二甲酸盐是对人体健康最大的威胁之一。

一些世界顶级科学家对人类的未来并不乐观，因为我们已经给环境施加了压力，反过来就是对我们自己构成威胁（图 2.6）。物理学家斯蒂芬·霍金（Stephen Hawking）对人类的未来也不乐观，除非我们迅速学会改变生活方式。2010 年，他在接受《赫芬顿邮报》博客采访时表示：我们正进入一个历史上最危险的时期。生存曾不止一次地变成一触即发的问题。我们正在迅速消耗地球所提供的有限的自然资源，而我们的遗传因素带有自私和侵略性的本能。哈佛大学生物学家 E. O. 威尔逊（E. O. Wilson）等人把在当今时代生物多样性的丧失比作地球上的“第六次大规模灭绝”，狩猎和捕捞、自然栖息地的消失以及污染是主要原因（Eldredge, 2001）。与此同时，社会学家贾里德·戴蒙德（Jared Diamond）警告说，如果我们对资源的使用没有做出积极的改变，我们也将面临灭绝。

并非所有关于人类未来的观点都如此悲观。事实上，有几个相当乐观的迹象，但我们必须立即采取行动。想想细胞生物学家和哲学家布鲁斯·利

图 2.6　在每一代人中，都有人预测人类的灭亡。世界并没有走到尽头，但我们的未来肯定取决于我们现在采取的行动。

普顿（Bruce Lipton）的观点，在他的《自然进化》（*Spontaneous Evolution*）一书中说："社会上的我们开始意识到，我们当前的信念是有害的，我们的世界处于非常危险的境地。新科学（量子物理学、心理学和生物学的关系）为人类的未来铺平了道路，促使行星走上正常的轨道。"利普顿使用整体主义模型（在这一模型中，所有部分都受到重视，并且是为了更大的目的聚到一起的）作为他乐观主义的模板。越来越多的社会名人也在分享人类转变意识的乐观范例（Schlitz, 2010），包括未来学家芭芭拉·马克思-哈伯德（Barbara Marx-Hubbard）、作家琼·休斯敦（Jean Houston）、克里斯蒂娜·佩奇（Christine Page）、宇航员埃德加·米切尔（Edgar Mitchell）、伊丽莎白·萨特里斯（Elizabeth Sartoris）以及格雷格·布雷登（Gregg Braden）。用摇滚乐手斯廷（Sting）的话来说，"是的，我们正处在一场可怕的环境危机中，但我认为作为一个物种，我们是在危机中进化的。这是唯一一线希望，真的"（Richter, 2010）。

2016 年 11 月 5 日，正式生效的《巴黎气候变化协定》——对二氧化碳排放进行了限制——以及阻止全球变暖的其他战略，成了另一缕希望之光。

当技术压力、不文明（夹杂政治不稳定）和环境脱节结合在一起时，就形成了一场"完美的压力风暴"。压力社会学的这些方面是如何直接影响你的？考虑到这一点：随着气候变化造成更多的干旱，粮食价格将会上涨。随着废弃科技产品（智能手机、平板电视等）中的化学物质污染水源，环境压力会增加。随着石油储量的减少，石油价格的上涨，所有与汽油相关的东西（食品、旅游、消费品）的价格将会上涨，这将增加人们日益增长的经济焦虑感。在 21 世纪，学习和使用有效的压力管理技能变得更加重要。

职业压力

社会学家认为，家庭是首要的社会结构，可以为社会提供支持，但也能带来压力。紧随其后的是工作环境。在理想的情况下，工作为人们提供了专业的满足感、创造性的出路和通往财富的道路，这也被许多员工视为压力的来源，美国压力研究所所长医学博士保罗·罗施（Paul Rosch）指出，在当今的美国社会，**职业压力**或工作压力长期处于历史高位（图 2.7）。他将工作压力定义为"个人认为的需要承担的职业责任，但很少有决策权"（Rosch, 1991）。

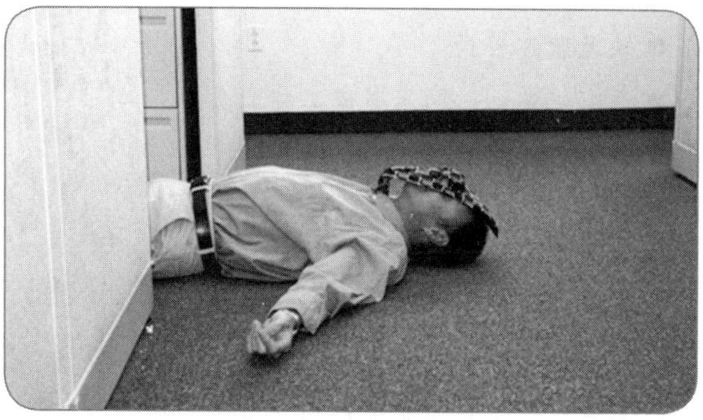

图 2.7 随着人们越发认为工作等同于价值，工人的职业倦怠达到了空前的程度。

根据 2013 年的哈里斯互动调查，83% 的美国员工声称自己压力很大，比 2012 年增加了 10%。压力增加的原因是低工资、不合理的工作负担、不好相处的同事、工作和生活难以平衡，以及害怕被解雇（Perman, 2013）。这些人很少利用工作现场提供的员工帮助计划（Scott, 2007）。职场压力的最初迹象之一是工作倦怠，其次是旷工。"走神儿"这个词用来描述在行动中无法全身心投入的现象。

在工作效率或企业利润的基线方面，压力的成本并不是微不足道的。罗施指出，职业压力造成的财政后果是每年要平均花费 2000 亿美元。此外，60% ～ 80% 的工业事故都是由压力引起的，80% 以上的办公室人员都是看过初级的保健医生，也许最令人震惊的是，与压力有关的工人索赔激增，90% 的索赔都是通过和解获得的。

导致工作压力的原因是什么？（图 2.8）看法也许因人而异，以下是美国安全理事会（National

> **职业压力（occupational stress）**：与职业相关的压力，通常来源于在工作中很少或根本没有权力去做决策，但是具有对工作的强责任感。

Safety Council, 2011）编制的清单。

- 缺乏工作保障。
- 在权力很小或没有权力的情况下承担太多责任。
- 不切实际的期望、期限和配额。
- 企业裁员、重组或重新安置工作。
- 培训不足。
- 缺乏欣赏表扬。
- 没有足够的时间来完成工作职责。
- 无法表达关心。
- 缺乏创造力和自主性。
- 资源太少。
- 缺乏明确的职位描述。
- 通勤和交通困难。
- 与技术的发展很难保持同速。
- 儿童保育不足。
- 工作条件差（照明、通风、噪声）。
- 性骚扰和种族歧视。
- 工作场所暴力。

罗施指出，公共卫生服务要以压力管理课程为重中之重，提高工作场所卫生标准。然而，他调查了几百个与职业安全与健康办公室（Office of Occupational Safety and Health）合作的压力管理计划，发现只有少数计划是在企业或工作场所中授课的，也无法达到积极改变员工生活方式的目的。而这些压力管理课程能够有效减少疾病和旷工，使员工士气高涨，生产力提高。

"在人生最好的时光里，你在做不喜欢的工作，买一些你不需要的东西来维持你不喜欢的生活方式。对我来说，这听起来太疯狂了！"

图 2.8

不幸的是，工作场所中的压力不太可能马上减小。在接下来的 10 年里，更多的公司将合并，这意味着更多的公司重组。为了安抚股东，这些公司将采取削减预算的方法，特别是放弃高级员工，起用年轻和卖力的劳动力，或用外包工作取代他们。

种族和性别压力

在 2014—2016 年，美国举行了几次有关种族和性别压力问题的全国性活动，这其中包括“黑人的命也是命（Black Lives Matter）”运动和 2016 年美国总统竞选。

美国是一个移民国家，经常被称为一个大熔炉，但最近又有了另一个隐喻被用来形容美国人：把不同文化搅拌在一起的沙拉。目前，种族和民族问题仍常常登上新闻头条，例如，全国非法外籍人员问题、剥夺佛罗里达州的非裔选民权利、新奥尔良的贫困地区以及穆斯林面临的歧视。单是列举这几个问题就很明显了。然而，种族和性别压力的紧张局势并不是新鲜事了。有人可能会争辩，这个问题本身就像人类一样古老。从前，人们感受到了有不同肤色、族群、性别、宗教或性取向的人带来的威胁。2008 年，第一位非裔美国人竞选总统，引发了全国性讨论。但是问题仍然还是没有解决。

还记得吗？压力被定义为一种由自我产生的可感知的威胁，这些威胁以各种方式显现，包括刻板印象、偏见、歧视、骚扰，甚至人身伤害。种族和性别压力可能从生命的早期就开始了。许多孩子可能因为种族或性别而在上小学时就被欺凌过，或者因为他们的社会派别而被排斥和戏弄过。与此相关的情绪压力包括低自尊、疏离和焦虑。每个人都希望被接受。

社会该如何帮助人们缓解种族和性别压力？反欺凌计划正在实施中，全美许多学校帮助孩子和家长提高校园欺凌和网络欺凌危害意识。在电视上，许多节目都尝试以更好地方式反映美国社会的人口特征，以及各种种族和性别认同问题。2017 年 1 月，华盛顿女权组织关于性别不平等问题的声明也有强劲表现。虽然这些都在朝正确方向迈进，但是单靠学校课程、在华盛顿特区游行以及电视节目不能在一夜之间改变世界。这只是一个开始。请记住，当人们表现出对你的种族、性别、族群背景或任何与之相关的偏见时，他们都在掩饰对你的恐惧。常见的反应就是以压力面对压力，最好的答案是克服压力并走正道。

专家提醒我们，社会的文化结构正在发生巨大的转变，这在人类历史上是极其重要的。的确，我们是我们社会的产物，社会在人口、技术、经济、全球变暖和其他几个因素方面处于快速变化的状态，这些因素导致了一个日益动态变化的局面。最终，每个人都会受到影响。应对这些变化的最佳策略就是适应它们。

总 结

1. 社会学被描述为研究人类在家庭、组织和机构中的社会行为的学科。社会压力是当今文化中不可忽视的一种力量。曾经被称为未来冲击的社会问题海啸，现在被称为超级压力，指无法应对巨大的变化。
2. 没有人能逃脱社会压力。
3. 技术压力这个术语用于描述技术革新带来的无法承受的感官轰炸和压倒性挫折感。技术压力随着个人计算机而出现，随着时代发展和社交网络沉迷的加剧而发展。人体如果总是处于“开启”状态，结果就是出现倦怠和身体健康问题。
4. 社会压力包括社交礼节的衰退，缺乏礼貌（表现为粗鲁、不耐烦）的行为正在增多。
5. 专家提到，社会压力的一种呈现方式就是与环境失联：越来越无视环境的重要性，例如那些剧烈的变化，以致从淡水供应减少，到食品质量下降，再到环境污染加剧，这些将对每个人的生活方式和健康产生重大影响。
6. 自然缺失症是描述人类缺乏与自然接触而产生一系列问题的术语。其中一个结果是阳光照射量不足，导致维生素 D 缺乏症。
7. 大多数人能从工作或事业中获得自我价值，但许多美国人称他们的工作压力太大，消极的生活方式影响了自我价值感、自尊、家庭关系以及许多其他方面。
8. 种族和性别问题一直存在于社会结构中，很难改变，并且会持续造成严重压力，尤其是当人们在数字时代肆无忌惮地表达自己时。

学习指导题

1. 如何定义社会学这一术语？如何描述压力社会学的概念？
2. 如何解释技术压力这个概念？
3. 技术压力与哪些因素相关？
4. 什么是电子成瘾？
5. 信息和感觉超载对脑功能和认知能力有什么影响？
6. 在社交礼仪方面，压力如何影响我们与其他人的关系？
7. 什么因素与环境脱节有关？
8. 举例说明社会在缓解种族和性别压力方面可以提供哪些帮助？

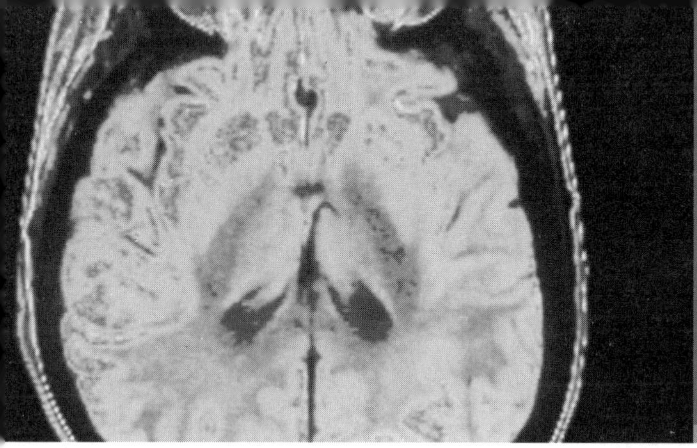

第 3 章

压力生理学

要理解应激反应，只有心理学基础知识是不够的，
还要兼备生理学基础知识。
——乔治·埃弗利（George Everly）

汉斯·塞利发现，持久性压力与身体过度损耗存在直接联系，为我们更深入地了解生理系统工作方式的极端复杂性与整合性奠定了基础。也许是因为上述发现以及人们的身体素质急剧下降，使得压力生理学越来越为人们所重视。本章将介绍一些基本概念，用以解释应激反应的生理动因，尤其是压力对机体的即刻效应、中间效应与延迟效应。上述过程可以用"通路"来解释，通路使应激反应按照系统化、综合性的几个步骤进行。生理学会涉及一些日常生活中很少用到的术语，因此你会发现本章别具一格，内容非常翔实。读者可以更深入领会、理解并掌握机体应对压力的方式。当我们采取一些措施（尤其是运用放松技巧）以图有效改善压力带来的不良反应时，在压力刺激下，个体间生理过程的极度相似性显得非常重要。例如，运用特殊意象、心象、音乐疗法及生物反馈时，了解机体的反应方式非常重要。

在许多领域中，涉及上述主题的就是心理生理学。**心理生理学**意指，先前诱发应激反应的感官刺激，在激活一个或多个生理通路之前，一定得到了心理水平的加工。换句话说，心理生理学暗指身心之间存在联系，许多疾病都是身心失调的结果，疾病源自高级心理活动。尽管对于彻底理解人类生理活动，笛卡尔提出的身心二元论已经不再适用，但要理解整体的人，必须领会两者之间是如何联结为一个整体的。

与压力生理学直接相关的系统有三个：神经系统、内分泌系统和免疫系统，三者均可以由个体觉知的威胁信息诱发反应。

中枢神经系统

神经系统可分为两部分：**中枢神经系统（CNS）**与周围神经系统。前者由脑和脊髓组成，后者由所有到达终端的神经通路组成。人类大脑可以进一步分为三个水平：植物神经水平、边缘系统及新皮层水平（如图 3.1）。

心理生理学（psychophysiology）：基于"心身一体"理论建立的学科，认为思维与感知潜在地影响生理的各个方面。

中枢神经系统（central nervous system，CNS）：由脑和脊髓组成；周围神经系统（peripheral nervous system，PNS）由到达终端的所有神经通路组成。

植物神经水平

人脑的最低水平由网状结构和脑干两部分组成。网状结构，尤其是构成**网状激活系统（RAS）**的神经纤维，是连接大脑与脊髓的纽带。一些压力生理学家认为，网状结构是连接心理与机体的桥梁，使两者能彼此沟通（图 3.2）。脑干由脑桥、延髓与中脑组成，主要负责人体自主性活动，譬如心跳、呼吸与血管舒缩。人们认为，脑干是大脑自动化控制中心，保证维系生命的主要器官与植物神经时刻正常运转。脑干是人脑最原始的部分，这与其他哺乳动物类似。

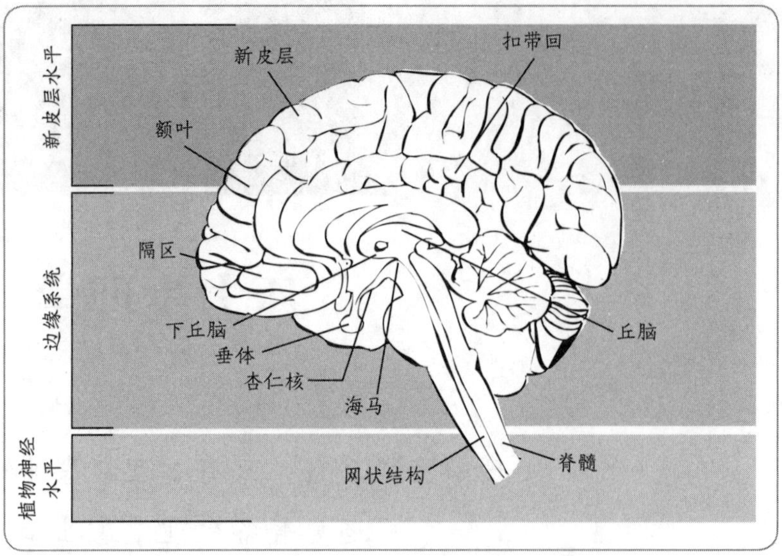

图 3.1 人脑可分为三个水平：植物神经水平、边缘系统和新皮层水平。

图 3.2 工作中的脑生理学。

边缘系统

大脑的第二（中间）水平称为边缘系统。**边缘系统**是情绪控制中心。坎农发现，边缘系统中多个神经中枢直接负责构成应激反应事件所引起的生化信息传递。边缘系统由丘脑、下丘脑、杏仁核及垂体组成，众所周知，垂体是内分泌腺之首。上述四部分协调工作，共同维护内稳态。例如，下丘脑控制食欲与体温。同时，下丘脑似乎也是痛苦与快乐中心；鉴于此，人们经常把下丘脑视为情绪中枢。下丘脑同时具有以上几种功能，也就可以解释为什么当体温与环境温度趋平时，饥饿感会降低；为什么在极度焦虑的时候，食欲会下降。研究证据充分证明，杏仁核首先感知到恐惧。当个体面临危险时，下丘脑执行四种特殊功能：激活自主神经系统，刺激促肾上腺皮质激素分泌，产生抗利尿激素或后叶加压素，刺激甲状腺分泌甲状腺素。上述内容均将在后面章节中详细讨论。

新皮层水平

新皮层是大脑中最高级又最复杂的一部分。正是在新皮层，个体才会将感官信息加工（解码）为威胁性或没有威胁性的信息，这里还是产生认知（思维过程）的地方。新皮层中存在特殊的神经机制，使得个体可以分析、想象、创作、生成直觉、逻辑加工、记忆以及组织信息。有人认为，正是这部分高度发达的脑组织，将人类从其他物种中分化出来。

图 3.1 表明，大脑的层级结构决定了较高水平脑区能够对低水平区域施加影响。因此，意识思维会影响情绪反应，意识同样可以调节植物神经系统

专栏 3.1 再论杏仁核

大脑中有许多涉及意识、压力和行为的区域。在过去的几年里，大脑中已知的小杏仁状部分被称作杏仁核。由于杏仁核是边缘系统中的一个很关键的结构，运用功能性磁共振成像（functional magnetic resonance imaging, fMRI）技术对杏仁核进行研究激起了研究人员的兴趣。几十年来，科学家们研究了解到杏仁核与攻击行为（愤怒）以及与之相关的恐惧、焦虑情绪和行为有关。此外，研究发现，杏仁核负责形成和巩固那些激起了强烈情绪反应（包括愤怒和恐惧）的记忆。有研究者提出，这些记忆通过神经突触被印记。也许这是一个祖先遗传下来的生存动力（例如，对响尾蛇的警觉）。通过杏仁核和海马之间复杂的联系，特定的过去记忆可以本能地重复“战或逃”的反应，而不需要思索。最近的研究把杏仁核与酗酒联系在一起，这种联系可能与压力有关。

对心跳速率、呼吸频率甚至血流量的自动化控制。当个体学习应对技巧，以及为摆脱压力、恢复内稳态而设计的放松技巧时，认识到上述事实显得非常重要。

神经纤维网为中枢神经系统提供营养，它独立于中枢神经系统，却能与其协调工作。该神经束（周围神经系统）由两个独立网络组成。首先是神经细胞体网络，它是一个双向传导环路，负责在神经通路内传递五种感官与脑高级中枢之间产生的信息，称为传出（指向周围）与传入（指向大脑）神经通路。周围神经系统的第二部分是**自主神经系统（ANS）**。自主神经系统调节内脏活动与生命器官，包括循环、消化、呼吸与体温调节。之所以如此命名，是因为在多数情况下，该系统不受意识控制。

内分泌学家布鲁斯·麦克尤恩（Bruce McEwen）的研究表明，机体会对初始压力刺激留下深刻印象以在将来予以回避，但是持久性压力会通过削弱海马神经元的活动而削弱记忆。研究者认为，慢性压力会削弱海马神经元之间脆弱的神经联系，导致脑萎缩。

就在几年前，人们还认为自主神经系统与控制肌肉运动的自主性躯体系统是不同的，前者不受意识调节。但是现在，人们认为上述两种系统均受更高级心理活动的影响（在第 24 章和第 25 章将对该主题进行更多的讨论）。自主神经系统与中枢神经系统密切配合，协同工作，共同维护内稳态。自主神经系统由两部分组成：**交感神经系统**与**副交感神经系统**，两者均受下丘脑控制。两者通过神经纤维，支配（刺激）身体的许多器官。

自主神经系统

交感与副交感神经系统

交感神经系统会负责战或逃反应（如图 3.3）。通过将儿茶酚胺类神经递质（尤其是**肾上腺素**与**去甲肾上腺素**）释放于多种神经突触内，许多器官会产生一系列变化，为加快新陈代谢与躯体运动做好准备。交感神经冲动能促进能量消耗，能量消耗具有**分解代谢功能**，通过将各种代谢物转

网状激活系统（reticular activating system，RAS）：连接脑与脊髓的神经纤维。

边缘系统（limbic system）：大脑中级水平，包括下丘脑和杏仁核，一般认为两者负责情绪加工。

自主神经系统（autonomic nervous system，ANS）：由交感神经（负责唤醒）与副交感神经系统（负责放松）组成。该部分中枢神经系统不需要意识控制；呼吸与心跳频率等均受其自发调节。

交感神经系统（sympathetic）：中枢神经系统的一个分支，当威胁性刺激出现时，触发战或逃反应。

副交感神经系统（parasympathetic）：中枢神经系统的一个分支，通过副交感反应，使有机体平静下来。

肾上腺素（epinephrine）：一种儿茶酚胺类神经化学递质，应对压力时，刺激躯体即刻做好准备，包括增加心率及血压，与去甲肾上腺素协调工作。

去甲肾上腺素（norepinephrine）：一种儿茶酚胺类神经化学递质，应对压力时，刺激躯体即刻做好准备，包括增加心率及血压，与肾上腺素协调工作。

分解代谢功能（catabolic functioning）：一种新陈代谢过程，在为活动（战或逃）做准备或者反应的过程中，将代谢物分解为能量。

专栏 3.2 近观惊恐发作

美国广播公司的《夜线》(*Nightline*)节目主持人丹·哈里斯(Dan Harris)本来没有打算进行每日的冥想练习。事实上，他以前根本不认为他会需要这种练习，直到他在一系列直播中惊恐发作。在他寻求心灵的平静(为了保住他的事业)时，他遇到了正念冥想。在他的畅销书《10% 更幸福》(*10% Happier*)中，他不仅讲述了他的故事，还认为冥想是一种技能，呼吁每个人都将冥想作为一种日常习惯。对于丹·哈里斯来说，遇到的问题是惊恐发作，但其实，现在的每个人都处在一种刺激性信息过载的状态中。

任何人都有过恐惧感突然袭来的经历，但有些人的状况更加严重，这通常被称为“惊恐发作”。惊恐发作又叫“类固醇的应激反应”。简单来说，它是交感神经系统的反应。惊恐发作可以发生在任何地方、任何时候，而且往往是出乎意料的。惊恐发作的生理症状包括过度换气、心跳加速、出汗、胸痛、窒息感、恶心、发冷、头晕、感到虚弱、刺痛感和肌肉震颤。有些人说那感觉就像心脏病发作一样。其他症状包括濒临死亡感、失去理智和“精神崩溃”。惊恐发作最常出现在成年早期，但可以发生在任何年龄。女人比男人更容易有惊恐发作倾向(Smith and Segal, 2016)。

惊恐发作都是突然发生的，并且经历惊恐发作的人往往感觉这种状况会一直持续下去，但事实上，惊恐发作的持续时间通常为 10 ～ 20 分钟(在极少数的情况下能持续 1 小时)。惊恐发作的原因是什么？虽然惊恐发作似乎是突然发生的，但每一次恐慌其实都是由一些被解码的感官刺激(或记忆)触发的，它会引起强烈的对未来的恐惧或忧虑。讽刺的是，有一些惊恐发作是因为害怕再一次发生惊恐发作而导致的(Baker, 2011)。

一些专家指出，惊恐发作可能是遗传性的，其他人则认为惊恐发作可能是由于杏仁核或者下丘脑控制的战或逃反应异常造成的。一些惊恐发作还与药物滥用有关，但绝大多数的惊恐发作是由压力引起的(夸大威胁的解释)。

对付惊恐发作最好的方法是什么？最好的策略是让自己回到此时此刻，然后坐在地上。专家建议，坐在地板上时要用你的背部靠着墙，把你的手和脚紧贴地面，并进行几次深呼吸。如果你愿意，再重复一遍这句话，“我的手和脚都紧贴地面了”。如果驾驶时突发惊恐发作，请靠边停车，将车子熄火，弯下腰把手垂下贴地，再重复一遍那句话，“我的手和脚已经完全紧贴地面了”。你可以通过有效的应对技巧和放松技巧来训练自己避免或尽量减少惊恐发作的影响(McDonagh, 2015)。

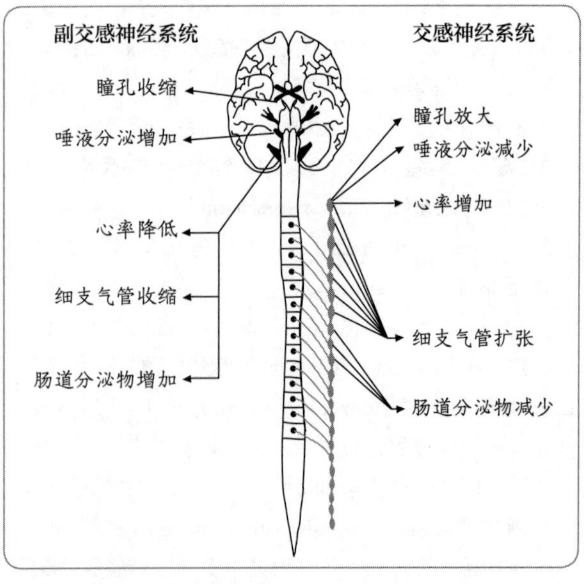

图 3.3 交感与副交感神经系统。来自两个系统的神经纤维支配着内脏器官。

化为能量，为躯体运动做好准备。通过释放肾上腺素与去甲肾上腺素，心率加快，心肌收缩力增强，血管壁工作肌群活动使动脉血管舒张，非工作肌群活动使动脉收缩，瞳孔放大，支气管扩张，呼吸频率增加，消化活动减弱，肝脏释放葡萄糖等，都让身体做好了战或逃的准备。交感神经系统为骨骼肌提供氧气充足、营养丰富的血液，以备新陈代谢。现在，人们认为，在压力应对期，当突触内肾上腺素与去甲肾上腺素的比例为 5 ∶ 1 时，后者有助于前者更好地发挥作用。肾上腺素与去甲肾上腺素的效应很短，只能持续几秒钟。神经递质在神经末梢释放得很快，对靶器官的影响也很短暂，所以人们认为交感神经系统活动具有**压力的即刻效应**。

有人情味的压力

© SuperStock/age fotostock

乔治今年 19 岁，但作为一名第一年驻扎伊拉克的海军，他所经受的压力使他显得无论是样貌还是声音都比实际年龄老 10 岁。我在檀香山国际机场遇到了乔治，我们当时都准备回科罗拉多。我刚结束休假，乔治刚从战场上归来。由于我们的航班延误，我们在登机口的长椅上开始了友好的交谈，但其实在大多数情况下，我只是负责倾听。

“除非你置身于战火之中，否则你不会明白压力是什么。你的身体一天 24 小时都处在警戒状态。即使你试图放松，也会不断地被唤醒。在战争地带，你永远不能完全放松。你能感觉到心脏在胸腔内不停地跳动；处于 1 周 7 天、每天 24 小时无停歇的激活状态！我只能习惯它。我的所有感官都高度敏感，不知道下一次会面对什么，但总是要准备好应对。这是我第二次回家，就在我们当下的交谈中，我依然处于警戒状态。我一回到家，第一件事就是侦察所有逃生通道的位置。这是为了生存而养成的习惯。你在战争中永远不会完全放松。悲哀的是，就算置身于战争之外，我也一直保持着这种状态，就像现在这样。”

“战争所带来的压力之大是难以想象的。在巡逻中遇到简易爆炸装置时，压力会大到极为糟糕的状态。因为简易爆炸装置，我已经失去了几个朋友。那时你会直接进入一种反应模式：止血！我们以前训练过如何在第一时间进行急救，但是我们一直祈祷永远用不上它。当炸弹爆炸时，你没有时间害怕。你只是反应。马上止血，不管是谁在流血，不管是什么东西在流血，反应只有止血。一般是胳膊或腿被炸掉，我曾见过会把你的头发烫成卷的物质。不管怎样进行基本训练，在战争中，你永远做不好准备。我认识几个患有 PTSD 的人。其实，直到我到了伊拉克，我才相信 PTSD 是真实存在的。晚上，我会做疯狂的梦。他们说做噩梦是 PTSD 症状的一部分，但是怎么可能不做噩梦？毕竟那可是战争……你的头脑正在处理前一天发生的所有事情。对于大多数人来说，尤其是对美国人来说，战争不是正常的事情。”

“是的，他们（军官）会分发精神药物，使士兵保持健康。那东西只会让我们更加兴奋而已！我们其实不想这样。在战争之外，我们需要智慧和思考。相信我……战场是最有压力的地方。”

交感神经冲动能加速能量消耗，而副交感神经冲动则会使能量得到保存，身体得到放松。后者具有**合成代谢功能**，在副交感神经支配下，细胞开始重新获得能量。第十条脑神经，即迷走神经，控制着副交感神经系统，同时又受到脑干的影响。副交感神经激活后，通过释放**乙酰胆碱**（一种神经递质），降低了新陈代谢活动，恢复内稳态。副交感神经冲动具有降低心率、呼吸频率、肌肉紧张度等功能。两种系统总是处于部分激活状态；不过，两者又相互排斥，不能同时控制内脏活动。两种系统协调作用，对内脏活动进行精确调节，就像驾驶时使用加速器与制动器一样。唤醒交感神经系统就如同

压力的即刻效应（immediate effects of stress）： 由于认知加工而引起的神经反应，释放肾上腺素与去甲肾上腺素，效应持续仅几秒钟。

合成代谢机能（anabotic functioning）： 使多种躯体细胞（如肌肉组织）再生或生长的生理过程。

乙酰胆碱（acetylcline）： 副交感神经系统释放的一种化学物质，帮助躯体从应激反应回归到平衡状态。

专栏 3.3 内分泌失调

内分泌系统是一个令人惊异又相当精巧的生化系统，可以保证体内生理平衡。例如，肾上腺分泌的压力激素脱氢异雄酮是一种性激素，随着个体老化，其分泌量逐渐减少。有人推测，补充脱氢异雄酮会提升人的精力和记忆力，可能延缓衰老过程，其效果与补充抗氧化剂、β 胡萝卜素、维生素 C、维生素 E 以及硒元素一样。大量研究结果显示，无论在动物还是人类身上，在精力与记忆力方面，均未发现显著改变。实际上，一些科学家指出，增加脱氢异雄酮（超过了人体正常分泌量）可能会诱发癌症。只有在医生建议时才推荐使用。

血清素与**褪黑素**并不是压力激素，但它们可能影响人的情绪。有人认为，抑郁发作与血清素和褪黑素的减少有关。影响脑内血清素水平的因素有很多，包括所摄入的食物中所含的自然或合成性化学物质、在一天中接受的日光照射量，还有一些未知的因素。目前还不清楚血清素是如何影响情绪的。压力也可能影响血清素水平。

踩了油门踏板，驱动个体应对压力；在非应激状态下，副交感神经系统开始影响机体活动，促进内稳态。换句话说，机体无法同时处于唤醒和放松状态。

不过，还有其他一些诱发生物化学反应的动力因素。例如，在躯体唤醒期，交感神经（非副交感神经）将乙酰胆碱释放于汗腺，以降低体内温度。交感神经与副交感神经对唾液腺的影响并非对抗性的，两者均可影响唾液分泌。除此之外，大部分血管兴奋受交感神经支配，只有男性阴茎与女性阴蒂的兴奋由副交感神经控制。

内分泌系统

内分泌系统由一系列遍布全身的腺体组成，具有调节持久性（非即刻性）新陈代谢的功能。内分泌系统由四部分组成：内分泌腺体、激素、循环及靶器官。内分泌腺产生并释放化学物质——激素。激素是一种由蛋白质化合物构成的化学信使，与特定受体部位结合，以改变（增加或减少）细胞的新陈代谢活动。通过连接内分泌腺与靶器官之间的血液循环，将腺体产生的激素传递到靶器官。心脏、骨骼肌以及动脉的新陈代谢变化均受激素影响。

与应激反应紧密相关的内分泌腺包括垂体、甲状腺与肾上腺。**垂体**被称为主腺，它能产生多种重要的激素，诱发其他腺体分泌激素。垂体似乎受**下丘脑**的直接影响（如图 3.4）。甲状腺活动

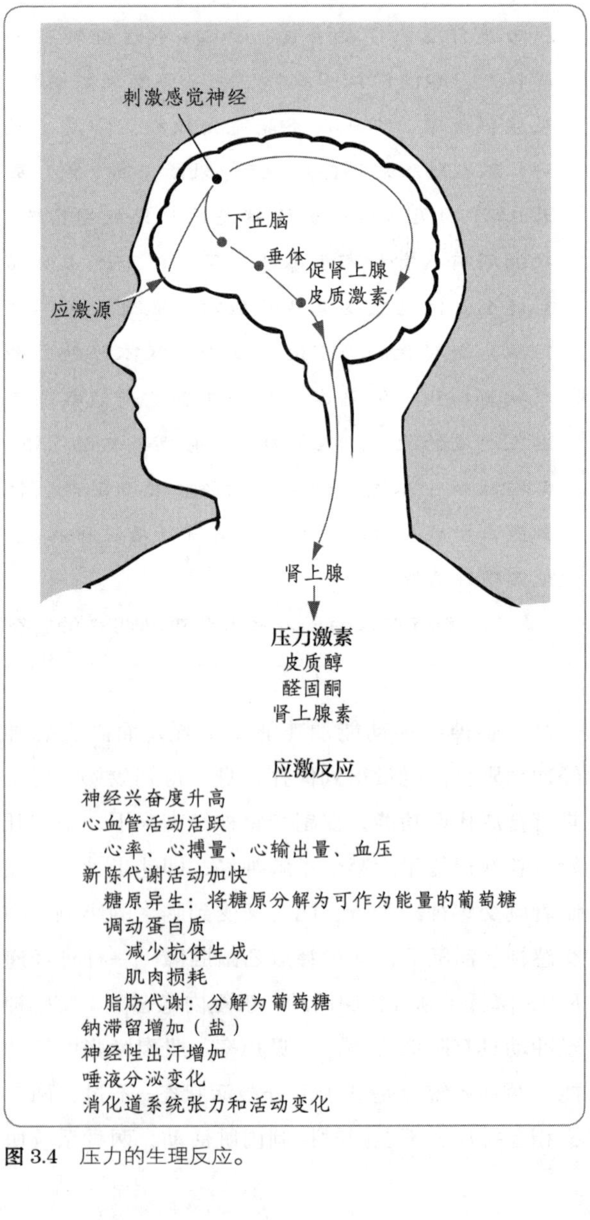

图 3.4 压力的生理反应。

可以增加总体新陈代谢率，但是对应激反应起直接影响的内分泌腺可能是**肾上腺**（如图 3.5）。肾上腺位于肾脏顶部，呈圆锥形，约有一个小柚子那么大。肾上腺由两个不同部分组成，两者所产生的激素的功能截然不同。肾上腺的外围称为肾上腺皮质，产生并释放皮质类固醇。**皮质类固醇**有两种：糖皮质激素与盐皮质激素。**糖皮质激素**是一族生化剂，包括**皮质醇**和可的松，主要是皮质醇。在糖原异生的过程中，皮质醇通过分解肝脏内的蛋白质（氨基酸），帮助产生葡萄糖，为身体运动时的中枢神经系统（大脑）与骨骼肌提供能量。皮质醇还与脂解过程（脂肪或脂肪酸的调动与消耗）有关。最近的临床研究表明，皮质醇增加与免疫系统功能降低有关。这似乎表明，皮质醇可以加速白细胞的代谢（衰变）。打个比喻，就如同木柴烧完后，为了继续取暖而燃烧家具一样。白细胞数量减少后，免疫系统效率降低，疾病可能随之而来。另有研究表明，皮质醇增多会使过量的胆固醇进入血液循环，致使动脉中血小板集结，导致高血压和冠心病。**盐皮质激素**，尤其是醛固酮，维持着血液循环调节中两种基本功能：血浆容量与电解质（钠和钾）平衡（本章稍后会对该机制进行详细讨论）。

肾上腺内部成分称为**肾上腺髓质**。肾上腺髓质分泌儿茶酚胺类递质（包括肾上腺素与去甲肾上腺素）。这些物质与交感神经末梢分泌的神经递质作用类似。80% 的肾上腺素及 20% 的去甲肾上腺素由肾上腺髓质分泌。在应激状态下，血液中肾上腺素的量可达休息状态下的 300 倍。

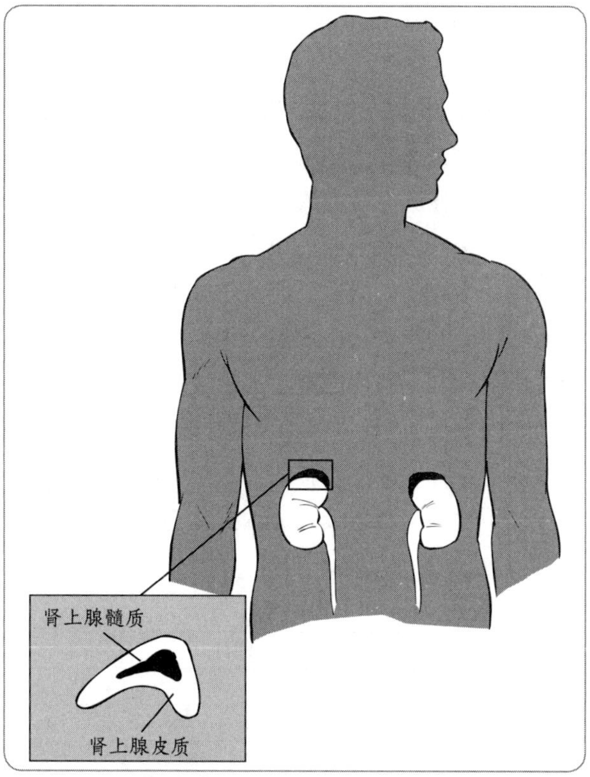

图 3.5 肾上腺由肾上腺皮质与肾上腺髓质构成，位于双侧肾脏顶部，外形类似圆锥。

血清素（serotonin）：5-羟色胺，一种与情绪有关的神经递质。血清素水平的降低被认为与抑郁症有关。血清素水平受许多因素的影响，包括压力激素和食物。

褪黑素（melatonin）：大脑分泌的一种激素，与睡眠、情绪以及生理和意识有关。

垂体（pituitary gland）：一个内分泌腺体，位于下丘脑下方，接受下丘脑的指令后释放促肾上腺皮质激素，使肾上腺分泌压力激素。

下丘脑（hypothalamus）：常被视为情绪中心，与情绪加工有关。机体觉察到威胁后，下丘脑分泌促肾上腺皮质激素释放因子至垂体，以激活战或逃反应。

肾上腺（adrenal gland）：一种内分泌腺，位于每一肾脏上方，储存与释放多种压力激素，包括儿茶酚胺类神经递质（如肾上腺素与去甲肾上腺素）与皮质醇。

皮质类固醇（corticosteroids）：肾上腺皮质释放的应激激素，如皮质醇和可的松。

糖皮质激素（glucocorticoids）：包括皮质醇和可的松在内的一系列生物化学物质，由肾上腺产生和释放。

皮质醇（cortisol）：肾上腺分泌的一种应激激素，通过促进血液中葡萄糖和脂类的释放来促进能量代谢，帮助身体为战斗或逃跑做好准备。

盐皮质激素（mineralocorticoids）：一种维持血浆容量和电解质平衡的激素，如醛固酮。

肾上腺髓质（adrenal medulla）：肾上腺的一部分，分泌肾上腺素与去甲肾上腺素。

专栏 3.4 肾上腺疲劳与肾上腺衰退

慢性疲劳综合征的发病率令人担忧，医学界提出的这一概念表明，许多人由于长期压力导致了肾上腺疲劳。什么是肾上腺疲劳？许多人承认，自己经受着巨大的慢性压力，这使他们的肾上腺超负荷工作。疲劳信号以及无力为战或逃产生并释放大量的儿茶酚胺与激素，似乎使我们相信汉斯·塞利提出的一般性适应综合征假设。肾上腺衰退症状包括疲劳、眩晕、低血糖（导致暴饮暴食，体重增加）及抑郁。肾上腺功能减弱与自体免疫性疾病的发病率有关，比如慢性疲劳综合征、狼疮及风湿性关节炎。人类的生理功能很复杂，使得肾上腺功能减弱导致更年期症状加重。艾迪生氏病就是由于肾上腺疲劳，致使肾上腺无法再产生并分泌新陈代谢所需的激素。

神经内分泌通路

进化中的适应性原则使人类产生了多种保证机体生存的支持系统。并非所有的神经内分泌通路产生效应的时间均相同，但是其最终目标是一样的，那就是保证有机体的生存。首先，下丘脑不仅能直接激活交感神经系统，产生即刻效应（表 3.1），其背部也存在一条直接神经通路——交感神经节前神经元通路——将下丘脑与肾上腺髓质连接起来。

接下来，在下丘脑背部神经中枢的刺激下，肾上腺髓质分泌两种激素：肾上腺素与去甲肾上腺素。一旦两种激素进入血液循环，儿茶酚胺类神经递质就会增加神经冲动的作用力（在此之前，交感神经冲动已经通过全身的交感神经末梢释放了同样的神经递质）。肾上腺髓质释放肾上腺素与去甲肾上腺素，为这些生化剂提供了一种支持系统，以保证有机体以更加高效的方式生存下来。由肾上腺髓质分泌的激素所带来的影响称为**中间压力效应**。这是因为这种激素的释放是通过血液循环而不是神经末梢，传递时间相对较长（20 ～ 30 秒），与交感神经末梢释放不同的是，肾上腺髓质释放的儿茶酚胺作用时间更长一些，从血液循环中的释放物达到最高值开始，其效应可持续近 2 小时。

除此之外，还有一种可能更有效的支持系统，与神经内分泌系统协同工作，为有机体应对真正（或者觉知到）的危险做准备。威胁性信息引起的神经冲动传到下丘脑后，下丘脑产生一系列生化信使，如同一组倒下的多米诺骨牌一样在内分泌腺中传递。在某些条件下，这些激素的半衰期以及新陈代谢反应持续时间从几小时到几周不等，所以这一系列反应被称为**延迟压力效应**。

促肾上腺皮质激素轴线

从生理学上说，可以把生化通路视为一条轴线。在该部分，我们会讨论促肾上腺皮质激素轴线。另外两个轴线（**后叶加压素轴线**与**甲状腺轴线**）会在接下来讨论。

促肾上腺皮质激素（ACTH）轴线，即**下丘脑—垂体—肾上腺（HPA）轴线**（图 3.6），起始于下丘脑前部释放促肾上腺皮质激素释放因子（corticotropin-releasing factor，CRF）。该物质刺激垂体释放促肾上腺皮质激素，促肾上腺皮质激素经由血液循环转而刺激**肾上腺皮质**。在促肾上腺皮质激素的刺激下，肾上腺皮质释放一组皮质类固醇（皮质醇和醛固酮），以促进新陈代谢，改变体液与血压。一般认为，肾上腺皮质释放的激素所产生的影响较为持久，其作用会持续几分钟到几小时。需要注意

表 3.1 应激反应的途径

效应	反应	时间
人体具有多种支持动力系统，以确保有机体生存。下面依照新陈代谢反应的持续时间将其分为三类		
即刻效应	交感神经系统分泌肾上腺素与去甲肾上腺素	2 ～ 3 秒
中间效应	肾上腺髓质分泌的肾上腺素与去甲肾上腺素	20 ～ 30 秒
延迟效应	促肾上腺皮质激素、后叶加压素与甲状腺神经内分泌通路	几分钟、几小时或几周

来源：Allen, R. *Human Stress: Its Nature and Control.* Burgess, Minneapolis, 1983.

专栏 3.5 一心多用：容易产生压力

高科技时代的“多任务处理一代”当然有其优点，但这其中的长期隐患并不为人所知。社会学家对各个年龄段的人对智能手机、短信、电子邮件、播客和网络的痴迷和上瘾越来越感到担忧。社会学家和心理学家认为，如果一个人的大脑过于活跃，不知道何时该拔掉插头、关掉电源、放松自己，那么他就会面临一种危险：压力爆棚！习惯性的多任务处理可能会使大脑处于过度兴奋的状态，即使人们想要或需要集中注意力，也很难做到。再加上“Wi-Fi 一代”缺乏耐心，压力反应就会急剧加剧。当人们开始失去集中注意力的能力，最终的结果就是“慢性精神焦虑”（沮丧）。

多任务处理的迷思

一边看《美国偶像》（*American Idol*）节目，一边给参赛者投票，一边在谷歌上搜索研究报告内容，这看起来似乎是组织技能达到了新高度，但不要被愚弄了。数量不等于质量。利用核磁共振成像技术，包括乔丹·格拉夫曼（Jordan Grafman）在内的研究人员已经确定了大脑皮层的一个特定区域——布鲁德曼 10 区（Brodmann’s area 10）——是将注意力从一项任务转移到另一项任务的特定区域。前额叶皮层是大脑中最后成熟的区域之一，也是第一个由于衰老而衰退的区域。因此，22 岁以下的年轻人和 60 岁以上的人不能很好地同时处理多项任务。研究表明，当年轻人同时执行两项或两项以上的任务时，犯错率会急剧升高。虽然注意力持续时间短的原因可能有很多（从电视遥控器到大量有毒的食品化学物质），但注意力持续时间短和电子设备使用增加的结合很危险。关键是多任务处理会降低效率。尽管学生可能擅长通过互联网定位和操纵信息，他们涉及的面可能很广，但最终挖掘的深度相当浅。此外，杜克大学的克劳迪娅·孔茨特（Claudia Koonzt）指出，从大多数教育标准来看，他们在更深层的背景下处理信息的能力都很差。“就好像他们的硬盘上打开了太多的窗口。为了在不同层次的真相中进行筛选，你必须坚持主题并深入研究它，而不是用工具栏进行表面搜索”（Wallis, 2006）。与压力相关的社会影响是什么？虚拟对话永远不会取代人类在数千年的同居和社区建设中发展起来的面对面表达和肢体语言的细微差别。专家们还注意到，随着家用电子产品的增多，家庭成员之间的互动减少了，这进一步侵蚀了家庭结构。此外，手机成瘾正迅速成为进行婚姻咨询和分手的一个原因（University of Florida, 2007）。关于阿尔茨海默病的研究支持大脑需要刺激来提高精神敏锐度的理论。然而，压力研究证实了大脑需要安静的时间。当大脑不断受到刺激（和过度刺激）时，这些神经冲动会重新连接大脑，使其承受永久的压力。

的是，血液中皮质醇含量增加，主要是保证为能量代谢提供充分的血糖。然而，由于持久的压力而使得皮质醇分泌过量时，就会损害多个生理系统的整体功能。

中间压力效应（intermediate effect of stress）：肾上腺髓质直接将激素释放到血液中，诱发激素反应，效应持续几分钟至几小时。

延迟压力效应（prolonged effect of stress）：一种激素效应，个体需要在几天或者可能一周后才能完全意识到该效应来自起初的应激反应。

后叶加压素轴线（vasopressin axis）：释放后叶加压素或抗利尿激素引起的生理活动链。

甲状腺轴线（thyroxine axis）：释放甲状腺素引起的生理活动链。

促肾上腺皮质激素轴线（ACTH axis）：一种生理通路，下丘脑发出信息至垂体，垂体发出指令使肾上腺来分泌一组压力激素，做出战或逃反应。

HPA 轴线（HPA axis）：即下丘脑—垂体—肾上腺轴线，就是 ACTH 轴线。

肾上腺皮质（adrenal cortex）：肾上腺的一部分，产生并分泌多种皮质类固醇（如皮质醇与醛固酮）。

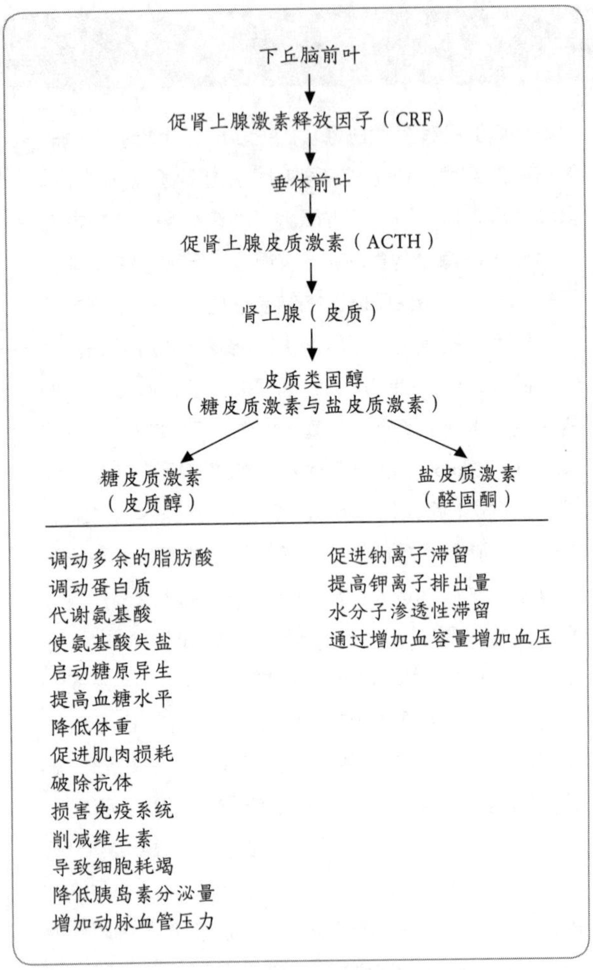

图 3.6 ACTH 轴线（促肾上腺皮质激素轴线）。

后叶加压素轴线

后叶加压素或者抗利尿激素（antidiuretic hormone，ADH）由下丘脑合成，经由垂体释放于静脉中。后叶加压素的首要功能是调节经由尿道而导致的液体流失。调节方式有很多，比如水分重吸收以及降低出汗量等。而且，通过改变血容量，后叶加压素也会显著影响心搏量以及左心室每次收缩泵出的血液容量。因此，后叶加压素对血压有显著影响。通常情况下，后叶加压素会在血容量太低时增加血管容量（改变血液中水的浓度），在血容量太高时降低血容量来调节血压。但是，在持续性压力影响下，机体内的许多调节机制均失去了维持体内生理平衡的能力。因此，即使有些个体已经增加了休息时间，强迫性增加的后叶加压素也会使血压升高，导致高血压。与醛固酮、肾上腺素及去甲肾上腺素一样，后叶加压素的作用也在于增加血压以保证为肌肉运动提供充足的富含养分的血液，但是在慢性压力作用下（即使是处于休息状态），后叶加压素的反应（压力激素过量）无疑是致命的，可能导致高血压或者由于冠心病而致人死亡。

甲状腺轴线

下丘脑受到刺激后释放甲状腺素释放因子（thyrotropic hormone-releasing factor，TRF）。通过特殊的门静脉系统，甲状腺素释放因子被转移至垂体前部，刺激垂体释放促甲状腺活动激素（thyrotropic hormone，TTH），一旦促甲状腺活动激素通过血液

专栏 3.6 失眠与脑生理学

脑化学是一门复杂的学科，我们对它的了解至多处于萌芽阶段，但我们对某些现象的脑生理机制是清楚的。我们不仅知道活跃的大脑会释放肾上腺素与去甲肾上腺素，干扰个体的入睡过程，而且知道其他神经递质，尤其是褪黑素与血清素，受大量日常行为的影响，包括营养摄入习惯、咖啡因摄入量、日光照射量以及使用移动电话情况等。褪黑素是垂体释放的一种激素。这种神经递质不仅受到自然与人工光源的影响，而且与睡眠模式以及皮肤色素沉淀有关。一旦日光减弱，褪黑素水平就会增加，使我们认为增加褪黑素有助于睡眠。

血清素这一脑神经递质也会受到日光的部分影响。日光减少会降低血清素水平，血清素水平降低与季节性情绪障碍及抑郁有关。

人造光线会改变血清素水平，从而降低褪黑素水平，进而影响自然睡眠模式（20 世纪初，电的使用极大地改变了人类睡眠模式）。有人认为，使用移动电话会降低褪黑素水平，产生类似结果。增加碳水化合物摄入量（吃夜宵）会提高血清素水平，反过来会影响褪黑素分泌量。治疗抑郁的药物，包括选择性血清素再吸收抑制剂，会提高血清素水平。实际上，上述活动会降低褪黑素水平，影响一整夜的睡眠质量。

进入甲状腺，就会刺激后者分泌两种激素：甲状腺素与三碘甲状腺原氨酸。这两种激素的功能是增加整体代谢或者基础代谢率。甲状腺素有足够的效能使代谢率加倍。需要注意的是，甲状腺轴线产生的效应具有持久性。在可见信号出现（表明甲状腺素已经产生明显症候）之前，甲状腺素已经在血液中存在了约 10 天至 2 周。这也就解释了为什么个体在应激后的 1 周后而不是当天才出现感冒症状。通过该轴线释放甲状腺素而产生的新陈代谢效应会增加心脏工作负荷及胃肠活动（比如产生胃炎），在某些情况下还会使个体**思虑过度**，导致焦虑发作与失眠症状。

心理生理学的寓言

可以用如下比喻来说明上述讨论中的三种通路（如图 3.7）。假设你无意中发现了美国中央情报局的机密文件，对美国国家安全构成了威胁，你的处境会很危险。现在，你想向居住于几百公里外的家人传递一些信息以及该文件的备份，让他们知道你的处境很危险。当然，这些信息非常重要，你想确保你的家人能够收到，于是你选用了好几种方法。首先，你立即给你的父母发短信，因为这是传递信息的最快方式，而且信息是即时收到的。这就像交感神经系统的作用。作为备份，你可以发送电子邮件，以防无人响应短信。这种交流方式相当快，可能需要几分钟，相当于神经节前神经到肾上腺髓质通路的作用。另外，你还需要传递文件复本，进一步解释信息内容，你通过隔夜交货的快递业务邮寄了一个包裹。这种通信方式可以传送大量讯息，但耗时较长，类似于神经内分泌通路。与之类似，我们体内也有多种通信系统，每一种都有其时间限制与特定功能，共同为有机体的生存服务。同上述比喻一样，人类有机体内也有多种支持系统，或快或慢，使信息畅达。

即刻效应	中间效应	延迟效应
短信或电话	电子邮件	隔夜到快递
脸红心跳	胃部出现紧张感	抑制免疫系统
	肌肉紧张	

图 3.7 与日常收发信息的通信网络一样，有机体内也存在多种复杂的信息系统，这些系统不仅使信息通达，而且保证了有机体在接收信息后应对威胁性刺激并生存下来。

简而言之，这几种神经内分泌通路结合起来，共同为一个重要的目标服务，即有机体生存。然而，由于慢性压力使同一通路持续性发挥作用时，可能会造成有机体内的混乱。事实上，无论威胁来自物理、心理、情绪或精神，有机体均会产生躯体反应，重复性躯体唤醒表明，在应对那些与机体生存无关的刺激时，应激反应激活是一种退化机制。当有机体无法在达到内稳态时，会对心血管系统、消化系统、肌肉与骨骼系统包括免疫系统（最近的研究发现）产生很大的影响。过度代谢活动会使器

思虑过度（cerebration）：该术语常用来描述大脑病态兴奋，与焦虑发作和失眠有关。

专栏 3.7 压力生理学：研究成果给我们的启示

毫无疑问，压力生理学的研究成果可能是非常有意义的。这里有一则重要的研究结果：应激反应涉及一连串的体内化学物质 / 激素变化，其中最显著的是从交感神经系统的神经末梢释放的肾上腺素和去甲肾上腺素。压力激素——皮质醇（由肾上腺分泌）在战或逃反应中起着重要作用。如果压力持续存在，其他激素也会发挥作用。这种压力激素混合带来的反应强度取决于压力源的强度和持续时间。但是，反应时间可能比压力源的最初暴露 / 解释的持续时间长得多。反复的压力会使脑细胞萎缩。医学界还在继续利用功能性磁共振成像技术对压力下的大脑反应进行探索。

官终显不良信号。例如，对动脉及血管施加持久性压力与反复的磨损，会对这些器官的内层造成组织损伤。消化系统也会出现众多不适，比如便秘、胃炎、腹泻及痔疮等。正如塞利所言，有机体无力重新达到内稳态，这为疾病的产生创造了条件。

30 年的脑成像研究

在每个 10 年开始前，医学界都会选择人类生理的某一领域做深入研究。1990 年，医学界选择了大脑作为深入研究的对象。事实证明，这的确令人着迷，以至许多研究人员开始用第二个 10 年来进一步收集数据，尽管医学界认为 2000—2010 年是重点探索骨与关节的 10 年。随着电磁技术以及核磁共振成像技术（神经成像技术）的发展，众多研究都在寻求测定多种心理状态及思维过程的活动脑区（Anderson，2015）。尽管 2016 年有消息说，在计算机程序中发现了一个分析 fMRI 数据的漏洞，表明以前的许多检查结果是无效的，但是科学家依然继续倡导揭开人类已知的最大谜团之一的脑研究的重要性（Anderson，2015）。研究人员对脑生理学变得如此着迷，通过磁共振成像技术，在将来的某个时候，许多与非疾病相关的脑生理学的研究将有可能实现，虽然 MRI 可以帮助确定大脑的结构和特殊的生理特性，但是脑电图（EEG）还是目前最好的理解大脑功能的手段。直到最近，研究者才将这些活动脑区联系起来，对人类最复杂的器官有了比较准确的理解。布鲁斯·麦克尤恩（Bruce McEwen）是该领域的一位研究人员，在其著作《压力之果》（*The end of Stress as We Know It*）中，他总结了一些研究成果，其中包括了其门生罗伯特·萨波斯基（Robert Sapolsky）的畅销书《为什么斑马不得溃疡》（*Why Zebra Don't Get Ulcers*）中的研究结论。下面是麦克尤恩研究结论中的一些要点。

- 海马和杏仁核一起形成对情绪事件的有意记忆。
- 海马对压力刺激激素皮质醇高度敏感，后者有助于形成压力记忆。
- 海马区存在丰富的糖皮质激素受体。
- 杏仁核负责记忆的情绪成分，尤其是恐惧。
- 反复而又过量的皮质醇会加速海马衰退，会损害或缩小脑细胞。而且，慢性压力会影响记忆与学习过程（在美国的越战老兵中，与没有 PTSD 的患者相比，患有 PTSD 的人的海马区域小 26 个百分点）。
- 萨波斯基的研究表明，慢性压力导致的脑细胞损害（动物实验中）似乎是不可以逆转的。

麦克尤恩认为，实际上，人脑受到压力或者**适应负荷**（麦克尤恩提出的术语）的束缚。

神经科学家也发现，大脑比人们以前认为的更具有可塑性。这就产生了一个新术语：神经可塑性。我们现在知道了大脑在不同脑细胞间产生的新联结，为各种功能寻求各种脑组织的帮助，促进新的细胞生长（而以前认为这是不可能的）（Powell，2007）。

基于克林顿总统的联邦政府所资助的基因组 DNA 项目，奥巴马总统于 2013 启动了大脑倡议项目。这个倡议目的是帮助科学家探索大脑，将其作为一种综合理解的手段，去创造有意识的思想，这将对阿尔茨海默病、自闭症、帕金森病和其他几种疾病有深远影响。

适应负荷（allostatic load）：由压力研究人员布鲁斯·麦克尤恩提出的术语，用来替代“压力太大”这个一般性描述；当机体对非稳态压力的反应异常，或者产生了延迟效应，就会损害机体健康。

总　结

1. 心理生理学意欲描述机体觉知到压力后的生理反应，表明应激反应是身心现象。
2. 三种生理系统直接与压力有关：神经系统、内分泌系统与免疫系统。
3. 神经系统由两部分组成：中枢神经系统与周围神经系统。中枢神经系统包含三个水平：植物神经水平、边缘系统与新皮层水平。
4. 下丘脑是边缘系统的中心，具有多种功能，包括控制食欲与情绪。新皮层对所有刺激进行加工、解码。
5. 自主神经系统是周围神经系统中与应激反应有关的最重要的部分，它能激活交感与副交感神经冲动。通过分泌肾上腺素与去甲肾上腺素，交感神经冲动驱动躯体唤醒（心率增加），而通过释放促肾上腺皮质激素，副交感神经冲动维持着内稳态。上述两种神经冲动相互拮抗，这意味着躯体不会同时处于唤醒与放松状态。
6. 内分泌系统由一系列分泌激素的腺体组成，通过循环系统作用于靶器官。最主要的压力内分泌腺是肾上腺。
7. 肾上腺由功能截然不同的两部分组成。肾上腺皮质（外围部分）分泌皮质醇与醛固酮，而肾上腺髓质（内围部分）分泌肾上腺素与去甲肾上腺素。
8. 神经系统与内分泌系统协同工作，形成新陈代谢通路（轴线）。通路有三种：促肾上腺素轴线、后叶加压素轴线及甲状腺轴线。
9. 人类有机体具有几种支持机制以保证机体生存。可以将其分为三种：即刻效应（持续几秒钟，如交感神经系统）、中间效应（持续几分钟，如肾上腺皮质）以及延迟效应（持续数小时或几周，如神经内分泌通路）。每一个系统均包含几种代谢通路。
10. 人们认为，压力是失眠的首要诱发因素。保持睡眠卫生需要有更多的促进（而非减损）睡眠质量的行为，包括减少咖啡因摄入量，保持入睡时间一致，以及采用有助于提高睡眠质量的有效放松技巧。
11. 10 年脑研究显示，人脑为应对压力、决定战或逃反应形成了一套固定而又复杂的神经通路模式。研究还表明，慢性压力似乎可以使脑组织萎缩，特别是海马。

学习指导题

1. 神经系统在应激反应中扮演何种角色？
2. 内分泌系统在应激反应中扮演什么角色？
3. 说出并解释压力生理学的三个通路（轴线）。
4. 在应激反应中，杏仁核扮演何种角色？
5. 什么是惊恐发作？
6. 关于压力生理学，新的脑成像技术给了我们什么启示？
7. 简述神经可塑性概念。
8. 简述大脑中哪一部分与多任务处理有联系？

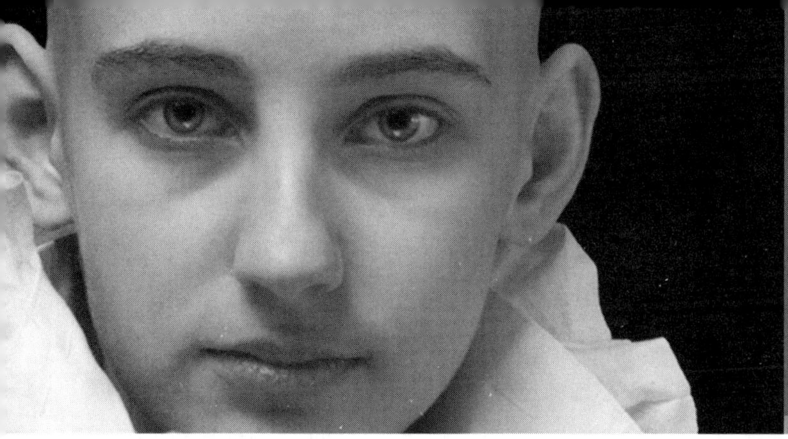

第 4 章

压力和疾病

只有认识到人类本身就是一种能量，才能理解那些关于健康和疾病的新观点。

——理查德·格伯（Richard Gerber，M.D.）

100多年前，人们就开始争论特定的致病原因，尽管医学有了巨大的进展，但关于“天性和教养”的争论仍延续至今。法国化学家路易斯·巴斯德（Louis Pasteur）认为，当接触到致病的微生物（一些病毒或细菌）时，我们的免疫系统会立即被唤醒并进行抵御。在巴斯德看来，健康或疾病的状态并不是指免疫系统完整与否，而是对入侵微生物力量大小的测量。一段时间之后，巴斯德的观点引起注意，并迅速引起医学界的关注。巴斯德的“细菌学说”获得认可，并在“石油大王”约翰·D. 洛克菲勒（John D. Rockefeller）的资金支持下，推动医药学发展，成为今天我们所熟知的免疫学、抗生学和制药业。不过，巴斯德也有一些批评者，杰出的法国生理学家和哲学家克劳德·伯纳德（Claude Bernard）就是其中的一个。伯纳德强烈反对巴斯德关于细小的微生物是死亡唯一原因的观点。

伯纳德感叹于人类有机体的复杂性，创造了内稳态（homeostasis）一词。伯纳德认为：并不是微生物在搞破坏，而是身体的健康状态能够消灭微生物，或者被微生物消灭。伯纳德强调，就像种子和土地一样，如果土地足够肥沃（糟糕的健康状况），那么种子（微生物）就会生长发芽。伯纳德认为，包括心态和合理的营养在内的良好的生活习惯，对身体维持在最佳的健康状态是至关重要的，这样的身体也就成了细菌种子的贫瘠土壤，不利于其生长发育。当时，伯纳德的理论并未引起关注。巴斯德非常坚持地认为：细菌对所有人的影响是一样的！无论个体的身心健康状况如何，接触过细菌，就会受到影响。

几十年后，巴斯德的细菌学说被称为“特殊病原论”。该理论认为，每一种疾病都由某种特定的微生物引起。今天，该理论有所发展，认为一些疾病并非由微生物引起的，而是由人类 DNA 中单独的基因缺陷所导致的。随着人类基因组计划揭示了越来越多的研究发现，新的研究突破会继续加强疾病和个体基因结构间的联系。尽管人们努力改变笛卡尔式的机械论哲学范式，但这种关于健康的观点在西方社会依然盛行。

病因学对疾病的研究来说并不容易。尽管自己没有被感染，一些接触微生物的人也可能携带并传播疾病，“伤寒玛丽”[①] 就是这种现象的典型代表。

① “伤寒玛丽”的真名叫玛丽·梅隆（Mary Mallon），是 20 世纪初美国纽约著名的伤寒带菌者。她自己对伤寒沙门氏菌是免疫的，但直接传播了 51 例伤寒，造成 3 例死亡。——译者注

同样，2003 年也有人传播但自己并没有感染重症急性呼吸综合征（Severe Acute Respiratory Syndromes，SARS）。实际上在后期，巴斯德关于细菌理论的想法有了一些改变。临终之际，巴斯德说："伯纳德是对的，（不在于种子）在于土地。"大约就在西方医学界认可细菌理论的时候，芝加哥地区的医生弗朗兹·亚历山大（Franz Alexander）提出了另外一个理论。他敏锐地发现，在个体的心理 / 情绪状态和身体健康之间存在着复杂的联系，他创造了"器官神经症（organ neurosis）"这个词语，后来被称作**心身失调**，用来描述这种不确定的心身关系。尽管在美国语言中，心身失调这个词语很快就得到了广泛使用，但直到 50 年后，医学界才认真看待亚历山大的理论。20 年后，医学界才承认心理、身体、精神和情绪间存在错综复杂的关系，除了损害身体健康之外，也能起到治疗效果。

当前对压力和疾病现象的关注指向了免疫系统、中枢神经系统和意识之间的相互作用。最近，多种健康相关学科文献中的一系列证据最终证实了整体论的正确。然而，当从传统科学（生物医学）的角度来看时，这种思路提出的问题多于它所回答的问题。

或许正是因为这种复杂性的存在，我们依然很难洞察压力和疾病之间确切的关系。一直以来，科学家们都在天性和教养的问题中选择不同的立场。尽管拥有世界级的健康护理、不断提高的生活水平、充足的食物选择，慢性疾病仍然折磨着人类。根据最近的估计，在就诊的病人中，大约有 80% 的问题是由所遭受的压力引起的。另外，以往人们认为压力和疾病之间存在关系，现在认为它们之间存在直接的因果联系。痤疮就是一个很好的例子。在 2002 年，专家估计大约有 75% ～ 85% 的健康问题要么有压力的原因，要么是因为压力而加重的。压力所影响的失调种类几乎数不过来，包括疱疹、痔疮、普通感冒，甚至癌症。

想要理解压力和疾病之间的关系，必须首先认识到是若干因素共同作用产生了一个病理学结果。这些因素包括：对威胁性刺激的认知，以及神经系统、内分泌系统和免疫系统随后的反应。以前，由于人们认为这三个系统相互独立，因此对它们的生理机制的研究也分开进行。现在，人们认识到它们是一个网络，正是这种认识推动一个新的交叉学科——**心理神经免疫学（PNI）**——的产生。正如佩尔蒂埃（Pelletier，1988）所定义的："心理神经免疫学是研究意识（psycho——心理）、大脑和中枢神经系统（neruo——神经）以及身体抵御外界感染和内部异常细胞（immunology——免疫学）交互作用的科学。"

心理神经免疫学领域的专家一致认为，"心—身医学"的表述限制了其研究范围。琼·博里森科（Joan Borysenko）、迪帕克·乔普拉（Deepak Chopra）、安迪·韦尔（Andy Weil）、格拉迪丝·泰勒·麦加里（Gladys Taylor McGary）、詹姆斯·戈登（James Gordon）、拉里·多西（Larry Dossey）等权威人物和其他一些研究者称这种治疗方式为"心—身—精神治疗"。

理论模型

有一些研究试图对压力和疾病间的关系进行解释。对压力和疾病间复杂关系的理解充其量依然处于推测阶段，对包含在其中的复杂关系缺乏清晰的认识。佩尔蒂埃在自己的研究工作的基础上，对 300 多篇相关文献进行了研究，试图整合一个明确的模型。之后，他认为，如果确定不是源自某个生物医学模型，目前还没有足够的信息建立一个有实质意义的压力—疾病模型。但是，一些有发展前景的理论可以为构建这样一个整合的模型提供素材。一旦这样的模型出现，预防疾病的发生一定优于目前仅仅是减轻症状或修复、移植受损器官的传统治疗方式。下面介绍几个有影响的考虑到心—身—精神关系的理论。

博里森科模型

之前在美国塔夫茨大学（Tufts University）工作的免疫学家迈林·博里森科（Myrin Borysenko）于 1987 年提出了一个压力导致不适的二分模型，根据四种疾病类型，将"免疫平衡"用矩阵进行描述。它被认为是目前最精确的描述免疫系统的模

型。这个二分模型将疾病分为**自主失调**（即自主神经系统反应过度）或**免疫失调**（见表 4.1）

表 4.1 博里森科的压力—疾病二分法

自主失调（自主神经系统反应过度）	免疫失调
偏头痛	感染（病毒）
消化道溃疡	过敏
易激惹肠道综合征	艾滋病
高血压	癌症
冠心病	狼疮
哮喘	关节炎

博里森科认为当自主神经系统释放大量的压力激素时，会导致包括周期性偏头痛、溃疡、血压升高在内的生理反应。关于神经系统通过释放压力激素而导致一些疾病的想法最初由坎农提出，随后确立于塞利的开创性研究。

但重要的是，免疫系统失调也可能引起感染、过敏，甚至癌症。想要理解免疫系统如何失调或受到抑制，我们先来看看目前对生理系统的了解。免疫系统的功能是保护身体抵御病原体的侵袭，病原体可能来自外部（如细菌），或者内部（如细胞突变），这些均会阻碍身体调节机能的正常运行。病原体由特定分子（抗原）组成，这些分子能够作用于若干种免疫细胞的不同受体。同时，免疫细胞也试图使病原体失去毒性。打个比方，免疫系统就像确保国家安全的武装机构，通过抵御外来武装入侵，防止内部叛乱，来保障国家安全。和其他生理系统一样，免疫系统在胎儿期开始发育，出生时成熟——这时身体可能会受到外界病原体的攻击。

免疫系统是由几个器官所形成的网络，包括骨髓——终生为淋巴组织提供干细胞（各种淋巴细胞的前身），逐渐变成 B 淋巴细胞（B 细胞）；胸腺——位于咽喉下方的腺体，使干细胞发育成 T 淋巴细胞（T 细胞）；淋巴结、脾脏和肠伴随淋巴组织——T 细胞和 B 细胞在这些组织中移动，有时也会停留。T 细胞和 B 细胞成熟后，遍及全身的器官，做好遇到它们各自目标病原体的准备。免疫系统还包括与扁桃体、支气管、生殖器和皮肤相连的单独淋巴组织。有趣的是，在一段时间内，仅有 2% 的淋巴细胞在全身循环，剩下的 98% 组成一个动态的防御系统，在淋巴系统的不同器官内停留和循环。

淋巴细胞是免疫系统的主要成分，是五种**白细胞**族中的一种。淋巴细胞在骨髓内产生，逐渐进入淋巴系统的外周器官。白细胞族的其他成员包括粒细胞、巨噬细胞（与 T 细胞和 B 细胞配合，帮助确认需要杀灭的病原体）、嗜酸性粒细胞和嗜碱性粒细胞，后两种细胞对免疫系统机能的影响较小。

T 细胞和 B 细胞的形态相似，但具有不同的机能。T 淋巴细胞主要负责细胞性免疫反应，即消除器官组织内部产生的病原体（如恶性细胞）。目前所知，人体大约每 2 小时就会产生一个突变细胞。就像使用条形码扫描商店中的商品一样，T 细胞在全身移动，将自身的 DNA 结构与其他细胞进行比较，对其他细胞进行扫描。如果 T 细胞发现某个细胞的结构不匹配，就认为它是外来物质，进而消灭这个细胞，比如癌细胞和移植器官。实验室观察发现了 T 细胞所执行的这种功能，它们也因其搜索—杀灭功能被称为“杀手细胞”。尽管 T 细胞的作用是更整体性的，但它们也能直接攻击并摧毁变异细胞。T 细胞释放细胞素这种非特异性物质，帮助杀灭变异细胞。与之相比，B 细胞负责体液免疫，也就是说，B 细胞在各种体内液体中——主要是血液——释放抗体，抗体与外部抗原结合，使这些能

心身失调（psychosomatic）：源自弗朗兹·亚历山大提出的器官神经症，指由心理或未解决的情绪问题所导致的一系列身体疾病。

心理神经免疫学（psychoneuroimmunology, PNI）：研究压力对于疾病的作用，将心理治疗、中枢神经系统和免疫系统看作一个相互关联的整体。

自主失调（autonomic dysregulation）：由于交感神经反应增强，使一个或多个器官新陈代谢的速率加快，导致对知觉到威胁的敏感性提高。

免疫失调（immune dysregulation）：免疫系统多种机能受到抑制；现在被认为受到消极情绪的影响。

淋巴细胞（lymphocytes）：遍布淋巴系统的免疫细胞，随时都有 2% 参与循环。

白细胞（leukocytes）：组成免疫系统主要成分的细胞群。

对身体造成威胁的抗原失去活性。抗体是存在于血浆中的一种特殊蛋白质，叫作球蛋白，尤其指 γ 球蛋白（gamma globulin）或免疫球蛋白（immunoglobulin，Ig）。B 细胞的基本功能是消灭导致感染的病原微生物，包括病毒和细菌。尽管 T 细胞和 B 细胞都有特殊的机能，但它们常常一起发挥作用。事实上，有时候，B 细胞需要 T 细胞协助实现其功能。

对 T 细胞进行的更加细致的检验表明，这种重要的白细胞有三个子类别，再加上另一种免疫细胞——NK 细胞，与毒杀 T 细胞合作实现其功能（见图 4.1）。每种白细胞都有其独特的分子结构和功能。

- **毒杀 T 细胞**：这种基本的 T 细胞释放细胞素，这种物质使 T 细胞能够敏感地在细胞膜上确定要杀灭的内部抗原。另外，在巨噬细胞的帮助下，攻击并杀灭肿瘤细胞。
- **协助 T 细胞**：临床上称之为 CD4，这种细胞提高 T 细胞释放抗体的数量。协助 T 细胞和抑制 T 细胞被认为是免疫调节细胞，它们调节细胞中介性免疫和体液抗体反应。
- **抑制 T 细胞**：临床上称之为 CD8，这种细胞降低了协助 T 细胞攻击和杀死内生抗原所需的抗体数量。CD8 的减少使毒杀 T 细胞受到抑制，不再攻击自身蛋白，导致器官的健康状况恶化。CD8 的减少与关节炎和狼疮有关。（博里森科注意到，临床检验表明，当 CD4 和 CD8 的比例为 2 ：1 时，免疫系统处于正常状态，而低于此比例表明免疫系统的这个方面存在问题。）
- **自然杀手细胞（NK）**：和毒杀 T 细胞不同，这些免疫细胞（大淋巴细胞）天生具有探测内生抗原的能力，不需要先前的记忆或神经肽协助感应。NK 细胞和毒杀 T 细胞合作杀灭突变细胞、病毒感染细胞和移植组织。在对恶性细胞变化的免疫监测中，NK 细胞具有独一无二的作用。NK 细胞能够反映情绪状态（高涨或低落），所以被免疫学家认为是“心理社会的友好细胞”。

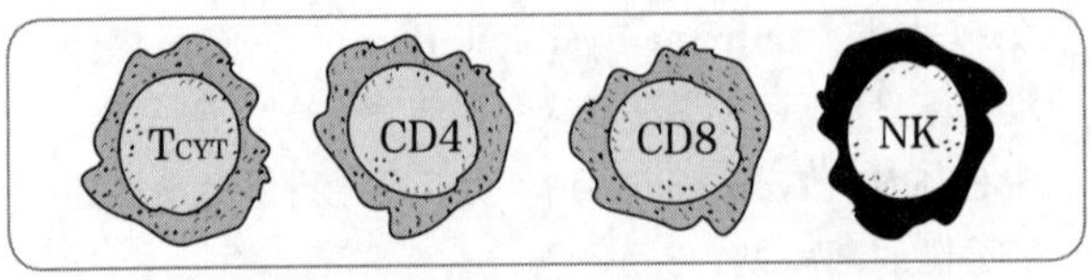

图 4.1 T 淋巴细胞家族，包括三种细胞：毒杀 T 细胞（T_{CYT}）、协助 T 细胞（CD4）和抑制 T 细胞（CD8）。自然杀手细胞（NK）与毒杀 T 细胞合作。

俄亥俄州立大学行为医学研究所 (Institute for Behavioral Medicine at Ohio State University) 的研究人员认为，目前关于压力反应与免疫功能之间关系的研究是确定无疑的：压力会增加抑制免疫功能的神经内分泌激素。韦伯斯特·马克顿（Webster Marketon, 2008）在一篇回顾过去 20 年的数据的文章中指出，“这种对免疫系统的影响对健康有严重的后果，包括但不限于伤口愈合延迟、对疫苗的反应受损以及癌症的发展和恶化。”特别是考察儿茶酚胺和压力相关激素作用的研究结果表明，当血液中这些物质的水平过高时，整个免疫系统会出现问题。肾上腺素和去甲肾上腺素的增高会促进淋巴细胞的释放和重新分配，同时降低它们的效能。某些类型的压力（如锻炼）所导致的神经肽的释放（内啡肽），不但能提高免疫系统的机能，同时还能产生一种愉悦感，如同跑步者高潮（runner’s high）一样。给大鼠注射去甲肾上腺素能够提高 NK 细胞的活性。但是，处于慢性压力时，皮质醇和其他肾上腺皮质激素增加，与 T 细胞显著减少及 T 细胞定位并杀死变异细胞能力的降低相关。短期和长期压力对 B 细胞的影响还有待研究，但据估计，与它们对 T 细胞的影响类似。这意味着情绪压力会对整个免疫系统造成切实的影响和严重的损害。

在博里森科的模型中，免疫系统功能正常时被称为“准确调节”。但是，一旦免疫系统不能够维持自身平衡，就会出现免疫反应过度或免疫反应不足，或者二者兼有。无论哪种情况出现，均会导致个体生病（见表 4.2）。免疫反应过度可能源于外因，比如外部物质引起的过敏反应，也可能源于内因，比如淋巴细胞开始攻击和破坏健康的机体组

专栏 4.1 人体微生物组：通过肠道观察健康

如果我告诉你，关于疾病的最新理论表明，疾病并不是源于你的 DNA，而是由你的胃和肠道中成千上万的细菌导致的，你会不会很惊讶？我们正处在“医疗技术新世纪”。在过去的 10 年里，对胃肠道的研究有很多激动人心的发现。20 世纪可能会以疾病微生物理论的出现带来的抗生素和疫苗而著称。基因组计划试图联系疾病和 DNA 的每一个基因缺陷，但是如今，关于压力和胃肠道疾病之间联系的研究革命正在发生。虽然许多伟大的有关疾病的研究都基于细菌和 DNA 观点，但专家们现在认为它们导致了一些对健康的错误理解。21 世纪的医学注重保持肠道细菌健康，确保人体处于最佳状态（DeSalle and Perkins，2015）。

研究人员现在称这种肠道中的数万亿健康菌群为“微生物群”。微生物群的前提是每个人实际上都是一个有着多物种的超级有机体。我们每个人的身体中都拥有广阔多样的生态系统。如果这个生态系统是健康的，我们的身体也会是健康的。最近的研究结果表明，人体内有 10 000 多种微生物；细菌细胞在人体细胞总数中的比例占 57% ～ 90%。作为人体最大的器官，皮肤本身就有数十亿的微生物，其中很多对我们的健康至关重要。20 世纪通过抗生素消灭“细菌”的方法导致了“细菌退化”，最终导致了许多慢性疾病。然而，维持菌群的完整性远比靠吃酸奶或吃益生菌来维持肠道菌群复杂得多。

康奈尔大学教授、免疫毒理学家罗德尼·迪特尔特（Rodney Dietert）在他的著作《人类超级有机体》（*The Human Superorganism*）中解释了肠道和免疫系统中细菌之间的微妙平衡。当这种平衡被打破时，就会出现一些非传染性疾病，也称为“文明疾病”。现在，我们知道 70% 的免疫系统存在于我们的肠道中，然而肠道在许多慢性疾病的治疗中常常被忽视，其中包括哮喘、肥胖、关节炎、多发性硬化症、银屑病和注意缺陷 / 多动障碍。关于受损的微生物群，最重要的信息或许是它与炎症的关系。炎症（组织过度氧化）与许多慢性疾病有关，压力似乎是炎症的主要诱因（Vida，2014）。此外，糟糕的饮食习惯会使受损的微生物群长期存在，使人很容易患上慢性病。迪特尔特甚至说，有一整代孩子生来就携带着受损的微生物群，因此，这被认为是一种普遍的出生缺陷。

织。与之类似，在外因性免疫反应不足中，外界物质成功地削弱了 B 细胞防范感染的能力；在内因性免疫不足中，T 细胞没有对抗原发挥作用，可能发展成为**（肿）瘤**（癌症肿瘤）。比昂迪（Biondi）在 2001 年也报告了类似的研究结果。

随着新的研究揭示了淋巴系统以及淋巴系统与其他生理系统间动态交互作用的细节和复杂性，尤其是了解到生活方式所导致的**自体免疫疾病**增加，以及认识到压力在二者的关系中起到一定的作用（包括外因性和内因性），关于免疫和疾病发生关系的观点正不断被改写和更新（Kemeny and Gruenewald，1999；Kiecolt-Glaser，2002）。

表 4.2 免疫反应矩阵

	反应过度	反应不足
外因性活动	过敏	感染（感冒和流感） 疱疹
内因性活动	关节炎 狼疮	癌症

毒杀 T 细胞（T-cytotoxic cells）：最广为人知的细胞，通过释放细胞素攻击和杀死肿瘤细胞。

协助 T 细胞（T-helpers）：也叫作 CD4，这些细胞协助 T 细胞产生抗体。

抑制 T 细胞（T-suppressors）：也叫作 CD8，这些细胞减少抗体的产生，使 T 细胞保持健康的平衡。

自然杀手细胞（natural killer，NK）：能够探测内部抗原的大淋巴细胞，帮助杀灭突变细胞。

（肿）瘤（neoplasms）：癌症肿瘤的另一个名称。

自体免疫疾病（autoimmune diseases）：由于过度活跃的免疫系统“攻击身体”而导致的疾病，如过敏和风湿性关节炎。

根据博里森科的观点，心理压力使免疫系统的精确调节失去平衡。压力是使免疫系统陷入过度反应或反应不足的催化剂。应当注意，反应过度和反应不足产生于不同的机制，所以个体可能同时出现过敏反应（过度反应）和感冒（反应不足）。博里森科补充称：尽管两种失调存在差异，但放松技巧还是可以恢复免疫系统的精确平衡。换句话说，定期的放松练习，如冥想或想象可以使整个免疫系统恢复到内部的平衡状态。

尽管博里森科（Borysenko，1991）认为，“压力改变了免疫系统对外界和内部抗原的易感性”，但博里森科没有考虑大脑知觉压力性情境的能力和接下来整个免疫系统变化之间关系（图 4.2）。

为了对博里森科的模型提供支持，那些试图理解压力和免疫系统之间联系的研究表明：短期的心理压力能对细胞素分泌产生复杂影响，降低 NK 细胞的活性。据观察，慢性压力抑制 NK 细胞的活性，

Courtesy of The Living Matrix, LTD and Becker Massey LLC.

图 4.2 随着经济、生态和技术的发展，地球似乎已经成为一个更加有压力的地方。这就更加需要去学习压力管理技术，以在全球的变化中保持一种平衡。

因而提高个体感染和癌症的易感性（Herberman，2002）。另外，免疫系统中产生 T 细胞的二级淋巴组织（脾脏、淋巴结）也受到压力影响发生变化。浸泡在“激素环境”中的淋巴组织会受到情绪和思维过程的显著影响（Rabin，2002）。

新的研究表明，生理系统远比以前所了解的复杂。例如，原先认为协助 T 细胞和抑制 T 细胞是专门化的淋巴细胞，但事实上，它们可能是“双重媒介”，也服务于中枢神经系统。

珀特模型

迄今为止，人们一直认为神经系统和免疫系统之间没有直接的联系；实际上，所有的生理学家都认为这两个系统是相互独立的。但现在，研究者分离出了连接中枢神经系统和胸腺、淋巴结、脾脏和骨髓的神经末梢。另外发现扁桃体、腺体和小肠的细胞受交感神经纤维的支配。

另外一种或许更重要的联系表明，大脑中产生的**神经肽**（信使激素）能够与淋巴细胞的受体结合（很像钥匙与锁的关系），改变它们的新陈代谢。这个传输系统与大脑和神经肌肉组织间的传入和传出系统完全不同。神经肽所携带的信息密码由遍布全身的不同淋巴细胞受体“说出”，但明显，它们的语言受到情绪反应的影响。

美国心理健康研究所大脑化学研究中心（Brain Chemistry at the National Institute for Mental Health）前主任坎达丝·珀特（Candace Pert）发现，免疫细胞有内置的神经肽受体。埃德温·布莱洛克（Edwin Blalock）也报告了相似的发现。对神经肽的确认是最近的研究进展，在探索与化学物质成瘾相关的大脑的动态机制时，科学家们惊奇地发现，大脑本身能产生麻醉剂，这是一种和外部麻醉剂（诸如吗啡）的作用相似的神经递质。迄今为止，人们确认了几百种神经肽，但最受人们关注的是 β-内啡肽。心情变化和免疫调节的所有事件都与这些神经肽有关。珀特进一步认为，实际上只有一个神经肽分子像变色龙那样，受到情绪影响改变形状（图 4.3）。珀特假设，每个神经肽分子中的电子像波浪那样振动或波动，可以说明这种自发的改变。珀

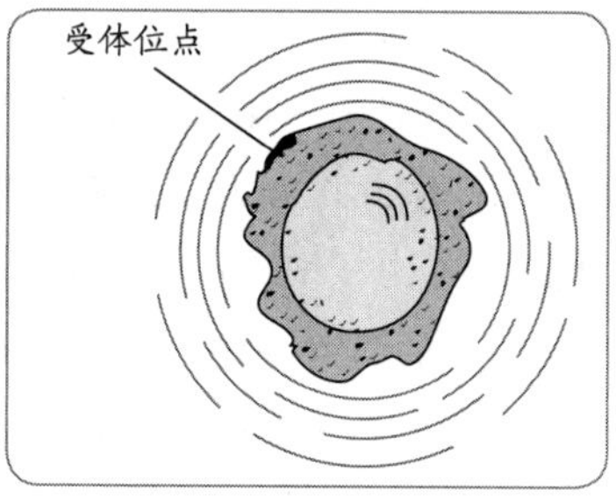

图 4.3 根据珀特早期的研究发现，所有已知的神经肽都只有一个分子结构，它们之间细微的差异可存在于每个分子不同的振动频率。

特的假设与德国物理学家弗里茨–艾伯特·波普（Fritz-Albert Popp）类似，波普发现，DNA 能够发射大范围频率，每种频率都与一种特定的代谢机制相关。

由于下丘脑的神经肽受体最多，所以现在认为大脑所产生的这些物质介入了情绪反应的生化过程。但珀特发现，神经肽不是由大脑单独产生的。珀特的研究表明，全身的免疫细胞不仅仅有神经肽受体，同时也能独立产生神经肽。另外，免疫细胞似乎拥有某种记忆能力，可以适应特殊的情绪反应。因此，人们认为大脑和 T 细胞、B 细胞之间通过神经肽进行信息交流，这是一个双向的通路：免疫细胞传输给大脑，反之亦然。珀特的研究发现为以下假设提供了证据，即某些情绪可能会抑制淋巴细胞的机制，而另一些情绪能够促进它们。

现在，科学研究文献中大量的研究清晰地阐明了应激反应、情绪调节以及它们对免疫系统的影响之间的关系。下面是为心理神经免疫学在医学领域中应用的有效性提供证据的一些重要研究。

一项研究（Jcrmott et al., 1983）关于塔夫茨大学牙科学生的学业压力对免疫球蛋白（S-IgA）分泌速率的影响。S-IgA 被认为是抵御呼吸器官疾病的第一道防线。研究要求被试完成一份性格测试，以确定其权力动机（控制）这种人格特征，并根据此特征将被试分为两组。在一学年中收集 5 次唾液样本，对 S-IgA 进行测量。结果表明，在高压力阶段，S-IgA 显著降低，对那些具有高权力动机的学生来说，这种降低尤为显著。

贾尼丝·基考特–格拉泽（Janice Kiecolt-Glaser）和她的丈夫罗恩·格拉泽（Ron Glaser）共同开拓了心理神经免疫学研究领域，他们所进行的一些重要研究揭示了压力与免疫系统抑制之间的联系。最值得关注的是 1984 年进行的第一个研究，该研究的被试是俄亥俄州立大学医学系学生的淋巴细胞数量。结果表明，与测验前后相比，学生淋巴细胞的数量在测验第一天显著减少。1996 年发表的一篇论文表明，压力会影响伤口愈合。基考特–格拉泽（Kiecolt-Glaser, 2003）最近进行的研究表明，慢性压力通过过度分泌一种特殊的促炎细胞素而加速了衰老过程（伴随而来的是众多疾病）。

研究者使用动物被试探索情绪压力和免疫抑制之间的关系（Bovbjerg et al., 1984）。例如，当大鼠遭遇无法控制的足部电击时，可以观察到它们的免疫机能显著降低，即淋巴细胞的增殖减少（Lanudersianger et al., 1983）。这种免疫系统抑制被认为是条件反应。研究者总结说，由于无力控制周围环境而产生的无助—无望感会导致生病。

个体遭受亲人丧失时也会出现免疫抑制。一项研究表明：丧偶的 8 周内，个体会出现淋巴细胞增殖降低（Bartrop, 1977）。施莱弗等人（Schleifer, 1983）也得到了相似的结果：如果妻子死于乳腺癌，其丈夫出现了淋巴细胞增殖显著降低。这些研究暗示人类会像大鼠一样，通过情绪和 / 或思维过程的条件反射抑制免疫系统。

一个有意思的研究考察了放松和应对技巧的**免疫增强**效果（Esterling et al., 1994），这个研究调查了疗养院住院病人所应用的不同压力管理技巧对 NK 细胞活性的作用。被试分成三组：（1）学习放松技巧；（2）提供充足的社会交往，（3）没有接受特殊技术培训或社会联系强化。结果表明，1 个月后，那些接受压力管理疗法的被试的 NK 细胞数量显著高于控制组。从诺曼·卡曾斯（Norman Cousins）的工

神经肽（neuropeptides）：大脑（和其他身体器官）所产生的独特的信使激素，与淋巴细胞的受体相吻合。

免疫增强（immunoenhancement）：用来描述增强免疫系统功能的多种压力管理技巧。

作中获得灵感，研究者进行的其他研究也证实了积极情绪和免疫系统变化之间的关系（见第 11 章）。

在《情绪分子》(*Molecules of Emotion*) 一书中，珀特着重阐述了她的发现之旅，这使她认识到身体不是一台机器。“这么多治疗者所谈到的能量是什么，谁把它和情绪释放、健康恢复联系起来？根据西方的医学术语，严格地说，能量由各种细胞的新陈代谢过程产生，能量可以与情绪释放联系起来的想法对科学的头脑来说是完全陌生的……我认为神秘的能量实际上是情绪的生化过程——神经肽及其受体——携带信息的自由流动。”尽管最近珀特的研究焦点是 T 肽对艾滋病的治疗，但她（Pert，2004）认为，精微能量医学前沿领域是最令人振奋的关于压力和疾病的研究范式。

所有这些研究似乎表明，情绪反应和它所产生的生化变化之间存在很强的联系，尤其是免疫系统也参与其中之时。在珀特的研究发现之前，人们认为皮质醇在免疫抑制中起到了至关重要的作用，但现在认为，受到情绪影响造成的神经肽结构改变在免疫失能中起到了更重要的作用。目前正在进行一些其他神经递质的研究，这些神经递质由大脑产生，或许负责产生情绪性思维，这些情绪性思维又整合成了特殊的神经肽，对免疫系统造成影响。珀特认为，这种类型的研究毫无成果。在《纯粹理性科学回顾》(*Noetic Sciences Review*, 1987）中，珀特写道：“我认为，现在可以将心情和意识理解为情绪信息加工过程的衍生物，如此看来，心理和意识是独立于大脑和身体的。”正是这种观点引导她和其他研究者超越物理学领域，到超心理学（parapsychology）和形而上学中为压力和疾病间令人迷惑的关系寻求答案。而照亮通向这扇大门之路的是一位放射学家——理查德·格伯（Richard Gerber）博士。

利普顿模型

布鲁斯·利普顿（Bruce Lipton）是与坎达丝·珀特进行合作研究的同仁。利普顿是细胞生物学家和前威斯康星大学和斯坦福大学的医学院教师。他也是畅销书《生物学信仰》(*The Biology of Belief*）的作者。在过去的 30 年，利普顿一直在从最小的单位——细胞——出发，对人类健康的本质进行了研究和探索。正如人们探索细胞生理的本质一样，细胞的结构、细胞核及其内容（尤其是 DNA）是不能回避的研究问题。利普顿的同事都在集中研究 DNA（遗传学）在疾病的因果关系中扮演的角色，但他另辟蹊径，主要研究细胞的环境。

利普顿是一个表观遗传学理论的支持者，这个理论主要研究环境如何控制 DNA 的基因活性的分子机制。利普顿进一步说明了细胞的大脑是它的细胞壁、细胞膜。细胞膜具有复杂性，能让你的身体把环境信号转化为行为。为了在分子层面理解这一问题，电磁能量粒子在细胞健康的完整性中扮演重要角色。利普顿开始探索细胞膜的电磁性质的意义。

利普顿在斯坦福大学的研究表明，细胞具有促进增长和保护自己的能力。然而，细胞不能同时进行这两种功能。在保护模式下花的时间越多，成长的时间和能量越少。这样不仅妨碍了细胞的健康，而且妨碍了器官的健康（因为人体内各部分是相联系的，最终会影响一个人的健康）。持续的压力最终也会损害细胞的健康及其生命力。每一个细胞都与包含它的器官或系统相联系。利普顿指出，人可以被吓死不是单纯的比喻。以神经系统对胃肠道的影响为例。通常情况下，你胃里的细胞每 72 小时更新一次。这样的自然生长过程被长期压力下的战或逃反应取代，更多的能量被用作提供保护而不是生长。随着时间的推移，胃和小肠的功能明显下降。

从细胞到生理系统，利普顿指出，应激激素极大地影响了免疫系统的活力。病人接受器官移植通常需要高剂量的激素（例如，皮质醇）去抑制免疫系统，使新器官不被排异。

多年来，利普顿已观察到意识和潜意识下所表达的思想和信仰的关系。他注意到，在潜意识中储存的容易产生压力的信念会对健康产生负面影响。他的研究得到了其他研究的支持。与细胞分裂有关的端粒（一种 DNA 蛋白）深受慢性心理压力的影响。因此，揭示了压力和细胞老化过程。简单来说，慢性压力缩短了细胞的寿命，特别是免疫细胞的寿命。

利普顿指出，我们所能感知到的比我们的 DNA 遗传带来的本能强得多。每一位研究者都应该看得更远，才能给人类生理学带来更多成果，而他的研究一度被认为是不可能完成的。

利普顿进一步研究了一个人的态度（信念）和健康状况联系之间的联系。他说：“你的信念就是相机镜头，它能改变你看世界的方式。你的生理能够适应这些信念”（Lipton，2008）。利普顿称他的研究为新生物学，因为他已经远远超出了过去对 DNA 结构和无意识状态下细胞的编码活动的研究。只有当潜意识的信念结构发生转变时，细胞生物学本身才会改变。

利普顿还讨论了细胞的电磁频率和不可见的电磁波谱。“在过去的 50 年中，数以百计的科学研究揭示了电磁频谱在生物调控方面的深远影响”（Lipton，2008）。利普顿惊讶地发现，这些研究结果早已刊登在主流医学期刊上了，但尚未纳入医学院校课程。在大学的医学院中努力改变了这一现状的人就是下一部分要提到的放射科医生理查德·格伯博士。

格伯模型

直到目前，受到还原论影响的临床研究者的研究仍然基于如下假设：心智和大脑是合一的，所有思想不过是发生在大脑灰质的神经细胞和突触内的生化反应。然而，在很多临床研究者的圈子里，人类意识被认为是“机器中的幻影”，是一种无法触摸的实体。理查德·格伯博士在他的书《摇摆的医学》（*Vibrational Medicine*）和《21 世纪摇摆的医学》（*Vibrational Medicine for the 21st Century*）中，回顾了几百项研究，对另一个假设——整体或系统论的方式——进行了实证性考察，即情绪是以能量形式存在的有意识或无意识的思考，环绕在身体周围或渗透入身体之内，影响多种躯体生化反应。根据这种观点，身体上表现出的压力相关症状是早期“较高能量层次”受到干扰而导致出现“问题”的表现。

为了更好地理解这种被称为意识的能量，一些医学前沿领域的科学家与量子物理学家通力合作，开展研究。原先听起来像科幻小说的内容现在被认为是可靠的事实。美国压力学会（American Institute of Stress）主席、医学博士保罗·罗施（Paul Rosch，2003）坚信，精微生物电能理疗很快就会取代药理学家用来治疗压力相关疾病的药剂。

格伯也引用了一些新的研究，这些研究对现在所谓的“**人类能量场**”进行了科学测量并证实其存在。尽管这些努力充其量也只是处在萌芽阶段，但格伯相信，最终的结果将会发现意识确实由精微能量——一种围绕和渗透身体的振动频率段——构成，并且与珀特的看法相似，研究将证明人类意识独立于物理的身体，同时又与之紧密相连。格伯描述称精微物质组成的人类能量场包括多个意识层［图 4.4（彩）］：第一层，以太层（etheric）与身体最为接近；第二层，星光层（astral）与情绪性思想相关；第三层，精神层包括本能、智慧和直觉；最外层是因果层，与灵魂 / 精力相关。能量场的每一层都和特定的振动频率及意识状态相关。

格伯认为，当健康处在最佳状态时，所有的频率非常和谐，就像是声音调得很好的小提琴。和谐的频率遭到破坏会逐渐导致疾病。根据这个模型，一种伴随着情绪（如担心）的特定想法（如“这个成绩将使我被留校察看”）穿过能量层，对身体的某些方面产生影响（如抑制免疫系统）。根据爱因斯坦相对论中物质和能量可以互换的观点，格伯提出了一个有说服力的论点，心情和大脑是两个独立但紧密相连的身体状况要素。琳恩·麦克塔格特（Lynne McTaggart）在她的书《场》（*The Field*）中收集整合了支持格伯模型的信息。在这本书中，她引用了多个领域杰出学者大量的研究来证明人类能量场的量子特征。自从对治愈疾病的能力有记载以来，萨满和药师就暗示围绕在身体周围有一个多层次的能量体（图 4.5）。这种能量体有很多名字，包

人类能量场（human energy field）：一种细微的人类解剖结构，有包括电磁场和多彩气息等很多名称，被认为由围绕、渗透身体的意识层构成。

图 4.5 每一个围绕着身体的精微能量层都有一种特殊的振动频率。如果有一层像吉他弦一样“走调”的话，整个能量场都会受到影响。

括气、普拉纳、呼吸和灵魂。在今天的学术界，它被称为**精微能量**，最靠近身体的一层叫作**以太能量层**或**生物原生质**。由于精微能量不同于其他组成身体器官的物质（密度低），一些深奥的文献常常将它与精神的本性或更高的意识相联系。虽然有人声称确实看到了这种能量场，并将之描述为一个光环，但肉眼仍旧看不到。直到 1940 年，苏联研究者基尔良·克里安（Semyon Kirlian）创造性地发明了一种拍照技术，探测到这种能量场的踪迹，才有关于人类能量场的记载。使用高频、高压、低电流强度的电场，电子摄像技术或现在被称为**克里安摄影术**的方法可以测量到环绕在小生命体周围的电磁场——以太层。通过这个过程所看到的现象和日蚀发生时太阳周围的光环非常相似。

简而言之，克里安把一块感光板放在一个物体（比如说，叶子）和一个经过特别设计的发出特殊频率的电极之间，就能够将这个物体所发射出的数十亿个带电电子的活动在胶片上拍下来［图 4.6（彩）］。把底片进行处理就会显现明亮的颜色和“火花的图案”，产生一个与所拍摄的叶子形状相似的电磁像。令人惊奇的是，如果拍摄一片受伤的（被撕破）叶子，代表整个叶片的光环仍然能够显示在胶片上。克里安对人类的手进行重复的拍照试验，发现健康个体和患有癌症的个体的手部图像在色彩和火花图案上有显著的差别。

亚洲文化认为，思想和感觉通过两个独特的系统穿过人类能量场的许多层次，这两个系统组成了我们所谓的**精微解剖**。第一个系统是一系列能量旋涡，在身体前部垂直向下排列。能量的“大门”称为**脉轮**，在不同位置与身体相同，对应于不同内分泌器官，与中枢神经系统对应的范围较小一些。肉眼无法看到这些脉轮，它们在不同的精微能量层间发挥转换器的作用。

现在，人类能量场中最吸引研究者的是意识及意识与脉轮的关系。另外，对精微能量和能量医疗所进行的研究推动了一个新的研究领域出现——**能量心理学**（Feinstein, 2003），这个领域试图整合量子物理学和与心理有关的精微解剖，可以在心理—精神层面上更好地理解和治疗与压力相关的疾病。在一本由卡罗琳·迈斯（Carolyn Myss）与诺姆·谢利（Norm Shealy）共同编著的书《创造健康》（*The Creation of Health*）中，作者声称，脉轮是理解健康和疾病机制的关键环节。迈斯具有直觉的诊断能力，能够看到金场（the auric field）中疾病的最初状态，达到 93% 的正确率。迈斯认为疾病不是随机发生的，而且她坚信大多数疾病是未解决的情绪、心理和精神危机负担过重引起的。迈斯具有看到人类能量场和脉轮的天赋，她与一些医生合作，其中最著名的是美国整体医疗联盟（American Holistic Medical Association）创始人诺姆·谢利，迈斯用她的直觉力探索心—身关系。迈斯证实了格伯的压力—疾病模型，并且随着健康护理逐渐由机械论范式向整体范式转变，清楚地证明了迈斯的工作卓有成效。迈斯并不是孤独的，《女人的身体，女人的智慧》（*Women's Bodies, Women's Wisdom*）一书的作者克里斯蒂安·诺思拉普（Christiane Northrup）医生是美国整体医疗联盟的前主席，她也在探讨脉轮和不同疾病状态之间的关系。用诺思拉普的话说就是：“当我们生活中的某一领域出现长期未解决的情绪压力时，它就会在我们的能量场中作为一种干扰出现，并会表现为身体疾病。”脉轮是一个多维的网络，作为精微解剖的一部分，同时在器官层次和细胞层次影响行为。脉轮的概念可以用来解释为什么具有同样压力的两个人表现出了不同的疾病症状，那是因为他们的精微能量和脉轮系统积极地对思想和情绪进行加工。

下面是根据格伯、迈斯和著名治疗师唐娜·伊登（Donna Eden）的工作，对脉轮系统进行的综合阐释。

第一脉轮

第一脉轮也就是常说的根脉轮，位于脊柱的底部。根脉轮与安全和保护相关。第一脉轮也跟我们与地球的连通感和根基感有关。根脉轮也与生殖系统的器官，以及髋关节、下背部和骨盆区紧密相关。根脉轮受到干扰，可能会引起这些部位相应的健康问题，包括下背部疼痛、坐骨神经痛、直肠失调和一些癌症（如前列腺癌）。根脉轮也是生命力（Kundalini）所在之地，生命力就是西方文化所理解的精神的基础概念。

第二脉轮

第二脉轮也就是骶骨脉轮，与性器官及个体在商业以及社会关系中的个人权力相关。第二脉轮涉及与性和自我价值相关的情感。当通过外界的诸如金钱、工作或性特征来审视自我价值时，会导致这个区域的能量畸变。强迫性的物质获得被认为是一种补偿低自我价值的方式，因此会干扰第二脉轮。与这个脉轮区相关的症状一般包括月经不调、不孕、阴道感染、子宫囊肿、性无能、下背部疼痛、性功能障碍、脊椎错节、膀胱和泌尿器官感染。

第三脉轮

第三脉轮在胃部上方，也叫作太阳丛脉轮。这个脉轮的能量主要进入胃肠区域，包括腹部、小肠、结肠、胆囊、肾脏、肝脏、胰脏、肾上腺和脾脏。第三脉轮与自信、自尊和激励相关，不要与第二脉轮的自我价值相混淆。关于太阳丛脉轮，更广为人知的是它与一种内心深处的感觉相关，即“感觉不对劲”。这个脉轮受到阻碍与溃疡、癌症肿瘤、糖尿病、肝炎、食欲减退、贪食症以及所有与胃有关的问题存在联系。格伯指出，与这个脉轮相关的许多疾病是在个体生命的早期阶段记录和纳入无意识中的“旧存储器中的有误信息”造成的。迈斯补充称，对恐惧和未处理的愤怒所进行的文化适应与这些身体区域的器官性失调有密切联系。

第四脉轮

第四脉轮被亲切地称为心轮，也被认为是身体最重要的能量中心之一。心轮代表着表达爱的能力。心轮在心脏之上，像一个象征的心，未解决的气愤感或有条件的爱的表达会使心脉拥塞，反过来对心脏有相应的影响。

遗憾的是，西方人的现实机械论模型的观念根深蒂固，与有机物结构相关的象征在健康和健康护理中似乎占不了一席之地。但是，通过心脏病专家迪安·奥尼什（Dean Ornish）的研究工作，实质的心脏和象征的心之间的联系变得非常清晰。谈到数据，奥尼什是唯一从科学角度证实了动脉粥样硬化斑逆转的研究者。尽管饮食、锻炼和支持小组都是奥尼什模式的因素，但是冥想练习（奥尼什称之为“启迪心灵的冥想”，以解决愤怒，开启心轮）似乎才是冠心病恢复的关键因素。

但是，与心轮紧密联系的器官除了心脏外，还有肺、胸和食道。心轮阻塞的症状包括心脏病发

精微能量（subtle energy）：围绕和渗透人体的一系列能量层，被认为与组成人类能量场的意识层有关。

以太能量（etheric energy）：最接近生物体的能量层（也称为以太体）。

生物原生质（bioplasma）：能量层中最接近生物体的以太层的另一种说法。

克里安摄影术（Kirlian photography）：苏联人基尔良·克里安发明的摄影技术，能够让观察者看到物体所发射出的电磁场，包括树叶或手。这种技术是使人类能量场实质化的技术之一。

精微解剖（subtle anatomy）：也被称为能量解剖，包括人类能量场（光环）、脉轮系统以及为身体器官和相关的生理系统提供能量的经络系统（也称为气或普拉纳）。

脉轮（chakras）：脉轮是精微解剖的一部分。七个主要的脉轮从头顶到脊柱底部排成一列，和不同的内分泌腺相连。每个主要的脉轮与心—身—精神机制直接相关。当一个主要的脉轮关闭、变形或拥塞时，接下来就会出现压力感或生病。

能量心理学（energy psychology）：用来描述将精微能量（脉轮、经络和人类能量场）、包含特定压力的心理问题以及创伤结合起来的术语。

作、心脏增大、哮喘、过敏、肺癌、支气管问题、血液循环问题、与上背部和肩部相关的问题。另外，心轮和胸腺也有重要的联系。胸腺对T细胞的制造至关重要，会随着年龄的增长而萎缩。格伯注意到，衰老对胸腺萎缩的影响可能没有那么重要，胸腺萎缩是心轮状态的反映。

第五脉轮

第五脉轮在咽喉之上，与咽喉相连。与喉轮相关的器官包括甲状腺、甲状旁腺、嘴、声带和气管。作为交流的象征，喉轮代表着个人表达、创造性、生命目的和意志力的发展。无法表达自己的感受和创造性，或不能自如地行使个人意志，会不可避免地干扰喉轮能量的流动，造成慢性的咽喉疼痛、颞颌关节功能紊乱（temporomandibular joint dysfunction，TMJD）、咽喉癌和口腔癌、脖子僵硬、甲状腺失调、偏头痛和这些区域的癌症肿瘤。在迈斯的《创造健康》（*The Creation of Health*）一书中，她指出自我表达和创造性对于个体的健康状态至关重要。她还说，不能表达自己的感受——是否快乐、生气或爱——就像是把水泥倒入咽喉，关闭了保持这个区域健康所需要的能量。

第六脉轮

第六脉轮也就是人们更熟悉的额轮，或者叫第三眼。这个脉轮与直觉和在完整的意识深处获得无穷的智慧或知识相关。当能量从普遍的智慧维度流向第六脉轮时，促进了智力和推理技能的发展。额轮与垂体和松果体直接相连，支持流向大脑进行信息加工的能量。与腹腔神经丛轮负责和个人事务内部（肠道）层次的直觉不同，额轮所引导的智慧从本质上说更具普遍性，具有生活的精神方面的含义。格伯认为，由于额轮失调而引发的疾病（如脑瘤、出血、血液凝塞、失明、昏迷、抑郁和精神分裂症）也可能是由于个体不想看到一些对其精神发展非常重要的事情。

第七脉轮

如果脉轮的概念对西方来说是新奇的，那么第七脉轮或许肩负沟通东西方观念的使命。第七脉轮与灵魂和精神探索相关。当顶轮是开放的并且充分地发挥其机能时，就会通达意识的最高水平。尽管没有特定的疾病与顶轮相联系，但每种疾病都有其精神方面的意义。不是只有成为圣人才能拥有光环——我们每个人都有一个。

《心理神经免疫学——新的身心健康计划》（*PNI: The New Mind-Body Healing Program*）一书的作者埃利奥特·达谢尔（Elliot Dacher）博士认为，可以从许多文化和学科中发现对脉轮的领悟，最值得关注的是西方文化的心理学领域——马斯洛的需要层次理论。加利福尼亚州奥克兰市的前沿科学研究中心（Institute of Frontier Sciences）主席贝弗莉·鲁比克（Beverly Rubik）宣称，尽管存在考虑到精微解剖和精微能量的各个方面的临床研究，但由于这类研究反对传统的科学理论，挑战处于支配地位的生物医学模型，因而仍处在西方医学主流研究之外。但她补充称，就像爱因斯坦挑战牛顿物理学开启了思想之门一样，通过能量所进行的能量和信息交换的法则也会通过量子物理学的大门证实其有效性，并被西方科学所接受。

和脉轮相似的是**经络**系统——几百个相互连接的点所组成的网络遍及全身，使能量在身体和能量场的微小单元间通过。指压按摩和中国针灸就应用了能量的经络系统。

在许多西方医生看来，中国针灸所包含的理论概念与免疫系统的动态机制之间毫无关系，但是格伯认为它们密切相关。如果这些微精能量通路被堵塞，它们所供给的器官就会陷入失调状态（图4.7）。针灸是一种试图疏通这些被阻塞的能量通路的治疗方法，使能量流得以自由流动（图4.8）。这种治疗技术在美国前总统尼克松于1974年访华时首次获得美国国家的认可。那时，总统记者团中有一个人患了急性阑尾炎，被紧急送往最近的医院，在没有使用麻醉剂的情况下得到了成功治疗，使白宫的官员非常吃惊。很快，受过西方传统训练的科学家和医生都嘲笑这种治疗方法，但现在的研究表明，被称作穴位（针灸点）的地方和神经免疫交汇口之间有联系，尽管关联程度比较弱。

确定以太和身体间存在解剖联系的最可靠研究是由韩国医生金汉（Kim Han）进行的，并于1967由罗斯-尼尔（Rose-Neil）报告。通过使用针灸所用的针，在传统的针灸点注射磷的放射性同位素（P-32），金汉发现同位素沿着一条纤细的管系统流动，这个系统与循环、淋巴或神经系统均不相关；而与针灸经络系统相同。皮埃尔·德韦尼约尔（Pierre de Vernejoul）在 1985 年证实了金汉的研究工作，他使用放射性的锝（^{99m}Tc）跟随古老的针灸经络线路。如果把同位素随机地注射到皮肤里面，则不会出现特定的路线。

通过触觉的治愈力也能对人类能量场进行研究。伯纳德·格拉德（Bernard Grad）和德洛丽丝·克里格（Dolores Krieger）对植物（为避免安慰剂效应）和人进行了一系列研究，证明“治疗性思维”以能量形式产生了令人满意的显著变化，分别由叶绿素和血红细胞表现出来。莱昂纳多·拉斯考（Leonard Laskow）和格伦·赖因（Glen Rein）医生在实验室进行了相似的研究，结果表明，有意识的想法可以降低癌细胞增长的速度。这种意识能量交换与所观察到的电磁场的特性相似。其他一些研究者也开始对脉轮的精微解剖进行探索，包括位于堪萨斯州托皮卡的门宁格诊所（Menninger Clinic）的埃尔默·格林（Elmer Green）医生、加州大学洛杉矶分校的瓦莱丽·亨特（Valerie Hunt）、加利福尼亚人类科学研究中心（California Institute for Human Science）的本山藤原浩（Hiroshi Motoyama）博士以及著名的美国心脏数理研究院（Heart Math Institute）中的研究人员。

在数据方面，亨特最可能探测了与脉轮相关的电磁频率。她本来在进行肌肉压力（电压）的生物反馈研究，但是由于注意到高于心脏和大脑组织电振动频率（0 ～ 250 周 / 秒）许多倍的不同频率（1600 周 / 秒），她很快转向与基本脉轮相关的七个区域电活动的研究中。颇具启发性的是格林的人类能量场的概念，他创建了国际精微能量和能量医疗研究学会（International Society for the Study of Subtle Energy and Energy Medicine，ISSSEEM），现在这个研究机构出版了自己的研究期刊《精微能量和能量医疗》(*Subtle Energies and Energy Medicine*)。

心—身关系是怎样失去原有的和谐平衡的呢？

图 4.7

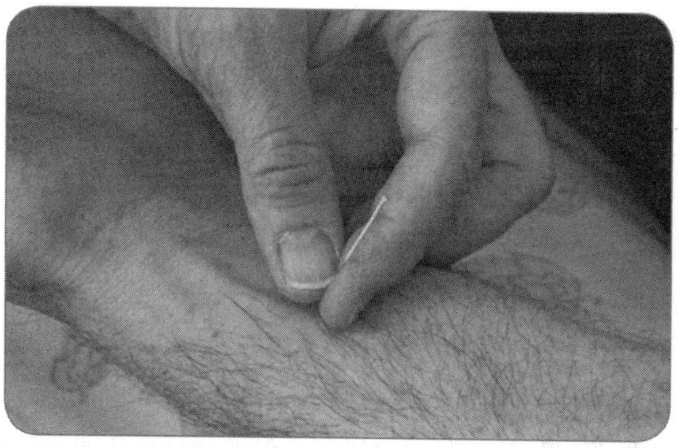

图 4.8 针灸是一种古老的中国医术，使用细小的、圆形的针扎在特殊的穴位上，疏通阻塞的经络通路。古典的针灸（基于阴阳五行说）通过整合心、身和精神，从整体上治疗个体。

有两种可能：第一种是生物生态学问题的影响——不断地暴露在节律高于 7.8 赫兹的自然（紫外线）或人造（高压电线）能量频率下，人类能量场的某些方面受到干扰。

为了从格伯的角度理解这些关系，我们首先要理解爱因斯坦阐述的物理世界中的一些概念。首先，原子中最小的粒子是由能量组成的，能量和质量可以互换，所以每个物体都发出了统一的节律或一系列振动。测量这些振动的单位是赫兹，或每秒振动次数。振动的物体，包括人体，会产生磁能量

经络（meridian）：通达全身的能量流，有几百个相互连接的点，应用于针灸和指压按摩。

场。通过所谓的**交感神经共振**和音速**夹带**过程，共振从一个物体传到另一个物体，就像音叉调谐那样。振动频率较低或较弱的物体会改变自己的频率，以赶上发出较高或较强振动频率的物体。对于人类来说，随着时间的流逝，如果一些器官受到影响，经常处在高于正常频率的状态下，就会降低它回到稳定状态的能力，这些器官就会出现新陈代谢失调或异常的细胞分裂。

威廉·贝克尔（William Becker）博士的研究工作为这种假设提供了支持。贝克尔两次荣获诺贝尔医学奖提名，他对各种过电体——包括电线、微波炉、电热毯和视频终端（VDTs）——发射出的放射线与癌症发生的关系进行研究。贝克尔总结称，超低频（extremely low frequencies，ELF）——电流振动范围（60 赫兹）——与长期暴露于这类频率之中的个体的疾病存在显著的联系。贝克尔认为，更高频的振动在某种程度上被人体能量场（他称为人体电磁场）吸收，导致发生在原子水平上的细胞基因图谱发生变化。

早在 17 世纪后期，澳大利亚医生安东·梅斯默（Anton Mesmer）就首先认为人体所具有的磁场特性可以作为一种治疗机制，但那时被认为是胡说八道，没有被接受。但是在 1992 年，地球生物学家约瑟夫·克什维克（Joseph Kirschvink）发现，人类大脑细胞的确能够合成一种类似磁的物质，也被称为磁铁矿（magnetite）。和贝克尔一样，克什维克推测，细胞中磁铁矿的完整性会因为暴露在各种电刺激中而被改变，影响细胞的健康或活动速率。电干扰所产生的影响会导致细胞突变，进而可能发展成为癌症肿瘤。

T 淋巴细胞也会受到超低频的影响，使这个问题更加复杂。贝克尔引用了位于加利福尼亚州罗马林达的佩蒂斯纪念医院的丹尼尔·B. 莱尔（Daniel B. Lyle）医生所进行的一个研究，研究中微晶器皿中的 T 淋巴细胞在 60 赫兹的能量场中暴露了 48 小时，结果发现 T 淋巴细胞毒杀外来抗原的能力显著降低。贝克尔同样认为，能量流会影响心情和情绪，这与人类能量场的星光层和精神层有联系。

贝克尔在他的《交叉的流》（*Cross Currents*）中总结道：

> 现在已经有足够科学的证据证明：60 赫兹的磁场能够使癌细胞的生长速度增为原来速度的 16 倍，并且出现更多恶性的特征。这些结果表明，电频场会助长癌症。癌症促进因素增加了我们生存环境中致病媒介的数量，包括致癌的化学物质和宇宙射线，对癌症的出现具有重要的作用。我们经常产生能够被免疫系统识别和消灭的小的癌细胞，能够提高癌细胞增长速度的任何因素都会使癌细胞处于优于免疫系统的地位，因而许多人会出现需要治疗的临床症状（Becker，1990）。

当使用移动电话成为一种新的健康隐患这一情况被《华盛顿邮报》（*Washington Post*）、《国际辐射生物学研究》（*International Journal of Radiation Biology*）、《环境健康展望》（*Environmental Health Perspectives*）报道，并为人们所知后，高压电线的危害就不再是人们最关注的问题了。一些报告指出，头痛、记忆丧失、脑瘤的出现与微波过度使用有关系，原因是脑袋经常与微波离得很近。

遗憾的是，贝克尔的研究发现在很大程度上遭到医学界和联邦政府的忽视或批评。由于多种原因，贝克尔的研究依然存在诸多争议。其中一点是由于人体无法通过五种感官感受电磁污染，所以许多人认为电磁污染难以置信。如果你难以理解这些，请想一下经典的美瑞思（Memorex）公司的电视广告，美国女歌手艾拉·菲茨杰拉德（Ella Fitzgerald）的声音振动打碎了水晶杯。感受振动能量的影响时并不需要神经系统和免疫系统参与（图 4.9）。

丧失心—身平衡的第二种解释是，自身产生的情绪干扰阻塞了能量场的星光层（情绪层），导致众多生理疾病出现。未处理的有害思维——一般指情绪负担——可能会引发一些不适，提示某些器官存在问题。格伯认为，从本质上来说，构建人类能量场的是第六感（根据他的观点，第六感是一种没有被充分发展的感觉）。例如，他认为那些有透视

图 4.9 目前对治疗性振动进行应用的科学研究正在进行。吉恩·考恩斯（Gene Koonce）发明了像振动集成生物声激励器（Vibrational Integration Bio-Phonic Energizer，简称 V.I.B.E. 机）这样的探索性技术。这个设备发出-90～-70 毫伏的微弱直流电，使身体细胞具有横跨膜的电压，具有差异的电压使细胞处于最好的机能状态。当个体坐在 V.I.B.E. 机附近一段时间，体内细胞能够获得平衡状态的振动。

能力（清晰视觉）的人们能够看到自己或别人能量场的不同水平；灵魂出窍和濒死体验或许能够用同样的方式解释。

根据格伯的理论，思想、知觉和情绪都产生于精微能量的不同层面，穿过心—身界面，在分子水平被解码，使身体出现生化改变。他说道："思想是能量粒子，伴随着情绪的消极思想同样也产生于能量层次。随着这些能量粒子从以太层向身体层渗透，结果产生免疫失能"（Gerber，2001）。

可以这样说，人类意识是心理神经免疫学的一部分，这一观点为大家所不能理解。可是，随着专家越来越多地考察身体和心理的关系，他们开始超越认为心理在身体之中的传统科学看法，而考虑与之相对的观点，即身体在心灵之中。格伯的理论或许在考验你信任力的极限。但是，由于他谨慎的阐述和日益增多的实验性证据的支持——这些实验性证据来自国际精微能量和能量医疗研究学会（ISSSEEM）、心脏数理研究院（Heart Math Institute）和纯粹理性科学研究所（Institute of Noetic Sciences）——其理论正在不断地得到发展。格伯使我们想起了诺贝尔奖的获得者利斯特（Lister）和巴斯德（Pasteur），他们曾经因为其理论——"不可见的细菌"是感染原因——而被嘲笑，但在几年后得到了研究证实。可笑的是，西方医学界的实践者很快开始使用磁共振成像进行疾病诊断，但依然不愿意使用能量医学（如：针灸、顺势疗法、康复触摸）作为有效实用的治疗方法，尽管事实上，美国卫生研究院补充和替代医学中心（National Institutes of Health's Center for Complementary and Alternative Medicine）已经将精微能量作为五种物理疗法之一。最后，格伯说，医学界正在开始经历治疗方式的范式转变，但这种转变遇到了不少阻力。

佩尔蒂埃的前模型

前文提到，肯尼思·佩尔蒂埃（Kenneth Pelletier）认为，已经有充分的医学证据证明一个确定性的压力—疾病模型。但是，在构建这样一个全面的模型前，必须考虑和理解的是，佩尔蒂埃的名为"朝向心—身模型的心理神经免疫学"的综述性研究文章以及那些相关专家所关注的佩尔蒂埃当前的研究。尽管经过这些努力，关于压力和疾病的谜团仍有很多未能解开，一个完整的模型仍然没有完全实现。

医学研究中的一些有趣的发现在超心理学和玄学的边缘徘徊，我们应当认真地看待佩尔蒂埃所

交感神经共振（sympathetic resonance）：由一种物体发出而被另一种邻近的物体所获得的共振波。音叉是一个经典的例子。

夹带（entrainment）：在物理学中是指像振动进行一样的共有相位的同步：在人体生理过程中，发射出较强振动的组织或有机体影响那些振动较弱的，使这些发出较弱振动的组织或有机体赶上更强的速率，这被认为是能量守恒。

提到的领域，并通过实验性研究发展一个综合的压力—疾病模型。以下强调了这样一些研究发现。

1. **多重人格障碍**：布劳恩（Braun，1983）引证了被诊断为多重人格障碍（multiple personality disorder，MPD）的个体，他们不同的人格出现了不同的疾病。例如，一个患者在一种人格影响下是一个糖尿病患者，但是在另一种人格影响下没有显示出这种疾病的任何特征。与之相似，一种人格可能需要开处方，或有哮喘或其他严重的过敏，但另外的人格没有这些症状的任何迹象。当另外一种人格特征占优势时，在同一个人身上的疾病症状就消失了。很多多重人格障碍患者在儿童期经历了难以置信的巨大创伤性事件。这种疾病的病因与压力有重大联系，但是从一种人格到另一种人格，症状的出现或消失，让医学专家感到困惑。
2. **自动痊愈**：或许更让医学界感到困惑的是**自动痊愈**，指生病组织突然消失，多发生于癌症肿瘤，也在其他疾病中有所体现。这些报告之所以引人关注，是因为很多自动痊愈的病人最初都被诊断为疾病晚期。目前，甚至有几例感染人类免疫缺陷病毒（HIV）痊愈的病例报告。对此，医学界典型的第一反应是拒绝，标准的解释是这些患者被误诊了。但是认真考虑所记录的案例，一些只有几周生命的个体看起来经历了一次导致“自发治疗”的“大逆转”。这些人的寿命最终超过了原先的估计，即使没多出几十年，也多出了很多年。从20世纪80年代中期开始，纯粹理性科学研究所开始记录那些自动痊愈的案例。他们发现在医学文献所记录的3000例自动痊愈的病例中，15%是在没有临床干预的情况下发生的（如放射治疗或化疗）。

   在一篇关于这些发现的综述文章中，杰林·肯特（Jaylene Kent）等人（Kentet al.，1989）注意到，即使在今天，一些案例依然无法解释。例如，他们检验了卢尔德国际医学委员会（International Medical Commission of Lourdes，CMIL）的结果，这个委员会的一些医学专家调查了参拜法国卢尔德的圣伯纳黛特神殿的临床案例。从1954年开始，这个委员会调查了38个“痊愈”的案例，其中19个无法根据医学和科学进行解释。肯特及其同事很快指出，这些关于自动痊愈的证据虽然很少，但不容忽视。然而直到今天，它们仍然被忽视了，其中部分原因是，这些发现是“趣闻性的”，无法在有控制的实验室研究中得到重复。
3. **催眠**：通过催眠获得无意识力量，同时所记录到的生理变化同样令人困惑。在催眠状态下，人们的受暗示性提高，这种状态能够影响治疗反应的生化机制。据佩尔蒂埃所说，催眠可以治愈以下疾病：疣、哮喘、花粉热、接触性皮炎以及一些动物过敏。对鱼鳞病（icthyosis）——一种先天皮肤病——所进行的个案研究表明，催眠也能成功治愈这种疾病（Dossey，1999）。佩尔蒂埃注意到，尽管催眠能够产生一种非常放松的状态，压力激素促肾上腺皮质激素（ACTH）或许受到抑制，但免疫系统反应提高本身并不能说明这些激素所产生的变化。
4. **安慰剂和反安慰剂**：**安慰剂**效应出现在信念治疗领域，当个体非常相信药物能够治好疾病时，即使吃下去的完全不是真的药物时，也能够出现治疗效果。个体所遭受的病痛折磨能够被糖丸治愈的事实听起来十分可笑，但是这常常发生。实际上，美国食品和药品管理局（Food and Drug Administration，FDA）强调待批准的新药在临床研究中的治愈率必须超过35%，这是安慰剂效应的分界线。但是有一些安慰剂的治愈率能够达到70%。在伯尼·西格尔（Bernie Siegle）医生的书《爱、药物和奇迹》（*Love，Medicine，and Miracles*）中，作者引用了几个对药物有“信念”而被治愈的患者的例子，尽管这些根本不是真的药物，尤其是在其主治医生非常支持的情况下。这种类型的信念疗效是临床医学没有充分理解的部分。现在，这种曾经被现代医学认为是侥幸成功的情况被认为是压力—疾病神秘现象的一部分。

反安慰剂是用来解释把一种业已证明非常有效的药物给病人，并告诉他药物正在试验中，很可能没有作用时，所产生的现象。在大多数情况下，结果是尽管药物被确实有效，但对这些病人不起作用。

5. **细胞记忆**：随着医疗技术的发展，器官移植成为可能，大量的案例记录表明，不同器官组织的细胞具有活跃的记忆模式，传递给下一个接受者，这就是细胞记忆（cell memory）。在《心脏的编码》（*The Heart's Code*）一书中，作者保罗·皮尔索尔（Paul Pearsall）引用了几个案例研究，这些接受移植器官的个体开始具有他们没有参与过（但是器官捐赠者参与过）的事件的记忆。一个引人关注的故事是关于克莱尔·西尔维亚（Claire Sylvia）的，她在进行心脏移植之后，开始梦到一个名叫蒂姆的金发男孩，穿着一件摩托车夹克。尽管西尔维亚是素食主义者和葡萄酒鉴赏家，但是她术后开始喜欢麦乐鸡和啤酒——这是蒂姆最后一餐吃的东西，数小时后，他死于一场摩托车交通事故。这些和另外一些类似的故事表明，细胞保留了某种水平的意识，然后传递到接受这些器官的下一个人身上。与之相似，一些人在治疗中叙述他们童年受到身体虐待的记忆时，几十年前被虐打的地方就会出现青肿的伤痕。
6. **精微能量**：另一个值得关注的科学探索领域是精微能量的概念。佩尔蒂埃（Pelletier, 1988, 2000）说："很明显，心身交互作用包括精微能量或细微信息传递……鉴于心身作用包含精微能量的交换，物理学原理或许能够恰当地应用于健康和疾病的问题。"佩尔蒂埃致力于在精微能量基础上研究用于疾病临床诊断的磁共振成像（MRI）应用和超导量子干预设备（superconducting quantum interference device, SQUID）（图 4.10）。他还建议心理神经免疫学领域的研究者努力理解和应用量子理论和天体物理学的原理。

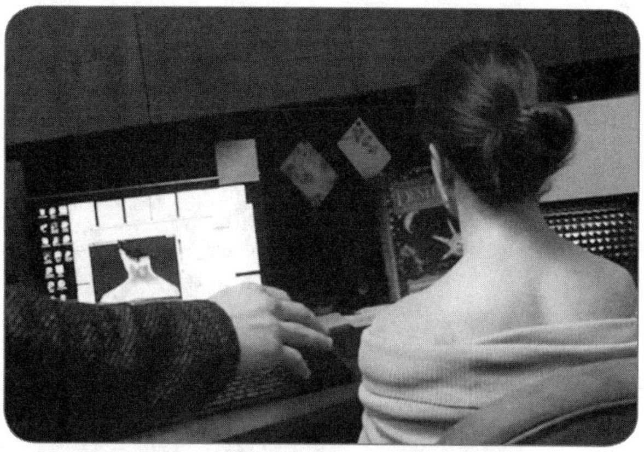
Courtesy of Ilan Bendelman.

图 4.10　加拿大能量治疗师伊兰·本德尔曼在加州恩西尼塔斯的心智（psy-tek）精微能量实验室演示了他的能量治疗技术。在这个实验室中，他能够感知人类能量场，并重新校准那些不利于/不兼容个人健康的、与积极频率不共振的频率（如思维和情感）。

7. **免疫增强**：佩尔蒂埃指出，如果通过有意识的思考可以抑制免疫系统，影响肿瘤和其他疾病的进程，心理因素（如心象、冥想、认知重构）也许能够增强免疫系统，产生有利于自动痊愈的环境和其他治疗性效果（图 4.11）。佩尔蒂埃引用了两个研究说明这种可能性。除了前面提到的基考特-格拉泽等人（Kiecolt-Glaser et al., 1999）在护理中心所进行的研究之外，还引用了其他人（McClelland andKirshnit, 1989）的研究发现。在他们的研究中，被试要观看关于特蕾莎修女的充满精神启迪的影片。看影片的前后，收集被试唾液中免疫球蛋白 A（IgA）的样本，结果表明：无论被试对特蕾莎修女的看法如何，他们观看影片后，免疫球蛋白 A 的数量都有显著的增加。

自动痊愈（spontaneous remission）：无法用医药治疗的疾病突然（有时是逐渐的）消失，多发生在癌症肿瘤患者身上，有时也出现在其他疾病中。
安慰剂（placebos）：一种非药物（如糖丸），可被证明像它所代表的药物一样有效。治愈似乎是信念问题。
反安慰剂（nocebos）：一种本应真正有效的药物，却因病人不相信它会起作用而不起作用。

图 4.11 在慢性压力的长期影响下，神经系统、内分泌系统和免疫系统之间的平衡是非常脆弱的。

在对医学文献所进行的回顾中，佩尔蒂埃发现，至今为止所搜集到的证据大多是趣闻性的。根据他的观点，这意味着，有控制的研究还没有证明积极情绪能够提高免疫机能。但他认为这是一个主要的研究领域。佩尔蒂埃特别提出了以下研究问题。

1. 免疫增强是否仅仅是使这个精确的调节系统中的成分回归原有的基线水平？
2. 是不是免疫系统中一些成分（如 T8）被抑制时，产生了整个免疫系统增强的假象？
3. 紧张性刺激能否产生一种反弹效应，一旦紧张性刺激消失，免疫系统的成分增多而高于基线水平？
4. 免疫反应能够真的被提高，以致超出基线水平吗？

佩尔蒂埃认为，想更好地理解免疫增强到底是怎么回事，必须回答这些问题。他所经历的科学训练和分析使他对这种治疗力量心存疑虑，但是从直觉上，他又觉得免疫增强是可能的。他写道："作为一种生物，我们需要在健康与疾病、生和死的平衡间求生存，如果不是这些问题的答案对我们的生存至关重要，那么在生物决定论范围内部或超越它去思考信念、积极情绪和精神价值的最终角色看起来真的像哲学层面的思考。"

考虑到压力和疾病时，佩尔蒂埃并不特意使用"精神性"一词，但是我们可以推论，他认为医学界严重忽视精神健康，使压力—疾病模型得不到完善。他认为，理解压力—疾病现象或者心—身现象的唯一合理方法是采用全系统的方法，其中个体大于其生理组织之和。在完成一个压力和疾病关系的可行模型之前，我们必须使用所有的信息。通过现有医学模型，我们可以知道，压力所导致的生理症状会使身体的某些器官对身体健康造成巨大破坏。20 年后，佩尔蒂埃仍然没有改变他关于疾病和压力前模型的假设。但是，他的兴趣引导他进一步探索了心—身治疗——尤其是在替代医学领域（Pelletier, 2000）。

DNA、端粒、压力和老化

在每条 DNA 链的末端，有一个重复的区域，名为端粒（telomere），它用于保护染色体末端的退化。简单来说，端粒与 DNA 复制有关，并且在每次复制的过程中，它都会变短。端粒酶通过确保端粒的稳定性来保护它。如果端粒缩短而不恢复，那么细胞复制就会受到损害。当细胞复制受到损害时，组织的健康也会受到损害，如老化。2009 年，诺贝尔生理学奖获得者证实了端粒的重要性以及它是如何受压力和老化的影响的。现在研究证实了氧化应激（自由基的存在）会缩短端粒。这种缩短会在许多方面影响健康，包括损害细胞分裂过程和 DNA 的完整性。对慢性压力的影响的推测也可能有同样的结果。体育锻炼是提高端粒完整性的一种手段。其他的放松技巧能帮你回溯青春吗？也许可以！虽然还需要更多的研究，但现在所有的证据都指向这个方向。压力不仅会杀人，还会加速老化过程。

靶器官及其失调

回头看一下博里森科的模型，我们开始了解自主神经系统过度反应（压力激素升高）以及免疫系统功能紊乱（受到抑制）是如何导致疾病的。他

有人情味的压力

Courtesy of Nancy and Jim Gill.

自动痊愈依然被西方医学界认为是不正常的。恶性肿瘤消失本是一件值得庆祝的事情，却被看作一件怪事——医学难以解释的另一种神秘力量。但吉姆·吉尔（Jim Gill）会告诉你，这并不神秘，相反，这是一种神力和人性结合的神奇动态变化过程，他现在可以张开双臂欢迎的过程。

1994 年 9 月 1 日，吉姆被诊断患有燕麦细胞癌，这是最致命的癌症之一。检验结果表明，在他的胸部有两个巨大的肿瘤，其中一个缠绕着他的大静脉，影响心脏的血液回流。让人绝望的是，拿到检查结果的医生们认为，如果不进行治疗，他最多可以活 2 周；如果进行包括放射治疗和化疗在内的治疗，他还可以有 4 个月的生命。他说："医生告诉我，基本上无法熬到圣诞节。"尽管医生给吉姆安排了常规的化疗，但没有任何预后保证。吉姆知道自己没有机会，决定寻求援助。他联系了接受过心—身—精神治疗训练的治疗师玛丽·琳达·兰道尔（Mary Linda Landauer）。治疗师教他进行冥想、视觉化技术和引导性心理意象。治疗师鼓励他探索所有可能的治疗方式，最重要的是信念的力量。他做到了！吉姆跟单位请了 7 个月的假，正如他自己所说的，"我成了自己生命之船的船长。"

吉姆的求知欲指引他采用多种治疗方式，包括到墨西哥的提华纳旅行，待在一个医疗设备中长达 4 周以增强免疫系统。他的治疗计划包括饮食补充和汤药，他描述了清醒的精神状态，保持心情愉快。当他回到位于俄亥俄州哥伦布的阿瑟·詹姆斯癌症中心（Arthur James Cancer Center）时，其中一个肿瘤完全消失了，另一个原先有棒球那么大的肿瘤现在只有核桃那么大了。11 年后，吉姆（上图是他和他的妻子南希）都很健康。

"医学家很困惑，但我不这样。从那时开始，我一周会接到四五个癌症病人的电话。大部分是寻求秘诀。我告诉你吧，其实不是墨西哥、草药或者那些化学药品清除了疾病。"吉姆解释道："是因为我重新获得了能够实现这些的精神力量。尽管需要付出很多，但黑暗过后是多么光明。我不会用任何东西来交换这些成长的经验。"

们所考虑的理解生理系统如何工作以及疾病发展的过程的重要性是治疗过程的第一步。博里森科、格伯和佩尔蒂埃也致力于包括冥想、心理想象放松技巧的应用，将它们作为康复过程的辅助方法。事实上，目前的一些治疗方法采用多重方法，将标准的西方医疗方式和应用心理能量的治疗方法结合起来。尽管这种方式已经进入美国医疗保健系统的主流，许多医生依然是怀疑主义者，部分原因在于他们没有接受这个领域的正规训练；另一些人则将多重治疗方法看作一种威胁。尽管某种特殊的压力（如离婚）和某种特殊的生理结果（如溃疡）之间不存在可预测的相关，但一些研究表明，不能表达情绪紧密相关的人格特征与一些疾病的发生有联系。例如，表达敌意是 A 型人格的一种行为特征，而它与冠心病存在广泛联系。

由于一些无法解释的原因，在紧急和长期压力期间，身体的一些器官比另一些器官更容易受到过度新陈代谢活动的影响。这些通过过快的新陈代谢选出来的器官称为**靶器官**。任何器官都可能成为

靶器官（target organs）：任何受到神经或激素过度刺激的器官或组织，出现新陈代谢加快或异常的细胞生长；最终导致这个器官功能紊乱。

专栏 4.2 压力与 2 型糖尿病

如今在头条中经常会看到 2 型糖尿病病人数量急剧增加的新闻。不仅在美国，在世界各地，压力和糖尿病之间都是紧密联系的。据欧洲医学研究表明，发现情绪压力和 2 型糖尿病相关的历史可以追溯到 17 世纪。今天，许多慢性的与情绪有关的疾病都与这种疾病相关（Pouwer et al., 2010）。

压力以两种不同的方式影响 2 型糖尿病。首先，在应激反应中，战或逃反应（即使个人并未参与其中）会使对能量的需求增加，血糖水平会升高。细胞摄取和使用血糖（通过胰岛素），这对 2 型糖尿病患病人群有很大的危害，会使他们的血糖水平一直居高不下。其次，与慢性病相关的情绪问题会使得自我保护能力降低（如血糖监测能力下降，没有时间锻炼，不良的饮食习惯，更多的酒精消费等）。结果，血糖水平持续升高，严重的健康并发症开始出现（如血液循环能力变差、黄斑变性等）。美国糖尿病协会建议所有 2 型糖尿病患者应该进行有效的压力管理，包括学习有效的应对技巧（例如，认知重构、创造性问题解决以及发展业余爱好）和有效的放松方法（如呼吸练习、肌肉放松、冥想、饮食健康和体育锻炼）。学会放松是每个 2 型糖尿病患者都应该具备的技能。

靶器官：头发、皮肤、血管、关节、肌肉、胃、结肠等。一部分人可能有一个器官遭受攻击，另一些人可能有几个器官都受到了影响。基因、情绪、人格和环境因素都被怀疑是靶器官产生的可能原因，但没有任何一个获得确定性支持。事实上，更可能是这些因素都参与了疾病的“生产”。以下是常见的失调及它们各自的靶器官，现在被认为是应激反应的作用。应用博里森科的模型可以将它们分为两个类别：神经系统相关失调和免疫系统相关失调。

与神经系统相关的疾病

知觉到压力时，受神经组织或压力激素过度分泌影响的器官会提高新陈代谢的速度。当组织不能进行休息时，就会出现功能紊乱，就像是在酷热天气中过热的汽车发动机一样。在疾病开始出现的阶段，如果没有察觉到或及时治疗，就可能导致严重的健康问题。下面描述了一些常见的情况。

1. **支气管哮喘**：支气管哮喘是由于支气管内液体的过多分泌所导致的大空气通道（支气管）平滑肌组织肿胀。这些通道的收缩会导致一种窒息的效果，使个体觉得无法呼吸。哮喘发作可能严重到需要到医院治疗，有时甚至是致命的。一些研究表明，哮喘发作和焦虑之间存在联系；另一些研究认为，它和童年期受到过度保护有关系。目前，药物（如强的松）是首选的治疗方法。但是，包括心理想象、自律训练和冥想的放松技巧可以发挥和药物类似的功效，能够延缓疾病发作和降低发作的严重程度。
2. **紧张性头痛**：紧张性头痛是由通过交感神经而出现的前额、眼睛、颈部和下巴的肌肉收缩而产生的。紧张性头痛通常会增强副交感神经对肌肉收缩的抑制，让步于交感神经的力量，增强肌肉收缩。肌肉收缩增强，疼痛增加。下背部疼痛也会由相同的原因引起。尽管像阿司匹林这样的止痛剂最常用来缓解疼痛，但使用冥想、心理想象和生物反馈技术也能够使紧张性头痛消失。
3. **偏头痛**：偏头痛不像紧张性头痛那样是由于面部肌肉的神经性紧张引起的，而是一种产生于血管的头痛。“偏”这个词的意思是“头骨的一半”，出现偏头痛时，一般是头的右部或左部疼痛，而不是整个头都疼痛。偏头痛被认为产生于交感神经对颈动脉压力感受器的反应，迅速收缩（前期症状）后出现迅速膨

专栏 4.3 莱姆病与压力

莱姆病（lyme disease）最初可能是蜱虫叮咬造成的。不像医学文献中所描述的那样，莱姆病的诊断方法是有像“公牛眼”一样的标记，新研究表明，这种诊断符号只会出现在 20% 的患者身上。刚感染莱姆病时，莫莉甚至都不确定自己已经患病，但是这个病已经伴随了她的整个大学时代。在她宾夕法尼亚西部的大家庭中，几乎每个人都有这个疾病。她的症状是几年前开始的。“下肢不宁综合征（restless leg syndrome）”的特点是腿部（和手臂）肌肉痉挛。她的丈夫最早患上这种疾病，他在一天晚上突然发病，身体变得越来越虚弱，几年后不幸去世。回首过去，莫莉可以想到自己承受过的压力，从她照料年轻的丈夫，加上其他一些巨大的压力源，所有这些都削弱了她的免疫力，使她自己也出现了慢性健康问题。事实证明，对于慢性莱姆病来说，压力是催化剂。因为当免疫系统受到大量皮质醇的抑制时，引起莱姆病的细菌就找到了发病的机会。

直到几个月前，莫莉才被诊断出患有莱姆病。大部分诊断结果是假阴性，可以看出莱姆病的诊断和治疗是非常困难的。很多人（Libov，2016）认为，莱姆病似乎可能与慢性疲劳综合征、多发性硬化症、纤维肌痛以及阿尔茨海默病有关，就像最近新闻头条中的著名歌手、作曲家克里斯·克里斯多佛森（Kris Kristofferson）。专家又把莱姆病称为“很好的模仿者”，因为它与许多其他疾病的症状相似。不幸的是，大多数医生没有受过专门培训。现在，莱姆病成了流行病，有些人认为多达 50% 的美国人都患有莱姆病。哈佛医学院教授、美国蜱传疾病中心（Center for Tick Borne Illness）主任祖布塞维克（Zubcevik）博士认为，免疫系统的紊乱为慢性莱姆病提供了发病可能（Stringfellow，2016）。

就像其他几种以地方命名的疾病一样，莱姆病的名称来源于康涅狄格州莱姆市，在几十年前，最初有几个人被诊断出相同的慢性健康问题。莱姆病的来源是伯氏疏螺旋体菌，是由小鹿蜱虫传播的。来自纽约、欧洲和澳大利亚的研究表明，蚊子、跳蚤还有大鼠也能携带引起莱姆的细菌。感染这些细菌会导致严重的神经、心血管和消化系统问题。因为它的分子组成，莱姆病现在被认为是性传播疾病，这也在不知不觉中进一步增加了携带它的人数（Howenstine，2004）。

头痛和全身疲劳是最初的症状，但如果没有及时处理这些急性症状，也许会夺去一个人的生命。将近 69% 的莱姆病患者都没有接受及时治疗，20% 的患者患有长期疾病。抗生素是诊断出莱姆病时第一阶段的治疗手段。长期使用抗生素也可以治疗慢性莱姆病，但这种方法也会造成一系列肠道问题。最近的研究表明，在美国，莱姆病有 10 种不同的菌株。此外，抗生素（如多西环素）只能阻止细菌的复制，而不能杀死它们，并且还会使愈合过程复杂化（Buhner，2015）。

莱姆病也是一种非常严重的政治疾病。著名的电影《皮肤之下》（*Under Our Skin*）记录了莱姆病。许多保险公司和制药公司为了维持利润，主张慢性莱姆病是不存在的。他们的主张使许多治疗慢性莱姆病的医生失去了从医执照（Wilson，2009）。康涅狄格州已经通过立法去保护所有治疗这种疾病的医生。

慢性莱姆病的最新治疗方法是小剂量免疫治疗（lowdose immunotherapy，LDI），这是一种顺势疗法，并且已经在有些患者身上取得了巨大的成功。其他的治疗方法包括放松技巧，这么做有助于增强免疫，防止莱姆病的发病（Vincent and Elder，2016）。

胀。在膨胀期，血流从外围血管迅速充满大脑血管系统。血管压力和体液分泌的变化被认为是与偏头痛密切相关的剧痛的原因。偏头痛的症状包括强烈跳动疼痛后看到闪光、眩晕和恶心呕吐。奇怪的是，偏头痛并不在压力过程中出现，而是出现在几小时之后。偏头痛被认为与难以表达愤怒和挫折有关系。尽管有几种治疗偏头痛的处方药，但当前的研究表明，生物反馈和心理想象同样有效，并且较少出现副作用。

4. **颞颌关节功能紊乱**：下巴肌肉的强烈收缩会导致被称为颞颌关节功能紊乱的现象（图 4.12）。在大多数情况下，人们并不知道他们有这种疾病，因为这种疾病导致的行为损害出现在睡眠中。但是牙医在检查时会发现他们出现紧咬牙齿和摩擦牙齿的迹象（磨牙症）。其他症状包括肌肉疼，咀嚼时出现“咔咔”或“砰砰”声，和紧张性头痛或牙疼一样。与偏头痛类似，颞颌关节功能紊乱也常和无法表达愤怒的感情有关。但其他行为也和这种症状有关，包括过多嚼口香糖，用手托着下巴休息，甚至是咬指甲。严重的病人需要在晚上戴上牙套。放松技巧，包括生物反馈和渐进式肌肉放松，也能有效地降低与颞颌关节功能紊乱相关的肌肉紧张。
5. **易激惹肠道综合征**：易激惹肠道综合征（irritable bowel syndrome，IBS）的特征是反复阵发的腹部疼痛、绞痛、腹泻、恶心、便秘和严重的胀气。人们常常认为这是由于交感神经对肠胃区域的严重刺激导致的。这种压力相关的失调症状可能因人而异，但一般认为它们与焦虑和抑郁相关。易激惹肠道综合征之所以被认为与压力如此密切相关，是因为下丘脑控制食欲调节（饥饿或饱胀），也与情绪调节密切相关。治疗师需要根据症状给病人开药和提供饮食建议。近期的几项研究探索了不同类型的放松和认知技巧，包括用温度生物反馈、渐进式肌肉放松、心理想象、认知重构以及行为矫正技术来减轻焦虑水平。这些技术的效果很令人期待。

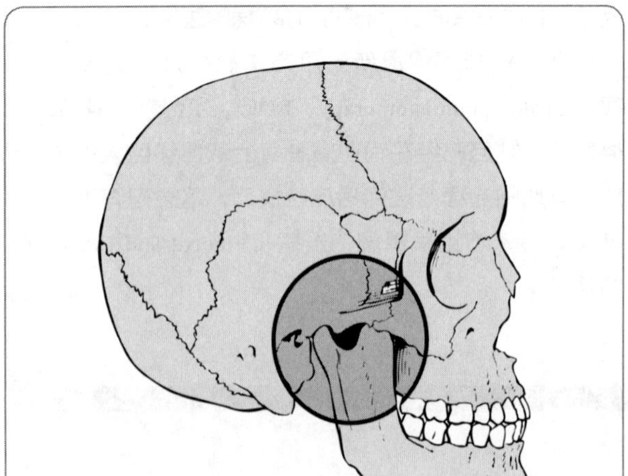

图 4.12 颞颌关节功能紊乱有多种形式，包括嘴巴张大时发出“咔咔”声和睡觉时磨牙。专家认为，有 20% 的美国人有某种形式的颞颌关节功能紊乱。

6. **冠心病**：据美国心脏病联盟目前的估计，每 32 秒就有 1 人死于冠心病。在应激反应和冠心病发生之间，存在两个主要联系：第一个联系是血压升高或高血压。在战或逃的反应中，身体的变化发生变化，几种与压力相关的激素被释放到血流中，使血液从身体的中心努力流向外周肌肉。交感神经系统被唤醒，从神经末梢和肾上腺髓质中释放肾上腺素和去甲肾上腺素。这些激素会提高心率和心肌收缩，导致心脏泵出更多含氧血液到身体的肌肉组织以产生能量。这些儿茶酚胺负责收缩肠胃区域的血管，同时膨胀身体外周血管，引起整个外周系统抗耐性的全面改变。由肾上腺皮质所分泌的醛固酮通过提高水分保持而增加血容量。后叶加压素也会增加血容量。这些压力激素的净效应是“提高”血压，使血压远远高于休息时的水平，用来将血液运送到有需要的组织。有趣的是，在根本就不想进行身体移动的情况下，压力激起了同样的生理反应。

当一个封闭系统内的压力增大，紊乱增加，而导致血管组织被损害的危险随之显著提高。这种对血管壁的损害表现为出现细小的微缝，特别是出现在心脏冠状血管（给心肌供氧）的内壁上。作为治疗这种裂缝的一种方法，飘浮在血液中的几种成分凝结在受损的血管细胞组织上。看起来自相矛盾的是，这种基本的“治疗”媒介是一种飘浮在血清中的被称为胆固醇的黏性物质。

肾上腺髓质所释放的皮质（甾）醇是冠心病与应激反应的第二种联系。这种压力激素所执行的众多功能之一就是提高脂蛋白从动物性脂肪组织到血液中所携带的游离脂肪酸的水平，使活动的肌肉产生能量。血液中充足的胆固醇为修补受损的血管细胞组织做好了准备。但是，这种看起来似乎是保护性的机制实际上是心肌发挥效能的一大障碍，会导致冠心病。

冠心病的发展经过粥样硬化形成、动脉粥样硬化和动脉硬化三个阶段（图4.13）。在**粥样硬化形成**阶段，最初在动脉内壁上出现了脂肪纹。一些证据表明，最早在5岁就会出现这种情况。随着这个脂肪纹继续发展到环绕动脉一周，并增加长度，从而扩大形成斑块，使动脉内变得狭窄。在斑块增粗增大时，血管变窄就是**动脉粥样硬化**阶段。随着脂肪斑的累积，血液中包括钙在内的其他物质沉积，导致血流压力增大，血压升高。随着年龄增长，脂肪斑变硬，使血管壁像铅管一样，不能收缩和扩张。这加重了高血压的影响，也是随着年龄增长，静息血压升高的一个原因。在第三个阶段，**动脉硬化**阶段，动脉本身变硬，可能阻塞血液流动。如果血液流动受到阻碍，心脏肌肉可能表现出缺氧（缺血）迹象，导致心绞痛（胸部疼痛）或心肌细胞组织坏死。最终导致心脏病发作或心肌梗死。冠状动脉被阻塞的程度决定了心脏病发作的严重程度，最严重的后果是死亡。颈动脉（在声带两侧）也会发生相似的病情，颈动脉为大脑提供含氧血液，类似于冠心病的突然发作是阻塞的动脉不能为大脑提供充足的氧所致。

2005年，当西方研究者发现情绪压力实际上能够导致心脏病发作的症状时，情绪与生理之间的距离便有所缩小了。尽管由伊兰·威特斯坦（Ilan Wittstein）所领导的研究小组总结说，由于情绪压力而突发的左心室功能失调的可逆性机制目前还不清楚，但是压力激素确实能够暂时性地击倒心脏细胞。这种情况又称为**心碎综合征**，原因或许最好描述为“肾上腺素中毒”。

与免疫系统相关的疾病

如前所述，情绪压力会改变生化媒介或神经肽的分子结构，抑制不同类型白细胞的数量和机能。压力激素（皮质醇）也会降低白细胞的效能。在这

粥样硬化形成（atherogenesis）：冠心病的第一个阶段，在动脉内壁上出现脂肪纹。

动脉粥样硬化（atherosclerosis）：冠心病的第二个阶段，动脉壁慢慢被累积的胆固醇斑所覆盖。

动脉硬化（arteriosclerosis）：冠心病的第三个阶段，也是最后一个阶段，由于胆固醇和钙质的累积，动脉变硬，失去弹性。

心碎综合征（broken heart syndrome）：由于情绪压力的存在，当压力激素暂时性地击倒心脏组织细胞时，出现心脏病发作的症状。

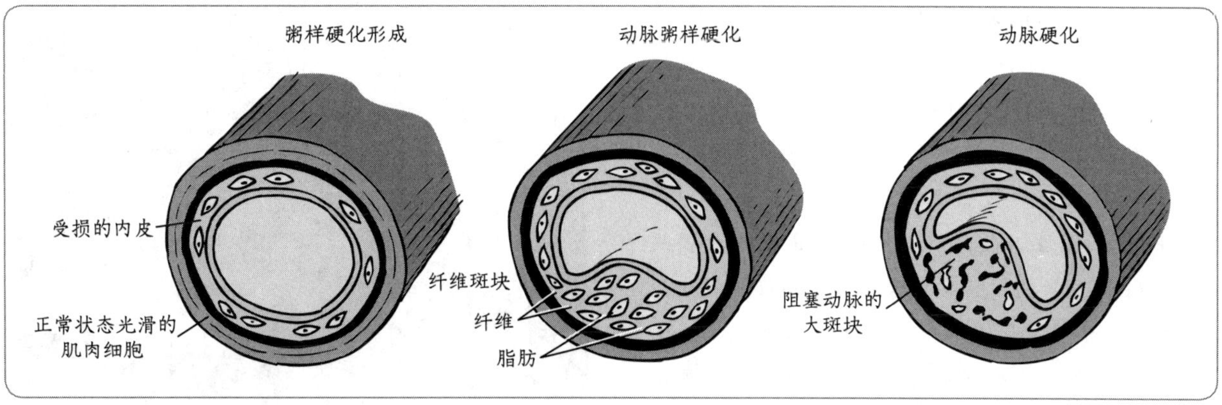

图4.13 当血管内壁受到血流影响，早在5岁时，冠心病就会出现。身体通过沉积胆固醇试图修复受损的组织，实际上会使血管变厚，从而减小血管的直径。血管越厚，越有可能出现血管阻塞，导致心脏病发作。

专栏 4.4 压力与炎症

心理神经免疫学（PNI）领域的研究人员发现，慢性压力与身体无法调节炎症反应有关。这是因为皮质醇会影响免疫系统，这可能是压力造成慢性病的主要因素。卡耐基·梅隆大学的研究员们发现，有慢性高炎症水平的人更易患感冒（Cohen et al., 2012）。俄亥俄州立大学口腔生物学实验室的进一步研究也表明，慢性压力会影响交感神经系统，从而改变免疫细胞进入血液前的基因活性（Huffngton, 2013）。现在可以确认的是，炎症的确是压力的结果，许多慢性病都与之相关。压力还会加速细胞的衰亡，对神经和免疫系统都会造成不好的影响。

个过程中，防御机制效能低下，身体更加容易受到外来和内在病原的伤害。前面已经讨论过，由于免疫紊乱而导致的疾病可以分为四种：（1）**外源性反应不足**；（2）**外源性反应过度**；（3）**内源性反应不足**；（4）**内源性反应过度**。以下是每种类型疾病的例子。

1. **一般感冒和流感（外源性反应不足）**：1991 年由享有盛誉的《新英格兰医学杂志》所发表的一个研究（Cohen，Tyrrell，andSmith, 1991）支持感冒与过度压力之间存在明确相关的假设。这个结果成为影响全美的头条新闻。按照博里森科的免疫系统模型，我们可以看到，随着 B 淋巴细胞的减少，身体变得更容易受到一般感冒病毒的感染。在博里森科的免疫系统活动矩阵中，感冒和流感被归为外源性反应不足，因为在这种情况下，抵抗外来病原的 B 淋巴细胞不足。
2. **过敏（外源性反应过度）**：当外来物质或病原（如污染、蜂毒、粉状孢子）侵入体内时会引发过敏反应（图 4.14）。对这种侵入的反应是粒细胞分泌一种被称为组胺的抗体。当组胺碰到抗原时，会进行无效合成，本质上是为了压制其毒性。在对外源性抗体的免疫过度反应中，过量的组胺导致含有黏液的细胞膜组织（通过呼吸抗原进入体内）或皮肤组织（感染时）肿胀。一些研究已经表明，并不是必须由外界抗原的侵入才会引起过敏反应。博里森科认为，B 淋巴细胞具有记忆能力，在没有与抗原进行直接接触的情况下，也会促使组胺和其他抗体（免疫球蛋白）的产生。某些人仅仅是想一想以前曾激起过敏反应的刺激物就会出现过敏反应。一些研究表明：过敏反应在那些有焦虑倾向的个体身上更加普遍和严重。含有抗组胺的非处方药品和注射过敏针剂是治疗过敏最常用的方法。新的证据表明，放松技巧也可以将外界抗原的影响减至最小。
3. **类风湿性关节炎和狼疮（内源性反应过度）**：身体器官也可能会因为免疫系统对被认作（内部）抗体的细胞过度反应所产生的发炎而肿胀。在这种情况下，免疫系统的成分开始攻击明显健康的组织，将它误认为外来物质。类风湿性关节炎（一种关节和结缔组织疾病）是分泌滑液的组织肿胀使关节发炎。随着时间的延长，润滑的液体会进入软骨和骨骼组织，导致关节进一步恶化。类风湿性关节炎严重时可以

图 4.14 能引起过敏的物质不计其数。花粉和灰尘是最常见的两种过敏原。

明显见于变形的手指关节。在血液中发现的一种蛋白质被确认是类风湿症的病因之一。据推断，类风湿性关节炎可能跟基因有关联。同时注意到严重的类风湿疼痛通常与压力阶段有关，尤其是愤怒被抑制时，所以认为压力也与类风湿性关节炎有关系。根据疼痛的严重程度和关节被损伤的速度，对这种疾病的治疗方法不同，从减轻疼痛（如用阿司匹林）到注射类固醇（如用可的松）。现在推荐使用放松技巧作为减轻症状的辅助疗法。同样，狼疮也是一种自身免疫性疾病，身体的组织受到自身免疫系统的攻击，导致慢性炎症的发生。这些炎症主要会影响皮肤、心脏、肺部、肾脏和关节。

4. **溃疡和结肠炎（内源性过度反应）**：溃疡常被描述为胃部的一个小孔，但这种描述与事实不符。导致这个器官组织被破坏的一系列事件开始于交感神经系统的过度活动。去甲肾上腺素的分泌量增加导致胃部血管系统收缩，接下来导致胃内壁黏膜分泌黏液减少。分泌这种黏液的目的是保护胃不受胃里分解食物的强消化酶的影响。如果黏液和消化酶（盐酸）之间的平衡被打破，胃壁内部就会变得容易受到消化酶损害，胃部就开始消化它自己，使胃壁上出现小洞。塞利在他最早关于大鼠的研究中注意到溃疡与未解决的压力之间的联系，这也是最早与压力联系在一起的疾病之一。同样，医生也马上注意到了病人的焦虑与溃疡症状（最引人关注的是胃部强烈的疼痛）之间的联系。

   结肠（顺着肠胃道位于胃以下的部位）也容易溃疡，出于相似的病因发展成为结肠炎或肠道内感染。焦虑也与结肠炎有紧密的联系。常常推荐使用放松技巧与特殊的饮食调理相结合，使这种疾病的症状降至最低。包括心理想象在内的技术甚至可以帮助治愈胃壁的溃疡。

   压力是导致溃疡的一个基本因素的观点已经存在了几十甚至更多年。但是在1981年，澳大利亚珀斯的医学博士巴里·马歇尔（Barry Marshall）证明，超过75%的溃疡是由一种被称为幽门螺旋杆菌（致癌的细菌）所导致的。临床研究表明，这种细菌能够进入胃壁，打开一个伤口使胃酸进一步破坏，导致中度和严重的溃疡。以前认为，像幽门螺旋杆菌这样的细菌不能在富酸的环境中生存，但马歇尔发现并不是这样的。现在使用抗生素能够对大部分有溃疡患者进行有效的治疗，但仍然存在两个问题：是什么因素使一些人比另一些人更容易受到幽门螺旋杆菌的感染呢？为什么抗生素仅对75%的溃疡患者有效呢？

5. **癌症（内源性反应不足）**：癌症是这个时代最复杂的疾病之一，每3个美国人中就有1个受到癌症的影响。目前仍然没有治愈的方法，而且缺乏预防和早期诊断。美国癌症学会将癌症定义为“以异常细胞不受控制地增长和扩散为特征的一组疾病”。换句话说，有许多类型的癌症，并且我们还没有完全了解其特定的病因。也有许多理论试图对癌症的发展进行解释，其中两个有最著名：第一个理论回归到细菌理论，认为所有的癌症都是入侵微生物或病原体的结果；第二种理论认为，在DNA结构的某个地方存在一种基因（称为**致癌基因**），可以产生异常或突变的细胞（McClean, 1997）。目前，人们仍不确定这种基因是否遗传或者是否在某种程度上是外部因素引发的，对于两种机制都还存在争论。身体内部产生异常细胞并非罕见现象。一些研究表明，身体每天会产生6个突变细胞。在精确调节的免疫系统中，T

外源性反应不足（exogenous-underreactive）：受到外界抗原感染，免疫系统反应不足（如感冒和流感）。
外源性反应过度（exogenous-overreactive）：受到外界抗原感染，免疫系统反应过度（如过敏）。
内源性反应不足（endogenous-underreactive）：受到内生抗原感染，免疫系统反应不足（如癌症）。
内源性反应过度（endogenous-overreactive）：受到内生抗原感染，免疫系统反应过度（如风湿性关节炎和溃疡）。
致癌基因（oncogene）：DNA双螺旋结构中的一个基因，被认为会产生突变（癌）细胞。

细胞和NK细胞能对这种内生的抗原进行检查。

当某个细胞产生突变（即其基因结构偏离正常细胞），它就会被毒杀T淋巴细胞或T细胞认为是内部的抗原，并被毁灭。我们知道，T淋巴细胞有寻找并杀死恶性细胞的重要使命。如果出于某些原因，它们的能力被限制，出现癌症肿瘤的可能性就会增加。由于变异细胞的生命周期比正常细胞短得多（这个过程被称为相对不能存活），如果没能被发现，而它的增殖速度远快于正常细胞，就会产生肿瘤。由于这些癌细胞的结构问题，它们不能制造维持正常的细胞机能所需的各种酶，于是就抢夺健康细胞，将它们作为营养来源。与正常的器官组织不同，癌细胞不是自容的，因而能够从它们原生位置分离，移动到全身的各个部位。癌症肿瘤的扩散指的是癌细胞转移，在这样的晚期阶段，恢复预后较差。

致癌基因对癌症出现的解释仍然是猜测性的。研究表明，在实验室中，被称为致癌物的外部因素（如紫外线、香烟中的苯并芘、石棉）可以促发大鼠和人体内的肿瘤。医学研究者依然在寻找在这种疾病的进程中起作用的外部因素。同时，人格特征和在癌症患者身上普遍出现的共同特征吸引了研究者的关注。尽管很难把1/4的美国人归入相同的人格类别，一些研究仍然表明，某些群体的癌症患病率更高，他们或者有过难以表达情绪的经历，或者是低自尊的、有被拒绝感。并非偶然的是，这些也是相互依赖和成瘾性人格的特征。

对癌症的治疗包括药物、放射治疗和手术。但是，感谢O. 卡尔・西蒙顿（O.Carl Simonton）、伊丽莎白・库伯勒-罗斯（Elisabeth Kübler-Ross）、伯尼・西格尔（Bernie Siegel）、琼・博里森科（Joan Borysenko）和珍妮・阿赫特伯格（Jeanne Achterberg）的工作，认知重构、艺术疗法和放松技巧（包括心理想象和冥想）等应对技巧已经被用作辅助治疗方法。虽然这些方法并不能治愈癌症本身，但对某些患者来说，当这些方法与传统方法结合时，似乎具有明确的效果。

在美国，疾病与压力的关系已经获得了更多关注。随着生活方式变得越来越充满压力，一些看起来与压力有密切联系的疾病的发生率也在提高。尽管压力看起来不会是疾病的直接原因，但是它们之间的关联是非常显著的，并不能仅仅认为一切只是巧合。鉴于博里森科、珀特、格伯、佩尔蒂埃和其他很多人不断的努力，或许很快就能发现一些答案。

总　结

1. 几百年来，人们都从直觉上认为压力和疾病存在关系，但是科学上接受这种联系也只有10年左右的时间。不同学科的科学家走到一起，形成一个新的被称为心理神经免疫学的研究领域。
2. 近期的研究发现，免疫系统会受到长期压力的严重影响。
3. 佩尔蒂埃认为，依然没有足够的证据证实一个确定的压力—疾病模型，来帮助我们理解二者之间的关系。压力—疾病模型的关注点似乎分成两个领域：基因的易感性，以及精微医学和精微能量解剖（分解）。
4. 博里森科模型强调了自主神经失调和免疫失调的二分法，以及免疫系统活动矩阵，这个矩阵将疾病归为四种类别之一。
5. 珀特模型引用了将神经系统和免疫系统联系起来的研究发现。免疫系统内的不同细胞组织能够像大脑那样合成神经肽。珀特认为，所有的神经肽都由一个分子构成，随着不同的情绪状态或活跃的思想形式引起它们在原子水平上的变化。
6. 格伯模型认为，精神由围绕在身体周围或穿透身体的能量（生物原生质）组成。那么，疾病就是人类能量场所受到的干扰。人类能量场通过脉轮和正中线层层叠叠通过精微能量层到达身体。
7. 佩尔蒂埃前模型认为，必须在注意到并理解一些问题之后，才能够发展出压力—疾病模型。这些问题包括多重人格障碍患者的疾病状态、自动痊愈、催眠、安慰剂、精微能量和免疫增强。

8. 基于博里森科模型，压力相关疾病可以分为两种类型：与自主神经系统反应相关的（如偏头痛、溃疡、冠心病），或者与免疫系统失调相关的（如感冒和癌症）。

9. 研究表明，一些放松技巧在缓解压力相关疾病的症状上，可以作为有效的补充方法。

学习指导题

1. 描述博里森科的（免疫系统）压力和疾病模型。
2. 描述珀特的（大脑神经生理学）压力和疾病模型。
3. 描述利普顿的（表观遗传学）压力和疾病模型。
4. 描述格伯的（能量系统）压力和疾病模型。
5. 描述佩尔蒂埃的压力—疾病前模型。
6. 列出 5 种神经系统受到压力影响而出现的疾病类型。
7. 列出 5 种免疫系统受到压力影响而出现的疾病类型。
8. 压力是如何影响莱姆病的?
9. 压力是如何影响 DNA 链的?
10. 压力是如何影响炎症的?

2

第二部分

心智和精神

忠于自身。

——威廉·莎士比亚（William Shakespeare）

第 5 章

从心理学角度看压力

现代人因为不完整而生病。

——卡尔·古斯塔夫·荣格（Carl Gustav Jung）

几个世纪以来，科学家们一直在讨论意识与大脑之间的关系。意识是大脑的一个功能，是一系列生理反应，还是一种复杂的意识动态，或是一个以大脑为主要的器官选择的独立的实体？这个问题使得研究者们相信，所有的想法和感受都可以被解释为从脑细胞传递到脑细胞的神经化学信息，或者意识是与大脑分开存在的，但是会以某种方式与之结合在一起的。在 20 世纪初，这个问题比任何其他问题都更能促使心理学成为一门学科。由于身心关系在应激反应方面联系得更加紧密，人们越来越清楚地认识到，意识是一个非常复杂的现象，而不仅仅是神经化学相互作用的产物。意识能够解释思想、情感、行为和人格特质之间的相互作用，甚至可以解释得更多（Baruss，2017）。在这一章中，我们将看看意识如何感知压力，使“过时的”应激反应更新或重新调整，突出压力心理的某些特定方面。

自心理学学科出现，许多知名学者对于意识的理解，特别是关于人格、情感、感知和整个人类行为领域的理解，做出了重大贡献。这些学者运用了大量的理论，试图解释在情绪幸福中，压力对情绪有如此巨大影响的原因以及其中的复杂性。这些理论受到以下问题的启发：为什么意识会感知到某些事件具有威胁性？哪些认知动力被用来处理心理压力？若要列出为人类意识的知识体系做出贡献的人，名单恐怕能写成一本书，其中不乏艾伯特·埃利斯（Albert Ellis）的理性情绪行为疗法，或者理查德·拉扎勒斯提出的每日烦恼，等等。尽管没有一个理论家从整体上解释压力的心理方面，但是把这些理论结合起来至少可以解决所涉及的几个重要问题。下面这些精神病学家、心理学家和治疗师提供了一些关于意识在压力心理学中的作用的最佳洞见。

弗洛伊德和鸡蛋

由于西格蒙德·弗洛伊德（Sigmund Freud）对心理学领域的深刻影响（也许比其他任何人的影响都要大）（图 5.1），他的工作被许多学者选为所有其他心理学理论的参照点。弗洛伊德以其有意识和无意识思想的概念及其与性驱动的联系而闻名于世，为理解人类行为奠定了基础。具体而言，他提出了情感思维过程的抽象概念和人格建构。从弗洛伊德的观点来看，人类的行为来自本能，或者他称之为本我的生物和生理冲动。这些冲动的目的是满足人体的迫切需求。在弗洛伊德的观点中，心灵试图以社会接受的方式迎合这些冲动，身心之间总是

图 5.1 西格蒙德·弗洛伊德。

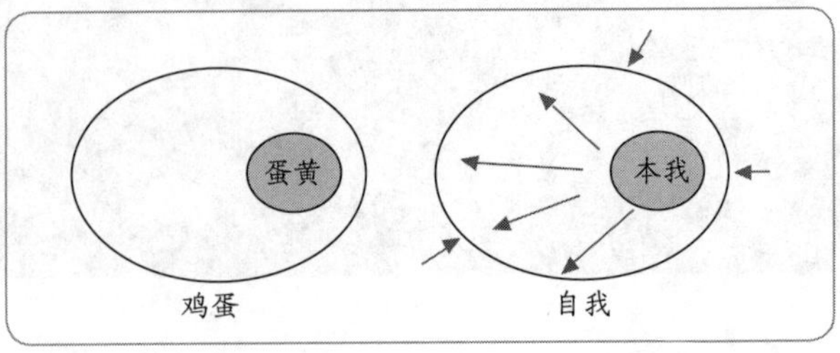

图 5.2 弗洛伊德把抽象的人类心灵比作一个鸡蛋。弗洛伊德相信本能性紧张会一直存在，因为本我在不断地释放冲动。这些冲动和外部刺激威胁着自我的完整型，所以自我必须用弗洛伊德所谓的防御机制来保护自己。

存在一种**本能性紧张**的关系。这种内在的张力可以减少，但是由于人类本能的力量，它永远不会完全熄灭。因此，弗洛伊德认为人类有一定程度的先天压力。紧张状态不会完全平息。所以说，弗洛伊德认为人们总是有某种程度的内部压力。

弗洛伊德用一个美妙的比喻来说明人类心灵（human psyche）的无形复杂性。他把构成一个人身份的最深层的思想、记忆和情感比作一个鸡蛋（图 5.2）。就像鸡蛋里的东西一样，人类的心灵是极其脆弱的。就像鸡蛋一样，它被一个坚固而脆弱的外壳包裹和保护着。根据弗洛伊德的理论，**自我**的主要目的是寻求快乐，并避免与我们的生物逻辑冲动有关的痛苦（现在认为这一功能与下丘脑的功能相似）。也就是说，自我主要负责控制来自本我的冲动洪流。自我也容易感知外界刺激，这些感知不断威胁着内在内容的稳定性。他注意到，这也会造成紧张。

鸡蛋的隐喻和弗洛伊德的自我功能理论对理解心理的系统平衡非常有用，特别是用在认知性的压力管理中。我们理解了压力或焦虑同时由内部冲动和感知到的外部刺激（威胁）引起，所以保护身份认同（自我）对生存至关重要。正如指向白宫的导弹，焦虑瞄向个体的报警系统，这是对自我的威胁，这时防御系统立刻启动。当防御系统不能起到保护作用时，恐慌随之而来。根据他关于精神障碍病人的临床经验，弗洛伊德观察到，大量与压力有关的行为由两方面因素导致：一方面是焦虑（未知的恐惧会穿透自我的保护壳而制造痛苦）；另一方面是在神经质和精神病行为发展中起主要作用的防御。

根据弗洛伊德的理论，大脑的防御系统由一系列思维过程或**防御机制**组成，以帮助保护自我里面所包裹的脆弱的部分。它们通过把所感知到的威胁的影响最小化来保护内核免受伤害。在他看来，防御机制是一系列应对压力的策略。由于有本能冲动和外界刺激的压力所产生的持续的内在张力，弗洛伊德认为防御机制在一定程度上必须一直起作用。因此，他确信所有的行为在本质上都是防御性的。弗洛伊德的理论认为，所有的防御机制都有两个特征：（1）它们都是对现实的否认或扭曲；（2）它们都是无意识地运作的。此外，个体很少只使用一种防御机制。相反，每个人都使用了各种各样的自我保护机制，通常会同时采用多种自我保护机制。弗洛伊德假定了许多防御机制，包括否认、压抑、投射、合理化、反应形成、回归、置换、升华和幽默。以下是防御压力性焦虑的最常用方法。

1. **否认**：当个体面对一个有威胁的环境时，他们会否认现实情况。当大人批评孩子在晚饭前吃东西或把屋子搞得一团糟时，孩子会撒谎说自己没有这么做（否认）。成人在被抓到喝酒或赌博后，也常常如此。不管是什么刺激，当感知到对自我有威胁时，人们就会否认。在意识水平上，个体就会真正地相信他是清白的，并且在行为上没有错。

2. **压抑**：压抑是无意识地把个体的思想、记忆或感觉从大脑中移除。它不同于压制，压制是把一些痛苦的经历有意识地遗忘掉，而压抑是一种无意识的进程。弗洛伊德把压抑看作无意识地否认可能带来痛苦或不舒服的刺激。比如人们会很难回忆起一些不愉快的经历或者在一些场合下做的难堪的事情。
3. **投射**：投射是个人将不可接受的感受、冲动和行为归因于其他人或物体（例如，狗、网球拍、游泳镜或天气）来保护自我的过程。通过这种方法，当某种情绪或刺激出现时，会产生较小的威胁，因为压力源来自外部而不是内部，痛苦的感觉就被最小化了。根据弗洛伊德的观念，投射是对性欲、不安全感和攻击感的回应。比如，当睡过头而上班迟到时，人们往往归咎交通拥挤，责备遇到的每个司机。
4. **合理化**：合理化是对某个人的行为或环境真实性的重新解释，是对事实的加工。合理化就像一个过滤镜，使情感痛苦更容易被接受，甚至从他的情感愿景看，是更有吸引力的。有威胁的行为或想法会被迅速重新解释为可接受的、合理的。比如一些从自己心爱的岗位上被辞退的人会对结果有这样的解释："这工作很糟糕，我才不愿意去做呢。"另外一个例子是，当你的男朋友要跟你分手时，你会跟你的朋友讲是你要分手的，因为维持这样的关系简直是在浪费时间。
5. **替代**：有一些给自我造成痛苦的东西是不可接受的，或者不能被直接解释。此时，这种痛苦的感觉会被转移到一些无关的人或物上，弗洛伊德称之为替代，包括转换情绪痛苦和把不能接受的对象（比如权威人物）转换为没有威胁的对象（比如儿童或小动物）。比如你的老板是一个性情古怪的人，你可以不理他，但是你没有这么做，而是回到家中不理睬对你示好的小猫。尽管生气和攻击的感觉最常像这样被替代，但愉快和爱的感觉和行为也可以转移到那些你认为最容易接受它们的人身上，而不是那些你认为不会做出积极反应的人身上。
6. **幽默**：弗洛伊德在其后半生开始研究幽默和笑话心理学。研究一些幽默大师的作品时，他一开始有些困惑，不过很快就把幽默看成人们通过笑声释放性压抑思想的工具。他提出了"下流"笑话得以流行的合理性。弗洛伊德认为幽默是一种独特的防御系统，它降低了痛苦，同时提升了愉悦感，是所有防御机制中最先进的一种。

以上是弗洛伊德认为在众多防御机制中最常用的六种，以应对生气和害怕。每种防御机制都是对现实的伪装，用来保护自我（图 5.3）。当刺激未受到伪装的威胁时，自我感受到的是对内部感受、感知、价值观、信念和态度的攻击，所以保护常常是必要的，特别是在儿童的成长发展的早期。然而，

本能性紧张（instinctual tension）：弗洛伊德发明的术语，用来强调心理冲动和身体反应之间的紧张关系，表明压力是人类固有的。

自我（ego）：弗洛伊德发明的术语，当这部分心灵受到威胁时，不仅会触发压力反应，还会防御所有敌人，包括来自内心的想法和感觉。

防御机制（defense mechanisms）：弗洛伊德把它描述为自我的一种无意识的功能，用来避免伤害和增加愉悦感。

否认（denial）：弗洛伊德认为这是一种主要的防御机制，个体在遇到威胁时会拒绝相信发生的事情。

压抑（repression）：把一些感觉、记忆和想法从头脑中无意识地移除，以降低它们对自我的威胁。

投射（projection）：把个体的想法和感觉归因于其他人，以降低他们对自我的威胁。

合理化（rationalization）：对现实的重新解释以满足个体的需要。

替代（displacement）：把情绪上的痛苦（常常是生气）对象从威胁源（比如老板）转换为非威胁源（比如小猫）。

幽默（humor）：在弗洛伊德看来是一种能同时降低痛苦和增加愉悦感的防御机制。

图 5.3

图 5.4 卡尔·古斯塔夫·荣格。

对自我的过度保护不利于最终的成熟，过度保护常常抑制了情绪的发展和成熟，这种情况类似于室内的盆栽，根部发展会受生长空间的限制。当焦虑和感知到的威胁进入自我时，就可以导致情绪上的痛苦。然而，较少的防御态度可以帮助个体自我意识的发展和人格成长，这样就导致了自我的扩大。每当自我的“空间”增大时，个体的能力和潜力就有提升的机会。压力对于自我的这种作用并不是每次都可以看到的，但事实上确是如此。自我是一种认同，不管引起应激反应的是害怕还是生气，它们都威胁了自我的完整性和对自我价值的感知。弗洛伊德的应对机制是走在前沿的。对于防御机制是先天性的还是后天学习的，不同学者有不同意见。也许因为弗洛伊德相信焦虑总是伴随着个体的，所以他认为，除了精神分析之外，没有其他实质性的改善措施。弗洛伊德在一生中提出了很多观点，其人格理论尤为著名，在其他人的理论中也常常能看到弗洛伊德的印记。

荣格和冰山

弗洛伊德的理论激励了很多医生探索心灵和人类行为的新临床领域，其中一个就是瑞士医生卡尔·古斯塔夫·荣格（Carl Gustav Jung，见图 5.4），他曾被弗洛伊德亲手选为其理论继承人。在 2 年的合作期间，荣格开始对弗洛伊德的一些理论表示反对。结果他们的师徒关系和私人关系很快就出现了裂痕。尽管荣格和弗洛伊德在对于意识的神秘性上有某些共识，但荣格被认为是对现在心理学思想有重大影响力的第二人。他提出的内外向人格、人格类型（MBTI 测验以荣格人格类型为素材）、中年危机、共时性、阿尼玛和阿尼姆斯、原型、阴影和集体无意识等理论在人类潜能运动中播下了许多种子。之后，他的继承者继续把他的理论在心理学领域内外发扬光大。

弗洛伊德用本能、生理驱动和早期经验来描述人类的行为，与其不一样的是，荣格把人格描述为自我追寻和自我实现的过程，他称之为**“个性化”**。个性化不仅涉及早期经验，还指明了生命方向的精神驱动。荣格相信自我意识和对自我更深了解的寻求加快了个性化的进程，以帮助个体渡过生命中的难关。荣格认为，这种灵魂寻求的能力一方面帮助解决了一些问题并促进了对个体生命目标的理解，增强了心理健康；另一方面，不情愿、回避和懒惰会降低自尊并让内部压力一直存在。荣格不同意弗洛伊德关于个体的行为主要由性动力驱使的观点。尽管弗洛伊德没有把重点放在无意识上，但荣格毕生致力于对无意识这一建构的研究，尤其是在他对梦作为增强个性化过程的一种手段的实证研究中。

荣格把人类心理比作一座冰山（图 5.5）。有意识的部分就好比露出水面的部分，无意识则在水面之下，占据了心理的绝大部分。有意识利用有限的资源做特定的思考，它们还要争夺注意资源（例如，今天晚上我应该吃什么？我如何才能买得起一辆新车？现在是什么时候？他会叫我去做一些社交活动吗？）。无意识是那些无处安放的想法、表象和概念的容身之所，还包括被意识抑制的想法、记忆和一些还未被感知的想法。荣格把无意识分为两部分：第一层被他称为**个体无意识**，包括所有未受到注意资源青睐的个体的想法、感觉、感知和记忆。这些想法、感觉和感知进入无意识后，其影响并没有终止，而是继续对意识思维和行为产生作用。第二层被荣格叫作**集体无意识**，是一个人类思想观念与古代智慧相结合的深厚而潜力无限的储藏库。他认为，集体无意识在本质上是代代相传的，与人类生理特征的遗传没有什么不同。荣格认为，尽管这一层无意识水平很难触及，但是其中的资源对于帮助自我探索非常有用。

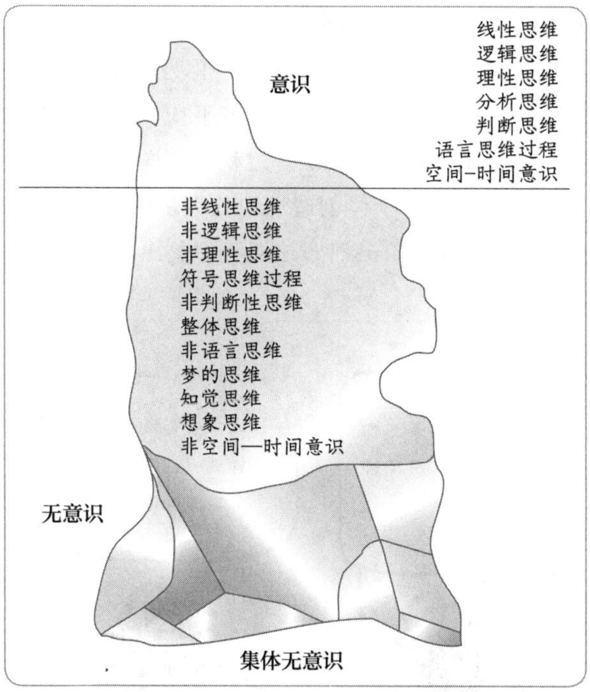

图 5.5 荣格把心理比作一个冰山，水面上的意味着意识，下面是所有的无意识进程。尽管潜意识可能在意识层面上处于休眠状态，但荣格的理论认为它永远是活跃的。

荣格认为，从有意识到无意识的过渡是相当容易的，相比之下，直观的或被压抑的思想和梦的意象试图浮出水面获得意识的注意是非常困难的迁移。根据荣格的观念，意识会自然地拒绝任何未知和不熟悉的东西。因此，意识的入口就像细胞膜一样筑起了一道屏障，把那些似乎不相干、不连贯、空洞无物或自我破碎的无意识思想过滤掉。

荣格通过对他自己和很多病人的梦的解析，发现意识和无意识说着两种不同的语言。有意识思维是线性的、合理的、分析的和口语化的，而无意识思维是非线性的、不合理的、直觉的和非时间导向的，通过梦境中的符号和生动的色彩表现出来。[值得注意的是，诺贝尔奖得主罗杰·斯佩里（Roger Sperry）等人的研究证明，左脑和右脑的认知功能也有类似的分工。] 如果你回忆自己做过的梦，你可能会回忆起一些荒诞的场景，比如飞翔；在红色的空气中游泳；在楼顶上放牧；和大学好友或高中时的心上人说话，而在现实生活中，你和他们相隔遥远，甚至没有碰过面。

在荣格看来，日常的压力与内部的紧张状态联系在一起，这种紧张由上面两种看起来相互矛盾的思维进程（意识和无意识）引发。尽管我们通常不会在一天清醒的时间里意识到我们无意识的思维活动（和睡眠期间的梦境状态不同），但是无意识的思维总是对感官刺激和无数的思维过程开放，而有意识思维只在我们清醒时运作，并且无意识扮演了意识的导航者。然而，在很多情

个性化（individuation）：荣格发明的一个术语，用来描述自我实现的进程，这使得个体成为完人。

个体无意识（personal unconscious）：存放个体的想法、感知、感觉和记忆的仓库。

集体无意识（collective unconscious）：由荣格提出的一个术语，是深层次的意识水平，将人类联系在一起，是一种神圣的意识。

况下，它们就像同一辆轿车前排的两个座位一样，意识占统治地位，有自己的进程。不过在梦境中，无意识成了导航者以解决在白天的进程中遇到的一些问题。无意识会呈现一些梦境符号，而这些符号在意识看来又是荒诞的、无关紧要的。在意识看来，这些难以理解的梦境没有什么意义，但是荣格认为，它们不断为解决问题提供无懈可击的洞察力（图 5.6）。

为了更好地理解无意识概念，想象一下你驾车在外国的乡间迷了路，你停下来向周围的人问路，但是你们语言不通。他们试图告诉你前面的路是不安全的，但是他们的手语也很难理解。你继续往前走，又在不远处遇到了同样的情况。你既挫败又气馁，摇摇头，忽略了这些警告，继续向潜在的危险前进。

同样地，荣格认为，当两种意识不能够有效地沟通时，就会产生内部紧张。为了缓解这种紧张，荣格把意识描述为一种检查机制，限制无意识通过某种思维进程从底端显现。这解释了为什么人们刚开始时往往回忆不出自己的梦境和在其中的感觉。尽管这种检查机制在短期来看似乎是有效的，但长远来看并不能解决无意识中长期存在的压力。

最开始时，学习掌握一种新的语言可能比较困难，但是随着不断练习，你的水平就能有所提高。根据荣格的观念，可以训练意识来解释由无意识创造的梦境中的符号。根据多年来进行梦的解析的经验，荣格对梦有如下观察结果。

1. 应该把梦看作某种事实，而不是意识的加工产物。
2. 梦有明确的和有目的的想法或主题，并通过独特的符号表现出来。
3. 深入了解后会发现，梦是有意义的。
4. 反复出现的梦可能代表着创伤性生活事件，试图弥补个体态度上的缺陷，或者暗示将会发生的重要事件。
5. 梦的解析是个人导向的，没有一个梦的符号独立于做这个梦的人。（比如，飞机失事对不同的做梦人来讲有着不同的意义。）
6. 梦的解析对压力和焦虑的缓解是必要的。在后期出版的一本书《人及其象征》（*Man and His Symbols*）中，荣格写道："为了心理稳定和心理健康，无意识和意识必须完整地结合并且同时运行。"

荣格的个性化观念强调了自我反思的重要性：花一些时间独立思考，以增强意识对无意识的感知能力，以及学习无意识思维的语言和智慧。在亚洲旅行期间，他研究了冥想背后的概念，这让他更加坚信自我反省对心理健康至关重要。荣格相信，当个体花时间审视自己心灵的深处时，有意识和无意识的思维过程就会发生统一，这有助于你解决个人问题，并带来更大的内心平静感。他把这种统一称为**心理平衡**。

为了帮助他的病人达到心理平衡，荣格使用了一种叫作**主动联想**的方法。过程是这样的，在意识放松的状态下，个体创造性地处理梦的一些片段，并完成梦的体验。这种方法对于重复出现的梦非常

图 5.6 梦为我们提供了洞察和信息的源泉，这是我们通常无法从其他途径获得的。因此，关注我们的梦是很重要的。

有人情味的压力

帕蒂是一位中学教师，她最近正在美国北科罗拉多大学攻读心理学硕士学位。一天，她在听了一节关于梦和释梦治疗的课后，对如何通过释梦治疗接近无意识的思想产生了浓厚的兴趣。不久之后，她就决定以研究梦和释梦治疗作为学期论文的主题。

像很多人一样，帕蒂发现她记不住自己的梦，然而她也知道很多人都会做梦，她怀着强烈的好奇心，很想更多地了解自己，也想知道通过更加坚持记住自己的梦，会获得什么样的智慧。该篇研究论文成了她进行自我探索的催化剂。

基于在研究中了解的一些信息，帕蒂了解到可以通过训练意识记住梦和梦中的一些未编码的符号语言。于是，她买了一个笔记本，专门记录她的梦，并且养成了在每天上床之前都进行放松训练的习惯。这种放松训练技术在释梦治疗过程中是非常重要的一步。就像学习任何技术一样，前几次记录梦的尝试毫无结果，但帕蒂没有放弃。

一天晚上，在听了放松训练的录音后，帕蒂感觉困了。当她醒过来的时候，她能够很生动、很真实地回忆自己的梦，并且能够记得梦中的全部过程。帕蒂拿起一支笔，在笔记本上记下了她的梦。

“我梦见我在教室里，一个学生走过，把头探进门来并微笑着。她比我的其他学生年长很多，尽管我不认识她，但是我知道这个人。在分析这个梦的过程中，我明白她实际上是几个以前的学生的形象整合。她的形象就是一个信息。她回来告诉我，我的课对她的生活产生了积极的影响，她对我微笑以表达她的感激之情。我把她的探访解释为对自己的教学能力有信心，这个梦暗示着我的工作是有价值的，我的教学对我的学生具有积极的影响。”

“通过我的研究，我真正学到了如何有效地对那些具有创伤后应激障碍的人进行释梦治疗。通过我自身的经历，我学到了如何对有价值的梦进行解释。这对我的生活具有积极的影响。”

在描述她做梦的经历时，她说道：“我非常愿意引用卡尔·荣格的一段话，即没有任何梦的信息能够从个体分离，也没有任何梦可以非常明确、直接地进行解释。”

有效，对于这个未完成的故事中的一些被忽略的问题，个体给予了一个理想的结局。主动联想适合用在很多应对和放松技巧中，包括心理想象、日志写作和艺术治疗等。荣格坚信，心理和生理的病态都是无法弥合有意识和无意识思维之间差距的结果，它们之间的沟通能够利用共同的资源缓解内部紧张。事实上，他也曾宣扬“现代人因为不完整而生病”的观点，也就是说，认为完整是意识和无意识的和谐联结的状态。

荣格建议人们采用内省的方式潜入意识的底层，深入了解特定焦虑和压力的原因。一旦获得了这种意识，就可以在意识层面面对和处理焦虑源，这样就能够解决问题并且鼓舞情绪了。回顾荣格的整个人生，他致力于个体潜力的挖掘，这源于自我意识。许多荣格的追随者丰富和发展了他的观念在心理治疗中的应

心理平衡（psychic equilibrium）：由荣格提出的术语，描述的是思维（以及与之相关的健康整体性）在意识和无意识上的平衡状态。在这种状态下，意识可以和无意识进行多种方式的沟通（比如梦的解析）。

主动联想（active imagination）：由荣格提出的术语，描述的是一种心理想象进程，指在清醒状态或放松状态下，有意识地对重复出现的梦给予某个结局或解决某个问题。主动联想是幻想的一种方式。

用，特别是释梦治疗。总的来说，荣格的理论影响深远，它带领我们走向了对神秘心理的探索。

在整个20世纪和21世纪，其他理论在弗洛伊德和荣格的基础上逐渐出现，并构成了心理学知识体系。随着每一次新的领悟，我们对心灵有了更强的把握，尤其是压力对它的影响。20世纪之后的这些理论仅是关于情绪、行为和人格方面的。但是，把它们和弗洛伊德与荣格的理论结合起来，就能够找到更多关于压力的心理学因素。

伊丽莎白·库伯勒-罗斯：不能预期的死亡

社会再适应评价量表（Social Readjustment Rating Scale）问世后，研究者很容易发现：配偶的死亡对个人来说是一生中经历的最大的压力事件。无论是你自己还是你亲近的人经历死亡或处于濒死状态，对个体来说都是创伤性经历。同样，与这个理论相关的：任何有违期望的死亡（悲伤）都是有压力的。把死亡问题带到人类意识最前沿的是伊丽莎白·库伯勒-罗斯（Elisabeth Kübler-Ross，见图5.7），

© Ken Ross.

图5.7 伊丽莎白·库伯勒-罗斯。

她是瑞士精神病学家，1969年因为其开创性地研究晚期癌症患者并为其提供咨询而登上全球舞台。她让世界明白了情绪和心理过程与死亡之间的联系。她的工作灵感来自她年少时曾在“二战”后的波兰与俄罗斯急救站帮助那些纳粹集中营幸存者。战争中的大屠杀和集中营让库伯勒-罗斯意识到，人类非常需要理解和处理关于死亡和濒死的问题。她很快了解到人类对死亡的恐惧是普遍的，死亡和濒亡的过程都伴随着丰富的情绪情感。不止悲伤，内疚、羞愧、恐惧和愤怒也都与死亡经历相关。

获得精神病学学位后，库伯勒-罗斯定居美国，她受邀加入由一群医生创建的研讨会，这些研讨会所研讨的正是与晚期癌症患者的面谈以及如何进行咨询。在这个过程中，她注意到患者的情感和行为模式有相似之处，于是她概括了适用于每个人的死亡进程，好让他们做好心理准备。在她的畅销书《死亡和濒亡》（*On Death and Dying*）中，库伯勒-罗斯将这些阶段称为**哀伤的阶段**。虽然这些阶段是在垂死的癌症患者中观察到的，但是它们适用于任何类型的哀伤，包括不能预期的死亡。以下是对她在癌症患者中观察到的五个阶段的描述，以及将非预期死亡的各阶段运用于较常见的压力源的例子——发现自己的钱包被偷了。

1. **否认**：拒绝接受真相。库伯勒-罗斯在她的病人身上观察到了否认，当他们得知自己的病情后经常惊呼：“我没有得癌症，这不可能发生在我身上，这不会发生在我身上，我这么年轻，怎么会得癌症呢？”否认也被解释为惊恐。在钱包被盗的情况下，可以看到类似的反应，“我的钱包一定在家里。我不会把它丢了的。它可能在我的另一个口袋里。”
2. **愤怒**：愤怒是一种情绪激动，包括喊叫、捶击、哭泣，或者是一种在心理和情感上表现出来的很深的挫败。在这个阶段，愤怒是敌对情绪的外在表现。库伯勒-罗斯观察到，愤怒不仅指向临床医生和家庭成员，也会指向神明等更高的权力象征，即使是那些声称不信这些的人。与之类似，钱包被偷也可以引起外在表现上的

愤怒。这时，周围的每个人都变成了他的怀疑对象。

3. **讨价还价**：库伯勒–罗斯认为这是一个非常简单但是很重要的阶段。讨价还价是意识与可以提供交换物品的灵魂之间的协商——一般是就争取多活几天的讨价还价。癌症病人经常这么说"如果你让我活着，我就再也不抽烟了"。在偷钱包的事件中，这种讨价还价就变成了"里面的钱随便花，但请不要动我的信用卡"。
4. **沮丧**：库伯勒–罗斯把沮丧分成两类：一是反应性沮丧，如病人悲痛是因为手术造成身体器官的缺失（例如，乳腺癌和骨癌患者的遭遇）；另外一种是预期性沮丧，感觉到和癌症有关的即将发生的丧失，包括个人的自由、时间、家庭甚至生命。预期性沮丧更像是一种安静或被动的不安情绪，一时间，感觉被汹涌的想法和责任吞没。沮丧的时候会感觉希望很渺小。在丢钱包事件中，人们不仅会因为丢失钱包而感觉到沮丧，还会因为不得不再重新补办钱包里的东西而产生巨大的压力。
5. **接受**：只有当一个人已经经历了以上几个心碎阶段，他才可以到达最后一个阶段：接受。接受是承认当前存在的状态，接纳不能改变的事情。接受既不是让步和放弃，也不是对于环境的妥协，而是接纳在特殊情境中所发现的自己。接受允许你的生活继续前进，伴随接受而来的是希望。那些已经到达这个阶段的癌症病人，其心态可以被描述为"好的，这已经是事实了，我将尽我所能好好地活下去，更好地迎接战斗"。在钱包被盗事件中，"既然我已经丢了我的钱包，我就要去办新的驾驶证、信用卡和银行卡，并且再买一个新钱包。"接受阶段没有愤怒和遗憾的痕迹。库伯勒–罗斯指出，这个阶段非常难以达到。事实上，确实有很多人没有到达这个阶段。在接受阶段，一个重要的部分是**适应**，用思想和行动自觉地适应新形势。

库伯勒–罗斯说，每一个得了不治之症的病人都会经历这几个阶段。无独有偶，在经历其他损失的人中，也能或多或少地观察到这些阶段，也包括断了某种关系（失恋、离婚或分居）、失去某种身份（失业、退休、搬去新的场所或者从事新的工作）、失去财产（钱包被偷或者丢失、汽车损坏、房子被大火烧毁），也包括一些并非实实在在的问题（考试失败、运动成绩较差）。实际上，发生任何重要东西的丧失时，人都会经历这几个阶段。这种对于死亡的精神准备进程在人的一生中要发生数百次。正如库伯勒–罗斯解释的那样，与精神阶段相关的压力是一种催化剂，能让人对几种或所有尚未解决的情绪有更强的心理意识。当一个人从一个阶段进入下一个阶段时，他就进入了更深层次的心理意识。近些年，库伯勒–罗斯对她原来的理论做了一些修订，指出在某些情况下，前四个阶段中的某个阶段可能被跳过。她一生致力于帮助人们获得最后阶段的平静。

根据库伯勒–罗斯的观点，接受是一种了解情感锁链的能力，这种情感锁链是使你看不清楚导致压力的最初原因，接受会让你从束缚中解脱。最终，无条件地接受，没有任何埋怨和憎恨地完全解放，没有任何情感上的遗憾，这就达到了库伯勒–罗斯所说的实质性的内心平静状态。在接受阶段，要化解被压抑的情绪和挫败感并非易事。事实上，人在情感上可能会很痛苦。在研究中，她观察到一些固执的人宁愿让事情没有解决，也不愿面对这一过程的恐惧。其他人不确定如何最好地解决这些情绪，最终成了情绪的俘虏。

在通常情况下，个体压抑或者将之合理化的情感伤害都被内心视为一种威胁。正如库伯勒–罗斯指出的那样，自我的防御机制在短期内能发挥自我保护、运行和控制的作用，但从长远来看会导致混乱。通过压抑和合理化，未解决的感觉就像月亮

哀伤的阶段（stages of grieving）：伊丽莎白·库伯勒–罗斯概述的对于死亡的心理准备过程，包括否认、愤怒、讨价还价、沮丧和接受。

适应（adaptation）：这种行为和态度被认为是哀伤的接受阶段的缩影。在这个阶段，一个人适应了新的环境，不再把自己看作受害者。

的圆缺，绕了一圈，最终会重新浮现，萦绕在意识中。让这些情感债务得不到解决就是她所说的灵魂未完成的事业。她还认为，处理和完成未解决的感情的过程不应该延迟，相反，它们应该成为在日常生活中要最先解决的问题。她说，启动这一解决过程的最佳方式是给予自己一些有质量的“独处时间”，来认识自己与他人之间未解决的感受，更重要的是认识自己内部的感受，然后尝试解决它们。有多种解决策略可以尝试，比如接受不可改变的情况并遵循这样的事实生活下去。无论如何，无条件接受能促进内心的和平是毋庸置疑的。

维克多·弗兰克尔：寻找生命的意义

造成紧张的刺激的形式各种各样，大小不一。一些很小的问题，比如马路上的坑坑洼洼，是很容易避免的，但是主要的压力源会阻碍你在人生旅途中的进步，让你停滞不前。不论你在生活中经历过什么样的紧张性刺激，都应该很少或几乎没有能与维克多·弗兰克尔（Viktor Frankl）所遭遇的痛苦相提并论的。精神科医生弗兰克尔（图 5.8）曾被囚于纳粹集中营并幸存了下来。弗兰克尔在奥斯威辛集中营的 3 年遭遇及其以前的经历促使他发展出了一种心理分析方式，他称之为**存在主义分析治疗**，可以简单地定义为寻找生命的意义。

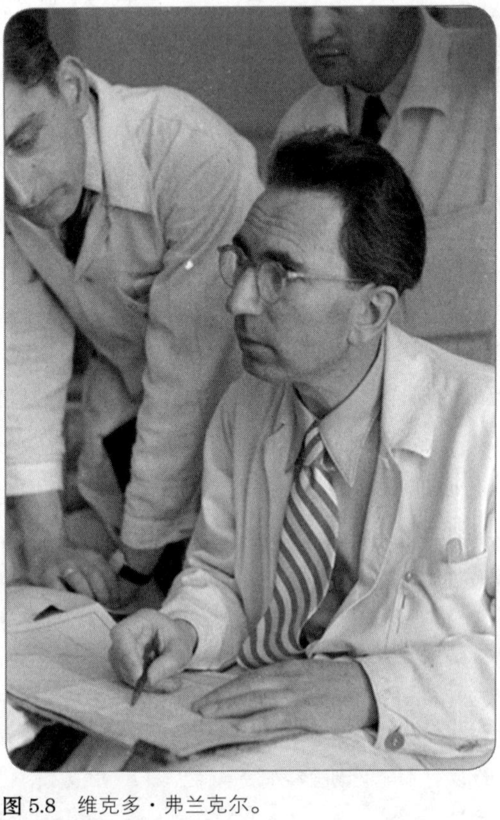
Austrian National Library/Interfoto/Alamy Stock Photo.

图 5.8 维克多·弗兰克尔。

在他最受赞誉的作品《寻找生命的意义》（*Man's Search for Meaning*）中，弗兰克尔强调了人类在纳粹集中营中所遭受到的苦难。在个人经验和观察的基础上，他强化了自己对追寻人类存在意义的理解。如果夺去人类的一切财产，包括衣服、珠宝，甚至是头发，那么集中营的人就剩下了弗兰克尔所谓的人类最后的自由：“在特定情况下选择态度的能力。”弗兰克尔认为，在那些幸免于进毒气室和焚化场的人中，最终生存下来的和后来死于疾病的人之间的区别在很大程度上取决于选择了什么态度。那些找到了并能坚持自己生存意义的人能够在极其恶劣的条件下生存。而那些没有看到生命的实际意义的人，在精神和肉体上会逐渐衰弱，最后走向死亡。

弗兰克尔的许多心理学理论集中讨论了人类痛苦的概念和意义。准确地讲，忍受痛苦是重大压力的结果。人们不必经历奥斯威辛的恐怖来感受苦难，根据弗兰克尔的观点，任何带来情感创伤的经历都有其自身的意义。孩子的死亡、严重的疾病、重大的债务、退休和换工作，这些都是诱发个人痛苦的因素。弗兰克尔坚信，痛苦就像幸福与爱一样是生活的一部分，并且像爱一样，痛苦在许多有计划的事情里面也是有目的的。从弗兰克尔自己的观察来看，他意识到苦难是一种普遍的经历。因此，他推断苦难对于人类潜能或精神进化的发展具有重要价值。他在《寻找生命的意义》这本书中写到，如果生命有意义，那么感受痛苦就有意义。遭受苦难和死亡都是生活中不可避免的一部分，如果没有痛苦和死亡，那么人类的生活将不完整。弗兰克尔并不主张避免痛苦，并且强烈建议应当分析情感痛苦的原因，并试图分析其理性意义，以寻找感受痛苦的意义。对这一意义的寻找并非一种使痛苦合理化的防御机制，而是对真正意义的寻找。事实上，弗兰克尔认为，意义并不是心理捏造的，而是内心深处的一个真实反应。

正如弗兰克尔所定义的，一种搜索意义的工具是**对悲惨的乐观**。他所定义的悲惨的乐观就是一种将感受到的痛苦转换为有意义的经验的能力，从经历中学习并以积极乐观的态度对待生活中的其他事情。人类的历史充满鼓舞人心的例子，这些事情的主人公能在痛苦的压力性事件中寻找意义来升华他们的悲伤。坎迪·莱特纳（Candy Lightner）就是这样一个人，她的小女儿因为驾驶员酒驾而在车祸中丧生，之后她发挥创造力，成立了全国性组织反醉驾母亲协会（Mothers Against Drunk Driving，简称 MADD）。另一个例子是贝瑟尼·汉密尔顿（Bethany Hamilton），她在 2003 年克服了冲浪时因为鲨鱼袭击而失去左臂的痛苦。继续参加比赛并赢得了职业冲浪比赛。事实上，许多当代英雄和榜样都克服了众多障碍才取得了成功，并为后人所仿效。

在痛苦的经验中寻找生命的意义并不是容易的事。弗兰克尔认为，当代社会中的许多人把所受的伤害看得比个人成就还重。在经历痛苦时，人们经常陷入自怨自艾的境地，而看不到积极的一面。那么一个人该如何开始寻找他生命的意义呢？弗兰克尔认为，最佳时机是当你感到精神痛苦或任何形式的情感痛苦时。当这些条件出现时，你必须走进你灵魂的花园，检查你的意识。心理检查会促使你重新审视自己的理想和价值观，并测试你的意志是选择实现还是放弃它们。弗兰克尔认为，对大多人来说，寻找意义的坚定性不单单要依靠信念，还需要依靠一些人或事情的支持。另外，很重要的一点就是每一个人都应寻找其独特的意义而不是普遍的意义，并且这一意义不是从他人那里借鉴或同化过来的。事实上，随着年龄的增长，在不同的人生阶段会有许多不同的人生意义去追寻和发现，在人生的不同阶段也会遭遇不同的苦难。

弗兰克尔坚信，在某种程度上，压力对人们的精神健康起到了非常重要的作用。和弗洛伊德、荣格一样，弗兰克尔相信，人类的内部紧张是不可避免的，但精神健康取决于存在于过去成就和未来努力之间的紧张。无聊感被认为是一种存在虚无，这是一种因为没有发现生命的意义而产生的紧张。根据他的经验，这个理由超过了所有让人们接受心理治疗和咨询的理由。弗兰克尔创造了一个名词——**虚无动力**——来描述一种因无聊产生的紧张感来寻找生命的意义以解决存在虚无的过程。弗兰克尔强调童年经验，关心目前和未来，就好像说："发生了什么事，既然发生了。你现在要做什么？你从哪里出发？你能为人类做出什么新的贡献？" 在存在主义分析治疗中，弗兰克尔倡导建立目标的概念来帮助一个人寻找生命中的意义。建立并完成目标，包括创造性地说明你将去哪里，想象你的毅力和你得到的能量。弗兰克尔认为，个人目标的根本目的是增强人的潜能，此外，愉快应当是生命意义的结果而不是目的。弗兰克尔还建议，对真实意义的追求具有一种精神品质。（logos 一词在希腊语中不仅可译为"意义"，也有"精神"的意思。）在这种情况下，精神这个词很少有宗教的意味，而是指自信心与个人意志在人性层面的平衡。无论如何，精神健康对于寻找自己的人生意义和处理无限的生活经历带来的痛苦是至关重要的。在他的自传中，弗兰克尔谈到那些在危机中失去了对未来、对自身及其精神世界的信念的人。如果没有精神健康，身心方面就会恶化，人最终会过早衰亡。

虽然弗兰克尔的理论有些抽象，但他的基本理念还是清晰的：（1）人类必须持续地寻找生命的意义以达到内在平和；（2）除了身体、思想和灵魂，就算失去一切，人也有能力选择自己的态度，直到改变当下的状况。他写道："我们必须向自身学习，教绝望的人们大胆地展望未来的生活。"

存在主义分析治疗（logotherapy）：由心理学家弗兰克尔发明的疗法，用来表示对生命意义的寻找的方法。

对悲惨的乐观（tragic optimism）：由心理学家弗兰克尔发明的术语，用来描述个体在最坏的情境下能够找到生命的价值和意义。

虚无动力（non-dynamics）：由弗兰克尔发明的术语，表示一种紧张状态和精神动力，驱使一个人去寻找生命的意义。这种动力的缺乏会产生存在虚无感。

韦恩·戴尔：羞愧和担忧

所谓放松，就是充分体验和欣赏当下的时刻；这种信念已在世界各地的文化中被智慧的劳动人民传承了2000多年（图5.9）。然而对于很多人来说，现实的状态是令人惊慌的和不可靠的。因此，不舒服和厌倦的感觉就出现了。多年前，小孩子只了解当前的事情，但成年后，享受当下的能力似乎变得越来越差了，取而代之的是，脑子里塞满了过去和未来的事。事实上，许多人并未注意到他们把大量的意识花在了过去和未来的事情上。心理治疗师韦恩·戴尔（Wayne Dyer）几乎在他的所有患者中都观察到了这种现象（图5.10）。他最近的研究融合了心智和灵魂，实际上，几十年来，他一直在做这方面工作。

戴尔在他的畅销书《误区》（*Your Erroneous Zones*）中指出，沉溺于过去或未来会减少甚至消灭我们对当下的欣赏，从而剥夺我们放松和与自己和平相处的能力。戴尔特别描述了某些易受压力影响的情绪反应——那些不健康的防御过程在生命早期就作为认知生存技能而被人们习得。在他的非创造性情感和相关行为的理论中，戴尔指出，在美国，几乎所有的压力源都与内疚和担忧这两种情绪之一有关。内疚是自我生气的表达，担忧是恐惧的表现。当这些情感的反应被触发时，往往会使理性思维过程陷入停滞，导致思维模糊、反应迟缓和决策失误。戴尔甚至说，内疚和担忧实际上是压力管理中最无效的应对技巧，因为它们会使人们永远回避需要解决的与压力相关的问题。

内疚感之罪

戴尔将内疚定义为有意识地专注于过去不受欢迎的想法和行为。内疚感以“本来应该”的形式出现在我们内心有意识的对话中。“想想你说过或做过的某件事，就像想你没说或做过但觉得应该做的某件事一样，很容易产生负罪感。”戴尔的观点是，内疚包含令人困惑的文化尊重因素，就像那些逃离欧洲宗教迫害、成为美国最早定居者的人所记录的那样。他观察到，300年后，内疚仍然是以一种社会可接受的方式来表达关爱的责任。然而，戴尔认为，真正的、富有成效的关怀，不应该与这种固定的情感相混淆。当负罪感成为压倒一切的情绪时，

图5.9 学会活在当下。

图5.10 韦恩·戴尔。

所有的想法和行为都会受到它的影响。负罪感是一种非常强大的情绪，它会对所有其他的想法和感觉产生麻痹作用，并阻止积极的行为或反应。戴尔认为，任何程度的负罪感都会导致从轻度到重度的抑郁症。他说，在很大程度上，内疚是徒劳的，因为就算有再多的内疚，也无法改变过去。虽然内疚似乎是一种“自然”的人类情感，但戴尔相信，除了培养人们对要吸取的重要教训和要解决的问题的认识外，它没有任何作用。当你吸取了这些教训，内疚感就该消失了。

通过对被试的观察，戴尔将内疚的分成两种模式。他将**残留的内疚**描述为源于儿童早期的残余的思维模式，主要来自父母的惩戒手段，如一个权威人士对儿童顽皮或不被允许的行为施加的羞耻感。然而，童年时起激励作用的东西（寻求避免内疚的认可），在成年后会带来巨大的压力，而这种不健康的行为会持续下去。与残留的内疚相比较，**自我强加的内疚**被描述为当基于个体价值体系建构的道德或伦理行为遭到破坏时，产生的内疚感。比如，周日的时候没有去教堂，或者因为某件事是对的而答应了下来，但之后又后悔自己当初的承诺（图 5.11）。戴尔还认为，内疚作为一种传统的工具控制着另外一些人的思想、情感和行为，这些行为又将压力用不恰当的方式转移给他人。他提倡避免通过内疚和羞愧来影响别人，更重要的是要避免影响你自己。

担忧的艺术

像狄更斯（Dickens）的“昔日圣诞鬼魂”，内疚与过去的思想、行为相联系，**担忧**则渗透在思维中，影响有关未来事件的思维过程。戴尔将担忧定义为当下对未来可能发生也可能不发生的事情的想法。戴尔指出，和内疚一样，担忧被许多人视为同情行为。在现实生活中，它也会使认知停滞，使理性思维过程变得模糊，并滋生压力。担忧和内疚一样，能够导致沮丧。在纳粹大屠杀期间帮助犹太人逃离纳粹迫害的荷兰人柯丽·邓·波姆（Corrie ten Boom）说：“担忧并不会减少明天的悲伤，只会减少面对今天的信心。”

图 5.11 弗洛伊德对于内疚的分析。

戴尔认为，区分担忧未来和计划未来的不同之处对每个人来说都非常重要，担忧阻碍了当前的思维进程，弱化了自我控制，然后充分发挥想象力，创造出一系列很坏的情节，所有这一切看起来既真实又具有威胁性。戴尔相信，担忧往往会产生副作用，首先会导致处理现状的效率低下，然后会产生更多的担忧。具有讽刺意味的是，戴尔认为，人们特别容易对他们不能控制的事情产生担忧。此外，许多之前看起来不能克服的担忧最后都被认为是微不足道的。不幸的是，人们往往不能吸取这些教训，之后遇到类似的情况时，往往会重蹈覆辙。不像担忧，创造性的想法会对未来产生更积极的作用，使潜在的压力最小化。计划未来，包括制定目标、采取策略、评估过程和赋予一种权利感。

残留的内疚（leftover guilt）：由韦恩·戴尔发明的术语，表示从早期童年经验中遗留下来没有解决的内疚所产生的消极作用。

自我强加的内疚（self-imposed guilt）：由韦恩·戴尔发明的术语，表示当个人价值观遭妥协或违背时，自身所产生的内疚感。

担忧（worry）：当下对未来可能发生也可能不发生的事情的想法。

为了说明这种差别，假设有一个人，他担心毕业之后找不到工作，于是闷头思考找不到工作和未来失业的危险。相反，计划未来的人则要写简历、打电话、写求职信、上网找资料、与公司联系以及约定面试。虽然为未来的事情做计划并不能保证一帆风顺，但至少有了安全的基础。而担忧呢，就好比把你扔在司机的驾驶位上，但是没有车钥匙、汽油或者轮胎。

就像前面提到的，戴尔认为，很多文化下产生的担忧等同于关心和爱。他发现许多被试都特别想通过表现担忧的过程来表达爱。几位心理治疗师指出，这种特征与易患压力的依赖人格之间存在相似之处。

内疚和担忧的共同之处都是一个人当前心理过程的精神状态。戴尔认为，内疚和担忧都是消极的，是不具创造性的情感认知状态，这些情感就是一种能量的浪费。作为治疗师，戴尔认为，要除掉这两个东西，就一定要建立一种应对机制，意识到它们是无效的。在压力状态下，当内疚和担忧进入你的意识时，戴尔建议通过重新构建自己的看法来消除内疚或担心，可以学习从以前的经验中得到的教训，也可以对占据注意力的未来事件制定策略性计划。像其他著名的心理学家一样，戴尔主张接受过去的事件，把它作为一种促使你在人生道路上前行的重要的压力管理策略。戴尔与几位著名的心理学家和学者站在同一阵营，他们都赞同他的内疚和担忧理论，因为在心理咨询中，这两种情绪比其他情绪出现得都多。

自从戴尔出版第一本书《误区》以来，他又写了好几本畅销书，主题都是关于从恐惧的动机向爱的动机转换。《神圣自我》(*Your Sacred Self*) 是《误区》一书的姊妹篇，戴尔认为内疚和担忧都是恐惧的表现。他说，“自我是造成这两个误区的原因”，并且自我越早被驯服，我们就能越早走向爱。

利奥·布斯卡利亚：自爱的课程

在 19 世纪发展的关于心理学的最重要的理论（并非所有的理论）认为，人类动机的基本力量被焦虑驱使。这种狭隘的观点忽略了其他的情感动机，特别是爱。直到进入 21 世纪，人们才开始用科学的方法来研究这一课题。用心理学家亚伯拉罕·马斯洛的话说，“令人惊讶的是，实证科学在爱这个主题上花的时间如此之少。”有人认为，爱的概念是不重要的，或者因为这种情绪过于复杂，无法对其充分定义和研究。两种假设都有事实的依据。在过去，只有诗人、哲学家、演员和歌手才会去探索、解释和阐述爱，心理学对此并没有涉及。尽管现在还是这样，但爱作为一种可行的激励力量和治疗手段，已经从诗歌和好莱坞电影中走进了课堂、公司董事会会议室和手术室。通过仔细研究这种神秘情感的理论和应用，现如今，爱被认为是一种强大的内在资源，非常重要，不容忽视（Johnson, 2003）。简单来说，爱是积极压力的缩影；缺少爱，人就会沮丧。为了更好地认识爱和健康的重要性，2000 年，菲茨尔研究所（Fetzer Institute）和约翰·坦普尔顿爵士（SirJohn Templeton）联合成立了“无限爱的研究机构（Institute for Research on Unlimited Love）”，以研究表现为利他主义的爱的价值。

是利奥·布斯卡利亚（Leo Buscaglia）博士（图 5.12）将爱的理论概念带上学术论坛的。在 20

图 5.12 利奥·布斯卡利亚。

世纪 60 年代末，他在南加州大学开设了一个实验性本科课程，名为“爱情课”。通过调查，他为这种难以捉摸的情感提出了一些简单而深刻的概念，囊括了在各种情况下的含义。长远来讲，他为长期被忽视的情感健康的这一组成部分赋予了可信性。

布斯卡利亚很快也承认爱是很难定义的。首先最重要的，他认为爱是对条件反射的学习，一个婴儿最早是在家庭环境下通过与父母的交流学习爱的。爱，特别是自爱，不是天生的，而是要通过学习获得的。然而不像其他课题，它既不是在学校中学的，也不是在教堂中学的。布斯卡利亚发现，学校要求儿童控制很多情绪，不准哭，不准笑，擦掉脸上的笑容，致使孩子表达情绪的能力得不到发展，包括爱的情绪。这种拒绝表达和否认爱的痛苦最后表现为无能。也就是说，自我防御得到加强是为了预防或减少复发。随着儿童长大成人，大多数人并没有真正地学习到爱，布斯卡利亚表示，我们大多数人从未真正学会过爱，这是多么可悲啊。他认为，这可能会在后来的成长过程中为一些亲密关系埋下危险的种子。这也许就是美国的离婚率高达 50% 的原因。

布斯卡利亚认为，人们之所以很难给爱下一个定义，是因为许多人将其与一些相关概念画上等号，例如，性、恋爱、吸引力、需要、安全感和关注。爱也被认为包含广泛的情感，包括狂喜、喜悦、感性、不满、嫉妒和痛苦。然而，在布斯卡利亚的观点中，可能有很多程度的爱，从快乐到优雅，但只有一种爱能导致自我发现的积极成长过程。他宣称，爱就是爱！在他的畅销书《爱》(*Love*) 中，他写道:“因为爱和自我是一体的，发现两者之一就是实现两者。”“爱带来改变，而改变需要适应，就像其他类型的压力可以产生快乐，也可以产生痛苦。”尽管在童话般的结局中，爱情可以相对轻松地征服一切，但布斯卡利亚反复强调，爱情需要大量的工作，需要不断的努力。爱有很多责任。如果没有人管理和没有了解，它会蒸发消失。布斯卡利亚比较了爱和知识，知识是在你教他之前你必须拥有的东西，同样，在分享爱之前，你需要先体验到爱。

按布斯卡利亚的话说，“爱别人之前必须先爱自己”。这是再小不过的技能，作为年轻人，我们从父母那里体会到了不同程度的爱，然而没人教我们自爱，这个词对许多人来说依然是一个陌生的概念。在现实中，自爱被歪曲为自私自利，并且遭到强烈反对。谦虚被大力提倡，但往往冒着牺牲自爱的风险，例如“像爱你自己那样爱你的邻居”。布斯卡利亚却发现，这两种情况是不对等的。通过研究，布斯卡利亚发现大多数人缺乏无条件爱自己的能力，而且较低的**自尊**限制了其自爱的表达。此外，他介绍了一些对自爱的威胁，最大的威胁就是我们给自己规定的自我接纳的条件、基本的外在表现以及能力——总之就是包括妨碍你成为完人的任何事。一种反复出现的模式——“不完全喜欢自己，因为……”——创造了一个消极的反馈体系，使不愉快永远存在。这种现象更多地被描述为慢性压力，它与低自尊水平有关。

布斯卡利亚提供了一个转变这些自我打击的态度的机会。他建议，客观地从内部观察自己，做好准备以接受你所看见的一切，不管是好是坏。通过这一客观的观察，开始接受一个真实的自己，这就意味着要接受所有不能改变的条件，比如你的身高、瞳孔的颜色和你的父母。然后通过努力来加强这些条件，以帮助你发挥最高的潜能。此外，布斯卡利亚还强调了每一个人的需求是不同的，不能和其他人相比。他发明了术语“**X 因素**”来说明每一个人都是独一无二的。人们需要用这一因素向着无条件的自我接纳和自爱的方向发展。

在对爱的寻找中，布斯卡利亚寻找所有爱的色彩来帮助理解那些容易被误用、误解和误认的情

> **爱（love）**：作为自尊和最终的利他主义的基石，被利奥·布斯卡利亚所研究和提倡。
>
> **自尊（self-esteem）**：基本的自我价值、自我接纳和自爱的感觉，可以在应对威胁的过程中起到强大的缓冲作用。
>
> **X 因素（X-factor）**：由心理学家利奥·布斯卡利亚发明的术语，用来描述体现个体独特性的特殊品质。当我们关注自己的 X 因素而不是错误和弱点时，我们就能够加强自尊。

感，他试图通过理解爱的基本概念来达到对每一方面的理解。西方文化的方法是通过外部的表现来观察内部的幸福成就，而布斯卡利亚趋向于认可东方的文化，利用哲学来说明无条件的自爱。许多东方文化的哲学就是一个人喜欢观察自己的内部状态，并以此理解自己；持续地对自我理解的探索使内部达到了一种和平的状态，反过来，内心的和平创造了普遍的和谐，和谐又催生了幸福。布斯卡利亚用印度的合十礼来表达这一概念："我向往和平，那时候你处于自我和平状态，我也处于自我和平状态，然后我们合为一个人"。

布斯卡利亚主张爱是内部的资源，它不能消失，必须持续地表现出来。为了让爱出现，必须有意志或愿望去爱。爱是一种所选择的态度。诗人、导演、歌手经常把爱看成动态的、遥远的、难以捉摸的，有时甚至是没有吸引力的，但是自爱伴随着积极的感觉成长，每一个人都有能力去创造。布斯卡利亚关于自爱的观念直接与自尊相关，因为我们仅仅关注自己喜欢并且感到积极的事情。当我们完全不爱自己的时候，或给自爱强加条件的时候，我们的自尊就会降低。而低自尊会使我们容易受到压力的影响。

在布斯卡利亚所有的研究中，他把爱作为一个激励因素提出了六个假设。

1. 一个人不能给别人他所没有的东西，要给予别人爱，你必须先拥有爱。
2. 一个人不能教别人他所不懂的东西，要教会别人爱，你必须先理解的爱。
3. 一个人不能知道他没有学过的东西，要想学习爱，你必须生活在爱中。
4. 一个人不能感受到他所不认识的东西，要想认识爱，你必须先接受爱。
5. 一个人不会承认未屈服的东西，为了屈服于爱，你必须向爱示弱。
6. 一个人不会为自己不奉献的东西而活。为了献身于爱，你必须永远在爱中成长。

布斯卡利亚试图证明，爱是人类那既冷漠又狂热的动机的重要组成部分。他的研究被许多咨询治疗专家所接受，但是他谈到的问题在今天还是被研究者忽略了。随着精神分析领域的发展，在心理学领域，爱的研究也正逐渐展开。

亚伯拉罕·马斯洛：自我实现的艺术

在所有对现代心理学有较大贡献的心理学家中，亚伯拉罕·马斯洛（Abraham Maslow）也许是最积极的一位（图 5.13）。当他的前辈和同时期的科学家把精神疾病、情绪混乱和心理失调作为人类行为的基本理论时，马斯洛选择了研究人类潜能的高度，他在研究中把人看成有创造力的、有爱的、自信的和独立的独特组合。尽管在"二战"中表现出了一些人类暴行，但马斯洛相信人类本性中有积极的一面，他开始发展一些理论来支持其人本主义心理学假设。马斯洛对人类的信念使他相信，通过理解具有积极人格特征和令人钦佩的特质的个人，他可以设计一个模型，作为其他人追求自我提升的示范。很多心理学家都在说明压力是如何影响个体的人格和行为的，马斯洛和他们不同，他强调那些似乎可以帮助人们应对压力并获得心理健康的内部资源的人格特质。换句话说，他在这个特殊的人群

Courtesy of the Robert D. Farber University Archives & Special Collections Department, Brandeis University.

图 5.13 亚伯拉罕·马斯洛。

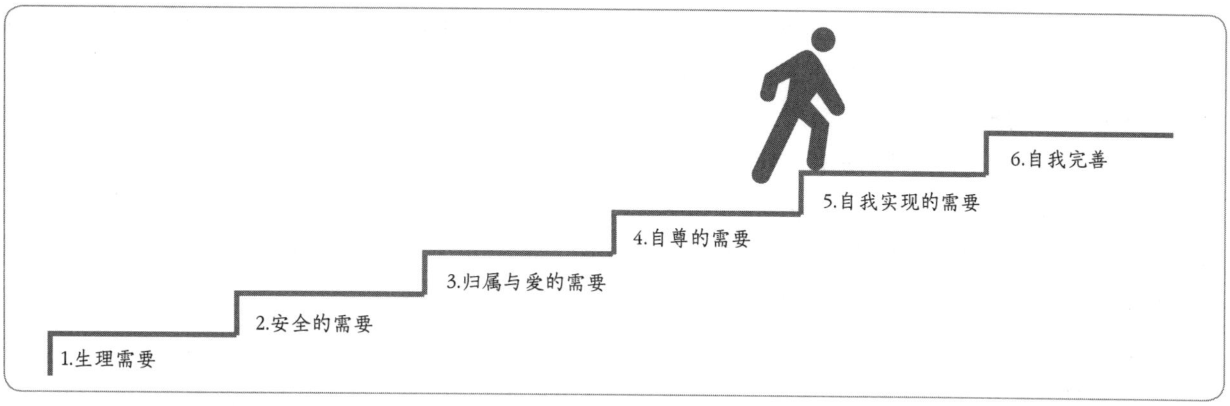

图 5.14 马斯洛的需要层次。请注意自我实现水平与脉轮系统的相似程度。

中所观察到的某些人格特质结合起来成为个人对抗压力的缓冲器。

马斯洛关于个体行为和人格的理论可以归于其关于人类本性的**动机理论**。这个理论认为，人类不同的**需要层次**会影响行为。当某一层次的需要得到满足时，人类就会追求更高层次的需要。在他的需要层次中，如果低层次的需要没有被满足，高层次的需要就不会出现。另外，当低层次的需要，比如饥饿出现时，所有高层次的需要就消失了。

他的需要层次理论由六个层级或层次组成（在很多方面与脉轮相似）。以前他将其描述为攀爬梯子，现在通常将其描述为一系列步骤（图 5.14）。第一层是确保人体生存的最基本的生理需要，包括食物、睡眠和性（如果有药物依赖，还包括成瘾药物和酒精等）。第二层是安全的需要，也是用于维持个体生存的，包括一些能够提供安全、秩序和稳定的因素，如衣服、钱和房子。马斯洛把这两种需要称作低级需要，高一些的需要被他称作成长需要。情感和强大的人际纽带构成了第三个层次——归属和爱的需求。第四层被称为自尊需要，即寻求或证明自我价值的需求和欲望。第五层是**自我实现**的需要，是人格完备的状态，在这个状态下，自我的边界不存在了，能够体验到和大自然的和谐统一，能够最大程度发挥个人的潜力。在理想状态下，自我实现是一个人发挥潜力和能力的最高境界。马斯洛在《信仰、价值和高峰体验》（*Religions, Values, and Peak Experiences*）中写道："自我实现是个体最终达到自我的最高峰。"多年后，马斯洛增加了一个层级，作为需要层次理论的最高级，叫作"**自我完善**"，即一个人为服务他人而献身或者为了纯粹的利他目的而献身于更大的事业。

根据马斯洛的理论，从一个层次到另一个层次时，低层次上的需要必须被满足。值得注意的是，当低级需要出现的时候，层次间经常会有波动。即使有人达到了自我实现的层次，也不是能停留在那里不变化的。自我实现的层次之所以很难达到，是因为这需要个体降低自我的防御，并且在探寻未知时充满期待而不是恐惧。事实上，马斯洛认为，求知欲（好奇心）、冒险欲和对自我理解的追求在本质上是一种自我实现。

在对最高层次的需要——自我实现——的研究中，马斯洛观察了数以千计的人的生活，包括学生、熟人、公众人物（阿尔伯特·爱因斯坦、埃莉

动机理论（theory of motivation）：马斯洛关于人格和行为的理论，基于他的需要层次理论。

需要层次（hierarchy of needs）：马斯洛认为意识状态下（思想和行为）的心理需要是一级一级的，从而达到自我完善。

自我实现（self-actualization）：马斯洛的需要层次理论的第五层，个体能够体验到人格的完备。

自我完善（self-transcendence）：马斯洛的需要层次理论的第六层，也是最高层，个体会无私地帮助他人。特蕾莎修女、珍·古道尔（Jane Goodall）和吉米·卡特（Jimmy Carter）是到达这一层的例子。

诺·罗斯福和阿尔贝特·施韦泽）和历史人物（托马斯·杰斐逊、简·亚当斯和亚伯拉罕·林肯），寻找了大量的活得健康和充实完美的人。在研究中，马斯洛发现了很多符合他所描述的自我实现的个体［参见《动机和人格》（*Motivation and Personality*）］。正是这些特质帮助他们维持着心理健康。在一般人看来，他们的生活没有压力，但是经过详细深入地了解后发现，他们也同样面对着压力，可他们知道如何有效地处理压力。根据马斯洛的理论，自我实现的个体有下列特征。

1. **对现实的高效感知**。自我实现的个体能够对自我和他人有清晰客观的认识。他们的看法不会被自我本位影响；相反，他们没有偏见和疑虑。马斯洛发现这些个体有很强的品质判断能力。
2. **接纳**。这类个体能够充分了解自己的长处和弱点。和所有人一样，他们有一些缺点和不足。但是，他们不会因为自身或他人的错误和缺点而内疚、憎恨和羞愧。这些个体能够接纳他们自身的缺点，而不是去责备，他们会不断工作并超越自己。
3. **自然和自发**。自我实现的个体会对自身非常满意。他们不会虚伪表现，也没有一些特殊习惯。在大部分情境下，他们是开放的、率直的、自然的和未修饰的。最重要的是，对于未知，他们能顺其自然，不恐惧也不会受到威胁。他们通过实践来思考，能够对变化顺利自发地加以回应。当他们做计划或突然遇到变化时，不会很轻易地感到压力。
4. **问题中心**。自我实现的人对于他们的工作和任务有很强的责任感和贡献感。他们把自己看成世界的一部分而不是全部。当问题出现的时候，这些人不会身陷于细节化的个人问题。他们面对的是问题而不是人。由于这种强大的责任感和人生目标，自我实现的人工作得非常努力，他们能从工作中获得乐趣。马斯洛曾经说过："如果你只有一把锤子，往往会把所有问题都看成钉子。"自我实现的人有很多解决问题的工具。
5. **独处和独立**。自我实现的人在独处时能够体会到和同伴在一起的快乐，而不会感到孤独。他们喜欢独处，并且常常腾出时间独处。独处被认为是一种祝福，通常是充实自我的时间。满意度来源于内部，而不是依赖于他人。独立往往是自我反思和挖掘深层次能量的时候。他们身上有很强烈的自治和自由灵魂的成分。
6. **一种持续欣赏的新鲜感**。蚱蜢、落叶、北斗七星——在人生的旅途中，这些人常常"停下来欣赏玫瑰"。自我实现者不仅能在最简单的环境中不断发现意想不到的惊奇和有威严的东西，而且像他们通常面对日常生活中的新鲜事物和超越生活的态度一样。他们很少把拥有的事情视为理所当然的事，他们会感恩自己拥有的幸福。
7. **创造性**。自我实现的人具有强的创造力，在思考问题的过程中充满想象力、发明、创意和能量。他们能够在构思一个想法时将其具体形象化，然后再解决。他们在思考中对于新的可能性是好奇和开放的。他们不惧怕失败，因为他们知道失败会通向成功。在《人性能达到的境界》（*The Farther Reaches of Human Nature*）中，马斯洛写道："我的感觉是，创造力的概念和健康、自我实现、全人的概念似乎越来越接近，也许某天会变成同样的东西。"
8. **人际关系**。自我实现不是要有很多的朋友，相反，他们的朋友不会很多，但是这些朋友与他们有同样的兴趣，并且与他们相处融洽。自我实现的人愿意与激励他们、对于他成长和发挥潜力有帮助人的人交往。人际关系是选择性的，更多的是基于激发而不是影响的能力。
9. **血缘关系**。自我实现的人似乎会因社会和道德原因而帮助他人，他们愿意帮助所有阶层的人。在马斯洛看来，他们对待他人就像对待自己的兄弟姐妹一样。最重要的是，他们有一种真诚无私的愿望去帮助人类。
10. **民主的性格**。有这种性格人的觉得每个人都有可以学习的东西。他们不是装作谦虚或自负，这种人在人生的道路上能够不断与他人发生联系。

11. **强烈的民族自豪感**。自我实现的人一直用他们自己的方式论证事物的好与坏。马斯洛在《动机和人格》(*Motivation and Personality*）一书中说："在民族行为上，这些人很少困惑、矛盾或感到冲突。"
12. **文化抵抗**。自我实现的人是独立的。他们不会顺从于时尚或者政治。当他们对其他文化表达欣赏时，不会把它们作为自己的文化。这些人会坚持自己的文化，而不会受其他文化趋势的影响。
13. **幽默感**。自我实现者有能力欣赏生活中大量的不和谐和讽刺，也有能力嘲笑自己的缺点和错误。拥有一颗轻松快乐的心是他们普遍的特点。这些人的幽默中没有讽刺或敌意。他们的高兴中有一种强烈的自发性和趣味性。
14. **神秘 / 高峰体验**。马斯洛认为高峰体验是自我实现的高潮。高峰体验是指真正的卓越、真正的完美，或朝着完美的正义或完美的价值观迈进的任何体验。他发现那些描述高峰体验的人经常将其类比为精神高潮。这种**神秘 / 高峰体验**感是精神上的瞬间，让你感到与世界融为一体，感到自己非常平静。

所有这些听起来就像完美的迪士尼世界一样，所以很少有人能够符合上述描述。马斯洛从他的研究中发现，大约 1% 的人能够经常达到这个层次。即使这样，满足了这个需要的人也不会一直停留在这个水平上。很多自我实现的人超过了 30 岁。因为青少年在高中甚至大学都在忙于完善自我同一性，以致不能达到这个层次。马斯洛意识到个人不是天生的自我实现者。相反，他们需要经历很多的人生体验，磨平他们的自我和个人存在。成功达到自我实现的人会很好地发挥个体潜力，也会成为很好的榜样。然而，可以肯定的是，自我实现的人并不总是能表现出这些特质。马斯洛发现，他们有时会生气、厌烦、沮丧、自私，甚至会粗鲁。他们同样会在需要层次上表现出时上时下的起伏，以满足生存的其他需要。总体上讲，人们对自己有某种期望，然后就会达到某种层次。自我实现的人不是天使、救世主或者先知。他们身上总会有一些缺陷，就像生活在地球上的其他人一样。但是与其他人不同的是，他们不会为自己感到忧虑。基本上，自我实现的人对自己和生活有很强的积极感觉。他们对自己和工作有着很强的信念，他们的生活中充满激情，没有怨恨。他们知道自己的内心和外表，毫无疑问，他们是自己最好的朋友。

有趣的是，我们发现马斯洛经常谈及情绪状态和疾病的关系。在加利福尼亚的一次演说中，他介绍了一个**元疾病**的概念，即疾病是没有解决好意识中的情绪状态的结果。

令人兴奋的是，在马斯洛自我实现的理论中，我们所有人都有这种潜力。我们都有探索内部资源的能力，我们都有可能达到自我实现。不幸的是，我们有一些局限性，阻止我们达到自我实现。我们用一些屏障（防御机制）进行情绪保护。但是，这些保护情绪的屏障最终阻止了这种重要的人类潜能的成长发挥。自我实现的人可以除去这种屏障，降低自我防御，得到更好的成长机会。当这个社会中的压力越来越多的时候，马斯洛的理论照亮了心理学领域，所以很多心理学家都主张利用他所讲的这种较难达到的特质来抵抗压力的影响。

马丁 · 塞利格曼：乐观与快乐的艺术

在过去的几十年里，制药行业中，与抑郁症、焦虑症、双相障碍等病相关的药物增多，使得心理学领域受到制药行业的极大影响。然而，与此同时，有几个人倡导不同的心理学视角。在马斯洛的自我实现和人类潜能理论之后，一位著名的心理学家，马丁 · 塞利格曼（Martin Seligman）博士

神秘 / 高峰体验（mystical/peak sensation）：一种愉快的体验，个体会感觉到在精神上与所有生命的神圣的联系。

元疾病（meta-disease）：马斯洛发明的术语，用来描述生理疾病的起源往往基于一些没有解决的情绪问题。

（图 5.15），像马斯洛一样，选择看到人积极的一面而非黑暗的一面。塞利格曼之前因为研究无助感以及与无助无望人格相关的特征而在工作中遭到非议。这项工作为他里程碑式的理论——**积极心理学**——以及之后推出的两本畅销书《学会乐观》（*Learned Optimism*）和《真实的幸福》（*Authentic Happiness*）创造了机会。塞利格曼因其出色的工作表现得到了同行的高度尊重，以高票当选为美国心理学协会主席。正是在他作为美国心理学协会主席期间，他开始将心理学领域的焦点转移到人类心灵的积极方面。在这一过程中，全美许多学院开始开设该专业的课程和学位课程。

塞利格曼在他的《真实的幸福》一书中写道："在过去的半个世纪里，心理学被精神疾病这一单一的话题所消耗。"他进一步解释说，精神病和神经官能症源于宗教教条的腐朽，多年来受药理学影响很大的心理学领域为了努力培育人们的最高潜力而从药理学中分离出来。通过关注人类心理的消极方面，很少有人关注那些使生活有价值的方面。塞利格曼试图超越幸福理论，转向支持这一理论的有文献记载的科学，即亚里士多德所说的"美好生活"。塞利格曼试图证明，积极的思想和情

Courtesy of Martin Seligman.

图 5.15 马丁·塞利格曼。

感是人类的固有部分，是每个人与生俱来的权利。此外，我们需要在压力期培育、培养和增强这些特质。

根据塞利格曼的观点，积极心理学领域基于三个方面：（1）对积极情绪的研究，如快乐、喜悦、信任、感激和宽恕；（2）对积极人格特质的研究：塞利格曼称之为优点和美德；（3）对于积极制度的研究，如民主、强大的家庭和自由探究。塞利格曼认为，终于迎来了寻求理解积极情绪、增强力量和培养最佳生活美德的科学和范式，并提供一个可行的结构来帮助人们实现平衡的生活。积极心理学揭示了他所谓的"幸福的设定点上限"的生活方式。2001 年的"9·11"事件也增强了他的信念，即在困难时期的苦难并没有超越对幸福的理解和构建。在《真实的幸福》一书的序言中，塞利格曼分享了汉斯·塞利在他生命的最后 10 年的发现："诱发积极情绪的经验会导致负面情绪迅速消散。"

塞利格曼阐述的一个概念是"幸福恒温器"，通过真实的思想、感知、记忆和个人经验，使抽象的情感控制变得有形。这种恒温器可以通过我们的想法和意图进行编程。它也可以通过我们内在的优点和美德进行编程，其中包括智慧和知识、勇气、爱和人性、正义、节制、精神以及超越。

塞利格曼是美国心理学协会的主席，但他的工作远远超出了职位范畴。塞利格曼花了很多时间将西方心理学的范式从疾病模型转换到一个更全面的模型，其中包括预防精神疾病和更好地理解与应用真正的幸福。塞利格曼关于积极心理学的讨论不是皮毛。他通过研究支持他的言论，无论是对 180 位天主教修女具有里程碑意义的幸福和长寿研究，还是众多对乐观主义的研究。他的工作也激励了其他人（Emmons, 2007）探索感恩的话题，将其作为通往真正幸福的途径。塞利格曼提出，他的幸福理论缺乏积极心理学的潜力，他已经修改了他的理论，包括在他的新书《福流》（*Flourish*）中描述的五个可衡量的结构：积极的情感、参与、关系、有目的的生活意义和成就。为了增强人类潜能运动的基础，塞利格曼现在致力于教导他人增强自己的优势

和美德，给冲突时期的人力资产带来了不可估量的红利，让人们更加享受美好时光。用塞利格曼经常引用的本杰明·富兰克林的话说，“宪法只给你追求幸福的权利。最终，你必须亲手抓住它。”

理论上的共通点

从这些理论中可看出，心智创造了很多策略来处理压力情境。很多策略用在防御领域，使我们的心智免受生活中痛苦和危险事件的威胁。不管这些防御是来自弗洛伊德、荣格还是其他学者，都是处理压力的真实简单的应对方法。当人们学习这些理论时，就会发现自我意识对于抵抗自我防御和解决问题非常重要（图 5.16）。事实上，心理治疗的前提是通过自我意识的过程让来访者回归正常的生活，尽可能减少痛苦。应对压力更有效、更积极的方法应该是基于我们内部资源的力量，而不是通过防御的想法和行为。马斯洛最先把这些内部资源融入其自我实现理论。他的理论表明，我们所有人都有潜力去抵抗最原始的由弗洛伊德指出的防御机制，它阻碍了人类潜能的发挥。

积极心理学（positive psychology）：现代心理学的一个领域，侧重于三方面研究：（1）积极的情绪；（2）积极的人格特质；（3）积极的制度。

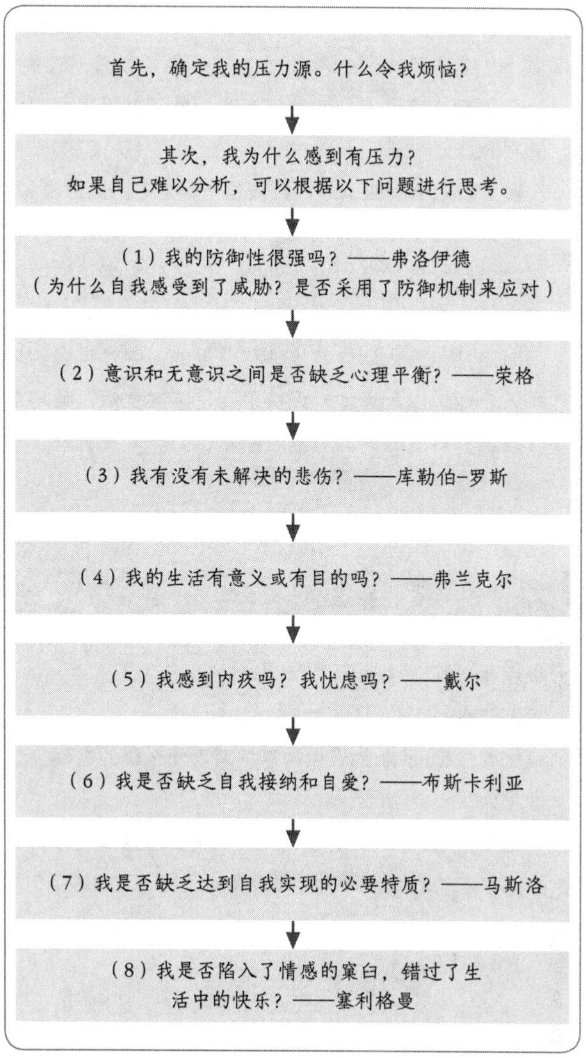

图 5.16 压力意识示意图。选取一个你正在面临的问题，用每个理论的指示问自己一些问题。

总 结

1. 很多理论试图解释压力的心理本质，或者更明确地说是人们如何处理他们面对的问题。这些理论基于很多心理学观点，包括人格、情绪反应、预期和很大范围内的人类行为。
2. 弗洛伊德认为人类总保持着一定程度的本能性紧张，这种紧张由内部的冲动和外部的压力导致，它们不断攻击自我和本我。自我利用一些防御机制来应对压力，包括否认、压抑、合理化、替代和幽默。
3. 荣格认为，个体有一定程度的先天紧张和精神紧张，这是由于意识和无意识间的沟通障碍所导致的。这种紧张在个性化的进程中可以减轻，这是一种持续的心灵的探索，在意识和无意识间搭建了一座桥梁。荣格主张从梦的解析中获得自我意识，因为他认为在梦里面有一些象征，意识有可能会忽略，而这正是无意识解决问题的方式。
4. 库伯勒-罗斯认为面对非预期死亡，人必然产生压力，产生一系列精神过程，包括否认、愤怒、讨价还价、沮丧和接受。情绪包袱的解除让一个人达到了最后的接受状态，这反过来又增强了内心的平静。
5. 维克多·弗兰克尔的存在主义分析治疗认为，要使生命完整，必须遭受一些苦难，但是同样需要找寻这种痛苦的意义，以解决这种情绪压力的问题。

6. 在心理学家韦恩·戴尔看来，感到压力的人有两种反应：内疚和担忧，这两种情绪状态使思维停滞不前，让个体看不清现实，使他们不能战胜压力以达到内在的平静。
7. 利奥·布斯卡利亚认为，自爱是一种重要的内部资源，可帮人应对生活中的艰难。然而，如果不能无条件地接纳自己，自爱是很难达到的。为了分享爱，你首先必须拥有爱。
8. 马斯洛把能够达到自我接纳和自爱的人叫作自我实现的人。他们以人为本，保持平衡，感谢生活，利用自我接纳和自爱的能力有效地应对压力。本章列举了马斯洛所描述的自我实现者的 14 种特征。这些特征可以解释他们为什么总是看起来没有压力，又是如何应对一些不适当的压力的。
9. 真实的幸福不是礼物，而是所有人类与生俱有的权利。根据塞利格曼的说法，在这个充满压力的世界里，通过增加幸福感来平衡情绪不仅是可能的，而且还能受到鼓励。
10. 这些理论的一个共同的主题就是自我意识和自我接纳，这两种内部资源是有效处理个体压力的最重要的应对方法。

学习指导题

1. 根据弗洛伊德的观点，意识如何抵御压力？
2. 根据荣格的观点，意识如何解决压力？
3. 根据库伯勒-罗斯的观点，意识运用什么样的进程来处理压力？
4. 根据弗兰克尔的观点，应对压力时需要注意哪些方面？
5. 根据戴尔的观点，哪两方面让情绪压力一直存在着？
6. 根据布斯卡利亚的观点，在处理和解决个体压力时最重要的是什么？
7. 根据马斯洛的观点，可以使用哪种内部资源来应对压力？
8. 根据塞利格曼的观点，哪些方面构成了积极心理学？
9. 这些理论家所支持的观点有什么共同之处？

第 6 章

压力情绪：愤怒、恐惧与欢乐

当我走出通往自由的监狱大门时，我已经知道，如果我不把痛苦和仇恨留在身后，那么我仍在狱中。

——纳尔逊·曼德拉（Nelson Mandela）

桑迪胡克小学、弗吉尼亚理工大学、科罗拉多州的奥罗拉电影院、科伦拜恩高中以及地球上其他类似的地方，已经成为不受控制的愤怒、无缘由的暴力和屠杀事件的代名词。虽然我们可能永远不知道这些暴力行为背后的全部理由，但专家指出，随着国际环境压力的不断升高，全美各地类似的“著名”城市将越来越多。

人性可能会慢慢地变化，但无缘由的暴力恐怖袭击从未减少。随着对大萧条和两次世界大战苦难的记忆消退，忘记过去是要付出代价的。社会学家观察到，对于“千禧一代（Millennials）”来说，西方的生活方式已经变得有点过于舒适了。在这个纷繁多彩的时代，“养尊处优的一代（Entitlement Generation）”[①] 来了，他们的期望很高，而其未被满足的期望会变成一股失控的压力情绪：愤怒和恐惧。

在身心健康（wellness）范式中，情绪健康可以定义为一种能感受、表达和控制人们全部的情绪，而不是受其控制的状态。这个标准看似较高，但并不是遥不可及的。它是经过抛掉以前的想法、重新学习和执行的过程而形成的。幼年时，我们受到的教育就是做事要规矩，比如，要心平气和，要冷静，不要顶嘴，不要哭泣，喜怒要不形于色。这些都暗示我们，表现出各种情绪是不能被社会所接受的。结果成年时，我们背负了大量无法处理的情绪包袱。因此，许多与健康相关的问题其实直接与我们不能认识和适当表达情绪有关。有两种基本的情绪尤其与应激反应有关：一是愤怒，它能产生攻击的动机；二是恐惧，它使人们产生了逃避的愿望（图 6.1）。每种情绪都有许多侧面和层次，常常相互交织，并一同存在于相同的情境中。本章将考察愤怒、恐惧，以及忽视这些情绪的人所面临的危

Courtesy of Sabrina Neu.

图 6.1 压力性情境提升了人们的愤怒或恐惧感。

① 美国媒体最近常用“Entitlement Generation”来描述“80 后”“90 后”人群，因为这代年轻人常认为特权是与生俱来的。——译者注

险；对这些情绪管理不当或受控于这些情绪的问题；这些情绪与抑郁的关系；最后是情绪控制的有益策略。

愤怒的解析

从神话传说等早期充满暴力和敌意的攻击事例中可以看出，愤怒的表达一直困扰着人们，也许它是所有人类情感中最让人不舒服的情绪，因为这种感受强烈而真实，而表达出来又危险重重。愤怒让人不适，也许是因为宗教教义和社会伦理提倡的是保持宽容，而心理学领域的声音则主张将愤怒发泄出来有好处。直到最近20年，研究人员才开始发现这种黑暗而强烈的情绪的重要性，以及它与冠心病以及其他严重疾病的潜在关系。直到最近，人们才提出新的行为方式来创造性地发泄愤怒，从而明确地克服挫折感，提升内心的平静感。这些研究结果很有意义，因为愤怒这种情绪越来越成了一个全美问题，包括路怒[①]、航空怒[②]、电话怒[③]、办公桌怒和运动怒。

从最基本的形式来看，愤怒是所有动物共有的一种生存情绪。达尔文把它叫作**愤怒反射**。他相信，这种攻击本性对物种生存至关重要。动物会出于本能来保护自己、领地或幼崽，而人类的愤怒混合了有意识的想法以及愤怒反射。在这个意义上，人类的愤怒是一种独特的现象。人类是唯一能将愤怒转化为迟来的报复，并因看似无法解释的原因而表现出攻击性的物种。弗洛伊德在他对人类心理的研究中，把愤怒反射看成一种不可改变的本能。尽管他和他的门生也研究人类的攻击行为，但弗洛伊德还是把他的大部分注意力集中在焦虑上，因为他认为心理治疗对焦虑的影响更大。由于弗洛伊德在半个多世纪里的主要影响，愤怒被视为一种无法用意识控制的情绪。因此，这方面的研究很少。即使在今天，在精神病学家和心理学家的诊断宝典《精神疾病诊断与统计手册》（DSM-5）中，也很少有专门针对愤怒或攻击性的诊断。

近20年来，研究者已经揭示了对于这种令人困惑的情绪的一些迷思和基本事实。第一个迷思是，尽管愤怒显然是一种普遍的情绪，但攻击行为不是自然本能；也就是说，它不是人类基因的一部分。例如，马来群岛的塞麦人（Semai people）之间就没有攻击行为，相反，他们表现出了被动的行为反应，因为他们会通过非正式的群体梦分析来解决问题。**塞维利亚宣言**就是根据这个研究以及其他的研究报告为基础起草的。这份宣言始于1986年，由美国心理学协会批准的来自12个国家的20多名优秀心理学家在西班牙塞维利亚起草了这份宣言。宣言中提到，攻击既不是由人类基因决定的，也不是由生物学决定的。第二个关于愤怒的迷思由达尔文等人在1939年指出，即攻击是挫折的直接结果。与这个假设相反，在南太平洋的两个文化——巴布亚新几内亚岛岛民以及巴里岛岛民——中，人们在面对挫折时，会表现出退缩、逃避、禁食，而不是攻击。这些近期的发现揭示了攻击行为只是表达挫折感的几种可能的反应之一。

大约在30年前，《今日心理学》（*Psychology Today*）发表了一篇关于愤怒的文章，标题为“敌意的心”，研究表明：每个普通人每天都会经历大约15种愤怒情境。所有这些境遇都基于期待落空，比如，结账时排长队、汽车出问题、打不通电话、在上下班的路上遇到鲁莽的司机。虽然自那时以来，没有人测量过每天愤怒事件的数量，但专家们认为这个数字更接近每天20～25个，因为所谓的“养尊处优的一代”的生活节奏迅速加快，他们反复抱怨期待的落空（Svitil, 2006）。如果把许多的情绪都与愤怒联系起来，例如，生气、敌意、挫折感、嫉妒、偏见、愤恨、罪恶感、不耐烦甚至恐惧，人们就不会认为一天经历15种愤怒情境是很高的数字了。研究还指出，愤怒的表达形式也受到刺激物的影响：对于地位较高的人，主要采取被动的表达形式；而对于同等地位和地位较低的人，则采取主动的表达形式。

---

① 指司机在路上的犯罪性暴力行为，常引发交通事故。——译者注

② 指旅客在坐飞机的时候容易出现愤怒甚至暴力的现象。——译者注

③ 在打电话时发生的愤怒体验和表达，有语言上的攻击。——译者注

《愤怒的小鸟》是当今最受欢迎的视频游戏之一，这并非巧合。通常，愤怒反应的表现揭示的是人类文明黑暗的一面，而不是人类成就的高度。在报纸的头版头条和新闻报道中，总是有许多因失控而发生攻击的人和事。然而，尽管愤怒如此臭名昭著，但它还是在人类的互动中占有一席之地。首先，也是最主要的，愤怒是一种沟通形式，它展示了一个人的价值观和个人重要性的建构。像其他动物物种一样，人类会通过愤怒的表达来交流领地的疆界。但是对于人类来说，这些领地的界限以个人的理念、知觉、价值观、信念构成的自我认同或者自我为代表，它与个人对财产的拥有是一样的。此外，愤怒还用于确定权威感，以及强化和终止关系。愤怒提供了难以置信的能量资源和生理上的力量，这与其他情绪的影响不同。激素和攻击感所产生的其他的新陈代谢过程能在面对死亡威胁时使人逃出生天。而且据报道，这些能量激励了许多运动员在争取奥运会金牌时的上佳表现（这种情况被称为“有控制的攻击”）。

简·米德尔顿-莫兹（Jane Middelton-Moz）是国际知名的心理治疗师，她在《沸点》（*Boiling Point*）一书中提到，愤怒是一种对抗美国文化的力量。路怒、航空怒以及向儿童开枪的孩子们都只是愤怒现象的冰山一角。她认为，高度愤怒的主要原因是关系的丧失、科学技术发展、恶劣的社区关系以及美国梦的破灭。

《制造麻烦》（*Raising Cain*）是一本探索男孩情感生活的书，作者金德伦（Kindlon）和汤普森（Thompson）指出，因为社会不鼓励男孩感受情绪和从内心贴近他们的情绪，所以男人（悲哀的是，小男孩和十几岁的少年亦如此）的暴力事件都与要求男孩掩饰情感有关。然而，男孩可以把他们的攻击性转化为体育运动，但不是所有的男孩都能运动。在其研究中，金德伦和汤普森发现，越来越多的男孩受到伤害、悲伤、害怕、愤怒和沉默，不是因为母亲的保护、男性基因或睾酮，而是因为男孩的情绪教育受到了误导。和其他许多人一样，金德伦和汤普森提倡**情绪素养**，这是一个用来描述情绪健康意识的术语：一种感受并安全地表达人类所有情绪的、能控制情绪而不是被它们操控的能力。

性别差异

哈丽雅特·勒纳（Harriet Lerner）的《愤怒之舞》（*The Dance of Anger*）具有里程碑意义，她在书中探讨了男性和女性愤怒类型之间的性别差异和不平等（图 6.2）。勒纳的研究结论是，社会规范允许男人公开和自由地表达他们的愤怒，甚至鼓励他们在某些运动中（如冰上曲棍球、橄榄球）表达攻击性，却不认可让女人有这样的机会。女性不能表达由愤怒感积聚形成的挫折感和抑郁感，这种情况就算没有几个世纪之久也有几十年的时间了。按照社会规范，女性应该是温婉而愉快的，不应该是愤怒的、攻击的或是暴力的，如果女性表现出“性情急躁”，常常会被其他男性（和某些女性）认为没有女人味、不淑女、缺乏魅力，是“母老虎”。在这种文化影响下，女人更少表达她们的愤怒，进而

© Creatas.

图 6.2 愤怒的产生没有性别差异，但女性所受的教导是不要表现出愤怒，因为它与女性化的形象不符。

愤怒反射（rage reflex）：由达尔文提出来的概念，指攻击是所有动物生存的本能。

塞维利亚宣言（Seville Statement）：在西班牙的塞维利亚起草的声明，指出攻击既不是由人类的基因决定的，也不是由生物学因素决定的。

情绪素养（emotional literacy）：指一个人以健康的方式表达自己情绪的能力。经常暴跳如雷的人被认为缺乏情绪素养。

危害她们的健康。除了更明显的与愤怒有关的症状（如溃疡、偏头痛），由格里尔和莫里斯（Greer and Morris, 1975）所做的一项研究发现，乳腺癌与没有解决的愤怒有关。梅特（Mate, 2003）也有同样的发现。其他调查和问卷研究发现，实际上，所有的妇女都说，当她们感受到愤怒时，会觉得不舒服，甚至会有罪恶和恐惧感。勒纳也指出，即使男人因他们的恶劣行为被骂为“婊子养的”或“私生子”，从这些言辞看，最终还是女性挨了骂。心理学家玛丽·凯·比亚吉奥（Mary Kay Biaggio, 1988）指出，男人在进行攻击时会更坦然，而且倾向于把他们的感觉投射到激怒他们的人身上。女性会有更多的耻辱感，愤怒很可能直接指向内部，经常以心理症状表现出来。勒纳主张，女人的最大的问题在于，她们的愤怒常常被忽视、回避或压抑。她提出，如果不能识别和确认愤怒，就不能合理地表达。

感受到愤怒有什么好处？黛博拉·考克丝及其同事（Deborah Cox et al., 2003）认为，当一个人能有意识地接近愤怒而不失去理性时，这种感受就是有益的。考克丝选择了勒纳的《愤怒之舞》（*The Dance of Anger*）一书中的结尾作为“妇女愤怒项目”的任务来研究女性的愤怒。她和她的同事在一个广泛的群体中研究和访谈了1000多名妇女，来深入地理解女性未解决的愤怒问题。结论是：与功能失调性愤怒相关的根深蒂固的想法和行为模式必须被摒弃，这种情绪的能量必须被重新利用以提升自我。在他们的畅销书《愤怒的优点》（*The Anger Advantage*）中，考克丝、布鲁克纳和斯塔比（Cox, Bruckner, and Stabb, 2003）写道：“当女性努力与愤怒周旋而没有完全认识它时，她们就失去了许多能使其自我完善的有价值的信息和体验。当愤怒来临时，要在我们的意识中给它一席之地，允许它存在并大声地表达出来，我们会因此获得自我学习的机会，从中成长，使我们的生活发生重要改变。”

凯斯勒（Kessler）和麦克劳德（McLeod）在1984年的研究中得到了一个有意义的发现：男人和女人不只是面对同样的压力源会有不同的反应，就连他们的压力源也是不同的。比如，女性在母亲和妻子的角色中承担了更多的责任。弗雷明翰（Framingham）研究考察了男性和女性愤怒的各个侧面。他用特别设计的弗雷明翰愤怒情绪量表（Framingham Anger Scales Inventory），研究测量了向内的愤怒（抑制愤怒、将愤怒内在化）、向外的愤怒（指向他人身体的愤怒发泄）、讨论愤怒（向朋友吐露愤怒）以及愤怒相关症状（可能由愤怒事件带来的身体症状）。结果，女性在压抑愤怒和与愤怒相关的症状中比男子的得分高。

一个相似的研究观察到（Thomas and Donnellan, 1991）：中年妇女显示出来的与愤怒相关的症状，与日常生活中大量的争吵和社会支持系统薄弱有明显的联系。与之矛盾的是，习惯性地表达愤怒的妇女也没有逃掉与愤怒相关的身体症状，尤其是在乳腺癌方面，这与那些压抑敌意感的妇女的表现相似。其他几项旨在揭示男性和女性在愤怒表达上的差异的实证研究没有发现明显的差异，但仍有一个共识，即差异的存在是强大的文化影响的结果。无论情况如何，男女之间表达愤怒的不平等正作为妇女健康问题的一个主要焦点而得到重视。这些情绪如何影响身体的生理系统并导向功能性障碍，也是临床研究正在关注的问题。

生理反应

正如所料，被解释为攻击性威胁的感官刺激会导致生理唤醒或应激反应。生理学研究曾认为，愤怒会引发去甲肾上腺素的释放，因为在激烈的攻击行为中，血液中含有大量的去甲肾上腺素。然而，最近的研究表明，尿液和血液样本中的去甲肾上腺素与几种情绪状态有关，不仅仅是愤怒。过去的研究集中在下丘脑的作用上，人们认为下丘脑能控制情绪反应。但是，最近的研究再次表明，下丘脑并不仅仅负责与愤怒相关的感觉和反应；事实上，在下丘脑和大脑的高级认知中心之间有一些相互作用。

早期，艾伯特·阿克斯（Albert Ax）于1953年的研究显示，愤怒的大多数生理反应与恐惧相似，但也有一些与后者不同的反应，尤其是外周血管舒张的反应。愤怒时，脸色往往会变红，即大部分血液流向脸部和颈部的皮肤；而恐惧时，脸色会变白。考察压力和疾病关系的研究，尤其是专门针对情绪反应和应激反应的研究发现，偏头痛、溃疡、肠炎、关节炎和高血压是几个显著与愤怒相关的疾病。但最令人震惊的发现是由弗里德曼（Friedman，1988）和罗森曼（Rosenman，1985）提出的，敌意直接与冠心病有关，这使得敌意这个因素成为最显著的与疾病相关的行为特质。

尽管认识到愤怒感的唤起可能掺杂着实际的限制，但是由那些认识所引发的感觉是非常真实的。当前有关愤怒的研究和治疗提议，愤怒在人类的正常情感范围之内，人们应合理地认识并准许它的存在。同时，要把愤怒的感受置于健康的模式之中。问题往往产生于愤怒感被压抑或者用暴力的方式表达的情况中。心理学家一直认为，只有正确表达和疏导愤怒才是健康的。然而现在的观点是，不适当的愤怒表达是不健康的，甚至是致命的。在这里，关于愤怒的疏导有一些谬传。

宣泄的谬传

社会心理学家卡罗尔·塔夫里斯（Carol Tavris）对愤怒的研究所做的回顾也许是最全面的，她对有效和无效宣泄之间的差异的阐述，澄清了另一个关于愤怒的谬传，从此，随意地释放愤怒不再被认为具有治疗的作用。由弗洛伊德使用的“**宣泄**”这个词，本义是“净化”，是类似于清空情绪仓库的概念，如大哭、大笑、叫喊及某些身体锻炼。塔夫里斯在几个研究中鼓励被试应用宣泄疗法来疏导愤怒，结果发现：随意地释放愤怒感以及疏导挫折感并非健康的宣泄。相反，随意释放郁积的情绪不仅没有减缓攻击感，反而由于准许这些情绪产生而强化了愤怒，并且唤起了更强的情绪。埃布森、邓肯和科涅克尼（Ebbesen，Duncan，and Konecni，1975）在一项研究中访谈了 100 名航空工程师，他们都在 3 年的合同到期之前被炒鱿鱼了。把这些人的反应同自愿离职、没有明显悲哀的工程师的反应相比，结果显示，无论在问卷中还是在访谈中，疏导和表达愤怒对于被辞退者来说都是无效的宣泄，结果会导致对管理者更强的敌意（图 6.3）。让许多心理

图 6.3 认识到愤怒是解决它的第一步。

学家惊讶的是，这些发现与心理学家爱德华·默里（Edward Murray，1985）相似的发现都证实：随意地、敌意地表达愤怒不是适当的应对方法，尽管人们普遍认同这个观点。

当人们花费大量的时间研究愤怒、A 型行为和健康的关系时，雷德福·威廉斯（Redford Williams）博士告诫，要警惕未解决的愤怒感。威廉斯预测至少有 20% 的美国民众处于能够产生严重危害健康问题的敌意性愤怒水平，另有 10%～20% 的人徘徊在出现愤怒相关健康问题的边缘。在《愤怒杀手》（*Anger Kills*）中，威廉斯强调了不调和的愤怒与从溃疡到冠心病等一系列相关症状之间的联系的重要性。威廉斯指出，怀有敌意的人有一个共同点：有孤独的倾向或者缺乏一个强大的社会支持网络，这使得他们的处境更为艰难。许多想法和感受需要通过挖苦讽刺、玩世不恭和悲观主义的形式表现出来，这些行为实际上是未解决问题的一个信号。威廉斯推荐的处理愤怒的方法是，首先

> **宣泄（catharsis）**：通过大哭、叫喊、大笑等类似的手段来释放情绪。

要通过记日记使自己认识到自己的想法、感受和行为，包括生气的日期、时间、想法、感受、行为以及涉及的事情，这样就可以确认并修正行为模式。

约瑟夫·桑德兰（Joseph Sundram）及其同事注意到了愤怒与心脏病之间的显著关系，为了解压力与疾病之间的关系对心脏的影响，他们设计了多个研究。他们的许多研究结果可以在多克·卢·奇尔德（Doc Lew Childre）的《切割》（*Cut-Thru*）一书中找到，说明了爱、同情和同理心的重要性，以及它们为何能最有效地消除愤怒反应和逆转因封闭内心而导致的不良生理参数。

要形成一个健康的愤怒宣泄方式，有必要遵循一些原则。塔夫里斯在她的《愤怒——一种被误解的情绪》（*Anger—The Misunderstood Emotion*）一书中推荐了以下有效的宣泄原则，所有这些原则也可以同时用于解决愤怒冲突。

1. **愤怒的表达必须限于直接针对引发愤怒的对象。**塔夫里斯观察到，要解决愤怒情绪，必须直接发泄到被认为侵犯了个人空间、价值观或身份的人或物上，而不是随意发泄。对第三方或者是没有生命的物体发泄的愤怒只能带来暂时的释放感，而不能长久地解决问题。
2. **愤怒的表达必须保持自我控制。**要使愤怒感得以化解，必须有一个正当的理由，为个人受到的侵害而辩护，不管是只为自己的立场发言，还是看到有人在法庭上为其过错受审判。自尊的维护是必须的，但不能以让对方认为你不公平为代价。换句话说，以报复来处理愤怒不是一个可行的选择。
3. **愤怒的表达必须改变招惹者的行为或是提高个人解决问题的洞察力。**当人们通过描述、图画或者记日记的方式表达愤怒时，往往会产生新的看法，能够解释当前的问题，并有一个更广阔的视角。与善解人意的朋友交谈也是一个很有益的方法，这种沟通方法会使人得到更客观的观点。当然，最有益的谈话是跟与你有共同的委屈并能对最终达成共识产生影响的人谈话。用塔夫里斯的话来说就是，“那种没有启发的重复性的谈话不能称为宣泄”。洞察带来了理解，理解带来了宽恕（解决）。
4. **愤怒必须用可以理解的语言表达。**动物会直接表达愤怒，而人类表达愤怒时就不那么直截了当了。挫折感可以被粉饰成糖果，被忽视，被夸大，或者被虚假的报复掩盖，这些百无一用。口头上发泄愤怒会让你身边的人产生即时的防御反应，因此必须以外交辞令清楚地表达愤怒。心理学家建议使用“我”（第一人称）来陈述（例如，我生气了是因为……），而不是用“你”（第二人称）来陈述（例如，当你……时，你真的让我生气了），后者对于问题解决毫无价值。在无法进行口头交流的情况下（例如，对已经过世的父母），心理学建议使用其他的交流方式（例如，写一封不寄出的信）。
5. **愤怒的表达不要挑起报复行为。**有益的宣泄应当能平息各方面的愤怒感。报复他人或者爆发更多的愤怒会带来持续的冲突，这不仅会使愤怒陷入恶性循环，还能使问题更加难以解决。

回顾关于愤怒表达的文献可以看到，压抑愤怒并不是解决问题的办法，但迎风大喊大叫也不是解决愤怒的良方。与表达爱一样，对愤怒的表达也需要采用直接的和外交性的方式，但在愤怒中，多数人就算能注意到这两点，也会觉得难以把握这两个看似相去甚远的因素。所以很少有人能正确地管理愤怒。

愤怒管理类型

从愤怒的研究中可以看出，错误地管理自己的攻击性情绪的人远远多于能有效地表达这种情绪的人。尼尔·沃伦（Neil Warren）在畅销书《让愤怒成为你的盟友》（*Make Anger Your Ally*）中描述了愤怒的表达方式，他依据人们典型的行为表现，将人们分为四种典型的愤怒管理不善类型：躯体化者、自我惩罚者、爆发者和隐藏者。你不妨看看这四种类型，是否能识别出你常用的行为方式。

1. **躯体化者**：如名所示，这种类型的人把消极的行为方式用身体信号来表示，他们不公开地表达了他们的愤怒感，他们压抑情感，害怕给他们气受的人会拒绝和否认他们。这种愤怒管理类型强化了他们殉道者角色。区分躯体化者与其他类型人的依据是，躯体化者压抑愤怒感后不久就会表现出生理症状，如偏头痛、溃疡、肠炎、关节炎和颞颌关节功能紊乱。
2. **自我惩罚者**：第二种消极的愤怒管理类型是指那些把愤怒转为内疚的人。这些人经常把对别人的愤怒转成对自己的愤怒。结果，他们拒绝给自己适当的发泄或宣泄愤怒的渠道。实际上，他们会用控制的方法、降低自尊的方法来惩罚自己。例如，过度进食或有意节食、过度饮酒、过度睡眠以及大肆购物都能够折损自尊，表现出自我惩罚。自残和自伤是这种类型的典型表现。
3. **爆发者**：爆发者是攻击型失控的典型代表。这些人用充满敌意的行为表达愤怒，或者是口头上的，或者是身体上的，就像火山喷发一样，把愤怒的熔岩沿着毁灭性的通道向周围人喷射。这些人常会成为媒体头版头条报道的对象。正如 2007 年春季发生在弗吉尼亚理工大学的大屠杀所证明的那样。怀有愤怒感的爆发者常常会向与其受挫毫不相关的人或物发怒。爆发性行为有时会转移到其他人身上，当人们压抑对挑衅者的愤怒感时，会把愤怒释放到无辜的人身上，如雇员、配偶和孩子。在许多情况下，爆发性愤怒被作为一种威胁的手段（如诅咒、大声叫喊）来控制局势和他人情绪。路怒就是一种爆发性行为。这种行为被心理学家视为 A 型人格的标志，这个因素与冠心病密切相关。
4. **隐藏者**：和爆发者一样，隐藏者表现出了一种管理不当的愤怒的活跃风格，会在他附近的人身上施加轻微的虐待。它与爆发者的区别在于隐藏者常常把他们的攻击目标指向造成威胁的原因，但一般采用间接的攻击方式，即他们认为社会能够接受的方式（**被动–攻击**行为）。隐藏者寻求对不公平的报复，并且用在一定程度上被社会接收的攻击行为来整治他们的“敌人”。这种隐藏式的行为在工作场所最为普遍。隐藏者把他们自己看作一个生活的受害者，尽管他们的愤怒针对的是合适的原因，但是很少能使问题得以解决。

沃伦指出，我们每个人都在某些时候、某些情境和面对某些人时应用过这些错误的愤怒管理类型。然而，会有一种类型成为我们的主要行为方式，在日常的人际交往中用得最多。应该指出的是，这四种类型中没有一种是健康的，也就是说，无论是躯体化的人还是爆发型的人，都不是我们所提倡的。沃伦建议，我们要从认识到自己的愤怒感开始，然后把它们引导到更具创造性的愤怒管理渠道上。

创造性的愤怒管理策略

一般认为，人类的愤怒是由有意识的思想、生理变化和某些行为表现组成的。因此，处理愤怒的最佳策略要分别针对这三个成分，包括认知应对策略、放松技巧和行为矫正策略。我们应该允许愤怒存在并处理它。但是，在处理这种多层面的情绪时，有的方式有效，有的方式无效。最好的办法是

躯体化者（somatizers）：指压抑而不表达愤怒的人。当愤怒被压抑时，未解决的问题就会以疾病的形式暴露出来。

自我惩罚者（self-punishers）：指拒绝释放愤怒并代之以内疚的人，是一种不当的愤怒管理类型。自我惩罚者会用过度饮食、运动、睡眠、自我伤害或者疯狂购物来惩罚自己。

爆发者（exploders）：指用冲动和威胁他人作为控制手段的人，是一种不当的愤怒管理类型。

隐藏者（underhanders）：一类用寻求报复来错误地管理愤怒的人，这种被动–攻击的愤怒类型是一种控制他人的手段，但它是一种很微妙的方法。

被动–攻击（passive-aggressive）：一种不当的愤怒管理类型（见“隐藏者”），这类人会在寻求报复时面带虚假的微笑。

有人情味的压力

Courtesy of Brian Dalrymple.

布赖恩刚刚上完大二，他和其他的大学生一样，正期待着暑假的到来。波士顿的海边是度过炎热的夏季夜晚的首选，当然还有其他选择。但是，这个特别的暑假还有另一件灼人的事情是布赖恩从未经历过的。事情眼看就要失控了。首先，他的暑假工作构想泡汤了；其次，也是更重要的，他至亲至爱的父亲被诊断为癌症晚期，只有2个月的生命期限——事后证明，这个期限的判断是正确的。布赖恩恼怒地发现，他的暑假计划因为这些事不能如愿进行了。

对于布赖恩来说，不只是要如何从中走出来。他的整个生活动力都变了，他心中的每个角落充满着怨恨。当我在开学的第一天看到布赖恩时，我几乎认不出他了，因为他的肌肉量似乎增加了一倍，但他脸上常有的微笑不见了。他立刻就告诉我，失去父亲后，生活有多么艰难，使他年纪轻轻就承担起家事。布赖恩陷入了痛苦之中。过了几分钟，我想我应该换个话题，聊聊他身材怎么变得这么好，但布赖恩不想转移话题。

“是的。”他说，“我开始用举重的方式来消除我的攻击性。我每天晚上都去健身房，试着以某种方式释放压力。”

“一定奏效了。”我说，“看看你。”“是的！”他回答道：“我真的很生气。”他停了一会儿接着说：“你知道，这并没有解决我的问题，但它对解决问题有帮助。”

布赖恩把他的愤怒情绪转化成了一种实实在在地增强了他应对自身处境的力量。

学习各种应付方式，这样在遇到各种引起愤怒的情境时，就可以用到其中的策略了。根据一些学者的论述（Tavris, 1989；Weisinger, 1985；Fleeman, 2003；Cox，Bruckner，and Stabb, 2003），可以本着十二步自助计划的精神来改变你的行为，下列建议可以帮助你学会更有创造性地管理你的愤怒。

1. **了解你的愤怒类型**。你的愤怒类型是主动型还是被动型？你是控制型的人还是爆发型的人？你是躯体化者、爆发者、自我惩罚者还是隐藏者？要对你当前的愤怒类型了如指掌，要留意是什么让你发怒以及你愤怒时的反应。
2. **学习监控你的愤怒**。把你的愤怒记录在日记里，甚至日历上。写下你生气的时间以及是什么让你生气的。你的愤怒情绪是否有可预测的趋势？问问自己为什么。几次之后，可以尝试找到导致你处于愤怒“临界点”或“沸点”的环境或行为模式。
3. **学习逐步降低你的愤怒**。先不要立即做出反应，可以采用数10个数、绕着街区散散步、喝一杯水、深呼吸、心理意象等方法，使自己放松和平静下来。研究表明：愤怒的反应最初是迅速的，接着就是一段长长的内心混乱的过程，给你自己10～20秒的时间，去经历迷乱、汇聚和重组内部精神力量的过程。开始时，缓解愤怒的好方法是深呼吸（并继续做几次腹式呼吸）。当你愤怒地大喊大叫时，不可能进行理性的对话。因此要“暂停”一下，让自己从当时的情境中跳出来，恢复冷静。“暂停”非常有助于确认你的感受，同时还能对环境有一个全面的审视。但是请记住，“暂停”之后紧接着就是“重回赛道”。
4. **学会跳出来思考你的愤怒**。有什么建设性的方法可以化解这种感受，以使你自己和他人都感觉好一些呢？愤怒会带来很多能量。你怎样才能最好地利用这种能量？学会建构而不是破坏。

5. **接受你所有的感觉，学会有建设性地表达**。最容易患上与压力相关疾病的人是那些不能公开和直接表达愤怒的人。换句话说，不要忽视、逃避和压抑你的感受。尤其是愤怒，它就像酸一样，需要被中和，并用创造性的（建设性的）表达抵消。
6. **提前计划**。你可以提前预测一些能引起愤怒的情境。识别这些情境，就能选择可行的方案，尽可能减少接触这些情境的机会。在与人交往时（如家庭聚会遇上交通拥堵、在邮局里排队），尤其可能引发愤怒，可以理性地规划你的时间，绕开这些恼人的情况。
7. **发展一个支持系统**。寻找几个你可以信任或者可以倾诉挫折感的亲密朋友。不要强迫一个人成为你的盟友，而是应当允许对方倾听，或许他们提出的不同视角或客观的看法是你因愤怒而无法看到的。你向他人表达自己时，就能对信息的碎片进行加工整理，而这时对局势的更为清晰的理解可能会浮出水面。
8. **现实地期待自己和他人**。许多愤怒之所以发生，是因为我们对自己的期待过高。当我们对他人期待过高而他人不能达到你的要求时，我们就会被激怒。学会重新评估自己的期待，在你将指责脱口而出之前，先确认你的感受。学会通过调整你的感知来评估一个情况，这对于减少愤怒至关重要。
9. **学习问题解决技术**。不要把自己逼入困境。通过为自己创建可行的选项作为替代方案。要做到这一点，你必须愿意相信你的想象力和创造力。你还必须为自己做出的选择承担风险，并相信自己做出的选择。但请记住，解决问题的技巧不包括报复。
10. **保持体形**。保持体形意味着要平衡幸福感中的心理、情感、身体和精神成分。研究表明，身体健康的人更容易从愤怒中恢复过来。已有研究表明，锻炼作为宣泄过程中的一步对有效地处理愤怒感是有益的。饮食要健康，坚持有规律的锻炼，给自己独处的时间，还要学会多多放声大笑。笑声是一种重要的减压方式，能使人更好地看待当下情境。记住：笑声是一剂绝好的良药，而愤怒的讥讽对任何人来说都既没有创造性，也不健康。
11. **变抱怨为诉求**。悲观主义者往往会抱怨、发牢骚和悲叹。任何人都可以抱怨。抱怨是受害的表现。当你对同事或家人感到失望时，你可以把问题转化为让相关人员做出改变的要求。寻找机会而不是问题。对于情境的认识可采取更乐观的态度。这有助于提出诉求。
12. **宽恕：让过去的愤怒成为过去**。要学会化解引起痛苦、挫折或压力的问题，可以通过内部对话，与相关他人就解决的问题做有策略性的外部对话。最重要的是，要学会宽恕你自己和别人。宽恕是愤怒管理的重要组成部分。你需要为你的愤怒设定“时效”，并严格遵守。

有些人认为，愤怒和恐惧是同一枚硬币的两面。还有一些人认为，愤怒实际上只是恐惧的另一个层面，能引发我们的不适感。无论它们是完全不同的情绪，还是来源相同，只是表达方式不同，它们的存在都是真实的。如果得不到有效处理，它们会使压力持续存在。

恐惧解析

和愤怒一样，恐惧也是生存的一个要素。最基本的恐惧能激发一种生理反应，使人们从压迫性的、无法抵抗的、甚至是致命的威胁中逃离和躲藏。在某种情况下，恐惧会使人在一瞬间无所适从，整个人蒙住了。恐惧常被描述为焦虑状态，它有很多不同的表现形式，包括尴尬、偏见、焦虑、绝望、担心、傲慢、怀疑、恐吓和偏执等。在弗洛伊德认识它并把它作为治疗目标之前的很长一段时间，人类的这种行为就引发了广泛研究。对于经历过威胁性或致命事件的人来说，他们对这些事件的感知是非常独特的。例如，对于一只大黑狗，有的人把它视作危险，有的人认为它很友好。弗洛伊德的理论证实了处理人类恐惧的必要性，为许多缓解焦虑的治疗方法奠定了基础（图 6.4）。按照弗洛伊德的说法，焦虑是一种未知的恐惧，也就是说，个

图 6.4

体不知道自己为什么感到焦虑。最近，许多心理学家和其他健康专业人士会将恐惧和焦虑这两个词互换使用，本章也这样做了。与愤怒一样，慢性焦虑也会产生由应激反应引起的生理适应，而免疫系统在其中有重要影响。反复发作的恐惧被认为与感冒、流感、疣、阳痿等疾病的发生有关，一些研究指出，恐惧还与癌症有关。

当前的一些学说认为，恐惧不是本能的，而是在经历一个或多个事件（例如，三度烧伤、亲人死亡、考试成绩不佳、被抛弃）后形成的习得性反应，导致了一定程度的身体痛苦或情感痛苦。暴露可以是直接经历的，如被黄蜂蜇伤，或者是间接通过其他人的经验习得的，比如听恐怖故事，甚至是看电视。这种经历导致了**“条件反射”**，小到遇事谨慎和担忧，大到失去行为能力。有了一次或多次经历后，就会产生恐惧感，而且通过想象就可以控制和再次引起恐惧感。因此，恐惧焦虑可以分为**理性的**（有用的）或者**非理性的**（没用的）。有用的恐惧是由真实的威胁生命的事件激发的，要求机体做出能维护生命、避免威胁的反应。相反，非理性或无用的恐惧是想象的、夸大的或扭曲的威胁，这些威胁凌驾于大脑高级中枢的认知过程，导致一定程度的心理、情绪、身体或精神的瘫痪。无用的恐惧是自我创造的幻觉。随着时间的推移，非理性的恐惧会产生一种危险的习惯，即消极的自言自语，这种习惯会自我强化，使人进入一个难以摆脱的恶性循环。幻想出来的恐惧是压力管理和心理治疗的目标。

学者丹尼尔·戈尔曼（Daniel Goleman）在其奠基性著作《情绪智力》（*Emotional Intelligence*）和《破坏性的情绪》（*Destructive Emotions*）中，对人类情绪的大量研究做了分析。正如戈尔曼所解释的，尽管一般智力（如用智商测量）受到人们的鼓励和追捧，但情绪智力，即一种能感受和表达人类所有情绪的能力，展示了一种比一般智力水平更高的智力。如果说情绪不是更高级的智力，那么可以说情绪表现出了不同的智力水平，是一种使用情绪技巧能力，能让我们获得最大程度的发展，而且它可以区分生活健康的人和有疾病易感性的人。

作为人类的基本情绪之一，恐惧可能是情绪画板中的主色调，戈尔曼把它称作“情绪劫持”。神经科学家现在指出，大脑中的一个结构——杏仁核——负责记录和识别任何基于恐惧的刺激。在一个复杂的网络中，神经传递会很快地从一个或多个感受器（如眼睛）到达丘脑，然后到达大脑皮层的特定区域，之后的神经冲动就可以直接从丘脑传导到杏仁核，而杏仁核本身就能在大脑皮层解释恐惧的原因之前引发应激反应。

人们在愤怒时，体内会出现肾上腺素的激增和能量的激增，而恐惧是一种消耗性情绪。这种要隐藏的冲动无论是什么目的，都是要把能量收进来，而不是释放出去。戈尔曼指出，长期的焦虑往往会发展为自我挫败行为。换句话说，担忧和恐惧不能解决人们遇到的问题，情绪能量的注入使问题依然存在。戈尔曼是相信压力和疾病之间存在联系的人之一。他相信，学会识别、关注和处理我们的感受（如愤怒、焦虑、抑郁、悲观、孤独）是疾病预防的必要手段。

在恐怖主义盛行的时代，恐惧有好的一面吗？加文·德贝克尔（Gavin De Becker）是这么认为的。实际上，他把恐惧视为“一份礼物”。他提出，恐惧是生存动力的一部分，是在面对真正的危险时维持生命所必需的。但是当人们陷入恐惧模式或所谓的**“无根据的恐惧”**中时，问题就出现了。德贝克尔是美国研究恐惧和暴力的权威专家之一，他指出，真正的恐惧是大脑发出的一种瞬时信号，它基于感官信息和直觉的结合，目的仅仅是为了生存。任何持续时间超过最初信号的恐惧感都会导致严重的问题。持续性的恐惧影响着数百万美国人，使得他们不能识别真正的危险来临时的恐惧信号。考虑到当今世界潜在的恐怖主义，以及与之相关的恐惧，德贝克尔担心，这个国家笼罩了一层毫无根据的恐惧。

虽然恐惧和愤怒都是我们社会中的一个问题，但美国的许多恐惧都是由媒体推动的。在获得奥斯卡奖的纪录片《科伦拜恩保龄球》（*Bowling for Columbine*）中，导演迈克尔·摩尔（Michael Moore）指出，联邦通信委员会批准新闻和娱乐的重点完全转移到收视率上了。或许你已经注意到了，恐惧带来了大量的广告费，恐怖节目的反响每天都在整个社会回响。

人类的基本恐惧

实际上任何事都可以触发恐惧感。然而，引起焦虑的事件或情境基本上可以分为六类：（1）失败；（2）拒绝；（3）未知；（4）死亡；（5）隔离；（6）失去自我控制。正如弗洛伊德及其追随者所发现的，焦虑的复杂性在于许多基本的恐惧是相互交织的，使得最初的压力源很难区分。但是，如果把注意力放在识别引发焦虑的压力源上，一种基本的恐惧通常会凸显出来，也就是说，通常都有一种基本的恐惧倾向于主导我们对特定威胁的感知。这六类恐惧都与无法获得和利用内在资源有关，从而导致了自卑。下面会对每种类型做出说明和举例。

1. **失败恐惧**：失败恐惧与低自尊或潜在的自尊丧失有关。当人们的自我价值感很低时，就会有更多担心，更少尝试新事物或更不愿去做以前失败了的事情。失败恐惧是一种从过去的经历中形成的条件反射，因个人的表现没有满足他的期待。当人们得知他们在某些事情上被挫败时，他们的信心、自我价值感和自我接纳度就会降低。这会变成一种恶性循环，导致反复失败。过去糟糕的经验会阻止人们再次尝试类似的事，比如在公众面前讲话、使用计算机、考试，甚至是结婚。马斯洛称之为**“约拿情结”**，意思是人们害怕让自己的潜能得到最大的发挥。失败恐惧变成了一种自我应验的预言：如果一个人认为自己不能成功地做某件事情，那么结果就会如此。如果他们成功了，他们会把成功归咎于命运，而不是他们自己的才华和能力。失败常常与缺乏成就相联系，但实际上，失败是由缺乏努力造成的——要你去做某件事时，你没有全力以赴。害怕失败的另一面是害怕成功。这种情况发生在人们取得成功后会担心不能“卫冕”，担心无法与之前的成就相媲美。
2. **拒绝恐惧**：拒绝恐惧也与低自我价值感有关，但是这种恐惧涉及你所感知的别人如何认识和接纳你，而失败恐惧只与自我接纳有关。这种恐惧的种子在人很小的时候就播下了，也就是当孩子寻求父母和权威人物的认可和爱的时候。然而在幼年时，儿童尚不清楚自己该承担哪些责任，无法区分自己不该做的事情（如打碎一盏灯）和与自己无关的偶然事件（父母今天在单位过得不顺）；只知道在这两种情况下，自己都会被排斥。作为成年人，拒绝恐惧出现

条件反射（conditioned response）：过去形成的对一个特定的（消极）情境的习得反应，例如之后对一些压力性事件都表现出谨慎和担忧。

理性的（rational）：意思是有用的恐惧，如对毒蛇的合理恐惧。

非理性的（irrational）：依据于虚假的认知产生的过度的焦虑。

无根据的恐惧（unwarranted fear）：与非理性恐惧相似，一种根据不真实的、认为威胁其生存的想法而产生的焦虑。

失败恐惧（fear of failure）：担心没有满足自己的期待。

约拿情结（Jonah complex）：由亚伯拉罕·马斯洛提出的概念，用以解释对不能最大化地实现自身潜能的恐惧。

拒绝恐惧（fear of rejection）：担心没有满足他人的期待。

在日常生活中，在与家人、朋友、老板、同事和熟人的交往中。人们可能在如下情境中害怕被拒绝：协商加薪事宜、向异性发出约会邀请、找工作、寻求亲密关系、交换礼物、给出版商投稿、再婚进入有继父/母或继子女的家庭。害怕被拒绝还可能以其他的名义出现，包括害怕亲密关系、害怕承诺。只有在缺乏认同和接纳来支撑个人内心的低自尊感时，拒绝才会变成焦虑。戴尔（Dyer）认为，拒绝恐惧跟内疚感和担忧有关。

3. **未知恐惧**：熟悉的事物能带来极大的安慰，而未知的事物会带来极大的忧虑感和威胁感。这就是为什么我们会看到有许多受虐待的妇女仍不肯离开施暴者，为什么许多人还守着他们痛恨的工作岗位。这些看似有些矛盾，但表面上未知的东西会引发不可承受的紧张感；而即使在不太满意的环境中，也会有某种程度的舒适感和安全感。荣格称之为“**厌新**”，即害怕和痛恨任何新的东西。最糟糕的是，对未知的害怕会让人失去行动能力。其他所有的基本恐惧，都有许多的“熟悉的人或事”可以处理和操纵，但未知恐惧所产生的痛苦源于缺乏信息。其他的恐惧会给你一个明确的“敌人”；而未知的“敌人”会让人感到防不胜防，特别无助。当人们无法获得某些细节信息和资源时，自我就丧失了安全感。例如，到新的地方度假、大学毕业、结婚、怀孕、开车时迷路等都是这种情况。家庭暴力受害妇女的恐惧就来自不知道离开丈夫的经济支持之后该如何生存。对未知的恐惧就像自我这个围墙中的一个黑洞，使人们在面临未知的情境时很难想出一个适宜的策略。但这也不是不可能的，人们可以获取关于情境的信息，运用信念和自立等内部资源来处理问题。
4. **死亡恐惧**：死亡恐惧是人们面临危险、生存受到威胁时产生的一种有用的恐惧。但是，如果危险是夸大的或者是虚构的，那么这种恐惧就无用了。死亡恐惧包括多种恐怖症，一般会感到死亡似乎就在眼前，如恐高症、空间恐惧症、恐水症。一般来说，这种恐惧伴随着未知恐惧，即人们会思考死后的存在问题而得不到满意的答案。有意识的大脑无法思考没有了脑袋的感觉是什么样，但是自己不存在的想法还是让人不太舒服的。心理学家指出，对死亡恐惧的人都过分谨慎，生活中都会有许多未解决的问题，而且有许多遗憾。他们还会积攒许多的财产作为安全的保障，没有财产会让他们觉得一无所有。这种恐惧会限制他们承担风险的能力。库伯勒-罗斯认为，死亡恐惧是普遍存在的，也是可以克服的。
5. **疏离恐惧**：疏离恐惧是害怕孤单，而且可能是生活中首先形成的恐惧。我们从出生开始就由照看我们的人陪伴，满足我们的所有需要，婴儿如果缺少这种照顾就会大哭。此后的成年期，如果缺少通过支持性的系统形成的高质量的社会联系，就会导致焦虑和抑郁。即使在人们需要高质量的独处时间来自我反省时，人们也需要与他人保持交往，并感到自己与周围的社会有联系。利奥·布斯卡利亚指出，缺乏爱与其说是产生了对拒绝恐惧，不如说是培养了对孤独的恐惧。此外，健康社区的创建者哈罗德·本杰明（Harold Benjamin）在他的《从受害者到胜利者》（*From Victim to Victor*）一书中谈到，这种疏离恐惧和对失去自我控制的恐惧是癌症病人的两种主要恐惧。
6. **失控恐惧**：当你感到对生活中的重大事件和环境失去控制时，这种恐惧就会表现出来。换句话说，这是一种对失去个人自由的恐惧。这是物质成瘾者、受虐待的妻子和孩子、疗养院病人甚至是无家可归者的主要恐惧。当个人患上癌症或艾滋病等慢性疾病时，失控恐惧也会显现。这种恐惧也普遍存在于“习得性无助、无望”的人身上，他们的特点就是觉得自己几乎无法掌控自己的人生。

恐惧、脆弱与羞耻

恐惧有多种形式，但恐惧的根源是什么？如

果你去问休斯敦大学的布芮尼·布朗博士（Brené Brown），你会听到"羞耻"这个词。布朗博士花了数年的时间研究脆弱性、恐惧、羞耻、移情和勇气等主题。但是当她做题为"脆弱的力量"的 TED 演讲时，她获得了全美的认可，并获得超过 2600 万次的点击量。在她的书《勇敢无畏》（*Daring Greatly*）中，布朗解释说，恐惧深深根植于羞耻感（害怕与思想、情感和行动脱节）。根据对企业界的观察，她将压力描述为：害怕在瞬息万变的世界中保持重要地位，以及对明确目标的渴望。她说："当羞耻成为一种管理风格时，敬业精神就会消亡。当失败不是一个选项时，我们就会忘记学习、创造力和创新。"羞耻感的对立面是全心投入和脆弱的炼金术，在这里，自我价值和不完美的勇气允许人完全真实，全无恐惧。当脆弱和羞耻麻木时，体验快乐、幸福和生活目标的能力也麻木了（Brown, 2010, 2012）。

克服恐惧的策略

由于焦虑的复杂性，有多种治疗策略可帮助人们克服具体的害怕和恐惧症。尽管没有哪种治疗占主导地位，但它们共同的假设是：可以在某种程度上控制恐惧。经典精神分析方法（弗洛伊德的方法）关注一直被压抑在无意识中的童年经验（如儿童受到性骚扰），这被视为焦虑的原因。治疗所需时间取决于焦虑的类型和严重性。还有一种治疗方法是**行为疗法**，是根据行为主义心理学家约翰·华生（John B. Watson）的理论，让个体使用应对策略（认知再评估）和放松技巧（心理意象）对压力源脱敏（Wolpe, 1988）。此外，约瑟夫·沃尔普（Joseph Wolpe, 1992）提出帮助来访者形成一套心理上的程序来塑造行为。在**系统脱敏法**和**暴露脱敏法**中，来访者不断暴露在他们敏感的压力源下，首先是比较小的和可以接受的水平，然后是系统地过渡到面对面地与压力源接触。实质上，这种方法是要指导人们以较小的步子来让他们在可以承受的水平中形成控制感。

德国汉莎航空公司推出的一个非常成功的培训项目就是以这个技术为根据的，为具有潜在飞行恐怖的乘客提供服务。这类乘客参加的减少乘机焦虑的课程包括，参观机场候机坪，等飞机，登上一架仿制的飞机，在上面坐一会儿，然后下飞机，此后到可以短暂地乘机飞行（Kindelbacher, 2007）。另外一种行为治疗是坚定自信训练，是为了提高自尊感。这种疗法最大的成功，一是人们能了解恐惧并知道产生恐惧的原因，二是人们能熟练地应用应对和放松技巧，能平静地面对压力源，这样人们就成了胜利者，而不是受害者。

美国心脏数理研究院提供了一系列指导性的生物反馈训练项目，教来访者控制和重构他们的思想和情绪（愤怒和焦虑），以监督他们的思想过程，根据多年有据可查的研究成果，名为 Em 波 PC 减压系统（Em Wave PC Stress Relief System）的交互式 PC 软件包引导用户进行了一系列活动，实质上就是打开心扉去解决影响他们大脑、身体和精神的有关焦虑和愤怒的问题。

以下是 14 世纪波斯著名的抒情诗人哈菲兹（Hafiz）对恐惧的总结："恐惧是家中最便宜的房间。我更愿意看到你生活在更好的条件下。"

这里对著名的苏菲派诗人哈菲兹的恐惧做一个总结："恐惧是房子里最廉价的房间，我愿意看见你过得更好。"

未知恐惧（fear of the unknown）：担心不确定性和未来的事情。

厌新（misoneism）：由卡尔·荣格提出，指害怕或痛恨新事物（害怕未知的事物）。

死亡恐惧（fear of death）：对死亡和死亡过程的焦虑感。

疏离恐惧（fear of isolation）：对独自一人的焦虑感。

失控恐惧（fear of the loss of self-dominance）：怕生活失去控制的焦虑感。

行为疗法（behavioral therrapy）：根据约翰·华生理论形成的一种心理治疗，使用应对策略和放松技术来减少对压力的敏感性。

系统脱敏法（systematic desensitization）：一点点地学习缓解压力的过程。

暴露脱敏法（exposure desensitization）：通过与压力源短暂而安全的接触，学会从某事物中减压的过程。

抑郁：它是愤怒和恐惧的副产品吗？

认为与压力相关的情绪只有愤怒和恐惧就大错特错了。实际上，还有很多种情绪与之相关，只是它们都与愤怒或恐惧有直接或间接的联系。其中，一种未解决的压力的情绪表现就是抑郁。

过度的悲伤。灰暗的心情。无止境的黑暗感。快溺死的窒息感。弥漫的伤感。沉重感。忧郁。就像愤怒和恐惧一样，**抑郁**也有很多名字。据美国疾病控制和预防中心估计，有超过 1/4 的美国民众正在服用治疗抑郁症的药物，这个话题当然值得更多的关注，而不是简单的评论。抑郁是压力无声的表现。对于不同的人，情绪波动似乎有不同的原因，从高碳水化合物饮食和创伤性分娩，到内分泌失调和脑内化学反应问题。而每次抑郁症发作前的压力事件往往被忽视了。

虽然没有一个词能很好地描述这种情绪状态，但对于有这种感觉的人来说，以下许多症状都是很常见的。

- 持久的悲伤和空虚感。
- 失去了活动的兴趣和愉悦感。
- 昏昏欲睡，效率降低。
- 没有食欲，体重下降；或者饮食过度，体重增加。
- 难以集中注意，难以记忆或做决定。
- 对个人和事业弥散性的无助感。
- 用酒精和毒品来应对问题。
- 想用死和自杀来解决问题。

抑郁并不是仅仅由大脑的化学物质导致的这么简单。尽管药物百忧解、帕罗西汀和左洛复的作用是减缓大脑内的复合胺、去甲肾上腺素、多巴胺等物质失衡的状态，但苏珊·斯科格（Susan Skog）提道：“化学治疗不能恢复情绪创伤。”对许多人来说，药理学的帮助已经创造了奇迹，但是由于抑郁的复杂性，最好的方法是采用整体性的治疗。

许多抑郁情绪的研究者把抑郁描述为“一种指向内心的愤怒”。它是一种没有解决的愤怒问题，但是一直徘徊在内心深处。目前，专家认同这些愤怒问题是驱散和梳理抑郁的关键。

然而，偶尔有跌入低谷之感是很正常的，但是长时间被这种情绪所困，不顾其他一切，就既不正常也不健康。需要采取某种干预措施，在日常生活中产生的积极和消极情绪之间重新建立一种平衡，以便重新获得情绪健康。处理抑郁的心理治疗性干预包括许多应对策略和放松技巧。例如，一些研究表明，体育运动可以使抑郁状态较少出现。在一篇有关运动和抑郁症的文献综述中，吉尔、沃马克和桑弗兰切克（Gill，Womack，and Sanfranek，2010）报告：实际上，运动减少了患者感知的抑郁症症状，结合高频率、轻度抗阻力运动和有氧运动，效果最好。还指出太极拳和瑜伽可以减少抑郁症的症状。在一篇名为“反抑郁症的锻炼”（Exercise Against Depression）的文章中（Artal and Sherman，1998），作者指出锻炼在抑郁症治疗中起着重要作用。以下方法也有同样的效果，如使用圣约翰草、营养疗法（减少单糖摄入）、音乐疗法、艺术疗法和幽默疗法。如果觉得自己因一天的压力而偶尔感到“郁闷”，使用这些技术同样有效。实际上，这可能有助于人们平静地解决压力。

快乐、正性压力和幸福的艺术

恐惧和愤怒可能是最常见的压力情绪，但我们不要忘记，还有另一种与压力有关的情绪：快乐和幸福，在压力圈中也被称为正性压力。积极心理学在这个新兴领域把快乐和幸福作为心灵宝藏地图上非常重要的一部分。对幸福的追求已经在全球各个角落认真地开始了。快速浏览一下任何书店或亚马逊网站上的自助书籍，包括哈佛大学教授和 HBO 喜剧演员等作家的作品，就会发现，在 21 世纪的压力之下，追求幸福成了一种热门商品。

简单地说，快乐是痛苦的对立面。尽管积极心理学领域的一些研究人员坚持认为快乐是对一件事情的预期，但一些精神领域的杰出人士认为快乐是活在当下的一种状态。然而，幸福不仅仅是一个心理问题，它似乎也是经济领先的一个指标，这也许可以解释为什么经济学领域的专家也为幸福数据的收集做出了大量贡献。有趣的是，不丹等亚洲国家不仅用 GDP（国内生产总值）还用 GDH（国内幸福总值）来衡量该国的增长。其他国家，如英国和法国，正在考虑实施类似的测量。在荷兰鹿特丹，甚至还有一个世界幸福数据库。

幸福是天生的还是后天培养的？专家认为这两者都有，但我们每个人都有能力培养我们天性中的幸福，从而为我们的生活带来情绪平衡感（图 6.5）。

图 6.5 追求幸福和快乐从内心开始，可以培养并专注于愉快的想法和看法。创造一个愉快的环境，让自己的周围有快乐的人和朋友，也有助于培养感恩的感觉。

科学研究告诉我们什么是幸福？研究人员研究了各种指标，如压力激素、神经肽、心脏活动、面部编码（每日微笑）、创造性追求、营养饮食和消费习惯。以下是目前关于欢乐与幸福研究的一些结论，研究界称之为“主观社会幸福感（subjective social well-being）”。

- 在人类的基本需求（食物、服装、住所、收入）得到满足之前，幸福是难以捉摸的（Graham, 2010）。
- 幸福与信任之间存在很强的相关性。如果缺乏信任，幸福就是不存在的。信任是幸福的先决条件（Robinson, 2008）。
- 血清素，一种神经递质，它是感觉到快乐的化学副产品。（抑郁症与缺乏血清素有关，因此血清素又被称为“幸福激素”。）碳水化合物可能会增加血清素的含量，但碳水化合物不一定会让人开心（Sommers, 1999）。
- 选择（自由）会使人们变得快乐，然而过多的选择会让人感到不知所措，最终感觉到压力（Nauert, 2006）。
- 金钱不等于幸福，但贫穷一定会构成压力（Deaton, 2008）。
- 根据哈佛大学研究员特蕾莎·阿玛比尔（Teresa Amabile, 2005）的研究结果，幸福感和创造力之间存在强烈的相关性。
- 充实的人际关系是终生幸福的基石（Buettner, 2010）。
- 最幸福的人并不总是生活在热带岛屿上。畅销书《幸福的地理》（*The Geography of Bliss*）的作者埃里克·韦纳（Eric Weiner）称，冰岛、丹麦、瑞典、荷兰和瑞士的人都是地球上最幸福的人之一（罗马尼亚的摩尔多瓦人排名最后）。
- 幸福可能有遗传因素，然而人所处的环境可以增加或减少自己的一般倾向。文化娱乐和自我（例如技术、电子邮件、短信、脸谱网帖子）可以轻松地将自己的生活与他人进行比较，但这可能会降低幸福感（Kluger, 2013）。

什么事情让人幸福？答案各不相同，有许多事情都会让人感觉开心，包括财富、高质量的生活和良好的人际关系，但研究表明，决定快乐的最大因素是信任（Weiner, 2008），而不是收入、名誉甚至健康。幸福已被证明是一个相当流行的研究领域，但它不是我们所谓的“幸福”，它在心理学上叫作“心理财富”。根据多种资料研究，创造力也是幸福的重要因素。当人们忙于艺术、设计应用程序、园艺、音乐和电影创作和其他任何创意作品时，创作行为会催生真正的快乐。与之相反，不幸福的最大来源之一就是与世隔绝（在我们生活的网络世界很常见）。

抑郁（depression）：一种被绝望感所笼罩的心理状态。生理学家认为，抑郁是由脑内化学物质的失衡引起的；心理学家认为抑郁源于未解决的压力情绪（指向内心的愤怒）。

现有数据证明健康也是幸福的重要标准。1938年，哈佛大学的研究人员设计并开展了纵向的健康研究，该研究一直持续到今天。它被称为哈佛幸福研究。最初，有724名男性参加了这项研究，其中包括哈佛大学的学生和来自波士顿地区的各种人士。初步数据来自个人访谈、医疗记录和与妻子的对话。在最初的被试中，约有60人仍然活着。在一个深受欢迎的TED演讲中，研究人员罗伯特·瓦尔丁格（Robert Waldinger）解释说，该研究发现虽然不一定是开创性的，但在证明快乐、长寿和健康方面非常有效。简单地说：幸福就是爱，爱在社会关系中表现出来，而孤立则是有害的，会导致死亡。

在人类先天与后天的持续争论中，研究表明，先天与后天对一个人的幸福状态起着至关重要的作用，意识作为影响幸福的第三个因素，也起着关键作用（Nichols，2014）。目前被称为“幸福基线”的研究表明，幸福配方由三部分组成：基因、环境和个人选择。基因（自然）决定一个人50%的幸福，环境（教养）决定10%，剩下的40%受我们做出的选择和追求幸福的实际行动的影响很大（Nichols，2014）。这表明，幸福作为一种感受，受我们思想选择的影响很大。旧金山州立大学的助理教授瑞安·豪威尔（Ryan Howell）倡导亚里士多德（Aristotle）的哲学，指出有两种类型的快乐：第一种通常被称为“享乐型快乐”（是基于短期快乐的短期幸福）；第二种被称为“乐观型幸福”，它源于朝着更高的生活目标而做出的努力（Chopra，2014；Nichols，2014）。

3月20日是国际幸福日，但不要将幸福仅限于某一天，每天都要为这种良好的压力而欢欣。

首先，幸福是一种感受——是一种与内部产生的情绪相结合的思想。金钱、汽车、衣服、食物或假期似乎可以产生快乐，但真正能够衡量幸福的是你的态度——是你欣赏这些事物的能力。用亚伯拉罕·林肯（Abraham Lincoln）的话来说：“只有当一个人的思想快乐的时候，他才是快乐的”。

总 结

1. 愤怒和恐惧是同一事物的两面。这两种情绪都是由于把生理、心理、情绪、精神方面的刺激或多种刺激的结合视为威胁而引起的。
2. 愤怒感激发了“战斗反应”，来防卫自己和自己认同的成分。
3. 恐惧激发了人们想逃离和隐藏的“逃跑反应”。
4. 愤怒和恐惧被认为是生存性情绪，然而当有意识的思想与这些先天的反射相结合时，人们就会放大感受而不是去解决它们，这样就导致了无法打破的压力循环。
5. 在愤怒管理类型的性别差异中，社会因素可能扮演了重要的角色。女性在怒火中烧之后常常会充满内疚感；而男性则用更公开的方式表现出了愤怒感。
6. 对于愤怒有几个谬传，最流行的说法是任何一种类型的宣泄都是健康的。然而，研究表明：非直接的愤怒释放只能证实愤怒的发生，并让愤怒持续下去。
7. 不能合理疏导愤怒的人可以分为四种错误的愤怒管理类型：躯体化者、自我惩罚者、爆发者和隐藏者。
8. 当前的压力管理项目是发展压力管理的基本课程，目的是把愤怒产生的思想和感受变得具有建设性，使人们学会和平地解决问题。
9. 恐惧是基于实际的或间接的危害产生的生理和情绪痛苦。能使人避免威胁情境的恐惧称为有用的恐惧，而被放大的、让个体失去行为能力的恐惧被认为是无用的恐惧。后者是非理性的恐惧，是要改变的对象。
10. 目前认为恐惧是一种内部感受，它是在生理危险之前几秒发生的。之后发生的任何恐惧都是无根据的。
11. 人类基本的恐惧包括失败恐惧、拒绝恐惧、未知恐惧、死亡恐惧、疏离恐惧和失控恐惧。大多数焦虑都可以归为其中一类。
12. 消除恐惧最有效的方法就是直面恐惧。一种方法是通过系统脱敏技术，一步步地面对压力源，来建立心理免疫。
13. 愤怒和恐惧的解决并不困难，但人们常常回避而导致了对愤怒和恐惧的错误管理和身体伤害。
14. 一些策略，包括应对策略和放松技巧，建议以健康的方式表达愤怒和恐惧，并控制这些情绪以获得最佳的幸福感。

15. 推荐几种健康的策略，包括应对策略和放松技巧，用它们表达和控制愤怒与恐惧可以增进幸福感。

16. 快乐和幸福是良性情绪。积极心理学领域已经对作为生活重要方面的这两种情绪进行了阐述，快乐和幸福对于情绪平衡来说是必需的。

学习指导题

1. 描述一下愤怒的情绪（战斗反应）。
2. 有哪些不良的愤怒管理方式？
3. 有哪些有助于应对、管理和化解愤怒感的方式？
4. 描述一下恐惧的情绪（逃跑反应）。
5. 在压力状态下有哪些恐惧表现？
6. 描述一种或几种应对、管理、化解恐惧和焦虑的方式。
7. 解释正性压力为什么是达到情绪平衡的手段。
8. 描述幸福的两种类型。

第 7 章

压力易感性与压力耐受性人格

幸福是一个决定……乐观是许多事情的良药。

——迈克尔·J. 福克斯（Michael J. Fox）

几乎所有人都对“什么是人格”有自己的理解，但是心理学领域的学者依然没有对这一术语的定义达成共识。“人格（personality）”一词源于拉丁语中的“persona”，意思是面具，即古希腊戏剧中演员所戴的面具。而现在，人格的意思变成几个特征——行为、表达、情绪、感受——的整合体，是能被他人所觉察的特征。个体人格的复杂性是由多方面因素塑造的：遗传、家庭动力学、社会影响以及个人经历的财富。正如存在着许多不同的定义，有关人格的理论也很多，都试图解释一个人不同于其他人的心理差异。其中许多理论的基础都集中于一个问题：这些特质和行为主要是天生的还是习得的，即天性与教养之争。对此，学者们还没有明确的答案，而人格是否真的可以改变，这个问题也依然在争论当中。研究结果总是非常迷人，但远非决定性的。你能改变你的人格吗？就像提高智商一样，答案是肯定的！悲观主义者可以成为乐观主义者。脾气暴躁的人可以学会多笑笑，内向的人可以摒弃害羞，吸毒者可以戒掉毒瘾。目前，越来越多的观点表明，人格中最可能的组成部分是可以改变的行为和与这些行为相关的特征。通过改变各种人格特质，人们改变着自己的人格，正是因为这种共识，行为矫正、咨询和健康促进规划课程（包括压力管理）应运而生，被人们所重视。

人类历史上有很多证明了人类非凡精神力量的故事。这些人坚忍不拔的特征，以及其他许多特征，正是心理学家试图研究的，并希望从中确定哪些人格类型容易遭受压力的影响，而哪些人格类型对压力有免疫或者抵抗力。虽然这类研究并不容易，但是研究者还是鉴别出了一些特殊的人格特质和行为，划分为不同的人格类型，这已经开始清楚地显示出人格与疾病之间的关系。这些人格类型包括 A 型行为、共存人格、习得无助人格、坚韧人格、幸存者人格以及感觉寻求者或者 R 型人格。由于人们都在努力地学习有关自身的知识，在北美地区，这些标签已经成了家喻户晓的词。接下来，我们将分别看看这些区分了压力易感性和压力耐受性特质和行为的人格类型和因素。

A 型行为

在 20 世纪 50 年代后期，冠心病成为头号杀手，夺走了许多人的生命，包括一些政治家、医生以及国内龙头企业的管理者。与病毒和细菌引起的传染性疾病不同，这种疾病是由一些特殊的生活风格行为引起的，因此，冠心病被认为是可预防的。从艾森豪威尔政府到肯尼迪政府，这种“传染病”已经引起了全美的关注，而联邦基金也拨款研究，以了解这种疾病的特点。就像凶杀现场的侦探一样，联邦基金的研究者找到了一些可能导致这种致命疾病发展的潜在线索。哈佛大学的研究和马萨诸塞州的弗明汉心脏研究（Framingham Heart Study）发现了一些因素使个体有罹患冠心病的危险，这些因素包括吸烟、高血压、胆固醇和甘油三酯含量较高、不运动、糖尿病、肥胖以及心脏病家族史。令人吃惊的是，数据同样显示，一些心脏疾病受害者很少具有这些危险因子。因此，研究继续进行。

虽然先前也提出过一些假设，如表面上看，情绪反应与健康状态有着明显的关系，但是，心脏病专家迈耶·弗里德曼（Meyer Friedman）和雷·罗森曼（Ray Rosenman）在1964年的研究中首次引入了一个更为显著的危险因子：**A型人格**，或者说是急促或匆忙的生活风格。接着，他们在办公家具重装皮革椅面的那段时间偶然发现，在此期间，来看病的心脏病病人都只坐在椅子的边缘等待。在这个细节使他们不但要看生理评估结果，还开始关注病人心理层面的因素。通过研究，他们发展了一个诊断A型行为的评估工具，称为结构化面谈。这种面谈由经过训练的医生实施，用以测量与A型行为有关的一些指标的强度、频率、持续时间。随后，在弗里德曼和罗森曼的工作基础上，心理学家戴维·詹金斯（David Jenkins）发展了第二套评估工具，称为詹金斯活动调查表（Jenkins Activity Questionnaire，JAQ）。比起结构化面谈，由于JAQ的简单性（个体可以自行填写），它被广泛用于评估A型行为。

最初，弗里德曼和罗森曼把A型行为称为“急性子”。在一些研究中，把“紧张”的个体的行为特质与其他一些“放松的”、称为B型人格的个体的行为特质做比较。罗森曼等人（Rosenman et al., 1964）在影响深远的西方合作群体的研究中获得了引人注目的证据。他们花了8年的时间追踪测查了3500名被试，结果表明，A型行为比其他所有危险因子的组合都更能有效地预测心脏疾病。从生理上讲，研究显示：A型个体更易于激活交感神经（如，增加儿茶酚胺的分泌）、高血压、体内胆固醇和甘油三酯含量较高，使得个体罹患一些压力相关疾病的风险增大，尤其是冠心病的风险（Rice, 1992）。在罗森曼、弗里德曼以及其他人多年工作的基础上，随后的人格特质是要确认A型行为。正如你将看到的，这些特质很多都是相互关联的。弗里德曼和罗森曼认为，只需要符合这些特征中的一种，就可以把人归类为A型人格，尽管事实上很多A型人格的人同时有很多类似的特征。

1. **时间紧迫感（急躁）**：A型的人对于时间的流逝尤其在意，并且显得非常不耐烦。在通常情况下，这些人讨厌排队等候，交通灯一变绿就鸣喇叭催促前车，并对那些工作速度太慢、妨碍其工作时间表或任务的人表现出难以置信的急躁情绪。A型行为的人会对日程之外的休息感到不舒服或者有罪恶感。工作日内的每件事情——吃饭、走路、谈话——都匆匆忙忙。时间本身成为**时间紧迫感**的一个主要应激源。
2. **多相性**：**多相性**是在同一时间出现不止一种想法或者活动。如今我们称之为**多任务**。它会导致人感觉超负荷，因为同时进行的大脑思维会竞争注意力。多相性的一个例子就是：开车去上班时，在车里打电话、刮胡须或者化妆、听着收音机，这些事情同时进行着。多相性与时间紧迫感有关，因为这些人认为，由于时间如此有限，他们必须同时做许多事情。
3. **极端的竞争**：A型的人自我意识很强，他们总是把自己与其他社会地位相似的人做比较。通过超长时间工作、同时完成几个任务、努力获得最佳的赞誉，这种特质得以体现。同级的同事或者同伴都被视为威胁。A型的人也会表现出自我中心，认为自己比其他人更为重要。更有甚者，不管他们如何解释，研究者都会发现A型的人更为关心的是工作的数量而不是工作的质量。这种极端的竞争也可能被带到工作之外，比如体育活动中。当其他同样表现出竞争动机的人在场时，A型的人的竞争行为表现得更为明显。
4. **快速说话的模式**：在正常交谈中，A型的人会提高他的声音，使用爆发性词语来影响、控制或者胁迫他人。在交谈中，如果他人的表达不够清晰或浪费时间，A 型的人就会结束谈话。

5. **操纵控制**：操纵控制是自我驱动型的人的一个特质。这种行为是由试图影响甚至是威胁同事、家庭成员和熟人的愿望引发的。通过直接或间接的威胁，或者被动攻击的方式来达到控制。维持这种支配控制的态度可以实现那种高人一等的感觉。当 A 型的人感受到威胁时，他们就会坚持这种控制。
6. **高攻击性和自由转移的敌意**：A 型的人有支配他人的需要。他们不仅为高目标而奋斗，也会利用他人来达到顶峰，而且不会显示出什么同情心。这些人非常具有攻击性，有的时候甚至会生硬粗暴。A 型的人还会有所谓的自由转移的敌意。自由转移的敌意是指长期积累的愤怒在琐碎的事情上爆发，比如，交通信号灯、超市的长队、坏了的复印机等。A 型的人似乎无法用建设性的方式表达愤怒。在许多情境中，他们总是暂时压制愤怒的感觉，然后爆发。可以看到，这种敌意是没有针对性的、随意转移的、并且通常是不加限制的。A 型的人通常会为 B 型的人几乎觉察不到的事情感到烦恼。

所有这些特质有一个共同的特点：低自尊——在这里指的是对自我价值的感知，它基于个体如何感知自我以及个体如何感知他人对自己的感觉。A 型的人尤其关心别人在考虑物质财产和社会地位时是如何评价他们的。（本章结尾处将对自尊这一主题做更详细的解释。）

敌意：A 型人格致命的特质

最初，时间紧迫感被认为是 A 型与心脏病关系中最重要的因子，并且认为这种特质与高血压直接相关。但是在详细的检查中发现，一些 A 型的人既没有表现出高血压，也没有冠心病，这就使人们产生了争论，在后续的研究中是否有必要保留这条标准。罗森曼（Rosenman，1990）和其他人最近的研究表明，在 A 型行为中，最重要而且最危险的成分是怀有敌意的攻击性。该领域的研究现在持有这样的观点：与 A 型行为中其他所有的特质相比，怀有敌意的攻击性更能够解释它与冠心病之间的强烈相关。

带着对“怀有敌意的攻击是冠心病最重要的预测因子”这一观点的怀疑，研究者开始思考评估攻击行为的新途径。现在，最常用的方法是库克和梅德利敌意指标（Cook-Medley Hostility Index，1954），也称为 Ho 量表（Ho Scale）。该量表是由明尼苏达多相人格调查表（Minnesota Multiphasic Personality Inventory，MMPI）中的问题发展而来的，用以测量敌意。比如，威廉斯等人（Williams et al.，1980）的研究发现，敌意与冠状动脉堵塞相关，这表明怀有敌意的攻击可以作为冠心病的预测因子。贝尔富特等人（Barefoot et al.，1983，1987）的研究也发现，敌意与心脏病风险的增加有强烈的相关。贝尔富特和他的同事使用 Ho 量表研究了一组医生，历时 25 年，结果发现，那些攻击指数得分高的个体出现冠心病的概率是得分低的个体的 4 倍。

敌意是愤怒的一种表达，愤怒有很多种表现形式，包括冷嘲热讽、挖苦、威胁以及其他各种侵犯行为。应该注意到，急躁也是愤怒的一种形式，虽然它不像敌意那样强烈。弗里德曼和罗森曼引用时间意识作为 A 型人格以及它与冠心病关系的基础，这一思路也是可行的。急躁可能进一步引起自由转移的敌意，这在处理不当的愤怒中像滚雪球一样越滚越大。无论在什么情况中，在考虑心脏疾病

> **A 型人格（type A personality）**：这种人格曾经与时间紧迫感有关，而现在则与未解决的愤怒问题有关。
> **时间紧迫感（time urgency）**：A 型人格的个体表现出的一种特征或行为，这些人会不断地关注时间。
> **多相性（polyphasia）**：同时思考或者做许多事情的特质，也就是通常所说的多任务。这也是 A 型人格的一个特质。
> **多任务（multitasking）**：要同时完成多件事情（开车的时候打电话），以节省时间，但是有可能每件事情都没有做好。

的时候，敌意和攻击性比起A型行为是更重要的因素。

A型行为的行为矫正

自从确认了A型人格以后，学者们就进行了许多研究，试图确定它的特质和行为是否可以改变或者矫正，从而降低罹患冠心病的危险。比如，弗里德曼等人（Friedman et al., 1984）给500多名有心脏病病史的个体设定了教育/行为矫正计划，包括了29次咨询，历时3年。通过问卷和个人面谈，发现其中44%的被试的A型行为有所减少。许多人心脏病复发率也降低了。该研究以及其他研究的发现引导许多健康专家开发了相关的干预方案，这些方案能够改变不健康行为，改善健康状况。该研究也发现，虽然人格整体并未改变，但它的成分是可以受到良性的诱导和改变的，从而提高了个体的健康状况。最近，行为矫正方案的焦点集中到愤怒的建设性释放上。正是弗里德曼及其同事的研究结果引发了现在这些有关愤怒管理的行为矫正方案。

社会影响下的A型行为

一些研究者已经在推测A型行为的来源，于是天性与教养（遗传与环境）之争再次出现。可以理解，儿童会以父母和其他权威人士为榜样来行动，包括做出攻击行为。但是，研究者似乎也同意，A型行为也是更为广泛的社会与文化因素的产物，包括企业文化，这些企业文化通过长时间工作、全天候无休、要求同时执行多项任务和让人对休假感到内疚，导致员工精疲力竭。在我们的社会中，许多A型行为被认为对个体职业成功有积极的贡献，因此这种行为会受到鼓励。基于弗里德曼和罗森曼的工作，谢弗（Schafer, 1992）列出了如下清单。

1. **物质财富**：拥有一套房子、一辆车和大量消费品的权利是美国梦的一部分。在自由市场经济中，人们似乎热衷于物质财富的积累。这一现象在20世纪80年代表现得最为明显，此时的社会学家注意到了物质财富真正的困扰。
2. **即时满足**：开车到门店，就能立即获得服务，包括食物、酒水、现金或者电影DVD，极大地影响了我们对几乎所有物品和服务的预期。总的来说，生活节奏已经随着科技的进步而加快。随着科技的进步，人们开始期待每件事都能即时完成。
3. **竞争**：提高分数、加薪以及提高销售额只是人们在获得成功时所感受到的压力的三个例子。攀比的压力是持续不断的。弗里德曼和罗森曼把这称为“无节制的竞争精神”，似乎即使拥有再多也是不够的。
4. **数字化的人**：官僚主义的政策和程序常常让人觉得自己只是一个数字，而不是人。通过你的社会保险号来注册班级、购买汽车保险或缴税会减少人际交往中的个人因素。这种对个人关注的缺乏导致了自己与他人疏远的感觉。
5. **世俗化**：随着人们越来越少关注精神和成长方面的主题，精神真空随之产生了，从而导致了自信、自尊以及社会联系的降低。
6. **身体和右脑萎缩**：依赖科技实现人类的功能使我们的身体习惯于久坐不起。而且，人们普遍存在这样一种观点，我们的社会看重左脑的思维加工，比如分析和判断技能，而过度的右脑思维加工会导致紧张和挫折的增加。
7. **看电视**：研究表明，在美国，平均每人每周会看20～40小时的电视。A型的个体有许多特征和行为都跟电视节目中描述的一样。比如，暴力犯罪的增加与在电视中看到的暴力行为相关显著。电视节目中大量出现的暴力行为意味着这种行为是可以被宽恕的。

应激反应中会出现与A型人格有关的行为特质是毫无疑问的。当管理不善时，感知到的压力相关问题与生理反应之间就会出现恶性循环。时间的压迫、竞争的威胁以及未解决的愤怒会让人产生持续不断的压力。

有人提到D型人格吗？

当前研究的焦点从A型（攻击性）转到了D型（抑郁），也有些人称之为“心理心脏病学（psychocardiology）”或“行为心脏病学（behavioral cardiology）”：情绪压力（尤其是焦虑和抑郁）和心脏功能的关系。与焦虑和抑郁有关的人格特质影响心脏的活动，这个观点现在已经获得临床数据的支持。你可能已经注意到了，英文单词愤怒（anger）和绞痛（angina）有相同的词根。

约翰·德诺尔特（Johan Denollet）博士对心脏病患者的人格差异充满兴趣，他设计了问题调查表-14（14-question survey，DS-14），根据抑郁倾向（他称之为消极情绪）帮助个体确定其心血管健康水平（专栏 7.1）。这些问题试图确定一些人格特质，比如担忧、易怒、忧郁、社会压抑以及抑郁（例如，“我经常垂头丧气的”）。考虑到有 1/3 的美国人使用抗抑郁药物，也许 D 型人格更容易发生在许多慢性疾病的治疗群体中。

假如愤怒和抑郁（愤怒转向内部）有关系，也许 A 型和 D 型人格有相同的背景：压力！压力和心脏疾病之间的关系如此强烈，因此，《新闻周刊》（*Newsweek*）杂志在 2005 年秋天以此做了一个专栏，由享有盛誉的心脏病专家迪安·奥尼什（Dean Ornish）博士撰写了一篇专栏文章。奥尼什宣称：爱和表达同情通常是那些易患心脏疾病的人所缺少

专栏 7.1　D 型人格测试

以下调查问卷改编自约翰·德诺尔特的 D 型（抑郁）人格问卷，该问卷连接了人格（消极和社会抑制）与冠心病之间可预测性的点。请仔细阅读每个问题和并按自己的实际情况作答，并圈出最适合你的答案。然后根据下面的指标语来解释你的回答。

	从不	偶尔	有时	经常	总是
1. 我常常感到抑郁和不开心。	0	1	2	3	4
2. 我总是小题大做。	0	1	2	3	4
3. 我非常害羞，对待遇见的人总是很矜持。	0	1	2	3	4
4. 我总是感觉到被责任感淹没。	0	1	2	3	4
5. 我不是一个非常善于交际的人。	0	1	2	3	4
6. 我易于感到沮丧。	0	1	2	3	4
7. 我觉得社交互动很尴尬。	0	1	2	3	4
8. 我倾向于单独一个人。	0	1	2	3	4
9. “喜怒无常”这个词很好地描述了我。	0	1	2	3	4
10. 对待公司里的其他人，我倾向于保留自己。	0	1	2	3	4
11. 维护关系是一件麻烦事。	0	1	2	3	4
12. 我对很多事情都感觉到担忧。	0	1	2	3	4
13. 我和任何人都没有什么联系。	0	1	2	3	4
14. 我倾向于把事情想得悲观。	0	1	2	3	4

消极指数：把 1、2、4、6、9、12、14 题的得分相加 ____________

社会抑制指数：把 3、5、7、8、10、11、13 题的得分相加 ____________

消极指数和社会抑制指数都≥ 10 分，表明很可能是 D 型人格，并且倾向于得冠心病。

来源：Data from Denollet，J. Standard Assessment of Negative Affectivity，Social Inhibition，and Type D Personality. Psychosomatic Medicine，67（6），2005.

的。值得注意的是，爱和同情并不是 A 型或者 D 型人格的人经常表达的一种特质。

共存人格

共存这一概念是由心理学家在 20 世纪 80 年代提出的，简单来说，它是用来描述那些通过让他人依赖自己来获得自我价值的个体。用外行的话说，这一标签用来描述那些“爱（有条件的）得太多”的人。共存也被视为一种成瘾人格，因为与它相关的行为和其他过程成瘾（这里指行为成瘾，而不是物质成瘾）很相似。共存这一术语是由少数心理咨询师与治疗师首先提出的，他们自己就是从化学成瘾或过程成瘾中康复的。它最初从对参加酒精康复计划的个体的研究中发展出来。初期，康复计划仅仅关注成瘾者本人。然而，后来发现，把成瘾者的配偶和孩子也纳入计划是很必要的，这将使康复过程获得更大的成功。当家庭成员介入治疗过程时，许多个体“激活”了酒精成瘾，他们一面遮掩，一面继续其成瘾行为。他们声称缺乏关心、真诚和爱，但实际上，他们表现出的是“被需要”的需求。奇怪的是，这些个体被称为**激活者**，他们自己的许多人格特质和相关行为也具有成瘾的特征。该群体中有许多人是酗酒者的成年子女（adult children of alcoholics，ACOA），对人群的进一步研究使得研究者重新定义了激活者人格类型的要素和相关特质。

梅洛迪·贝蒂（Melodie Beattie）在其每年销售数百万册的《不再共存》（*Codependent No More*）一书中，把“共存”定义为“对他人及其相关问题或者对人际关系及其相关问题的成瘾”。这种人格特质首先在酗酒者的孩子中找到了证据。但现在，人们建立了三个标准，作为该人格发展的前兆：酗酒的父母或者监护人、离异的父母或者情绪压抑的父母。而第四条标准认为，共存特质只不过是美国社会的一个产物。不管个体的背景如何，共存特质和相关行为被认为是童年早期在混乱的、不可预期的或者充满威胁的环境或生活方式中发展起来的。在儿童的成长过程中，他们会无意识地发展各种共存行为，将其作为一种**生存技巧**，以便从父母或其他对他们生活影响重大的长辈那里获得赞赏和爱，并应对日常的家庭压力。在许多案例中，这些儿童在进入高中之前就早早承担了成人的责任。成熟以后，他们把这些生存技巧（许多都是不恰当的）带入了成人的关系中。然而，在他们试图有效地处理自己与他人关系时，这些技巧依然是第一道防线，而这些特征的本质只是延续了威胁感知及随后的生理唤醒这种压力循环。

心理学家安·威尔逊·谢弗（Ann Wilson Schaef, 1986）把共存描述为一种**过程成瘾**，因为每个行为都像一个“坐标”，来获得自我确认。但是与化学成瘾的作用相似，过程成瘾的“高潮”只是短暂存在的，因此需要不断重复这些行为。新的过程成瘾包括不断地检查电子邮件和语音信箱，不断地使用手机。与这种人格类型有关的特质有很多，它们非常普遍，以至几乎涉及所有现代人，因此也受到了一些人的批评（Katz and Lieu, 1991）。也许是因为对该人格风格的认可来自心理治疗，而不是临床医学，因此它的研究程度还是没有达到 A 型人格那么深入。无论如何，有几种关键特质突出了个体的特征，这些个体通过他人的赞同和操纵他人来确认自己的存在。首先，应该指出，共存的人非常友好而且受人喜爱，因为他们喜欢取悦他人。（许多这样的人从事着健康护理行业；谢弗指出，83% 的护士是酗酒者的头胎子女。）不管是个别的特质还是共同的特质，与共存人格有关的特质并没有被视为不好的；实际上，其中有许多特质是得到赞扬的。然而，这些特质若以强迫的方式习惯性地出现，就会被定义为共存人格。这些特质包括以下方面。

1. **热情的赞同寻求者**：共存的人知道如何说正确的话，如何打扮得恰当，以及如何做恰当的事来吸引其他人并避免捣乱。通常，他们会要求他人对自己的表现和外表给出意见或反馈，并寻求他人的认可。
2. **完美主义**：这些人极其善于组织，习惯在工作中追求卓越。然而，他们太关注细节，在每件事上都花费了太多的时间来确保这件事情是正确的。当事情不完美时，他们总是感到有压力

（苦恼或者忧虑）。

3. **超级优等生**：这种特质意味着参与丰富的活动，承担大量职责（学校、运动以及社会职能），并且所有这些都大获赞赏（图 7.1）。这些人什么都做，而且想把任何事情都做得极其出色。
4. **危机管理者**：也许是因为他们成长的环境，共存人格的人在危机中很陶醉。他们不断地试图从混乱中整理出次序来，而且在大多数情况下，他们都成功了。他们匆忙而及时地控制危机，以此显示他们是有价值的，能够把船开回安全的港湾。
5. **献身的忠诚者**：不管他们的成瘾和滥用行为如何，共存人格的人对朋友和家庭极其忠诚。这种极端的忠诚可能显示了对拒绝和遗弃的害怕。
6. **自我牺牲者**：表现出这种人格的人总是把其他人放在首位，以至于会牺牲自己的时间、价值、财产甚至是生活目标。
7. **操纵者**：A 型性格的人会使用威胁和支配来操纵他人，而共存人格的人不是这样的，他们是通过慷慨及关心来操纵他人的。他们觉得，表达自己的情感和控制自己生活的能力，并不比为别人付出更容易。控制和操纵是以一种谦卑的方式进行的。共存人格的个体采用谢弗所谓的**控制的幻想**，他们试图控制其他人以及他们的环境，以弥补他们自己无法维持自我控制的事实（比如，情绪或感知）。
8. **受害者**：伴随着不断的牺牲行为，这些人意识到他们从来没有因为自我牺牲而得到足够的感激或赞扬。这些人发现说“不”是不可能的，但是最后他们又会觉得被利用了。无论是危机管理还是简单的慈善任务，都被共存人格个体不知不觉地描述为“我被冤枉了”。
9. **感觉无能**：简单地说，不管他们如何出类拔萃，共存人格的人总会陷入自卑的阴影（记住，每个行为都是对自我验证的“修正”）。他们觉得所完成的工作在数量和质量上从来都无法让他们满意，他们总是有更高的期望。由于依赖他人的认同，他们丧失了自立、寻求内在力量的能力、信念和信心。自立是一种从自身获得激励的能力，而不用仅仅依赖外部因素的激励。而这种不够好的感觉会瓦解自立。

图 7.1　共存人格的人是典型的超级杰出人士。他们承担了许多的责任，并且都做得非常出色。

共存（codependency）：一种压力易感性人格，有很多独特的特质和行为，似乎会增加感知压力的可能性，并且无法有效地进行应对；它的本质是成瘾；通过使他人依赖自己而获得自我确认的需要。

激活者（enablers）：酒精康复运动中的一个术语，指使配偶、父母或孩子继续对某种物质或过程上瘾的人。

生存技巧（survival skills）：与共存人格有关的一个术语，在青春期发展起来的特定行为，以在苛求的、酒精成瘾的或虐待的父母的家庭中幸存。

过程成瘾（process addiction）：对行为过程的成瘾，比如逛街、交流、赌博、看电视以及共存行为。

控制的幻想（illusion of control）：与共存行为有关的一个术语，认为个体能够控制（操纵）事情 / 他人，而实际上却是不能的。

10. **保守分子**：共存人格的个体倾向于对情境做出过度反应。在年轻的时候，**保守分子**的这些关心和忧虑的表达被视为爱的表达。但是，忧虑是一种使人动不了的情绪，限制了对特定情境充分反应的能力。当小问题出现时，反应过度会使它们看起来是灾难性的，而这反过来又使它们变得更加严重。

谢弗在《共存》（*Co-dependence*）一书中，详细阐述了具有共存人格特点的几种行为：误解、受虐。共存特质的表现包括以下行为。

1. **外在参照**：这是个体从外在来源获得重要性感觉的过程。共存的个体经常怀疑自己的内在价值，因此他们的自我价值感主要来自外部。这种行为的例子是按照他人的期望来生活。
2. **缺少情绪界限**：这意味着，个体表现出了他人的情绪体验——悲伤、幸福、害怕，或者他们身边的人的感觉或想法。共存人格的个体经常描绘不出哪些是他们自己的感觉、哪些是其他人的感觉。
3. **印象管理**：共存人格的个体经常试图成为一个好人，而且他们认为，通过他们的努力表现，他们能够控制他人对自己的感知。他们生活中的主要目标是努力领会他人的需求并传达给他们。他们有一种令人吃惊的能力，能够知道他人的好恶。他们深信不疑的是，如果能够迎合他人的需要，他们就将是安全而且被接纳的。当事情出现意料之外的错误时，他们通常会使用“对不起”这样的词来赢得同情和认可。
4. **怀疑自己的感觉**：共存人格的个体倾向于否认他们自己对情境的感知，除非或者直到他们得到他人的外在认可。即使他们对个人或环境有非常清晰的印象，他们通常也会把它视为愚蠢或错误的想法。他们已经学会不要相信自己的直觉。
5. **殉道者综合征**：帮助需要帮助的人和为他们而生活是有区别的。共存人格的个体会帮助任何人（通常是他们的直系家庭成员），提供无限的帮助。他们说“好的”是因为他们不知道该如何说“不”。他们担心说“不”意味着永远的拒绝。殉道者通过接受配偶、父母和其他家庭成员的责任，把一家人维持在一起。
6. **缺少精神健康**：共存人格的个体采用一种不诚实的行为模式（说谎）来生活。说谎的习惯开始于一些讨好他人的善意谎言。在这个过程中，他们也对自己撒谎，隐藏自己的感受。谢弗认为，“说谎与最深处的精神自我不一致。对自己撒谎通常对自我有破坏作用，同时也对他人有破坏性。”根据谢弗的观点，这是精神破坏的一种形式。精神、情绪和生理的不平衡也导致了精神上的失衡。

根据一些研究者（Larsen, 1983；Wegscheider-Cruse, 1984, 2008；Schaef, 1987）的观点，共存人格在美国相当普遍，以至成为“美国人的人格”，超过96%的美国人表现出了共存人格的特质（这使得谢弗称美国是一个“成瘾的社会”）。这个数字可能有些夸张，但根据美国酗酒儿童协会（National Association for Children of Alcoholics，NACoA）提供的数据，2007年，每8名美国人中就有1人（约12.5%）是酗酒者。此外，数据显示，有7600万美国人（每4名儿童中约有1人）直接受酗酒行为的影响（这不包括其他家庭成员或同事）。美国酗酒儿童协会的一位发言人表示，使用激活和共存是干预的主要焦点（有人估计每个酗酒者会对10～12人产生负面影响，因此超过了该国的人口）。在许多家庭中，父母双方中的一个或者两个是酗酒者，孩子经常要承担成人的角色，处理父母的许多事务。这些儿童学会了通过希望赢得爱和认可来应对家庭危机。与A型行为一样，共存人格也没有性别差异，而且两种人格类型都涉及无法认识和表达情绪。但A型性格的个体依赖于被误导的和未解决的愤怒的能量，而共存人格个体是受恐惧驱动的，尤其是拒绝恐惧、未知恐惧和失败恐惧。共存人格与医学研究者所确认的癌症倾向人格（C型人格）有许多相似之处，C型人格被描述为一种讨人喜欢但会压抑情绪的人格。

无助—绝望人格

比起 A 型人格或者共存人格，**无助—绝望人格**并不是由多种特质定义的，它只是基于低自尊的一种压力易感性人格。塞利格曼（Seligman, 1975）首先研究了这种人格，并提出了习得性无助理论。塞利格曼这样描述具有该人格的个体：他们不断遇上失败，一而再，再而三，最终，在他们明显能够控制的情境中，也会放弃努力。也就是说，不断重复的失败变成一种习得反应。塞利格曼指出，习得性无助的鲜明特点有：（1）缺乏自我动机，没有为自我提升付出努力；（2）认知扭曲，重复的失败体验掩盖了成功的前景；（3）情绪机能失调，重复的失败导致慢性抑郁。阿瑟·施马尔（Arthur Schmale）博士也研究了一些他称为无助—绝望人格的个体。他发现，这些个体认为他们遇到的问题超过了他们的资源所能支持的程度而最终放弃努力。施马尔把无助—绝望人格定义为“挫折、绝望、无用的感觉，感受到了满意感的丧失，个体自己假设完成最终的责任时会有挫折感，认为自己在生活中完成任何事情时都会发生可悲的失败”。在洛克和科利根（Locke and Colligan, 1986）报告的研究中，施马尔和伊克尔（Iker）采用心理测验和个人访谈测量了 51 名女性的人格，希望检验出绝望的本质状态。基于对这些测验和访谈的分析，18 名女性被预测会患癌，而这一预测完全准确。

也许，确认无助—绝望人格的最好特征是外控点。**控制点**这一概念是由心理学家朱利安·罗特（Julian Rotter）在 20 世纪 60 年代初期提出的。罗特的理论认为，行为通常受到内在和外在因素的影响。认为外部因素占主导而强化了行为，即被罗特定义为外控点的人。外部因素的例子包括：他人、运气、天气、机会或者甚至是星相学影响。相反的，由内控点主导的人会觉得，他们自己的行为源自内部资源，如自信、信念、直觉和意志力。

罗特发现，那些内控的人整体上显得更健康、更有活力。这些人被视为信息寻求者和目标导向的，会通过获得主宰的感觉来应对问题。而那些外控的人经常表现出冷漠和自满。无助—绝望人格是外控点的一个缩影。当经常遇上任务失败时，这种态度和行为在生活早期就已习得。缺乏成功以及不满意的环境因素塑造了个体的人格，在压力情境中会觉得无助并且不去努力尝试克服压力情境。罗特认为，虽然人格的许多特征是固定的实体，但控制点不是绝对的，它可以转化为个体的优势。这是许多药物和酒精治疗项目的前提，在这些项目中，患者被教导要充分利用生活中他们确实可以控制的方面，从而克服对化学物质的依赖。

无助—绝望人格类型个体的极端例子包括酗酒者、吸毒者、受虐待的儿童、受虐待的妻子、一些老人和一些无家可归的人。虽然这些例子看起来与普通人有很大差异，但其实每个人都经历过绝望的时刻。然而，在人生的任何时候，反复的失败会让这种性格的阴影显现出来。由于所涉及的失败控制问题，无助—绝望人格被认为是持续压力反应的同义词。

心理弹性：坚韧人格

根据机械论医学模式的研究框架，在 20 世纪六七十年代，许多研究者试图发现人格特质与头号杀手——冠心病及癌症——的关系。越来越多的证据表明，思想（消极思维）和身体（生理症状）之间存在关联，这反过来又刺激了一种悲观的假设，即压力越大，患病概率就越大。

但是有一组研究者，在苏珊娜·科巴萨（Suzanne Kobasa）博士的领导下，开始对一些个体感兴趣，这些个体不管经历了怎样的压力情境，都能抵抗压力对生理心理的影响。科巴萨等人（Kobasa

> **保守分子（reactionaries）：**与共存人格有关的一个术语，用来描述对压力做出行为反应，而不是回应。
> **无助—绝望人格（helpless-hopeless personality）：**描述这样一种人，他们由于不断地失败而放弃了生活或生活的一些方面。
> **控制点（locus of control）：**一种关于谁或什么控制着自己的生活的感觉；内控点的个体会为自己的行为负责；而外控点的个体会把成功和失败归因于外在因素，如运气或天气。后者与无助—绝望人格——一种压力易感性人格——有关。

et al., 1979, 1981, 1982, 1983）在联邦解除管制时期，对数百名 AT&T 公司的员工进行研究，当时许多经理人被解雇或转到其他岗位。在这项研究中，超过 700 名经理人完成了霍姆斯和拉赫压力问卷（Holmes and Rahe Stress Inventory）和一份生理症状及疾病调查表。在同样的环境中，数百名经理人表现出了压力的生理症状，而有些人却没有。对这一小部分群体进行进一步的研究，结果很清楚，他们与那些屈服于压力的人的区别在于，他们有独特的人格特征，使他们能够应对压力。科巴萨等人发现了三种独特的人格特质共同扮演了压力缓冲器的角色，她把这称为**坚韧人格**（专栏 7.2）。

1. **承诺**：对自己、工作和家庭的奉献，使得个体有一种归属感。承诺包括个体价值和对生活目标的投入，以获得个体潜能的发展，是个体意志力的直接反映。
2. **控制**：在这种情况下，控制是指个体拥有的通过自身行动来改变生活事件的信念，明白事件发生的原因，而不是无助的感觉。自我控制或

专栏 7.2 坚韧人格：测试你的坚韧性？

这份调查问卷是根据"坚韧人格"提出者之一苏珊娜·科巴萨的研究改编的。该测验有 12 个问题。用科巴萨的话来说，"虽然评估坚韧性需要的不仅仅是一个快速测验，但是该测验会让你了解你的坚韧程度。"使用 0—3 的 4 个分值，估计你对每个问题的答案。请根据问题回答你是怎样做的，而不是你是怎么想的。然后对控制、承诺和挑战进行打分。

0= 非常不同意，1= 有点不同意，2= 有点同意，3= 非常同意

_____1. 在工作上尽我所能是很重要的。
_____2. 有时候，相信命运是我在一段关系中所能做的一切。
_____3. 我经常早上一醒来就渴望开始一天的计划。
_____4. 把自己看作一个自由的人会增加压力和挫折感。
_____5. 如果遇到真正有挑战性的事情，我会愿意牺牲经济安全。
_____6. 当我不得不偏离我为自己设定的日程表或计划时，我会觉得很烦恼。
_____7. 一个普通市民也会对政治有所影响。
_____8. 如果没有好的机会，在我的领域中获得成功是很困难的。
_____9. 我知道我为何要做我在工作中所做的事情。
_____10. 与人们太过亲密会让我有为他们负责的危险。
_____11. 经历新的环境是我在生活中优先考虑的重要事情。
_____12. 当我无所事事的时候，我并不会介意。

评分：为了评估你的坚韧水平，在下面横线对应的位置上填上你的反应。（在指定位置加入和减去分值。）总分在 10 ～ 18 分表明你具有坚韧人格；0 ～ 9 分，中等的坚韧性；低于 0 分，低坚韧性

控制分数 =_____	控制分数 =	挑战分数 =
1 _____+7 _____	1 _____+7 _____	5 _____+11 _____
减	减	减
2 _____+8 _____	2 _____+8 _____	6 _____+12 _____
		坚韧分数之和 ___________

者授权，帮助个体征服环境中的各种因素，使得个体不会觉得受苦。

3. **挑战**：挑战是指把改变和难题视为成长的机会而不是威胁的能力。挑战，在科巴萨看来，象征着心灵的渴望，给人鼓舞。挑战也可视为一种冒险的感觉。

这项研究成果，还有对律师、家庭主妇以及其他群体的相似研究表明，坚韧人格并不局限于 AT & T 公司雇用的中产阶级白人男性经理人群体。在所有的种族、宗教和性别的人群中都可以发现这种特质，另外，科巴萨归纳如下。

- 坚韧人格或许能够克服遗传的患病倾向；
- 个体可能表现出 A 型特质却没有患心脏疾病的危险；
- 在高压力工作中，内部资源比强有力的家庭支持更为重要；
- 一些被认为坚韧的人会表现出 A 型人格中除了敌意之外的其他行为表现。这些人非常享受生活，因此他们经常匆忙完成任务，以便取悦他人。

科巴萨和一位同事萨尔·麦迪（Sal Maddi，1982，1999，2002）认为，虽然坚韧人格似乎是天生的，但是承诺、控制和挑战的特质也是能够习得的。在一项研究中，为了证明为期 8 周的坚韧能力培训的有效性，伊利诺斯贝尔公司的 16 名经历着压力相关健康问题的经理人被分为 2 个小组：处理组学习坚韧技能，控制组没有接受处理。教给处理组的技能有：（1）**聚焦**，或者认识压力的身体信号（如肌肉紧张）；（2）**重构**，重新解释压力源以及解决它的种种观点；（3）**补偿**，把个人才能的控制转为重要力量的能力，而不是助长无助感。在学习新行为技能之后，治疗组在坚韧人格量表上的得分提高，血压也降低了，而控制组没有变化。科巴萨等人的研究结果与马斯洛的理论及自我实现的概念很相近，这使得他们相信，承诺、控制和挑战是维持对压力作用的缓冲所必需的，而坚韧人格总体上是有利于健康的。如今，麦迪还在加州大学欧文分校研究坚韧人格，他将顽强称为“存在的勇气”（Maddi，2004），并为积极心理学学科的知识体系添砖加瓦。麦迪的教师网站指出，他对压力管理和创造力特别感兴趣。通过深化承诺、控制、挑战和刻苦的态度，人们可以全面发展，发挥最大的潜力，并应对路途中遇到的任何压力。

研究者们（Reivich，2003；Siebert；2005）为坚韧人格定义了前提，并为 21 世纪的坚韧人格重新命名，称之为“心理弹性（resiliency）”。心理弹性被定义为在面临逆境时遭遇生命危机，并在被击倒之后重新站起来的能力（专栏 7.3）。

幸存者人格特质

阿伦·罗尔斯顿（Aron Ralston）是一个幸存者，也许是幸存者的典型代表。2003 年，在犹他州沙漠的西南角落进行的攀岩中，罗尔斯顿被困在一块岩石和硬地之间。一块 360 公斤的巨石楔入他的右臂，把他压在山上无法动弹。为了让自己重获自由，罗尔斯顿做了一件不可想象的事情。在对自己的处境思考了几天后，他拿出了口袋里的小刀，开始切断自己的胳膊。摆脱巨石之后，他还要走很长的路才能到达安全地点。他利用绳索从 25 米高的岩石上爬下来，然后朝着他的汽车的方向徒步几公里寻求帮助。虽然罗尔斯顿的故事在由詹姆斯·弗兰科（James Franco）演绎的传记片《127 小时》（*127 Hours*）中显得十分不可思议，但他依然树立了一个形象，鼓舞着那些正在面对不可战胜的难题的人们（这也是对所有真人秀电视节目的一个讽刺）。此外，任何听过欧内斯特·沙克尔顿（Ernest Shackleton）

坚韧人格（hardy personality）：由萨尔·麦迪和科巴萨提出的术语，其人格特征——包括控制、承诺和挑战——似乎可以缓冲压力。

聚焦（focusing）：认识即将来临的压力的身体信号（比如，肌肉紧张，呼吸加快，出汗）。

重构（reconstruction）：对应激源的重新解释（从消极到中性或积极，也称为再构）。

补偿（compensation）：在需要的时候培养和利用个体力量的能力，而不是自称受害者。

专栏 7.3 心理弹性

压力管理中最新的流行词是“心理弹性”，即坚韧性在 21 世纪的另一个名字。心理弹性不仅仅是指个人能够从挫折中恢复，它还是一种能够克服创伤、损失和悲剧带来的巨大压力的能力。用哲学家弗里德里希·尼采（Friedrich Nietzsche）的话来说，“杀不死我们的东西必使我们变得更强大。”此外，现在认为心理弹性是一种能丰富我们的生活的特质——这是一种我能做到的态度。心理弹性包括乐观主义、勇气、灵活性、幽默感、同情心和适应变化的能力（而不是环境的牺牲品）。《心理弹性的优势和幸存者个性》（*The Resiliency Advantage and The Survivor Personality*）一书的作者阿尔·西伯特（Al Siebert）解释说，有韧性的人有能力在许多人认为运气不好的情况下创造好运。另外一些人将这种心理弹性描述为我们不仅可以应对不适和逆境，而且在面对混乱时也能蓬勃发展的能力。专业舞蹈家阿德里安娜·哈斯利特-戴维斯（Adrianne Haslet-Davis）就是这样一个例子。在 2013 年波士顿马拉松比赛的终点线上，她在第二次炸弹爆炸中失去了她的脚。她的丈夫（一名在阿富汗服役的空军上尉）迅速将止血带放在她的腿上。她被送往医院，医生尽其所能地救她的脚，但无济于事。她最终失去了她的脚和小腿。这件事并没有浇灭她的激情。阿德里安娜依旧致力于她的舞蹈生涯，并誓言完成她的下一次波士顿马拉松比赛，即使她不得不爬到终点线。

对一些人来说，心理弹性是天生的，但许多人认为这是一种可以被大家学习和在生活中实践的技能。心理弹性培训适用于各行各业的人士，包括来自伊拉克和阿富汗的退役士兵、急救先遣队（警察和医务急救人员）、企业高管和奥运选手。从在纽约梅奥诊所的课程到美国军队，心理弹性课程包括以下部分或全部方面，可以增强那些正在经历人生转折的人的决心：

1. 积极性：对生活和你的角色持积极态度。
2. 创造性解决问题：专注于解决问题而不是问题本身。
3. 同情与感恩：感谢你拥有的东西，而不是你没有的东西；把自己看成胜利者，而不是受害者；并通过为他人服务来尊重生命的连接性。
4. 自我照顾：对自己从事的个人健康活动表示尊重。
5. 幽默：有能力在不牺牲自尊的情况下嘲笑自己。
6. 生活的目的：通过培养人生中有意义的目标来改变自己。

心理弹性问题正在被从多角度进行研究，包括基于心理弹性活动在心理弹性技能实践中将大脑活动扫描（fMRIs）纳入正念冥想。在赫伯特·本森（Herbert Benson）医生的指导下，这些主题和其他主题成为 2013 年哈佛医学院心理弹性会议讨论的主题。

在弗吉尼亚大学克劳德·摩尔护理教育大楼二楼，有一个安静的角落，是心理弹性研究室。这间屋子可用于上瑜伽课、正念冥想以及学生和教职员工的个人独处。为了帮助他人应对各种疾病而奋战在医疗保健第一线的专业人员认为，心理弹性是护理中的必备技能。校方鼓励学生、教师和工作人员经常使用这个房间。弗吉尼亚大学并不是唯一这样做的地方。因为生活节奏加快，财富 500 强企业和美国陆军正在探索如何为员工创设心理弹性中心。

和“耐力号”船员的故事的人，都知道在世界上最不适宜居住的南极气候中难以置信的生存故事。

《幸存者人格》（*The Survivor Personality*）的作者阿尔·西伯特（Al Siebert）研究了罗尔斯顿和沙克尔顿的相似之处，也就是在危险面前保持冷静头脑的人将会从他们苦难的经历中生还。西伯特把这种人格定义为“对危险做出回应而不是采取行为反抗”。**幸存者人格**的特质包括（对环境）接纳、乐观以及创造性地解决问题。除了典型的求生意志，这种人格类型还融合了右脑的直觉、接纳和信念能力，以及左脑的判断和组织能力。西伯特认为，幸存者人格擅长使用**双相**（左脑和右脑）**人格**

特质来综合性地解决问题：自豪又谦逊，利己也利他，反抗又合作，崇尚精神又玩世不恭。在西伯特和彼得·苏菲尔德（Peter Suedfeld）看来（Jenkins，2003），最重要的特质也许是心理弹性。除了生存的意志力外，幸存者最重要的特征是智力弹性（intellectual flexibility）。随着情感的产生，有三种方式来应对危机：离开环境、改变环境或者改变自己的态度。幸存者人格不是由基因决定的。相反的，研究幸存者的学者认为，任何人都可以学习并实践这些特质，无论是阿伦·罗尔斯顿，还是在偏僻的高速公路上遭遇爆胎的人。

感觉寻求者

如果你熟悉极限运动、X 游戏，甚至是在极端生存挑战中的真实表现，那么毫无疑问，你就能明白被心理学家称为**感觉寻求者**或者 R 型（风险接受者）人格是什么意思。这个词是由朱克曼（Zuckerman，1971）提出的术语，用来描述那些个性似乎被冒险精神主导的人（图 7.2）。对于这些人来说，他们痴迷地追求肾上腺素。朱克曼（Zuckerman，1971）和约翰逊、萨拉森和西格尔（Johnson，Sarason，and Siegel，1979）的研究发现，比起倾向于避免冒险的个体，那些喜欢能带来强烈感觉的活动（如攀岩、跳伞、帆板运动、滑翔以及异域之旅）的个体能够更好地应对生活事件。有假设认为，在他们有意地暴露于“可获得的压力”或者感觉寻求活动时，他们能够估算其中的风险。这让他们对不可预期的压力事件做好准备，能够同样以恰当的方式处理。换句话说，感觉寻求者会有策略地思考，而不是性急地做出反应。他们随性又慎重。另外一个假设认为，进行感觉寻求活动所要求的内部资源（如，自信、自我效能感、勇气、乐观和创造性）同样是有效地处理压力的应对技巧所需要的品质。这些假设并不是说感觉寻求者没有压力，相反的，他们会努力去面对压力，并设法克服压力。参加极限运动的运动员就是很好的例子。

在评估这种特征的问卷中，朱克曼通过四种特殊的特质（风险寻求、经验寻求、去抑制和厌倦易感性）来定义感觉寻求的参数。结果显示，刺激阈限低的个体更容易受生活压力事件的影响。也许正是由于这个原因，许多户外培训课程，包括开往国外（Outward Bound）、冒险计划（Project Adventure）以及国家户外领导学校（National Outdoor Leadership School，NOLS），都在它们的活动中使用了“有计划的冒险”这一概念来培养“生存技能”，这些技能将在青少年和公司经理人的日常生活中发挥作用。

自尊：防御底线

对所有个体而言，存在许多共同的特质，这时常使得区分人格类型和相关的行为有些困难。然而，不管人格类型如何，在人们如何对压力做出反应中，

图 7.2　有计划的冒险是感觉寻求者区别于那些选择坐在边上看着世界变化的人的特征之一。在这种情况下要达到目标，需要提高自尊，而自尊能够使个体更有效地处理压力。

幸存者的个性（survivor personality）：这些物质组成了一种独特的获胜态度，克服逆境和挑战，无论可能性有多大，这样一个人都成为胜利者，而不是受害者。

双相（biphasic）：幸存者的性格特征；运用右脑和左脑思维过程成功处理问题或压力的能力。

个性特质（personality traits）：形成或影响一个人的个性的思想和行为；这种情况下，与生存相关的认知特征。

感觉寻求者（sensation seeker）：也称为 R 型人格，这些勇敢的人通过估算他们在极端情况下的风险来面对压力，然后兴致勃勃地继续前进。

自尊水平似乎是一个重要因素。低自尊是压力易感性人格的共同要素，如A型人格、共存人格以及无助—绝望人格。高自尊是产生压力耐受性人格的前提，它与个体内在资源的可得性直接相关。自尊经常被描述为自我价值、自重甚至自恋。它反映在我们的言谈和衣着中，而最明显的就反映在我们的行为举止中。自尊也被描述为真实的自我形象和理想的自我形象之间的一致或偏差，高自尊者的真实状态与理想一致，低自尊者的两者之间则存在差异。

当我们认为自己价值很低或没有价值时，我们就变得容易被感知到的压力攻击。相反，如果我们具有高自尊，问题和忧虑就容易被忽视。自尊由对我们的身份有意义的思考、感觉、行动甚至记忆不断培养而成。然而，自尊是一个可变的整体，就像环境的温度一样，在一天中可升可降。但是这些变化维持在一个特定的范围内，个体自我价值的核心就存在于其中。具有压力耐受性人格的个体通常自尊水平高。因此，建立并维持高自尊通常是许多行为矫正课程的目标之一，包括针对瘾君子脱瘾、遭殴打的妻子和儿童以及少年犯的课程。

纳撒尼亚尔·布兰登（Nathaniel Branden）在其经典书籍《自尊的六大支柱》(*The Six Pillars of Self-Esteem*）中，把自尊称为意识的免疫系统。作为自尊领域几本著作的作者，布兰登强调他所提出的在人生旅途中能指引我们的内在资源，即自尊的六大支柱，如下所示。

- **有意识生活的实践**。生活在此时此刻，而不是让自己沉溺于过去或者将来的事件中，留心自己参与的每一个活动。
- **自我接纳的实践**。拒绝陷入与自己敌对的关系。
- **自我负责的实践**。选择为自己的感觉负责任，比如，“我为自己的幸福负责”，而不是让自己的感觉屈服于自己所处的关系中的一时任性。
- **自我肯定的实践**。尊重自己的想法、需要和价值，寻找合适的方式来获得满足。
- **有目的生活的实践**。避免陷于希望和愿望的思考过程中，取而代之的是做你需要做的事情，以使你的目标实现。
- **人格整体性的实践**。努力达到价值观和行为的统一。

研究者现在开始强烈提倡，提高自尊是压力管理治疗课程的一个首要目标。正如所预料的，预防总是比治疗有效。因此，加利福尼亚州提出了一个特殊任务，将自尊课程计划纳入初级和中级教育课程中。课程改革的结果如何还很难确定，但是人们的期望是，通过关注人类潜能的重要成分，**物质成瘾**、离婚以及无家可归等问题能在未来10年内显著减少。根据儿童心理学家哈里斯·克莱梅斯（Harris Clemes）等人（Clemes et al., 1990）的观点，自尊的培养应该在童年早期就开始，包括四个基本成分：联系性、独特性、权力、榜样。这四个因素需要持续的关注和培养，以确保个体获得高自尊感。这四个特征不仅是童年早期发展中的自尊要素，而且贯穿个体一生的所有发展阶段。它们的定义如下。

1. **联系性**。一种满足感，认为人际交往和人际关系是重要的，可以培养，并能得到他人的肯定。
2. **独特性**。个体拥有使其与众不同的品质，并且这些品质得到了他人与自己的尊重和赞美。
3. **权力**。个体能够获得并使用内部资源，有能力影响他们生活的环境，而不是把个体的权力送给他人或被其他东西束缚。
4. **榜样**。一个监控过程，通过分享目标、价值观、理念以及个人标准，建立参照点，指导个体的人生旅程。

低自尊的个体经常觉得自己无能，容易受到他人影响，表达的情感范围较窄，容易变得防御和受挫，倾向于因为自己的不足而责备他人（图7.3）。高自尊的个体很独立，能承担责任，乐于接受新的挑战，表达丰富的感情，以自己的成就为荣，能够很好地容忍挫折。因为高自尊是压力耐受性人格的核心，现在对提高各年龄段人群自尊的方式给予了很多的关注。在提高和维持自尊的诸多方式中，克莱梅斯给出了如下建议。

图 7.3

1. 解除消极批评家的武装。挑战内心的声音，它会用贬低和负面的评论侵蚀你的意识。评判标准一边倒是不平衡的，会威胁你的自尊。
2. 给自己积极的强化与肯定，记住自己的优秀品质。把这些品质写下来，当自己的状态低迷时，可以拿出来看看。
3. 当你在实现愿望的过程中犯了错误时，要少说“本该……”。学会从过去汲取经验教训，但是不要沉溺其中。要寻找新的成长机会。
4. 关注你的真实自我、你的身份以及你的榜样或人生导师（专栏 7.4）。
5. 避免与他人比较，尊重你的独特性，并学着培养它。
6. 让你的兴趣多样化。不要把所有的鸡蛋都放在一个篮子里。多样化能在你生活中的某一方面遭遇挫折时，以其他领域作为弥补，使你能够应付自如。（比如，如果你仅仅把自己看作一名学生，而你在考试中表现糟糕，这将使你的自尊受到沉重的打击。）
7. 提高你与周围人的连通性。拓宽你的朋友圈，在你的环境中寻找一个特殊的地方，让你能够充电、补充能量并增强你的社交联系。
8. 避免自我牺牲。牺牲者是值得钦佩的，但是乞求怜悯和同情会让人变老，并且其效果也是暂时的。
9. 在压力事件发生之前和期间，再次强调你自己和你的价值。

自尊与自我形象有区别吗？是的。自我形象是你如何感知自己，而自尊是你如何评估自己，两者是相关而不同的概念。自我形象被认为是个体自尊水平的副产品。经过《心理控制论》（*Psycho-Cybernetics*）的作者马克斯韦尔·马尔茨（Maxwell Maltz）的工作，在 20 世纪 60 年代初期，自尊与自我形象的这种区别就已经相当清楚了。在马尔茨的整形外科工作中，他饶有兴趣地发现，在进行各种整形手术之后，他的病人并没有因新形象而显得更加快乐。[在真人秀电视节目《改头换面》（*Extreme Makeover*）和《天鹅》（*The Swan*），也发现参加者有类似的表现。] 在对病人进行大量的访谈后，他开始认识到，在发生任何外在的改变之前，真正的改变首先应该是发生在内部的。换句话说，虽然人们改变了他们的外貌形象，但他们的自我形象依然很糟糕，再多的整容手术也无法改变个体对自己的感受。改变首先应该是来自内部的，即培养我们的内部资源，比如，信心、勇气、爱、同情以及毅力。如果你的自尊水平低，那么你的自我形象就会低。根据马尔茨的心理控制论原则，他认为，在改变外貌特征之前，我们首先要进行内部的提升。进行内部提升意味着关注我们的积极方面；去除陈旧的观念、态度以及诱使我们陷入低自尊倾向的感知；然后学习利用内部资源，把危机变为带有创造性的机会。

高自尊被认为是对抗压力的最好方法；如果没有强烈的自我价值感，用来对抗压力的策略是没有用的。虽然这是一个抽象的概念，但是你应该每天有规律地维护你的自尊，就像刷牙和吃饭一样。

自尊（self-esteem）：支撑自我价值、自我接纳和自恋的感觉；被视为所感知的威胁的强有力的缓冲器。
物质成瘾（substance addiction）：对多种物质的上瘾，从尼古丁、咖啡因到酒精和各种药物。

专栏 7.4 科技和人格

互联网打开了探索人格特征的全新途径。浏览来自脸谱网、推特，姻缘网或包括个人头像和互联网视频游戏的域名的任何页面，你所看到的不仅仅是简单的生活方式偏好。与万圣节服装类似，电脑中出现的内容可能与面对面交流时遇到的问题不同。网络游戏为角色扮演这个词赋予了全新的含义。然而，互联网一代人对人格的改变或放大并不陌生。很久以前，心理学家注意到，人们开车时的行为和他们在杂货店过道里的行为是不同的。在人物角色背后，攻击行为将更为普遍。在有来电显示之前，人们可以在电话里隐藏自己。在每一种情况下，弗洛伊德都会说另一个自我占据了中心舞台。互联网是否扩大了另一个我的带宽？这是罗比·库珀（Robbie Cooper）和特蕾西·斯佩特（Tracy Spaight）在他们合著的《改变自我——阿凡达和他们的创造者》（*Alter Ego*: *Avatars and Their Creats*, 2007）一书中的观点。

自《龙与地下城》的时代以来，事情已经发生了很大的变化。在美国公共广播电台播出的一篇文章中，评论员克茨尔·莱文（Ketzel Levine）报告说，诸如《无尽的任务》和《星球大战——银河英雄》等在线游戏的玩家，可以化身为不同性别、种族和身体特征的人。人格肯定比我们每天向其他人透露的复杂得多。互联网以独特的方式让我们尝试不同的人格或放大我们的最佳特征，还可以在种族、民族、性别和许多残疾方面展现竞争优势。在这方面，虚拟人格开放了增强自信心的潜力或勇气，这是与抗压力人格相关的特征。还有人担心基于战争的视频游戏的传播效果，以及它如何在涉及愤怒的情节中触发神经反应。也许真正的问题是，从虚拟世界到我们生活的现实世界，有什么有益的迁移效应？评论似乎集中在这个问题上。然而，在全美范围内，中学和高中职员休息室就互联网活动的急剧增加对学生的人际沟通技巧发生了负面影响等主题的谈话并不少见，但网络活动比面对面的交流让人感觉更加舒适。在与虚拟世界不同的地方，面对面的情境也是压力源最多的地方。

奥马尔（Omar）最近刚从科罗拉多州丹佛市的曼彻普利敦州立大学毕业。他认为网络视频游戏有优点和缺点。他沉迷于微软游戏机、在得州扑克网站上玩纸牌以及《团队死亡竞赛》（*Team Death Match*）这样的射击类视频游戏。

"这些游戏肯定也会让人上瘾。为了玩《无尽的任务》，我有一个学期的学业都荒废了。我一直在推迟写作业，以致有一整个学期的课程都得放弃，推到下个学期重修。好的一面就是，我认识了一些来自佛罗里达和拉斯维加斯的人。"

总 结

1. 人格包括由他人感知到的几种特质、性格、行为、表情、心境和感受。
2. 人格是在生命初期由遗传因素、家庭动力、社会影响以及个人经历塑造而成的。
3. 人格是一个整合体，不容易产生显著的改变；然而，人格中最容易改变的部分是行为。
4. 人格可以分为压力易感型（容易受压力的影响）和压力耐受型（可以作为应对各种应激源的缓冲器）。
5. A 型人格、共存人格以及无助—绝望人格是三种与急/慢性压力都有关的人格，它们有一个共同的因素：低自尊。
6. A 型人格，或称"急性子"，是由心脏病专家弗里德曼和罗森曼首先发现的，是患心脏疾病的主要风险因素。后续的研究发现，敌意特质与高血压、冠心病的关系最为密切。
7. A 型行为没有性别差异，许多女性也与男性一样表现出了 A 型行为。而渴望得到较高的社会地位被认为与 A 型行为有强烈的相关。
8. 当治疗计划中包括家庭成员时，首先在酗酒者的配偶和孩子身上观察到的共存人格，现在被认为也适用于破碎家庭的孩子和那些父母情绪压抑的孩子。共存人格的人是指通过牺牲自己的利益来服务他人以确认自己的存在的人。共存通常源自对拒绝和失败的恐惧，以及对未知事物的恐惧。

9. 无助—绝望人格是失败重复出现的结果，个体觉得没有能力尝试他们实际上能够做的事情。低自尊和外控点似乎是这种人格类型的显著特点。

10. 坚韧人格和感觉寻求者是最近发现的与压力耐受性有关的两种人格。二者的共同之处是高自尊。

11. 幸存者人格运用双相人格特质，以理智的头脑来忍受危险。任何人都有能力获得这些特质。

12. 朱克曼把感觉寻求人格界定为寻求刺激和感觉、且会在他们的能力之内有计划地冒险的人。

13. 自尊是人格的重要基石。低自尊容易受压力影响；高自尊则可以抵御压力。克莱梅斯认为，自尊由四个成分组成：联系性、独特性、权力（控制）和榜样。这些成分的强弱与自尊水平高相关。

学习指导题

1. 列出压力易感型人格，并举例说明。
2. 列出压力耐受型人格，并举例说明。
3. 给心理弹性下一个定义。
4. 描述自尊并解释它在促进和解决压力的过程中扮演了什么角色。
5. 列举几条有助于提升自尊的方法。

第三部分

应对策略

每个难题来到你的面前时，都带着一份礼物。你探寻难题，因为你需要那些回报。

——理查德·巴赫（Richard Bach）

引　　言

当遭遇压力源情境或事件时，我们中的一些人会感到非常无助和脆弱。要战胜这样的威胁，无论其大小，我们都会创造某种应对策略。当压力源很小的时候，一些应对策略是大多数人的第二天性，在采取行动的过程中很少或没有涉及有意识的想法。但是随着压力源变得又多又重，直至逼近所能承受的极限时，常规的应对策略可能无法发挥作用。这时，若无一种或几种更为有效的应对策越，人在这种重压之下就感到心灰意冷，精神麻痹，情绪低落。“**应对反应**”这个词与防御机制不同，它在很大程度上具有积极的含义，并暗示了可能出现的积极结果。当然，情况并非总是如此，因为一些应对行为会让压力持续下去，而不是促进内心的平静。

根据压力学家理查德·拉扎勒斯（Richard Lazarus, 1981）的定义，“应对（coping）”一词是指，“繁重的、超出个体资源的需求管理的过程。”他接着补充说，应对包括认知和行动两方面的努力。依照拉扎勒斯的说法，这一管理过程涉及一个或数个重要标准：提高对自我、境遇以及所处环境的感知；被称为**缓和应对**的情绪调整过程；伴随着这些感知和情绪的过程而发生的被称为**工具性应对**的一系列行为改变。拉扎勒斯也认为，“应对”不仅仅是使用一些方法而是一种特殊的心理结构。这一心理结构中有一种人格特质，即**自我效能**——心理学家艾伯特·班杜拉用这个词来描述对“我能做到”怀有这种信心的内心感受。自我效能描述了人有获得自信、信念、意志力和自立等内在资源的途径。与选择无效策略的人的相比，选择有效应对策略的人拥有自我效能，并能较好利用它。换句话说，你主要的应对方式可能受你的人格影响。

迄今为止，理解应对过程的最好、最全面的概念模型是由拉扎勒斯及其同事建立的。拉扎勒斯认为，每个压力源都要经过初级评估以确定其危害程度。然后，再重新经过次级评估，此时会将一系列应对反应与压力源联系起来，以确定最好的行动方案。这些应对反应可分为两类：一是以行动为导向的反应（比如，时间管理、坚定自信的行为）；二内心反应（例如，接受）。用来应对压力的反应可以来自内部（来自内部资源）或外部。内在的资源包括意志力、幽默感、创造力、理智感、自我效能、信念和乐观等。外部的资源包括时间、金钱以及来自家庭和朋友的社会支持等。拉扎勒斯将应对技巧的目的描述如下：

1. 减少有害的环境条件。
2. 容忍或适应消极的事件或者现实。
3. 维持积极的自我形象。
4. 维持情绪平衡。
5. 继续与他人建立令人满意的关系。

应对反应可能带来三种结果：（1）重获稳定的情绪状态；（2）恢复被压力源干扰的正常活动；（3）感受到心理上的崩溃。

其他的研究者注意到了应对方式的两分法：**回避与对抗**（Holahan and Moos, 1987）和**抗争与预防**（Matheny et al., 1986）。在第一种观点中，两者都有积极和消极的方面。当回避使人尽量避免接触压

应对反应（coping responses）：应对压力的积极技巧。

缓和应对（palliative coping）：面对压力时的积极情绪调整过程（如积极应对，而非消极反应）。

工具性应对（instrumental coping）：改变一个人面对压力时的行为的一系列有效的应对技巧。

自我效能（self-efficacy）：艾伯特·班杜拉创造了这个词，用来描述一种持“我能做到”的态度的信念感。

回避与对抗（avoidance versus confrontation）：一种描述人们如何处理压力的二分法。

抗争与预防（combative versus preventive）：另一种描述人们如何处理压力的二分法。

力源时（例如，避开一个蜂巢），它就是有效的；而当回避使压力源持续存在时（例如，不跟你的老板谈他的性别歧视问题时），它就是无效的。同样的，对抗压力是需要勇气的，但是在外交式策略和警戒式策略之间有极大的不同。应对方式似乎再次和人格紧密相连。马西尼（Matheny）的二分法强调了每种应对方式的积极方面。与对抗一样，抗争被认为是一种身体反应，而预防性应对最初在本质上是一种认知行为，目的是自我缓冲，以应对即将到来的压力。泰勒（Taylor, 2011）注意到，应对方式可能直接取决于外部资源的多少。例如，一个拥有许多社会关系的富人可能会更多地依靠外部资源，而一个没有这些外部资源的人将不得不使用内部资源来处理他的问题，或者承受后果。就像典型的研究一样，一旦一个概念得到了很好的验证，研究就会开始针对特定人群调查这些模型，比如老人和应对（Krause, 2007）、医学生和应对（Dunn et al., 2008），以及四年级学生的愤怒应对技巧（Rice et al., 2008）。

成功处理感知到的压力源的应对策略包含四个要素：第一，**增强感知**，对所处环境有明晰的关注点和全方位观察角度。就其本质而言，压力源往往会助长短视的观点，扭曲焦点和视角。一个好的应对策略将去除这些掩盖问题本质的障眼物，并打开你的视野，让你看到一系列可能性。第二，有效的应对策略涉及**信息加工**的某些方面。信息加工的动态过程包括增加、减少、改变和操纵感官输入，从而在造成生理损害之前抑制对压力源的觉知，这被拉扎勒斯称作次级评估。信息处理还包括评估和平对抗的所有可用资源。第三，信息加工的结果很可能包括一系列新的行动，或者说**行为调整**，这些行为与新的认知方法相结合，从各个方面伏击应激源。第四，也是最重要的要素是**和平解决**。要确定一种应对策略有效，它必须能带来令人满意的解决方案。如果不能成功地终止压力，那这种应对方法就不是有效的。下面的等式强调了有效的应对策略的一些概念：

有效的应对策略 = 增强感知 + 信息加工 + 行为调整 + 和平解决

一些应对策略只对特定情境有效，而对其他情境达不到和平解决的效果，在这种情况下就需要选择新的应对策略。应对策略可能是积极的，也可能是消极的。积极的应对方法基于和平解决，并被证明能令人满意地处理压力。积极应对策略的目标是：不仅仅幸免于难，还要在逆境中获得成长。相反，消极应对策略无法提供有启发的解决方案。它使人的压力感受持续存在，始终使用无效的反应，导致无法打破或阻止的恶性循环。消极应对的例子有：回避问题、不作为、屈服、心灰意冷、敌意的攻击性，以及自我毁灭式的物质依赖行为（如酗酒、吸毒和暴饮暴食）。

那么，有效应对策略的使用与人格是否有关？一些研究者认为有关。那些表现出A型行为的人、共存人格者、无助—绝望行为者，更可能选择消极的应对方式并且声称自己是压力源的受害者。而那些表现出强硬性格的人、自我实现者、感觉寻求者则更可能冒适当的风险，选择对抗问题而不是回避，并能从压力源中看到和平解决问题的可能性。最近，随着对裂脑功能的揭示，压力管理和心理治疗领域的学者和实践者认识到了整合左右脑的功能对更有效解决压力具有重要作用。这就意味着，整合不同认知功能的应对技巧是最有效的，如创造性地解决问题和沟通技巧的结合。

研究人员一致认为，应对策略实际上有数百种。每一种应对策略都可以单独使用，但通常几种策略同时使用，可以更有效地抵御感知压力的影响。有很多积极的应对技巧可供选择。强调增强感知和信息加工的应对策略包括：写日记、艺术治疗、认知重构、幽默治疗、释梦治疗和创造性问题解决等。强调行动过程或者行为改变的应对技巧包括：时间管理、坚定自信训练、社会统筹和沟通技巧。就像学习使用电脑或提高你的网球水平一样，应对技巧也是可以通过练习来提高的。重要的是要记住，没有哪种应对技巧能够有效地抵御所有的压力。所以我们要掌握尽可能广泛的应对技巧，以便从中选择，这将使解决之路更容易走。你可能会注意到，一些应对技巧，以及放松技巧都和“治疗”这个词连在一起。“治疗”一词对你来说可能意味着对身体或情感问题的临床治疗，但这个词在这里是作为一种鼓励和提醒，每个人都必须为自己的健康发挥积极作用。

对未知的期待

在龙卷风和洪水（及其他类似的巨大灾难）造成的无数悲剧和无辜伤亡中，有非凡的英雄式的幸存者的故事，也有冷静勇敢、聪明才智的绝好例子。这些都强调了在可怕的环境中应用有效的应对技巧的重要性。从根本上说，这些基本的应对技巧不亚于一种生存技能，我们必须学习和掌握这些应对技巧，并将其运用在我们可能会遇到的平常和异常的情境中。信息寻求、坚定自信（以领袖的方式）、创造性地解决问题、认知重构、社交协调、沟通技巧、接受，在某些情况下甚至使用喜剧的调剂，这些应对策略都被许多人采用，证明了自己的价值。我们不仅应该好好学习这些应对策略，而且应该加以练习。这样无论我们遇到什么样的情境，都能发挥人类最大的潜能。

从飓风桑迪、桑迪胡克小学枪击案、波士顿马拉松爆炸案以及席卷俄克拉荷马州的 5 级龙卷风等自然灾害的余波中，我们汲取的教训是：我们的生活随时有可能发生巨变。最近的灾难性飓风、野火、地震和洪水导致数百万人的流离失所（图 1）。无论是面对个人危机还是全球性灾难，应对压力的方法都分为两种：第一种是将自己视为受害者；第二种是把自己视为胜利者。那些声称自己是受害者的人，身上具有一些压力易感性人格特征，具有进一步强化受害者意识的感觉和态度。相反，采用积极应对的人会有意识地选择克服他们所面临的问题，使用有效的应对技巧，成为战胜压力的胜利者，而不是受害者。例如，2013 年毁灭性的龙卷风过后，接受采访的居民说：他们将会回到废墟中，开始重建他们的生活和家园。

如果说历史能预示未来，那么可以肯定的是，洪水、火灾、干旱、飓风、地震和暴力行为还会继续出现在人类生活中。在每一种灾难情境中，总会诞生两种角色：受害者和胜利者。我们可以从那些遭遇过毁灭性灾难的人们的经历中学到一些东西。选择权就在我们手中。

图 1 科罗拉多州北部博尔德和许多山区发生的灾难性洪水摧毁了数十座房屋，淹没了数千个地下室，冲毁了无数的道路和桥梁，给当地居民的生活带来了困难。像这样的灾难需要一系列基本的应对技巧来帮助人们成功地应对这些改变生活的事件。

总　结

这本书不可能涵盖所有积极的应对方法，但在下面的章节中会包括其中一些相对常见和有效的应对策略，帮助我们应对遭遇的巨大压力或者日常的干扰。第三部分的各章格式都是相同的。首先，对构成某一特定应对方法的元素进行介绍和界定，并对其应用进行简要的历史性说明。然后，会突出描述其积极的心理（和生理）效果。而且每章都会总结出一系列应对步骤，指导你如何启动应对机制作为减压策略中的有效方法。（唯一的例外是第 13 章——“创造性的问题解决”，这一章有自己独特的风格，与其他各章的编排稍有不同。）

你可能注意到了一些应对策略的交叉作用效果，即一些专为处理压力源而设计的应对策略似乎也能促进放松反应。反过来，一些放松方法能加

增强感知（increased awareness）：有效应对技术的第一步，此时个体对环境有更多觉察。

信息加工（information processing）：有效应对技术的第二步，此时个体开始努力解决问题。

行为调整（modified behaviors）：有效应对技术的第三步，此时个体努力获得问题得以解决的感觉。

和平解决（peaceful resolution）：有效应对技术的最终目标——使个体的生活得以继续。

强甚至变成应对机制。这并非偶然，因为心理和身体不再被看作两个分离的实体。幽默疗法和大笑曾经被认为是一种防御机制，如今却被证明能产生一种增强免疫系统完整性的生理稳态效应（第 12 章有阐述）。对于一些人来说，习惯性的耐力训练能触发右脑认知功能的转换，从而增强意识和信息处理能力。事实上，存在着许多可能的交叉作用效果。但是，在编排本书的时候，我把每一种技巧都指定为以应对技巧为主或以放松技巧为主，并根据其是解决压力的原因或是阻止应激反应来进行分类。

我建议你在适合的时机尝试我们所介绍的各种应对方法。每种应对方法都有其特定的效力。你可能会发现其中的许多方法很适合你当前的压力管理风格。但随着时间的推移，一些应对技巧的效果逐渐减弱，你可能想要重读其中的一些章节，以便重新熟悉其他的应对技巧，这些技巧在你以后的人生旅途中可能会变得更加适用。

第 8 章

认知重构：重建

人的任何东西都可以被拿走，但有一件例外——人最后的自由，在任何环境中选择自己态度的自由。

——维克多·弗兰克尔（Viktor Frankl）

空头支票、可恶的室友、漏气的车胎、酗酒的父母……压力源各式各样、有强有弱。学者们一致认为，让人有压力的不是环境，而是对环境的感知或解释。我们现在知道，如果感知是负面的，它会成为一种精神和身体上的负担。无论发生什么事情，人们的看法都可能变得扭曲和放大，与事情本身的严重性完全不成比例。这被称作**认知扭曲**（把小山丘视为崇山峻岭），它会将日常的小问题变为巨大的怪物。教会人们从各个角度做出尝试，以对付这些“压力怪物”，包括减少或掌控感知的信息，并通过各种放松技巧来控制应激反应。或许最受推崇的应对技巧——直接触及问题的核心，但最初很难运用——有利于改变人们对环境的压力感知，而这种感知已经引发了愤怒或恐惧。这种感知的改变是通过认知的改变而实现的。认知是一个包含各种思维和推理技能的心理过程。这种应对技巧有若干名字：认知重构（cognitive restructuring）、认知重评（cognitive reappraisal）、认知重标（cognitive relabeling）、认知重建（cognitive reframing）、认知治疗（cognitive therapy）以及态度调整（attitude adjustment）。尽管有这么多名目，它们指的却是同一类方法，即积极地改变当前的思维模式，使其从消极的、自暴自弃的态度转变为积极的态度，这样就可以开始朝着和平解决问题的方向发展。

1962 年，认知疗法的种子在艾伯特·艾利斯（Albert Ellis）的研究中生根发芽，他称之为**理性情绪行为疗法（REBT）**。他的前提假设是：与压力相关的行为是由感知造成的，而这种自我挫败的感知是可以改变的。他解释说，所有输送至脑的信息都要经历一个解释的过程，当足够的刺激被解释成具有威胁性的时候，就会演变成大量的消极思维。艾利斯认为，一旦感知到相当量的压力，人们理性思考的能力将减弱。结果，通过以这些非理性思维为基础的心理对话，一种自我挫败的态度日复一日、年复一年地得到强化。艾利斯相信，可以通过教育和训练使人们顺利地将和消极或压力相关的感知（非理性思维）转变为积极的态度，而这又会降低感知到的压力强度。在 2008 年的一场新闻发布会上，哈利·波特系列的作者 J. K. 罗琳（J. K.

认知扭曲（cognitive distortion）：对情况的认知超出了它实际的糟糕程度。

理性情绪行为疗法（rational emotive behavior therapy，REBT）：由艾伯特·艾利斯提出的通过改变与紧张性刺激相关的认知来帮助人们应对压力的一种方法。

Rowling）公开了她患抑郁症的经历和自杀的想法，她认为是理性情绪行为疗法促使她走出了这段最黑暗的时光。**认知重构**这一术语在 1975 年由迈肯鲍姆（Meichenbaum）提出，描述的是一种适用于压力相关障碍患者的应对策略。这种应对方式旨在通过接受外部谈话内容来对内部的自我对话进行修正。认知重构在迈肯鲍姆的应激接种训练中是很重要的一步，所谓应激接种（stress inoculation）指的是当遇到消极的感知事件时，建构积极思维的过程。在班杜拉（Bandur, 1977）和贝克（Beck, 1976）的著作中，他们也赞同将知觉的认知转变作为应对压力的有效方式。为了理解认识如何解释刺激，以及之后如何由这些刺激建构思维，让我们对人类的思考过程做更细致的了解。

一个思维过程模型

人类心理是一种极度复杂的现象，对于它，我们只是刚刚开始理解。认知科学领域的学者提出了一个理论，即**信息加工模型**（图 8.1），以尝试对心理加工信息的过程做出准确的解释。该理论认为，感觉输入（例如，在你的汽车后视镜上出现的一道耀眼的蓝光）、感觉加工（如危险、超速行车、慢下来、法庭听证）、认知 / 行为输出（如踩刹车、停到路边、恳求）以及用于校正上述过程的反馈系统（例如，几个警察到达事故现场，平静下来）合在一起，构成了心理加工的线性过程。每一种认知

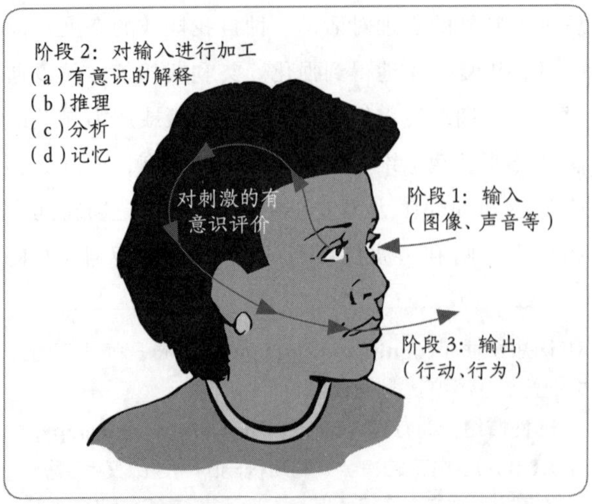

图 8.1 人类思维的信息加工模型。

解译过程都始于对五种（也可能是六种）感觉的刺激的解释，以确定其潜在威胁。简单来说，刺激可以解释为威胁性的或非威胁性的。由此产生的态度可以用三种方式来标记：（1）防御（消极）；（2）中立（无害）；（3）进攻（积极）。接着，这些信息片段以及对以前类似经验的记忆进入加工过程，最终激活脑的左半球（分析型）或右半球（感受型）的认知功能，或者是两个半球功能的结合。最终的结果，知觉和态度作为对所有信息解释加工的副产品出现。对刺激的加工处理以及随后的解释过程，都是认知重构可以着力的地方，从而达到将消极思维转化为中性思维或积极思维的目的。

认知重构的目的在于拓宽人的视野，并由此为知觉的转变提供了余地。拓宽感知能力不仅仅是一个诗意化的表达。雅各布·利伯曼（Jacob Liberman, 1991）的研究显示：一个人的视觉范围在压力下会出现窄化现象。因此，一个人真实看到的画面小于原有的完整画面。安德森和威廉斯（Anderson and Williams, 1989）的数据分析表明，在知觉到的压力和视野窄化之间存在因果关系。正如利伯曼所指出的，压力会迫使人通过一个很小的圆孔看事物。

许多人在无意中使用了一种非建设性的应对策略——合理化，并且误以为它与认知重构是相同的。认知重构的概念不应与这种防御机制相混淆。合理化（rationalization）是一个编造理由、责备，将自己的责任转嫁给他人或其他事物的过程。弗洛伊德将其称为对于现实的否定。与此不同的是，认知重构涉及承担责任，直面现实，并积极应对以解决引起压力的事件。形成和适应积极的思维结构需要一些努力。人们经常发现，逃避责任以及顺从自己的消极思维方式更容易，从而愈发纵容毒性思维。

两种思维优于一种思维

在《奥普拉脱口秀》（*Oprah*）和《拉里·金现场秀》（*Larry King Live*）上，一段名为《秘密》（*The Secret*）的纪录片登上了头条。利用吸引力作为其前提，几位广受欢迎的自助大师谈到了仅仅通

过积极地思考这些理想就能实现财富和人际关系的终极目标的本质。无数例子重新上演，只为说明宇宙的丰富性和意念的力量。如果他们能做到，你当然也能！问题是……事情没有这么简单。

视频制作者未能谈到（尽管这可能在随后的续篇中被揭示）潜意识力量对自我的驱动作用（潜意识的一部分）。我们的很多行为（一些专家认为是所有行为）都是由我们的潜意识（或叫作无意识）引导的。也许潜意识的最佳例证是著名演员巴斯特·基顿（Buster Keaton）多次试图捡起帽子，但总是徒劳，还没来得及抓住它，就把它踢得更远了（图 8.2）。如果有意识的思维和无意识思维不能共同作用，那么世界上所有的意图和认知重构都帮不到你。在心理学领域，这被称为“无意识抵抗（unconscious resistance）”，是一种自我妨碍的效应，它阻碍着有意识的大脑做出最大程度（积极）的努力，其基础是消极自我实现预言。教练们和有前途的运动员们一直都在关注这个问题，医生们也在很多病人身上看到了这种情况，特别是在那些想要被治愈却总被疾病缠身的病人身上。另一个常见的例子是：你有意想要找到一个完美的人恋爱（或结婚），并且设定了你的意图。在意识层面，你相信你在吸引你的灵魂伴侣，想要找到一个完美的人恋爱（或结婚），但什么都没发生。也许，背后的原因是你不自觉地喜欢上了无忧无虑的生活方式，不想做出改变。在潜意识中，你仍然相信你不值得拥有一段高质量的关系。不管原因是什么，某些信念体系（通常基于恐惧的自我）隐藏在潜意识深处，从而否定了吸引定律的潜能。其中真正的秘密是潜意识控制着 80% ～ 90% 的人类行为（Lipton, 2009；Mlodinow, 2012）。

图 8.2　无声电影演员巴斯特·基顿（Buster Keaton）以他的“踢帽子”而闻名。在这一过程中，他的帽子会意外掉落，于是他试图用手把帽子捡起来，只是每当他就要抓住它时，反而总会把它踢得更远。这个例子是一个完美的比喻，说明了有意识的思维和随后的行为（手捡帽子）是如何受到潜意识的影响（脚踢帽子）。要改变行为，你必须将有意识和无意识联系在一起。

专家认为，这些旧的信念和观念是在孩子 2—6 岁的时候学习和接受的，那时孩子的大脑就像一块海绵，吸收来自周围环境（如父母、老师、兄弟姐妹）的感官刺激。随着孩子长大成人，这些根深蒂固的、潜意识的思维模式和信念指导着他们的行为。除非它们被抹去，被新的信念和观念所取代，否则不会有太大的改变。

用一个恰当的比喻来说，大脑就像一台收音机，从两个台（有意识的和无意识的）播放音乐，但是你想听的台被你不想听的台淹没了。就收音机而言，最好进行微调。就心智而言，它正在向旧的、以恐惧为基础的思维模式做妥协，这些思维模式往往阻碍了我们发挥最大潜能。如果你对潜意识的影响有怀疑，就听听你自己所说出的话。不仅仅是弗洛伊德式的口误[①]，我们对词语的选择往往揭示了自我隐藏的意图。

心理学家认为，利用你思想力量的秘诀在于：将意识和潜意识的力量结合起来，以实现一个人的目标和抱负（Taylor, 2013；Mlodinow, 2012；Murphy, 2008；Hari, 2005）。布鲁斯·利普顿（Bruce

> **认知重构（cognitive restructuring）**：一种应对技巧，将消极的、自我挫败的思维替换为积极的、自我肯定的思维，从而把对压力源的知觉由威胁性的转换为非威胁性的。
>
> **信息加工模型（information-processing model）**：该模型阐述的是我们如何感知和处理信息，无论好坏。

① 弗洛伊德认为口误是对潜意识的翻译。——译者注

Lipton）在谈到健康和康复过程时说到了这一点。在这个过程中，我们需要消除潜意识的信息，重新记录新的想法，以帮助我们朝着人生的既定方向前进。有些人通过催眠来删除和改写这些信息。另一些人则通过听阈下 CD 来重新编码信息。这一过程也可以有意识地通过神经语言程序学（neurolinguistic programming，NLP）完成。还有一些人是在放松的状态下通过冥想、引导式心理意象或催眠疗法来做这件事的。所以，你需要问自己：你有哪些目标和抱负会被童年早期的编码所破坏（例如，信任问题；自尊；自信；对休闲、金钱或人际关系的看法）？你如何重新规划新的（积极的）想法、信念和对自己的看法，从而引导你朝着你想去的方向和目的地前进？当你能回答这些问题时，你就真正发现了“秘密”。

毒性思维

消极的知觉通常是低自尊的结果。压抑或抹杀自我价值感和自我接纳感使这种情况持续下去。很早就有人提出（Canfield, 1988；John-Roger, 1989），有害的想法始于童年早期反复出现的羞愧感和内疚感。坎菲尔德（Canfield）引用了在艾奥瓦大学所做的一项实验，该实验对亲子互动进行了为期数天的观察。实验结果显示，平均而言，家长对孩子的消极评论和积极鼓励的比例是 400 ∶ 1。由此得出的结论是，消极思维实际上是一种延续到成年期的条件化（习得的）反应。消极想法会强化我们从新闻标题中捕获灾难性信息的倾向——很少有人类感兴趣的故事能打败六点钟新闻中的灾难性事件。新闻里充斥着灾难、世界问题以及犯罪消息，而所有这些又使我们的思维更倾向于关注事物的消极面。许多咨询师、治疗师和心理学家都认为消极思维具有成瘾性。

毒性思维这一术语是在 20 世纪 80 年代早期由若干心理学家提出的，他们以此来告诫其来访者消极思考的危险性。消极主义，一个扎根于否定论的人格特征，促成了毒性思维的产生。为了证实这些有害想法的破坏性，莱斯利·凯曼（Leslie Kaymen）博士于 1989 年在宾夕法尼亚大学进行了一项研究，这项研究旨在确定乐观主义者和悲观主义者（通过一项心理学调查）对于压力的生理反应。所有被试的皮肤表面都放置了微量的病原体（破伤风梭菌、腮腺炎病毒和酵母菌），作为压力承受水平的指标。然后，以态度为划分标准将所有的被试分为积极组和消极组，并且让所有被试在很短的时间内完成一个不可能完成的任务。消极主义者很快就放弃了，而积极主义者坚持到了最后时刻。几天之后，消极主义者的神经免疫反应（例如，皮疹）明显比积极主义者多。这些结果显示，积极的态度与良好的身体健康状况密切相关，消极的态度将会使精神和身体的应激反应延续。简言之，消极的思维可能对身体产生有害的影响。凯曼的数据分析证实了这一假设，即消极思维会抑制免疫系统的功能。

在新版的凯曼研究中，安德鲁·斯特普托（Andrew Steptoe）及其同事（2008）设计了一项研究，包括了近 3000 个主题，以研究积极思想（情绪）和生物学的联系。结果显示，在快乐情绪下的男性和女性都有较低的皮质醇水平。这表明快乐和乐观可以降低生物脆弱性。此外，女性被试的结果显示，与炎症相关的两种蛋白质（C 反应蛋白和白细胞介素 6）显著减少，这一因素与心脏病和癌症有关。研究得出的结论是：情绪状态不仅仅是遗传的，也取决于社会关系和人生目的。

利萨·兰金（Lissa Rankin）医生研究了积极和消极想法对健康的影响，在她的著作《精神胜于医学》（*Mind over Medicine*）中，她引用了几项研究，其中包括一项研究调查了华裔美国人的早逝现象。这些人认为自己的星座不吉利，注定命途多舛。研究结果显示，他们越相信占星术的力量，就越早死亡，而这是无法用遗传因素、生活方式选择、生活方式行为或其他变量解释的。简单地说，与命运有关的消极思想影响了他们的健康。兰金说，这种疾病不仅仅是由我们的基因、病原体，甚至是坏运气导致的结果。无论是好是坏，健康都深受心态（态

> **毒性思维（toxic thoughts）**：反复的消极思想往往会影响我们对生活和自我的看法。

有人情味的压力

Courtesy of Allison E. Fisher Memorial Fund, Inc./Pat and Ron Fisher.

艾莉森·费希尔的礼物：1991 年的春天，我有一个非常优秀的学生，她的名字叫艾莉森·费希尔（Allison Fisher）。她非常聪明，非常有活力，并且总是带着成功的喜悦。每到期中，我都会邀请我的学生做“面对压力源”的练习。我相信，如果他们不在课下练习，压力管理的概念只能停留在概念本身。换句话说，了解但不去做等于没有了解。在这个练习中，我要求学生从他们感受到的最强烈的三个压力源中选一个，并且给他们 2 周的时间解决，前提条件是他们进入教室的时候不能有瘀伤或骨折。我要求学生详细记录这个任务，到预定的日子，我们都围坐在一起，在昏暗的灯光下，在大家都同意保密原则的前提下，一个个分享我们自己的故事。这个学期，艾莉森是第一个分享故事的人。

“我的压力源是乳腺癌，这是我们家族的遗传病。”她解释说：“我的母亲已经得了这个病，还有我的姨妈和我的外婆。有许多年，我都很害怕得乳腺癌，因为我知道自己有得病的潜在风险。当听到老师布置的这个任务时，我确定这是做乳房 X 光检查的时候了。我极度不安，但是上周，我和我的医生约好了时间。”

全班同学都沉默了，所有眼睛都聚焦在艾莉森身上。带着一种信任，她以一个微笑结束了她的故事：“我很高兴告诉你们，检查结果是阴性的！”

作为一个主修大众传播专业的毕业生，艾莉森那时候正在找一份有前途的传媒工作。在她毕业后不到 1 个月的时间内，就加入了美国公共广播公司。在 1 年内，她又在美国之声电台找到了工作，然后搬到洛杉矶开始从事令人羡慕的第一频道记者的工作，那是一个为在校高中生设计的节目。几年之后，当我为参加一本书的签售活动到洛杉矶的时候，我们又碰面了。我们约定在第二天一起吃午饭。就是那一次，艾莉森告诉我，她是一个癌症幸存者。

要成为一个癌症幸存者意味着你必须直面死亡。你用意志向它发起挑战，而非用一种被击败的态度从它面前逃走。作为一名幸存者，意味着你要采纳一种现实主义的乐观态度。承认眼前的问题，但是专注于积极的一面；活在当下，而不是重复以前的日子或者担心未来会发生的事情；打破对于死亡、对于未知以及孤独的恐惧，而且作为胜利者而非受害者到达彼岸——这就是著名的哲学家、神话学家约瑟夫·坎贝尔所指的英雄之旅中的英雄。

“我第一次的乳房切除手术是在 1 年多以前，第二次是几个月之前。糟糕的是，癌症现在又复发了，而且这一次已经扩散到了我的肺部。但是，我还好。”她很自信地说。然后她和我分享了她做学生时我教给她的那些理论和概念，但是现在，她是在把只有从幸存者的视角才能获取的见识和智慧教给我。

“一切都与态度有关。我不确定我还会活多长时间，但是我没有时间留给那些有害的想法，也没有时间为那些可能会发生的事情而恐惧。我选择了看生命中光明的一面，因为我很久以前就发现那才是真正有意义的。我不知道我的癌症能否治愈，但是我现在就可以告诉你，我已经战胜了我的疾病，因为我很平静，而且没有比这种感受更伟大的了。”

艾莉森·费希尔于 1998 年 3 月 9 日平静地离开人世。

度）影响。消极想法会影响一个人的幸福水平。芭芭拉·弗雷德里克森（Barbara Frederickson）表示同意。作为积极心理学运动的领导者之一，弗雷德里克森创造了“积极（positivity）”这个词，阐释了乐观的力量，就像通过爱来表达的一样。“新科学首次阐明了爱的存在以及它的缺席，会从根本上改变你身体的生物化学状态”（Frederickson, 2013）。

你的 PQ 是什么？ PQ 代表积极智力（Positive Intelligence），这是斯坦福大学讲师、作者和世界上最大的教练培训项目之一的首席执行官雪扎德·查曼（Shirzad Chamine）提出的。拥有积极智慧的前提是通过解除破坏性因素（自我的声音，提供源源不断的消极思想）来重新获得思想的力量。查曼说，这就是为什么只有 20% 的人实现了真正的潜力，因为一些人的思想被消极思维劫持了。积极智力是一个学习如何重新定义自己的想法和利用自己最大潜能的程序。

改变思维程序以打破消极思考的习惯，真的可能吗？根据理查德·班德勒（Richard Bandler）和约翰·格瑞德（John Grinder）的看法，答案当然是肯定的。几年前，心理学家班德勒和语言学家格瑞德经过共同努力，创造并讲授了改变我们心理语言的理论及方法。他们称之为**神经语言程序学（NLP）**。NLP 的前提假设以下面的概念为基础，即揭示语言中有意识和无意识思维中隐藏的语法结构，系统地移除思考或说话时的表达，并且学会培养一种肯定思维的语言，以达到积极改变生活方向的目的。NLP 是一种具有强大力量的技巧，它能够再造人类内在语言，从而使人的能量聚焦在人类最高潜能和优点的方向上。一部分是自我反思意识，一部分是自我催眠，动态 NLP 消除了那些阻碍我们实现目标的自我挫败的想法。这么多年来，NLP 已被证明非常成功，并且被运动员、演员、行政人员、商业人员、律师以及各个行业的人所运用。通过鼓励个体重组和消除日常生活中使用的强化压力倾向行为的词语、句子和想法，NLP 帮助个体摒弃陈旧的思维，并且学会选择一种通往最佳优势的新途径。NLP 综合（NLP Comprehensive），总部设在科罗拉多州的博尔德，针对动态 NLP 提供了各种研讨会和工作坊。一两天的工作坊不可能使一个人迅速改变自己的行为，NLP 通过一个 21 天的成就计划对参与者进行培训，以帮助人们去条件化并重组思维过程。

西方文化更多的是鼓励和赞赏批判性思维以及判断分析情境的能力，即把其分解为更小、更容易把控的片段的能力。从理论上看，当问题被拆解为更小的片段时，也更容易被理解。在压力下，批判性思维的情绪效应就是把压力拆解成小片段以降低自我的威胁性，因此有助于将情感的痛苦降到最低。然而，从实际的情况看，当批判性思维过程指向自我的时候，通常会引起对于自我的消极看法，使得人们在压力面前更显脆弱（专栏 8.1）。一旦受到威胁，批判性思维将会成为保护同一性的防御性武器。除了批判性思维，美国文化中普遍存在的一种精神态度就是**自甘受害**。自甘受害指的是一种态度，即觉得自己处于某个特定的事件或环境中，并认为除了承担后果，别无选择。那些把自己视为受害者的人，通常以从朋友那里寻找同情和怜悯作为应对眼前压力的方式。通过他人的同情，他们进一步证实了自己受到了伤害的知觉。表达受害感的人可用心理学家所说的归因理论来解释，即将知觉上的不公正归咎于别人或其他因素（Taylor, 2011）。

自甘受害的概念和罗特（Rotter）的控制点的概念密切相关，在控制点的概念中，感到被压力源侵犯的人受外部因素的影响比受内部力量和激励的影响更大。这里有一个测查受害者态度的简单测试：在你随意遇到的谈话中，客观地倾听对方说话的内容，并注意人们在谈论他们的老板、配偶、室友、孩子、交通、天气或者其他任何情况时，把自己描述成受害者的频率。然后，在客观地描述你自己的压力水平时，你是如何向他人表达你的感受的，你是否有意识或者无意识地把自己也描述成了一个受害者呢？许多人很享受作为受害者的身份，因为不仅能够立即获得同情和安慰，而且满足了被他人需要的感觉。那种把自己塑造成受害者（一种共存的特征）的人通常把自己视为殉道者。这是一种受社会称许的角色，所以他们发现很难改变自己的看法。

乐观是可以学习的吗？根据马丁·塞利格曼的

专栏 8.1 认知扭曲：停止错误认知

思想可以是我们最大的资产，也可以是我们最大的负债。受自我的影响，思维会误入歧途，走向自我破坏之路。所有这些在压力下都会加剧。这种行为在心理学界被称为认知扭曲。可以说，认知扭曲是弗洛伊德的防御机制的副产品，超过了自我的意图。随着时间的推移，认知扭曲会成为一种习惯，它会破坏我们为了减少痛苦或增加快乐而付出的努力。戴维·伯恩斯（David Burns）在《伯恩斯新情绪疗法》（*The Feeling Good Handbook*）中详细描述了这种现象，他在书中描述了 10 种不同类型的认知扭曲，这些不合理的认知使人们对压力的感知持续存在。思维过程及其引发的行为改变无门，除非能被识别（值得注意的是，冥想的好处是成为你思想的观察者）。当你通读这个列表时，问问你自己，是否有一种或多种风格听起来很像你面对压力时的思维方式。如果你在自己身上看不到这些，让你信任的朋友给你一个反馈。

1. 全有或全无的想法：只有好或坏，黑或白，没有中间地带（例如，只有一种方法来解决这个问题）。
2. 过度概括：把一种单一的负面情况概括为一种生活常态（例如，轮胎瘪了引发了这样的评论：“这种事总是发生在我身上！”）。
3. 心理过滤：一个单独的负面细节成为你注意力的焦点，从而忽视了整体（例如，一小时的车程被一个司机提前打断了）。
4. 否定积极的一面：消极的思维模式掩盖了积极的信息，在关注消极一面的同时，其他都变得无关紧要了。
5. 急于下结论：在没有事实支持的情况下就相信消极的解释，且通常是因为一种强烈的直觉，这只不过是自我感觉的投射。
6. 放大：小题大做经典故事，因为夸大事实，最终导致对形势的短视，从而错失大局。
7. 情绪化推理：假设一个人的负面情绪是事物本来面目的真实反映。
8. 应该陈述：一种受“奖励和惩罚”心态影响的思维过程。在这种心态中，一个人用“应该”“必须”等词来激励自己。这种行为通常会导致对他人的负罪感或怨恨感。
9. 贴标签和贴错标签：被认为是过度概括的一种极端形式，诸如“我是个失败者”或者“他总是个混蛋”这样的陈述，其中贴错标签常含有高度情绪化或主观的色彩。
10. 个人化：为与你关系不大或者没有关系的事情承担责任或者接受表扬。

理论，答案是肯定的！在其广受好评的书《学习乐观》（*Learned Optimism*）中，塞利格曼指出，我们最有可能从父母那里学习到乐观或者悲观的特质，但是即使我们生长的环境是消极的，我们也可以培养积极思考的一面，并转向一种积极的生活方式。塞利格曼研究了几个在 1988 年奥运会上排名领先的美国游泳运动员，并且很快意识到乐观不仅仅是一种遗传特质，而且是一种可以被强化或学习的特质。用他提出的一个术语来说，就是**有弹性的乐观**。塞利格曼指出，尽管乐观的性格并不是解决人生道路上坎坷的灵丹妙药，但我们可以利用积极思考的力量来帮助我们实现目标，实现一种更为健康和幸福的状态（图 8.3）。

之前提及的，我们思维中的那种似乎从不停止的对话被称作**自我对话**。研究已经表明，它的主要

神经语言程序学（neurolinguistic programming, NLP）：一个旨在观察我们的思想如何控制我们的语言以及我们的语言如何影响我们的行为的程序。

自甘受害（victimization）：一种持续将自己视为受害者的心态。

有弹性的乐观（flexible optimism）：塞利格曼提出的术语，指我们都能够利用乐观的力量进行积极思考。

自我对话（self-talk）：大脑中不断进行的交谈，通常是消极的并产生于（对自我的）批判，很少涉及积极的一面。

图 8.3

特征是消极的自我思考。谢弗（Schafer, 1992）已经确认了几种消极的自我对话与思考的模式，这些模式是产生或维持毒性思维过程的根源。他将它们列为以下类别：**消极主义**——在绝大多数情况下只看到其最坏的一面；**灾难主义**——把事情引向最糟糕的境地；**责备**——把责任转移到他人身上而非自己承担；**完美主义**——将超人类的标准强加到自己身上；**极端思维**——把任何一件事都看成极端的状况（好的或坏的），没有中间状态；**应该思维**——为本应该做而没有做的事情而责备自己；**夸大**——把事情放大。

一种将消极想法转化为中性想法的技术，类似于埃利斯的理性情绪行为疗法，被称为**思维中断**。当你发现自己在消极思考的时候，你打断了意识流，并告诉自己"停止这种想法。"通过练习，思维中断可以帮助人们消除消极思维，并且平衡情绪。

正如我们看到的，毒性思维是真实存在的。随着时间的推移，这些思维将会对身体产生后续影响。但是大脑所接收的刺激是可以解释的，知觉是可以改变的。打个比方，有些人欣赏玫瑰花瓣的美丽，有些人则想到被花刺扎伤的疼痛。认知重构就是把注意力集中在玫瑰花瓣上。它教会我们：事物皆具有双面性，但要关注哪一面，是你可以自主选择的。在第二次世界大战期间，一首由约翰尼·默瑟（Johnny Mercer）和哈罗德·阿伦（Harold Arlen）创作的一首歌曲在广播中一炮而红，很快成为全国的热门歌曲。这首歌名叫《强调积极，放弃消极》（*Accentuate the Positive*, *Eliminate the Negative*），这首歌是帮助美国应对战争后果的众多歌曲之一（图 8.4）。

选择思维方式的机会

弗兰克尔在《寻找生命的意义》（*Man's Search for Meaning*）一书中把他能在奥斯威辛集中营幸存下来归结于他从苦难中发现意义的能力，这种意义增强了他的意志力以及选择态度的力量。弗兰克尔指出，尽管被剥夺了全部财产以及基本人权，但仍有一样东西是集中营不可能夺走的，那就是人们对于环境知觉的选择能力。

从弗兰克尔的意义治疗理论演变而来的一个概念就是**短暂哀伤**，这意味着承认自己的期望没有实现，并为此感到哀伤，但这种哀伤不会一直延续，而是限定在一个合理的时间段内。死亡教育专家认为，哀伤分为三个基本阶段：震惊（否定）、愤怒（抑郁）和理解（接受）。每个阶段的持续时间既取决于丧失的程度，也取决于个人。丧失、伤心、愤怒、悲痛以及恐惧等情绪都是很自然的，但

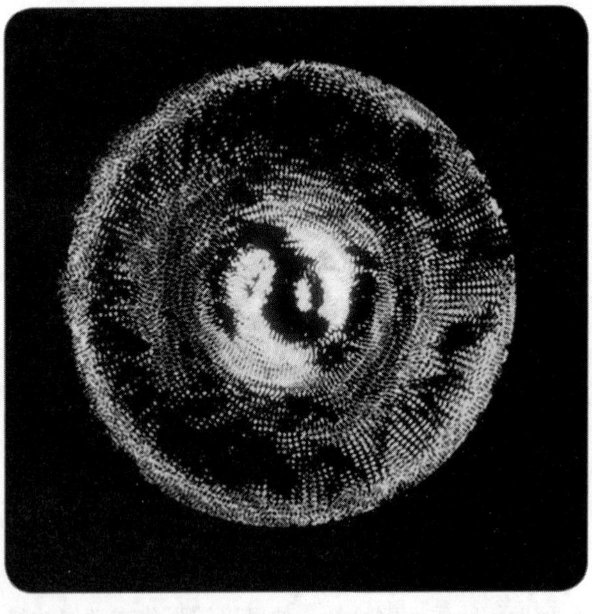

图 8.4 在这张照片里，著名歌唱家鲁契亚诺·帕瓦罗蒂（Luciano Pavarotti）的录音被投射到一小块水中。水面的涟漪揭示了他声音频率微妙的谐调。从这张照片和许多类似的图像中，我们开始认识到言语的影响（无论是和谐的还是不和谐的），甚至是我们的思想——这是更为微妙的振动形式——可以对我们的身体产生影响，而我们的身体大部分是由水构成的。

不应该持续很长时间。否认这些情绪是不健康的，而让这些情绪一直持续以致超出其本来的目的也是不正常的。短暂哀伤是一种策略，它把时间恰当地分配到每个哀伤阶段（在苦难中发现意义），继而导向问题的解决和个人的成长。当很多人初次接触认知重构这一概念的时候，他们错误地以为必须端出“盲目乐观”或者开心的态度，而哀伤是不被接受和承认的。结果，他们也拒绝了发现事物“更加光明的一面”这样一个整体的观念。等到哀伤感袭来时，无论严重或轻微，都很难再采纳一种新的思维架构了。弗兰克尔写道：即使在苦难中，悲剧的乐观主义仍然存在；也仍然可以发现轻松的时刻，可以在最悲伤的时刻发现个人的意义。即使在死气沉沉的集中营中，弗兰克尔发现仍可以笑对人生的种种荒谬。正是这些帮助他熬过了严酷的考验。

竞争在战争与体育比赛中并不罕见。取胜的态度决定一切。网球冠军安德烈·阿加西（Andre Agassi）在他最畅销的书《阿加西自传》（*Open*）中解释了他重塑的风格：“我在职业生涯中赢得了 869 场比赛，在所有比赛中名列第五，其中很多比赛都是在午后阵雨中赢的。”

博里森科在她的书《医心术》（*Minding the Body, Mending the Mind*）中，把消极思维的主要特征称作**糟糕至极**。糟糕至极的思维过程包括批判和分析式思维，这会在很大程度上使我们的视角狭隘化，并把我们的思维过程变得狭隘、单一。其结果就是她所称的倒行应对（regressive coping），这是一种非建设性的应对技巧。糟糕至极的思维会使人们对所有情况都做出最坏的设想。准备应对各种可能性虽然是必要的，然而最坏的设想只是众多可能性当中的一个而已。

心理学家使用自我实现的预言这一术语来描述感知 / 信念与其相关行为之间的联系。自我实现的预言对于个人而言既有不利的方面，也有有利的方面。体育比赛中有很多这样的例子，很多运动员相信自己会获胜，并最终证实了他们的确是胜利者。在像奥运会这种高水平竞技类活动中，金牌得主与银牌或铜牌得主的区别不仅仅在于他们有最棒的运动素质，还在于伴随比赛的取胜态度。许多运动员之所以输了一场比赛就一蹶不振，是因为他们在起点和终点之间给自己埋下了自我怀疑的种子。那些对自己或所遇到的情况有消极想法的人，会出现相关的行为。结果可能是一种恶性循环，这种循环为压力知觉的反复出现提供了平台，继而使自己心头的乌云难以消散；这就是自我实现预言的最终实现。

有关这个概念的一个事例出现在 1991 年的电影《漂亮女人》（*Pretty Woman*）中。在影片中，女演员朱莉娅·罗伯茨（Julia Roberts）以一个好莱坞妓女的角色向男演员理查德·基尔（Richard Gere）描述了她是怎样掉进她的“职业圈子”的。她坦言在其成长过程中，从父母和同伴那里收到的是大量的消极反馈，而且自己非常轻易地相信了这些反馈，任其腐蚀她的自尊。另一个例子是约翰·特拉沃尔塔（John Travolta）在电影《发胶》（*Hairspray*）中所扮演的一个超重女子，为了与肥胖做斗争，她很多年来都不愿走出屋子。在罗伯茨饰演的那个角色身上，这种“失败者”特质是许多观众自身多多少少也具有的，之所以会这样，可能是因为这种态度

消极主义（pessimism）：只看见事情最糟糕的一面。

灾难主义（catastrophizing）：将每个情况都导向最坏的境地。

责备（blaming）：把责任从自己身上转移开。

完美主义（perfectionism）：不断在自己身上强加超人类的标准。

极端思维（polarized thinking）：任何事都导向极端的状况，可能极其好，也可能非常糟。

应该思维（should-ing）：为本应做而没有做的事情责备自己。

夸大（magnifying）：把问题放大的思维。

思维中断（thought stopping）：一种应对技巧，在这种技巧中，你有意识地阻止消极思想的运行。

短暂哀伤（brief grief）：相对于不健康的、持续时间过长的哀伤而言，短暂的哀伤是适当而且健康的。

糟糕至极（awfulizing）：一种思维方式，持有这种思维方式的人在所有情况下都倾向于看到（或期望）最坏的一面。

普遍流行于美国社会。

为了打破这种自我挫败的思维循环，博里森科建议使用**重建**的概念。重建涉及以一种新的角度或有利视角来看待同一个情况，并找出其中积极的一面。通常，我们的想法的顽固性和适应性成了重建过程中的障碍。启动这一过程并解除障碍的方法包括运用幽默、正面肯定以及创造性。正面肯定是为了支持自尊。通过积极反馈形式的自我称赞能够建立自信心，这有助于平衡来自内心的批判的声音。在我们将自己与他人做对比时，这些内心的批判会不断告诉我们，自己还没有达到那些标准。例如，作为一名健康促进和压力管理顾问，我遇到了来自全国各地和各行各界的人。在 2007 年的一次研讨会上，我遇到了一位来自新奥尔良的杰出女性，她讲述了她可怕的毁灭性的经历（并在持续）。我和她以及其他人的交流使我能够直接感受到所谓坚韧人格，这种人格也被学者科巴萨（Kobasa）和麦迪（Maddi）称作“抗压人格”。以下是克里斯的故事。

克里斯是土生土长的新奥尔良人，她热爱这座城市。从迪克西兰爵士乐和狂欢节到卡津烹饪，新奥尔良都有自己独特的文化。然而，在墨西哥湾沿岸生活也有其危险。飓风对路易斯安那州来说并不陌生。克里斯说，就像新英格兰的暴风雪一样，飓风也是这里固有的自然灾害。当卡特里娜飓风在墨西哥湾形成时，克里斯和她的丈夫用木板封住了房子，把车收拾好，一路向北开到了巴吞鲁日。由于风力高达每小时 240 公里，他们预计自家的房子会在一定程度上受到破坏，但是没有人预料到堤坝会决口并引发大规模洪水。几周后，当他们返回家园时，发现连二楼被洪水淹没了。无价的传家宝、家人的照片、计算机和克里斯写了 5 年的书籍手稿都下落不明，而这几乎是她所拥有的全部。在洪水中失去一切可能是毁灭性的。该如何在 35 岁时重建生活？克里斯说，扮演受害者的角色很容易，但这能起到什么作用呢？“你从那里了解你所拥有的，并从那里重建。我可能已经失去了我的房子和我的财产，但是我有我的健康和智慧。我是有弹性的。我将渡过这一难关，我决心不放弃，要战胜现状，继续前进。”她也这样做了，她在同一时间重建了自己的生活和房子，并在 1 年的时间里恢复了平衡感。她说：“失去一切是毁灭性的，但也是一种解放。我选择专注于积极的方面，这让我度过了艰难的时期。”

关于重建的最后一个解释见图 8.5。博里森科叙述了一个澳大利亚的朋友伊恩·高兰（Ian Gawlan）的故事，他被诊断患有骨癌并且只剩下 2 周的生命。他采取了这样一种态度，即如果他只能活 2 周了，那么他要将这 2 周过得最好。所以，他向他的女友求婚，举行了婚礼，并且到南太平洋度蜜月。20 年之后，当他把自己的经历告诉博里森科时，他解释了自己为什么还活着。他发现，潜意识不会对诸如“不能”“不会”和“做不到”之类的消极想法做出反应。因此，他没有告诉自己“我不会死”，这将被无意识的思维理解为“我会死的”，而是改用积极的想法支撑着自己，比如“我会活下去的。”当然，他确实做到了（专栏 8.2）。

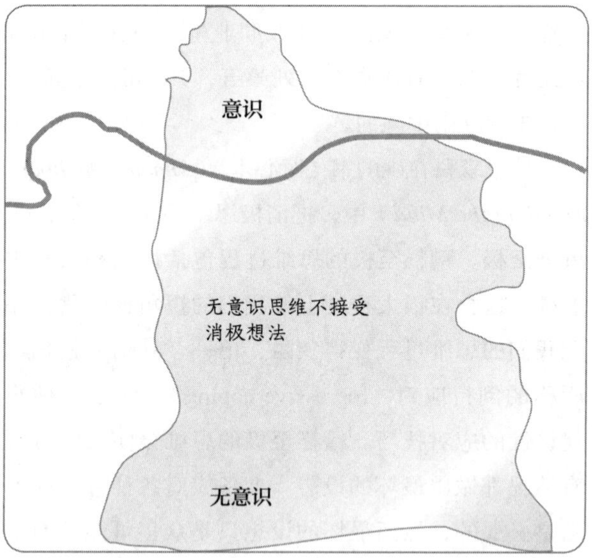

图 8.5 根据一些专家的观点，无意识思维不接受消极想法。如“我不会紧张”的想法会被解释为“我会紧张”，而这又常常导致紧张的行为。正面思考使得意识和无意识思维能够并行不悖。

接纳：另一种选择

许多时候，我们都会遇到自己无力控制的情况：颐指气使的上司、惹人讨厌的室友或者重大的

专栏 8.2 乐观主义和悲观主义

多年来，我询问了很多人对于乐观主义和悲观主义的定义。抛开那些老生常谈，以下是他们的一些答案。

乐观主义者

- 不让失败限制其成长的人。
- 在每个人身上都能找到弥补其不足的品质。
- 把自己的挫折看作暂时的。
- 爱往好处想，而不是总记挂着不幸。
- 即使丢了工作，也能告诉自己会有更好的等着他呢。
- 失败的时候能够重新评估自己的期望，从而使自己不会抑郁。
- 即使面对一个彻底悲观的人，也能看到其潜能。
- 不断开拓生活的新领域，并且能够接受与自己不同的人，能将其看作一个独特的个体。
- 对自己有足够的信任，相信自己能够渡过难关。
- 在死亡将至时，能告诉自己“我没有任何遗憾”。

悲观主义者

- 不能接受反面意见和想法。
- 没有什么比发现他的消极观点是正确的更让他高兴的了。
- 尚未了解他人的时候，就对其预先做出判断和归类。
- 信奉墨菲定律——事情如果有变坏的可能，不管这种可能性有多小，它总会发生。
- 总是看见前进道路上的障碍，而那些障碍通常是自己设置在那里的。
- 通过消极的视角获得能量。
- 宣称自己是现实主义者，但这是骗不了任何人的。
- 把乐观主义者视为不切实际的人。
- 不仅让本已存在的消极的乌云笼罩在心头，还自己制造出了更大的阴霾。

个人损失。大多数时候，真实情况并不让人开心。在很多心理学家关于这种情况的理论中，一个普遍的主题就是**接纳**。在无力掌控的情况下，接纳被认为是一项极为重要的应对压力的策略。然而，这可能是意识最难以接受的策略。在控制和接纳之间有明显的界线。这就是莱茵霍尔德·尼布尔（Reinhold Niebuhr）为匿名的酗酒者设计的**平静祈祷**：“请让我平静地接受那些无力改变的，让我有勇气去改变那些我能改变的，让我有智慧去知悉两者的差异。”接纳不是一种“一夜获得的感觉”，而是可能要持续几天、几周或几个月才能适应和实现的态度。通常，接纳涉及宽恕的一些方面。接纳的概念和老子在《道德经》中阐述的一个观念很相似。老子提出，我们应随着宇宙的节律一起运动，而不是违抗它的力量。拒绝和操纵，就像淤泥中疯转的车轮一样，是没有结果的，因为它们背离了自然的规律。逆着潮汐的方向游泳会使自己筋疲力尽，有时甚至是致命的。正如俗语所言，有时候放手比握住不放更需要力量。最终，在面对愤怒或恐惧时，接纳或宽恕似乎是更好的方式。

人们已经做了成百项研究，以确定认知重构对压力引起的健康问题的作用。这些研究聚焦失控的愤怒（适用于对妻儿施加暴力者的应对技巧）和焦虑，以及最受关注的物质滥用和进食障碍。这些研究的结果表明，可以改变思维过程以达到更好的健康状况，尽管并非在所有情况下都有效。

启动认知重构的步骤

由行为医学领域提出的一个简单的四阶段模型，通过认知来实现与生活风格相关行为的改变，

重建（reframing）：在不否认现状的情况下，用中性的或积极的看法取代消极看法的思维过程。

接纳（acceptance）：通常是对情境的认知重构的最后结果：接受那些你不能改变的，并且继续你的生活。

平静祈祷（serenity prayer）：莱茵霍尔德·尼布尔的著名的简短祈祷，内容是鼓励接纳和智慧。

从而达到增进健康的目的。下面的模型解释了如何将认知重构作为一种减少压力的应对技巧。乍一看，这个过程似乎不需花费太长时间。人的想法持续的时间不过几秒，但是这些想法可能在一天之内不断浮现。而这些知觉所产生的情绪可以持续几天甚至几周。进一步观察表明，认知重构是对于持续不断的心理对话的提炼。因此，它在很大程度上是一个持续不断的过程。这几个阶段如下所示。

1. **察觉**。察觉的过程有三个步骤。第一步是识别和确认压力源。这一步可能需要写下你脑海里所想的，包括所有的挫折和苦恼。察觉过程的第二步是识别为什么情境或事件成了压力源，进而识别与每一个压力源相关联的都是什么样的情绪态度。第三步，对最主要的压力源以及相关情绪做初评。如果初评是防御性的或消极的，并妨碍你解决问题，那么在下一个阶段将进行重新评价。
2. **对情境的重评**。第二次评价，或者说再评价，是脑海中产生的“次级想法”，它提出了不同的（客观的）观点。再评价是对相关因素的重新集结或重组，是敞开接受新想法的过程（图8.6）。在这一阶段，次级或三级想法涉及选择一个中立的或者比较积极的立场，以更好地应对手头的问题。要记住，再评价并不是一个合理化的过程，也不是一个压抑情感的过程。同时还要记住，哪些因素是你能够控制的，哪些又是你控制不了而必须接纳的。

图 8.6

3. **采纳及替代**。任何态度转变中最困难的一步就是执行。一旦一个新的心理构念产生了，就必须马上采纳和执行。人天生就是偏爱习惯的生物，喜欢在已知的事物中找寻安慰，即使所谓的“已知”并不是我们想要的。悲观主义是一种防御，尽管并未被看作提高人类潜能的方式，但熟知过去的方法仍能给人以安慰，改变并不容易。改变涉及一些风险。用一种积极的态度代替消极态度，起初可能会让你感觉很脆弱，但是正如其他会随着练习而提高的技能一样，一种新的舒适安全的感觉会渐渐产生。根据认知重构，当压力出现并不断重复时，必须经常替换新的心理构念。
4. **评估**。对任何新的冒险和尝试的检验都要看它的效果。这种新的态度是否起作用？起初，它可能没什么效果。初次尝试投篮，结果可能是尴尬地投不中。对新的态度做出评估，并确定它的价值。如果评估的结果证明新的构念是一次彻底的失败，那么回到第二个阶段再做一次评价。如果新的构念发挥作用了，就带着那些仍待解决的问题重复这一过程。

关于认知重构的其他建议

1. **使用一种放松技巧来让心灵获得平静**。当使用放松技巧时，大脑开始放松，意识从分析模式转变为接受模式。在这个放松的过程中，不重要的思想获得意识注意的请求被驳回，这使得个体能够对当前的问题采纳更宽广的视角。这样的视角随后会给个体启发，并且为积极观念的产生打开了方便之门。
2. **为你自己的想法负责任**。处于压力之中时，我们也可能觉得事情超出了我们的控制。一种获得暂时性控制的方法就是，因自己感到了压力而觉得不公平，从而责备他人。责备与内疚有关，而内疚可能是一种有害的想法。如果你发现自己因为一些让自己感觉受伤的事情而责备别人，问问自己如何才能将责备他人转变成对自己的思维和情绪负责任，而不致感到内疚。

3. **调整预期值**。人们相信调整先前的预期以面对压力，要比事情发生以后再换一种态度容易一些。很多时候，我们都是带着预期做事情的。当这些预期未如愿，消极的想法就产生了。调整预期并不意味着放弃理想或是降低自尊，而意味着通过现实的检验调整你的感知，质问其有效性，从而使它们与实际的情况相匹配。
4. **给自己正面肯定**。在意识中持续进行的内部心理对话常常被消极思维所占据，这些消极思维是由自我出于防御的目的而产生的。尽管最初产生时出于良好的目的，但占据优势的消极自我反馈会不断侵蚀自尊。而正面肯定能够用积极的观念平衡这些内部心理对话，从而增强自信和自尊。试着对自己重复一句能够增强自尊的话。（例如，“我是一个可爱的人。”或“我是胜利者。”）
5. **强调积极的一面**。积极思考和关注积极的方面是有区别的。积极思考是一种关于未来希望的表达。它通常以设定目标、一厢情愿和梦想为特征。尽管积极思考可能是健康的，但过度的积极思考可能是一种否认。关注积极的方面是一种对当前情境进行重建的过程，它关注的是当前。承认那些消极的方面，并从中学习，但不要固着于其中；把注意力集中在积极的方面，并在此基础上构建积极的观念。

重构的最佳应用

当你发现自己有压力时，可能会有一些有害的想法，首先要找出是什么让你感到有压力的，然后问自己为什么会这样。要有这样的习惯，问问自己：“这种情况能带来什么好处？”换句话说，你能从中看到什么积极的一面吗？认识到愤怒和恐惧的感觉，然后把你的想法转移到积极的立场上，这样你就不会成为自己的想法和观念的受害者。

总　结

1. 大脑接收的所有刺激都会被解释，并分类为消极、中性或积极的，这个过程称为认知。
2. 当解释被夸大时，就被称作认知扭曲。
3. 认知重构意味着将一种感知从消极的解释转变为中性的或积极的解释，以达到减少压力的目的。这个过程也被称作认知重评、认知重建、认知疗法以及态度调整。这种应对技巧源于艾利斯的理性情绪行为疗法。认知重建这个术语是迈肯鲍姆于 1975 年提出的。
4. 信息加工模型描述了刺激是如何通过以下四种成分而得到解释的：感觉输入、感觉加工、感觉或行为输出、反馈系统。
5. 消极思维通常也被称作毒性思维。研究已经证明，消极思维会抑制免疫系统的功能。
6. 消极思维最早始于童年期，是对家长的消极反馈的一种条件反射，这些消极反馈被转变成了内疚感和羞愧感。
7. 毒性思维以各种形式出现，包括悲观主义、灾难化、责备、完美主义、极端思维、应该思维、夸大和自甘受害。
8. 弗兰克尔指出了这样的事实，即我们能够选择自己的思维，以及采纳新的视角。
9. 博里森科把消极思维的产生看作悲观化，并解释说改变这些思维的途径就是重建，即以一种积极的视角对压力事件进行重新解释。
10. 积极心理学是一个应对压力的新兴领域，关注人类品质而非病理学目标。
11. 当似乎没有积极方面可言的时候，对现状的接纳（不要与屈服相混淆）是必要的。根据老子的观点，接纳意味着顺应而非反抗宇宙的力量。
12. 一个四阶段的方案可用于重组消极思维：（1）觉知；（2）对情境再评价；（3）采纳新的心理构念；（4）评估新的构念。
13. 关于认知重构的其他建议包括：冥想以使头脑清醒；为自己的想法负责任；调整期待；给予自己正面肯定；强调任何情境的积极方面。

学习指导题

1. 什么是思维过程模型?
2. 在改变行为的过程中，潜意识扮演着怎样的角色?
3. 你怎样描述毒性思维?
4. 列举启动认知重构的步骤。
5. 什么是认知重建?
6. 潜意识在重构过程中扮演什么角色?
7. 态度对人类的生理有什么影响?

第 9 章

健康边界：行为矫正

要多少个精神病专家才能换下一个灯泡？
一个就行，但前提是那灯泡要自己愿意。
——佚名

好的父母会给孩子设置健康边界，制定基本的生活规则，比如“吃蔬菜”“晚上9点后不可以打电话”“饭后甜点不能在晚饭前吃的”，等等。简单地说，健康边界是一种恰当的、负责任的行为准则，人们应该遵循这样的行为来过健康而富有成效的生活。随着我们的成长，我们从父母/爱人那里学习了这些规则。但当我们长大成人，我们必须创造并维持自己的成人行为。把健康边界比作细胞的话，每个细胞都有细胞膜，它们作为守卫者来确保哪些物质必须待在细胞内（例如，细胞核、DNA）、哪些东西不属于细胞，以及调节什么应该进来（氧气）和什么应该排出去（废物）。健康的细胞，细胞膜完好。细胞膜受损的细胞则会出现各种各样的问题。人类也是如此。健康边界有助于健康；如果缺乏这样的边界，则无法为健康和幸福的发展奠定基础。

环顾四周，你会发现到处都是公然违反健康规则的行为：不良的饮食习惯、粗鲁的科技习惯、过度饮酒的习惯、糟糕的财务习惯以及不良的人际关系等，不胜枚举。糟糕的界限常常导致一种受害的感觉。每个人都会在某个时刻跌倒，有些人摔倒后会在地上挖洞，即使碰到了岩石还是继续挖下去；另一些人则在跌到谷底后，调整了前进的方向，站起来走出低谷，重新开始旅程。健康边界是健康生活的指导原则，而行为矫正让你继续上路，而不是开车冲下悬崖。生活的关键在于结构和灵活性，也就是健康边界和行为的改变。

作为人格成分的行为

心理学中的一个流派认为人格是由三个因素组成的：价值观——有关重要性的抽象结构；态度——来自价值观的认知；行为——基于态度和感知的有意识或无意识行为。

价值观是能给我们的生活赋予意义的方面。价值观是在早年生活中由模仿权威人物而形成的抽象结构，这些权威人物包括父母、祖父母、哥哥姐姐、学校的老师以及我们会向其寻求爱和接纳的其他重要人物。它们是一些无形的概念，比如爱、诚实、自由、快乐、财富、快乐、教育、隐私和创造力等。价值观的切实意义是通过代表这些价值的象征物来实现的。例如，教育是一个价值观，但是它以书籍和文凭为象征，创造性也是一个价值观，它可以由一件乐器来代表。价值观可以由道德规范和

> **价值观（values）**：抽象的、无形的、重要的或有意义的概念，如时间、健康、诚实和创造力，以物质财富为象征。

伦理组成，但内涵远不止这些。米尔顿·罗克奇（Milton Rokeach）在1972年的研究中指出，每个人大约有20几种不同层次的价值观。这个层级结构包括两个水平：第一个是工具性水平，是几个对个体有意义的核心价值[①]；第二个水平是终极价值，支撑着核心价值的重要的结构[②]。个人的价值体系不稳定，价值观可以在重要性的排序上发生变化，在一个连续体中左右移动，也可以由另外一种价值观替代甚至发生改变。当价值观发生改变或被取代时，可能会出现价值观冲突，从而产生压力。

态度是以价值观为基础的信念。虽然个体价值体系中的价值观数量是有限的，但是罗克奇认为，每种价值观可以产生几百种态度。态度就是以价值观为依托的信念、认知和情感。态度的性质可能是积极的，也可能是消极的。消极的态度与可觉知的压力有关。

行为被认为是任何一种基于有意识和无意识思想的直接或间接的行动。行为被看作依据一个具体价值观所产生的态度在身体层面的表现。例如，在音乐会落幕时鼓掌，是受你认为音乐给你带来了愉悦这种认知影响的。反过来，音乐可以是自由或者创造性的价值的象征。根据健康的价值，行为可以促进健康，有害于健康的行为通常是需要调整的。

人格改变不是不可能，但非常困难。在人格的这三个组成成分中，心理学家提出，价值观是最难被影响的，而改变态度的努力能取得一些成效（例如，通过认知重构）；然而，如果没有特别地关注与之相关的反应，态度的改变就不会持久。但是，行为在促进健康状态方面显然是最可能被修正和容易改变的因素。多年来，数百万美元的经费被投入研究，用以了解行为方面的概念，尤其是与生活方式相关的疾病，而这些疾病已经导致了高达天文数字的医疗费用。这些研究表明，当把几个因素（生物学、心理学、社会学因素）综合起来考虑时，是有可能做出改变的。例如，对于酒精中毒的治疗就要考虑基因、压力水平和社会关系等因素。

和人类行为的复杂性一样，没有一个简洁的理论可以说明我们为什么这么做而不那么做。无论我们的行为是习得的还是天生的，我们常常会把它们固定下来形成习惯。这里有一些广为人知的人类行为理论被应用于行为矫正。理解这些理论的观点有助于你调整自己的行为。

经典性条件作用

经典性条件反射的概念首先由俄国生理学家巴甫洛夫（Ivan Pavlov）在20世纪20年代提出。巴甫洛夫的理论是依据对狗的研究形成的，认为动物形成的条件反射是以特定的行为方式对特定的刺激做出反应。巴甫洛夫观察到，实验中的狗在听到与食物有关的铃声时会分泌过量的唾液。与狗一样，人们也会以某种方式形成条件反射行为。在这一点上，当一个刺激伴随一个生理反射出现时，就会形成一个根深蒂固的行为，这个行为可能要花好几年才能除去。我记得我有一个学生，只要听到溪流声的放松录音，就会控制不住地想去上厕所。下课后她不好意思地找到我，告诉我她听了录音后感到很不舒服。她告诉我，小时候，她母亲总是急匆匆地购物或者做其他事情，常常会在洗澡间放水催她快点小便。现在，无论什么时候，只要听到流水的声音，她就会有上厕所的冲动。

操作性条件作用

与经典性条件反射中行为的生理自动化功能不同，操作性条件反射是一种自愿的行为，是我们做出的有意识的决定。尽管**操作性条件反射**的概念可以追溯到18世纪，但这种人类行为最初是由心理学家斯金纳（B. F. Skinner）观察到并研究的，他从20世纪30年代至20世纪70年代做出了重要的研究。简单地说，操作性条件反射的基础是反馈和惩罚的概念，即好行为被奖励，而坏行为被惩罚。操作行为的逻辑是：当行为得到积极的强化时，行为就更可能重复，而惩罚用于阻止行为的产生。你的父母很可能在操作性条件反射作用的影响下培养你，因为培养孩子是应用这类行为矫正的典型。但它的应用不限于儿童时代。比如“激励”这种行为矫正技

---

① 例如，家庭、工作、金钱、朋友、休闲等客观事物。——译者注

② 例如，亲情、成就、地位、友谊、自由等主观感受。——译者注

术，被商业领域广泛用于促进利润增长和增加产值。操作性条件反射的许多变式还被用于许多康复项目。

模仿

小孩子不是鹦鹉，但是如果你仔细听一个孩子是如何模仿父母的，你会惊讶于他的语言和身体姿势的准确性。**模仿**是指行为通过仿效而形成。模仿不同于操作性条件作用，通常不涉及直接强化。出于纯粹的意愿，一个人会有动力去模仿某人的一个或几个方面，因为他们与这个人关系密切，或者他们发现了某种程度的吸引力（Pescuric and Byham，1996）。被效仿的人可能是父母，但是在多种媒体盛行的时代，也可能是个体希望认同的公众人物。当人们在电视或电影中模仿消极行为时，“生活模仿艺术”这个表达往往会浮现在脑海中。尽管孩子们经常模仿他们眼中的英雄人物，但我们永远无法超越模仿我们崇拜的人的能力。随着年龄的增长，“英雄”这个词会变成“榜样”或者“导师”。模仿常用于塑造自尊的实践中一个重要的成分。在建立自尊的实践中，榜样通常作为一个重要的组成部分。

目前在美国有几种针对不良的健康习惯的行为矫正项目。这些项目大多集中于物质成瘾（酗酒、饮食失调、吸烟和吸毒）和行为成瘾（工作狂、购物狂、性习惯）方面。其他项目的目标是改善生活方式，包括时间管理和坚定自信训练。不管关注的焦点是什么，所有的积极行为改变项目的底线都是建立和保持自尊。本章的重点是坚定自信技巧，这在自尊的发展和维持中是最重要的。但是在了解坚定自信训练工作坊中强调的技能之前，让我们先来看看行为改变所涉及的动力。

行为矫正模型

在得知自己有压力易感性格之后，人们往往认为自己或自己的一部分不那么讨人喜欢。事实上，承认这些特征可能会增加他们的压力。一些人认识到了这些特点和行为，并做出相应的改变来调整他们的人格，而其他人则难以克服改变的障碍。大量的研究确定行为改变能够有效地促进健康。这些研究主题包括物质滥用、殴打妻子、饮食失调、失眠等方面的任何情况。大多数研究显示，开始采取新行为远比长久地保持一个行为容易。改变动机刚开始时往往显得很强，但当没有观察到直接的影响时，动机很快就会减弱（一般在 1 ～ 2 周）。最近的研究表明，对经历过行为改变的人（例如，戒烟）在其改变行为前后进行的功能性磁共振脑成像发现，在额叶皮层可以检测到神经活动变化，这与行为抑制和自律有关。就像一条土路变成了一条铺有柏油路面的高速公路，每当执行新的行为时，神经活动就变得更加明显（Duhigg，2012）。没有比销售主管更适合了解行为和随后的行为变化的了，他们唯一的目的就是让你购买他们的产品。在《习惯的力量》（*The Power of Habit*）一书中，作者和纽约时报的调查记者查尔斯·杜希格（Charles Duhigg）研究了广告公司的高管们试图说服消费者进行购买的具体案例，涉及的商品从百事可乐牙膏到费风牌除臭剂。将行为简化为最简单的术语，杜希格首先回顾了行为习惯的基础，所有这些都发生在三个简单的步骤中：（1）提示（触发行为的东西）；（2）例行（动作）；（3）奖励（满足）。他说，行为矫正归根结底是改变其中一个或多个方面。而这正是广告商所做的，非常成功地让客户尝试甚至转向新产品。同样的道理也适用于从易受压力影响的行为转变为抗压力的行为。购买产品是一回事。摆脱恐惧或愤怒的行为需要付出更多的努力。为了理解并改变与非健康行为有关的因素，研究行为治疗领域的心理学家在观察研究的基础上提出了一个模型。所有富有成

态度（attitudes）：关于价值观的信念，经常表达为看法。

行为（behaviors）：依据意识（有时是无意识）思想所直接或间接表现出来的行动。

经典性条件反射（classical conditioning）：一个对刺激的无意的习得行为，如当时钟指向中午 12 点时，会感到饥饿。

操作性条件反射（operant conditioning）：一种习得的行为，源于一种自愿或有意识地做出的决定。

模仿（modeling）：通过观察所崇拜的人（如，父母、老师和同伴）的行为而做出仿效的能力。

效的项目都包含着如何改变行为的一系列步骤。当应用于生活方式和行为的改变时，这些步骤就会引导人们改善健康状况和生活质量。这个**行为矫正模型**有一个预备阶段（否认阶段）和五个系统的步骤。

许多的行为心理学家和治疗师都认同，在行为发生改变时，实际上总是从**否认**阶段开始的。例如，弗洛伊德把否认描述为一种用于减弱对自我的威胁的防御机制。在否认阶段，人们拒绝承认他们在执行一种非健康的行为或者他们现有的行为方式是不健康的。最常见的例子是，有些有长期饮酒问题的人不承认他们不能控制自己的饮酒问题。但是，并不是每个人都是从这个阶段开始的，不过确实有很多人的确如此。他们是在心理治疗师和咨询师的帮助下越过这个艰难的阶段的，并且进入了行为矫正的最初阶段，即**觉察**。

1. **觉察**。在这个阶段，你意识到你的某些思考方式和某种行为方式是不健康的或者不理想的。在本书中，这些行为会让人产生导致压力的习惯。觉察可能来自一些教育经历的结果（例如，一节课、一则公益广告、一篇新闻报道、某杂志上的文章或者是一位好友的建议），让你对某种行为的觉察有所提升。当你简单地承认你当前的一个（或多个）行为不再可取时，也会有觉察的产生。一旦你看到自己不太满意的行为时（如共存倾向、渴望寻求认同和自甘受害、敌意攻击的A型行为），改变的过程就可以开始了。
2. **渴望改变**。许多人认识到他们有影响健康的消极行为，但他们不想改变。如果没有改变的愿望，即使这种行为已经明显具有破坏作用了，也不会发生行为改变。许多人都知道，食物中的胆固醇与心脏病有关，吸烟会引发癌症，但还是维持原来的行为，因为无论行为带来何种收益，改变的愿望远不及保持原有状态的愿望强烈。改变的愿望常常在行为不再具有应付能力的时候发生，而且实际上那是置身于灾难或者死亡之路。“触底”常常用于描述人们经历低谷，然后产生一个“反弹”的愿望，并有强烈的动力地去改变原有行为。
3. **认知重构**。在认知重组这个阶段，你已经了解到自己陷入了你无法接受的行为方式中，并且有了新的和更适宜的取代方案。例如，不再问别人封闭式的、寻求认可的问题：“你喜欢我昨晚的表现吗？”而是转换成一个开放式问题，“你认为我昨晚的表现怎么样？”这就给了别人自由回答的空间，并转移了你的关注点。认知重构实际上是用一种客观的自我对话来认识当前和即将开始的行为，还能选择积极地做出改变。
4. **行为替代**。在行为替代阶段，要考虑用一种健康的或者减少压力的行为代替想要改变的不恰当行为。有时，这种**行为替代**过程在实际发生行为之前就已经以心理意象的形式进行了演练。在这种情况下，在你知道自己有当“受害者”的习惯时（依据向他人描述压力源的方式），你将这种行为改变为向朋友或亲戚描述所发生的事情，这样就把重点从你自己身上转移到真正的问题上。不是所有的改变都是替代性的。一些行为矫正可能会增加你的行为。例如，本书描述的一个或几个应对技巧和放松技巧可能就是对你的行为的补充。然而，当人们采取新的行为时，常常因时间的限制而挤掉日常计划中的其他事，这反映了个人的优先次序和价值观。
5. **评估**。在替代行为发生后，有一个**评估**阶段，你会“反观”一下，分析新的行为是否有效，问问自己为什么行，为什么不行，然后决定再次发生某种状况时，可以采取哪些行为来调整这个过程。

第二种行为矫正模型：阶段性改变

据估计，有超过300种策略可以将不可取的行为转变为可取的行为，除了“快速戒断”和30天催眠的恢复计划以外，还有很多。作为酗酒父母的孩子，詹姆斯·普罗查斯卡（James Prochaska）对行为矫正非常感兴趣，并对这个话题进行了大量研究。1982 年，他的努力促成了一种被称为“阶段性改变（Stages of Change）”的行为矫正模型。普罗查斯卡及其同事卡洛·迪克莱门特（Carlo DiClemente）观察到，行为（尤其是成瘾行为）的巨大改变不是单一的事件，而是一个过程，可能需要几个月或更长的时间才能掌握。其模型的特别之处在于，他承认不良行为的反复是改变过程中的一部分，而不意味着失败。

该模型包含六个步骤。

1. **前沉思阶段**：这是一个否认问题或不相信行为存在问题的阶段（图 9.1）。
2. **冥想阶段**：大量重要的信息被明确，认为改变是一个值得做出的选择。
3. **决心阶段**：在这一阶段，意志力被召唤出来，将思维过程转变为行动。
4. **动作阶段**：在这一阶段，实际上是采取行动，但就像一项运动技能一样，可能需要几次努力才能把它做好。
5. **维护阶段**：在这个阶段，人会适应改变后的行为，使之成为其日常生活的一部分。这一阶段也可以称为“第二天性”。
6. **复发阶段**：旧行为恢复，直到重新选择新的（更健康的）行为。

图 9.1

尽管普罗查斯卡的模式并没有涉及自我检查的阶段，但这一模型已经被许多团体和组织采纳，他们的目标从摆脱物质成瘾到实现个人成长，还被用于减肥和运动规划方面的健康促进计划。然而，有些项目往往侧重于加强内部控制，另一些则包括外部激励或奖励（例如，有 T 恤、大手提袋、咖啡杯等奖品），作为一种增强行为改变动机的手段，经常会有不同的结果。使用外部奖励的项目受到了批评（Robison and Carrier, 2004）。正如俗话说的，“真正的改变必须从内部开始。”

压力是复发的诱因吗？

情绪压力在行为矫正中扮演什么角色？有关行为矫正的研究回答了这一问题。压力（对事件的威胁感知）是不健康行为的催化剂。心理学领域认为，可以用“先行”来描述压力的启动效应，这意味着被视为压力的各种事件或情况会启动应激反应或恢复旧有的行为模式，比如吸烟、酗酒和屏幕成瘾（图 9.2）。在心理学领域之外，压力被称为“按钮”（例如，“他真的按了我的按钮[①]”）。情绪压力

> **行为矫正模型（behavior modification model）**：一个可以分解成不同步骤的模型，它可以把一个消极行为转化为积极行为。
>
> **否认（denial）**：在某些情况下，这是改变一个消极行为的第一步。
>
> **觉察（awareness）**：学会意识到一个努力想改变的具体行为。
>
> **行为替代（behavioral substitution）**：用一种新的（积极的）行为代替一种不那么令人满意的行为。
>
> **评估（evaluation）**：观察和分析一种新采用的行为，看这种新行为是否有效的过程。

① 原文为 He really pushed my buttons，意思是他真的惹我生气了。——译者注

图 9.2　如果是持续了一生的行为习惯，那么要想改变经常是不容易的。一些行为主义学家认为只有在愿望足够强烈时，改变才能发生。

会影响你的行为吗？你的按钮（启动事件）是什么，当按下你的按钮时，会引导你走向不健康行为吗？意识到这些也是所有行为矫正过程的一部分。

随着生活辅导领域在美国社会获得认可，动机性访谈已经成为行为矫正的基石。动机性访谈（motivational interviewing）源于威廉·米勒（William Miller）和斯蒂芬·罗尔尼克（Stephan Rollnick）帮助酗酒者识别和改变他们的成瘾行为（Miller and Rollnick, 1991）。动机性访谈被定义为"一种指导性的、以患者为中心的咨询方式，通过帮助客户探索和解决矛盾心理来引导行为改变"。与非指导性咨询相比，它更具有针对性和目标导向。如今，这种方法被许多生活导师用于各种各样的行为改变，从信用卡购物和追求职业目标到健身训练和各种健康行为。

值得注意的是，当人们渴望立刻改变所有不满意的行为，改变或提升他们的生活方式时，几乎会成为另外一个人。这种方法虽然很令人敬佩，但常常以失败告终。行为心理学家建议，最好的方法是每次改变一个不满意的行为。

许多行为理论，包括自我监控、经典性条件反射、操作性条件反射和模仿理论认为，行为是可以改变的。从这些理论的特点以及形成理论所做的研究可以看出，没有一个最好的方式来改变行为。当前的学术流派认为，行为改变的最佳途径是多模型取向（也称为生物—心理—社会方法或者整合模型），可以结合多种理论及其相关技术以达到持续的效果。所有这些理论的焦点都是自尊。低自尊实际上与任何压力相关的行为都有关。因此，若要关注行为矫正的重要方面，尤其要注重它与坚定自信及坚定自信技巧的关系。

坚定自信

坚定自信是一种能够愉悦地坚定自己在思想、情感和行为方面的强烈意愿的能力；在环境中，对自己的优势既不抑制也不攻击的行为。最初由安德鲁·索尔特（Andrew Salter）在 1949 年介绍了这个概念，是指一种能平静地面对问题的内部资源。这个词后来又由阿诺德·拉扎勒斯（Arnold Lazarus）重新定义为"个人权利和情感的表达"。此后，这个定义的引入使得坚定自信成为改变压力相关行为的焦点。

心理学家丹尼斯·贾菲（Dennis Jaffe and Scott, 1984）提出了人在与他人相处时的行为风格连续体，在连续体的任何一端都会产生压力：

被动的行为　　坚定自信行为　　攻击性行为

压力常常产生于许多的需要。尤其是产生于表达个人情感的需要；而其他的需要常常是这些需要的分支。当涉及与其他人的接触时，往往会需要自己的坚定自信行为，而不是被动的或者攻击性的行为，才可以最大限度地减少压力情境带来的愤怒感和恐惧感，并倾向于采取和平的解决方式。下面是对三种主要的人格类型的详细解释。

1. **被动行为风格：**个体受到胁迫后无法表达自己

的思想和情感。结果，这样的人常常把他们的权利和自由拱手相让。采用这种行为类型的人给人一种害羞的印象，并且会让步，屈服于他人的要求或者很容易接受别人的要求。一个被动类型的人会不惜代价避免冲突。结果，这种类型的人会感到被利用。被动行为风格的人被认为受焦虑驱动。然而消极被动行为会导致怨恨和牺牲感。共存人格的个体通常是被动行为风格的。

2. **攻击行为风格**：此种风格的人通常会胁迫他人并争得对他人的思想和情感的控制。攻击行为包括操纵、威胁、责怪和争斗。具有攻击型行为的个体从不考虑他人的感受，攻击性行为可能会使人获胜，但是也有可能失去那些被打败和被伤害过的人的尊重和信赖。攻击行为风格被认为是由愤怒驱动的。那些表现出 A 型行为的人们经常使用这种风格的行为。
3. **坚定自信行为风格**：它是完美的行为风格，人们能针对具体的问题，在问题解决的过程中既不贬低自己，也不攻击别人。一个坚定自信的人能认识到自己的个体权利，也能站在他人的立场上维护别人的权利。坚定自信行为风格的个体利用别人的可能性最小。坚定自信的个体是开放的、宽容的，并考虑他人的感受。达到坚定自信意味着面对需要解决的问题时，能克服恐惧感，并适当地沟通愤怒感，而不是把他人放到防御的位置上。

坚定自信行为风格的个体持有的认知是他人有合法的权益。几位治疗师（Davis，Eshelman，and McKay，2002）对这些问题进行了描述，涉及以下内容。

- 说"不"而不感到内疚。
- 可以改变对任何事情的看法。
- 在做出回答之前，给自己时间来思考如何应答。
- 寻求有关指导或说明。
- 提出你自己的要求。
- 去体验和表达你的感受。
- 在任何条件下，对自己持有积极的感受。
- 犯错误时没有尴尬或负罪感。
- 持有自己的意见和决定。
- 反抗不公平的对待或评判。
- 认识到你自己的成就和贡献的意义。

一般情况下，在有些人面前（这些人的地位常常比较高，比如老板、父母），我们很少表现出来坚定自信行为。然而，缺乏坚定自信的行为可以发生在让我们有胁迫感的任何人面前，包括异性、认为比我们更有吸引力的人以及陌生人。

坚定自信技巧

要改变一个人的行为，首先必须认识到当前的行为是不必要的而且实际上是会增加压力的。只有认识到并有改变的意愿，行为转变才能启动和完成。来自坚定自信训练工作坊中的大量行为技巧都可以用于具有潜在压力的情境中。下面是一些被普遍提倡的有助于提高坚定自信的技巧。

1. **学会说"不"**。我们经常被要求帮助朋友、家人和同事完成某些事情。事实上，我们很多时候是无法单独完成某些事情的。一个从美国发展而来的准则是：我们必须一起工作并在需要时彼此帮助。长期以来，这条定律已经被曲解，致使个体把别人的需要放在自己的需要之上（例如，共存人格）。对别人说"不"被错误地等同于粗鲁，并且说"不"的结果是让别人感到受到拒绝。但是在不方便和不可能办到

坚定自信（assertiveness）：指一种既不被动、又不激进、比较有策略的行为。
被动行为风格（passive behavior style）：一种受恐吓影响的行为，通常会导致怨恨和受害的感觉。
攻击行为风格（aggressive behavior style）：一种基于胁迫和操控的攻击行为。
坚定自信行为风格（assertive behavior style）：一种既不消极也不具攻击性的行为风格，而在追求个人权利时是宽容和体量的。

有人情味的压力

如果你今天看到帕蒂（Patty）的脸，你会注意到她的脸庞光彩照人。她散发出自立与爱的神情，她的微笑明媚灿烂，但她并非一直如此。在帕蒂的例子中，内心的平静始于一次地狱般的经历。在16岁时，帕蒂跟正常的青少年一样认识周围的世界。但是在这个重视体重的社会里，加上被第五大道美女们的身姿吸引，她开始强迫性地控制饮食。不久，她从控制饮食变成了疯狂进食，然后再用泻药。这种模式成了一个成瘾性的仪式，一直持续到她23岁时。

回顾她的早年，帕蒂承认，“我是一个完美主义者。我非常在意我的体重。控制饮食成为逃离情感的途径，直到我19岁时，我还是在否认自己真的有问题，然后我尝试了几种办法停下来，但没有奏效。”1992年的秋天，帕蒂妥协了，她到医院做了检查。就像她所说的，“我坠入谷底，这样下去的结果或许就是死路一条。”然后，她参加了康复项目，依据12步骤法，帕蒂完全意识到了自己的问题，并且学会慢慢用积极的思想和行为替换消极的思想和行为。

“哦，我仍不时地感到冲动。”有一天，她偶尔到我办公室时说，“但是我从来没有像现在这么快乐过，我现在能与自己和至高存在相处，非常感谢你们。”感激的心情表露无遗；眼中闪烁的光芒流露出她所说的一切都是发自内心的。

时，答应别人又导致了委屈和受害感。坚定自信技巧教会人们在说“不”的时候不会产生“伤害”别人的内疚感。人们有权利问心无愧地拒绝别人。要记住，别人的问题不比你自己的更重要，也不比你自己的更不重要，不能要求你自己去解决世界上所有的问题。如果你个人的责任和别人的要求发生冲突，那么在任何时间都可以礼貌地婉拒。不要让他人的评论使你产生内疚感（见图9.3）。

2. **学会使用“我”式陈述**。在研究压力易感型人格时，研究者发现各种人格类型都明显表现出了不能感受和不能表达情绪的现象。坚定自信技巧能够教会人们坦然地用第一人称“我”的方式来表达自己的观点（如“我对……感到很生气”，或者“我感到你对我说的这些不对”），这种技巧教会了人们更自然地表达感受，而不是压制自己的感受。“我”式陈述鼓励人们公开自己的思想、感受、认知和信念。坚定自信技巧训练项目训练人们用一定的时间来形成意见陈述。不要强迫自己必须说出第一个跳入脑海的想法，而是留时间把你的想法明确下来，再做出简洁、直接的反应。

图9.3 在20世纪80年代，第一夫人南希·里根（Nancy Reagan）发起了一项禁毒运动，现在成为众所周知的口号“就要说不！”同样程度的坚定自信可以用于所有类型的情境，包括应用于你没有时间做的额外的事情。

不坚定自信的人经常避免描述自己的感受，害怕别人不同意。因为害怕被拒绝，他们还倾向于同意别人的思想，采取中间的立场，而不是冒险表达自己的感受。"我"式信息的使用强化了自我的边界。尽管有力的自我边界看似比坚定自信行为风格更有攻击意味，但人们在自我发展的过程中要做出调整或改变之前，必须首先认识自我认同的组成要素。

3. **运用视线的接触**。身体语言是非常重要的沟通技巧。非言语交流比口头语言更可信。在自我表达中缺乏视线的接触在他人看来会觉得你所说的话不诚实或者没有安全感。如果担心被拒绝，那么当你向别人表达自己的感受时，目光接触常常是最困难的。坚定自信技巧的训练包括在表达各种思想、感受和意见时增加目光的交流。学会这个技术要从1～2秒发展到8～10秒的间隔。在视线停顿时，建议人们眼光直视而不是上下飘动，但在暂时看向别处后，再回来进行直接的目光接触。过少的目光接触常被认为是缺乏自信的表现，而直盯对方（长时间的目光接触）被认为是对个人空间的侵犯，也应该加以避免。
4. **使用确定性的身体语言**。坚定的语调伴以懦弱的姿势，可能会给和你交流的对象传递混乱的信息，要么被解释为不真诚，要么就是不确定。姿态，是你把握自己的身体的方式，要么强化你的信息，要么削弱它。除了目光的接触和声音的语调，你身体的姿势和头部的位置都会潜在地揭示你对你正在表达的信息的真正感受。建议你坐直，身体的重量要均匀地分布在两侧，并将身体重心放在双脚之间。
5. **平和地表达反对意见**。在做决定的过程中，当以平和方式表达意见或说出事实时，所有的意见就能被考量，反对的意见也会被认为是有益的。这个坚定自信技巧能使个体适应这种平和的对抗方式。当你觉得需要表达反对的观点或者被人认可时，可以运用这个技术。
6. **避免操控**。在肯定自己的过程中，你会发现别人有意无意地试图干扰你完成决定的努力。下面是一些需要识别的路中石，以及帮助你处理它们的建议策略：
   - **胁迫**。坚持自己的决定可能会对那些习惯于操纵和控制他人就范的人产生威胁。反过来，他们会提高嗓门，大发雷霆。当你意识到这种行为时，你可以说你想在对方平静下来之前进一步讨论这个问题。例如，"我知道你非常生气，那我们午饭后再谈吧。"
   - **内容转移**。有时，人们会提出外围的问题，使得讨论脱离原来的主题，如果你意识到你所关注的问题已经在其他无关紧要的问题中消失了，那么迅速将注意力转回原来的话题，直到你的问题得到解决。
   - **人身攻击（人格攻击）**。你会发现在你试图解决一个问题时，正与你交谈的人揪住你的性格缺点来反击你，对抗这种攻击的方法之一是在一定程度上承认你有性格缺陷，而忽视其他方面。戴维斯（Davis）称这种反应为隐晦（clouding），用其他部分努力使攻击转向。使用这种技术时，要为了你的最大利益重新措辞陈述，然后回到手头的问题上。
   - **逃避**。人们经常用逃避具体的问题或对某些事物的感受的方式来否认问题的存在。这种阻碍可以用大胆的质询（一种直接的提问）来处理，揭开认知的隔阂。例如，"我做了什么让你感到生气的事情吗？"
7. **回应而不是反应**。反应行为（reaction）是一种反射，几乎是本能的，是人类行为中很自然的部分。这里讲的一个反应是对自发的情绪性想法的处理方式。尽管在创造性方面，自发反应是一种令人钦佩的特质，但情绪性反应可能会导致一些遗憾。回应（response）则是经过思考后对一种情境的计划。许多时候，我们的回应与反应相同，但这更有可能在我们希望自己在说话或行动之前经过思考时发生的。对一种情境的回应意味着了解你最初的反应，然后考虑对当前情境做出合理的反应。不是每个回应都充分，但在练习这个技巧时，你将会发现它有助于你去处理对压力的感知。

在坚定自信技巧训练工作坊中，教授们推荐了多种行为技术，以上介绍的只是其中几种。所有这些技术的目标都是建立和维持自尊。

行为矫正的步骤

要改变你不喜欢的某个行为，比如吸烟、咬手指甲或者担心你似乎无法控制的问题，必须首先知道这种行为是什么，然后运用行为矫正模型，选择你希望改变或矫正的行为。

一个好办法是：定期监控你在压力时期出现的思想和行为，以及打破你内心平静的问题；然后，应用行为矫正模型，使自己完成这些步骤。记住，重要的是不要一次改变所有目标行为。尝试一次改变一个行为。

总 结

1. 人们不断地努力改变、提高和操控自己的行为。与不健康相关的行为往往是最容易改变的。
2. 一般认为，人格主要由三部分构成：价值观——这些抽象的品质赋予我们的生活以意义；来自这些价值观的态度和看法；行为——任何基于一种或多种态度的行为。在这三种因素中，行为是最容易受到影响的。
3. 许多变量可以影响行为，包括生物—心理—社会影响。为了积极地影响行为，提倡多模态方法，其中生物、心理和社会因素提供了一个整体的促进健康的方法。
4. 改变行为的方法有很多，所有方法都有一个共同的模式，称为行为矫正模型。这种模型包括不同的阶段，如否认某个行为会危害健康，或否认某人有不良行为；然后：（1）觉察不良行为；（2）渴望改变；（3）认知重构——有意识地尝试改变；（4）行为替代；（5）对结果的评估。
5. 行为矫正的阶段性改变模型承认，回归旧的（不太可取的）行为（复发）是改进技巧或形成新的期望的行为的一部分。
6. 尽管任何有意识的行为改变都可以称为行为矫正，但就压力管理而言，行为矫正通常包括坚定自信训练。社会行为有三种风格，包括被动的、坚定自信的和攻击的行为。其中坚定自信风格行为最有效。
7. 每种行为矫正项目的目标都是培养坚定自信。这样的项目依据坚定自信可以增强自尊的理论假设，培训参与者练习几类坚定自信技巧。
8. 如果一个人每次试图积极地改变一种行为，直到它成为其日常生活的一部分，行为矫正效果是最好的。如果同时有几个行为目标，人们往往会感到不知所措，在很短的时间内就会回到老习惯。

学习指导题

1. 解释价值观、态度和信念的区别。
2. 列举并解释三种行为模型。
3. 请描述一下行为矫正模型。
4. 描述普罗查斯卡的阶段性改变模型。
5. 什么是行为改变的前因?
6. 解释坚定自信训练的概念并列出三种坚定自信技巧。

第 10 章

日志写作

如果把悲伤放进故事中，那我们就能承受所有的悲伤。

——艾萨克·丁尼生（Isak Dinesen）

就像 J. 艾维（J. Ivy）说的那样："在我成长的芝加哥地区，没有治疗师。我们只是没有做那样的事情。"他是格莱美奖获得者，他的作品出现在坎耶·维斯特（Kanye West）的首张专辑中。在高中时，艾维的一位英语老师鼓励他把自己的情感、情绪以及创造力写在纸上，他认为把这些东西写出来是一种宣泄，所以他这么做了。当老师把这些成品交还给他时，还让他大声朗读给全班同学听。尽管艾维犹豫而紧张，但他确实做到了。不久，这位来自风城南区的少年在他的痛苦中找到了一种声音，一种释放痛苦的方式，不再把它憋在心里。他充满激情的话语，加上他戏剧性的叙述，已经不仅仅是说唱了，而是他独特的治疗方法。艾维最令人心碎的作品之一是《亲爱的父亲》，描述了自己与关系疏远的父亲间的复杂关系，父亲在艾维很小的时候就离开了这个家庭。听他在舞台上朗诵这首诗就能明白从混乱中创造秩序的意义。"我写作，是为了净化我的灵魂。我发现了一些文字，它们创造了我的感觉，把这些想法编织成韵律，帮助我应对我所面临的损失、压力和挑战。我知道，在分享这些词的时候，它也能帮助别人。"在伊利诺斯州立大学就读期间，他磨炼了自己的写作/诗歌技能，他的朋友和同伴称他为"诗人"。像许多在个人写作和自我反省中找到自己声音的人一样，艾维的语录可以在他的书《我在这里——彼时和现在》（*Here I Am: Then and Now*）里找到。艾维最喜欢的语录是："梦想不会成真，它们本来就是真实的。"

一直以来，人们都认为将情绪、感觉、观念和记忆表达出来具有治疗效果（图 10.1）。释放情绪能够减轻心灵的负担。许多宗教已经将这一概念应用于精神治疗。这也是现代心理学的基石。尽管敞开心扉的对话是最常见的治疗方法，但写下占据大脑的想法也是非常有益的，正如无数在伊拉克和阿富汗作战的美国士兵通过他们的博客所揭示的那样。具有治疗效果的日志写作可以定义为连续的写作，记录个人生命旅途中的事件、思想、情绪和回忆。**日志写作**已被证明是一种有效的应对压力的技巧。多年以来，心理学家和健康教育学家都将日志写作作为自我探索和自我提升的工具。

历史视角

几个世纪以来，人们已经认识到了将重要信息

日志写作（journal writing）：应对问题的技巧；通过书面形式表达思想、情绪、记忆和观念，可以是散文或诗歌，目的是增强自我意识。

用了27支笔，15个练习本和连续12个章节，艾伦意识到她可能在第一次尝试写日志的时候就着迷了……

图 10.1

作为个人记录或者日志形式保存下来的必要性。从星辰变化到尼罗河水位升降，书面记录可以作为比较年度事件、月食、灾荒的规模比例以及世界领导人的变化的基础。从欧洲探险时代开始，人们就开始在地球上探索和旅行，书面记录显示出它的重要性。今天，世界上的许多领导人，如美国总统，以及空间站的宇航员们都会每天写日志。

“日志（journal）”一词来自法语词 journée，意思是“从日升到日落”。日志最初是一种在长途旅行时使用的导航方法，或是作为旅程安全返航用的方向记录。在报纸诞生后的很长一段时间里，大部分的新闻都是人们描写自己人生旅途中的事件的文字记录。甚至在今天，我们所说的世界历史，在很大程度上还是基于旅行者和探险家的日记，包括哥伦布、刘易斯和克拉克①、海军上将佩里②，甚至今天的宇航员。日志记录了时间和距离。在历史的长河中，许多人都会通过日志或日记来记录每天的经历。许多历史观点来自佛蒙特州农场的家庭主妇、俄勒冈州的耕农、东南部的学校教师以及阿拉斯加克朗代克河淘金热的淘金人所写的文章。最初，只有男人才写日志，因为女人们没有接受教育，不识字。但是，当女性也开始这样做的时候，“日记（diary）”这个词就与那些坚持写日志的女性联系起来了。今天，“日记”和“日志”被视作同义词，然而“日记”一词似乎有些女权主义的色彩。区别在于，日记写作是对个人时间的罗列，而日志写作是对个人意识和创造力的扩展，并为个人的奋斗提供解决方法。

艾拉·普罗果夫（Ira Progoff）博士是最早研究日志写作的心理学家之一，开始于1975年。普罗果夫接受过荣格心理学训练，发现自己的日志写作可以将他导向更高的意识或者精神觉悟，能够鼓励他寻找自己人生的意义。这些努力的成果使他与其他可能从中受益的人分享了这种应对技巧。普罗果夫教授认为，日志写作是对心理成长过程中的个人思想、情绪、感觉、态度以及洞察的整合。1966年，他建立了一个研讨会，叫作“深度日志工作坊”，他训练参加者通过日志写作来完善自我。普罗果夫日志的写作方法是用一个有三个扣环的笔记本，将其分为21个部分，将个人思想的不同部分分开，旨在通过不同的主题打开人们的心扉或是作为自我探索的跳板。这些部分包括“每日记录”“踏脚石”“时间素描”“对话维度”“自传”“释梦”。除此之外还包括一系列个人对话，这些对话的话题覆盖了从身体意识到社会期望的方方面面。总而言之，这些话题提供的课程使人们能够从不停地应对感官信息的混乱大脑中理出头绪。普罗果夫说，日志写作能使写作者积极面对并理解个人存在的问题。

在一个研究日志写作对个人成长影响的实验中，300名来自纽约福利和失业项目的被试参加了普罗果夫的工作坊，同时进行的还有一个工作培训项目。在12个月的时间里，90%的参加工作坊的人都改善了他们的工作状况和住房条件。这些进步得益于通过日志写作而实现的自立程度的提高。正如普

① 执行美国总统杰斐逊开拓西部计划的探险家梅里韦瑟·刘易斯（Meriwether Lewis）与威廉·克拉克（William Clark）。——译者注

② 马修·卡尔布莱斯·佩里（Matthew Calbraith Perry，1794—1858）是美国海军将领，因率领黑船打开锁国时期的日本国门而闻名于世。——译者注

罗果夫在《在日志工作坊》(*At a Journal Workshop*)一书中写道的，日志写作“在重新构建生活中扮演了积极的角色，但它没有给个人强加任何外部的范畴、解释或者理论。它保持中立和开放，以保证每个人发展的整体性，使人能够在自己的生命轨迹中有所进步。”他称日志写作是**超心理学的**——这个词指通过积极的自我意识而达到的自我发现的治疗效果，使个体所能够触碰的个人资源在整体上得到提高。

“深度日志工作坊”为日志写作提供了一套非常有组织的方法，然而仍有些人感觉它缺少自发性和自由，使自己的日志表达缺少独特性。目前，日志写作的治疗方法被称作人文日志治疗，支持者有日志临床医学家凯瑟琳·亚当斯(Kathleen Adams)，她将日志写作看作一种工具，确保超个人自我的发展和保持，以及连接自我和启迪自我。在荣格的心理学中，超个人自我被描述成意识和无意识的智慧的结合，通过语言、象征和梦来进行交流，从而提高个人潜能。

在过去的二三十年中，日志写作经常与其他个人成长的应对策略结合。例如，拓展训练项目教授冒险技能，从非严格的意义上来说，这些技能建立在美国印第安的“过渡仪式”[①] 基础之上。在 1 周的经历中，最重要的是检验生存技能，参加者要在日志中写下他们的感受，以此增强探索和强化心灵的过程。在内华达山脉进行的一个类似的项目中，史蒂文·福斯特(Steven Foster)在《灵境追寻》(*Vision Quest*)一书中写到，在连续 3 天的心灵探索过渡仪式中，日志写作成为自我探索的辅助工具。他的书大部分极具启迪性，人们用坦诚的方式，把他们共有的内心成长和精神发展记录了下来。

阅读和写作曾经只是上层阶级的特权，现在已经成为几乎每一个公民的权利。然而，尽管日志写作曾经是一种非常流行的消遣方式，但是实际上，科技革命(除了博客)已经在人类和自然环境之间设置了一道障碍，阻隔了人们的自我探索。然而，自从脸谱网和推特的受欢迎度提升以来，博客数量急剧减少。在之前的几代里，牧师充当了宣讲者的角色，来倾听忏悔、孤独的悲伤、压抑以及情绪的痛苦。今天，这一角色在很大程度上由心理学家来扮演，他们所起的作用基本相同。受詹姆斯·彭尼贝克(James Pennebaker)的研究的启发，关于日志写作这一主题的研究越来越多，一项重要的证据表明(我们直觉也认同)：通过写日记来表达自己是应对压力的非常有效的方法。这是在与健康相关的专业中大力提倡的做法。在心理学领域，日志写作也已经成为通往自我的可行工具。

作为应对策略的日志写作

日志写作或许是最有效的应对策略，它提供了深层的内部洞察，并且在压力状态下能够增强自我意识(图 10.2)。日志写作开启了心灵和灵魂之间的自我反省交流，是解决和消除压力的必要的第一步。日志写作本身就是一种冥想的方式，作为理清头脑思绪的技术(可以通过专注于特定主题或是通过记录出现在头脑中的散乱思想)，当思绪和情绪从脑中转移到纸页上时，就产生了使人平静下来的效果。

现在的研究认为，日志写作不仅有利于精神，也因为情绪宣泄而对身体有益。心理学教授詹姆

© SW Productions/Photodisc/Getty.

图 10.2　日志写作是一种对思想和情绪进行自我探索的方法。

超心理学的(transpsychological)：用来描述通过日志中积极的意识来实现自我发现的治疗效果。

① 在某人的一生中，表示从一阶段进入另一阶段的转折点的仪式或庆典，如从青少年期进入成年期。——译者注

斯·彭尼贝克（Pennebaker and Chung，2004，2007）进行了一系列研究，其中一项是，要求大学生在连续 4 天里，用 15 分钟的时间写下创伤经历。尽管这些日志最初记录下的都是痛苦，甚至是不愉快的梦，但是彭尼贝克观察到，在之后的时间里，实验组的大学生与控制组（只写一些无关痛痒的表面话题）相比，更少因“疾病原因”而去校园健康中心。当彭尼贝克等人再次做这个实验的时候，在写作期间同时采集了写作日志前后的血样。研究注意到，与那些在日记中只写表面话题的人们相比，那些努力寻找心灵深处的创伤与感受的人的 T 淋巴细胞表现出了“免疫功能增强”。

彭尼贝克研究了日志写作对情感和身体健康的影响，并且对许多人产生了影响，下面是一些最突出的结果。

- 表达性的写作可以降低血压（Beckwith，Greenberg，and Gevirtz，2005）。
- 深情的写作可以降低胆固醇水平（Floyd，Mikkelson，Hesse，and Pauley，2007）。
- 表达性的写作可以降低大学生的压力水平（Opre，Coman，Kallay，Rotaru，and Manier，2005）。
- 富有表现力的写作对患有纤维肌痛症的人来说是有益的（Broderick，Junghaenel，and Schwartz，2005）。
- 表达性写作可以帮助失恋的人走出感伤（Lepore and Greenberg，2002）。
- 情感表达有助于应对生活压力事件（Ullrich and Lutgendorf，2002；Baikieand Wilhelm，2005）。
- 在伊拉克战争中，日志写作是美国士兵的妻子们主要的宣泄方式之一（Hightower and Hightower，2007）。
- 在 2013 年接受英国广播公司采访时，彭尼贝克表示，尽管他是日志写作的倡导者，但他不喜欢那些每天写日记的人。从他的观点来看，那些在日记中不停地重复诉说自己的问题的人，只会让坏情绪恶性循环，强化错误，而不是努力去释放并解决压力、创伤和痛苦的问题。

在日志的条目中，散文并不是唯一一种被认为具有治疗效果的写作形式。诗歌在促进情绪宣泄方面也是很有作用的。尽管不是所有的诗歌都押韵，但是诗歌中的韵律让作者能够在“混乱中理出头绪”，这样就会产生一种控制感。另外，使用了隐喻和明喻来描述个人情绪的诗歌能够深刻地表达情绪。艾米莉·狄金森（Emily Dickinson）认为她的诗歌能够为她个人感受的表达提供更好的角度。莫里斯·莫里森（Morris Morrison）在他的著作《诗歌治疗》（*Poetry as Therapy*）中所描述的通过诗歌进行自我表达的治疗过程包括想象、直觉以及自我洞察的发展——这是治疗过程中的三个重要因素。这些诗歌也会增强自我意识的过程，因为每首诗都是先写出来，然后在不眠之夜读的。对于其他的日志方法，诗歌可以解决一系列问题和情感。因此，**诗歌治疗**目前被作为治疗情绪障碍的工具。因此，这种诗歌写作方法被鼓励作为一种补充的日志写作风格。甚至可以认为，一些说唱歌曲是诗歌疗法的一种形式，所以这种写作的方法与日志写作的文体是相辅相成的。作为一种应对策略，日志写作似乎具有即时效应和长期效果（图 10.3）。

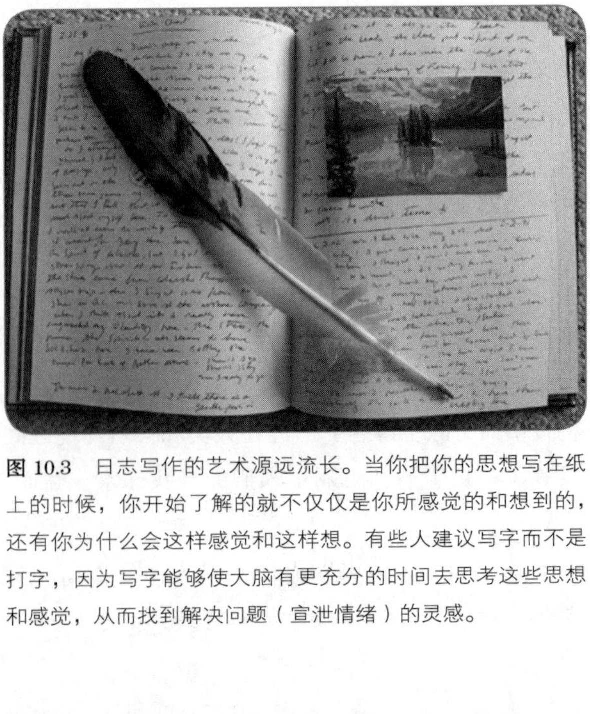

图 10.3 日志写作的艺术源远流长。当你把你的思想写在纸上的时候，你开始了解的就不仅仅是你所感觉的和想到的，还有你为什么会这样感觉和这样想。有些人建议写字而不是打字，因为写字能够使大脑有更充分的时间去思考这些思想和感觉，从而找到解决问题（宣泄情绪）的灵感。

即时效应

由于许多原因，人们总是难以自然地完全表达所有情绪。这种有意识地对情绪表达的压抑，再加上潜意识对于感知、态度以及情绪的压抑，很有可能最后导致神经官能症（焦虑）表现或者是身体症状。这种结果的危害性是极大的，使得人们要多次拜访心理医生。心理治疗的一个主要目标是促进自我意识和真实的自我表达。

从短期看，通过写日志所进行的自我表达可以把在脑中盘旋的有害思想写出来，这种方法也是一种情绪宣泄。写日志使得思想、情绪和感知得到释放，解放心智，延伸和扩展自我界限。写日志经常被称为写作调节，因为旧的思想可以得到清理，留出空间去扩展个人内心意识以及有深度的思想。这种扩展意识如同站在山顶之上俯视全景，而不是在山下视线全被遮挡了。提升意识可以为我们在众多环境中的自我了解打开了一扇门。写下个人的思想可以将它们释放，不会再绞尽脑汁地与这些想法纠缠。思想和情绪的释放也可以作为个人的忏悔，真诚地面对自己的行为。这是矫正个人内部关系及与他人关系的第一步。另外，与对话或内心对话不同的是，把写作作为自我表达的载体，可以使写作者掌控自己的情绪，因为抽象的思想实实在在地写在了纸上（见专栏 10.1）。

长期效果

探险家刘易斯和克拉克在去西北海岸探险的时候每天都写日志，为了安全返回圣路易斯，他们还经常参照日志的内容来分辨方向。同样，在日常生活中，很难观察到个人对压力事件和环境的看法和态度的变化。所有这些意识的提高对于做出想要的行为改变至关重要。但是，以客观的态度、有规律地回忆从前，重新阅读之前的日志，一种关于价值观、态度甚至行为模式的意识会慢慢浮现，这些价值观、态度甚至行为可以预防、加速或延续压力反应。字里行间的线索可以揭示压力的先兆，例如，愤怒和恐惧的因素，以及使自己容易受到压力刺激的自尊水平。当努力改变这些因素时，这种新的认

诗歌治疗（poetry therapy）：一种治疗工具；诗歌写作的一种形式，具有情绪宣泄的功能，也能增强对各种问题的认识。

专栏 10.1 反省：日志

北科罗拉多州大学贾森·阿尔文（Jason Alvine）的自述：

我过去没写过日志，甚至想都没想过要把自己的想法记下来，这对我来说是一种新鲜的经验。尽管我起初不喜欢这个主意，但我还是从中学到了很多东西。思考自己是一个乐观主义者，思考什么使我愤怒，我喜欢在日志中写下自己的想法和感受。这个练习无疑让我更好地感知到了自己，我是如何看待别人的，又有什么令我烦躁。主要是日志方法教会我关注别人的感受多于关注自己。我觉得自己的感觉比很多人都敏锐，这并不是一件坏事。我审视了自己的价值观，这是很久都没做的事了。我意识到我要坚定自己的价值观，它伴随我成长，而不能把朋友的价值观当作自己的。同时，我也回顾并意识到我讨厌人类之间的暴力，我强烈认同暴力是那些不知道如何处理压力的人们所使用的发泄方式，他们用所体验到的消极感觉来释放自己。

这些日志练习真正令我检视自己，看到了自己是怎样的，我想要怎样努力。这些启发让我在面向未来时考虑自己想要什么样的生活。我感觉日志练习使我更确信：通向未来成功的道路就是现在的道路。我上课时也这样做，另外还要努力工作。工作让我感知自己想要什么，不想要什么。在过去的工作中，我认识到了没有大学学位的尴尬，并且知道了如何终结这种局面。日志同样使我继续写下我的想法。因为它是一种新技巧，不用向他人倾诉，我可以直接宣泄自己的不满和暴露自己的想法。这是我找到的释放压力的最好的方法。

识就变得极为宝贵。也许用“个人决心”这个词来概括日志写作的长期影响是最好的。当思想被转移到纸上时，写作者可以开始把自己从所记录的内容中分离出来，以客观的局外人的眼光看待这些内容。

我曾经在压力管理课程中把写日志作为其中的一个部分，我让学生们坚持写压力管理日志。在课程结束的时候，每个人都需要再次阅读上课时（时间一般为16周）所写的所有的日志，并且要写一份总结。日志总结不是对4个月的压力刺激的重述，而是通过重新阅读这些日志以及思想和行为模式，尤其是愤怒或焦虑的发展趋势，也包括冲突中的价值观以及促进或挫败个人自尊的因素，来反思他们从自身学到的东西。有时，对日志写作益处的第一手描述比它们所依据的理论更具影响力。专栏10.2节选了一些总结性文章，描述的是一些学生从对这项技术的体验中学到了什么。

日志写作的步骤

有效的日志写作只需要三个元素：（1）一个仅用于写日志的笔记本；（2）一支钢笔或铅笔，这或许是最重要的；（3）在一个安静的环境中整理你的思想，并把它们写在纸上。一天中似乎并没有最好的统一的写日志时间，不同的人可以选择不同的时间。一天结束的时候可能是最理想的，但是或许不是很方便。尽管写日志的时间不同，但是写日志的频率还需要固定。在开始动笔的时候，为了受益于这项技巧，建议的起始目标是最少用15或20分钟写一篇日志，一周写三篇。通常，人们在开始写的时候主要强调当天发生的事件，而不是对这些事件的看法。日志可以写得更长一些，更多地加入作者的人格元素。

现在一些思想流派认为写日志没有什么规则。但是，作为一项有效的应对策略，有些事项还是需要记住的。日志应该包括压力事件和积极经历。生活总有起起落落，随着时间的推移，你的日志应该反映情绪在高潮和低估之间的摇摆。另外，日志写作并不限于用语言来表达思想和情绪。绘画也可以极好地表达言语无法清楚地表达的情绪、思想和回忆。素描收集到的意象可以帮助你完成写作。有一点很重要，就是记住你是在为自己写作而不是为了

专栏10.2 日志总结节选

“很长一段时间以来，我都知道自己最大的压力是什么。我已经有很长一段时间没有向任何人吐露心声了，也没有让任何人靠近我。在过去的8年里，我一直沉浸在校园生活中，真的很孤独。随着时间的推移，表达自己变得越来越难。从某种意义上说，我之所以害怕，是因为我不知道自己会有什么反应。在这方面，我不是很了解自己，我害怕去发现。这本日志真正帮助了我，让我开始了解我自己。”

——A. C.

“这种日志并不能解决所有问题，不是‘包治百病’的‘灵丹妙药’，但是它给了我宝贵的帮助。它让我能够看到和理解自己的思想。通过知道我自己脑中的想法，我开始意识到关于自己的一些事情，一些我过去从来都不知道的事情。在我的日志中，常能看到一个词——‘足够好’。这篇论文‘足够好’，我写给家人的信‘足够好’，我在做一些事情，它们也会‘足够好’。正是如此，我并没有开发自己的潜能。我是在为我的平凡而奋斗着。我尝试着要改变这种坏习惯，我想我现在已经取得了一些进步。创造性对我来说比从前任何时候都清楚和有趣。我发现自己会在日志中写小故事或者是为了工作创造新想法，或者只是为了娱乐。”

——J. S.

“7年前与我丈夫离婚的时候，我逢人就哭。就在1年前，我还是那样。但是人们都会对我翻来覆去的抱怨感到厌烦，哪怕是最好朋友。所以，我就把写日志当成了我的避难所。日志成了我最好的咨询师。它确实帮我医治了深深的伤口，所以我知道有些思想最好留在我的脑中和日志本里。

——B. T.

取悦他人。事实上，最好的日志是完全保密的。日志写作的前提是为了增强从头脑到灵魂的真诚的结合。日志的内容是为了减轻压力而非出版，所以它们应该是保密的。思想需要说出来，但不用编辑。当这个前提可以实现的时候，思想和情绪就会更容易表达出来，而内心的平静所带来的益处则更明显。

尽管成功的日志写作没有具体的公式，但一些标准可以帮助写作者更有效地使用这种方法来应对感觉到的压力。这些标准包括以下几点。

1. **尝试确定那些引起最强烈沮丧、悲痛和不安的顾虑与问题**。在自我意识过程中，确定压力源是什么和优先级是至关重要的。在最初两三周，这可能是你在每篇日志中记录的全部内容。通常情况下，写日记最好从回答一两个问题开始，比如，我今天过得怎么样？或者，我现在在想什么？
2. **问自己面对这些压力源时所产生的情绪是什么**。最主要的两种应激情绪是愤怒和恐惧；但这些情绪隐藏了很多问题，包括缺乏耐心、嫉妒、沮丧、伤心、悲痛、罪恶和担忧。在确定了你现在的情绪状态后，应该思考“为什么”的问题，以确定你情绪的来源（例如，为什么我感觉这么沮丧？为什么我会觉得受到了伤害？）。
3. **让写作的过程增加你的创造性，以进一步解决问题**。当你能够放松地识别压力源并面对所产生的相应情绪时，下一步就是要开始解决问题，包括寻找可行的问题解决途径，带给你一个终结压力环境的满意结果。

可能是为了解决人们将日志作为应对策略的问题，在过去的十几年里，市场上曾经有过几本书为日志写作技术提供指导。下面将一些提示、意见和建议整合在一起，它们都是支持这项应对策略的治疗者的一致看法，建议如下：

1. **集中注意**。在开始写作之前，花一点时间稍微放松一下。闭上眼睛，做几次深呼吸，试着放松。集中注意是为了更好地实现与此时此刻相连。有时可以播放一段轻音乐或者品几口热茶，促进集中注意。
2. **给日志分类**。通过日期和年份来标识每一篇日志。有时，你可能要回顾以前的日志，这样当你回忆这些日志中记录的事情时，日志上方的信息分类就会让你更容易找到过去的日志。
3. **不要审查**。写下出现在你脑中的任何内容，不要在你把它们写在纸上之前对它们进行编辑。让你的思想从脑中到笔尖自然流动，不要去审查这些思想。日志写作是转录你与意识的对话。不要拘谨于表达你的真实感受。另外，不要担心你的写作风格。整洁也好，邋遢也罢，只要你能读懂就行；这才是最重要的。
4. **自发性**。让你的思想自由流动。你不一定总是要写句子和段落。常常，当你想以正确的方法组织语言来描写思想时，思想的实质可能已经烟消云散。无论你脑中有什么思想，都把它写在纸上，然后可以用你自己选择的任何一种方式将它们分类。如果你在一张白纸前遇到了思维障碍，画几条线，把你的想法储存在不同的框里，或者给你的想法列个清单。在你的日志条目中增加多样性是有好处的，否则日常写作就会变成一件无聊的琐事。如果找不到合适的词，可以画个素描，或者试着写首诗。
5. **私人的地方**。从理论上来说，可以在任何地方写日志，但是拥有一个指定的独处的地方可以让自我宣泄更有深度。找一个可以属于你自己的地方。开阔的空间也可以为思维扩展提供机会。如果天气允许，可以在户外坐一会儿，可以找一棵树、一片海滩、一处山顶或者是绿色的小丘，并且也让这个地方成为你自己的。有时，可以把日志与音乐治疗结合在一起，可以使头脑更加自由地驰骋，情绪也会以一种较高的意识的水平浮现出来。
6. **私人的日志**。专家认为，你的日志只能给你一个人看。如果你习惯与别人频繁地分享你的日志内容，那么对自己诚实的誓言就会打折扣。如果你和其他人住在一起（比如室友、女朋友/男朋友、配偶、父母），那么尽量不要把日志放在别人可以随意看到的地方。除了写作者，对任何人来说，日志本都是潘多拉的盒子。你可以选择让别人知道你在写日志，并特别强调任何人都不可以侵犯你的隐私。如果真的有人那么做了，那就是他的风险（专栏 10.3）。

7. **克服写作者障碍。** 人们觉得日志写作具有挑战性，一个原因是人们冒着面对自己内心最深处痛苦的危险。人们害怕知道在最直接的思想背后的深层内容。当现实中的我们的思想和感受与之前设定的理想或期待不相符时，痛苦就产生了。恐惧随着未实现的期望或当前现实的改变而浮出水面。这些冲突对自我来说可能是痛苦的。但是伴随着痛苦而来的是学习的机会，学习播下了个人成长和发展的种子。记住，维克多·弗兰克尔认为，痛苦是个人成长过程中必不可少的一部分。

在日志写作的最初阶段，不用说一本空白的日记本，就连一张白纸似乎都异常可怕。一些人不愿写日志是因为怀抱不切实际的期待，期待着每页纸上的内容都非常深刻。日志是开始加强你与自己的联系的催化剂。一段人际关系始于介绍、背景信息和问题。日志可以用同样的方式开始。每个人都有出现写作障碍的时候。很多人都经历过这样的循环，他们一次虔诚地写作好几个月，然后遇到了障碍，就暂时放弃日志，给自己“放假”了。一段时间（几周到一个月）之后，他们重新拾起这种应对。可以通过尝试一种新的方法或尝试新的日志主题来克服**写作者障碍**，包括创造性写作或是以写信的方式写日志。例如，《紫色》（*The Color Purple*）就是作者艾丽丝·沃克（Alice Walker）以一系列信的形式写的一本书，信是写给她虚构的在非洲的妹妹的。如果你发现自己出现了写作者障碍的问题，就尝试一种新的写作方法吧。

在詹姆斯·彭尼贝克（James Pennebaker）的著作《打开心灵——由相信他人而产生的治疗力量》（*Opening Up: The Healing Power of Confiding in Others*）中，他支持以写日志作为表达自我的方式。但是，日志写作的作用有好也有坏，当日志写作被错用时，就会产生不好的影响。当使用日志作为积极的应对策略时，可以记住以下几点建议。

1. **日志写作不能用来取代更可行的应对策略。** 日志可以作为一块不错的共鸣板。日志中的共鸣应该是一种强烈的个人邀请，要求找到解决当前问题的办法。记住，如果想使一种应对策略有效，就必须朝着和平解决的方向努力。当用日志写作代替更合适的应对策略时（例如，如果需要与他人有效沟通，或是为改善环境因素付出社交努力，日志就不是最有效的替代方法），如果不加以阻止，将无法使压力消失。
2. **日志写作应该鼓励而非阻碍表达真诚的感受。** 作为一项应对策略，日志写作可以使写作者自我反省，关注内心。虽然许多写作主题、概念和理念都可以作为探索和增强心灵探索过程的工具，但这些不应该是写作的具体重点。最重

专栏 10.3 写博客还是不写博客

随着笔记本电脑和互联网网站的产生，21 世纪的个人写作换了新面孔。尽管大部分的电子邮件写作只有寥寥数语（类似明信片的写作风格），但是许多人都开始热衷于将他们个人的思想以日记的形式放到个人网页上，称为**博客**。

你可能会问个人日志和博客之间有什么区别呢？对于初学者来说，个人日志就是个人的，是你与你的思想和情绪之间的私人关系。日志需要保密。极少会拿来与人分享，就算分享了某篇日志或者几个句子也只是例外，而不是一定之规。网络（包括所有的网页）是公共场所；所以，博客不具有任何保密性。尽管大部分博客确实包含了个人思想和情绪，但是把它们称作个人评论更为恰当。

要的主题应该是作者本人。在理想情况下，日志应该是保密的，尽管人们经常选择将日志的一些内容与别人分享，有时甚至是分享整篇文章。但是，如果日志是给别人写的而不是给自己写的，那么对自己真诚的可能性就会大打折扣。

3. **由分析引发的麻痹**。当过度沉浸于思想和情绪表达时，意识就会模糊，自我表达和自我反省的有效性也会受到抑制。认知麻痹（cognitive paralysis）接踵而至，会阻碍而不是增强你的应对过程。小心，不要掉入这样的陷阱。日志写作的目的是为你所处的环境提供一个更广阔的视角，使你能够既见树木，又见森林。

彭尼贝克根据他对日志写作的观察得出了一些有趣的结论。首先，只有很少一部分人（3%）每天写日志，尽管写日志的女性人数多于男性，但是差异并不显著。其次，日志内容更侧重于描写具体事件，很少涉及情绪，作者可能没有感知到写日志的有益体验。最后，他发现日志写作者明显分为两类。第一类人只会在感觉到沮丧和压抑的时候写日志。日志成了共鸣板，并且承担了焦虑的负荷。第二类人几乎每天都写日志；但是，当有重大的应激源出现时（比如配偶死亡、工作压力陡增），即写作最有可能帮上忙时，他们反而与日志保持了一段安全的距离，没有把任何东西都写下来。彭尼贝克还注意到了第三类人，这些人不写日志，而是写信。尽管写信与写日志是相似的，但是信件常无法坦诚地表达自己对自己的内心感受。在与来访者工作时，我还注意到了第四类人：他们并不频繁地写日志，一周写一次或两次，但是他们的日志内容在积极和消极经历之间达到了平衡。积极的经历更真实，甚至可能融入一个具有创造性的故事中。消极体验的叙述包括内在的情感，用来描述这些情感产生的原因。

日志写作风格、主题和思想

尽管日志可以是记录个人事件的每日报告，但它们也从表面和特定的主题中获得了灵感，使作者对自己产生新的看法，包括梦、仪式、价值观评价和说明、不成文的信件、自尊问题、自由思考关系问题、要做的事情、愿望清单、创造性故事写作、诗歌或者是作者想要解释的任何话题。主题也可以在许多写作风格中表达，包括线性的（从左到右）、圆形的（在写的时候旋转纸张），或在文本框里或自定义的表格里写作。其中的三种如下所示。

1. **博赞风格。博赞写作风格**，是由托尼·博赞（Tony Buzan, 1983）开发的日志，以图片的风格呈现文字，涉及左脑和右脑的认知功能。在这项技术中（图 10.4），你在纸张中心的左边画一条垂直线。线左边的内容都是思想或者感知，例如“今天晚上我出去之前要喂狗”或者“今天我的老板很讨厌”。在剩下的 2/3 的纸张的中心画一个圆圈，在圆圈的中间写上，“我的感觉”。每次感受到一种情绪，就从圆圈处画出一条线。在每条线上用几个字描述你的感受。博赞建议使用不同颜色的笔迹代表不同的感受）。无论你的头脑中出现什么，无论是思想还是感受，都把它写下来；这样做大概 15 ～ 20 分钟。同时，你可以听一些轻柔的、放松的乐曲。这种类型的日志会像橡皮擦一样擦干净你脑中浮现的内容。一旦思想都呈现在纸上，脑中就不会一片混乱了，可以达到一种心理的稳态平衡。
2. **本体感受法**。《写下思绪》（*Writing the Mind Alive*）一书的作者琳达·梅特卡夫（Linda Metcalf）几十年来保持着写日志的习惯，她

写作者障碍（writer's block）：通常是由于恐惧（例如，对失败的恐惧）而不能写下自己的思想和感受。
博客（blog）：描述的是利用网络写个人日志的行为。与具有保密性的个人日志不同的是，博客属于公共文件，来表达观点、信仰以及作者认为的有报道价值的内容。
博赞写作风格（Buzan writing style）：一种具体的日志写作方式，通过词语和意象来发挥左右脑的功能。

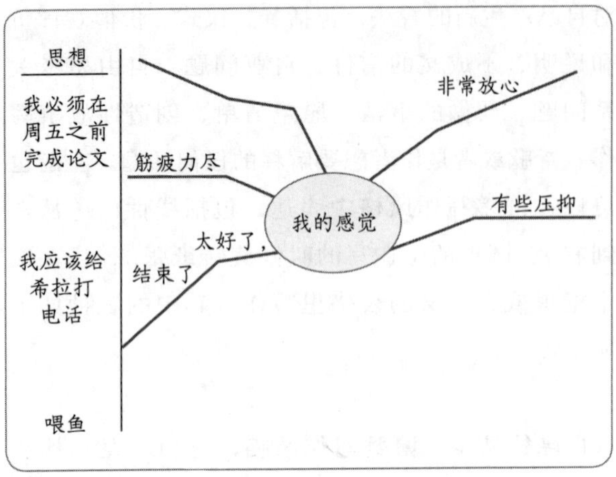

图 10.4 博赞图。

在从业初期就发现了一种能够让人们真正接触内心的方式。她称其为本体感受写作法，包括将自己的情感和想象合成个人真实声音的高潮。本体感受一词的意思是身体意识，但在这里，梅特卡夫将这个定义扩展到包括你的大脑。从本质上讲，你为什么有自己的想法？梅特卡夫建议，演奏一些巴洛克音乐时，最好点上一支蜡烛，手边准备好便签本（最好是白纸）和一支笔。她还建议，每周设置几次写作时间，每次不少于半小时。把注意力集中在发自内心的写作上，你就能有意识地消除自己的压抑（恐惧），在内心建立信任的基础。梅特卡夫的风格经常要求写作者问自己：我此刻的想法是______？通过回答这个问题，我们可以更深入地了解自我反省过程的意义。

3. **梦的日志**。梦可以成为日志的好材料。还记得荣格吧，他相信理解梦的象征会实现精神的平静，一种意识和无意识之间的平衡，促进个人的完整性。与压力相关的知觉和情绪经常出现在梦中，但常常是不连贯的，因为无意识会以独特方式分析和应对来自意识状态的思维和感觉信息。无意识有丰富的颜色和符号，却缺乏将这些符号表达为文字的能力。所以，意识和无意识心理的结合以动态的方式应对压力。应该指出的是，随着电视、DVD和其他媒体娱乐的大量涌现，梦的内容可能不是我们自己的想法和经验，更多地与我们从这些途径知觉到的信息有关。不管怎样，梦不应该被轻视！尽管我们不是总能记得自己所做的梦，但是每个人都做梦。许多时候，梦在我们醒来进入意识世界的那一刹就化为云烟。对梦进行研究的人列出了以下方式，可帮助人们记住自己的梦：

   a. 在睡前，将一天经历的事件记下来，并写下你对它们的感受。
   b. 当你渐渐进入梦乡的时候，可以默默地或出声地提醒自己，要记住所做的梦。
   c. 当你醒来回忆你的梦的时候，留下一段安静的时间，闭上眼睛。停留在半梦半醒的状态中，观察梦的思想。
   d. 确保你的日志和笔就在手边，这样可以让你一醒来就记录下你梦中的想法或梦境片段。
   e. 梦的内容会在白天受到某些事件触发而浮现在意识中，这时要及时记下梦的片段。

   回到描述你的梦中的意象上，思考它们展现给你的象征意义是什么。荣格相信，每一个梦都是信息的来源。及时记录你的梦能够防止意识心理的歪曲。日志写作也可以为反复出现的梦起草一个结局。反复出现的梦经常代表需要解决但又无法解决的问题。尽管为一个反复出现的梦写一个最后的结局也许并不能完全解决每一个压力问题，却可以增强意识，帮助你解决引起这类梦的压力源。

4. **未寄出的信**。对于日志作者来说，另外一个常见的主题是“未寄出的信”。有一种解决方式，人们像躲瘟疫一样躲避它，这就是任何一种关系的破裂。最难弥合的裂痕发生在你的朋友或爱人去世时，你却没有机会道别。凯思琳·亚当斯（Adams, 2000）认为，未寄出的信为“三 C”［宣泄（catharsis）、澄清（clarity）和完整（completion）］提供了机会。作为一种宣泄工具，撰写未寄出的信能够释放压抑的情绪，包括悲伤、愤怒或内疚。为了证明这一日志技巧的有效性，我们假定这封信不会被邮寄出去，这样情绪就可以自由地爆发出来，而不用担心自我审查或报复。

我们都背负着未解决的关系问题所带来的过多的情感负荷。撰写未寄出的信件可以使我们减轻情绪负荷。当写作者知道自己的收信人没有机会进行反驳的时候，思路会变得清晰起来。在这种情况下，你可以像你所希望的那样直接、准确地说出你的感受，并说出你为什么会有这样的感受。尽管给你需要与之交流的人写信并不能解决所有问题，但它确实可以开始把未解决的问题解决掉。这种日志主题的一个变体是写下愤怒和恶意的思想，然后把纸揉成团，扔掉。揉纸团的过程加强了情绪的宣泄。

日志写作的应用技巧

下面是一些关于如何开始写日志应对技巧的小贴士。

1. **买一个漂亮的笔记本（皮革装订的本子就很棒）来给自己打气。**花钱买一本心仪的笔记本，能够加深你对日志写作过程的承诺。
2. **有时候，在开始写日志之前，先列出提纲是一个不错的选择。**一旦你把这些想法写下来，就方便开始对它们进行阐述了。
3. **考虑放一些轻松的背景音乐（器乐演奏的效果最好）来放松大脑，让思想和情绪流动起来。**
4. **考虑拿一个安定心神的物件（如贝壳或滚石）作为启动自我反省过程的方式。**
5. **如果散文不是你感兴趣的，就考虑用说唱风格的写作。**记住：押韵可以帮助你从混乱的生活中获得秩序感。
6. **考虑在你的日记中保留一些创造性想法、涂鸦和照片拼贴画。**

日志写作的最佳应用

高质量的日志写作有几个目的。首先是作为个人的共鸣板，净化充斥着感知、情感和有毒思想的头脑。日志写作也是宣泄愤怒的好方式。在暴怒的时候，语言描述能够帮助你弄清这些感觉是怎样的以及为什么出现。将你的感觉写下来，或许是写下你本应该说的或者是你想说的，可以作为草稿，帮你预演如何处理跟让你感到有压力的人之间的问题。写下焦虑和忧虑的情绪，也是对这些情绪的释放。有效的应对包括评价和运用内外部资源。

其次是制定解决方案。根据不同情况，这两个目的都可以作为应对压力的积极策略。作为一种积极的应对策略，日志写作可应对即时的问题。只要拿出一张纸和一支笔，写下你头脑中的想法，思维就会变得有条有理，从混乱中理出头绪。但是，在许多压力事件中，这是做不到的。所以日志写作可以作为延迟的应对反应，可能是在一天结束的时候，整理你的思想，应对那些需要注意的主要事件——持续存在的压力源。最后，周期性地回顾日志可以提高自己对思想趋势和行为模式的认识。认清趋势是改变不受欢迎的或消极的想法和行为的第一步，你实现你的最大潜能。尽管日志写作所需要的主要资源就是一本笔记本，但是你还是可以考虑准备两个本：一个非常私人的笔记本只在家里使用；另一个可能结构不太严谨，用于工作。

个人电脑的出现又给日记写作添加了新的形式，就在 20 多年前，这还是一件难以置信的事情。许多人发现，使用文字处理软件可以使他们快速书写，从而使他们能够同时捕捉几个想法的内核，而不用奋力回忆。如果你发现在个人电脑文件中输入条目比在笔记本中书写更容易，那就试试吧。

总 结

1. 几个世纪以来，日志写作一直是一种表达自我和探索心灵的形式。心理学家和健康教育者数十年来都倡导写日志，以此提高人们对需要关注的问题的自我意识。
2. 当把思想、感知、态度、价值观、信仰以及它们引起的紧张写下来的时候，日志写作可以促进情绪宣泄。
3. 使用灵魂探索作为压力管理技巧并不是巧合，因为这项行为是清空过程的体现。
4. 习惯性的日志写作具有长期和短期的效果。短期效果包括释放被压抑的愤怒和焦虑。当再次阅读自己写的日志时，长期效果就体现出来了，包括观察到在单独阅读日志时不能发现的思想、感知、行为的模式和习惯。把这些思想写到纸上也能够拓宽个体的视野，当再面对压力时，就容易找到解决办法并增强信心。
5. 彭尼贝克展示了日志写作的另外一个好处，即在日志中写下个人的经历可以提高免疫系统的完整性。同时，富于表现力的写作也可以降低纤维肌痛症患者和战争期间美国军人妻子的血压和胆固醇水平。
6. 不是所有的日志都要写成散文的形式。诗歌疗法可以帮人从混乱中理出头绪。这种应对形式可以用在许多地方，包括监狱、疗养院、医院和咨询中心。
7. 写日志的方式无所谓对错，除了偶尔才写一点。这一章为有效的日志写作提供了几条指导意见，包括几个主题（博赞图、梦和未寄出的信件），可以为你的日志风格增加多样性。

学习指导题

1. 解释日志是如何作为一种有效的应对策略的。
2. 区别日志写作的即时效应和长期效果。
3. 列出有助于促进日志写作的几个步骤。

第 11 章

表达性艺术治疗

画出你的感受。

——布赖恩·卢克·西沃德（Brian Luke Seaward）

康涅狄格州纽镇桑迪胡克小学的孩子们在大屠杀发生一周后重返课堂，老师和治疗师们没有让孩子们直接开始上课，而是让他们对 2012 年 12 月 14 日发生的事情表达自己的感受。他们所经历的许多事情不仅超出了他们的理解能力，也超出了语言所能描述的范畴。文字无法传递的东西，绘画可以做到。这很容易理解，因为许多关于悲剧和压力的想法和感受是非语言的。人们也清楚地意识到，把这些感觉放在心里会变得有害。作为一种治疗方法，画画并不仅仅是适用于儿童。艺术治疗现在被认为是适用于各年龄段人群的治疗方法。

随着互联网的出现，人们可以在各种网站上发表自己的看法，每小时都更新脸谱网的状态，不知疲倦地编辑短信，无论你身处何方都可以发送 140 个单词以内的推文，我们已经进入了所谓的自我表现的时代。然而，言语只表达了真实自我的一小部分。控制行为的潜意识使用符号、意象和图像作为更有效的沟通和表达方式。通过艺术表达自我可以追溯到几千年前法国拉斯科岩洞的壁画，甚至更早［图 11.1（彩）］。但是，直到最近，随着现代文明的发展，人们才认识到艺术可以成为用于压力管理的应对策略。**艺术治疗**基于以下假设：许多想法、感觉、洞察是无法用语言表达的。人类大脑的几个抽象结构缺乏必要的词来充分描述大脑试图加工和把握的日常遭遇的焦点、强度和理解。压力大时，人们更是无以言表。人们通过理解个人的思维、感受和感知来寻求个体完整性。在这个过程中，以视觉艺术为媒介的自我表达让过分依赖言语表达的人们能够获得一种平衡。

美国艺术治疗协会（American Art Therapy Association）将艺术治疗描述为“运用艺术的创作过程提供非语言的表达和交流机会，以此调和及培养自我意识和个人成长”。艺术治疗旨在探索个体的内心世界，由一个人的集体经验雕刻和塑造，并通过视觉和艺术感表现出来。艺术治疗可以加强自我沟通的纽带，从而促进更好的自我意识和自我安慰。艺术治疗也可以描述为自我发现之旅，旅行的过程和收获都会促进个体的自我实现和自我治疗。因此，艺术治疗被认为是一种应对技巧，因为在采取措施处理所感知到的压力之前，必须意识到问题的存在。

如果你认为思想和行为是潜意识的产物，那么

艺术治疗（art therapy）：一种自我表达和自我意识的应对技巧，利用各种媒介以语言无法描述的方式描述情感和思想。

比起言语沟通，利用符号、颜色和图片与潜意识沟通，然后用潜意识的力量来应对压力是非常有利的，适合所有人。艺术疗法是一种行之有效的方法。

艺术治疗的起源

艺术治疗的萌芽可以追溯到专业心理学的起源。在20世纪，弗洛伊德和荣格鼓励他们的病人绘画，通过作品的视觉形式所透露的情绪信息更好地理解他们的心理障碍。但真正发现艺术治疗方法的是美国瓦尔登艺术学校的主任和教师玛格丽特·农伯格（Margaret Naumburg），农伯格观察到以自发艺术为形式的自我表达本身就具有治疗效果。在同事诺兰·刘易斯（Nolan Lewis）博士的支持和协助下，农伯格在纽约州立精神病院开展了关于儿童问题行为的研究。她的第一个发现发表于1947年，之后花了很多年才使她的理论确立下来。农伯格的理论最初是处理无意识中非言语性表达的，是精神分析一个重要的方法。她假设在治疗师的解释的帮助下，病人的艺术作品有助于他们的自我治疗和康复。

作为艺术教师的伊迪丝·克雷默（Edith Kramer）于1971年发展了艺术治疗的第二个理论。这一理论假设绘画过程本身就具有治疗性，应该将注意力更多地集中在创造性过程而非最终结果上。在艺术治疗获得科学地位的最初阶段，许多理论在农伯格和克雷默的基础上添加进来。在学科成长的过程中，艺术治疗师的角色也逐渐成熟。最初的艺术治疗师看起来是解释艺术家作品的工具，现在他们被视为艺术家、治疗师和教师。艺术治疗师可以被视为一种催化剂，帮助艺术家发现他们作品的有意义的解释，这些解释可以作为促进他们长远成长和发展的工具。根据艺术治疗师埃莉诺·厄尔曼（Eleaor Ulman，1961）的观点，艺术治疗师的角色是"帮助人们说出他们的动机——一种将他们内心和外部世界的经验组织得更加紧密统一的愿望"。

直到1960年，艺术治疗才整合为一门统一的学科，治疗专家的训练和认证都在艺术治疗的理论和应用的基础上进行。1969年，美国艺术治疗协会成立。最初，艺术治疗的临床应用形式主要为诊断，艺术治疗师和心理学家用它来理解患有临床障碍的病人的人格发展和自我表达。在1970—1980年，艺术治疗得到承认并被作为一种应对策略，用于每个个体，增进他们的自我意识，作为他们情绪表达的渠道。最近，人们认识到通过各种媒介进行视觉表达的益处。至今，艺术治疗领域的研究与临床个案研究的结果保持一致，即个体在恢复过程中，可以通过创造性的艺术获得自我发现的突破。传统观点认为，艺术治疗始于负责非语言、艺术及空间知觉功能的右脑和负责分析、逻辑及语言功能的左脑的强大联系。根据裂脑人研究证据，人们普遍认识到人类的最佳潜能包括左右脑认知功能的平衡和整合。随着艺术治疗学科在临床领域的不断扩展，人们对艺术治疗的益处将有更深的理解。

你可能以为涂色书只是为孩子们设计的，但是随着专为成人设计的涂色书的流行，艺术疗法已经成为主流。在21世纪头10年的中期，这曾被视为一种趋势，如今已成为办公室里的一种固定现象，员工们正努力实现工作与生活的平衡，摆脱整天盯着电脑屏幕的习惯。最受欢迎的涂色书包括曼荼罗，鼓励人们"在线外着色"。尽管艺术治疗专家声称，涂色书是艺术治疗的简化版（"简化的艺术治疗"），但它们的放松效果是公认的，包括降低焦虑水平（Fitzpatrick，2016）[图11.2（彩）]。

现在，人们认为艺术治疗在多个领域都有治疗效果，包括在心理、生理、精神，特别是情绪健康方面。艺术治疗师一致认为，有几个目标与此技术有关，以促进治愈和提升整体健康。根据艺术治疗师迈拉·利维克（Myra Levick，1983）的描述，包括以下这些目标。

1. **提供增强自我的方法：**通过发掘个人兴趣和成长主题，使个体获得更好的同一性。
2. **提供宣泄体验：**通过艺术的个人表达的身体行为使具有稳固效果的情绪得以释放。
3. **提供发现愤怒的方法：**运用色彩和图形探查和表达攻击情绪。
4. **提供降低内疚的途径：**通过传达内心对过去的感受和与负罪感相关的行为的想法。

5. **促进冲动控制**：允许自由的自我表达而非压抑，以此获得积极的行为。
6. **帮助绝症病人利用艺术促进治疗**：将艺术作为增强身心联系的方法，用各种艺术形式强化自我疗愈的意象。

艺术治疗的临床应用

以绘画为主要形式的艺术治疗已运用于多个领域，包括吸毒康复中心、饮食障碍诊所、退伍军人医院、处理情绪困扰的临床机构、监狱以及治疗肿瘤（癌症）医院。通常，患有生理和情绪问题的住院病人最大的困难是难以用语言表达感受。但是，缺乏自我表达或交流，会限制治疗取得进展。艺术治疗可以突破这一障碍。通过对裂脑人的研究，研究者发现了大脑两半球认知功能不同，语言交流仅是众多表达内在思想的途径之一。当用图画的形式表达愤怒、抑郁、恐惧、悲伤、内疚及担忧等感受时，就会释放无意识深处残存的"思想毒素"。在艺术治疗的引导下，绘画可以是指导性的（由艺术治疗师确定主题和方向），也可以是自发性的（将浮现在心里的任何内容绘制出来），这些方法均是要释放被压抑的或有害的情绪。

绘画、油画或素描中的每一处标记、每一个点、每一条线都被视为个体心理的延伸。通过对病人作品（包括作品的背景、病人的健康问题）的反复分析和解释，一些反复出现的原型意象就会出现，这些意象代表个体人格的特定部分。例如，树代表了个体的能量水平或生活前景［图 11.3（彩）］。完整、繁茂、树干粗壮的树木暗示激昂的能量和意志强大的天性；而贫瘠、枯瘦的树木表示虚弱、失望甚至死亡。房子代表安全或者监禁，依据包括门窗的大小、房间内的人的位置。每一个意象都是重要的，每一意象的每个方面都给绘制者带来了特定的意义（Asperheim, 1982）。承认其重要性有助于发现个体精神世界的多样性。并且，没有画出的信息与画出的信息一样多。例如，在自画像中，如果面部缺少嘴或耳朵，则代表绘画者缺乏用语言表达感受的能力，长长的胳膊可能表达了求助或寻求感情的愿望，短小的胳膊可能表示退缩，短脖子暗示了个体的顽强，盒子一样的肩膀暗示着无法让事情顺其自然。

根据艺术治疗师伊夫琳·维舍普（Evelyn Virshup, 1978）的观点，艺术治疗的重点在于过程而非结果。通过艺术的自我表达的价值远超过观赏者的美学感受："让一个人画出他的感受，然后用美学的标准评判，会使他感到背叛，并压抑更多的情感。批判性的评价会使表达的创造性丧失"。艺术治疗实践的一个重要方面是一旦作品绘制出来了，治疗师和绘制者要一起用语言来对它进行描述。艺术治疗师扮演的角色是根据他的理解引导绘制者。引导通常采用一些开放式问题，例如，这幅画的含义是什么？在很多情况下，绘制者可能不会公开承认作品的情绪含义（例如，缺失的特征、重要的颜色选择，比例失调的轮廓），或者没有准备好从语言上接受图画所透露的信息。在完成绘画的时候，治疗师可以建议绘制者尝试解释绘画的含义，甚至在作品的一角写出来。这样做是为了使**非语言表达**和言语表达平衡，促进意识心理和无意识心理的沟通。非语言和语言、意识和无意识的联合促使个体觉知和理解周围的情境以及与之相连的情绪［图 11.4（彩）］。

1971 年，放射肿瘤学家卡尔·西蒙顿（Carl Simonton）阐述了关于癌症病人的观点，这一观点整合了心理意象和艺术治疗。在一项先驱性项目中，医生要求癌症病人在康复过程中发挥积极作用。西蒙顿和妻子设计了一种方法，通过一系列渐进的应对和放松技巧，从心理、身体、情绪和精神的各个方面攻击癌症。在替代医学和现代医学领域中，心理意象和艺术疗法可能是最重要的桥梁，作为对抗癌细胞和帮助身体恢复活力的辅助工具（Simonton, 1978）。

在人们必须为他们的健康承担责任的前提下，西蒙顿要求他的病人想象血液中的白细胞攻击并消灭体内的癌细胞。在病人的创造性想象中，白细胞

> **非语言表达（nonverbal expression）**：许多想法和感受是无法用语言表达的，因此艺术疗法作为一种非语言表达方式应运而生。

的隐喻性意象是身着闪亮盔甲的白衣骑士，或是成群结队的白色鲨鱼扑向猎物。西蒙顿要求一些病人画出意象以强化其视觉形象。病人在疾病的不同阶段也会绘制其他的图画。视觉意象提供了令人震撼的证据，这些证据代表了病人对疾病的态度：基于自发的努力、增强意志力以及积极的态度来强化治疗过程（一些晚期癌症病人进入了缓解期）；反之，哪些仍保持消极被动，甚至绝望厌世。

库伯勒-罗斯（Kübler-Ross, 1981）的开创性工作也将艺术作为治疗癌症儿童的工具。那些词汇量有限但对绘画完全没有抑制的儿童能够表达围绕死亡过程的多种情感。库伯勒-罗斯发现，身患绝症的儿童可以把图画和素描作为一种特殊的应对技巧，来帮助他们处理与这一创伤经历相关的情感和精神压力。她认为，通过艺术的自我表达有潜力成为促进个人完整性的工具。

精神科医生伯尼·西格尔（Bernie Siegel, 1986）也在癌症病人中使用艺术治疗，使用的方法与西蒙顿和库伯勒-罗斯相似。与大多数医生要求病人填写病历不同，西格尔给病人发放白纸和蜡笔，要求他们画出最近健康或疾病的状况。西格尔认为，艺术治疗中的心理意象比一系列实验室检测更有用，更能准确地评估病人的疾病情况和预后状态［图 11.5（彩）］。他为分析图画提供了精确的分析工具，用以诊断疾病和与健康相关的问题。

作为肿瘤学专家和外科医生的西格尔发现，通过一些因素可以暗示哪些病人会屈服于疾病，哪些病人会与癌症抗争。有些病人能够扼住命运的咽喉，并且能承担康复的责任，被西格尔称为杰出的癌症病人（exceptional cancer patients，ECaP）。具体而言，他们身上有意志力、幽默、希望和爱，这些特征可以从病人的绘画作品的不同侧面表现出来。并不是所有的病人都有这些品质，病人的作品经常预示即将到来的死亡。与荣格的观点一致，西格尔很快认识到了来自无意识的信息可通过象征性意象和特征表现出来。这些意象强调病人的恐惧、愤怒、自尊水平、悲伤、内疚以及导致疾病的个人问题和冲突的强烈程度。在一个病人的绘画中，她将自己画在纸张右下角的小小角落里，其他部分出现了大面积的空白。这样的形式说明了低自尊，这一点也得到了病人的承认。一个相似的案例是一个男孩，他在整张纸上仅画出了他的上半身，这使得医生备感疑惑和恐惧。接着，男孩翻开纸，让医生看到了他画的下半身，这暗示着他走上了康复之路，这也使得西格尔脸上露出会心的笑容。

虽然有例外，但是艺术治疗师们也达成了一致：不管性别、国籍、种族，艺术治疗中的颜色都具有原型意义。颜色选择和物体（如马、树木）同样反映了个体心理健康的情绪表达。下面列举了颜色和相应的原型意义。

- 红色：强烈的情绪顶点（从快乐到痛苦）；也代表同情或愤怒。
- 橙色：生活中或大或小变化。
- 黄色：能量（通常是积极的信号）。
- 蓝色和绿色：幸福和喜悦（蓝色也可能代表创造性）。
- 紫色 / 紫罗兰色：崇高精神本性；无条件的爱。
- 棕色（以及泥土样的颜色）：脚踏实地感和稳定感。
- 黑色：（1）悲伤、绝望、恐惧；（2）个人被授权的感觉。
- 白色：（1）恐惧、回避、掩饰；（2）希望。
- 灰色：模糊或不确定。

虽然癌症病人接受的艺术治疗是一种应对策略，但艺术治疗师仍把这一工具应用于治疗其他与应激相关问题的意识和康复过程中，包括偏头痛［图 11.6（彩）］、肠胃问题、厌食、经历与病魔作战所造成的创伤后应激障碍。在《科学美国人》（*Scientific American*）的文章中，J. 霍根（J. Horgan, 1988）认为，素描和雕像的创作是一种处理越战退伍士兵的**创伤后应激障碍（PTSD）**的重要工具。霍根报告，许多退伍士兵依然生活在由战场上的死亡和鲜血淋漓的记忆所筑造的囚室中，即使回家了，他们的情绪依然如此。老兵们一旦开始艺术治疗，就会发现强烈的悲伤感通过破坏性的意象从内心深处流露到纸上、帆布上、泥土上。虽然谈到战争经历没有特别的焦虑，但老兵们用他们的绘画作品作为工具征服了与创伤经验相连的情绪，开始了治愈和成长过程。越战老兵成功证明了艺术疗法的有效性，以至于在 1981 年，芝加哥成立了一个艺术博物馆，专门展示越战老兵的作品。《华盛顿邮报》的记者杰基·斯平纳（Jackie Spinner, 2007）表示，针对伊拉克战争退伍军人的类似艺术治疗项目已经完成。

在对自伤和饮食障碍（特别是厌食症）的治疗中，艺术治疗会作为治疗过程的一部分。病人通常感到无法控制外部环境以及自我同一性。对压力的感知转向内部，通过缓慢的自我伤害表现出来。有关控制问题的内部冲突通过严重的消瘦表现出来，并伴随着扭曲的身体意象。在戈德史密斯学院（Goldsmiths College）开展的一项运用艺术治疗处理厌食症的研究中（Levick, 1983），研究者注意到这些被试很少画人物形象。当要求厌食症患者绘画时，他们表现出了青少年的性格特征，这暗示了他们对成人的责任和身体成熟的否认。病人通常会画出隔绝、孤独的意象；在一个案例中，被试将自己画成了一株仙人掌。当实验对象开始表现他们真实的身体状况时——也就是说，把自己画成人类的样子——他们就取得了进步。艺术作为厌食症患者自我表达的一种方式，被认为有助于提高自我意识，通过开放个人内部的沟通渠道，从而承认自己的长处和短处，增强对自我的满意度。

2001 年“9·11 事件”后，当纽约城（甚至是美国的其他地区）学校重新上课时，学生们被邀请在纸张上画出他们的想法、感受和意象，通过这样的宣泄降低学生的情绪压力，很多这样的压力是无法用文字表达的（Flatow, 2002）。众所周知，在军事冲突和自然灾害（比如 2010 年摧毁海地的地震）期间，军事基地内外的教师经常对小学生和初中生使用艺术疗法。学生们要画出他们对战争的感受以及他们父母的卷入程度。通常，学生的绘画揭示了对被遗弃、分离、悲哀和孤独的恐惧。最重要的是，每个人，无论个人经历如何，都可以从艺术治疗中受益。

同绘画一样，随意的涂鸦也可以揭示很多东西，比如课堂笔记、装饰购物清单或在餐巾纸上的涂鸦［图 11.7（彩）］。心理学家罗伯特·伯恩斯（Robert Burns）研究了涂鸦的意义，结果显示：它们是另一种艺术治疗形式。涂鸦是从无意识中浮现出来的非言语信息，每一笔或每一个标记都有其重要性。涂鸦通常是思想、情感和视觉形式的象征。尽管对“涂鸦之作”的理解还处于初级阶段时，伯恩斯已经做了一些观察（Jaret, 1991）。攻击性通常表现为带有箭头或尖头的深色粗重、锯齿状线条。水平线传达内心的平静。幸福的典型代表是柔和的曲线。伯恩斯发现，男性通常会画几何形状——正方形、三角形和圆圈，而女性倾向于画人脸。就像有意识地画出我们情感的图像可以表达我们的感受一样，无意识的涂鸦之作也带来了有关内心世界的重要信息［图 11.8（彩）］。

艺术治疗的步骤

艺术治疗吸引人的地方在于任何人都可以参与，它重要的治疗效果不仅能使癌症病人获益，也有益于每一个体验到压力的人。在这个例子中，如同其他应对和放松技巧，“治疗”一词并不意味着病弱或需要帮助。相反，艺术治疗有助于增强个人意识和对解决（resolution）过程的理解。艺术治疗引发了两个反应。首先是宣泄效应，你能够把被压抑的情绪和思想从心中释放到纸张（或泥土）上。其次是可以通过客观地看待和解释艺术作品，获得更强的个人意识——作品暗示了个人意识的信息。这样的解释或觉知通常是一种来自无意识心理的以明显的意象为形式的交流。当一种解释有助于自我意识过程时，如果不具备相关知识或帮助，作品的含义也可能被忽略、错解或误解。因此，有几个因素需要考虑，以保证这一技术的有效性。这些因素包括**艺术阻碍**、原料、图画主题以及解释。

创伤后应激障碍（post-traumatic stress disorder, PTSD）：经历极端的应激体验（如战争、自然灾害、强奸和性虐待、车祸）后，所造成的心理、情绪和生理反应。

艺术阻碍（artistic roadblocks）：认为没有能力通过创造性的形式表达自己（通常是出于恐惧）。

艺术阻碍

人们对艺术治疗最普遍的反应是“我不会画！”事实是，每个人都能画，而方式取决于他们的天资和能力。证明这一点的例子是爱尔兰人克里斯蒂·布朗（Christie Brown），他是一个截瘫患者，因大脑瘫痪而无法使用手臂，但他可以用左脚进行绘画。很多人在决定破除障碍进行绘画时会犹豫不决，但是艺术治疗与你绘画水平高低无关。不管你的创作天赋是只能用三年级的简笔人物画来形容，还是可以比肩莫奈和伦勃朗这些无可争议的绘画大师，都没有区别。抽象的图像、精细的草图、简单的线条、颜色和轮廓同样重要。艺术治疗是非竞争性的。没有对错之分。只要扫除了这种认识上的障碍，你就可以尝试了。

原料

关于艺术治疗媒介的选择，研究者众说纷纭。大家一致的看法是色彩应该尽可能丰富，以利于充分表达。艺术治疗师一般认为彩色蜡笔是最好的工具，既利于绘制粗线条的作品，又便于绘制细线条的作品。相反，伯尼·西格尔认为，粉笔是最佳工具。西格尔说，粉笔不仅七彩俱全，而且儿童比较熟悉，容易接受。虽然治疗师偏好蜡笔和粉笔，但彩色铅笔也可以用于艺术治疗。维舍普（Virshup）强调工具的易用性，建议包括油画一样的浓墨和铅笔勾画。使用这些工具的目的是尽可能增加色彩的变化范围，所以不提倡用钢笔和铅笔。儿童常用手指绘画，泥塑也是艺术治疗的有效工具。纸张的选择不是困难的决定。艺术治疗师推荐经济的空白新闻纸；西格尔建议只要是一张白纸即可；常见类型的纸张就能满足艺术治疗的要求。一旦你有了这些材料，你要做的就是用纸笔将你的想法和灵感付诸笔端。

图画主题

当艺术治疗作为应对策略用于处理应激和压力，有大量的主题和概念可供选择。一种方法是自由绘画，直到你能达到艺术治疗的要求。其他主题是更特殊的事件、感受或情境，这些主题不适合用文字描述。在我的课上，我用过以下效果不错的主题。

1. **艺术治疗意象**。在艺术治疗的开始阶段常会出现的两三个主题，如：
   a. **画出代表你自己的某物**。画的是个体自我的象征，如职业、家庭、爱好、房间或其他能带来内在力量感的事物。
   b. **画出两个想象中的动物**。不管这两个动物来自头脑中的印象，还是实际并不存在的想象中的动物。然后在纸张背面用少量字词（常用三个形容词）描述这些动物（依据维舍普的治疗工作坊）。
   c. **闭上眼睛在纸上画一些线条**。想象中的线条可以是任何形状——直线、曲线、锯齿线、绒毛样的线条或细线，只要绘画的时候闭着眼睛就可以。接着睁开眼睛注视你看到的线条。你可以缓慢旋转纸张直到想象激活了你的眼睛。然后完成绘画，使线条构成事物，赋予它们意义。绘画一定是从内心自发而为的，不能刻意［图 11.9（彩）］。
2. **康复意象**。尽管艺术治疗广泛用于癌症病人，但其他疾病和症状也可以在纸上表现出来。下面的艺术主题能提高积极的内部意象、身体意识及心理意象。
   a. **画出你自己**。勾画出你处于最佳健康情况时的形象。
   b. **画出你感觉需要特别关注的身体部分的图画**。在一张纸上画出感受到压力的器官，它们承受过多的折磨，或使你感觉尚未痊愈的身体部位——如头痛、背痛、胃痛、牙痛。在另一张纸上（或同一张纸的背面）画出这些身体部位完全康复的意象。利用你的想象将病痛的意象恢复到健康状态，这利用了一种隐喻的方式（例如，用完全织好的袜子表征治愈的胃溃疡）。
3. **心理意象：艺术治疗也是心理意象的载体**。画中的意象驱使个体进行心理探索。例如：
   a. **画出一个平静的意象**。画出一个使你一想到就能够放松的意象。这个意象可以是你曾经去过而现在想再去的地方，也可以是从未去过但是一直想去的地方。

b. **画出你当前的感受**。你现在的情绪是什么样的？愤怒、恐惧、内疚、担忧、爱、喜悦、安静？你的愤怒在你看来是什么样子的？你怎么描述爱的感受？尝试将你的情绪用图画表现在纸上［图 11.10（彩）］。

c. **画一个梦的意象**。尝试用图像和颜色将你能够回忆的梦的片段画出来。

解释

解释是艺术治疗中最困难的部分。困难之处在于对画在纸上的图像的形象、色彩、轮廓和大小的印象和理解过于宽泛。荣格曾经讲过，梦境分析中最重要的因素是病人对梦的印象，因为梦是做梦者的创造物。解释绘画和分析梦没什么区别。作为一次宣泄体验，绘画的解释次于简单地在纸上抒发情绪。在艺术治疗师和使用艺术治疗的心理学家的实践中，他们要接受大量训练，以理解绘画的共同特征、色彩表达以及其他成分。在解释你选择的颜色时，要注意图画中色彩的背景和你绘画时的心境。例如，黑色通常代表死亡或悲伤，但在非裔美国人中，黑色也象征着自豪。

解释是对理解的探索：无意识心理和意识心理用视觉媒介进行思想和情感的交流。在所有的艺术治疗情境中，都鼓励病人向小组成员解释他的绘画。成员也会提问以帮助绘制者理解自己的作品。如果只有一个人，将对作品的描述写下来也有助于理解。当然，在解释自己的作品时，要提高警惕。首先，选择解释显而易见的元素。正如弗洛伊德说的，“有时雪茄就是雪茄”。

艺术治疗的最佳应用

艺术是个体思想和情感的表达——表达对人们来说是必要的，而且还具有治疗作用。在很多情况下（如狂喜和痛苦），语言无法将我们所有的情绪完全表达出来，这时就需要艺术治疗。请记住：情绪健康是一种能够感受和积极表达人类所有情绪的能力。每个人，无论他们的压力水平高低或生活状态是否混乱，都能从艺术疗法实践中受益。这也许听起来疯狂，在你的抽屉里，放一盒蜡笔或彩色铅笔与放地址簿或周计划一样重要［图 11.11（彩）］。如果你没有用于艺术创作的工具，最好去购买一些。还要记住：绘画不一定非得是杰作，可以从涂鸦开始［图 11.12（彩）］。

总　结

1. 艺术作为自我表达的方式可以追溯到远古时代。艺术治疗植根于弗洛伊德和荣格心理学，这些理论认为图画可以用于理解无意识思想。
2. 1969 年，美国艺术治疗协会成立，其目的是对使用艺术治疗的人进行教育和认证。艺术治疗从此进入各种机构，如咨询中心、医院和成瘾治疗中心，还有非传统机构，如社团的健康中心。艺术治疗被证明是一种有效的应对策略，可以帮助人们用非语言方式探触他们的情绪。
3. 艺术治疗被描述为创造性地利用艺术提供非语言的表达和交流，以促进自我意识和个体成长。
4. 每一笔线条、每一种色彩、每一个细节都有和无意识心理相关的含义。
5. 对于艺术治疗材料的使用存在争议，没有公认的方法。蜡笔、彩色铅笔、手指画和泥土都是可能的材料。艺术治疗师建议色彩的选择范围尽可能大些。颜色为思想和无意识的信息提供了特定的意义。
6. 艺术治疗提供了多个主题，去探索这种非语言交流，包括自画像、动物以及树木。

学习指导题

1. 解释怎样有效地利用艺术治疗作为压力应对策略。
2. 艺术治疗中的色彩代表或象征的原型意义是什么？
3. 列举将艺术治疗用作压力应对策略的几个步骤。

第 12 章

幽默治疗（喜剧放松）

微笑是两个人之间最短的距离。

——维克托·博奇（Victor Borge）

1964年，一位男士因全身疼痛到医院就诊。经过一系列检查，他被诊断患上了一种罕见的类风湿性关节炎：僵直性脊椎炎。这种疾病的症状是身体的关节组织逐渐病变，当时的医疗技术对这种疾病束手无策，它的治愈率大约是 1/500。像大多数人一样，**诺曼·卡曾斯**（Norman Cousins）决定尽其所能地了解自己的病因。他很快发现，压力，特别是消极的认知和情绪，与其疾病之间有紧密的关系。接着，他想到了一个问题：如果像内疚、担忧及焦虑这样的消极情绪与疾病有关，甚至能促发疾病，那么积极情绪能不能帮助他避免恶化，甚至恢复健康？他得出这一结论：要增加康复的可能性，他本身也必须为治疗承担责任，即积极配合。无论怎样，他这样做不会有什么损失。

有了康复的决心和他私人医生的支持，卡曾斯离开医院搬到附近的旅馆居住。逐渐地，他找到了用喜剧电影和电视节目来对抗疾病的方法。他的一个朋友艾伦·丰特（Alan Funt）甚至寄来了自己的热门电视节目《偷拍》（*Candid Camera*）的经典片段。随后卡曾斯写了一本现在很有名的书《疾病剖析》（*Anatomy of Illness*），他说："10 分钟的大笑可以换取 2 小时的舒适睡眠"。一段时间后，卡曾斯离开宾馆回到家里，他的疾病已经痊愈。按照医生的建议，卡曾斯将自己的故事写成个案投寄给了《新英格兰医学杂志》（*New England Journal of Medicine*）。虽然卡曾斯将康复归功于众多因素，包括大剂量摄入维生素 C，但是读者更愿意相信卡曾斯是用笑声换回了健康。这位以自身案例揭示了心身医学的积极一面并验证了心理神经免疫学的人，经常用以下话语结束他关于幽默的治愈力量的演讲："疾病越严重，对你来说反击就越重要，调动你所有的资源吧，包括精神的、情绪的、智力的、身体的。"

卡曾斯的故事仅仅是众多积极情绪利于健康的例证之一。然而，正是这个关于喜剧放松的个案研究，比其他任何研究都多地为心理神经免疫学这一全新的研究领域铺平了道路，卡曾斯将永远因为他对该领域的慷慨贡献而被人们铭记。我们可以从卡曾斯离开医院的故事中了解到，积极情绪在维持身体健康中扮演着令人难以置信的角色。幽默治疗或喜剧放松指的是利用幽默增加幸福感，以积极的

诺曼·卡曾斯（Norman Cousins, 1915—1990）： 经典书籍《疾病剖析》的作者，他运用幽默帮助自己从一种严重的疾病中痊愈，并将幽默在心理—身体—精神治疗方面的重要性带入国民意识中，为心理神经免疫学领域铺平了道路。

思想、态度和情绪对抗消极的思想、知觉和情绪。作为一种应对策略，幽默不是医治所有疾病的万能药，但可以帮助处于困境的人们，不管是躺在医院病床上，还是钥匙落在车里而自己被锁在车外。在传奇的喜剧演员鲍勃·霍普（Bob Hope）百年诞辰时，他女儿在接受《拉里·金现场》节目访谈时谈到，喜剧演员和作曲家比一般人的寿命长，最大的原因可能是他们良好的心态。

历史回顾

幽默的人在人群中如同磁铁，能吸引所有人的耳朵和眼球。笑声是最通用的语言，可打破词语无法攻克的阻碍。卡曾斯绝不是第一个将幽默作为应对策略的人。喜剧放松在人类第一次开始搔痒取乐时就出现了。古希腊人认为幽默是一种美德。例如，哲学家柏拉图相信幽默培育了灵魂，并提倡幽默的治疗实践（Shelley, 2003）。古希腊人创造的戏剧形式（包括喜剧）一直沿用至今。在旧约时代，中东人相信谚语“快乐如同良药，忧伤则能伤人”。事实上，幽默作为一种“疗伤药”，可以在世界上几乎每一种文化的根源中找到，从非洲土著人最早的实践到美洲人最早的实践。看来，幽默和它所抵抗的病毒一样具有传染性。

“**幽默**”一词最早出现在拉丁语中，含义是“流动”或“潮湿”。根据中世纪（炼金术和魔药时代）哲学观点，人体内有四种基本体液，每一种都和特定的心境及身体部位相联系。产生于胆囊的黄胆汁，使人忧郁和沮丧。产生于肾脏的黑胆汁，与愤怒和敌意相关。快乐、高兴的心态与血液相关。产生于呼吸系统的黏液，是冷漠和反应迟缓的原因。一旦某一体液产生过多，就会改变人的心境，这使人要承受被众人嘲笑的“危险”，于是，这些人就成了第一批喜剧演员。如果所有体液保持平衡，那么这个人就被认为处于“良好的心境”。还要注意的是，在1850年以前，为了缓解这些疾病的症状和原因，让血液流出身体的做法在美国和欧洲都很常见。遗憾的是，许多人死于忧郁，医生的职业也不像今天这样受到人们的青睐。

怀着对幽默作为治疗工具的兴趣，雷蒙德·穆迪（Raymond Moody）博士于1978年查阅多本历史书籍，发现了各种关于幽默的观点。1260年，法国进步医生亨利·德·蒙德维尔（Henri de Moundeville）看到了积极情绪与身体健康的重要关系，并且让他的家人和朋友实践起来，用愉快和欢笑帮助生病的亲戚。“医生应该照顾并管理病人的整个生活，使他们获得快乐和幸福”。欧洲君主也看到了笑声的重要性，雇用小丑（穿着滑稽的鞋子的家伙）增添城堡里的欢笑。也许，最出名的宫廷小丑是理查德·塔尔顿（Richard Tarlton），人们认为他对英国女王伊丽莎白一世（1533—1603）健康的贡献大于女王的医疗小组。

但人们并不总是喜欢笑。下面摘录了中世纪对笑声的评论（Moody, 1978）。

> 笑声在任何场合都是邪恶的、下流的。
>
> 笑声遮盖了真理，冷酷了心灵，麻痹了思想。
>
> 一个有教养的人只会展露微笑，从来听不到他的笑声。
>
> ——英国著名政治家查斯特菲尔德勋爵
>
> （Chesterfied, 1748）

如果翻看几百年前欧洲的人物肖像画，你很难发现有人在微笑（蒙娜丽莎除外）。

我们现在在照相机前经常说的“茄子”，但在19世纪，情况完全不同，那时的人们害怕在公共场合被抓住“犯罪”（图12.1）。事实上，根据艾伦·克莱因（Allen Klein, 1989）的记载，直到20世纪，人们才敢在照片中冒险一笑。

社会标准经常受权威人物的影响，幽默研究者开始转而研究美国总统（一个高压职业），观察总统们在办公室如何运用幽默。据报道，林肯将幽默故事加入他的政治演讲中，甚至在美国内战期间给他的内阁成员读笑话。吉米·卡特在一次国会晚宴上对记者说：“我不准备讲什么重要的话，你们可以把笔都收起来。”当以幽默感出名的里根总统遇刺后住进乔治·华盛顿大学医学院附属医院时，他转向蜂拥而来的媒体说：“我希望你们全都是民主党的。”当副总统丹·奎尔（Dan Quayle）的父亲

图 12.1　因为大笑和微笑被认为是一种犯罪，在照相机镜头前没有人敢笑，因为害怕被当作证据，受到迫害。

说他儿子在大学学习时只知道“寻欢作乐”时，总统候选人乔治·H. W. 布什回应说：“能获得双学位的学生不多。”克林顿总统的笑话不适宜写入本书中。而乔治·W. 布什欣然承认他每天会花 2 小时收看《60 分钟时事》（*60 minutes*）。看起来，幽默有益于总统这种高压角色。奥巴马总统也有幽默感。当被问及他十几岁的女儿对前男孩乐队乔纳斯兄弟（Jonas Brothers）有什么兴趣时，他说：“我有一个词可以形容乔纳斯兄弟：捕食者无人机。”

风气从古板的维多利亚时代开始改变。受益于美国和欧洲的娱乐行业兴起，从杂耍到好莱坞电影，再到电视，幽默在全球范围内被广泛接受，成为增强积极情绪的重要因素。直到有了确定的证据，医学界才慢慢接受这一观点。现在他们认为，幽默是促进健康和幸福的可行技术。我们应该感谢诺曼·卡曾斯，正是他用自己的例子证明了幽默是一种可信的疗法。

现在，幽默和喜剧放松在和几十年前卡曾斯将其带入医院时一样重要。一些人曾预言，鉴于现在的世界形势，对喜剧放松的需要空前高涨。或许正是因为这样的原因，英国在 2002 年甚至开展研究，寻找最有趣的笑话。多份稿件从世界各地通过电子邮件寄来并经过专家组挑选。下面是获奖笑话之一。

著名侦探福尔摩斯和助手华生带着他们的帐篷野营。半夜，福尔摩斯叫醒华生。

福尔摩斯：华生，看看天上的星斗，你能推理出什么？

华生：我看到无数的星星。其中有一些是行星，有一些行星是和地球相似的行星。如果有一些行星和地球相似，那么一定有高智慧的生命存在，就像我们一样。

福尔摩斯：华生，你这个白痴！有人偷走了我们的帐篷……

幽默理论

很久以来，人们一直试图理解什么可以使人发笑。不出意料，没有人可以给出正确答案。至今为止，有四个主要的理论解释人类的这一天性。提出这些理论的学者有齐夫（Ziv, 1984）、戈尔茨坦和麦吉（Goldstein and McGhee, 1972），以及博纳姆（Bonham, 1988）。首先，根据史蒂夫·艾伦（Steve Allen）的观点，“幽默实际上是一种身体上的释放，其他三种释放是哭、打呵欠和性高潮。你可以连续做这些行为，只要找到合适的顺序。”在适当的地方，我引用了诺瓦克（Novak）和瓦尔德（Waldok）的《美国幽默大典》（*Big Book of American Humor*）里的笑话来说明这些理论。

优越理论

优越理论被认为源于公元前 4 世纪的柏拉图，

> **幽默（humor）**：一种对有趣和滑稽的事物的感知；不是一种情绪，而是一种能引发快乐和幸福的感觉或情绪的感知。
>
> **优越理论（superiority theory）**：首创于柏拉图，描述为什么笑者的快乐是以被笑者为代价的。

是试图解释人类与笑的紧密关系的最早的理论。笑声是以别人被嘲笑或取乐为代价的，使说笑话的人比被嘲弄的人感觉更好，因此对于嘲笑者而言是优越理论（见专栏 12.1）。取笑别人的不幸会给自己带来一点微弱短暂的舒适。通常，被嘲弄的人地位越高，带来的笑声就越响亮。例如，老虎·伍兹和他的性骚扰事件，伊丽莎白女王在公众场合挖鼻子，乔治·W. 布什总统的阅读水平和学龄儿童一样混乱不堪。

优越理论也可以用来解释消极的和攻击性幽默。根据戈尔茨坦和麦吉（Goldstein and McGhee, 1972）的观点，优越理论解释了用幽默来攻击从而建立和保持自我界限。攻击性幽默通常用来提升或降低自尊，这取决于你是取笑者还是被取笑者。在极端情况下，这种类型的幽默是挖苦的、种族主义的、大男子主义的甚至是讽刺白人种族主义者的笑话。

专栏 12.1 快车道生活：美国人的涂鸦

- 对消极说“不”！
- 钱是万恶之源（有关更多信息，请寄 20 美元给我）。
- 永远不要相信泛泛而谈。
- 有所不同……像其他人一样。
- 谈话很廉价……直到你聘请了律师。
- 如果“赞成（pro）”的反义词是“反对（con）”，那么“进步（progress）”的反义词是什么？[①]
- 当生活给了你一头短尾鳄（gator），还他一瓶佳得乐（Gatorade）。
- 素食主义者：在印第安语中是“倒霉猎人”的意思。
- 永远保持谦虚，并为此感到自豪！
- 警告：日历上的日期比它看起来的来得更快。
- 重力——不仅仅是一个好概念，它是定律。
- 胶带犹如自然之力，它有光明的一面和黑暗的一面，它把宇宙维系在一起。
- 永远不要敲死神的门。按响门铃后快跑，他讨厌那样。

失调（惊奇）理论

在《周六夜现场》（*Saturday Night Live*）节目中，模仿广告是一种节目形式，有时候只有忠实的粉丝来区分真实的广告和虚假的广告。一个经典的《周六夜现场》广告播出了一个“脸谱网妈妈过滤器”的软件程序的广告，如果你的母亲加你为好友，它可以将你不想让妈妈看到的东西转化为平淡无奇的内容，甚至可以转换上传的照片。

失调理论将两个无关的想法组合在一起，从而达到了令人惊奇的滑稽效果（专栏 12.2）。因为心里没有预料到这样的结果，从而唤起幽默。18 世纪哲学家康德曾说，“笑声经常在紧张感迅速消逝的时候被唤起”。

齐夫（Ziv, 1984）认为，惊奇用信息加工的术语描述就是失调，将两个醒目概念的并列（如，一个中国的墨西哥流浪乐队）。矛盾修饰法也归于这一类型。在失调理论中，幽默和创造性是相生相伴

专栏 12.2 轻松一下

一位绅士走进纽约市的一家银行要求见贷款专员。他将在欧洲出差 2 周，需要借 5000 美元。银行专员表示银行将需要某种担保。因此，绅士把自己停在银行门前的一辆崭新的劳斯莱斯汽车的钥匙给了银行。所有手续确认完毕后，银行同意将汽车作为贷款的抵押品。一位银行职员驾驶着劳斯莱斯开进了银行的地下车库，并将其停放在那里。2 周后，这位先生返回，归还了 5000 美元的借款和 15.41 美元的利息。贷款专员说：“我们很高兴和你做生意，而且这笔交易进行得非常顺利。但我们有一些困惑，你不在的时候，我们对你做了一些调查，发现你原来是一位千万富翁。因此，我们非常困惑，您为什么要借 5000 美元呢？”绅士回答：“你能告诉我，纽约还有哪里能让我停车 2 周，却只要付 15 美元吗？”

---

① congress 意为国会。——译者注

的伙伴。凯斯特勒（Koestler, 1964）描述这样的创造性思维过程为“**双关联**”，即把一个思想或一个对象在心理上同时跟通常不认为有联系的两个领域联系起来，它是幽默的催化剂，特别是失调性幽默。

据说存在两种失调：自下而上或“啊哈”，产生惊奇和敬畏；自上而下或“哈哈”，产生幽默。

所以，失调理论是一种基于认知的理论，需要对信息进行智能处理。不符合认知模式的思维加工，要么引发“灯泡效应”（突然闪现的灵感或顿悟），要么引发微笑。

对大脑皮层损伤的裂脑人的研究发现，幽默大部分是右脑的功能。维拉·罗宾逊（Vera Robinson, 1991）的研究报告，右脑损伤的中风病人对几百个笑话序列的幽默语句没有反应。失调理论认为，左脑试图分析笑话的内容。当幽默妙语呈现，左脑被困住，而右脑提取含义，从而引人发笑。但是，有句话说的，“最后笑的人都没听懂笑话”。

释放 / 放松理论

释放 / 放松理论认为，人们大笑是因为他们需要释放来自被压抑思想的心理能量。这个理论是弗洛伊德创立的。根据他对幽默心理学的研究，也包括对马克·吐温作品的分析，弗洛伊德声称，笑是一种被意识压抑的性和敌意冲动的生理放松或表达。他相信，对思想的压抑越强大，笑的反应越强烈（专栏 12.3）。所以，弗洛伊德假设幽默是无意识焦虑的反应。释放 / 放松理论也被运用于禁忌幽默，这些幽默在企业和职场内不为人们所接纳。弗洛伊德的理论试图解释这些笑话的流行性。与性相关的禁忌主题是“脏笑话”，但是禁忌笑话也来自其他社会禁忌，如非法药物和问题行为。弗洛伊德相信幽默是“珍贵而精致的礼物”，他称幽默是最高级的防御机制。（顺便说一下，马克·吐温对弗洛伊德的这个理论或其他理论并没有什么印象。）

幽默感及其类型

对幽默的研究仍然没有达成共识：幽默到底是什么？这个问题包含太多的方面，看起来太过复杂，以致无法下一个简洁的定义。大多数专家同意幽默本身不是积极情绪，但是它能够引发积极情绪，如幸福、喜悦、爱、忠诚、希望以及意志。幽默不是一种行为，即使它能引发行为动作（大笑和微笑），幽默只是这些行为的一个特性。最恰当的描述是，幽默是一种知觉，就像我们所了解和体验到的，人们发现一个人有趣而另外的人则不是。下面是两个定义以说明这种难以捉摸的知觉（McGhee, 1979）。

> **专栏 12.3　放松一下**
>
> 在机场的男厕所里，我无意中听到一个男人在洗手间里用手机打电话：“听着，我现在正忙着处理一些非常紧急的文件。我一会儿给你回电话。再见！”

1. 幽默是“一种心理体验，发现和理解滑稽或荒谬的观点、事件或情景，它们会给个体带来快乐和享受”。
2. 幽默是“一种思想和行为有趣或理解这种有趣的品质；一种感知 / 享受心理状态、感受和心境有趣或滑稽的能力”。

从定义来看，幽默有两个基本方面，简单说就是给予和接受。首先，幽默像海绵一样，或通过内化的认知被知觉体验。然后，幽默可以通过行为努力表达出来与他人分享。人们接受每个人都有幽默感的观点，即使你通过自己的经验有了否定这一论断的证据。从幽默研究者那里，麦吉（McGhee, 1979）引证了幽默必须具备的三个因素：

> **失调理论（incongruity theory）**：这种理论宣称，发笑的原因是两个没有意义的概念出现在我们的头脑中，我们就会咯咯发笑。
>
> **双关联（bisociation）**：能够觉知某一情境中有两个无关方面的联结能力，从而导致发笑。
>
> **释放 / 放松理论（release/relif theory）**：弗洛伊德的幽默理论基于这样的概念：所有的笑声都是被压抑的性紧张的结果，要通过幽默来释放。

1. 作为潜在刺激的行为（如把馅饼扔在人脸上）。
2. 认知和智力行为，包括知觉和评价刺激源（感知到一脸的冰激凌是可笑的）。
3. 行为反应，表达幽默（微笑或大笑）。

幽默的种类

幽默之所以难以定义，可能是因为无法使其在大众心中内化和表达的盲点过多。此外，有时各种类型的幽默混杂在一起无法区分。虽然有很多关于幽默如何分类的理论，我将它们按照应对压力的有效性的顺序以从模仿到挖苦的顺序排列。模仿和讽刺之间的所有的幽默类型都是平行的，它们有着强大的幽默方式，或是消除愤怒和恐惧的微妙手段，或是让注意力远离压力，让身体恢复平衡状态。

1. **滑稽模仿**。**滑稽模仿**是效仿某事或某人，力求逼真，以达到滑稽效果。滑稽模仿是一种典型的口头或肢体表达的幽默，把人的某些缺点暴露出来。这种幽默被认为是对付压力的最好的幽默方法，前提是不伤害自尊。例如，夸张的行为和人格特征。友善的滑稽模仿不应该看作博取同情的自我批判。当人们滑稽地模仿并取笑自己的缺陷时，能达到减轻压力的效果。
2. **讽刺**。虽然**讽刺**和滑稽模仿有相似之处，但讽刺最常用在文学作品和戏剧中，描述个人或社会的缺陷。在讽刺的应用中，许多个人、政治和文化的怪僻被描述及夸张，以达到幽默效果。美国最著名的幽默作家都以讽刺风格见长。《周六夜现场》是早期讽刺节目的样例，电影《圆圈》（*The Circle*）中的主演汤姆·汉克斯和艾玛·沃特森、《逃离绝命镇》（*Get Out*）、《疯狂动物城》（*Zootopia*）也是如此。
3. **滑稽剧**。在美国早期的歌舞剧中，很多演员用荒唐的肢体行动引起笑声，这就是**滑稽剧**（图12.2）。踩香蕉皮滑倒，脸上被掷馅饼，或拍打着屁股蹒跚而行，这些都可以调动观众的情绪。香蕉皮、冰激凌和馅饼是真的，而拍打却是假的，幕后的人制造了音效。源自法国剧院的“响棒（slap stick）”是钉着一块皮革的平木板。在适当时刻，使用响棒也能令观众发笑。学者们注意到滑稽剧是一种基于攻击的幽默，观众观看演员施加或者承受身体的打击甚至伤害，以宣泄的方式（大笑）将潜在的愤怒释放出来。
4. **荒谬/无厘头幽默**。**荒谬或无厘头幽默**被描述为将两个或多个概念联合起来导致愚蠢、可笑或荒谬的知觉。漫画家加里·拉森（Gary Larson）的卡通漫画《在远方》（*The Far Side*）描绘了奶牛开车、戴着角框眼镜的鲨鱼，以及在塞伦盖蒂平原使用自动售货机的猎豹，这些都很荒谬。约翰·麦克弗森（John McPherson）的《靠近家》（*Close to Home*）也传达了同样的幽默（图12.3）。史蒂文·怀特（Steven Wright）之于单口喜剧，就像加里·拉尔森

图 12.2 很多种类的幽默（讽刺、冷笑话、甚至是闹剧和厕所幽默）被写入热播节目《摩登家族》的脚本里，使得这部戏广受欢迎。乔丹·皮尔（JordanPeele）和科甘-迈克尔·凯（Keegan-Michael Key）出演的喜剧小品系列《基和皮尔》从 2012 年至 2015 年的连续五季为流行的脱口秀和电影增加了笑料。

图 12.3

（Gary Larson）和丹·皮拉罗（Dan Piraro）之于卡通片一样，特征是一种听起来可信的荒谬的幽默。荒谬或无厘头幽默也被认为是一种减压的好方法，因为它能够使人们远离日常压力源。这两种风格都给日常思维秩序带来了些许混乱，让人意识到生活不应该太严肃。

5. **双关**。**双关**是一种文字游戏，一个词有两个含义（通常有性意味）。詹姆斯·邦德系列电影经常会使用这种逗乐技巧。车尾贴也因使用这些文字把戏而臭名昭著。就连迪士尼卡通片也蕴含两个层次——分别写给儿童和父母——能把孩子及其父母都逗笑，但是发笑的原因不同。从漫画到戏剧频道的政治评论，双关语无处不在。例如，为纪念 2011 年地球日，呼吁“清理地球，它不是天王星！”
6. **黑色幽默**。**黑色幽默**不是一种异教徒的幽默，这和一些人的看法不一样。黑色幽默或“绞刑架”幽默产生于对死亡的恐惧，有时被描述为“对死亡的调侃”。死亡是人类普遍的恐惧，人们发明了处理这种恐惧的方法，即开死亡的玩笑，试图在想到死亡的时候感到舒适。一般而言，在国家性灾难期间，黑色幽默笑话会浮出水面以应对令人厌恶的死亡，正如 2003 年哥伦比亚号航天飞机爆炸之后，黑色幽默迅速流传。一些不怎么出名的电影和录像中有不少不错的黑色幽默，例如《哈罗德和莫德》（*Harold and Maude*），以及最近的《圣诞坏公公 2》（*Bad Santa 2*）、《恶老板 2》（*Horrible Bosses 2*）和《叛逆妈妈》（*Bad Moms*）。在电视剧《尖叫皇后》（*Scream Queens*）和《冰血暴》（*Fargo*）中都展现了各式各样的黑色幽默。漫画家也在他们的作品中插入这样的黑色幽默。

正如美国喜剧演员多萝西·帕克（Dorothy Parker）最后的台词（刻在墓碑上）：“小心我的骨灰。”在一项对墓志铭的研究中，路易斯·谢弗（Louis Schafer, 1990）发现，墓地中不乏半开玩笑的黑色幽默，举例如下。

John Stange
这里住着最诚实的律师
这很奇怪（Stange）

这里安眠着 Martha Dias 的身体
一直很吵闹，不是很虔诚

滑稽模仿（parody）：取笑其他事物或人的一种幽默方式。自我的滑稽模仿被认为是一种最好的减压的幽默方式。

讽刺（satire）：以文学作品和戏剧为形式的滑稽模仿。例子包括乔治·卡林的作品和电影《怪物史莱克》。

滑稽剧（slapstick）：起源于歌舞剧，表现为肢体的胡闹动作，如向脸上扔馅饼或踩香蕉皮滑倒。

荒谬或无厘头幽默（absurd or nonsense humor）：这种幽默的最佳例证是加里·拉森的作品《在远方》。喜剧演员史蒂文·怀特（steven wright）也是一个典型的例子。

双关（double entendre）：一个笑话有两个含义。

黑色幽默（black humor）：关于死亡和将死的幽默，用来缓解对死亡的恐惧。

她活了一辈子
拒绝了所有的男人
身体就献给了蠕虫

这里居住着 John Bun，他死于枪下（gun）
他的名字不是 Bun，而是 Wood
但是 Wood 和 gun 不押韵，而 Bun 押韵

William Reese
这正是我期望的，但没想到这么快

这里住着 Susan Louder 的身体
她死时正在喝苏打粉
现在她到天国安息了
应该等到它冒泡了

7. **反讽**。**反讽**被描述为当两个概念或事物成对出现时，表达了与预期结果相反的含义。例如“如果你热爱安宁和平静，就按喇叭吧”（图 12.4）。生活充满了讽刺：收到一张 100 美元的意外支票，却在同一天发现了一张 100 美元的信用卡账单。保险杠上的贴纸，比如“我的另一辆车是扫帚”，经常带有讽刺意味。讽刺也可以在日常生活中看到，比如买四根棒棒糖和一瓶健怡可乐。矛盾修辞法（两个相反的概念）提供了另一种类型的反讽，以前的例子有工作假期和诚实的政客。我听到的最好的反讽例子是这样的（Klein, 1989）：卓别林有一次参加卓别林模仿秀比赛，结果得了三等奖！许多滑稽剧演员都在他们的表演中运用了这种幽默。剧作家尼尔·西蒙（Neil Simon）在他的电影和百老汇剧本中反复运用反讽的手法。

图 12.4 生活中充满了有讽刺意味的幽默。日常多多关注，你会发现它无处不在。[①]

8. **冷笑话、急智和双关**。**冷笑话**一般充满了机灵和内在的智慧。它通常包括歧义、话外有音、话里有话，经常含有性影射。马克·吐温、威尔·罗杰斯、格劳乔·马克思、温斯顿·丘吉尔、英国巨蟒剧团《飞行马戏团》（*Monty Python's Flying Circus*）的演员阵容，以及最近的《草原之家伙伴》（*Prairie Home Companion*）的加里森·凯勒都是创造深奥智慧的好榜样。美国国家公共广播电台的汽车谈话节目《咔嗒咔嗒》（*Click and Clack*）和喜剧演员斯蒂芬·科尔伯特（Stephen Colbert）都是**急智**幽默的例子。**俏皮话**也属于这一类。人们常说俏皮话是最低级的幽默形式，因为和聪明机智不同，俏皮话近乎愚蠢或无聊。实际上，俏皮话并没有恶意，所以不能算是幽默的最低级形式。一些俏皮话的例子如下。
   - 悲观主义者的血型都总是 B 型（悲型）。
   - 我今天开除了我的按摩师，她抚摩的手法错了（把我惹怒了）。
   - 一个弗洛伊德式的错误就是当你谈论某物时，指的却是你的母亲。
   - 我曾在一个毛毯厂工作，但是它破产了（fold，也指对折）。

   你可能会发现，对于俏皮话，你要花点心思思考一下才能笑出来，但是其他类型的幽默能够自然地引发笑声。例如，你可以精挑（pick）朋友，你也可以挖（pick）自己的鼻孔，但是你无法挖（pick）朋友的鼻孔。

9. **厕所幽默**。如果你看过《美国派》《美国婚礼》《南方公园》或者《我为玛丽狂》（这部电影可以使法国人脸红），你就知道什么是**厕所幽默**了。

---

① 图中的石板上写着：“没有什么东西会写在石头里”，这句谚语意为“没有什么是一成不变的”。——译者注

如果你没有看过那些影片，那么庸俗、冷酷、粗鲁以及不敬之类的词可以近似地描述这些电影幽默，它们通常是为了廉价的（在一些例子中，也是欢闹的）笑声把某个身体功能作为主题。

10. **挖苦**。“**挖苦**”一词指的是“撕扯（人身体上的）肉”，如果你试图忍受挖苦对自己的刺激，你就能明白这个比喻是恰如其分的。虽然挖苦与聪慧可能有一些相同元素，但不同的是，挖苦表达了潜在的愤怒。挖苦含有进行口头报复的企图。挖苦是使用者认为社会可以接受通过言语而不是身体攻击来表达敌意的方式。但是语言攻击造成的伤害与躯体攻击造成的伤害一样，甚至更严重；人们记忆中的言语攻击远远多于身体攻击。挖苦的典型标志是以一句“我只是开个玩笑”为结尾，想以此减少造成的伤害。挖苦是最低级的幽默。挖苦看似有趣，其实给被挖苦者带来的是紧张而不是放松。因此，不提倡以挖苦作为幽默表达的载体。虽然每个人多多少少都会挖苦别人，但就算无法完全放弃，我们也应该尽量少使用它。

虽然各种幽默被区分成几个种类，但大多数类别的幽默可以混在一起运用，使之相互融合，相互置换。例如，挖苦式的死亡笑话，闹剧滑稽的模仿。同样，很难对幽默感清晰地分类，或者说很难说清楚为什么一个人用他的方式笑。

幽默感

如同存在多种幽默一样，幽默研究专家们也区分了多种**幽默感**。幽默感似乎是一个人的教养和集体环境的功能。很有可能，每个人都具备所有幽默感的特质，但有一种幽默感往往在每个人的性格中占主导地位。由于这个原因，就如何提高一个人的幽默感给出一般性建议是很复杂的。雷蒙德·穆迪（Raymond Moody）博士在他的书《笑声不断》（*Laugh after Laugh*）中将大多数人的幽默感分为四类。

1. **约定成俗**。在**约定成俗的幽默感**中，两个或多个人发现他们有着相似的幽默感知，会对同样的事物发笑。发笑的人会和其他人一起笑，而不是在人群中独自发笑。大家存在共同的评价事物有趣程度的尺度。
2. **生活聚会**。有人像海绵一样吸收幽默的插曲，另外有人具有在闲暇的片刻逗得大家开怀大笑的能力。具有**生活聚会幽默感**的人是聚会中的明星，背诵了无数笑话，总是妙语连珠，讲的故事总能逗笑大家。这样的人喜欢观众，可能在年少读书的时候就是班级的开心果。他们自发性强，富有创造力，思维敏捷。他们有能力使每一人都大笑，或至少是微笑。当你感觉低落或需要振奋精神的时候，你就会想起这样的人。遇到红灯时，有人把车停在你旁边，摇下车窗，问你有没有灰色的波蓬芥末酱，这种人就具有生活聚会类型的幽默感。
3. **创造性**。**创造性幽默感**的最佳例证是那些专业

反讽（irony）：幽默的一种类型，发生了与预期相反的事情。

冷笑话（dry humor）：经常见于故事中（如，马克·吐温的小说），从细微中体现出机灵。

急智（quick-witted humor）：一种基于快速反应而非挖苦的幽默。反应快速的幽默通常包括聪明的用词，吸引你的注意力并给你留下深刻印象。

俏皮话（puns）：一种玩文字游戏的幽默手段，但通常不是带来笑声而是叹气声。

厕所幽默（bathroom humor）：通常被描述为庸俗、粗鲁和乏味的幽默形式，这一名称源自此类幽默通常多见于厕所。

挖苦（sarcasm）：被认为是幽默的最低级形式。挖苦一词指“撕扯（人身体上的）肉”。因为挖苦是愤怒的潜在形式，它会激发而不是缓解紧张。

幽默感（sense of humor）：个体人格一部分的心理结构，决定个体在生活中如何使用幽默和笑声。

约定成俗的幽默感（conventional sense of humor）：这一术语描述多数人对同一个事物都会发笑的现象，他们都认为这是好笑的。

生活聚会幽默感（life-of-the-party sense of humor）：班里的小丑，能让所有人发笑的人。

创造性幽默感（creative sense of humor）：能想出笑话或有趣事情的人，但他可能不好意思与人分享。

的段子写作者。他们非常聪明，极具想象力和创造性。他们能从任何事物中找到幽默。具有创造性幽默感的人经常自己笑，如果你问他笑什么，他或许会告诉你，或者只是说“没什么”。他们很容易被娱乐，虽然他们的笑话很有创意，但他们往往更喜欢让别人来讲。大名鼎鼎的涂鸦艺术家也属于这一类。

4. **戏谑**。一个具有**戏谑幽默感**的人会对自己的缺点和错误自我解嘲。这样的人知道怎样运用自我解嘲。这种幽默风格不是用来对缺点进行合理化的，而是用来应对个人不足的。这些人经得起被别人开玩笑而不会过后请律师。在戏谑的氛围中，玩笑过后，自我与他人的隔阂即使不完全消失也会减少不少。

笑笑团＝大笑瑜伽

1995 年，一小群人聚集在印度孟买的公园，在一位名叫芒丹·卡塔利亚（Mandin Kataria）医生的指导下，他们开始大笑，笑个不停。卡塔利亚博士将此活动命名为“大笑瑜伽”，它迅速火遍全球。正如在《没有理由的大笑》(*Laugh for No Reason*)一书中所描述的那样，什么是大笑瑜伽？简单的解释是，笑声瑜伽是一种长期的、发自内心的、自愿的大笑。在标准的大笑瑜伽活动中，人们面对面，用眼神交流，像孩童般，大笑随之而来，并引发更多大笑。指导者开始引导进行各个环节，例如与拉伸、拍手等身体动作，促进参与者放松，减少不自在感。由于笑声的传染性，群体中的人们会持续笑相当长一段时间。在正式的笑声瑜伽课程中，笑声通常持续约 20 分钟。活动通常以笑声结束。最后，参与者会躺下并思考有趣的事情（Briar, 2016）。

作为应对策略的幽默治疗

用最简单的术语讲，幽默的运用是一种防御机制。但是，其他有意识或无意识的防御策略（如合理化和投射）是用来保护自我的，而幽默更多的是推倒自我的围墙，而不是加固它。幽默是一种能同时增加快乐和减少痛苦的防御机制，一个过程可以产生两种效应。理论家同意幽默是一种释放自我的适应性应对机制。《今日心理学》在 1978 年刊登的一篇文章断定，一般人每天能有 15 次大笑（因为人们每天也有这么多次的发怒）。幽默的最大作用是保持情绪天平中积极和消极的平衡。尽管心理学一直特别倾向于研究人类心理的阴暗面，但如今无论是在研究的重点还是心理治疗的应用上，这一趋势都开始发生变化。很多心理学家认为大笑和微笑仅仅是一种情绪的宣泄，是情绪性思想的生理释放。总而言之，适当的宣泄对心理和身体健康都非常有益。但是幽默的复杂性暗示了比宣泄更多的内容。无论如何，欢笑是一种催化剂，它能使我们的思想、身体和精神整合起来，达到真正的幸福。

看上去，幽默可以降低压力感，而幽默疗法也被证明有效。多年来，一些测量幽默（笑）对压力的影响的研究显示，幽默能带来积极的结果。米勒和弗赖伊（Miller and Fry, 2009）研究了愉快的大笑对女性的心血管系统的影响，并发现它会释放 β-内啡肽，其对心脏和心血管系统有益处。贝内特等人（Bennett, 2003）研究了欢快的笑声对压力和自然杀伤细胞活性的影响。他们的研究结果显示，来自大笑的积极情绪可能对免疫系统起积极的影响，笑声是一种推荐的认知行为干预。一项研究（Fernandes and Arriaga, 2010）发现，小丑疗法（幽默）不仅能帮助接受手术的儿童，也能帮助他们的父母更好地应对焦虑。

前一章讨论的奥斯威辛集中营幸存者维克多·弗兰克尔在《寻找生命的意义》一书中提出，幽默能够拯救生存在死亡阴影下的囚犯和战俘的生命。他写道：“幽默是灵魂自我保护的另一种武器”。对死亡的恐惧产生了欢笑的一个分支：黑色幽默。人们经常取笑死亡以此放松，并更好地理解人们所处的困境。好莱坞常在惊悚电影（如《惊变 28 天》和《惊声尖笑》）中插入喜剧放松的情节，以使观众不至于因为过于情绪化而错过高潮。事实上，同时生气和高兴几乎是不可能的。因此，如果你能暂时把自己从你的攻击性中分离出来，看看长时间的愤怒是多么愚蠢和不符合你的性格，敌意就会消散，屈服于越来越多的欢笑。因此，自嘲被认为是最适合消除愤怒的幽默类型。

在《幽默的治疗力量》（*The Healing Power of Humor*）一书中，克莱因（Klein）宣称在混乱之中运用幽默可以提供一种力量感。能够轻松应对压力让人们觉得他们能控制局面。幽默成了消除压力反应的武器。有些人认为幽默是一种催化剂，可以激发智慧和情感刚毅的力量，而另一些人则认为幽默是一种转移注意力的策略。在这种情况下，幽默允许在对抗压力源的认知战争中有机会喘息，也可以给你的应激反应灭火。诺曼·卡曾斯（Norman Cousins, 1989）在他的《深入浅出》（*Head First*）一书中指出，**幽默疗法**在几家医院的使用可以让癌症患者暂时忘记静脉导管、化疗、放疗和便盆，从而有助于缓解这些机构的紧张氛围。

为了更好地理解人们对幽默的评价，《今日心理学》在 1978 年对读者开展了一项调查。把 30 个笑话编成问卷，来测量读者对笑话的治疗效果和可笑程度的观点。回收的问卷超过了 14 000 份，反应如同这些笑话的种类一样广泛。幽默，如同美丽，是一个相对的概念。研究表明，性幽默是笑话中最受欢迎的主题，紧随其后的是种族幽默。幽默学者（Avner Ziv, 1984）提供了两个原因来解释为什么性幽默如此受欢迎。首先，对性幽默的渴望作为生理欲望的补偿，满足了基本的人类驱力。其次，性幽默可能补偿内在的对性期待的失望。

喜剧放松在康复计划中广泛作为治疗方式使用，包括治疗生理外伤、酒精中毒和药物依赖。心理学家认识到幽默的效果并将喜剧放松运用在病人身上，他们认为幽默既是一种评估工具——测评价值观、内在感受和生活的意义，也是一种治疗工具——鼓励情绪的释放和宣泄。在心理治疗中，鼓励病人自己利用幽默感，而不是由治疗师首先使用。当病人对他们的现状和预后开起玩笑时，被认为是情绪的自我治愈过程中的一个突破。一旦病人开始运用喜剧放松，就鼓励他们。人们发现，幽默在许多康复过程中能非常有效地协助病人转而进入恢复期。

就像其他可能被证明对解决问题无效的应对技巧一样，幽默的力量也可能被滥用。消极的和攻击性的幽默，如种族、民族和性别歧视的幽默，以及在表达和接受上的讽刺，都不是令人感到舒适的应对机制。消极幽默可能会使自尊膨胀，但是这是没有价值的错误膨胀。幽默也可以作为一种手段，通过控制别人的态度来寻求认可，让他们感觉良好。用这种方式，幽默就有了一种令人上瘾的特性，每一声笑都是一次强化。因此，用幽默来赢得他人的认可具有了共存行为的性质。在一个调查喜剧演员人格的研究中（Fisher, 1983），研究者观察到许多专业喜剧演员成长于糟糕的环境，包括父母酗酒的家庭、孤儿院或破裂家庭。在这些例子中，运用幽默可以带来承认、认可和自我确认感。在喜剧演员吉尔达·瑞德尔（Gilda Radner）的书《总是有事发生》（*It's Always Something*）中，她把自己对喜剧的使用描述为一种偶尔的消极行为："喜剧很有控制力——你让人们发笑。当你听到你引起的一阵笑声时，你会感到完全在控制之中。也许这就是为什么喜剧演员如此神经质，有如此多的问题。有时候，我们把它说成一种被爱的需要，但我认为，对我来说，这也是一种控制的需要。"

作为一种应对策略，幽默治疗可以增加对紧张原因的认识，而且效果快速，这一认识也会导向问题解决。笑声越多，幽默的质量越高，所感受到的快乐就越大。作为应对机制的喜剧放松的长期效应仍是一个谜，因为尚未对此在更高层面进行研究。

笑的生理学

诺曼·卡曾斯是正确的：积极的情绪能增强身心联系。笑确实影响身体的生理活动，促进康复和治愈。在他自己的临床测试中，卡曾斯注意到几小时的大笑会产生微小但是显著的血液沉淀率的降低，血液沉淀率是发炎和感染的预测指标。在《疾病剖析》（*Anatomy of an Illness*）中，卡曾斯写道：

> **戏谑幽默感（good-sport sense of humor）**：形容人开得起玩笑而不会计较。
>
> **幽默疗法（humor therapy）**：一种运用幽默和喜剧方式的应对技术，即通过有趣的、幽默的和生活中积极的方面来缓解情绪压力的方法。

“点滴本身并不重要，重要的是积累。”幽默疗法曾被认为只是一种应对技巧，但由于其生理效应，现在也被认为是一种放松技巧。自有这一发现以来，科学家们研究了免疫系统的奥秘，以及它与各种情绪的体验和表达之间的关系。

威廉·弗赖伊（William Fry）博士毕生致力于对身心关系的研究，他的作品也报告了很多令人觉得奇妙的结果。笑似乎对身体的主要生理系统有短期和长期的影响。在短期内，一阵大笑似乎会引发压力反应，心率、血压、肌肉紧张和呼吸会轻微增加。但随后很快就会出现反弹效应，即这些参数下降到低于前测水平。整体效果是深刻的稳态水平，很像在渐进式肌肉放松练习中看到的效果。简言之，笑可以有效地稳定血压，“按摩”重要器官，刺激血液循环，促进消化，增加全身含氧量。正如弗赖伊（Fry，1986）所言，“笑明显与减轻压力和与压力相关的身体症状有关。”

弗赖伊也开展了一系列关于泪水成分的研究，包括因疼痛和大笑而流下的眼泪的成分。他的研究揭示出情绪性泪滴比人工泪滴含有更多蛋白质和毒素成分。弗赖伊得出结论，认为因为情绪反应而流出的泪水能帮助身体排放与压力相关的毒素。研究结果再次说明，生理表达（笑和哭）都是人们的自然反应，且对健康有益。库尔特·冯内古特（Kurt Vonnegut）曾调侃说（Klein，1989），“笑声和泪水都是对挫折和兴奋的反应。我更喜欢笑，因为过后不用费事整理自己。”

比笑的短期效应更令人印象深刻的是它的长期效应。研究中采用多学科优化设计的心理神经免疫学，研究者现在发现免疫系统在心身关系中扮演着越来越重要的角色。用伯尼·西格尔（Bernie Siegel）的话说，“思维是化学药品，既有杀伤力，也有治疗力。”看来，是思维和知觉在大脑被快速转化为化学反应从而影响身体。消极的思想会促发与紧张有关的激素释放并抑制免疫系统。积极思维增强免疫系统的整合，包括释放垂体及其他分布于全身的组织特定的神经肽。神经肽——内啡肽、白细胞介素、干扰素等——都是作为通向全身各个器官的分子信使。

最近的研究揭示淋巴结以及其他免疫系统器官也能产生并释放神经肽（见第 3 章）。虽然至今仅发现了 60 种，但科学家相信，有更多神经肽活跃在人体的免疫系统中。笑可以使身体产生有效的镇痛剂。一项研究（David McClelland，1989）用三种类型的电影引发了三种情绪反应（幽默、嘲讽和信任），并测量了免疫球蛋白 A（S-IgA，唾液中的免疫防御体）的变化。电影《菲尔德》（*W. C. Field*）和《特蕾莎修女》（*Mother Tersa*）导致 S-IgA 显著增加，而纳粹宣传电影导致 S-IgA 降低。幽默和积极情绪的长期效应及对健康的益处已广为人知。说幽默和笑声能治疗所有疾病是不明智的；这种观点明显不正确。但是幽默能够“减轻负荷”，使一些疾病的痛苦变得可以忍受。在一些明显的例证中，正如诺曼·卡曾斯的报告，幽默确实具有治疗作用。如同第 3 章讨论的，还需要更多的知识来补充心身模型，使我们获得完整的理解。但是在短时间内，幽默治疗已应用于癌症治疗机构，许多病人有机会笑着离开人世，而不是形影相吊、孤苦伶仃。他们的亲人也可以拥有一段温情的回忆。

幽默治疗的步骤

几年前，我设计并教授了一门实验课程，名为“幽默和健康”。每周都会有学生问我怎么才会提高他们的幽默感。从为准备这门课而进行的大量文献阅读中，我收集了大量方法，可以整合幽默治疗进入你的压力管理应对策略库中。下面列举了一些建议。

1. **学会不要将生活搞得过于严肃。**克里斯·弗拉纳根（Chris Flanagan）是马里兰州一所医院肿瘤科的前护士长。克里斯在凯悦基金会的资助下在癌症预防研究中开展了幽默治疗。克里斯这样描述她的工作，“我们有一个指导策略：严肃对待工作，轻松对待自己。”大多数肿瘤科病房的护理人员流动率都很高，但这种理念使夏迪·格罗夫（Shady Grove）的护理人员多年来一直保持不变。简而言之，这种态度就是自己比工作更重要。很多时候，我们将我们所有的鸡蛋都放在职业这一个篮子里面了，一旦有

有人情味的压力

这是夏季的一天，池塘看起来令人动心。安德鲁（Andrew）是一个聪明、好看、爱运动的即将进入高年级的小家伙。那天，他和弟弟尽情享受着夏日的自由时光。不幸发生的概率就像中2000万美金的彩票那么小，但是安德鲁就是那么不幸。不知道为什么，他进入了深水区，拧断了脊椎，使得他颈部以下都瘫痪了。从他闪动的目光中看得出，自由一词已是他心中的痛楚。他哭过，在他的治疗中，他退缩回自己黑暗的世界里。

但是他的一个护士具有天生的搞笑细胞，这种幽默感很快感染了安德鲁，他要求家人给他带一些卡通书籍和喜剧录像带。他的忧郁变得越来越少。他态度改变，希望能够离开医院回到正常的生活中。

如果你看到今天的安德鲁，你会被他的笑容吸引，微笑是他所珍视的品质。当然，和每个人都一样，他也有自己的低潮期。但是他会首先告诉你幽默的治疗力量，以及幽默使他能够应对他在那个夏季无法想象能够面对的压力。最近，他宣布自己作为残疾人幽默治疗的大使，会走遍全国分享他的故事。他生活中新的快乐之源是他的妻子和他们的女儿。

一天在工作中遭遇滑铁卢，我们的自尊就随之被摧毁。把自己看作一个完整的人，具有多层次的面貌和潜能，不仅仅是一个学生、配偶或专业人士。那些能笑对自己的失误的人比那些为最轻微的不足或缺陷而烦恼的人在情绪上更健康。我们的生活如同广场大钟。通过体验多样的生活经历，我们会打磨掉生命中粗糙的棱角，最后得到一块人生美玉。

2. **每天都发现幽默的事情。**幽默的事物每时每刻都会在我们周围出现。生活充满讽刺、不一致以及有趣的素材。一个人的心态要么接受这些，要么干脆把它们抛诸脑后。如果幽默是一种感知，就像现在所认为的那样，那么采用喜剧缓解作为一种应对机制的方法就是采用这种幽默的思维框架，并使之成为你自己的（认知重组）。人们普遍认为，如果你有意识地意识到并接受一个想法，你就会注意到更多的东西来强化这个想法。以规划假期为例。你决定今年夏天去肯尼亚旅行。一旦你全身心投入旅行，你会发现各种各样的人都和同一家旅游公司一起去旅行，你开始注意杂志和电视上的广告，你的大脑就会像磁铁一样吸引关于非洲的新闻和想法。幽默也是一样，如果你能接受生活中较轻松的一面。告诉自己每天都要找到一件有趣的事。你会找到生活幽默的涓涓细流，发现日常生活中幽默的财富（专栏 12.4）。此外，每天分配一些玩笑时间，不管是在这个时间看有趣的优兔视频、看漫画，还是参加附近的喜剧俱乐部。

   但是也要记住，有些时候不适合大笑。人们会在严肃的场合把大笑看作粗鲁无礼的行为，所以要小心并注意甄别。另外，生活充满了可以笑的时刻，此时微笑和大笑就是非常适宜的。当这些时候出现，最重要的是放松自己去享受。

3. **努力提高你的想象力和创造力。**创造力和幽默密不可分。看看超市小报上的头条新闻，你看到“白蚁宝宝吃新婚夫妇的房子”“大脚怪登上UFO”“火星表面发现的滑雪面具”“十几岁的孩子吞下种子，肚子里长出棕榈树”。最近，许多美国人的创造“细胞”萎缩，肾上腺反而变得肥大。记住：幽默细胞像肾上腺一样容易受到一般适应综合征的感染。请多多关注你的幽

专栏 12.4 美式笑话

每周五下午，在篮球训练结束后，一群囚犯聚集在一起讲笑话，提提精神。因为他们在一起这么多年了，所以他们只要为每个笑话分配了一个编号就行，甚至都不用把这个笑话讲出来。只要有人喊出一个数字，大家都会开始笑，有时会笑得失控。一天，一名新囚犯加入了这个小组，在观察了讲笑话的过程后，他喊出了数字 9。结果没有一个人笑！过了一会儿，一个犯人低声说："哎呀，有些人就是不会讲笑话。"

喜剧演员的哀叹："我没有健康保险，太贵了。我被告知必须有先决条件。但我享受了不错的车辆保险政策。所以，无论我什么时候出现流感或受伤出血，我都会开车四处看看，能不能发生意外事故。"

三位老年男子正在医生办公室进行记忆测试。医生问第一个人，"3 乘以 3 等于几？"。答："274。"医生翻了个白眼，看着天花板，然后对第二个男人说，"轮到你了，3 乘以 3 等于几？""周二。"第二个男人回答。医生沮丧地摇摇头，然后问第三个人，"好的，轮到你了。3 乘以 3 等于几？""九。"第三个人说。"真是太棒了！"医生说："你是怎么算出来的？""简单。"他说："只需用周二减去 274 就是答案了。"

默细胞。很容易想到（基于当前的研究），右脑认知功能的使用能增强同侧半球的其他脑功能，想象力是右脑功能，幽默也是，它们相辅相成。所以如何增强想象技能，下面提供了一些建议：

a. **多读书（小说和非小说），少看电视**。

b. **随时写下想到的故事、预言或诗**。

c. **和儿童一起玩耍**。孩子有惊人的想象力。也许他们的想象力会通过潜移默化的方式传递给你。贴近地面。用小孩的视角观察世界。

d. **探险**。做一些全新的尝试。比如花一个下午逛硬件市场、艺术博物馆或温室。离开舒适的日常生活轨道，发现一个新世界。

e. **创造**。丢开菜谱扮演"沃尔夫冈小妖精"。制作一个自己的假日礼物。发明一些物品。种植花园。培育树木盆景。计划一次环球旅行。开始新的爱好。创造一个更好的居住环境。

4. **每周与朋友分享笑话 / 卡通**。使用推特、脸谱网或邮件分享，你会有所期待，同时也可以使别人获得笑声。

5. **在描述情景或故事时学会夸张**。一个喜剧演员这样开始他的独白，"我知道有一个如此丑陋的家伙……"然后观众中的一个声音问："他到底有多丑？"喜剧演员继续说："他如此丑陋，如果你在字典中看过对丑陋的描述，你会发现他超过了丑陋的定义。"夸张是喜剧笑话中的主要成分。夸张的比较特别可笑，大多数压力事件是可以这样描述的。使用夸张的方式包括将熟悉的词语用其他词代替（例如，自从你上一次的郑重声明后）以及使用比喻代替平铺直叙［例如，为什么我们在林荫道（parkway）上开车（drive）却在马路（driveway）中央停车（park）呢？］。创造性地使用隐喻也能产生让人大笑的夸张成分，如"我最后的经济状况比西班牙宗教裁判所更糟糕"。

6. **设立一个幽默假期**。压力应对的一个重要原则是使用可获得的任何资源。对幽默治疗而言，资源包括收集和利用书籍、CD、DVD，甚至包括蜂鸣器和水枪。将你的房间一角设定为幽默图书馆，用收集到的任何资源塞满书架。在线视频网站有喜剧专区；书店有幽默区。不管你看喜欢的 CD 或读喜欢的书的频率如何，它们都会引发笑声。不要让收集的资源积满灰尘。养成勤于利用资源的习惯。

还有另一个主意：做一个**笑话笔记**。买一个笔记本，记录任何能使你脸上浮现笑容的东西（专栏 12.5）。这些东西可以是卡通漫画、笑话、信件、你自己添上标题的有趣图片、喜欢的报纸专栏、情诗以及能使你感觉良好的个人主题（如

专栏 12.5 笔记备忘录的经典笑话

好儿子

一位老人独自一人住在爱达荷州。他想给他的马铃薯园犁地，但这是非常辛苦的工作。他唯一的儿子布巴因为持械抢劫而被关进监狱。老人给他的儿子写了一封信，提到了他的困境：

亲爱的布巴，我感到心情低落，因为今年我似乎无法种植马铃薯园了。我已经老得无法挖地了。如果你在的话，我的麻烦就解决了。我知道你一定会帮我挖地的。爱你的，爸爸。

几天后，这位老人收到了儿子的回信：

亲爱的爸爸，天啊，别挖花园！那就是我埋枪和钱的地方！爱你的，布巴。

第二天凌晨 4 点，十几名联邦调查局特工和当地警察出现在老人的房子前，并将整块地挖了一遍。然而一无所获。他们向老人道歉后就离开了。

这天下午，老人收到了来自儿子的另一份信：

亲爱的爸爸，去种马铃薯吧，这是我在监狱里能为你做的最好的事情了。爱你的，布巴。

JPEG 格式图片、生日卡、明信片、照片）。我会给出这样的指导语："想象有一天你被诊断患有重病（如癌症）。什么样的幽默胶囊能够提高白细胞的数量，并使你走上康复之路。"我们都有低潮期；这完全是天性使然。但是长时间的消极情绪既不是天性，也不健康。笔记备忘录是你个人的药方。而且它是一个不断成长的有机体；要一直培育和照料它。赠它以滴水，它会报你以涌泉。

7. **寻找各种各样的幽默点。**笑话仅仅是幽默这座大山中的一块小石头，但它是我们听到幽默一词时的第一反应。幽默可以在很多地方发现，获得越多的幽默载体，应用这种应对策略来处理压力就越有力（图 12.5）。幽默点包括（但不局限在）电影、戏剧、书籍、音乐、电视和生活喜剧。幽默和娱乐也是非常兼容的，即使并不总是一回事。人类的大脑喜欢娱乐。去寻找各种方式将幽默融入你的生活方式吧。
8. **提升你的自尊心。**当你的自尊心受到伤害，就很难笑出声。在这时，我们会觉得自己肥胖、丑陋或者愚蠢，而这些特点构成了许多笑话的笑点。低自尊源自我们内心创造出的负面反馈，并相信于此。还记得爱因斯坦的理论吗？一切都是相对的。将事实从幻想中区别开。每天给自己正面肯定，学会接受和悦纳自己和自己的幽默潜能。
9. **访问你的幽默网络。**时不时地，你会发现自己处于情感阶梯的最底层。这些时刻应该得到认

Courtesy of Patch Adams, M.D.

图 12.5 帕奇·亚当斯博士（Patch Adams，M.D）描述他的治疗生涯中的幽默的应用——远胜于药物或手术——是主要的手段。因此，为了将幽默作为医疗实践和生活的背景，他将小丑视为拉近爱的一种手段。分享幽默似乎能增加笑容对健康的影响。亚当斯与来自南斯拉夫的难民儿童在一起。

笑话笔记（tickler notebook）：收集幽默主题（如卡片、信件、JPEG 格式图片、笑话）的笔记。

可，或许在短时间内，甚至是感激。但是，如果在经过一段时间的“情绪休整”后，你需要一些帮助才能重新站起来，不要害怕寻求帮助。我们都认识一些人，只要一想到他的名字就能让我们微笑。打电话给这个人，寻求“幽默提升”。这是最佳的选择。相反，尽量少将时间花在生活在情绪阴云下的人身上，这是一个良好的习惯；他们的悲观主义无益于提高你的积极情绪。你不能上他们的贼船。

喜剧放松的最佳应用

幽默治疗整合了一点认知重构、一点行为矫正、大量的玩笑。使用喜剧放松作为应对风格包括有意识地努力生活得更轻松。幽默治疗并不试图驾驭愤怒、恐惧或悲伤情绪；它仅仅尝试中和它们，使你的情绪反应更加均衡。为了更好地在生活中运用幽默治疗，需要留意你最擅长哪种幽默，并精益求精。也要注意你最不擅长哪些幽默，养成在日常生活中多多运用的习惯。此外，观察你的心情起伏和变化周期。如果你发现你的思维大多是消极、厌世、悲观的，尝试用更多积极和幽默的思维来平衡它们。没有一个提倡幽默治疗的人建议每一个人都应该一直保持笑容。这样的要求既不现实，也不健康。情绪健康是有能力体验和表达所有的人类情绪，包括积极的和消极的。危险出现在积极情绪和消极情绪不平衡时，占优势的一方最终会给个体带来伤害。卡曾斯指出，幽默是所有积极情绪的符号，能够使人们保持情绪健康。使用幽默治疗可以发现和保持人们生活中的情绪平衡。

总　结

1. 卡曾斯认为是幽默疗法把他从死神手里拉了回来，他用数小时的滑稽电影治疗自己的疾病。幽默治疗的假设是，如果消极思维能够导致疾病，积极思维就能够增进健康。卡曾斯也相信人对自己的健康负有责任。
2. 早在2000年前，希腊人就提倡幽默治疗，古非洲人、美洲印第安人和中欧的国王和女王也是如此。但是，在中世纪欧洲，微笑或大笑被认为是一种罪。
3. 幽默不是一种积极情绪，但是它可以引发一些积极情绪。幽默和压力一样，是一种知觉。
4. 幽默是非常复杂的现象。存在很多类型的幽默，包括滑稽模仿、讽刺、滑稽剧、无厘头、黑色幽默、反讽、双关和挖苦。自我解嘲被认为是减少压力的最好的方式，挖苦是最差的。
5. 就像有不同类型的人格一样，也存在多种幽默感，包括约定成俗的、生活聚会的、创造性的和戏谑的。
6. 没有一个公认的原因能够解释我们为什么要笑。四个理论试图解释人类幽默的天性：优越理论、失调（不一致）理论、释放 / 放松理论和神学理论。
7. 研究调查了笑的心理神经免疫学效应，发现了健康和幽默的密切关系。在本质上，笑能帮助人们保持心理的稳态平衡。
8. 研究也表明幽默能促进心理、情绪、生理和精神幸福感。
9. 存在很多使人发笑和增强幽默感的方式，但是像其他有价值的东西一样，你必须钻研才能掌握。

学习指导题

1. 幽默的最佳定义是什么？
2. 列举五种不同的幽默。
3. 列举四种幽默理论（我们为什么微笑 / 大笑）。每一个幽默理论都与幸福感的成分（心理、身体、精神和情绪）相辅相成，哪个和哪个相连？
4. 幽默和大笑作为一种应对压力的技巧是如何协同工作的？
5. 列举四种将幽默和笑声整合到你生活中的方式。

第 13 章

创造性的问题解决

留心其他人成功使用过的新奇的和有趣的想法，坚持下来并付诸实践。你的想法只要是原创的，就适用于你正在解决的问题。

——托马斯·阿尔瓦·爱迪生（Thomas Alva Edison）

灯泡、自行车、印刷、飞机、轧棉机、电话、笔记本电脑、平板电脑、智能手机、爱彼迎[①]、滴滴打车、微信，每一个都是必需品。需要是发明之母；人类的大脑有能力创造一些有趣的发明。当一个人真正有需要的时候，越是遇到挫折或危机，越是催生创造力的果实的时机。如果你最近一直关注某个新闻标题，那么你一定注意到了今天的世界不缺问题。解决问题需要个人和全世界的努力。如果你给不了解决方案，那么你就是问题的一部分（Meng，2016）。

美国曾经一度以美国人的原创力为傲。美国的早期几代人年轻而充满了各种可能性，他们对捕鼠器的改进[②]就多如天上的星星。在即将进入 20 世纪时，美国是一个富有生产力的社会，绝大多数公民的家庭用品有 70% 以上是他们自己制造的。然而，随着美国成为一个消费型社会，越来越多的商品是买来的，而不是在国内生产的。几项新发明的出现，如洗衣机和烘干机，给人们提供了更多的闲暇时间。但是有了这些发明，生活虽然变得非常舒适，集体创造力反而枯萎了（Bronson and Merryman，2010）。据说，随着电视的出现，美国人的创造性思维开始出现萎缩的迹象。人们现在在创意过程中扮演被动的角色，让其他人来做重要的创造性问题的解决。

你可能听说过 IQ 测验，但你是否听说过 CQ 测验？C 代表创造性智力（creative intelligence）。测验是由保罗·托兰斯（Paul Torrance）在 20 世纪 50 年代设计的，并沿用至今。专家们指出，尽管多年来美国人 IQ 分数总体上有所增长，但 CQ 分数已经下降，因而不少专家认为美国人的聪明才智正在急剧下降。人们将此现象归咎于因为花费太多时间在电视、电子游戏以及学校考试上。然而，创造力是一项技能，技能可以学习和培养。佐治亚大学托兰斯创造力与人才发展中心（Torrance Center for Creativity and Talent Development at the University of Georgia）指导主任马克·伦科（Mark Runco）发现，那些擅长使用创造力“肌肉”解决问题的人们能够更好地应对或大或小的难题所带来的压力。

专家们认为，快乐的头脑也是有创造力的头脑。无法处理许多问题与无法开发和利用创造力直接相关。把责任完全归咎于电视或电子游戏是

① 英文为 Air Bed and Breakfast，简称 Airbnb，是为用户提供多样化住宿信息的服务网站。——译者注

② 捕鼠器现在用来比喻有形产品的改善，这其中涉及改革、创新和管理。——译者注

不公平的。许多批评都认为美国的教育体制通过要求统一性来限制想象力，抑制批判性思维，在继续降低学生的创造性技巧中发挥了不良作用（图 13.1）。现在美国公司正在寻找并雇用更具有创造性的亚洲人。西半球的主要思考方式被认为是左脑思维，是线性的、逻辑的、理智的、分析的和判断的思维。左脑思维在学校和工作情境中都获得了更多奖赏，并且这种思考方式贬低了休闲娱乐时间的价值。

音乐、诗歌、建筑、小说、艺术、陶器、摄影。如果说需要是发明之母，那么玩耍可以说是发明之父。创造性无疑有着玩乐的、放松的一面。玩耍就像工作的一部分，也是人类本性的一部分。虽然玩耍的行为总是在个体从儿童期走向成年期时减少，但是玩耍，如同它激发的创造性，是可以被培养的。据说，在车库和地下室的工作室里产生的好点子比其他任何地方都多，包括施乐公司、惠普和苹果电脑的起源。创造性为什么这么重要呢？为什么当前企业的执行官重金引进创意顾问以工作坊的方式激发员工的创造性呢？答案可以总结为一个词：变化。

变化是不可避免的。熟悉的日常生活让人感到舒适，即使它们很无聊或有压力。改变总是会遇到阻力。有人曾经说过，喜欢改变的人唯有湿漉漉的婴儿。但我们生活在一个以每小时 17 万千米的速度围绕太阳公转的行星上，人口接近 70 亿。仅考虑到这些因素，变革就是不可避免的。1970 年，阿尔文・托夫勒（Alvin Toffler）写了一本书《未来的冲击》（*Future Shock*），描述了人类在 20 世纪末及以后的高科技时代将面临的迅速变化。正如托夫勒所指出的，这本书也可以命名为《未来的压力》，因为快速变化带来的冲击很难应对，甚至更难适应。抗拒改变似乎是人类本性的一部分。改变常常等同于混乱，混乱意味着压力。这就是创造力的重要性所在。鉴于当今世界的状况和显示出的未来的方向，创造力的内在资源和创造性地解决问题的技能将是今后 10 年最重要的压力应对策略。

创造性能帮助我们从混乱中整理出秩序，它能够使变化变得诱人，甚至令人享受。但是要变得富有创造性，需要正确的态度和切实可行的策略。我们每个人身上都有创造力，创造力不是一种天赋，它是人与生俱来的权利（图 13.2）。但是就像肌肉不用就会萎缩一样，创造力也必须通过锻炼才能发挥作用。对于那些已经让自己的创造力冬眠的人来说，这里有一个基本的恢复步骤（图 13.3）。

像达・芬奇那样思考！

如果编写世界上最富创造力头脑的花名册，达・芬奇将位居众多名字的最顶端。作为一名画家、发明家、科学家、哲学家和领先于他所处时代的男性，达・芬奇被每一个人，包括迈克尔・盖博（Michael Gelb），尊称为天才。盖博铭记达・芬奇的创造性才能，因此将达・芬奇的才能写成了一本

图 13.1

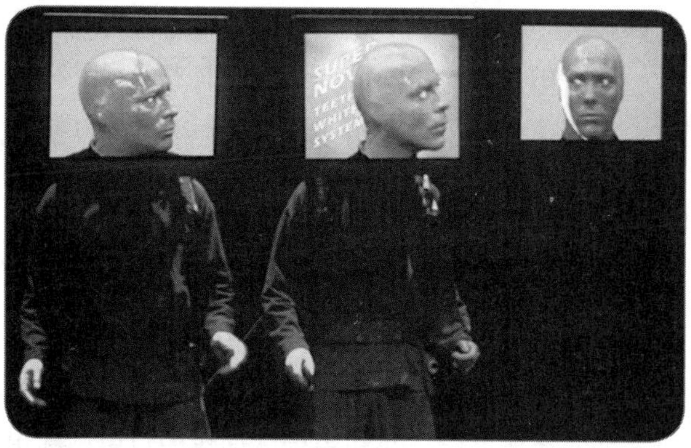

© 360b/Shutterstock.

图 13.2　创造性并不只是少数人的天赋，它是在人类智力中的标准配置。著名的“蓝人组合”的节目是视觉和感官盛宴，这仅仅是利用了创造力才能的例子之一。你也能用自己的方式使用自己的创造力。

© Justin Sullivan/Getty Images News/Getty.

图 13.3　如果你觉得自己没有创造性，那么你会证实自己是对的。你也许不是乔布斯，但是每个人都是具备创造性的个体，包括你！

书《如何像达·芬奇那样思考》(*How to Think Like da Vinci*)，好让世界上的其他人能够通过效仿这个意大利人，而开始在创造性意识上有所提升。以下是盖博的书中归纳的几点：

1. 对事物如何运转保持好奇；不认为一切都是理所当然的；提问题。
2. 养成运用你的所有感官来探索世界的习惯。
3. 愿意让模糊性、矛盾和不确定性环绕你。
4. 愿意犯错，并从错误中学习。

创意过程

创意过程不复杂，但是非常深刻，因为从 A 点到 B 点有太多可能的路径。在 20 世纪 80 年代，人们对人类创意过程产生了浓厚的兴趣。就像把鹅杀了来看看它如何下金蛋一样，人们开始从各个方面、各个角度对创意过程进行了研究，并对其进行解剖和检查。但是与鹅的命运不同的是，创意过程杀不死，反而开始获得了很好的理解，这样创造性的肌肉就可以随着那些渴望使用它的人的突发奇想和利益，而变得有力、敏捷。

创意过程包含两部分，就如同人类大脑的左右半球的功能完全不同。托兰斯曾将创意过程描述为两种不同的组合，包含发散思维（扩展一切的可能性——右脑）和聚合思维（集中合成——左脑）。最棒的创意来源于这两种认知技巧，来源于大脑的左右半脑。马斯洛（Maslow, 1987）观察到了一些有助于整体幸福感（或自我实现）的特征，而创造力就是这些特征之一。马斯洛在他后期关于自我实现的著作中认为，创意过程和自我实现的路径相同。他把创意过程称为“快乐地沉浸在当下的艺术”。他把创意过程分为主要部分和次要部分。**初级创造性**是想法的起源：想法产生和孵化的大脑游乐场。**次级创造性**描述了实现初级创造性所带来的想法的策略计划。次级创造性犹如头脑的工作室：一个锯、凿、粘、锤和磨光想法的地方。

创造性团队的成员

创意咨询师罗杰·范·奥奇（Roger von Oech）将马斯洛的观点进一步深化，又把初级创造性和次级创造性各分为两个阶段。在他的书《出乎意料》(*A Kick in the Seat of the Pants*) 中，创造性思维模

初级创造性（primary creativity）：马斯洛的术语，指创造性过程的第一步，就是获得想法的地方。

次级创造性（secondary creativity）：马斯洛的术语，指创造性过程的最后一步，是策略实现的地方，让选择的想法变为成果。

型包括一个由**探险家**、**艺术家**、**法官**和**战士**四名玩家组成的团队。探险家和艺术家提供初级创造性，法官和战士提供次级创造性。范·奥奇称探险家和艺术家队伍是创造性的萌芽阶段。在这个阶段，灵感和想象被开发到了极致。萌芽阶段包括温和的、柔韧的和右脑的思考，这种思考风格是非理智性、非线性的感知、综合、隐喻、幽默和整体觉察。法官和战士收割想象所播种的创意。收获阶段是努力的、批判性的和左脑思维的，包括逻辑、理性、线性分析和事实思维。每一种思维风格在创意过程中都承担着对应的责任。关键是让团队的各位成员不受其他成员干扰地做自己的工作。追随范·奥奇的脚步，创造力发展机构的创始人查尔斯·M. 约翰逊（Charles M. Johnson）将创意过程描绘为创新分化与创新整合的结合。像范·奥奇一样，他将创意过程划分为四个阶段：（1）孵化；（2）灵感；（3）汗水；（4）经营（Johnson, 2005）。

创造性思维的总体目标是使团队的四位成员拥有更强的表现，这样任意一个或者两个的选手都不能压制其他成员，导致它们萎缩，扼杀整个过程。让我们详细地看看创造性团队的成员吧。

探险家

虽然有些想法可能会浮出意识的表面，但人类的思维通常需要刺激。如果头脑是一块田地，需要不断给它施肥才能使思想茁壮成长。诺贝尔奖获得者莱纳斯·鲍林（Linus Pauling）曾说："想出一个好点子的最好方法就是想出很多点子"，而要获得很多点子，你需要四处寻找。无论是抽象的还是具体的，几乎一切的建构都需要原材料。探险家寻找原材料，用它制造想法。人们往往会陷入认知的窠臼。我们成为熟悉感的囚徒，不愿离开自己的地盘，结果变得无聊和倦怠。安全之墙可以变成监狱的铁栏。结果，我们的创造能力受到阻碍。你应该去哪里探索？任何地方都可以，可能性是无限的。书店、国家公园、博物馆、杂志、摇滚音乐会、图书馆。离开你的领域，去探索一个新的环境，做一次冒险。本着《星际迷航》的精神，"去没有人去过的地方"。

歌手兼探险家杰克·约翰逊（Jack Johnson）通过读库尔特·冯内古特（Kurt Vonnegut）和约瑟夫·坎贝尔（Joseph Campbell）的书来探索。在接受《滚石》（*Rolling Stone*）杂志采访时，约翰逊说："很多艺术家都陷入了一种要不断尝试创造艺术的状态。但我认为可以忘记这件事。你的脑袋里已经充满了这件事情"（Scaggs, 2008）。摇滚歌手斯廷（Sting）分享过，在为自己的专辑寻找灵感时，他在自己心爱的图书馆里翻看了几卷莎士比亚和其他著名的经典著作，并利用诗歌创作的自由，利用它们为自己的歌曲创作新的歌词。这样的例子在艺术和人文学科中比比皆是。探险家最重要装备就是开放的思想：一个可以放原材料的容器。如果你用封闭的头脑去探索，就没有空间把想法的材料带到你的思维工作室里。消极的想法也关闭了头脑的进出口。开放的心态可以用几种态度来充当肥料，其中有好奇心、乐观和热情。好奇心就是允许你迷失。事实上，许多探险家确实迷路了。当他们从"森林"里出来时，往往会发现一些与他们原本想要发现的东西大不相同的、更重要的东西。哥伦布在远东寻找香料时，"发现"了一整块新大陆。罗杰·斯佩里（Roger Sperry）寻找治疗癫痫症的方法时，发现了大脑的左右半球是如何传递信息的。亚历山大·格雷厄姆·贝尔（Alexander GrahamBell）原来想为他的女友制造一个助听器，结果发明了电话。脸谱网创始人马克·扎克伯格想为哈佛大学的学生设计一个约会网站，结果创建了互联网上最受欢迎的社交网站。探索应该是充满乐趣的。乐趣产生于乐观、积极的态度和热情、乐观的应用。当怀疑或恐惧出现时，乐趣就消失了，大脑就像被钢铁皮带禁锢了一样。头脑像被钢铁皮带禁锢了一样紧闭。探险家的另一个重要装备是一个笔记本或者便签簿。好的想法像蝴蝶，它们可能停下来，但是很快就会飞走。随时记下它们！

艺术家

诗人威廉姆·布莱克（William Blake）曾经说过，每一个人都是"一个艺术家、一个孩子、一首诗和一只动物。"你可能并不认为自己像毕加索或者伦勃朗，但是每个人都具有成为一名艺术家的潜质。在艺术家的角色里，你培养、操纵，有时甚至孵化为创意而收集的原材料，直到这些原材料被雕塑成为有用的东西。艺术家的角色可能是最富有挑战性的，同时也需要一些奉献和坚持。如果探险家问的是“在哪里”，那么艺术家会问“怎么做”和“是什么”：“我如何才能采纳其他的想法为我所用？”“我要做什么才能使得这个想法变成我自己的想法？”

为了回应美国的商业缺乏创造性的批评，斯坦福大学的商学院开设了创造力课程。在 1986 年销售火爆的《商业中的创造力》（*Creativity in Business*）一书中，迈克尔·雷（Michael Ray）和罗谢尔·迈尔斯（Rochelle Myers）通过“询问无声的问题”一章，高度赞扬了创意过程问问题的这一点。对于艺术家而言，问题就是画笔和帆布；对于建筑家而言，问题就是铅笔和卷尺。问题带领你探究解决问题的种子。你可以从问“如果……那么……”的问题开始（并不是所有问题都是愚蠢的）。思考下列例子：如果我们制作一个音乐视频，让音乐家在跑步机上跳舞会怎么样？如果你能把 5000 张 CD 上的音乐存储在一个小小的手持设备上并用它播放呢？如果一辆汽车使用太阳能而不是汽油，那么会怎样？这些看上去愚蠢的问题可能正手握解决麻烦问题的答案。以创意过程来看，没有任何问题是愚蠢的问题。提出“愚蠢”问题时，思维训练就从左脑（分析的）转到了右脑（归纳的），归纳需要与思考的原材料共舞。“如果……那么……”问题对艺术家来说像是工具，其价值等同于罗盘和地图对探险家的作用。询问“如果……那么……”问题允许我们对想法进行修改。有时候，成为艺术家意味着变得荒谬，将思考完全翻转或者把内在曝光。对一名艺术家来说，颜料、黏土、石膏、青铜都是做创作的媒介。在创意过程中，也有许多认知媒介。操纵想法的思考方式包括反转概念（如在圣诞节吃户外烧烤），将想法连接在一起（喷火枪和牙膏），或者类比（“生活就像一个茶包——只有放进热水里，你才知道自己的本事有多大”）。这里有一些值得思考的东西。毕加索曾经说过：“每一个创造的行为首先都包含着毁灭的行为。”在一种情况下行得通的想法可能不适用于其他情况；但是，它们可以适应当前的情况。

法官

当法官的角色上演的时候，开始了从软思考到硬思考的转变。要准备收割庄稼了。法官竖起拇指或者拇指朝下，决定了对每个想法的取舍，好的想法将变成现实。法官的角色很关键，因为他既能够带来好想法，也能够轻易地摧毁好想法。在美国文化里，法官通常是创造性团队里面最强势的一个成员。实际上，法官的力量时常可以征服和压倒整个团队。在错误的时间使用理性的思考和过度的分析是对时间和资源的双重浪费。在艺术家动手之前就枪毙或者使用一个想法，就像从你看过的最好的电影之中走出来的一样。你不会那样做的。你不会养成一个吃生果实的习惯。通常，判断上的不稳定导致了对创意过程的其他方面的损害。在前面提到的斯坦福大学的创造性课程上，学生最初学到的概念之一就是学习“忘却”判断技能。在创造性产生阶段，判断是有害的。之后，在创造性的第二个阶段，判断技能获得了聚集和加强，直觉技能也得到了加强。当直觉被认为是一种右脑的功能时，它就变成了一座通向左脑思维的桥梁。直觉是创造力球场上的四分位。

法官的角色包括冒险。正如发明家格雷丝·霍普（Grace Hopper）曾经说的，“在池塘里的船很安全，但造船不是为了让它停在池塘里。”加上我们从商业执行官哈利·格雷（Harry Gray）那里得来的建议：“没有人能通过谨慎行事而获得成功”（von Oech, 1986）。冒险就像是一种危险的倾向，因为总

探险家（explorer）：范·奥奇的术语，指创造性过程的第一个阶段，个体通过向外探索自己的舒适水平来开始寻找新的想法。

艺术家（artist）：范·奥奇的术语，指创造性过程的第二个阶段，个体玩味或者孵化探险家带回来的想法。

法官（judge）：范·奥奇的术语，指创造性过程的第三个阶段，个体选择最好的想法并且为实现它而做准备。

战士（warrior）：范·奥奇的术语，指创造性过程的最后一个阶段，想法投入实践，为其价值而战。

有失败的可能。当然，失败会带来痛苦，这是自我宁愿避免的感觉。失败是一次拒绝，拒绝导致较低的自尊。也许听起来有点矛盾，但是失败是成功的第一步。爱迪生尝试了1800种灯丝后，才找到了合适放在灯泡里的钨丝。作家马里奥·普佐（Mario Puzo）尝试联系了19家出版社，才找到了接收其手稿《教父》的出版社。与大众观点相反，失败不是缺乏成就，而是缺少努力。用喜剧演员、电影制片人/导演伍迪·艾伦（Woody Allen）的话来讲，“如果你没有经常失败，表明你没有尝试任何创新的东西。”

冒险可以被归为好的冒险或者坏的冒险。衡量一个想法的优劣时，需要一些智慧。一个好的法官会权衡利弊。一个好的法官不会受排除未来可能性的影响而产生偏见。即使出现了预期的风险，失败仍然是一位好老师。运用你的直觉，与好的风险同行。

战士

给一个好主意开绿灯并不意味着创意过程的结束。正如范·奥奇解释的，战士的角色是为想法而战斗。它尝试了这个想法并将其推向市场。战士是创意接力队的主力，而且，不需要任何教练经验，你就能明白它必须是强壮的。许多好想法都只是坐在那里集灰尘，原因是战士没有完成竞赛。与法官合作的战士角色是去完成创造性的想法。战士设计一种策略，一个赢得游戏的计划。在华尔街，策略和战斗的重要性可以总结为：知道但不做等于不知道。战士的技能包括良好的组织能力和管理能力。战士也冒险，但选择的是好的冒险。要成为一名优秀的战士，你需要力量和忍耐——把想法变成现实的力量，如果需要的话，还要有耐力把它带到很远的地方。一名优秀的战士是一个乐观主义者。一名优秀的战士信心十足。一名优秀的战士是坚持不懈的（图13.4）。

快速浏览一下有关创造力的书籍就会发现，尽管女性和男性一样具有创造力，但她们很少得到肯定。尽管居里夫人、范妮·门德尔松（Fanny Mendelssohn）和乔治娅·奥基夫（Georgia O' Keeffe）都是女性，但她们的创造性努力几乎没有得到任何赞誉。在《高创造性女性的12个秘诀》（*The 12 Secrets of Highly Creative Women*）这本书里，盖尔·麦克米金（Gail McMeekin）不仅突出了几十位富有创造力的女性及其在过去几个世纪取得的成就，还指出了她们成功之路。就像范·奥奇，麦克米金也看到了不同阶段的创意过程。这12个秘诀中的一些包括承认你的创造性自我，跟随你的幻想，制服怠工者和选择有力的同盟。

图 13.4 即便去世多年，托马斯·阿尔瓦·爱迪生仍被认为是最具创造力的美国人物之一，他拥有超过1093项专利。这是他的佛罗里达的工作室的桌子，他的很多创意过程——从艺术家到战士——是在这里发生的。

作家乔纳·莱勒（Jonah Lehrer）通过对创意先锋公司（从3M和谷歌到苹果）的考察，提出了对创意过程不同的看法。许多公司认识到了创造性思维过程的重要性，并且时刻鼓励他们的员工发展创造性思维。[尽管莱勒在第一章里把事实变成虚构的时候太过有创意，但《想象——创意是如何发挥作用的》（*Imagine: How Creativity Works*）提供了一个独特的视角，让我们看到企业界是如何重视创意过程的。]

创造力的神话

在竞争激烈的全球市场上，好点子等于大把钞票，美国企业称赞这种创造性力量的展现。为了更好地理解美国企业的创新过程，哈佛大学的MBA教授特蕾莎·阿玛比尔（Teresa Amabile, 2005）通过阅读来自全美238名企业员工的12 000篇日志，打破了一些关于创新的常见迷思。她将日志研究的发现总结为“创造力的六个神话”。

有人情味的压力

有时，你在课堂上学到的东西一旦应用于外，会对生活产生直接的影响。我的一个学生德布（Deb），她来到科罗拉多州参加压力管理导师工作坊。工作坊所涵盖的主题是创造性解决问题的技巧，而这在一天后就派上了用场。她和她的丈夫没有从印第安纳州乘飞机到科罗拉多州参加这次活动，而是选择乘坐火车。当她抵达车站准备返回家乡时，经过了数小时的等待。她发现，火车延误是机械故障造成的。一旦火车离开轨道，会引发更多延误。但德布的丈夫（一名器官移植患者）在第二天早上与医生约好了时间看病且无法重新安排。

考虑到延误是他们无法解决的问题。德布开始回顾她所能调动的资源，包括她刚学的应对困境的创造性解决问题的技巧，而不是为压力焦虑。在提出了许多可行的方案（以及一些疯狂的方案）以便及时回家后，她选择的计划是租一辆车。计划成功了！他们及时赶到了家，赶上了与大夫的预约。德布说："我没有抱怨，而是直接进入了思考解决方案模式。这就是这个故事的结尾。美国铁路公司没有退给我 136.13 美元的车票，但他们确实给了我 200 美元的旅行优惠券，一年内有效。下次旅行，我们拭目以待。"

1. **创意来自创意人士。**阿玛比尔发现，每个智力正常的人都有可能非常有创造力，而不仅仅是那些从事研究和设计的人。
2. **金钱是创造力的动力。**不对！那些花了时间思考奖金的人很少具备创造性思维。
3. **时间压力促进创造力。**事实上，在承受最后期限逼迫的压力时，人们是最不具备创造力的。创造力需要时间孵化，时间不足的话，创意过程就会受到影响。谷歌现在每周都会给员工一天的时间，让他们在工作之余探索他们的创造力。谷歌高管迅速发现，没有压力的员工更具创造性，而这又反过来使得公司受益。
4. **恐惧逼迫突破。**虽然人们普遍认为抑郁症患者具有更大的艺术天赋，但这并没有在研究中得到证实。相反，快乐才是创意过程中的关键因素，而焦虑不是。
5. **竞争胜过协作。**事实上，当竞争压倒协作过程时，创造力就会受到影响。再一次，压力扼杀了创意过程，并阻止它实现最大潜力。
6. **精简的组织是创造性的组织。**不对！缩小企业规模和重组抑制了创意过程。不出所料，裁员的传闻似乎更加阻碍了创意过程。

最后，阿玛比尔指出，当人们做他们喜欢的工作时，即使在经济艰难（压力）的时期，创造力也会勃发。

创意过程的障碍

创造性行为是最令人愉悦的。罗杰·范·奥奇把它称为"精神上的性"。马斯洛（Maslow, 1987）把与之相连的感觉称为"高峰体验"，描述它是愉悦的或者兴高采烈的。既然创造性这么有趣，为什么还有许多人躲避它呢？最近，研究者将大量注意力转向人们避开创意过程的原因和其要素。

创造力最大的障碍是什么？著有《吃饭、祈祷与爱》（*Eat*, *Pray*, *Love*）的著名作家伊丽莎白·吉尔伯特（Elizabeth Gilbert）说，毫无疑问，是恐惧。她将创意过程描述为放大自己的存在——这是一种创造性的、赋权的存在，更多的是由好奇心而不是焦虑驱动的。基于恐惧的存在对创意过程是有害的。基于恐惧的行为（比如说“不”）会成为禁锢我们的牢笼。为了释放自己，你必须接受创造性的挑战。你必须给自己许可，并坚持扭转这种基于恐惧的思维方式（Gilbert，2015）。

可能与你想到的相反，创造性不完全是右脑的机能，更精确地说，它是右脑（想象之家）和左脑（组织之源）之间的联合。创意过程会被扼杀的原因有许多。大多数原因与无法让右脑发挥功能有关，或者与左脑的支配能力有关，或者两者兼而有之。其实，真正需要的是平衡右脑和左脑的认知技能。态度和其他阻挠创意过程的障碍导致了失衡，这些态度称为心理阻碍，或者用范·奥奇的话说，叫作“精神上的锁”。范·奥奇在《对头脑的重击》（*A Whack on the Side of the Head*）一书中描写了十种心理阻碍，每种态度都削弱了创意过程。在压力管理中最常见的四种心理阻碍是正确答案（探险家）、我没有创造性（艺术家）、犯傻（法官）以及犯错是不对的（战士）。范·奥奇说：“我们都需要对头脑来一记重击，使我们摆脱常规，迫使我们重新思考我们的问题。”以下描述的每一把“锁”是对“重击”你头脑的一次练习，这样你就能够变得更有创造性。

正确答案

每个问题都有超过一种的正确答案，这可能吗？当然如此！（见图 13.5）但是人们一般只要找到一个答案，就认为它是正确的，并放弃继续寻找。几年前，歌手兼作曲家哈利·查宾（Harry Chapin）写了一首歌，名为“花儿是红的”。灵感来自他学龄前的女儿从幼儿园带回家的一张字条，信上说她没有给作业中的花儿涂对颜色，“花儿是红色的，不是黑色的”。“我的花儿死了。”他的女儿解释说。这个例子代表了许多创造性经验中的一种。不知从哪一天开始，我们被教导一切事情都有一个“正确”的答案和一个“错误”的答案。在创意过程的萌芽阶段，有许多可能性，如果你正在寻找一个正确的答案，那么你找到后就一定会停下来，没什么比这样做更危险了（图 13.6）。

图 13.5 仅用三刀将一块馅饼切成八块。不止一个正确答案。

BSAINXLEATNTEARS

图 13.6 创造性的文字游戏。在上面这行字母里，删去一些字母并且不调换它们的顺序，剩下 6 个字母，将这 6 个字母拼成一个熟悉的英文单词。

我没有创造性

在我的一个课程里，我第一堂课就给学生布置了一份创造性作业，要求他们在学期末完成。我不时地会听到一个个学生的抱怨：“我没有创造性。”（图 13.7）但是《幻想》（*Illusions*）的作者理查德·巴赫（Richard Bach）说：“若为自己的局限性辩护，毫无疑问，你就会证明你是对的。”创造性不是一种感知，它是一个过程。当它被认为是一个感知的时候，那是非常沉闷的。每个人都有创造性——它只需要开始工作。将画家毕加索、乔治亚·奥·基弗和歌手保罗·麦卡特尼与那些自称没有创造性的人区别开来的正是他们对自己的创造性的信念。从这种信念而来的灵感非凡无比。在每个学期末，学生们都一再地告诉我创造性训练是他们曾经做过的最好的训练，因为训练让他们认识到自己的确可以有创造性。

别犯傻

你曾经在自助餐厅打翻过盘子吗？裤子拉链开着而在外面走了一天？外出时牙齿缝里还塞着食物，或者把你的车钥匙锁在车里吗？这些情境导致的尴尬使得自我痛苦。犯傻被认为是愚蠢的，愚蠢使我们在生活的竞赛里失分。我们因为担心在公众面前的形象而对犯错误非常谨慎，以至我们经常竖起防御的盾牌。但是防御行为让人一成不变，而这

图 13.7　思维应该跳出条条框框。

播下了陈腐的种子。在创意过程中，这种思想能导致一种称为群体思维的情况。群体思维指每个人都很顺从，随着潮流走。这是很危险的，它压制了创造性。有时候，犯傻是必要的，一个轻率的观点会给某种情境赋予一种新的视野，干蠢事能够加强法官的角色，犯傻也意味着有一种幽默感，幽默感和创造性是好伙伴。

犯错是错误的

在有的时候，犯错误不是一件好事，它可能会让你失去工作、婚姻或生命。但是在有的时候，犯错误可能产生最适当的行为。错误提供珍贵的学习经验。在创意过程中，犯错是必要的（图 13.8）。每一个错误都可以开启一条通向更可行答案的更清楚的路径。犯错是通向下一种可能性的垫脚石，担心失败会阻碍创意过程。IBM 的创立者托马斯·沃森（Thomas J. Watson）认为，"取得成功的方法是把你的失败率提高一倍。"

阿瑟·范冈迪（Arthur VanGundy）在他的《训练你的创造性头脑》（*Training Your Creative Mind*）一书中从一个不同的角度探讨了阻碍或扰乱创意过程的几类障碍。

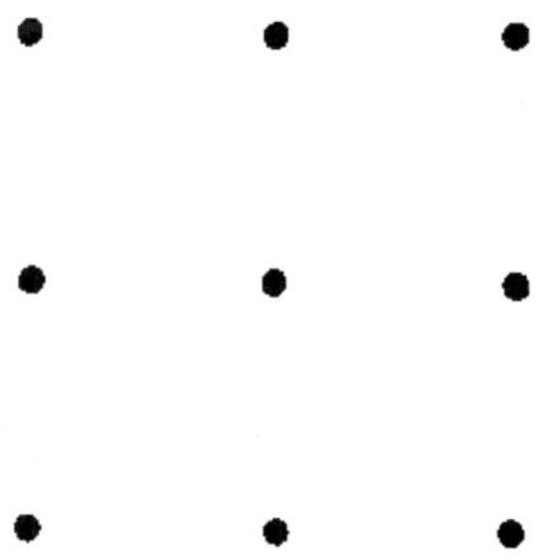

图 13.8　用四条直线将九个点连起来，每个点上只能过一条直线，并且笔尖不能离开纸面。（别为犯一两次错误而担心。）

1. **感知障碍**。感知到的障碍包括不能把你自身与问题区分开来。自我依恋模糊了创造性视野。当左脑的认知技能支配了主要的创意过程时，感知问题就会发生。分析、判断和消极的感知给创造性的肌肉涂上石膏，并使之萎缩。需要时间去打开石膏。创造性就像幽默：时间就是一切。
2. **情绪障碍**。形成创造性的障碍的主要情绪是担心——担心犯错，担心未知，并且只要有人发现了你犯过的错，就担心被拒绝。当人们说他们没有创造性时，很多时候他们真正想说的是，"我担心失败。"担心失败会阻碍创造性思维过程。担心是自然的，但是做一些努力就可以减轻，或者解决这些问题以提高创造性。相反，有时候我们如此"深爱"我们自己"生产"的某种观点，以致看不到真实的价值或者助益。在这种情况下，最好是"坐等"这些想法，给它们时间来孵化和证明它们的优点。但是不要在一个想法上停留太久，否则其他人可能会提出同样的想法，让你在他们的创意中摇摆不定。
3. **智力 / 表达障碍**。人类严重依赖视觉和听觉，

感知障碍（perceptual roadblocks）：由于将自我置于法官的角色之中而产生的创造性过程中的障碍。

情感障碍（emotional roadblocks）：以恐惧为幌子的创造性过程的障碍，如恐惧、错误（失败）、拒绝或未知。

智力 / 表达障碍（intellectual/expressive roadblocks）：创造性过程中由我们使用的语言导致的障碍，这给我们的思维方式带来了偏见（例如，门口与入口的理解偏差）。

有时候甚至排除了其他的感觉，结果是接收其他信息的能力很差，这些信息是收集和加工创造性观点时需要使用的。语言的确可以变成一种障碍，文字对于那些听得见它们的人具有特定的但是不同的内涵，比如，对一个人来说是门口，在另一个人的理解中是过道。每一个文字代表了一种不同的意象和不同的结果。不要让语言成为你创造性思考的障碍。

4. **文化障碍**。在固定的思考模式上，我们变得社会化了。现在，西方文化被普遍认为强调左脑的——是占据主导地位的思考者。也就是说，与左脑相关的重要的思维方式受到称赞，而右脑的认知思维方式遭到奚落或者忽视。最后的结果就是思维的失衡。如何拆除这个障碍？一种方法是通过冥想、瑜伽或者放松来促进右脑的思维。迪士尼公司的创意顾问西尼德·帕尼斯（Sidney Parnes）提出通过聆听器乐演奏来释放想象力，促使创意流动。
5. **环境障碍**。环境因素包括个人的限制，如时间、无创造性的影响（比如你的朋友、伴侣或者老板），以及其他人作为支持网络的资源。你曾经有过这样的经历吗？你认为很好的一个观点收到了不那么好的反馈。消极反馈无疑对创造性有害。去寻找有害影响并学习如何避免它们。

障碍很少是死结，它们仅仅影响阻止创造性工作的成果。一些障碍来自自我击败的态度，但是态度是可以改变的。如果你想超越障碍而继续前行，就放弃态度吧。其他的障碍可能包括人、地点或者事件。在这些情况中，一个障碍仅仅意味着你必须走一段更长的距离以达到最后的目的地。移走或者分离障碍需要一些时间，有时候就连拆除障碍也要求你是有创造性的。但是到最后，很多的力量都源于努力。

从创造性到创造性的问题解决

创造性可能是在个人抵抗压力时最有价值的应对技巧之一。如果创造性的问题解决包括的机制——觉察、新观点、新行动和评价——看起来似曾相识，那是因为这是许多其他应对技巧的基础。此外，一些应对技巧可以被包含进创造性的应对策略中（比如认知重构、社交努力和沟通技能）。乍一看，创造性的问题解决可能像一系列线性过程。但是线性思维是左脑的技能。如果不通过胼胝体来访问大脑的右半部分，你解决棘手问题的机会就非常渺茫。因此，在问题解决的过程中使用创造性技能是迂回路线，而非直线的。创造力可以用来从混乱中创造秩序，但从来没有人说过有序是线性的同义词。是的，因为许多问题也都是非线性的，其中一些像变形虫，无定形地伸长着。

为了解释非线性的思维（图 13.9），让我们假设你开始收集解决问题的想法，这是最合乎逻辑的开始方式。所以，你戴上你的精神头盔，开始探索以搜集想法。当你有大量的原材料的时候，你翻出你的艺术箱、工具箱，或者任何你玩要用的玩具，开始敲敲打打。但是在玩要的过程中，你发现你需要更多的想法，因此你变换了头盔，探索更多，并重新返回到苦心钻研中。不久，锤子变成了槌子。这时，法官进来看进展得如何，并表示同意：“嗯，不坏。”战士说：“让我们把这个宝贝拿出来看它是

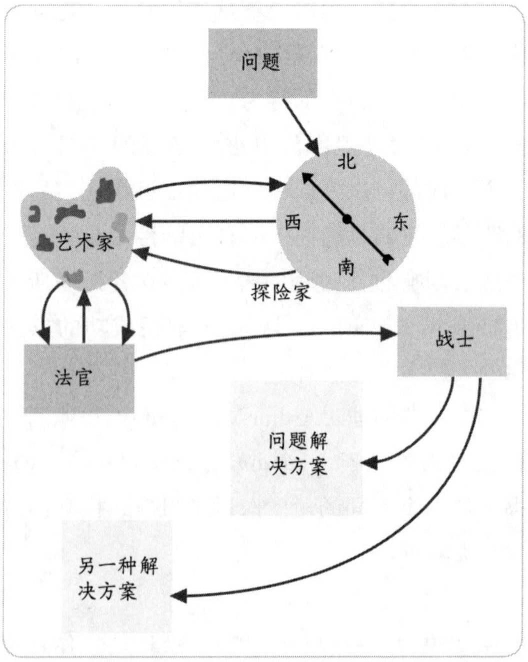

图 13.9 创造性的问题解决很少是线性加工过程。

否能飞翔。”飞行的时候，艺术家说：“等等！我们把这个加进去让它更结实些。”因此，在产品完成之前，又需要常常返回车间。正如你所看到的，实践的过程绝不是线性的。

创造性的问题解决的步骤

正如启蒙之路有许多条一样，每个问题也有许多解决之道。一些方法可能比另一些方法更可行，但是很少出现只有一个解决方法的情况。这可能就是**创造性的问题解决**中最重要的概念。在几种创造性的问题解决的理论中，有一些普遍的概念（图 13.10），但是通向这些概念或者从这些概念出发的路径会随着使用者的不同而有显著的改变。创造性的问题解决的第一步是在纸上写下一切，这会使其他步骤变得简单一些。

描述问题

在成功地处理一个问题之前，你必须先了解它。这意味着要从所有方面看问题，客观地阐述问题，定义它，给它一些历史，给它其他人的观点，计划它未来的影响，然后主观地阐述你对它的感觉如何、你投入的深度和它对你的效果或者影响。然后，分析问题，切开它，看它的成分。它的优点和弱点是什么？它的表面价值和底线是什么？一旦你能够把握问题的本质，就可以前进了。但是记住，在整个创意过程中，你要重复这个描述问题的过程，因为过一段时间你会搜集更多关于它的信息。之后的任何变化都可能改变你最后选择的用来解决问题的方法。

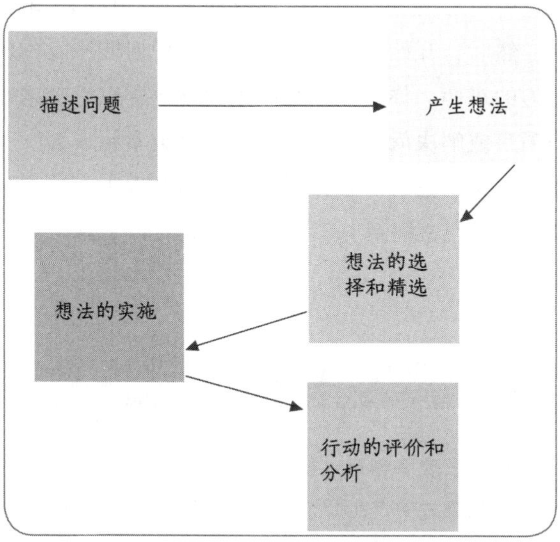

图 13.10 创造性的问题解决图示。解决创造性问题很少是一个线性过程，因为一开始看起来是好主意的可能最终要返工并重新开始，直到成功。

产生想法

产生想法是有趣的，也是有挑战性的。那么，想法来自何处？记忆是一个开始产生想法的好地方——先前的经验可以成为好老师。但是仅有记忆是不够的，想法应该来自任何可及的资源，包括自身和外部的，从书本到人群、电影、博物馆和你想到的一切。这是探险家的角色大显身手的时候，你提出的想法越多，有效解决问题的机会越大。在寻找想法的时候，将头脑中的审查规则抛在脑后。接受你想到的每一个想法，就算这个想法听起来有些愚蠢。如果你在搜集想法之前开始审查想法，那么你将空手而归。

想法的选择和精选

不是所有的想法都是好的或者有用的。但只有当你把它们全部展开，并把它们放在一起看时，你才会意识到这一点。与想法做游戏，命令它们，把它们绕成圈，让它们像士兵一样列队。一旦公开你的想法，其中的一两个会跳出来。你可能也想根据可行性（计划 A、计划 B、计划 C，等等）排列（判断）想法，因为没有一个想法能付诸实践，现在看来，最好的想法可能也是最失败的想法。现在再次把艺术家请进来，操纵想法的选择，操纵意味着调整这些想法使之“最适合”解决问题。你可

文化障碍（cultural roadblocks）：文化思维模式限制了我们接收新想法的能力，导致思维失衡。

环境障碍（environmental roadblocks）：个人限制如时间、金钱或一系列责任，妨碍了创意过程。

创造性的问题解决（creative problem solving）：一种应对方式，使用创造能力描述问题，产生想法，选择和精选解决方法，实施并评价其有效性。

能需要组织想法，或者对其做出一些改变以适合你的具体需要。一旦你做出了第一个选择，就在你的脑海中把它播放出来，可视化地呈现你的想法。其利弊是什么？探讨假设，寻找可以改正的潜在弱点以避免大缺陷。期待意想不到的。现在做B计划和C计划，没有选择的人是不幸的，因此你最好有一些备选方案。想想你的B计划和C计划，因为你很有可能在某一天用到它们。一旦你把你的想法缩小到一个选择范围，做一个快速检索清单，看看可能需要什么资源，这是一个很好的做法。并不是所有的想法都需要额外的资源，但还有很多是需要的。记住，资源可能包括人，也可能包括实际的物品，不要忽视那些无形的资源，即每个人潜在的才能。

想法的实施

实施想法需要勇气，也许不需要很多，但是在面对压力的时候，可能需要更多勇气。实施包括一种策略，一种手段。这意味着思考如何将想法付诸实施，并以解决方案告终。实施意味着尝试你的想法。除了勇气，实施还需要信念。

行动的评价和分析

一个好的发明家会观察自己的发明，看其如何运行。当测试结束时，要么可以开瓶香槟庆祝，要么重归画板。解决问题的方法是一样的。一个问题所能提供的最后一个教训是，它是否得到了解决，以及解决得有多好。这需要一点分析，所以要再次请法官回来宣布判决。要么是对着后背来一次重击，要么是对裤腿轻轻一抚。在人生的旅途中，这两种情况你都会遇上，因为我们所有的棱角都需要打磨。

创造性问题解决的最佳应用

我们都拥有创造性技能，问题是我们是否选择去使用它们。如果你想有效地应对压力，那么无疑应该使用这种应对技巧。你探索的能力如何？你拥有好奇的天性吗？你最后一次为了寻找灵感而探索一个从没去过的地方是在什么时候？你的艺术才能如何？你最后一次在车库或地下室玩耍是什么时候？就刚才这个问题，你最后一次只是简单地玩耍是什么时候？是艺术家的锤子伪装成法官的槌子，准备在想法成熟之前击碎它吗？这些问题可以让你在创意过程中找出自己的优势和劣势。一旦确定了这些领域，就可以提高这些技能。

心理学家亚伯拉罕·马斯洛说，创造力是应对变化压力的必要技能。随着对左右脑认知技能的理解不断发展，人们越来越清楚地意识到，大脑比以前想象的聪明得多。创造性的解决问题的能力是一种生活技能——这种技能不仅让你得以生存，而且能让你在潜在的、混乱的变化中茁壮成长。一旦提炼出来，你就可以——也应该——反复使用这些技能，作为用来面对和解决压力问题的基本应对策略。

这里有一个方法可以帮助你提高创造力。寻找适合自己的好点子。开始这次冒险，找一个笔记本。然后，开始收集图片、广告或任何能激发你创造力的东西。你所做的是收集原材料，以适应未来的项目或解决问题的方案。这个笔记本将成为一个非常宝贵的资源。要知道，最聪明的人也有这样的想法（并经常提及）。

总 结

1. 需要是发明之母。当问题产生的时候，解决之道来自创造性思考。但是在美国文化中，受到奖赏的是严谨而不是创造性思考。
2. 有麻烦的时候，人们指望向典型的天才学习。达·芬奇的创造性给我们带来了如何变得有创造性的领悟。
3. 马斯洛发现了创意过程的两个阶段：初级创造性，在玩耍的模式中产生想法；次级创造性，定义和实施这些想法。
4. 范·奥奇划分了创造性思考的四个阶段：探险家、艺术家、法官和战士。前两个角色的任务是寻找并产生想法，而后两个角色的任务是定义和将选择的想法付诸实践。

5. 关于创造力有很多迷思，包括焦虑会培养更多的创造力。事实证明，快乐是创造力最好的盟友。
6. 通向创意过程的障碍在任何一个阶段都能发生；但是，大多数发生在探险家和艺术家阶段。本章描述了四种障碍：正确答案、我没有创造性、别犯傻以及犯错是错误的。
7. 范冈迪将通向创造性的障碍分为以下几类：感知障碍、情绪障碍、智力 / 表达障碍、文化障碍和环境障碍。
8. 创造性的问题解决策略有五个阶段：描述问题；产生想法；想法的选择和精选；想法的实施；行动评价和分析。
9. 创造力是心理健康的重要组成部分。大脑的左右半球作为一个团队一起工作，以克服导致急性或慢性压力的问题。

学习指导题

1. 为什么创造性思维是一个重要的应对策略？
2. 描述一下范・奥奇的创造性思维加工模式的四个阶段。
3. 创意过程的四个障碍是什么？
4. 列出创造性问题解决过程的五个步骤。

附录：创造性问题的答案

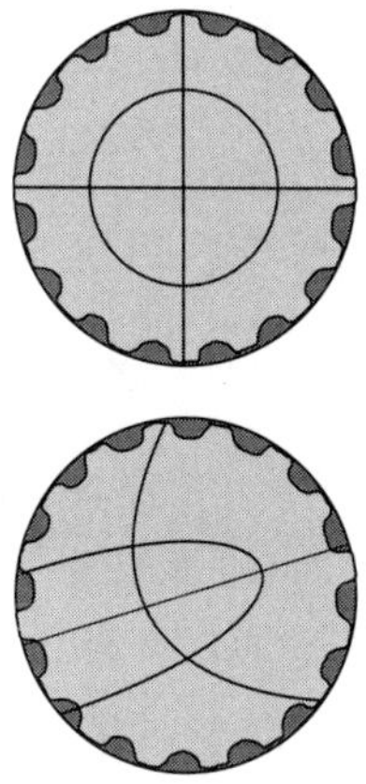

图13.5

BANANA和/或LETTER

图13.6

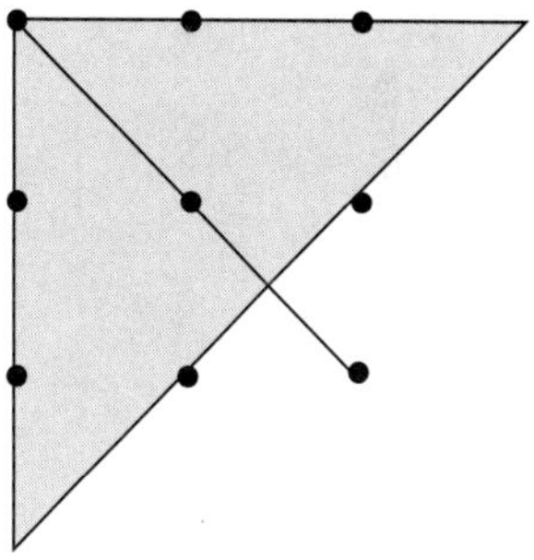

图13.8

第 14 章

信息时代的沟通技能

人际关系成功与否，主要看三点：第一是沟通，第二是沟通，第三还是沟通。

——佚名

约翰是一家世界 500 强通信科技公司的合伙人。在从学校毕业几年间，他取得了相当的成功：有一份好工作；有一位美丽的妻子雪莉；有一对双胞胎宝宝；有一栋 370 平方米的房子；拿着六位数的薪水。自高中开始就迷恋软件程序的他很快晋升到了全美最大的电话公司的管理层。但开启他职业生涯的手机技术差点让他的生活崩塌。有一天，他的妻子向他发出了最后通牒：是要智能手机，还是要她。

约翰确实沉溺于他的智能手机。在与雪莉交谈时，他会不断地检查短信，翻看推特、脸谱网的更新、视频链接、谷歌信息、电子邮件和语音邮件消息。这些沟通并不全是约翰和外部世界的商业联系，同时是一种不间断的自我驱动的修复，以牺牲他的婚姻为代价的。起初，妻子雪莉感到沮丧，因为每次跟丈夫说话，总有手机这个“第三者”打扰。后来，雪莉感到非常生气。除非她先给丈夫打个电话或发个短信，否则她甚至无法和丈夫进行一场体面的谈话。最终，她给他下达了最后通牒，如果他回家以后不把智能手机关机，她就会带着双胞胎一起离开！约翰知道她是对的。所以，他每晚开车到家以后，都会把智能手机留在车里。

专家发现，约翰的麻烦在他这个年纪很常见（Winch, 2011；Alleyne, 2012）。而且，人们，特别是年轻人，正在改变他们的沟通方式，变化速度就像他们所使用的交流设备和应用程序一样日新月异。具有讽刺意味的是，年轻人（从中学生到研究生）经常通过发短信、推特和电子邮件来与近在身边的人沟通（图 14.1）。对于某些人来说，在线沟通使用的是一种全新的语言（例如，LOL①、4EAE② 和 TTYL③）。主要因为便捷性（但在一定程度上也有可以避免直接的面对面沟通的原因），对很多人来说，在线沟通已经成了首选的沟通方式。但即时通信并不意味着能得到即时回复（尽管人们都希望对方马上回复）。期望未能如愿，常常让人备感受挫（压力）。就算年轻人不使用短信或者推特，他们也会通过脸谱网、拼趣等分享信息。其实，因为这些科技上的变化都是新近出现的，所以对于这种方便性重于内容性的沟通技巧会如何影响人际关

① 网络用语，是 Laughing Out Loud 的缩写，意思是“笑死我了，那真是太搞笑了！”——译者注

② 网络用语，是 Forever and ever 的缩写，意思是“直到永远”。——译者注

③ 网络用语，是 Talk To You Later 的缩写，当你实在太忙，没空和别人说话的时候，就可以用到这句，意思是“等会儿再和你说”。——译者注

系鲜有研究。但是，我们都知道，电子邮件并不能传达语音语调；短信也不能传达肢体语言（沟通的重要组成部分），语音邮件也不能取代眼神接触。就连视频聊天也有限制。这一切意味着在传递和解读过程中，丢失了很多信息。因此，当人们使用这些不完整的沟通方式进行交流时，人际关系常见的潜在压力会剧增。此外，专家指出，30 岁以下的人在发短信时有一些小习惯，不惹人烦的话，可以说相当有悟性，但他们面对面的人际沟通技巧很糟糕，比如几乎没有眼神交流、尴尬，等等。面试大学毕业生的公司表示，越来越多的面试候选人表现出了糟糕的人际沟通技巧，这会导致工作中人际困难和沟通不畅（Compton, 2001）。不善于表达自己的想法和感受影响的不仅仅是室友、配偶、孩子或同事；连锁反应的效应会超出家庭或工作场所，影响整个社会。尽管科技日新月异，也无论我们如何运用这些手段来表达自己，基本的沟通技巧都是一样的。鉴于技术和沟通方式的快速变化，本章将分为两个部分，分别介绍高科技沟通和面对面的沟通。

图 14.1

高科技沟通：欢迎来到信息和沟通超载的世界

毫不夸张地说，当今世界是信息爆炸、充斥着网络噪声的世界。海啸般的信息、文字、照片、推文、短视频等带来了同化、消化和与他人分享的需求。很多人都称呼当今时代为“信息时代”，但更加贴切描述应该是“沟通时代”。具有讽刺意味的是，随着全球社会进一步跌入这个社交网络迷宫，面对面交流正在成为一件稀罕的事。高中教师和大学教授悲叹，今天的孩子们已经不知道如何在面对面沟通中保持适当的目光接触了。以降低人际沟通质量为代价而带来了便利还给人们增添了一层全新的压力。毫无疑问，沟通压力会影响大学室友、朋友、熟人、配偶、同事之间的关系——事实上，几乎影响每个人！

尽管我们拥有众多的交流选择（而且这个数字每天都在增长），但我们越来越不擅长传达信息，特别是我们自己的想法和感受。这个事实在企业界并没有被忽视，就业竞争激烈，在谁可以得到聘用方面，沟通技巧起着重要作用。本章邀请你检查（或重新检查）自己沟通能力的“资产”和“负债”，并致力于提升这些技能，从而尽可能减小你在这方面的压力。

高科技沟通不畅

在两个或两个以上的人沟通时，高科技沟通最大的问题可能是信息在传递中发生偏差，信息接收者错误地理解了信息的发出者的本意。正如谚语所说，“翻译中丢失了一些东西。”这个问题被称为沟通不畅。这个压力源可以成为一个强烈的消极旋涡，因为压力会在所有相关的人之间不断放大，进而放大了愤怒和恐惧的感觉，许多问题可能直到下一次交流才能得到解决，也可能无限期地存在下去。

从离婚到战争，从争吵到冲突，沟通不畅是导致这一切的根本原因。反复出现的沟通不畅煽动着愤怒（挫折和烦恼）和恐惧（焦虑、疑惑和不安全感）。尽管技术的进步似乎可以减少沟通不畅，但我们都知道，现实并不理想。绝大多数短信和电子邮件没有情绪语调，经常让人产生疑问（这个人是不是生我的气了？）。此外，当人们声称有紧急电话以回避问题和某些人时，不诚实（自我的防御机制）的问题就会出现。

虽然多年来，技术发生了天翻地覆的革命，但自我对人性的影响始终没变。因此，沟通中的一些古老的问题一直存在，且在现行的多面通信网络下被进一步放大了。良好的沟通技巧是当今高科技时代中有效的应对方法，而且至关重要。

技术鸿沟

数十年前，“代沟”一词形容父母与青少年之间的沟通鸿沟。今天，“技术鸿沟”这个词是指 30 岁以上和 30 岁以下的人之间的科技偏好。一般来说，30 岁以上的人优先通过短信和电子邮件进行沟通，而 30 岁以下的人主张以即时短消息为首要通信方法（图 14.2）。当这两代人的沟通偏好发生冲突时，就会产生紧张情绪，而分歧的双方往往会表现出些许傲慢（从讽刺到漠不关心）。例如，30 岁以下的人在一个充满即时满足的世界中长大，当反应不那么迅速时，他们往往更缺乏耐心。另一方面，30 岁以上的人对于用电子邮件发送的感谢信有些不满，认为那不如手写致谢卡真诚。

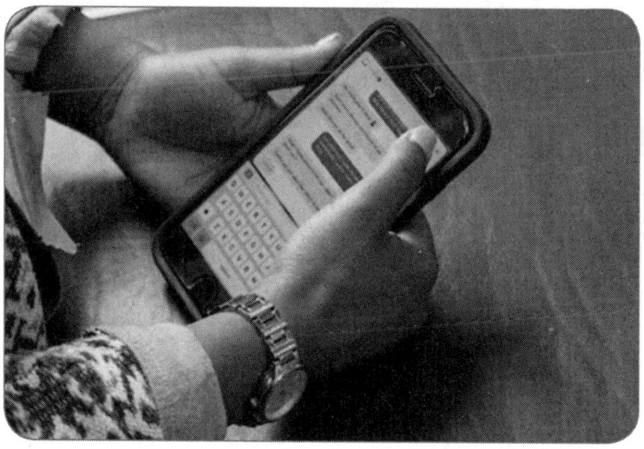

图 14.2　30 岁以下的人们更喜欢用即时短消息而不是电子邮件或者面对面沟通。他们往往把沟通的便利性放在沟通质量之前。

愤怒和恐惧对科技交流的影响

恐惧和愤怒都可能影响我们有效沟通的能力。在愤怒的影响下，在离开嘴巴（或键盘）之前本可以有意识地过滤掉的想法和感觉会变成言语投射物，常常会冒犯他人，伤害他人，最终留下一堆烂摊子。相反，恐惧可以给一个人的思想和感觉添加多层过滤器，导致人们无法说出真实想法或感受。例如，你可能不喜欢新的公司组织结构造成的无效工作时间投入，但直接表达你的想法或感受可能会导致你失去工作。简而言之，糟糕的沟通技巧——无法表达自己的想法和感受——会放大一个人的压力水平。

智能的手机，愚蠢的信息

在探讨良好的沟通技巧的基础知识之前，应该先来探讨今日技术的使用和由它引发的压力。以下是高科技信息陷阱时代下有关沟通和沟通不畅的常见问题。

1. **没有任何情绪的沟通**。有多少次你在收到一条短信或一封电子邮件时，不得不猜测发件人是不是疯了、心烦意乱，或者在为什么事狂喜？没有情绪提示来匹配信息会让人陷入疑惑。精心选择的辞藻、标点符号和引人入胜的写作风格是使得小说变得如此迷人的原因，但短信和电子邮件很少有如此魅力。当情绪线索消失时，大脑倾向于填补空白，往往会造成更大的压力，把小溪想象成大河。
2. **躲在技术背后**。技术让我们很容易避免一些面对面的情境，比如用短信辞职；用公开的推文或电子邮件来和女朋友或男朋友分手；甚至在脸谱网上发一张丑照来羞辱朋友。尽管人们总能找到办法避开不想与之交谈的人，但科技（通过使用来电显示）使人们更容易避免直接沟通。
3. **掩盖真相**。你曾经说过多少次“这个电话很紧急”，然而事实并非如此？就像回避一样，撒谎一直是人类生活的一部分，但科技为人们增加了一层全新的欺骗手段。例如，通过掉线否认他们接到电话、语音消息或短信。我们都知道，撒谎是一种糟糕的沟通技巧，会损害任何关系的完整性。

4. **缺乏肢体语言**。在语言被用作沟通形式之前，人类用身体语言作为自我表达的主要手段。据说，身体语言被编入了我们的DNA，并且经常无意识地表达。总的来说，和言语相比，人们更信任肢体语言，特别是当信息混杂时。俗话说，身体不会撒谎。然而现在不同了。除非你使用视频通话（也有其限制），否则肢体语言基本上与智能手机无关。虽然有些人可能会在信息末尾使用表情符号（例如，😀），但那顶多相当于网络缩写，且也存在理解偏差。缺乏肢体语言，信任问题裹挟在焦虑和挫折中随之而来。
5. **隐私问题**。使用新技术手段与另一个人沟通已经不能保证对话只有你们两人知道了。不管你介不介意，我们的隐私不再像过去那样得到保障了。很多雇主都要求员工提供他们的脸谱网密码。即使你认为你的脸谱网设置大部分都是私密的，只能让你的朋友看到，然而实际情况很可能并非如此。
6. **沟通/信息超载**。多年前，人们对于使用家庭电话有着健康的界限（例如，晚上9点以后不打电话的规则）。现在，人们随身携带手机（包括上床睡觉时）。让别人随时都可以联系上你，导致了沟通超载。除此之外，人们会在脸谱网、推特、拼趣、照片墙、微信、微博或其他网站上不停地搜索信息，信息超载变得相当普遍。
7. **简洁对完整**。新技术手段沟通的便利性简直令人惊叹（例如，推特上的140个字符或简短的文字信息），但方便可能带来粗心大意和莽撞，这是一种糟糕的组合。简短沟通中的粗心大意，从错别字到糟糕的用词都可能导致大量的沟通错误（任何看过脸谱网上流传的推文失误的人都能明白）。此外，口语用词有许多语调和细微差别，这是短信和电子邮件全然没有的（只能使用大写字母和感叹号来强调）。虽然所需的注意力的持续时间确实大幅缩短，但在思想和感情的表达方面可能令他人的误解和沮丧。简而言之，简洁有损沟通的完整性。简短的短信和推文不可能传达意识的深度。
8. **屏幕接触vs眼神接触**。承认吧，我们很难将视线从智能手机屏幕、平板电脑屏幕甚至是电视屏幕上移开。屏幕的魅力可能令人非常上瘾，特别是高分辨率屏幕。当与某人面对面说话时，眼睛是最引人注目的。用一个古语来解释，眼睛是心灵的窗户。那么为什么在数字时代，我们很难与他人进行目光接触呢？在与人进行直接的眼神接触时，往往更难撒谎。在一些亚洲文化中，长时间的眼神接触被认为是粗鲁的，但在大多数美国文化中，缺乏眼神接触不仅意味着粗鲁，而且意味着不坦率。过长时间盯着屏幕会改变强调眼神接触的面对面交流的文化吗？答案似乎是肯定的，但对许多人来说，如果没有额外的压力因素，情况就并非如此。

如何将有效的沟通技巧融入你的生活

1. **建立健康边界**。与流行的观点相反，你不必每周7天、每天24小时地在线。当你摆脱智能手机和电脑的电子束缚时，给自己留出一段时间，并严格遵守这个时间表（例如，晚上9点以后不要发电子邮件或短信，或者智能手机不能进卧室）。科技应该为你服务，而不是奴役你。如果你觉得别人随时都可以联系上你，你就需要更好的界限了。此外，与他人沟通这些界限问题，让他们知道你什么时候有空，什么时候没有。这将帮助他们避免感到沮丧。
2. **遵循"触摸一次"原则**。如果你打开并阅读电子邮件，但打算稍后回复，那么之后你很可能忘记回复。"触摸一次"原则建议，一旦你打开一封电子邮件或信息，你需要以某种方式做出回应，即使它只是一条短信。同时还需要记得遵循你的健康边界。
3. **要有礼貌**。在你与某人当面交谈时，不管对方是谁，都请关闭手机。中断面对面的对话来接听电话简直是粗鲁的。要一视同仁。礼貌也意味着诚实。这包括不要假装某通无关紧要的电话或短信很重要。

4. **保持礼貌的眼神接触。**当与人面对面说话时，要保持礼貌的眼神接触。如果你发现自己的眼睛在朝下瞥，轻轻地提醒自己，将目光焦点转移到与你讲话的人的眼睛上。
5. **尊重他人的隐私／私人问题。**现在，隐私当然是一个问题，通过各种社交网络将私下争吵变成公开的争论是不成熟的。避免通过社交网络宣扬私人的丑事。它会让你看起来很糟糕，这种行为很不得当。
6. **对事不对人。**当你意识到自己陷入冲突时，可以后退一步，更客观地看待争论。我们要解决问题，而不是攻击他人。例如，与其对某些人说“你说谎”，不如说“我感觉眼下的问题是诚实问题，我们能解决这个问题吗？”
7. **避免让他人处于防御状态。**当人们承受着压力时，就会倾向于感情用事。感情用事是防御的信号。当人们处于防御状态时，往往会误解别人的话语；相反，他们会彻底听从本我的呼唤，夸大自己的不安全感。两个承受着压力的人更容易产生抵触情绪，导致很多的无效交流。应该通过学会避免让他人处于防御状态，来解除他人的武装。同样重要的是，要学会放下你自己的自我防御。
8. **学会使用多种技术语言。**如果你和大多数人一样，你很可能对沟通方式有自己的偏好（例如，喜欢发短信而不是打电话）。但请记住，每个人的偏好都不尽相同。有些人更喜欢打电话，有些人更喜欢电子邮件，还有一些人喜欢面对面的接触。试着去了解与你交流的人的首选沟通风格是什么。如果你不确定，就问一问！尽可能地尊重他们的偏好。
9. **避免信息超载。**当大脑中充斥着大量信息时，心理过程——从注意力、记忆力到沟通技巧——就会受到影响。大脑吸收和处理信息的能力（有意识和无意识的）是非凡的，但并非没有限制。有太多的信息，也被称为感官超载或倦怠。倦怠是压力的代名词。你该如何控制经由眼睛和耳朵获取的信息量呢？还是那句话，树立健康边界。
10. **见招拆招地解决沟通问题。**那人际关系中，难免出现沟通不畅和冲突。逃避虽然看似简单，但不朽的智慧提醒我们，忽视问题只会使它们变得更糟糕。当你在沟通中感觉崩溃时，花点时间尽快解决问题。面对面交流永远是最好的方式。

面对面沟通技巧的基础知识

当玛丽萨·迈耶（Marissa Mayer）在 2013 年担任首席执行官掌舵雅虎时，她所做的第一件事就是要求每个人在位于加利福尼亚州桑尼维尔的公司总部工作，而不是在家中（或附近的星巴克）远程办公。正如迈耶和其他许多首席执行官学到的，面对面的接触和人际交流已经成为高科技商业领域尖端创造性过程的关键。为了加强员工之间的沟通，一些高科技公司的首席执行官要求每周五不可以发电子邮件，这样人们就可以走出自己的隔间，与同事进行直接的人际接触。高科技交流有其益处，但是出于许多原因，包括信任、自发性、创造力、诚实和正直，它不能也不应该取代面对面的沟通。

如果要你列出 10 个导致情绪紧张的原因，你很可能会发现，至少有一半以上原因都与人际关系有关，如家庭关系、朋友关系和同事关系等。稳固的人际关系是正常的人际交往的必要条件。正如诗人约翰·多恩（John Donne）所言，“没有任何一个人是绝对的孤岛，每个人都是一块陆地，与大陆相连。”我们的生活中充满了人与人之间的交流沟通，就像烧杯里的分子，会彼此碰撞，我们必定在一定时间内与一些人发生联系。这些“联系”通常会给我们带来压力。专家指出，人们用于与他人交流的时间平均占清醒时间的 3/4，其中包括为了沟通而打电话、发电子邮件、发短信、写博客、做讲座、开工作会议、在晚餐后进行闲谈、收听广播、看电视和与亲朋好友谈话等。在沟通的过程中，需要一定感知力和理解力，而且一些语词包含多种含义，这就导致在沟通的过程中很容易产生误解，压力就会随之产生。因此，训练一些良好的沟通技巧是非常重要的，它有助于减少误解。良好的沟通能力是

专栏 14.1　性别的艺术：解码口语

男人和女人会选择自己的语言。以下是一些最常用的单词和短语，以及两性会如何表达及他们真正想表达的是什么。

女人（对男人说）：

1. "好吧"：这是女性用来结束争论的词。这并不意味着"好"，这意味着谈话已经结束了，而你失败。如果你已婚并且听到了这个词，那你当晚很有可能会被妻子赶出卧室。
2. "没事"：这是对"怎么了？"的回答。"没事"其实意味着有什么不对劲。她的谈话一般会从"没事"这个词开始，通常以"好吧"结束。
3. "别担心"：这个短语用在如下情境中：女人要男人做一些事情，但男人始终没有做，几个月之后，女人决定自己动手。男人最后会问："怎么啦？"女人便以此作答。
4. "去吧"：这个词一般可以翻译成"你敢？"它绝对绝对不是允许的意思。如果你去了，当天晚点很有可能听到"好吧"。

男人（对女人说）：

1. "真的吗？"这并不是一个问句。这是一位男人为了获取更多信息时使用的策略，因为在你第一次说某事的时候，他没有注意听。
2. "我稍后去做"：这里的关键词是"稍后"，可能是下周，也可能是几年后。拖得越久越好。之后，他可能听到女人说，"别担心。"
3. "去吧"：这个词真的意思是"去做你想做的任何事情吧，这样我就可以安心地打几小时的电子游戏了。"
4. "你确定？"：这句真实意思是"我们的账户里真的没有那么多钱买这个，你换个东西吗"如果她解释为什么她需要买这个，男人会说，"真的吗？"

解决问题的关键。

一个善于沟通的人不但能够使用让人容易理解的言辞来表达自己的思想和感情，还应该能够聆听、理解和加工对方表达的信息。沟通技巧在商业上也非常重要，所以才有机构定期举办很多关于沟通技能的培训班和研讨会，没有良好的沟通技能就没有良好的效益。在本章中，你会看到几乎每一个理论和相应的技能都基于我们的常识。然而，当一个人的自我意识受到威胁的时候，常识通常发挥不出它的作用。当人们处于防御状态时，他们收集、处理、交换信息的能力都会遭到破坏，最终导致了信息的错误传达以及由此产生的压力。

沟通风格

每个人都有自己独特的沟通风格。乔治·华盛顿大学的语言学专家黛博拉·坦嫩（Deborah Tannen，1986）博士指出，会引起误解的不仅是用词，人们说话的方式也会引起误解。这两种情况都是造成婚姻问题的主要原因，甚至会导致离婚。黛博拉·坦嫩还指出，来自一个国家不同地区（例如，纽约市和田纳西州）的人具有不同的交流方式。而且很显然，男性的沟通方式和女性相比差异很大。男性的沟通方式具有支配性、操控性、创造性、礼貌、讽刺和被动等特点。不同的沟通方式产生的摩擦会引起或增加谈话过程中的冲突。我们在压力情境下尝试沟通时，这些风格差异就会变得夸张，用坦嫩的术语说就是**交错分成**，这样误解就会进一步扩大。

一种特定的沟通风格就是一种行为类型，在一些情形下也需要改进或改变，以解决人际问题。可以用下面这个事件加以说明。一位女士从田纳西州转到华盛顿特区工作，在一家大公司做人力资源管理助理。在开始的几周里，她的沟通方式和举止被当地人认为是在含糊其词，而在田纳西州，她却因为说话有礼貌而得到赞赏。

在坦嫩的一本广受好评的书《我不是这个意思》（*That's Not What I Mean*）里，描述了错误地解读说话人发出的信息所引起的严重问题。坦嫩把交流的隐含意图称作**元信息**，也指说话者很清楚他要表达的意思，但出于礼貌或为了避免引起反感，而使用特定的语言方式进行表达，从而使话语蒙上了一层面纱，变得模糊不清。听众的理解也是造成误解的一个因素。例如，当得知姐姐希拉怀孕的时候，马克可能会问："你戒烟了吗？"这句话所表达的元信息是关心胎儿的健康。但是希拉的理解可能是马克在对她的健康习惯品头论足，这使她非常生气。在坦嫩的研究中，她得出一个结论：不管是出于礼貌、害怕，还是为了控制谈话，人们在交流信息的时候更倾向于间接表达而不是直接表达。这种间接性让人感觉到了压力，也严重影响了交流的效果，导致进一步的误解和潜在冲突。言语交流是一种传递信息的方式，但绝对不是唯一方式。元信息也可以通过身体姿势、服装和面部表情间接地表达出来。因此，交流基本上可以划分为言语交流和非言语交流。

言语沟通

言语沟通是一系列用文字符号描述的思想和认识。语言学家把言语沟通划分为两个部分：**编码和解码**。编码是说话者把思想和认识用文字进行解释的过程（例如，某人对她旁边的人说，"小子，这地方空气真差"）。解码是听者翻译、解析信息的过程（例如，一个人听到后会说，"是啊，这屋子闻起来是有味道"）。误解、疑惑和压力在这个过程中会随时产生。

两个说英语的人似乎应该对所说的词汇有共同的理解，而实际上，词语中所包含的丰富意义会带来很多误解。任何到过英国、澳大利亚或者新西兰的人都会发现，即使在英语国家，也存在语言障碍。例如，jumper 在城市中是工作服的意思，在乡村却代表汗衫。不用离开美国，你就可以体会到这种现象。言语差异在全美到处可见。例如，tonic（奎宁水，一种软饮料）、soda（苏打水）和 pop（汽水）在不同的方言中都表示软饮料。在波士顿地区，tonic 被当作一种可乐；而在丹佛，tonic 表示德国赛尔脱兹产的天然气泡矿泉水。此外，文化方言也会为词语增添新的含义，有时候还经常表示与字典上的意义相反的含意。例如，词语 bad（坏的）对于你来说可能具有否定内涵，但是近来很多人会用这个形容词来描述好的意思，例如，在句子"That's a bad hat（真是顶好帽子）"中。在很多时候，词义同时包含字面意义和比喻意义，所以一些词语和表达方式也会有歧义。美国联邦调查局的长官 J. 埃德加 · 胡佛（J. Edgar Hoover）曾经用"watch the borders（注意边境）"纠正了他秘书记录的一条备忘录，其实他是提醒秘书注意页边的空白处（margins）。秘书误解了他的意思，还在备忘录上加上了自己的评论并把它向全国范围发出。结果，所有在加拿大和墨西哥边境的联邦调查局情报人员立刻进入戒备状态。口头交流和文字沟通要比眼睛所见和耳朵所闻的复杂得多。

人际间的沟通问题可以总结为：说你想说的话，别拐弯抹角。换句话说，要直截了当。但是要在我们的交谈中贯彻这条原则是很难的。一个会引起困惑的原因是用有限的词语很难表达某些概念、想法和某种特别的感情。思想就像彩色照片，但通常只能用黑白的词语来描绘，很多细节只能留给人们去假想、理解和想象。有些想法根本就无法用语言表达，我们使用的语言也会限制我们对所要表达事物的理解。

萨丕尔 · 沃夫假设被用于解释词语的使用，表明我们对现实的认知在很大程度上依赖于所用的词

> **交错分成（schismogenesis）**：黛博拉 · 坦嫩定义的术语，指夸大的沟通风格会在压力下变得更极端，这会导致信息的错误传达。
>
> **元信息（metamessages）**：人们没有直接发表他们的看法，而是在交流中隐含地表达其意图，会导致信息的错误传达。
>
> **编码（encoding）**：说话者试图把自己的思绪和感受转换成词语的过程。
>
> **解码（decoding）**：听者试图理解说话者的言语信息中编码的内容的过程。
>
> **萨丕尔 · 沃夫假设（Sapir-Whorf hypothesis）**：一种观点，认为我们的真实感受在很大程度上基于用来沟通或表达的词语。

语能否准确表达其思想。换句话说，词语限制了我们对当前现实的理解。所以，一个词汇量有限的人在表达自己的想法时会遇到困难。有时候，即使有的词语可以准确地表达思想，人们也常常用词语掩饰真实的感情，以避免伤害他人或自己。无力表达我们的感觉加深了一种莫名的焦虑。

沟通想法和感受

自我表露是指分享个人的想法和感情，敞开心扉，展示你很少表现的一面。自我开放建立在相互信任的基础上。研究沟通技巧的人相信，所有的言语沟通都包括一些自我表露的成分。自我表露是一把双刃剑，因为它会暴露个人的内心情感。当个人感觉到分享感情可以增进彼此的关系时，预计的风险性最小，敞开心扉也是值得的。如果拒绝或者疏远相继发生，那么开放的程度将会受到很大的限制。同样，当信任遭到破坏，那么自我表露的能力会遭到很大的伤害。你可能会想：两个人越亲近，自我表露的程度就越深。起初，这种想法可能是对的。但是在很多情况下，一旦两个人之间亲疏程度被界定，会产生一种惰性，沟通方式会自然形成，因此很多的感知和假设可能会，也可能不会代表真实感情。

描述感情不同于表达感情，因为描述涉及词语的使用，而表达可能包括肢体的反应，例如，哭、笑、抚摩或者其他的肢体行为。尽管有很多表达感情的方式，但是当涉及其他人的时候，言语交流无疑是最主要的方式。当感情没有变成文字的时候，各种假想会在你的倾听者的头脑中产生，并且这些假想可能是对你不利的，这些猜测游戏通常导致混淆每一个卷入者要表达的意思和思想，结果是备受挫折和精神痛苦。

非言语沟通

任何不涉及词语的交流都是**非言语沟通**。它可以包括姿势、面部表情、触摸甚至着装风格。非言语沟通不同于言语交流，因为它是多渠道的，调动了所有感官，而不仅仅是通过听觉得到刺激的。非言语沟通不仅是间接的，而且经常是无意识的。与此相反，典型的言语沟通受意识支配。在理想状态下，非言语沟通支持言语沟通，通过姿势强化词语并帮助倾听者更清楚地理解信息。然而，一条口头的信息也可能通过非语言姿势表达相反的含义。结果生成了一系列混杂的信息和情感。

研究表明，当言语信息和非言语信息矛盾时，人们更倾向于相信非言语线索（“身体不能说谎”）。有几个影响非言语沟通的因素，其中任何一点都可以加强或削弱口头的信息。这些因素可以归类为身体因素和非身体因素。

身体因素

研究显示，非言语沟通有很多种风格，其中包括一些身体运动。

1. **触摸**。触摸被认为是一种最普遍的沟通形式。握手、拍拍后背和拥抱都是触摸的最常见形式。尽管感到舒适的程度因人而异，以美国人为例，减少与其他人的接触就像一条潜规则。根据触摸的形式、个人和所处环境的不同，这种非言语沟通形式既可以使人感受到威胁，也可以给人以可信赖感。
2. **象征符号和说明动作**。**象征符号**的定义是指用于代替语言的肢体姿势，例如，OK的象征动作和竖起大拇指。很多象征符号都被纳入听力残障人士使用的“美国手语”。**说明动作**，是指能够加强言语沟通的动作，例如，在脸旁挥手表明你非常热。当不允许说话的时候（在教堂里或者讲堂里），经常会使用象征符号，而说明动作常伴有语言陈述。
3. **情感呈现**。面部表情，或者**情感呈现**通常伴随一些口头词汇来表达一些内容。当锤子砸伤了手指时，面部扭曲就会紧跟着发生，说明疼痛感非常强烈。
4. **行为调整**。**行为调整**是用于调整或控制谈话的非言语信息。眼睛的运动或轻微的头部运动可以向说话者发出“请快点说”“慢点说”“重复一遍”或“赶快把这句话说完”等信息。调整行为有时候对于交往很重要，但也可能导致粗鲁的表现。

有人情味的压力

Photo courtesy of Gianni Scozzaro.

詹尼是游泳的狂热爱好者，听他谈论游泳就可以知道。他曾是自由式短道游泳选手，并以此为荣。训练和比赛并不是没有压力的，从高中到大学的过渡也不容易。有一次，他来我的办公室，向我倾诉了他的一些问题，尤其是与教练的沟通和态度问题。“我是短道游泳选手，并不是长距离游泳选手。”他大声地抱怨，“我积极努力地做强化训练，但所有这些换来的都是否定，我敢说他根本不喜欢我。”

我问他，“詹尼，你有没有试着坐下来和教练谈一谈？他知道你有这样的感觉吗？”他的回答是否定的。我继续说：“我认识这个人，他的感觉没那么敏锐，他理解不到你的真实内心。你应该跟他说明白。约个时间去见见他，把你的感受告诉他，直截了当地把你今天跟我说的话都说给他听。”

詹尼很快就同意了这唯一合理的有效行动。尽管在此后的几次游泳比赛中我看到了他，但是他再也没有提过这个话题，我也没再问过他。但是大概 6 个月后，我在观看一场篮球比赛时遇到了那个教练，在和他闲谈的时候，他提到了詹尼的名字，我问他和詹尼相处得如何。教练回答说：“哦，我们相处得非常好，就像一家人一样。他来看望我，跟我说了他对于我们之间的关系的看法。他需要的是一些积极的反馈，他希望把短道游泳和长距离游泳的技术相融合，还谈了一些有关训练的事情。”我听了之后，只是点头微笑。我知道总有一天詹尼会成为一名优秀的游泳运动员，而且还能够成为一名优秀的教练。

5. **行为调适**。**行为调适**通常被称作身体语言（图 14.3）。行为调适是在非言语沟通中最难解读的身体因素。两臂相交叠放在胸前或者双腿相交远离说话者有可能（也可能不）暗示感到无

图 14.3　身体语言比说出来的词语更有表现力。研究表明，与言语沟通相比，人们更愿意相信身体语言。

自我表露（self-disclosure）：个体把自身不为人知的方面暴露出来的过程。

非言语沟通（nonverbal communication）：任何不涉及言语的沟通方式，包括肢体语言和面部表情等。

象征符号（emblems）：试图代替词语的肢体姿势，例如，竖起大拇指。

说明动作（illustrators）：与言语交谈相结合的行动或姿势，例如，各种手部的动作。

情感呈现（affect displays）：用来表达某种特定情绪（如惊讶）的面部表情。

行为调整（regulators）：用于调整甚至控制谈话的非言语信息，包括眼睛运动和其他类型的身体语言。

行为调适（adaptors）：最难解读的一类非言语沟通，例如，双臂交叉放于胸前或者双腿相交。

聊，表示防御性或者攻击性。

6. **副语言**。**副语言**包括丰富词汇的言语因素。音调、音量和语速都能传达信息并影响听众。

非身体因素

很多听众能够感知到一些额外信息。

1. **区域空间**。每个个体都保持着一个围绕本人并使自己感到舒适的个人空间或区域。当个人空间被侵犯时，就会产生不舒服的感觉。两人间的距离太远也可能引起不自在或抗拒感。
2. **服装**。服装款式会传达很强的个人价值观、观点和行为的信息，并且可能在某种场合符合或不符合他人的期望。例如，专业场合要求特定款式的服装。如果某人的着装与人们期望的款式或正常的服饰信息相背离，会被认为是无知、不尊重或者叛逆的。

沟通包括言语信息和非言语信息，识别和运用它们，特别是倾听的技巧、参与的技巧和反馈的技巧，能够使你的沟通风格更加有效。

倾听技巧、参与技巧和反馈技巧

沟通的过程就像一枚硬币的两个面：一个面代表表达；一个面代表倾听。你或许曾听人说过，“他听到我说话了，可是他没听懂我说的是什么！”听到是感官的接收，而听懂是理解。研究表明，在一天中，50%以上的沟通涉及倾听。然而进一步的研究表明，个体对倾听和倾听技巧表现出普遍的自满；他们可能会听到，但他们没听懂。用坦嫩（Tannen, 2001）的话说，“沟通是一个体系。说出来的一切同时也是一种煽动与回应。我们中的大多数人都会把注意力集中到交际过程的第一个部分而忽视了第二部分。”在对话中，当人们表达一个想法或感情时，他们几乎立即准备开始下一段陈述，对于对方的回应往往只听了前几个字。最常见的例子是人们的互相介绍，当一个新人说出自己的名字时，你就在准备说自己的名字了。几秒后，你就记不得对方的名字了。通常，集中注意力听讲是很累人的。

有效的倾听、参与和回应所涉及关键因素如下所示。

1. **定位听众角色**。倾听要求把所有的注意力都放在说话者所说的内容上。你的头脑应该清楚说话者想表达的所有意图。把注意力放在你自己的想法上，而没有放在向你传达的信息上，是导致不良倾听习惯的首要原因。尽管说话者和倾听者的角色在交谈过程中会来回交换几次，但是当你是听众的时候，不要准备自己的评语或辩驳。
2. **保持眼神交流**。良好的眼神交流被认为是有效倾听的重要因素。游弋的眼神暗示着游弋的思想。缺乏眼神交流也可以传达对话题或人不感兴趣的信息。好的眼神交流并不意味着持续的盯视，因为这会被当作对私人空间的侵犯。良好的眼神交流表示你对于说话人的尊重。
3. **避免词语偏见**。一些词语会引起明显的情感反应，然后会导致失去兴趣和表现出惊讶。有一些词，例如，女权主义者、同性恋、犹太人或者自由等，都可以引发情绪；情绪会引起一系列反应，例如，抬起眉毛、皱眉、斜眼看等。识别这些类型的词和他们引发的反应可以使一个倾听者听得更客观。听者的客观性可以促进沟通。
4. **使用“最小激励”表明你与说话者同步**。最小激励包括简短的问句，例如“哦？”和“嗯？”，还有重复关键词以鼓励说话者给出更多的细节信息。这些要灵活运用而不能机械地使用。
5. **解释刚说过的话以确保自己的理解正确**。解释是一个比较精巧的最小鼓励的方式。除了重复关键词，还要运用自己的语言加以阐述，以表达你对内容的理解。
6. **问问题以增加陈述的清晰度**。当你没有了解事实的时候，提问题就成了必要。但是要注意，有时候问题会让说话者处于防御状态。通过问题让你理解，而不是把说话的人弄糊涂。
7. **用移情来反映和分享情感**。移情是一种很重要的参与技巧，它可以唤醒听众的经历。移情指的是关注说话者的感情和思想。这不表示你必须把这些感情当作自己的感受，而是应该感知到和你说话的这个人的感受。

8. **提供反馈**。对说话者的反应经常要求听众给予反馈。然而，在你给出反馈之前，要搞清楚对方是否需要你的反馈。有时候，人们跟你说话是为了通过你这个倾听者来提升自我意识。说话的人可能不需要反馈。如果他需要了解你的观点，你可以建设性地提供评价或者意见。反馈应该是详细精确的，在你的观点中要把感情和理性相结合。如果引起了批评的反馈，那么要平衡积极和消极的认知，同时也要做到具体而精确。要想有效，批评应该具有洞察力。
9. **总结所说的内容**。总结和解释相类似，但是它要求对说话者的思想和感情进行更多的归纳和整合，以达到一种全面的理解。

这些仅仅是用于提高你的倾听技巧的部分因素。它们还可以提高你的思想和感知的表达与解释的有效性。不管你认为你的沟通技巧多么有效，即使在最好的情况下，也会有发生误解和冲突的可能，例如，在理解混合信息的时候。

冲突解决

冲突经常由于误解所发出的和接收的语言信息和非语言信息而产生。而冲突可能存在于自身，也可能存在于你和其他个体之间。这一部分要讲的是后一种冲突。个体之间的冲突涉及混合着愤怒和恐惧的情感。如果放任自流，这些情绪可以滋生很多有害的想法，包括仇恨和敌意。在理想状态下，应该即刻化解冲突，然而实际上往往做不到。同宿舍的同学去度周末，留下一片狼藉的宿舍；老板下午 4 点传来一份备忘录，要求你在 5 点以前上交一份报告；这是两个必须在稍后**冲突解决**的例子。人们经常需要一些时间组织关于冲突解决的想法。在任何情况下，解决方案实施得越快，效果就越好。而冲突都是多维的，研究者把它们分成三个类别。

1. **内容冲突**。内容冲突产生于对事实信息、对一些术语的定义或概念、目标或在团队合作中所使用的策略的误解，分歧存在于对可用信息的认知。在这种冲突中，问题的关键不是争论，而是寻求答案来解决冲突。例如，包括如何为房产融资、最好的度假地点是哪里，或电影什么时候上映。
2. **价值冲突**。当一个人的价值体系中存在相互冲突的价值观时，他就需要价值澄清。但是当人们之间的价值观相抵触时，冲突会非常难以解决。价值冲突常见于政治场合，例如，环境游说力量（清洁饮用水）反对经济力量（水力压裂能源公司）。结果常常是妥协，两方势力没有谁能取得完全的胜利（或满意）。
3. **自我冲突**。自我冲突建立在患得患失的精神状态的基础上。这种性质的冲突包括操纵和控制，以支持自己的身份，并证明自己是正确的。自我冲突基于权力、能力、身份和情感依恋。它们被认为是最难解决的类型（图 14.4）。

冲突管理的方式

处理冲突有几种方式。事实上，并不是所有的方式都有益，有些还有可能让冲突持续。下面是对积极和消极的**冲突管理方式**的描述：

1. **回避**。当冲突势不可当的时候，通常的第一个反应都是回避。回避可定义为在身体或心理上远离问题。走出房间，绕道去办公室或宿舍，或者仅仅是保持沉默，都是回避的例子。许多人害怕面对冲突，因为之前的冲突经历给他们留下了深深的伤害。回避是一种处理方式，是一种倒退，可能发生在与权威人士（比如说和老板或者父母）发生冲突的时候，或者是一个

副语言（paralanguage）：用于辅助表达语言的附加信息，例如，音量、语气、音调等，实际上丰富了口头语言。

冲突解决（conflict resolution）：冲突解决有三种类型：内容冲突、价值冲突和自我冲突。

冲突管理方式（conflict-management styles）：有五种冲突管理方式：回避、屈服、敌对攻击、说服和对话。

图 14.4 沟通技巧在解决冲突方面非常重要，但是要使其有效地减轻压力，每个人必须抓住机会分享自己想法和感情。

人感觉到被同事或同伴排斥时。积极的方面是，把回避作为一种暂停技术，来使自己冷静下来，只要之后可以“重回赛道”，回避还是有利的。回避通常被认为是不成熟的行为，所以是一种消极的冲突管理方式。

2. **屈服**。习惯性地向环境或问题屈服也是一种消极的冲突管理方式。与回避相似，屈服也是一种逃避问题的方式，出于担心被拒绝和破坏关系，人们用这种方式来平复同事、家人、同伴，尤其是好朋友和配偶的心情。但是屈服于他人的意愿会使自尊受挫。看起来很高尚的举动实际上阻碍了问题的彻底解决。冲突的解决涉及各方的决定。当一个人回避问题、仅仅表达出并非心甘情愿的同意时，解决冲突的价值就变小了。这种冲突管理形式容易导致受伤害的感觉。
3. **敌对攻击**。“冲突”和“对质”这两个词会让人想到大喊大叫、厮打和东西在屋子里乱飞。实际上，这就是一些冲突处理方式。敌对攻击经常被用作一种威胁，操控他人使其顺从。言语攻击比身体攻击更为常见，比如使用刺耳的语言和提高音量来获胜。但是事实上，基本上没有任何冲突可以通过攻击行为来解决的，相反它会使憎恨永远存在，陷入周而复始的恶性循环。
4. **说服**。说服可以定义为旨在改变他人的态度或行为的一种尝试。一些学者相信，所有的言语表达都扎根于说服。当以牺牲他人为代价来使用说服赢得胜利的时候，它被看作消极的。但是说服也可以是一种积极的方式。在解决冲突的初始阶段，需要听到所有的声音。为了使问题更清楚，说服可以运用推理、感情或者动机。当有技巧地使用说服方式的时候，它可以打开新思路，以促进问题解决和达成共识。
5. **对话**。对话是对观点、态度、事实和感知的言语交流，以上这些都有助于更好地理解问题。在对话的过程中，讨论主要集中在问题解决的代价和收益上。对话与创造性地解决问题的步骤是一样的。在对话中，商讨是解决方式，在商讨中，所有参与者都感觉自己为问题的解决做出了贡献。在对话过程中，妥协起到了很重要的作用，因为对话的目的就是达成一致同意的决定。

提高面对面沟通技能的步骤

下面是加强沟通技能的另外几点建议，可以帮助解决冲突（图 14.5）。虽然看起来是常识，却值得一提。因为在压力下，自我防御的壁垒还是很坚固的。我们越多提醒自己运用这些技巧，就越可能利用它们。

1. **讲话准确而直接**。为了清楚地表达自己，要选择正确地表达你的想法和感情的词语。尽可能清楚地将你的思想用言语表达出来，直接表达你的想法和感情。
2. **增加词汇量**。词汇影响言语沟通的效果。词汇量小会降低表述的能力，大量可供选择的词汇

专栏 14.2　枕边的谈话

如果在介绍沟通技巧的章节中没有涉及性伴侣之间的对话，就是不完整的。鉴于美国有超过 1 000 000 的人都感染了艾滋病病毒（HIV 或 AIDS）的事实，而且强奸率居高不下，人类行为的这一方面再也不能听任假设了。坦嫩是对的，男性和女性有不同的沟通方式，而在性关系中，这一点表现得更明显。在美国的道德观念中，关于性的话题在正式的谈话中仍然是禁忌。讽刺的是，这些道德观念滋养了性问题中的敌意和焦虑。在信任极为重要的时候，性欲和性唤起似乎会使自我表达短路，而这对健康非常重要。

很多与性交有关的事情都是卧室内的压力源，包括避孕、出生率控制、怀孕的危险、不孕不育、通过性传播的疾病、阴道炎、骚扰、禁欲、罪恶、强奸、自尊、流产、性无能、早泄、亲密、不能达到高潮、同性恋和性满足。如你所见，这个清单（尽管不完整）已经很长了，对于经历了这些的人来说，每一个话题都可以作为一种压力源。性本身的问题并不会在夫妻建立起性关系后消失。相反，如果在关系建立之初不能很好地进行沟通，随着关系的发展，伴侣的关系将会越来越糟。性咨询师建议在每次进行性亲热之前、其中和之后，都进行一次关于存在的性问题的彻底谈话。就像任何一个艾滋病病人或者不小心怀孕的女性会告诉你的那样，不值得为关于性的短期压力冒那么大的风险。当性问题没有解决的时候，接踵而来的可能是数天、数月或者数年的痛苦。要把关于健康的谈话作为性习惯的一部分。

UN Photo/Eskinder Debebe.

图 14.5　冲突决议需要熟练的沟通技巧，正如前联合国秘书长潘基文在一次气候变化和全球变暖问题的世界首脑会议期间所表现的那些。无论大小，化解所有冲突都需要相同的外交技巧。

可以为你说出自己的想法提供更大的灵活性。

3. **选择适合听众的语言**。你与孩子说话的方式与你同成人说话的方式很有可能是不同的。考虑哪些词、哪些表达和手势最能使你的想法被接受。
4. **对事不对人**。当你尝试解决与他人的冲突时，把焦点放在问题上面，而不是所涉及的人。换句话说，避免人格攻击。攻击别人会使问题变得复杂，会使原本可以解决的问题变得更加复杂。
5. **避免使他人处于防御状态**。为了解决冲突而进行自我表达或者对话时，要说“我感觉……”。把责任放在自己的身上，而不是责备他人，这样可以使防御心理最小化。
6. **不要让第三人帮你传话**。最有效的沟通需要面对面地与他人沟通。如果有第三人的加入（例如，“请告诉我的室友，给约翰打电话”）不仅会增加误解的可能性，还不能实现个人的直接联系——会让人更多地处于非言语的信息中。
7. **避免信息超载**。注意力是有限的，能够被感知和处理的信息的数量也是有限的。给的信息越多，信息丢失的可能性就越大。一定要注意你说话的速度，使人有足够的时间处理你表达的信息。
8. **证实你的假设**。跟说话者证实你的假设和理解是不是准确。
9. **当问题出现的时候，就解决问题**。如果你感觉存在误解，很可能是真的有误解。回避它或者给它太多的时间腐化都会让大脑产生受伤、愤怒或者恐惧的感觉。当问题出现的时候，通过与当事人谈话来解决问题。短期来讲，这似乎有些对抗性和恐怖，但是长期来讲，它释放了过度的压力，促进了内心的平静。

有效的科技沟通技巧的益处

欢迎来到信息时代，在这个时代，你的沟通能力越强，你就越有可能减轻自己的压力，也很有可能减轻你周围人的压力。通过与技术建立健康的界限，学习多种语言与各种形式的技巧，并参与面对面的互动，你将大大减少沟通失误。记住，沟通技巧就是技能。需要练习。花点时间练习了不起的沟通技巧的艺术；无论科技如何前进，它们都是有用的。

总 结

1. 通信工具（短信、推特、脸谱网、电子邮件等）的丰富性并没有改善沟通质量，事实上反而增加了沟通不畅的压力。
2. 各种形式的技术提供了许多沟通手段，但人们通常使用短消息进行沟通，并花费更多时间在屏幕上进行沟通，而不是进行面对面的人际沟通。
3. 所有形式的沟通都会导致信息超载，从而影响个人沟通的能力。
4. 人们经常以科技为自己的不良行为（逃避）找借口，或者为自己急着接电话或发短信找借口。
5. 我们白天醒着的 3/4 的时间都花费在某种形式的沟通上。通常，涉及他人的压力源是由沟通不畅引起的。
6. 对话方式多种多样。当两种或两种以上的风格不相容时，可能会导致错误的交流。
7. 交错分成指的是人们对自己的沟通方式固执己见，从而扩大误解的鸿沟的过程。
8. 坦嫩相信人们相互误解的一个原因就是他们倾向于用元信息或间接方式表达思想。间接性可能有不同的意图。
9. 沟通可以分为言语和非言语形式。言语沟通包括把想法转化成话语和通过我们感知的过滤来理解他人的话语。在转化和理解的过程中，一些想法会在翻译的过程中丢失。
10. 言语沟通包括某种程度的自我表露。自表暴露的程度取决于对对方的信任程度。
11. 非言语沟通包括手势和姿态，也包括语音语调。握手、拥抱、手指的动作、着装和空间都是用非言语形式进行沟通的例子。
12. 沟通还包括倾听和参与的技巧：按照信息的本来面目接收和理解信息的能力。
13. 错误传达可以导致冲突，分为三类：内容冲突、价值冲突和自我冲突。最后一种是最难解决的。
14. 冲突管理方式可以分为有效和无效两种。回避、屈服和敌意攻击都是无效的。说服和对话一般是商讨、妥协和最后达成和平解决的有效方式。
15. 没有对话的性亲密会引起严重和持续的压力。性咨询师建议在每一次的性亲密之前和之后都进行一次健康的谈话。
16. 所列出的基于常识的几条建议可以改进你的沟通技能。为了让这些技能有效，必须进行有规律的练习。

学习指导题

1. 科技人如何影响良好的沟通技巧?
2. 为什么许多与压力相关的问题都涉及不良沟通?
3. 列出言语沟通的三个方面。
4. 列出非言语沟通的三个方面。
5. 列出五种冲突管理方式，并且指出最有效的一种。
6. 改进沟通方式的五种方法是什么?

第 15 章

资源管理：管理时间和金钱

节省金钱的最好方法就是将它们对折，然后放回钱包。

——佚名

时间和金钱。对大多数人而言，似乎每种压力源都包括了时间和金钱，因为人们对这两种资源的需求一直很高，而且经常浪费它们。你同意这一说法吗？如果同意，那么我们就是英雄所见略同了。很多人认为，如果他们的一天能再多几小时，或者私人银行户头中再多几千元钱，那么他们的大多数问题都会完全消失。然而，陈旧的习惯很难消失，这是一个可悲的事实。除非你改变态度，否则就算有再多的时间和金钱也只可能导致你承担更多的责任、进行更多的消费（和负债）。2008 年的经济危机令次级贷款、衍生品、信用违约互换、止赎和有毒资产成了家喻户晓的话题。当人们的消费习惯远远超过他们的收入水平，信贷过度扩张时，经济稳定性肯定会崩溃。你并不需要成为获得诺贝尔奖的经济学家，也能或早或晚地意识到经济崩溃。再加上一点点贪婪，你就加入了影响全球的金融危机中。自 2008 年经济崩溃以来，美国人大幅度削减开支，并将更多资金存入储蓄账户。取消抵押品赎回权、失业和停职逼迫人们重新仔细检查他们的金钱。社交网络给我们的生活带来了巨大的变化，就如何使用时间而言，许多人都面临压力。尽管经济和社会变化如潮水般冲击着我们，但如何管理个人财务和时间的智慧始终如一，这就是为什么我们需要重温资源管理的永恒教训。

本章首先要关注的是经济话题。接下来会检验进行时间预算的基本要素，以便让你开始利用这两种宝贵的资源把利益最大化。

金钱问题

也许你会认为，通过下面四个简单的原则来管理个人财务（包括保持收支平衡）看起来非常简单。

1. 进行预算并按照预算执行。
2. 不要在不必要的项目上花钱。
3. 及时还清账单。
4. 至少将你每月收入的 10% 存入固定的账户（并且轻易不动用这笔钱）。

如果这样就足够了，那就简单多了。不幸的是，生活中充满大大小小的诱惑，加起来总能使你超支。例如，一杯优质的咖啡每天要花大约 4.00 美元，一年总计约 1400 美元——足够在春天进行一次短途旅游了。生活在此刻是很美好的，但是千万不要肆意浪费！管理金钱的关键是维持收支平衡。一方面，你不需要成为神经过敏的、吝啬的人；另一方面，你也没必要承受财政的铺张。如果你花钱大手大脚，是不可能变得富有的。审慎的财务习惯可以减少压力。

从几千年前将第一枚硬币用于货物交换开始，关于钱财和压力的关系一直都没有定论。然而，伴随着信用卡的出现，人们太容易在他们不需要的东西上进行消费了，因此而产生的财政债务成了一个普遍的压力源，而且这已经成了一种生活方式。虽然先买东西再用信用卡付账能够给人一种权力感，但这其实只是一种虚假的权力。回想一下弗洛伊德提出的“自我”的概念。记住，“自我”（其目的是减少痛苦，增加快乐）也喜欢权力，即使那是一种错觉。

大众营销给你的“自我”

你是不是像不计其数的美国人一样入不敷出？你是不是将钱花在了去餐馆吃饭、买很多名牌衣服上面？你是不是会买昂贵的咖啡、买等离子电视来享受？购物是不是赋予了你一种有权力的感觉？你会用购物来充实灵魂的空虚吗？你心情是否会随着每日的股票行情波动？你是不是会被即时的满足所左右？你会不会通过购物来减轻焦虑和沮丧（**购物疗法**）？你会因为朋友拥有而购买某样东西吗，比如 iPod、平板电脑或者卫星广播？攀比是一项全职工作，但遗憾的是，你永远不会因此而拿到奖金。相反的，它会将你努力赚来的钱花光。

下次看电视的时候，请密切注意剧中人物的生活方式。很少有节目是关于贫穷的——因为不好看！电视情景喜剧和犯罪题材节目中的演员都刻画了努力成为上流社会人士的中上层人士。研究者发现（Taylor, 2010），电视节目中微妙的广告类似于静脉导管，提供了大多数人无法负担的理想生活方式（这还不包括广告）（Taylor, 2010）。自我很容易被想要卖给你商品的狡猾商人操控（记住著名魔术师巴纳姆的哲学：“每一分钟都有人上当！”）。

扫一眼你周围人的穿着。有多少人在为品牌免费打广告？看一看你的家，有多少东西是你在冲动之下购买的，而现在却堆在一旁积满灰尘？针对自我的不安全感进行营销已经成为美国公司的一种艺术形式（Schlosser, 2001）。随着核磁共振成像研究的普及，科学家们已经与营销专家合作，解开了增强购买力的密码，这可能很快会让营销人员完全绕过自我。这种策略的术语是“神经营销”。哈佛大学营销学教授杰拉尔德·扎特曼（Gerald Zaltman）已经为他的这项技术申请了专利（专利号 5436830）（Szegedy-Maszak, 2005）。

贫困心理学

1998 年的诺贝尔经济学奖获得者阿马蒂亚·森（Amartya Sen）建立了一个理论：如果你把全世界上最富有的人手里的金钱平均分发给地球上的居民，不超过两年，这些钱又会回到那些最初的持有者手中。为什么会这样？因为人类的本性倾向于恐惧（和懒惰）。同样的，人类的态度是很难改变的。大多数人会迅速花完他们分到的那部分钱，一些人只会浪费他们分到的部分，而赌徒会将自己的钱全部赌光，只有很少的人会把钱存起来或者用于投资基金。同样奇怪的还有，一些人恐惧金钱，或者简单地说，他们恐惧金钱的匮乏，这通常被称为**贫困意识**（Twist, 2003）。不幸的是，根据畅销书《金钱？人生？》（*Your Money or Your Life*）的作者乔·多明格斯（Joe Dominguez）和薇姬·罗宾（Vicki Robin）的观点，对贫困的恐惧成了一种自我实现的预言，即能够排斥金钱而不是获取更多金钱，这种思维过程在日常生活中成了无休止的循环。

金钱问题？试试下面这些……

也许金钱问题的原因各种各样，就像每个人账户里的钱一样多。用简单的经济学术语来说，对商品和服务的需求总是超过了手头上的现金供应。不管花销如何，结果总是以出现财务赤字开始，以不能抵赖的债务告终。巨额医疗账单和车辆维修账单是一回事，零碎的开支是另外一回事。目前，这种状况在美国成了流行病。关于如何控制自己的财政支出，不乏建议。下面是一些经过了时间考验的建议。

财政自主技巧

1. **进行预算并严格执行。**如果你没有预算，那么现在是时候做一个了。如果你已经有了预算，那你上一次用到它是在什么时候？你有必要知道每个月有多少可以自由支配的收入。
2. **适当的生活方式。**生活并不是短程赛跑，而是马拉松。因此，消费时需要适当的步调。然而，一些人花起钱来只顾今天，仿佛没有明天一样。恰当的生活方式意味着购买行为是有意识的，不是轻率的决定。恰当的生活方式还意味着不仅要享受此时此地，也要对未来保持警惕。恰当的生活方式还意味着只买你需要的东西，不要浪费宝贵的资源。在这种生活方式下的行为包括使用可反复利用的布制食品袋、共享汽车、去图书馆借 DVD、驾驶组装汽车。
3. **冻结你的信用卡。**信用卡除了是一笔昂贵的贷款外，别无他用。每当你使用信用卡时，你都是在不断地借钱，而且要还很高的利率（通常为 13%～23%）。养成良好的习惯，停止使用信用卡。一个建议是切碎你所有的信用卡，只留下一张，将你这张留下的卡扔到一杯水里，然后将这个杯子冻起来。这个策略能够保证你只在紧急情况下使用信用卡。
4. **建立一个开销日志。**如果你有钱留不住，全会花光，但又不确定花到哪里去了，那么可以利用开销日志来记录你的钱浪费到哪里去了（推荐使用账户管理软件，可以帮你追踪消费习惯）。你可能非常惊讶，琐碎的花费有多少，而且它反映出了你的一种习惯：把辛苦赚到的钱都扔到下水沟里去了。
5. **将每一次购买视为一次投资。**你的资产有什么？是房子、车子，还是股票投资？你所进行的每一次购买都是一次投资，尽管有些投资可能很快折旧、一文不值，包括衣服。在此，你可以问自己一个问题：从现在起，我在这一年之内会用到这个东西吗？如果答案是“不会”，赶快揣好钱包离开。
6. **合并你的债务。**你是不是有几张信用卡和其他的债务？告诉银行管理人员，将你的所有债务都合并在一起，然后尽快还清它们。
7. **考虑尽快加入 401 计划**[①] **或个人退休金账户。**作为一名大学生，退休看起来可能还很遥远，但为退休投资就在眼前。每年存一小笔钱到退休计划中（即使你认为你负担不起），这样你就可以在你的黄金岁月里过上舒适的生活。

米歇尔·辛格尔特里（Michelle Singletary）是《华盛顿邮报》(*The Washington Post*) 的专栏作家、《学会消费，正确生活》(*Spend Well*, *Live Right*) 的作者。她提供的一些技巧能够帮助你达到经济的稳定。

1. **让自己远离诱惑。**如果你没有钱可以花（或者浪费），就不要总是待在那些爱购物或者浪费金钱的人的身边，因为这对你而言可能变成一个诱饵。另外，在你去购物之前，列一个清单，写明哪些东西是你真的需要的，并且要有意志力，只购买清单上有的东西。
2. **在购买之前先问问自己“为什么”要买。**你真的需要你打算购买的商品吗？内衣和牙膏是必需品。三角帆船、开胃食品、每周的 DVD 租金和某些新鞋子不是必需的。
3. **不要冲动购物。**如果你发现了自己喜欢的东西，不要当天就决定购买。把问题留到第二天。如果第二天你仍然觉得需要它，再回去买下来。

> **购物疗法（retail therapy）：**此行为是因为人们想要通过购物来减轻压力。其后果是买了很多他们实际上并不需要又不太能负担得起的东西。
>
> **贫困意识（poverty consciousness）：**用于描述个人态度或知觉的术语，此人持有一种强烈的观念，认为自己从来都没有足够的金钱，这反过来成了自我实现的预言。

---

① 美国企业退休金计划。——译者注

4. **谨慎地讨价还价**。你可以在促销时把钱省下来，但是也有一些人会在促销中花更多的钱去买他们不需要的商品。结果他们花了很多钱在不需要的东西上，而不是省钱。
5. **清理你的房屋**。减少没有节制的消费的良好动机是让自己意识到自己有多少存货。当你发现自己已经拥有某件东西的时候，就没必要再去买了。另外，遵循下面这个“两年规则”：如果你在未来两年之内不会使用这一商品或货物，那么在它堆满灰尘之前，将其捐献给慈善团体吧。
6. **学会对你的孩子、伴侣、朋友和营销人员说“不”**。不要让其他人帮你花钱。为你的钱划清分明的界限，并且坚持这一界限。

苏丝·奥曼（Suze Orman）是财政计划类畅销书作者、财务规划类谈话节目主持人和电视财团的财政专家。她关于财政自主的技巧有以下几点。

1. **对金钱采取健康的态度**。你与金钱的关系是什么？你有没有贫困意识？你是否浪费了金钱？你是否厌恶金钱？你父母对财政贫困的态度如何？你对于金钱的态度与你现在有多少钱和以后有多少钱有关，而且会随时间的变化而变化。
2. **确立合理的财政目标**。你打算为营造宽裕的后半生而努力工作吗？你是否有退休账目？你是否能够看得远一些，而不是只注意到下次发薪水？你是否每年都想去度假？财政目标是指导你实现财政安全的指导方针。你的目标是什么？为了你的财政安全，你长期的、有策略的计划是什么？
3. **让你的金钱为你工作**。即使你认为自己没有钱进行投资，也不能否认你可以做到，即使每年只有100美元。你仍可以选择互惠基金、个人退休账户、股票、国库券或者为了投资而存钱。你可以与财务顾问进行沟通（通常第一次咨询是免费的），讨论你的选择、为你制定计划，让你的钱为你赚钱。
4. **最好的财政顾问是你自己**。请一个财政顾问是很好，但是要记住，这个财政顾问也会从你的钱里来提取他的报酬。通过阅读理财方面的书得到合理的建议，然后当成家庭作业来执行。在互联网上查找信息，学习如何为你的金钱做预算，如何进行投资，如何让你的金钱为你效劳。

金钱管理是一项需要实践的技能。现在是时候将技能投入实践中了。你的钱包、你的婚姻、你生活的各个方面都会因此感激你。

时间支配

有一个笑话，时机是大自然不让所有事都一起发生而采取的手段。这个笑话已经与21世纪的生活方式没什么关联了。在21世纪的生活方式中，时间过得飞快，即使你没有享受到乐趣，所有事也似乎是在同时发生的。众所周知，每天只有24小时，无论我们的技术多么精妙，世界上的任何应用程序都不能改变这一点。尽管24小时为一天的周期是固定的，但人们会通过削减高质量睡眠所需的宝贵而必要的时间来榨取几小时。全民都有共识，时间正在加速流逝。时间似乎正在流逝的原因通常可以归因于责任的增加和科技的提升（有更多的玩具）。《当下的冲击：当一切都发生时》（*Present Shock: When Everything Happens Now*）的作者道格拉斯·拉什科夫（Douglas Rushkoff）说：“如果你觉得自己的时间被压榨了，你就身处一家好公司。”时间压缩是社交网络数字化时代、信息超载和社会需求增加的意外后果。这提醒我们，令人眼花缭乱的信息更新速度裹挟着即时的满足感和丰富的选择，占据着人们的思维。此时的时间管理变得更加重要，以使你的头脑不被迅速出现的变化淹没。考虑到这一点，人类组织和操纵时间的尝试值得我们仔细回顾。

秒、分钟、小时、日、月、年……这些概念都是人脑创造出来的。人们认为，时间概念的产生最初是为了掌控自然环境，尤其是太阳东升西落、四季的更替，等等。古巴比伦采用了360天的日历，包含了12个月，每个月有30天。为了保证时间的准确性，古埃及人又把每年加了 5 天，以抵消地球和月亮之间转动的差异。罗马教皇格利高里八世（Pope Gregory XIII）在 1582 年又进行了额外的改动，他发明了当时的日历，也叫作格利高里日历。在一次很小但很重要的测量中，第一个机械钟由 11 世纪的中国人苏颂发明。而西方世界在两个多世纪以后才制造出了一个类似的机器，是一个英国僧侣用铁齿轮和砝码做出的。300 年后，摆钟才诞生，是由一个荷兰科学家克里斯蒂安·惠更斯（Christian Huygens）制造的。由于腕表的发明，佩戴袖珍手表在 20 世纪成了时尚。随着高科技的到来，石英和电子显示器出现，现在的时间测量已经可以精确到十亿分之一秒了。

随着文明的进步，不同文化间实现了科技共享，时间意识和时间利用对组织和人类前进的脚步具有重要意义，因此成了将秩序从混沌中分离出来的方式。时间成了一种工具，将不同社会间的个体在各自的社交圈里进行联合并使之同步。例如，美国的时区（东部时间、中部时间、山地时间、太平洋时间）由铁路公司划分，这是为了使他们在不同地区的进度表保持同步，最终美国政府在 1883 年采纳了此项分类。随后，1884 年，全球的时区划分也完成了。

一旦有了这个构想，时间就被人类持续操纵了。国际日期变更线、夏令时、闰年是提炼和操纵基本的时间建构的三个例子。然而，在试图管理和操纵时间以获得利益和享乐的过程中，工业化社会中的人们发现，自己变成了时间概念下的奴隶，而不是时间的主人。结果，时间或者时间不足被认为是很多人生活中的首要压力源。虽然时间本身不是疾病和灾难的前兆，但是匆忙的生活方式一直在破坏身体的生物钟，和冠心病、溃疡以及其他压力相关疾病都有明确的关系，心理学家罗伯特·莱文（Robert Levine）称之为“发条忧郁（clockwork blues）”。因此，周一早上心脏病发作的人多于其他时间段发病的人就不难理解了。

看起来很忙对某些人来说可能是身份地位的象征，但是医学博士斯蒂芬·雷什查芬（Stephan Rechtschaffen）不这么认为。在一本非常受欢迎的书《时间转换》（*Time Shifting*）中，雷什查芬解释到，生产力过剩是压力的一个指标，匆忙的脚步导致了功能紊乱。雷什查芬认为，社会节奏本身在不断加快，很多人没有意识到他们已经被卷入其中了。人们被工作环境中的节奏所牵引，他称之为“超生产力（hyperproductivity）”。短期的获益可能很吸引人，但是长期的后果对人体健康有破坏性。雷什查芬在纽约州的莱因贝克创立了欧米茄整体研究所（Omega Institute of Holistic Studies）。他认为，我们需要学习时间转换；也就是说，通过有意识的改变如今生活中的各种活动的节奏，来放慢现在快节奏的生活方式。

雷什查芬并不是唯一持此观点的人。随着科技不断创新，人们现在只要敲击键盘就可以访问信息。专家们也认为，优秀的时间管理意味着恢复到简单组织的基础要素上（Morgenstern, 2000；Allen, 2003）。

目前，关于闲暇习惯的研究表明，娱乐和消遣中的两个限制因素（压力源）分别为时间和金钱。很多人得到的结论是，时间等于金钱的观念会加重这种压力的影响。随着技术的进步，感知到的责任、时间或时间管理不善都可能成为你的敌人，即主要的压力源。现代社会将时间作为一个压力源，本章将特别强调如何改变对这一建构的消极感知，同样也会强调如何操纵时间，帮助个体从混乱中恢复秩序。

时间管理实际上是我们提及的社会统筹（图 15.1）中的众多的应对技巧的一部分。社会统筹是一种认知策略，用来帮助人们将压力源最小化，而不是回避它们。这一技巧是一个重新组织的过程，在此过程中，你要为了自己的最佳利益操纵环境中的因素和要素（而不是人），走阻力最小的那条路径。社会统筹包括分析问题、创设一系列的可行性

> **时间管理（time management）：**为日常事务排列优先次序、确定时间表并加以执行，以达到个体水平的满意度。有效的时间管理并不意味着你有更多的时间，而是意味着你能更好地利用已有的时间。

图 15.1 花一些时间来平衡你的收支（可以采用电子形式，也可以采用纸笔形式）对于管理你的钱是很重要的。在信用卡债务时代，要养成只花你有的钱的习惯，并确保你知道自己的财务状况。

选项、选择最佳选项来扫清这一道路上可能造成压力的障碍。组织良好的时间管理形式能产生高效的生产力，这是时间管理的本质。

根据时间管理专家罗伯特·罗施（Robert Roesch）的观点，随着技术的飞速发展——从手机到笔记本电脑——生活的节奏越来越快，但经得起考验的时间管理方法没有改变。然而，随着科技入侵我们的个人生活，保持适当的界限对一个人的理智和整体健康至关重要。套用罗施（Roesch, 1998）的说法，除非你是一名随时待命的医生，否则你不需要 24 小时保持手机在线。最后，以提高生产力为名，科技标榜着可有效节省时间。但我们都知道，情况并非总是如此。我们应运用科技来简化你的生活，而不是复杂化你的生活。

为了提高效率，人类的大脑往往会将时间等实体分解成更小的部分，以便更好地理解和操纵它们。研究左右脑认知功能的神经生理学家观察到，大脑右半球没有时间概念，因此他们一致认为，时间意识显然是左脑的功能。然而，人们发现想象力和空间意识是有效地利用时间的关键因素。因此，明智的假设是，有效的时间管理涉及两个大脑半球的认知功能。

时间管理被定义为对个人职责排列优先次序、确定时间表并加以执行，以使个体满意的能力。时间管理是一个与个人发展和专业发展都相关的新鲜概念。期望获得更高效生产力的企业肯花时间和金钱聘请创意顾问，来培训和教授雇员如何更有效地管理时间。下面是他们讲授的一些课程。

有效时间管理的障碍

毫无疑问，科技（例如智能手机和平板电脑）提高了我们的生活效率，但它也增加了拖延性。本打算花点时间用谷歌搜索某个主题的行为最终演变成了一场充满好奇心地掉进兔子洞的奇幻旅行，在网上闲逛了几小时后才反应过来。当你结合了好奇心、偷窥欲、自我欲望和即时满足感的需求——所有这一切都可以在互联网上得到——你终会在时间效率方面遇上难以置信的障碍（图 15.2）。

在一个人能够开始使用一些策略，让自己更有效地运用时间之前，我们必须先清除一些拦路虎。清醒地意识到相关的态度、主题、关注点和自己的时间管理技巧的能力（在应用的过程中不产生压力），会在你需要的时候变成一种强有力的应对策略。失败的时间管理是有原因的，包括对自身的态度、工作环境或组织、人格类型、价值观以及缺少时间管理方面的必要知识。

图 15.2

这其中，最普遍的原因是态度及其相关的行为。在《如何在生活中投入更多时间》（*How to Put More Time in Your Life*）中，作者德鲁·斯科特（Dru Scott）阐述了其中一些态度。斯科特把这些称为“隐秘的快乐”，因为人类的自我实际上可以从中获得快乐；它们扮演着防御机制的多重角色。

斯科特还指出了一些人关于有效的时间管理技巧的谬见。其中之一就是这样一种幻觉：认为时间是可调整、可变的，而不是固定不变的，一天中的时间超过了 24 小时。这一理解表明，我们总是有“更多的时间”来做完一件工作。第二个谬见也许基于以往的经验，认为时间管理技巧不起作用。这一观念是用对个别的时间管理技巧的运用代替了多种技巧的整体运用，导致没有达到预期的效果。另一个普遍的看法是，与危机导向的刺激相比，有条理地组织自己的策略并不令人兴奋，甚至是无聊的。换句话说，一些人（例如，共存人格的人）在危机管理中获得了成长。

人格风格与行为

为了设法理解阻碍有效时间管理的态度障碍，学者们同样研究了在整体上影响个体人格的行为。结果发现了七种典型的人格行为。它们是 A 型性格、工作狂、科技发烧友、时间骗子、拖延者、完美主义者和那些掉进了生活方式的行为陷阱的人。这些行为成为“时间强盗”，因为它们窃取了宝贵的时间，而不是改善时间使用的有效性。当这些行为被单独列出来的时候，应该注意到的是，一些人的人格包含了这些行为，使得他们更加难以进行有效的时间管理。

1. **A 型人格。**A 型人格有以下主要的行为：时间紧迫感强（拼命赶最后期限）、易生气/敌意（爆发攻击）、缺乏计划（差劲的组织技能）、多相性（同一时间里有很多想法，有很多很紧急的事情要同时处理）。虽然时间紧迫感看起来是有效的时间管理的目标行为，但是如果将这四个因素结合起来，就会导致无效的时间运用。表现出 A 型行为特质的人可能看似是有组织的和高生产力的，但是研究显示，A 型人格的人与 B 型人格的搭档相比，并不能组织和完成更多的工作，而且他们的工作质量通常较低。
2. **工作狂。**工作狂将大量时间花在工作中（图 15.3）。工作狂被认为有一种成瘾过程，他们通过延长工作时间以维持自己的重要性或自尊，从而获得自我肯定。一个人每天的工作时间平均是 8 小时，而工作狂可能花费 10～14 小时。工作狂将朝九晚五的时间花费在很细小的工作任务中，然后感觉需要更多的时间来处理一些大型项目。他们倾向于回避节省时间的技术和对工作量的预估，因为这会威胁他们赖以建立自信的安全感。工作狂可能会抱怨自己将过多的时间花在工作上，但事实是：更长的工作时间给他们带来了更大的快乐。
3. **科技发烧友。**手机、平板电脑、Wi-Fi、笔记本电脑、短信、脸谱网、网络、推特和其他新科技手段的问世无疑会节省时间，但是它们也会

图 15.3　工作完毕后还要投入更多的时间，这并不总是意味着生产力的增加。事实上，这可能是一种信号，表明可能在工作日浪费了时间。

A 型人格（type A personality）：时间意识强（有进取心）的人在时间管理方面，会赶在截止日期前完成任务。

工作狂（workaholism）：一种人格类型，通过将更多的时间投入工作中，限制良好的时间管理技能，通常是以牺牲其他责任为代价的。

有人情味的压力

德国的火车时刻表非常精确，据说你可以按时刻表对表。伯恩哈德（Bernhard）回到法兰克福的家后，不仅按火车对表，而且密切注意飞机时刻表。你看，伯恩哈德是汉莎航空公司的一名高管，汉莎航空公司对航班的起飞时间有很好的把握。伯恩哈德来到美国攻读 MBA。在读研期间，他学会了掌握一个精确的时间表，包括学习、与儿子菲利普共度家庭时光，以及艰苦的铁人三项训练，而这项训练本身就可以作为全职工作来参与。伯恩哈德的梦想是获得夏威夷铁人三项比赛的资格并参加比赛。他在 1998 年完成了这个目标。回到德国并在汉莎航空公司找到一份工作后，他很快被调回美国，负责该公司北美地区总部。

事实上，关于"纽约一分钟"到底是什么，人们经常开玩笑。尽管有文化冲击、交通问题、典型的拥堵以及你可能会在纽约看到的反复出现的恐怖主义警报，但伯恩哈德已经很好地适应了。他每天晚上睡觉前都把第二天的事情安排好。他使用科技——手机和电子邮件——为自己服务，而不是成为它们的奴隶。他在工作和个人生活之间建立了健康的界限。他还与妻子内蒂和两个孩子菲利普和苏菲共度美好时光，并抽时间做有氧运动。同样重要的是，伯恩哈德留出了专门的休假时间，这样他的努力工作就可以和他的努力玩耍时间相平衡。伯恩哈德会告诉你，德国人通常确实很守时，这是他在瞬息万变的世界中发现的一个非常有益的品质，也是所有人都必须具备的生存技能。

在时间管理中抢夺你的时间。对许多人来说，某些方面的便利可能会令其上瘾。科技发烧友把无数小时用在他们的电脑上，他们给人高效率的印象，然而别被他们愚弄。时间正在嘀嗒嘀嗒地流逝，等到要履行其他重要责任（例如，陪伴配偶、照顾家庭和睡觉）时，才发现时间已耗尽。

4. **时间骗子**。时间骗子是一个试图在一个时间点上做多件事情的人。一个简单的例子是，他可能一只手在刮胡须或化妆，另一只手则在接打电话，只能用膝盖来掌握方向盘。时间骗子还总是在同一时间内在不同的地点都安排计划，结果他们总是在其中一个地方匆匆露面或干脆不出现，并会给出一个冠冕堂皇的借口。时间骗子高估或者过分看中某个期望中的约会，结果总希望取消别的事情。在这类个案中，时间骗子是与时间讨价还价的人，但经常失败：在欺骗的过程中，很多责任都尽不到。

5. **拖延者**。拖延是一种转换策略。拖延者会规避一些责任，将今天本该做完的事情拖到明天。这里有三个与拖延相关的因素：懒惰或缺乏热情、害怕失败和对即时满足的需求。时间管理专家将拖延者分类为：

- **简单的拖延者**。一些人会有意做一些事情来代替手头的工作，例如，去打一场球赛或看一场电影，而不是准备复习考试。
- **欺骗性的拖延者**。这些人在工作中到处忙碌（例如，整理税款或制作简历），但是会找各种借口不去完成工作，直到最后一分钟。表面上看，工作在顺利进行，实际上是一种欺骗。
- **时间陷阱的拖延者**。做一些比要求简单的任务（例如，在完成家庭作业或学期报告之前去打扫、洗车或遛狗）。其结果是没有足够的时间完成一项高质量的工作，因此拖延者会觉得他们被闹钟的嘀嗒声逼到了绝路。另外，当在最后一分钟完成该做完的任务时，其他一些责任就被忽略了。

6. **完美主义者。** 完美主义者完成一项任务或职责时总要求完成得很完美。当以质量为目标是令人赞美的品质时，完美主义者总是过分纠缠在细节中，以致无法看到整个图景。因此，原定计划（或者生活中的其他方面）就会被妥协。有证据表明，人类行为中大约 20% 是错误的。完美只是一种幻想，在现实生活中是不存在的。但是完美主义者欺骗了自己，告诉自己完美是可能的。
7. **生活方式的行为陷阱。** 归在这一类的个体很难或者不可能有时间说“不”。这些个体显示出了很多共存特质，他们是非常好的人。他们通过帮助其他人来获得自我价值的确立。但这样做通常是以他们自己的需要为代价的。这些人经常承担不适当的责任（例如，帮人看房子，帮邻居喂猫，送人到机场），他们经常通过赞美和接纳来建立自尊。他们通常会自愿做一些没有人要求他们做的事情。但是当工作完成后仅说一句“谢谢”并不够或自尊并没有提高时，可能会产生被欺骗的感觉。

分心：时间管理高速路上的路障

当今的人们在有效的时间管理方面面临的最大问题是要驾驭分心，包括内部干扰（焦虑和完成某事所带来的恐惧的想法和感受）和外部干扰（社交媒体、短信、网络节目、视频游戏、朋友、家人等）。良好的时间管理技能要求有效地处理这两种类型的干扰。在具有挑战性的任务中仍能干劲十足是需要练习的。在当今社会，外部干扰已经变得如此盛行，需要人具有很强的意志力，并在生活的关键方面设定健康边界，以便完成事情并做好事情。消除外部干扰的最好建议之一是清理你的工作区，以便在你的视野范围内只有你正在处理的事情。这包括把你的智能手机放到一边，养成清理工作区的习惯，因为任何形式的混乱都会导致你不知所措。

设立时间截止点

在开始一个项目时，许多人没有考虑到现实的完成日期或截止日期。尽管许多截止日期是预先确定的（例如，学期截止日期），但从家务到无数个人生活任务的许多非学术任务的完成时间更为模糊。评估一个项目完成时间的经验法则是在你认为所需要花费的时间上乘以 1.5，以便适时地适应不可避免的干扰（Kondo, 2014；Lissard, 2016）

时间管理技术的步骤

有效的时间管理能够被分解为下面三种技巧：排列优先次序、确定时间表和执行。

1. **排列优先次序。排列优先次序**意味着按照你的责任和工作的重要性将它们排序。但是在做这

> **时间骗子（time juggler）：** 可以同时处理多项任务、超额完成多项任务、甚至重复完成多项任务，与时间讨价还价，并且往往会在这个过程中放弃自己的责任的人。
>
> **拖延者（procrastinator）：** 使用消遣和逃避技巧而不履行自己的责任的人。
>
> **简单的拖延者（straightforward procrastinator）：** 有意回避一项工作的人。
>
> **欺骗性的拖延者（deceptive procrastinator）：** 试图按计划工作，但只触及表面，拖延完成工作的人。
>
> **时间陷阱的拖延者（time-trap procrastinator）：** 用做其他工作，如洗熨衣服等，来保持忙碌的状态，从而规避更大责任的人。
>
> **完美主义者（perfectionist）：** 让自己过分关注每件工作的细节、关注质量，然而因为过分关注细节而忽略了整体。
>
> **生活方式的行为陷阱（lifestyle behavior trap）：** 这种人很难说“不”，因此容易过分卷入过多的职责中。
>
> **排列优先次序（prioritization）：** 三个有效的时间管理方法之一，要把需要完成的工作排列出先后次序。

专栏 15.1 重要-紧急方法

		重要性	
		低重要性	高重要性
紧急程度	高紧急	Ⅲ. A. B. C.	Ⅰ. A. B. C.
	低紧急	Ⅳ. A. B. C.	Ⅱ. A. B. C.

一工作之前，你必须列出一张包含你所有职责的清单（见专栏 15.1）。列表的过程是时间管理策略中的宝贵技巧。下面有三种值得提倡的方法：

a. **ABC 等级次序方法**包含了三个指定的字母 A、B、C，以此来区分不同的职责：A 代表最高优先权的活动（必须立即执行），B 代表第二优先权的活动（不属于 A 或者 C 的所有事情，但是你必须要做），C 代表最低优先权的任务或者你愿意去做的事情（能够等待）。在这一排列优先次序的方法中，一旦列出职责列表，每个项目上都要对应一个字母，然后按照新的等级次序重新改写清单，然后完成相同等级的工作。

b. **排列图原则**指出，我们所做工作的 20% 给了我们 80% 的回报或满意感。因此也称为 80/20 原则。这一原则认为，个体应该关注于一件或者两件有重大意义的工作，值得我们把时间投资在上面。根据这一原则，在我们列出来的每 10 个职责中，只有两个会有大家公认的收获。这些工作需要引起注意并花费时间去做。（这两项工作非常可能落入 A 分类，因此我们假设完成 C 类甚至是 B 类工作从长远来看可能都是没有回报的。）

c. 有时，在不同职责间进行区分是很困难的，因为它们看起来同样重要。其中一个解决方法是运用史蒂芬·柯维（Stephen Covey）在他的畅销书《高效能人士的七个习惯》（*The 7 Habits of HighlyEffective People*）中提及的**重要-紧急方法**（专栏 15.1），将你一天（或一周）的工作分别放在四个表格里。记住，人们倾向于将他们的能量放入表格“Ⅳ”中，因为这些职责看起来简单且能快速完成。但是实际上，人们的注意力和努力应该放在表格“Ⅰ”上，因为这些项目既重要，又紧急。接下来，你的努力要放在表格“Ⅱ”中，因为这些职责是很重要的，但是没有那么紧急。接下来是完成表格“Ⅲ”中的项目。最后才是完成表格“Ⅳ”中的工作。

2. **确定时间表。确定时间表**是对已经排好优先次序的职责进行时间分配，或者是设计一个时间阶段对应匹配一个特定的工作或职责，并且完成它（专栏 15.2）。时间管理专家使用 3-C 方法和 3-P 方法来确定时间表。3-C 方法包括时钟（clocks）——作为短期时间管理的时间阶段的指示；日历（calendars）——可以是周历、月历甚至是年历，来预测目标和职责；完成（completion）——按时间或日期完成指示好的目标和职责。3-P 方法包括计划（planning）——执行一项确定好时间的工作；优先权（priorities）——对工作的相对重要性进行有规律的检查；步调（pacing）——也许这是最重要的，即完成每件工作的速度。下面有

些值得借鉴的确定时间表的技术。尽管确定时间表时的弹性是必不可少的，但是要记住，这些时间管理技术可能会引起压力，而不是减少压力。

a. **时间箱。时间箱**的概念是：将你平时醒着的时间分解为 3～5 小时的整块时间，例如上午、下午和晚上。在每一个时间箱中，你可以确定一个明确的职责。时间箱基本上根据那些需要大块时间的重大项目来安排工作（例如，打理庭院、学期论文、其他主要工作）。例如：

8—9 点 9—10 点 10—11 点 11—12 点	在图书馆进行学期论文的研究
13—14 点 14—15 点 15—16 点	午饭 / 运动 论文的文字加工

b. **时间地图。时间地图**和时间箱的概念很类似，但是在这一策略中，每天的时间被分解为非常小的块，通常以一刻钟或半小时为分割。特定的工作（例如，写一封信、打一个电话、执行一个快速任务）都可以分配成这样的特定的时间段。

9:00——与老板会面，接受预算报告的检查
9:15——写邮件
9:30——给亚特兰塔打电话
9:45——在图书馆寻找一本书
10:00——打印一份简历

c. **聚类。聚类**这种确定时间表的技术是为了完成室外的差事。首先将职责列出来，然后根据其场所进行聚类或指定计划。聚类是一种节省时间的策略，它会让个人在很近的地点之间完成工作，而不需要在整个城镇内跑来跑去。

像你看到的，排列优先次序和确定时间表是一对好搭档。在每天结束之前，看看你的清单，检查是否有工作还没有完成，同时再次为

专栏 15.2 时间管理技巧工作表

确定时间表

一旦你确定了要做什么，下面有一些选择可以帮助你为工作确定时间表。如果你只有一些主要的计划要做，那么试试时间箱的方法。

时间箱

将你的一天分为五部分：早上、午饭时间、下午、晚饭时间和晚上。然后写下你的重要工作，将它们分配到每一个时间段里，让它们和你的时间表相一致。

8—12 点 ______________________

12—13 点 ________ 午饭 ___________（也许可以做一些小差事）______________________

13—18 点 ______________________

18—19 点 _________ 晚饭 ____________（运动）______________________

19—22 点 ______________________

记住：为了让你的工作更加有效率，你可以在每个大块的时间中穿插一些休息。

ABC 等级次序方法（ABC rank-order method）：一种时间管理技术，按照事情的重要性来排列次序。

排列图原则（pareto principle）：正如我们熟知的 80/20 原则，这一时间管理技术通过满意感来排列先后次序。

重要–紧急方法（important-versus-urgent method）：一种排列优先次序的方法，对工作进行归类。

确定时间表（scheduling）：三个有效的时间管理方法之一，为已经排列出优先次序的工作确定时间表，从而更好地完成工作。

时间箱（boxing）：时间管理中的一种确定时间表的技术，将每一天分解成 3～5 大块，将这些时间留给重大的项目。

时间地图（time mapping）：一种时间管理技术，将每天的时间分解为 15 分钟或 30 分钟为一节，在每一节中完成工作或任务。

聚类（clustering）：时间管理中一种确定时间表的技术，将户外工作根据不同的地点进行分组（例如，干洗店、邮局、药房等）。

你第二天的职责排列出优先次序。

3. **执行**。工作的**执行**是一个系统步骤，能够让每项工作满意地完成。更确切地说，可以把执行描述为“完成确定好的时间表”。一个已经排好优先次序的时间表像蓝图或军事策略。最有效的执行方法是确立目标。下面有些改进执行的小技巧：
   a. 为每一项工作或计划制定最后期限（目标）。
   b. 将大型工作分解为小块的任务，为每一小块任务制定最后期限。
   c. 在每一个时间段只进行一部分工作或任务。持续这样的工作直到完成整个任务。有专家指出，做完一两件工作比有一打完成了一半的工作好得多。
   d. 对已经完成的任务给自己一些小奖赏，来推动你自己完成既定目标。但还是要避免即时的满足。换句话说，在你满意地完成了每项工作后奖励自己，而不是在完成之前奖励。

其他的时间管理的理念

下面是一些其他的方法，它们没有进入上面任何一种特定的类别，但是它们在有效管理你的时间方面仍是有很大帮助的。

1. **利用科技优势**。技术敏锐和社交网络技能是当今世界的重要资产。学会聪明地使用它们，从利用应用程序做工作联系和组织社交活动开始，轻松地导航你的一天。今天的世界就在你的指尖……学会善用它们。丢掉你的智能手机（你的第二大脑）可能让你深感压力。养成在智能手机或平板电脑上备份最重要信息的习惯。学会明智地利用新科技。
2. **与科技建立健康边界**。毫无疑问，今天最大的时间强盗是在互联网上花费的时间。想在谷歌上简单搜索一下或更新一下脸谱网，最终演变成2小时的上网冲浪。时间像冰块一样在电脑屏幕前融化。互联网是一个伟大的工具，但是有太多的东西都可能造成问题（这甚至不包括在线赌博、色情或其他类型的网络成瘾）。学习通过设定时间限制与互联网建立健康边界。练习说出口头禅“健康边界”，然后知道该在何时关闭计算机、智能手机和平板电脑，来尊重这些健康边界。
3. **每天制定个人时间表**。专家认为，一个人的一天如果被职业和家庭的责任所填满，却没有时间留给自己，其结果会产生枯竭，而且可能会生病。你的健康应该是优先级最高的。分配一点时间在散步、慢跑或独自思考上，这对你有效地完成个人职责非常有必要。但是人们通常只在生病的时候才会关注健康。因此要始终让你的健康保持在最高的优先级别上。就像本·富兰克林（Ben Franklin）曾经说的：“一盎司的预防与一磅的治疗价值相同”[①]。
4. **编辑你的生活**。这个新闻用语在这里被用作个人精神清理技巧。（它也被称为精神幸福的排空过程。）尽管从住在洞穴里开始，人类文明迅速发展，但是我们仍然没有丢掉穴居人打猎和采集的特质。无论在自然界中是否重要，我们都倾向于随身携带许多过重的行李。在编辑过程中，应该定期评估身体、心理、情感和精神上的需求。这包括对关系、价值观和个人需求的客观评估。一旦你列出了你的各种需求，就可以确定哪些因素对你的生活是必要的或核心的，哪些因素是次要的，消耗着你的精力。然后，放下让你觉得浪费宝贵时间和精力的事情。因此，编辑过程是一种将生活简化到最简单术语的技术。在《鸽子》（*The Dove*）一书中，作者讲述了一个十几岁的少年独自驾船环游世界的真实故事，作者罗宾·李·格雷厄姆（Robin Lee Graham）说：“不能说我有多大的希望幸存，而要说我有多么渺茫的希望幸存。”
5. **时间表中断**。专家推荐的时间管理技巧是灵活安排工作时间。办公室拜访、打电话、开会和2小时的“能量午餐”可能会让你分心，并在

① 1磅等于16盎司。——译者注

意料之外打断你的工作。由此产生的挫折感、不耐烦感和愤怒感会增加完成任务的压力。然而，如果你允许一天中有少量的干扰（图 15.4），愤怒和匆忙可以被最小化。专家建议，干扰应该被安排到你的日常活动中，每小时有 7 ～ 10 分钟。相反，在工作流程连续性至关重要的关键时期，也应防止中断。把电话听筒从电话机上拿开，关上办公室的门，或者在无法避免分心的时候离开工作场所，这些都是必要的。

© Kirk Peart/Shutterstock.

图 15.4　好的时间管理要求你能够平衡生活中的工作与休闲。记住，平衡对于保持最佳的健康状况至关重要。

6. **委派**。有一句古老的谚语说："如果你想让事情做得好，就必须亲力亲为。"但如果你觉得你不得不亲自做每件事情，那么这句谚语本身就会带来压力。很多人不喜欢给别人委派工作；这其实等同于失去控制和个人认同。**委派**包括信任你自己可以放弃控制，同样包含信任你所委派的人。在很多个案中，在你的工作清单上被标记为 B 类或者 C 类的项目都可以委派或分享给其他人去做。当你在委派任务时，要清楚地阐述你的指示，并且对每一项工作都指定完成时间或日期。在委派时切忌解释任务的时间甚至超过了完成任务所需要的时间。追踪是委派任务中至关重要的部分，它可以防止倒转委派——这个工作回到你手里时依然没有完成。
7. **组织的技巧**。一些人认为组织的技巧是天生的，然而事实是，经过锻炼，任何人都可以学到强大的组织技巧来增加人际生产力。下面一些技巧能够帮助你提高你的组织技巧：

a. 有人一天会收到上百条短信，阅读和回复信息成为全职工作。这里的第一个提示是：如果电子邮件和短信已经成为你的压力源，就删除所有转发的邮件，为那些真正重要的邮件节省时间。第二个提示是：当你第一次打开邮件和短信时就进行回复，不要等到一天或一周之后再回复（Glie, 2016）。

b. 自从便携式手提电话出现在车里，以备紧急情况下使用以来，手机就能够在任何情况下找到任何人，而不只是在紧急状况下使用。养成良好的习惯，限制手机的使用，在电影院、餐馆、教室以及任何其他不适宜的地点把手机关掉。

c. 寻找那些似乎掉进了黑洞的东西是很费时间的。要设定一个专门放置账单、任务、预算表、车钥匙等重要东西的地方，这样可以节省宝贵的时间。养成每次都把东西放在特定地方的习惯。

d. 知道哪些资源能有效地帮助你完成你的工作，包括作为学习搭档的同学。

e. 知道这些资源在哪里，你什么时候能够用到它们。

f. 整理一个清单，列出最后期限，或截止日期，并且定期更新这个列表。

g. 买一个日历，或者日程计划本，将全部有最后期限的事情都写在上面，以此来勾勒你的生活事件的详细蓝图。学会以周为单位做计划，然后学着以月为单位，来获得更广阔的视角。学会将关注点从即时的需要转移到长期需要上。

h. 学会为项目、论文、文献和计划做大纲，包括介绍、进展和结论。

i. 留下一些文件或信件（收到的或发出的），当你需要去联系一些人时，可以参考一下。而

执行（execution）：三个有效的时间管理方法之一，用这种方法实际完成工作。
委派（delegation）：通过把任务交给别人来放弃对责任的控制。

且，不管有什么信件或纸张放在你的桌子上，要立刻进行处理。研究表明，打开邮件而且需要回复时，你看的时间越长，需要处理的时间就越长。因此，建议立刻处理邮件。

j. 知道你需要联系的人什么时候有空。记得告诉别人你在哪里，或者什么时候能够联系到你。

k. 知道/认可你的生理/心理的极限。在你没有时间的情况下，学会拒绝别人的请求（例如，“对不起，我确实没有时间”）。语气要客气但要坚定。知道什么时候对别人的请求说“不”。

l. 等待下载浪费了很多时间（这可能确实是练习膈膜呼吸的宝贵时间）。沉迷于网络可不是一件闹着玩的事情。如果你每天上网超出了2～3小时（除去工作时间），那么有必要监控你的计算机使用时间，将其限制在合适的时间之内。

8. **平衡**。只有工作而没有娱乐，工作质量也不会很高。保持工作和娱乐的平衡。不要把你全部的自尊“鸡蛋”放在同一个篮子里。

按照清教徒的“价值等于工作”的信条，美国人在工作上花费的时间总体上是过多的。根据国际劳工组织（International Labour Organization）的数字，美国人每周额外工作的时间相当于每年额外工作一周（Moyers, 2003）。专家发现了一种文化上的转变，由于担心饭碗不保，专业人士工作时间更长，休假时间更少（Kinsman, 2006）。由于公司裁员和重组，人们常常放弃他们的个人休假，担心如果他们暂时离开工作岗位，可能会成为下一个永久离开工作岗位的人。时间管理专家杰夫·戴维森（Jeff Davidson）指出，人们不仅在工作上花的时间越来越多，而且睡眠时间越来越少，这会导致人们在工作时感到疲劳和易怒。戴维森还指出，随着我们继续沉浸在信息时代的阵痛中，我们往往会被来自互联网的垃圾邮件弄得窒息。下面是一些关于如何更有效地管理时间的建议。

1. **少看电视**。电视的确是一个时间强盗。人们说他们会通过看电视来放松，但实际上他们是在用一种感官刺激代替另一种。由于看电视容易上瘾，你可能本来只打算看半小时的节目，最后却整晚都坐在电视机前，浪费掉整晚的时间。
2. **把互联网主页改为搜索引擎**。高科技产品固然不错，但它们肯定会成为巨大的干扰，导致你几乎什么都做不了。让人分心的是互联网服务提供商的主页，充斥着广告和吸引眼球的新闻标题。所以可以考虑将主页更改为搜索引擎，以减少干扰，将注意力集中在真正需要做的事情上。再一次，为上网时间设定健康边界。
3. **每周清理一次办公室、房间、书桌或工作场所**。杂物往往会在一周内迅速堆积起来。邮件、书籍、纸张和零碎东西都占地方。它们也会争夺你的注意力。运用戴维森所谓的“净化冲动”，不要害怕扔掉你也知道不再有用的东西。养成清理办公桌和工作空间的习惯，你不仅会在一周内花更少的时间寻找东西，同时也会在头脑中开始清理过程，专注于工作。
4. **每天晚上睡个好觉**。每天晚上推荐的睡觉时间为6～8小时。当我们迫切需要时间的时候，睡觉的时间可能是最先被占用的。从短期来看，这可能是一个应付考试、写论文或完成一项计划的明智的做法。但是从长远来看，这种做法会把疾病请来。尽管研究睡眠的科学家不同意足够的睡眠很必要的说法，但是他们都同意睡眠对我们的健康和幸福感很必要。拒绝拥有足够的睡眠量不仅会影响第二天的工作质量，最终还同样会影响我们的健康。
5. **创设个人边界，并尊重此边界**。边界是我们在自己周围划出的一条看不见的线，保持我们的身份认同，让我们的生活有条理。正如在处理时间因素时要灵活并顺应潮流一样，尊重个人界限也同样重要，无论是你自己的边界，还是你生活中其他人的边界。尊重边界包括知道何时离开图书馆、办公室、工作场所或朋友家，或关掉智能手机，结束一天的工作。通过尊重你的边界，你保持了个人的正直。当边界不被尊重时，受害的感觉就会浮现，这也会对你工作的质和量产生负面影响。

6. **一次只做一件事**。多任务处理是一个神话。研究表明，你不可能同时做两件事（比如开车和发短信）。在这个时代，人们很容易同时做很多事情，比如一边写学期论文，一边浏览脸谱网上的更新，一边看《疯狂三月》（*March Madness*）的篮球比赛或《权力的游戏》（*Game of Thrones*）。把注意力分散在两项或两项以上的活动上，会降低实际完成的工作质量。它也浪费时间。学会一次只专注于一件事。
7. **学习和练习决策的艺术**。我们经常面对选择，不管是个人生活中的还是工作中的——去哪里吃饭、看哪场电影、呈现哪个主题或者进行哪个工作。做决定需要良好的判断力和同情心。有些决策可以很快做出，而那些具有长期影响的决策需要更多的时间来调查和处理。当我们要做重大决定时，我们往往会拖拖拉拉。而且在信息时代，人们很容易被事实和数据的纷繁花样淹没。用戴维森的话来说，更多的选择意味着更多的决定。他建议，通过限制我们的选择，以及由太多选择而带来的决定，来避免让自己淹没在其中。

时间管理技巧的最佳应用

如果时间管理技能被认为是教条和死板的，那么它可能会让你淹没其中，并产生压力。使用时间管理技巧应该与你承担的责任成正比。十有八九，你可能已经对这些时间管理技术清楚而熟练了，并且可能已经在日常的工作中使用了其中一些。当职责的堆积超过正常水平时，这些技巧可能有助于你的整体应对策略。在你开始应用这些技术之前，首先根据本章列出的障碍列出你的态度和行为风格。看看你是否能找出阻碍你按时完成任务的因素。然后尝试这些技巧，找出最适合你的。在使用这些技术之后，评估它们的有效性。公平地说，几乎所有其他的压力管理技能都依赖于时间管理，因为如果没有足够的时间来重新思考应对压力的策略或练习放松技巧，学习这些技能就没有持久的目的。

总　结

1. 时间和金钱被认为是能减轻生活压力的两种基本来源，但是人们往往会浪费时间和金钱，从而导致一些事故。
2. 财务职责意味着做预算并且执行预算，而不是将钱花在你不需要的地方，并产生大量的信用卡债务。有很多方法能够合并你生活中的财政管理，减轻你的个人压力。
3. 时间是一个人造的概念。日历和时区是为了给协调各种活动的文化和文明带来秩序而创造出来的。
4. 尽管时间概念的创造是为了帮助组织秩序，但是人们经常发现自己成了钟表的奴隶，从而导致时间压力的出现。
5. 时间管理被定义为个人满意的排列优先顺序、确定时间表以及执行职责的能力。时间管理技巧能够帮助人们获得控制个人职责的感觉。
6. 有效的时间管理通常会遇到一些障碍，阻碍生产力的产生，从而从本质上抢夺我们宝贵的时间。这些障碍包括 A 型人格、工作狂、时间骗子、拖延者以及生活方式的行为陷阱。
7. 三种排列优先顺序的方法分别为 ABC 等级次序法、排列图原则、重要–紧急法。
8. 推荐的确定时间表的方法包括：时间箱、时间地图和聚类。
9. 个人责任的执行是时间管理的最后一步。设置目标和提供奖励物能够激发你完成手头工作的动机。
10. 帮助你更好地管理时间的其他方法包括：委派责任；安排“排空时间”和每天的私人时间；使用想法本；编辑你的生活，精简到最基本的部分；使用强大的组织技巧。

学习指导题

1. 列出保持四种财务稳定的规则。
2. 描述时间心理学。
3. 什么样的人格风格会破坏一个人的时间管理技巧。
4. 解释下面的时间管理概念：确定时间表、时间箱、时间地图和聚类。
5. 列出五种能够减轻压力的有效的时间管理策略。

第 16 章

其他的压力应对技巧

一个人不可能捡到海滩上所有的漂亮贝壳，只能捡到一部分。

——安妮·莫罗·林德伯格（Anne Morrow Lindbergh）

有几位心理学家说，应对技巧就像海滩上的贝壳一样，有多少贝壳，就有多少应对技巧；一些应对技巧可以很好地归入已有的类别，一些则不能归类，但是它们在作用和结果上与能被归类的技巧同样重要。就像在海滩捡贝壳一样，你会为你的压力管理选择少数应对技巧，而把其他的丢下。你可以可能重新回到海滩，会捡一个新的贝壳，之前你觉得这个贝壳没什么吸引力、很平凡，但当你遇到某个压力的时候，可能会诱使你选择一种新的应对方法。本章将概述其他一些常用而有效的压力应对技巧，它们可能不是你在某些情况下的第一选择，但有些时候你会发现它们非常有用（图 16.1）。

图 16.1 永远不要低估支持性团体的力量。

搜集信息

从面试到癌症诊断，对未知的担心会伴随很多难以应付的可怕压力源。我们将这些情境感知为威胁，因为我们缺少对这些情境的了解。缺乏信息使得我们的思想充满了假想的事实或者更糟糕的估计，结果导致持续的应激反应。要战胜对未知的恐惧，收集关于特定事物的信息成了对抗压力源的最佳防御方法之一。**信息搜集**包括对压力事件或情境事实的选择和加工，然后用来解决问题和重新获得情绪稳定。如同心理学家谢利·泰勒（Taylor, 2011）所建议的，收集和加工信息也有助于获得控制权，即知识能变成对抗和消除压力源的有力工具。

在被诊断为绝症时、在酗酒或药物依赖的康复过程中、在怀孕期间以及面对任何给你生活带来不可预知的变化压力源（无论大小），信息搜集都是一个必要的技能。遭遇压力的时候，人们会提出许多问题，尝试掌控未知。当个体罹患癌症、多发

> **信息搜集（information seeking）**：一种普遍的应对技巧；寻找细节信息以增强意识，针对能被感知到的威胁情境。

性硬化症、动脉硬化等疾病时，所有的注意力会集中起来，专注于寻找问题的答案。这种疾病的性质是什么？我怎样感染上它的？最好的解决方法是什么？类似的情况还有：当你的车抛锚时，一系列问题会涌进你的脑海。引擎出了什么问题？修车要用多长时间？要花费多少钱？我能支付得起吗？或是面对学术压力时：这门课要通过多少次考试？考试都是什么类型的？就像一个大拼图一样，小块的信息对于处理压力起到了至关重要的作用，可以让你从更广泛的视角看待整个问题以及潜在的解决方案。

痛苦的时候，我们会通过多种途径寻找解决问题的答案。最常见的途径有三种：互联网、人，以及书籍、杂志和期刊。也许是因为上网检索最为方便，它已经超过直接向他人请教，成为信息搜索的首选途径。互联网在很短的时间内成了信息图书馆。但是要小心：在互联网上查找答案就像是在喝消防栓的水。具有讽刺意味的是，尽管我们可以从互联网上获得海量信息，但很多人在查找时打开的链接从未超过 10 个。而且，世界上的信息并不都会在互联网上发布！如果向任何调查记者寻求建议，他都会建议你验证信息的来源。尽管在任何搜索引擎上浏览主题都是一个开始解答各种问题的好地方，但你的搜索不应该就此结束。

许多有价值的第一手资料或知识（智慧）只能通过直接与“知情者”交谈获得。因此，在信息搜寻技能方面，强烈建议你与有类似经历的人交谈。然而，有时当信息通过人传播时，事实可能与情感交织在一起。因此，必须非常仔细地评估这一类资料的客观性。

最后，不要放弃使用书籍、期刊和杂志作为重要的信息来源。使用这些应对压力的参考资料来应对压力的方法也叫阅读疗法。就像创造性解决问题的过程一样，信息的搜集不是一个线性的过程，而是一个迂回的过程，直到找到答案并达成解决方案（Foster, 2005）。

但是，像其他应对技巧一样，寻求信息既是一种资产，也是一种负债。过多的信息和过少的信息一样有害，因为它们可以激发想象力，让你设想最坏的情况，然后将其作为现实。然而，当你面对一种引发对未知的恐惧的压力源时，寻求信息可能是你开始处理这个问题的最佳策略。

社会统筹

也许对引发应激反应的事件或情境的最普遍反应是逃避——最无效的应对机制。当遇到威胁生命的事件时（如火灾），逃避是明智的选择，但逃避心理、情绪和精神上的威胁，不是一个可行的选择。逃避是一种深深地扎根原始斗争反应的防御机制。人们普遍认为，如果逃避引起恐惧或挫折的情境，我们的生活将会变得简单又没有压力。这看起来像是一条捷径，但不能彻底地解决问题，只是把更深层的问题隐藏起来而已。特别是当压力源涉及人际关系和冲突时，逃避更是一种消极的应对方式。

在如何减少压力情境方面，你能做出明智的选择吗？当然！答案是**社会统筹**（以前称为社会工程，这个词现在已经被政治和技术领域所采用，是指“大众社会影响力”或“通过操纵人来获取机密信息”）。社会统筹是一种积极的应对方式，通过减小阻力而非逃避来减少压力。社会统筹包括分析问题，产生一系列可行的选项，然后做出最好的选择来处理对压力的感受和感知。它也被描述为一种重组加工，个体会在其中操纵其环境中的因素和成分（而不是人）来最大限度地发挥优势。

实行社会统筹有两种方法：第一种方法是改变你所处环境中能产生压力的因素。如果这种方法不可行，你的健康状况就处于危险之中，尝试认知重评的方法也是徒劳的。第二种方法是改变你所处的环境。改变环境中的因素包括开车走不同的路线去上班，或者为了完成一项重要的任务而在一天设定不接电话的时间。在改变具体因素的情境里，你尝试去安排或者控制你的环境，以便尽可能减少遇到的潜在压力源。改变你所处的环境意味着改变不健康或不可忍受的情境，置身于一个更有益健康的新环境。因为改变一个人所处的环境费时费力，所以这个方法通常直到最后才使用。记住，如果你选择改变所处的环境以避开某个人或者逃跑，就是对这种应对技巧的误用，并且不能保证可以解决问题。还记得吗？霍姆斯和拉赫发现，重新置身于一个新的环境本身就是一种压力体验。

在更大的范围内，社会统筹可以在许多基层政治努力中看到，比如，游说国会通过有利于特定问题和关注的立法。实际上，社会统筹是地方和国家政府在处理垃圾填埋和回收等问题时所选择的应对技巧。在更小范围内，社会统筹是我们经常使用一种策略，用于处理个人琐事和责任，但它在管理主要生活压力源方面是一种有效的策略。

对所有美国人来说，环境因素都发生了变化的社会统筹的一个主要例子是 2001 年 9 月 11 日“9・11”恐怖袭击的余波。在曼哈顿，通勤铁路线路瘫痪了几个月，一些通向城市的公路和高速公路也中断了，这让上下班通勤都变成了一个难题。许多人学会了通过电脑进行的远程办公，并且发现他们更钟爱这种工作方式。许多企业的办公地点要么在世贸中心大楼倒塌中被毁，要么因为浓烟和坠落物而关闭，这些企业需要在边远地区开设临时办公室。也许影响美国人民的最大改变之一是航空旅行，新的安检要求需要耗费更多时间，因此每个人都要重新调整自己的时间表。其他的例子包括那些在 2011 年密西西比河洪水或毁灭性龙卷风中失去家园的人所做的改变。无论是因为家庭的变化而重新安排你的生活（例如，有婴儿出生或父母年迈），还是在家门口发生的一些世界性大事件，社会统筹都是在这种情况下占上风的应对方式。

尽管社会统筹往往是面对天灾人祸等大规模问题的首选应对技巧，但改变环境因素的能力也可以在个人层面上实现。许多应对技巧也可以同时使用，来应对某个压力源。因此，社会统筹可以综合其他应对技巧，包括自信、认知重构、创造性问题解决和时间管理。认知重构对于创造一个新的思维模式至关重要，在这个思维模式中，人们可以操纵环境中的因素。以下是一个循序渐进的社会统筹过程。

1. **定义你的压力源。**尝试描述这个压力源究竟是什么，然后写下困扰你的问题（比如一个讨厌的室友、一桩糟糕的婚姻、修理汽车的问题）。
2. **确认你的最初反应。**你感到生气、受挫、担心、不耐烦还是愤慨？这个压力源使你担心或者有罪恶感吗？你的脑海里正在闪现什么样的情绪？将这些写下来。然后描述你对这个压力源的最初反应或一连串行动。你急切地想去逃避一个人吗？报复或者逃避等字眼进入了你的脑海吗？你如何描述自己最初的一连串行动呢？
3. **生成替代方案。**这是创造性的阶段，你写下任何和所有可能的解决方法。比如，你驾车上班的路段正在维修，现在你要多花 25 分钟在路上。你发现自己因为交通堵塞和浪费了如此多的时间而感到非常恼火。有哪些可行的替代方案吗？也许可以拼车、乘公交车或地铁、提前 20 分钟出发、寻找去上班的新路线、通过现代的互联网在家用电脑工作，或者走着去上班。
4. **做出最佳选择。**一旦你有几个可行的方法，就去选择最适合你的方法并且实施。在上面的例子中，我们假设走着上班太远了，也没有其他的交通方式，没有合适的拼车人。不过用现代的互联网在家办公听起来很诱人，你决定实行这个计划。让你感到惊讶的是，你的老板同意了你的计划，5 天中有 3 天的时间可以在家工作，直到路修好为止。于是，你在家工作的同时，也远离了修路的地方。
5. **评价你选择的结果。**在最后这个步骤中，花一些时间来分析你的选择，评价它的效用。如果是一个好选择，你就采用；如果不是，你就重新做出一个选择并尝试。在修路的例子中，在家工作看起来比你所能意识到的需要更多的规则。在家工作实际上需要花费更多的时间，因为你要远离冰箱和电视的诱惑。在做出评价之后，你决定回到办公室工作，每天比以前早出发 30 分钟，这个选择运行良好。

社会统筹（social orchestration）：一个应对技巧；（1）改变环境中会导致压力的因素；（2）改变整个压力环境，选择阻力最小的路径（与逃避不同）。

社会统筹的关键是从众多选择中给自己提供许多可行的方案。选择就像垫子，当压力源令你失去重心而摔倒的时候，这些选择具有缓冲作用。只有一个选择甚至是没有选择的人所面对的情况更糟糕，他们会开始感到压力失控了，成为环境的受害者。通过产生多个选择并且在其中选择一个，会增强你的内部控制感，尽早解决你手边的问题。

Dynamic Graphics Group/Creatas/Alamy.

图 16.2 越来越多的证据表明，从朋友处得来的强大的社会支持可以缓冲压力带来的不良影响，并且能够提升生活的质量。

朋友：社会支持团体

你认为朋友永远不嫌多——真正的好朋友是能够支持你的朋友（不仅仅在你脸谱网的好友列表中），尤其是在有压力的时候。与朋友聊天、闲逛或者向一两个亲密的朋友倾诉都可以消除紧张情绪，这就是为什么在生活中的每个阶段建立强大的社会支持都是对我们的健康非常重要的事情。“朋友”这个词随着脸谱网的普及已经发展到了新的层面。虚拟朋友是不错，但在社会支持方面，那些放下自己手头的事情来到你身边的真正的朋友是你唯一可以信赖的人。这就是强大的社会支持团体的意义：有朋友可以分享有意义的经历，并且在你个人需要的时候陪在你身边。

有句古老的谚语说：同病相怜。这不是说我们希望自己的麻烦也降临到别人身上，也不是说我们乐意看到其他人遭遇和我们相同的问题。它的意思是说患难见真情，当两个或者更多的人经历极大的沮丧或此类问题时，情感负担似乎是可以分担的，变得更容易承受，因此不像一个人孤军奋战那样要承担那么沉重的负担。基于一个前提，建议人们经常有社会接触，参加很多的支持性团体。

美国文化中最早获得尊敬的支持性团体是匿名戒酒者互助会（AA Services, 2002）。自从 50 多年前成立以来，这个团体通过成员间的互相关心和友爱，帮助了成千上万的人应对了酒精成瘾问题。因为它取得的巨大成功，它的哲学、形式、传统和 12 步骤的恢复过程已经被运用在各种物质成瘾和成瘾过程的研究团体中。

研究表明，从社会接触中体验到的联系感、归属感和亲密感能够促进个体的健康（Ornish, 1998；Pelletier, 2000）（图 16.2）。这是精神幸福感中的社会幸福感层面。正如 1943 年马斯洛最早提出的，归属的需要是人类的基本愿望。有几个理论解释了为什么**社会支持**对压力应对过程有帮助。卡塞尔（Cassel, 1976）提出的**缓冲理论**认为，社会支持就像对抗压力的缓冲器，因为社会联系可以过滤掉一般的麻烦和恶性生活事件的有害影响。健康心理学领域的一些研究人员也认同这一理论，但这种缓冲作用的确切机制还不明确。康奈利和奥吉利（Connell and O’Augelli, 1990）假设，当个体表达对他人的喜爱，并使自己既能接受帮助又能提供帮助时，对压力的感知就会显著地下降。**补偿理论**认为，对于那些由于生活压力而情绪失落的人，社会支持就像一种补偿，发挥着作用。也许关于支持团体最有影响的研究是施皮格尔（Spiegel, 1989）及其同事设计的研究，对乳腺癌患者的研究表明：参加支持团体的患者的寿命显著高于没有参加的患者。施皮格尔把这种应对技巧称为**支持—表达性团体治疗**。朋友、家人和同事的爱的支持所带来的联系感对保持最佳的健康状态来说必不可少（Ornish, 1998）。安德鲁斯和坦纳特（Andrews and Tennant, 1982）的**直接—效应理论**认为，社会联系给个体提供了积极表露的机会，使自我产生了愉悦感。最后，**认知失调理论**认为，当个体投入到价值和态度相似的社会团体中时，集体的能量远远超过任何个人自己体验到的消极情感。

一项研究调查了社会支持作为一种有效的应

专栏 16.1 对虚拟朋友的需要

由于社交网络新领域的兴起，“社会支持团体”这个词已经有了全新的含义。在这个世界（通过键盘）触手可及的时代，朋友和世界上最遥远的角落一样近。但是什么是真正的朋友呢？只是与网站上的名称和照片进行互动，还是每天从熟人那里收到几封电子邮件或短信？没有任何东西可以取代眼神接触所产生的共鸣和熟悉的人声，但是电子邮件、短信和最新的虚拟联系可以作为人际关系的有力补充并且能消除孤独感。你的支持团体有多强大，真实世界与虚拟世界之间是否存在平衡？

对技巧的作用，发现你拥有一个可以联系、待在一起、相互信任、相互倾诉的小团体，不仅可以改善生活质量而且能延长一个人的寿命。无论这些研究对象是包括乳腺癌患者、酗酒者、青少年厌食症患者、退伍军人、低收入的孕妇，还是任何其他人群，这一点都被证明是正确的（Byrd-Craven 2013）。从这些和其他研究看来，陪伴确实是人类的基本需求。当这种需求通过关怀、爱心和道德支持得到表达时，压力就会减轻。

值得一提的是，自脸谱网问世以来，研究人员已经注意到亲密朋友的人数实际上减少了。这种现象的出现与社交网络本身无关，而是由于人们更少有时间用于培养和促成高质量的友谊了（Cohen，2011）。

业余爱好

有治疗性逃避这种东西吗？或许有。一方面，心理学家和压力管理咨询师告诫逃避的害处；另一方面，转移注意力也经常作为一种有效的应对策略。健康的消遣娱乐是任何可以让人暂时摆脱超负荷感觉的活动，而这种超负荷会产生或延续压力反应。娱乐让有意识的思维转移到别处，从而促进了清醒的思考。让你的思想远离问题，或者在一个指定的时间内，不去有意识地关注一个问题，而是把注意力转移到不相关的事物上，等到重新关注之前的问题时能更好地做出应对。如同大多数策略一样，转移注意力既有积极的影响，也有消极的影响。积极地转移注意力是指个体在逃避的过程中能够发挥积极的作用。（消极逃避的一个例子是看电视或者睡觉。）积极的逃避能够提升个人的自我认同、人格和自尊。考虑到这一点，最好的暂时的积极逃避是发展**业余爱好**（图 16.3），追求一项能带来愉悦感的业余兴趣（Kaplin，1960）。大多数业余爱好，比如刺绣、摄影等，都涉及某种程度上的创造性，以及在很小的范围内使混乱变得有序的能力。后者能给予个体对生活的控制感，因此提升了个体的自尊。高自尊会从外界兴趣上转移到个人生活中制造压力的领域。此外，在处理更大的问题时，在高级烹饪或盆景园艺等小事业上建立秩序的能力也能迁移到对重大问题的处理上。实际上，许多人发现他们在追求业余爱好上所花的时间转移到了解决生活中的重大问题上。

社会支持（social support）：一种应对技能；由朋友、家人和其他人组成的群体的陪伴可以缓冲和驱散压力的消极效应。

缓冲理论（buffer theory）：认为人们加入支持性团体可以帮助参与者缓冲压力，减轻压力的影响。

补偿理论（compensation theory）：认为支持性团体可以补偿个体在压力中体验到的各种情感上的丧失。

支持—表达性团体治疗（supporting-expressive group therapy）：戴维·施皮格尔博士为女性乳腺癌患者组织的一个团体，患者可以在这个团体内和其他有共同经历的人分享经验、想法和治疗方法。

直接—效应理论（direct-effect theory）：认为社会联系能给个人带来振奋的精神，从而给自我带来快乐。

认知失调理论（cognitive-dissonance theory）：认为个体的支持性团体的集体力量能够取代任何个人的消极压力体验。

业余爱好（hobby）：一项愉悦的追求或者个体日常工作责任之外的兴趣，可以使个体开始从混乱中整理出秩序（如花园的种植）。

图 16.3 在业余爱好上的投入使人们从小范围混乱中理清秩序，这可以迁移到大问题的处理上。任何能提升自尊的活动都是有价值的。

但是，并非所有的专家都认为业余爱好可以减轻压力。放松治疗师埃德蒙·雅各布森（EdmondJacobson）在他的《你必须放松》（*You Must Relax*）这本书中指出了业余爱好的缺点，提出当期望没有实现的时候，业余爱好会产生紧张和挫折感。雅各布森认为，放松是最有效的，个体必须彻底什么也不做。在他看来，休闲活动——尤其是业余爱好——实际上混合了压力的积累。如果在业余爱好中追求完美主义而不是休闲，他的观点就是正确的。当休闲活动没有带来愉悦时，就应该停下来并做些其他的事情。

人们之所以认为业余爱好有助于建立自尊，是因为它们允许你投入几个领域。如果你在办公室或学校度过了不好的一天，业余爱好可以中和消极的情绪并支持自尊心。从本质上讲就是，要想让自尊心不易被击碎，就不要把所有鸡蛋都放在一个篮子里。

宽恕

愤怒产生的压力可以让人有受害者的感觉，这就是为什么要宽恕。**宽恕**是一个认知过程，虽然它可以被归为认知重构的范畴，但它作为一个认知过程的重要性需要得到单独的承认。在《宽恕》（*Forgiveness*）一书中，作者西德尼·西蒙（Sidney Simon）和苏珊娜·西蒙（Suzanne Simon）描述了在处理重大的生活压力时，原谅的行为是一个关键的步骤。当许多人听到宽恕这个词的时候，会把它和不咎、赦免、自我牺牲等词相联系。但这些行为会让一些人永远感觉自己是受害者。由于所涉及的情感痛苦，宽恕最初并没有被视为减少个人压力的可行选择。尽管看起来比较奇怪，但怀恨在心或报复的感觉似乎是一种对相关的人或环境的控制。不过这些感觉是控制的错觉。这些想法的毒性侵蚀了一个人的人生观，最终浸入个人人格的其他方面，产生了防御，甚至更容易受到压力的影响，使自我伤害的循环持续下去。

西德尼·西蒙和苏珊娜·西蒙把宽恕描绘成一种不同的应对方式。他们认为宽恕是一个内部治愈的过程，在这个过程中，自尊通过自我牺牲而重新建立，毒性思维和情绪被冲淡和减轻，一个人可以重新开始生活，不是通过忘记过去，而是与压力达成协议从而找到平静。西德尼·西蒙和苏珊娜·西蒙教导人们：宽恕不是一个容易的过程。基于他们的研究，他们提出了从牺牲者阶段走到幸存者阶段的六个情绪步骤。这些步骤类似于伊丽莎白·库伯勒-罗斯（Elisabeth Kübler-Ross）提出的哀伤过程，包括：否认阶段——拒绝承认你曾经被冤枉或者利用过；自责阶段——将伤害转向内心，把别人的责任当成自己的责任；牺牲阶段——意识到你的确被侵犯过；愤慨阶段——愤怒指向那些你认为侵犯了你权利的人；幸存阶段——重新确认你的自我价值，感到一切可以重新开始；整合阶段——宽恕和过好你的生活。西蒙认为最需要跨越的栅栏是达到最后一步：拥有对自己和他人的无条件的爱的能力。

一些有关宽恕的最初研究来自斯坦福大学宽

恕项目主任弗雷德·卢斯金（Fred Luskin, 2003, 2009）的工作。卢斯金的作品取材于饱受战争蹂躏的北爱尔兰，现已成为宽恕疗法的标志。其他饱受战争蹂躏国家的幸存者也在使用他的 HEAL 治疗法。目前，对宽恕的研究趋势类似于对正念冥想的研究。在正念冥想中，宽恕行为是实现内心平静的核心（Menahem and Love, 2013）。一个有趣的研究支持卢斯金关于宽恕和心脏生理学的工作（Friedberg，Suchday，andShelor, 2007）。

荷欧波诺波诺：夏威夷式宽恕

宽恕是地球上每一种文化的一部分，但是从波利尼西亚文化衍生出来的荷欧波诺波诺（ho'oponopono）风格，先在夏威夷盛行，之后在美国各地流行起来。因为强大的家庭结构对于集体凝聚力是至关重要的，违背这种凝聚力会破坏社会结构，影响每个人。这个原则适用于家庭成员、工作场所、社区和整个世界。荷欧波诺波诺背后的基本概念是：当发生对另一个人的侵犯时，它会影响每个人，并且亟须解决。打个比方，侵犯行为就是一个群体（例如，家庭、工作环境等）绣毯上的一道裂口。解决问题的过程（即修复绣毯）从小组会议开始，在那里，冒犯寻求宽恕。夏威夷治疗师莫纳·西梅纳（Morrnah Simeona）通过与神（无论你认为神是什么）更紧密的联系，将这种夏威夷做法从一种社会仪式转变为一种自我宽恕的自我反省的做法。前提是通过内观，冒犯者可以达到更深层次的和平与问题解决。冒犯者通过大声重复四个句子来做到这一点："对不起。请原谅我。我爱你们。谢谢你们。"由于我们都做过或说过一些事情来打扰别人，有意识地"改写"我们过去的历史，在我们自己和宇宙中创造和平就变得很有必要。别人是我们改正自己的错误和疑虑的镜子。这就是荷欧波诺波诺的做法（Bodin, 2012）。

释梦治疗

从古时候起，梦就被认为是超凡的沟通方式。它们也被认为可以揭示在清醒状态下生活的复杂性。虽然几个世纪以来，梦都被认为是人类本性中迷人的一面，但是在相当长的一段时间内，梦对精神和情绪稳定性的重要性是被忽视的。一直到弗洛伊德的工作，这些无意识思想产生的夜间意象才被认为有科学研究的价值。像古希腊的希波克拉底一样，弗洛伊德发现梦与他的许多病人的身体症状紧密相连。这使得弗洛伊德开始了梦和释梦的研究。

把梦称为"通向无意识的捷径"，弗洛伊德开始确信梦是性欲和思想的伪装。他的探索为更科学地理解无意识思想铺平了道路。但是，弗洛伊德认为梦是隐藏意识的一种方式，而他的门徒荣格认为梦揭示了一种理解人类意识和恢复心理平衡的全新语言。二者的工作导致了现代的**释梦治疗**的诞生。今天，对梦的研究工作还在延续（Gayle，Delaney，1988；Patrick Garfield, 1995；Robert Van de Castle，1995）。

在 20 世纪，美国公众对释梦的接受程度随着临床研究的结果而兴衰。但是这个领域内的研究已经清楚地表明了释梦和释梦治疗效果，它是增加个体问题意识的有力手段，同时也是解决个体问题的有用工具（图 16.4）。以下汇总的是几位梦研究领域的专家对梦的观察结果。

图 16.4 释梦治疗专家认为，我们越试图记住自己的梦，就越能够应对清醒状态下的问题。

宽恕（forgiveness）：一种应对技巧，针对与愤怒相关的应激，对先前怀恨在心的人有一种态度转变。

释梦治疗（dream therapy）：一种应对技能，探索和解释梦，包括重现的梦，以此来帮助理解急性的和慢性的压力源。

- 每个人都做梦，尽管不是每个人都记得他们的梦。
- 对一般人而言，梦被认为是怪异的、恐怖的或者白天引发的一些东西。
- 大多数的梦包括前一天或者前两天在清醒状态时接收的信息。
- 重复出现的梦代表了重要的未能解决的问题。
- 梦一度被认为只出现在快速眼动时期（REM），现在认为梦在夜间睡眠中也出现在其他睡眠阶段。
- 关于梦的象征（比如水代表生命的精神）有不同意见，但是所有专家都同意释梦要基于做梦的那个人。

释梦治疗是一个认知过程，包括梦的解释、梦的孵化和梦的明晰。释梦治疗可以由释梦治疗师辅助进行，也可以由你自己进行，治疗的目的是通过对梦的意象和象征获得更多的意识，而澄清和解决个人的问题（Taylor，2005；Flanagan，2000）。

释梦包括三个阶段。写下实际的梦的意象以后，第一步是找到这些意象和清醒状态下发生的事情之间的任何可能的联系。最好的方法是写下一个梦的概要描述，然后列出和脑中的象征意象的多种联系。比如，看到一架飞机从一个农夫的田地里起飞，这可以联系到一个人的职业、一段关系、开车或者一种新的食物。联想越多，越可能找到一个稳固的联系。

释梦治疗师罗伯特·约翰逊（Robert Johnson）在他的《内部工作》（*Inner Work*）一书中提出，第二个阶段是通过问自己一系列问题而得出这些联系的相似之处。比如，我有什么东西和那个意象一样？在清醒的时候，我如何看待这个意象？我有什么样的行为和那个意象中所描绘的情境相像？这个梦的意象引发了什么情绪反应？每天生活中的什么情境引发了这种情绪反应？

释梦的第三个阶段是选择和当时的生活最相关的解释。最好的选择通过问以下问题得出：梦的中心意思是什么？这个梦有什么建议或寓意吗？当选择梦的解释时，需要将每一种可能性都当成可行的，因为自我控制的意识倾向于保护自己不受那些对自己不利或可能有害的东西的伤害。梦的专家安·法拉第（Ann Faraday）建议从其他人的角度看梦，这样就有更大的可能性去选择。然后跟随你的心做出一个选择，不是完全通过大脑的分析做选择。

释梦还是一种艺术，而不是科学，真实的解释完全取决于做梦者。但是，约翰逊的建议是，为了得到最好的结果，首先，假设你是在解释某种未知；其次，避免自我膨胀的解释；然后，无视那些把你的责任归咎于某人或某事的解释。此外，要注意只考虑那些显而易见的解释，因为梦的符号从不同的角度看是不同的。最后，约翰逊说，如果不采取行动，释梦是没有用的。每个梦，无论有多么明显的关联性，都是一个信息，而被忽视的信息可能会延长与之相关的压力。做梦者要捕捉住信息，处理梦境启发的问题。

正如梦可以向有意识的大脑揭示信息一样，在处理问题时，梦也可以作为练习，来挖掘隐藏在意识之下的知识财富，寻求建议，这一做法可以追溯到古希腊。研究人员盖尔·德莱尼（Gayle Delaney）对这一过程进行了探索，称之为**梦的孵化**。要孵化一个梦，一个人可以通过提出一个问题，甚至在睡觉前把它写下来，来思考一个特定的问题。一觉醒来，要写下任何浮现在脑海中的图像，然后按照梦的分析过程来确定潜意识暗示了什么信息。从她的研究中，德莱尼发现这个技术在处理压力事件时非常有效。这可以和日志相结合，以增强意识过程。

清醒梦是在清醒状态下进入梦境状态的能力。正如在荣格的积极想象或创造性视像的实践中，在清醒梦中，你有意识地选择在清醒状态下增加梦的成分。从本质上说，你在指导你的梦境剧本。清醒梦通常是用来完成梦的片段或为一个反复出现的梦提供一个结局。

如果能够有效地利用，那么梦提供了丰富的知识，这些知识需要在有意识的思考中得到处理。如果忽视它的建议，浪费这种资源，人就不能进入无意识思想，这只会使与压力相关的感受、情绪和行为持续下去。梦的重要性再怎么强调也不为过；它已经被多次证明有利于心理稳定。或者正如荣格在他的《人及其象征》（*Man and His Symbols*）一书中所说的，“一个人不能对梦太过天真。”

总　结

1. 没有哪种压力应对策略适用于所有情境、所有人。在许多情况下，必须同时使用几种应对技巧。
2. 要想让一个应对技巧有效，必须做到以下几点：增加对压力原因的认识，加工关于压力源的信息，调整态度和行为做到平静地解决问题。
3. 搜集信息是一种有助于增加对眼前问题的事实认识的应对技巧。
4. 社会统筹被称为最少抵抗的路径。这种技巧旨在改变你的环境中的具体因素以减少压力，或者彻底地改变环境，如果当前的情境对你的健康有害的话。
5. 在遇到困难的时候，人们紧紧地联系在一起，就能够较好地应对当前的问题。这是心理的、情绪的、身体的和精神的力量的累加。社会支持团体提供了个体无法自己产生的应对举措。
6. 逃避被视为一种消极的应对技巧；但是暂时地跳出你的问题，来找到一个更好的视野是非常健康的。业余爱好被用来作为一种积极的分离技巧，可以从日常压力源中健康地释放。当以这种方式使用的时候，业余爱好能够提升自尊，并将这种能力转移到个体生活的其他领域。
7. 压力可以产生一种受侵害的感觉。包容报复和愤怒的感觉是一种保持控制的方式，针对那些不当地侵犯了我们的人。但是如果愤怒的感觉没有得到正确的释放，它们就变成有害的了。宽恕可以释放这些感觉以平静地解决问题。
8. 释梦治疗——进行梦的孵化和梦的解释以找到问题的答案，分别解释梦的象征和意象的含义——是自古就有的一种认知技术。在无意识的帮助下使用梦来解决问题，以此作为应对压力的手段在心理学界得到了持续的应用和探索。

学习指导题

1. 搜集信息是如何既减轻又引发压力的？
2. 为什么支持性团体有助于提高应对技巧？
3. 业余爱好如何帮助一个人减轻压力？
4. 为什么宽恕是一种有效的应对技巧？
5. 释梦治疗如何帮助一个人减轻压力？

第四部分

放松技巧

你无法阻止鸟儿从头顶飞过，但你可以不让它在你脑袋上筑巢。

——古代谚语

引　言

人类通过五种感觉通道——视觉、听觉、嗅觉、味觉和触觉——加工外界信息。通过这些感觉通道捕捉到的信息被传送到大脑皮层进行解释，然后大脑皮层会对其进一步加工。每种被感觉记录的信息都被贴上认知标签，被解释成威胁性或非威胁性的。如果一种刺激被知觉为威胁性的，那么机体马上会拉响警报，为保全自己而进入激活状态。

为了让机体从高度唤醒状态恢复到平衡状态，必须采取措施调整五感所接收的刺激的质量和数量。换言之，必须使五种感觉暂时释放或重新进行设计，以让机体恢复平静。放松技巧的目的就在于：使机体的感觉系统失去活性，降低刺激强度及与其相关的认知发生，用非威胁性的感觉代替威胁性感觉，促进放松。事实上，放松技巧的基本目标是，有效地在神经学和激素水平上阻断应激反应，使得机体恢复到生理平衡状态。

在五种感觉通道之中，视觉和听觉对于感觉信息的识别加工过程非常重要。在诸如心理意象、音乐治疗等多种放松技巧的实施过程中，这两种感觉同为释放的主要对象并非巧合。此外，肌肉紧张也是压力的普遍症状，所以通过渐进式肌肉放松、按摩和身体锻炼，触觉也成为释放的对象之一。

19 世纪 70 年代早期，随着压力管理领域的开拓，人们的注意力和技能训练只集中在放松技巧上，这归功于压力相关症状和继发病症之间表面的高相关。正如第 1 章提到的，疾病治疗的最普遍取向仍然是医学取向，即首先治疗问题的症状。最初，放松技巧就用于预防和干预与压力相关的健康问题。然而这种取向发现，放松技巧对长期问题和慢性压力源仅仅是暂时的解决方案。此外，如果放松技巧缺乏规律或总是断断续续的，压力相关症状又会复现。因此，放松技巧仅仅解决了问题的一半。为了有效地预防或干预压力，放松技巧必须和积极的应对策略结合起来。

不幸的是，放松技巧并非魔法。让某些人平静的放松技巧可能对其他人毫无用处，只能徒增疲惫。放松（甚至治愈）的能力在很大程度上依赖于个体自身。所以，压力管理领域的专家建议，个体应该多学习几种放松技巧，以备压力防御之用。如你所料，一些技术与其预期的反应在某些情境更不适用。比如，你不可能在拥堵的高速公路上把自己塞进生物反馈仪，但可以试着运用心理想象和横膈膜呼吸。最终的选择取决于你自己，而且你的经验会告诉你该如何进行放松。此外，放松技巧和弹钢琴、投篮一样，都是一种技巧；技巧需要经常练习才能熟练。专家都认为，无论你选择何种放松技巧（也可能是多种的组合），必须每天进行 20 分钟的放松练习。只有有效地运用这些技巧，才能够帮助你实现恢复内心平静的目标。

身心关系如此密切，因而放松技巧不仅会让生理状态恢复平静，也能让心灵镇定平和。由此，人才具有了更强的自我觉察能力，进而达到更强的自我意识。基于这些，一些放松技巧为应对策略的萌发提供了肥沃的土壤。吉姆·菲克斯（Jim Fixx）撰写畅销书《跑步完全手册》（*The Complete Book of Running*）时，曾认为书中应该论述心血管健康和冠心病的生理关系。然而，菲克斯访谈过的绝大多数跑步者首先提到的话题不是跑步带来的生理效果，而是心理和情绪效应——跑步者的兴奋。著名的跑步者、1968 年波士顿马拉松赛冠军安比·伯福特（Amby Burfoot）是《跑步世界》（*Running World*）杂志的编辑兼作家，他对跑步的心理健康促进作用并不陌生（Burfoot, 2004）。起初，研究者把这种心理兴奋看作无关效应而加以排除。现在，一种更严谨的取向是探查身心之间复杂深奥的关系。正如你将看到的，身与心存在许多交叉，而我们也仅仅触及了其中的皮毛。

许多世纪以来，放松技巧起源并流传于不同的大陆和文化。在第四部分中，当把东方有数千年历史的传统技巧和新世纪的当代技巧相结合，东西方开始交汇融合。在过去 20 年间，一些古老技巧的成分开始与更新的技巧相结合，同时拓展了双方的深度和力度。一些技巧最适合在压力现场进行干预，其他的则更适合延迟使用。然而并非所有技巧都是预防性质的，所以需要仔细理解并运用这些技巧，看看你在想什么。很有可能，你会立刻喜欢上有些技巧，而另一些技巧对你来说用处不大。你可以把这些技巧全都尝试一遍，并选择一两种你认为最有效的，把它们融入日常生活。通过日常练习，你会惊讶于身体的反应——无论是即时反应还是长期的效果。如果有一天，你最喜欢的放松方法不再能为你带来平静，就另选一种方法。还有很多方法可供选择。

和第三部分一样，本部分的大多数章节包括对每种放松技巧的历史的介绍以及对技巧的全面描述，具体的生理（和心理）效果，以及将其纳入日常的压力管理策略的最佳步骤。由于压力和慢性疼痛之间存在联系，所以这一主题也包括在适当的章节中。

第 17 章

横膈膜呼吸

让空气帮你透气。

——埃曼特·米勒（Emment Miller，M. D.）

横膈膜呼吸无疑是最简便的放松训练，因为呼吸是不需要思考或犹豫的日常行为。简单说，**横膈膜呼吸**就是有控制的深度呼吸。当一个人在重新组织思路、镇定自己或者调动能量应付挑战性任务时，深深地叹气或者大口呼吸是有象征意义的。普通呼吸不同于横膈膜呼吸，它强调胸腔的扩张。然而横膈膜呼吸还包括下腹部的运动。练习瑜伽时，这种技巧被称为**调息法**，或者是恢复能量或生命力，即呼吸外的呼吸。

大部分美国人在呼吸时看重上胸腔和胸腔运动，而忽视了下腹部运动。这被认为是一种受文化偏好影响的习得行为。随着儿童的成熟，他们的呼吸方式从腹部转向胸部。然而，在不受意识影响的情况下，当横膈膜可以不受抑制地扩张和收缩时，所有人都通过扩张腹部恢复到呼吸状态。由于崇尚宽阔的胸部和纤细的腰部，这被看作受文化偏好影响的习得行为。随着孩童的成熟，他们会由腹式呼吸转向胸式呼吸。但当进入睡眠阶段，在不受意识影响的情况下，横膈膜可以不受抑制地扩张和收缩时，所有人又退回到通过腹部扩张进行呼吸。

在过去的 20 年中，横膈膜呼吸法在分娩时被人们广泛采用（Nakahata, 1993）。无痛分娩呼吸法的主要原则是有控制的**腹式呼吸**。无痛分娩法的课堂会训练准妈妈（以及准爸爸）在呼吸时把注意力放在腹部的下部。然后，在分娩和生育的几小时内，采用这种呼吸技巧缓解疼痛。此外，分娩时的腹式呼吸法也开始运用在其他压力情境中。

呼吸的秘密

在正常的静息状态下，人类呼吸的平均频率大概是每分钟 14 ～ 16 次。在唤醒（兴奋）状态下，呼吸急促而浅短，并伴有明显的胸腔肌肉收缩（专栏 17.1）。在剧烈运动时，呼吸加快到每秒 60 次，以满足人体需氧量的激增（Sherwood, 2006）。在放松状态下，机体的新陈代谢显著变慢，于是才有缓慢而深长的呼吸。从生理上讲，当胸壁扩张和肌肉收缩造成的压力离开胸腔，交感神经活动就会受到抑制。副交感神经活动能抑制交感神经系统活动，

横膈膜呼吸（diaphragmatic breathing）： 最基本的放松技术；通过胃的下部或者腹腔而不是胸部进行的呼吸。

调息法（pranayama）： 梵语中用于描述横膈膜呼吸的术语，指个体重要生命能量的储存。

腹式呼吸（belly breathing）： 通过将注意力放在个体的胃的下部（腹部或者横膈膜）而非上胸部进行呼吸的常见放松形式。能够减少交感神经的反应，产生更强的放松感觉。

专栏 17.1　你会屏住呼吸吗？

在压力下，我们的呼吸会加速；然而，许多焦虑不安的人往往会屏住呼吸，忘记呼气。这也被称为“焦虑呼吸”。虽然屏气是南太平洋珍珠采集潜水员必备的技能，但是这种行为给神经系统带来了过度的压力，会促进肾上腺素的分泌，导致静息心率和血压升高。需要强调的是，大多数屏住了呼吸的人甚至不知道自己屏住了呼吸，必须教他们应该如何正常地呼吸，也就是教他们关于横膈膜呼吸的基础知识——通过舒缓的深呼吸来使身体平静下来（图 17.1）。

我再也不能忍受在菲尔旁边工作了！我不想再吸入二手压力了！

图 17.1

导致激素分泌。伊扎克·本托夫（Itzhak Bentov, 1988）又对横膈膜呼吸使人平静的效果提出了另一种解释，他把横膈膜呼吸和心脏发出的振动联系起来。左心室收缩、泵送血液产生的能量通过大动脉使全身产生共鸣。呼吸循环的短暂休止能够阻止这种共鸣。因而强调长时间呼吸暂停的横膈膜呼吸能够减少身体的共鸣，产生平静效果。喜马拉雅一带的某些瑜伽士可以让人进入一种完全放松的状态，据说每分钟只呼吸 1 ～ 2 次（Green, 2003）。可想而知，这更需要练习和全神贯注。一般情况下，当人们练习将胸腔呼吸调整为横膈膜呼吸时，可以很轻松地将呼吸次数降低为每分钟 4 ～ 6 次。

横膈膜呼吸和瑜伽、太极拳一样古老，也是其基础组成部分。呼吸的治疗效果通常和高度意识觉察有关。其实在许多文化中，“精神”被形容为人类呱呱坠地时“吸入的第一口气”。横膈膜呼吸本身就是一种放松形式，但由于它简便和兼容性高，通常与其他技巧——比如，渐进式肌肉放松、自律训练、心理意象等——相融以达到放松的效果（专栏 17.2）。横膈膜呼吸是第一种被人们公认的冥想方式；一种单一的重复的思想或动作可以净化头脑。练习瑜伽和太极拳的人更推崇横膈膜呼吸，因为通过鼻腔吐纳，控制调整气流的能力会变得更强。然而，如果呼吸和鼻窦有问题，需要同时使用嘴巴和鼻子进行这种呼吸。横膈膜呼吸促进了一种身体感觉的集中，排除了所有其他感官刺激：感觉空气缓慢地通过鼻子或嘴巴进入肺部，然后再原路呼出废气。

科学家观察发现，除非有感冒或者鼻窦问题，否则在一天之中，都是一个鼻孔控制呼吸周期数小时，然后换另一个鼻孔接管呼吸任务（Searleman et al., 2005）。现在也有些研究表明，这种呼吸模式的变化有助于促进大脑单侧化和相应大脑半球的思维（Neimark, 1985）。右脑控制身体左半边的活动，但又被其所影响。科学家建议，让气流从左鼻孔进出，更易发挥右脑的功能。因此，当倾向于使用右脑思考时，比如运用想象力时，可以采用这种呼吸模式。

专栏 17.2　失眠与横膈膜呼吸

停下来认真想想，你会发现，“数羊”虽然是用视觉化的方式促进睡眠的简单手段，但常常不奏效。问题在于，大多数人的思绪早已离开“羊”，四处游荡了。如果你入睡有困难，那么给你的建议如下：试着数数呼吸的次数。在开始计数前先舒服地躺下，然后让注意力离开你的上胸部（把注意力放在胸部时，会强化压力感），并把它放在胃之下的腹部，做深长而缓慢的呼吸。从 100 开始倒着数有利于麻痹思维、放松身体。也许，横膈膜呼吸是最简单的放松技巧。如果你发现自己走神了，重新把注意力放在呼吸上，然后随着每次的呼气，放松思维。

有人情味的压力

"我以前真的觉得深呼吸之类的都是胡说八道。"一名叫汤姆（Tom）的海军中尉说道："是的！你可以说我现在的生活充满了压力。"汤姆马上要大学毕业了，即将开始在佛罗里达州的飞行课程，也快做爸爸了。

这三件大事在 2 周之前凑到了一块。无论在海军训练基地有多大的压力，在妻子开始感到产前镇痛的时候，其他的一切都显得不值一提，当务之急就是送妻子去医院。结果，在首都环城公路上，汤姆遭遇了难以想象的大规模交通堵塞，这让原本以为只要开一小段路就能到医院的事变成了一出错误百出的闹剧。更倒霉的是，车的右前轮被路边的玻璃扎破了。"我只能不停地告诉凯西，'深呼吸，继续呼吸，一切都会好起来的。'我和她一起呼吸。我不确定这对谁的帮助更大，是我还是她。你知道，人们经常会听说孩子在汽车后座上出生的故事，但我从没想过会发生在我身上。"

呼吸与慢性疼痛

中国人曾列出 40 余种呼吸方法。在大多数西方人认为只有两种呼吸方式（吸气和呼气）的时候，亚洲人已经把呼吸看作一种治疗方式，研究并运用了数千年之久，基本都是将横膈膜呼吸与心理意象相结合。尽管鲜有研究考察横膈膜呼吸和慢性疼痛之间的关系，但是能量治疗师已经把呼吸方法作为许多疾病的核心治疗方式（Rosen, 2002；Swayzee, 1998）。罗森（Rosen）描述了"**收束法**"的概念，指一系列释放和缓解慢性疼痛源的呼吸收缩技术。治疗师也会建议患者在练习横膈膜呼吸的同时，将呼吸和心理意象结合，想象疼痛部位的疼痛被"呼"出体外。

横膈膜呼吸的步骤

第一步：找到一种舒适的姿势

这种技术的魅力在于它简便可行，随时随地都可进行。首先要明确，练习横膈膜呼吸最好找到一个舒适的姿势，或坐或躺，闭上双眼（见图 17.2）。为了让姿势更舒服，可以解开束紧腰部和颈部的衣服。第一次练习时，最好把手放在腹部之上，感觉每次呼吸时腹部的起伏。一旦熟练掌握，在开车、

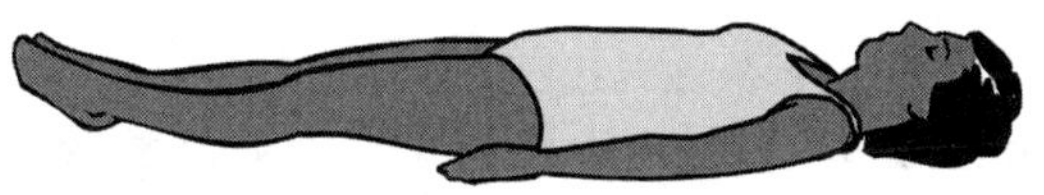

图 17.2　躺在地板上，双手放在体侧，背部保持正直，闭上双眼。

在邮局排队、做公众演讲甚至考试等场合，可以随时练习。

第二步：集中注意力

和所有放松身心的技巧一样，横膈膜呼吸要求注意力集中。外界噪声和内部思维很容易分散注意力。如果有可能，找一个安静舒适的环境逐步练习，以减少外界干扰。刚开始学习这些放松技巧时，要全神贯注，但是你会发现自己偶尔也走神。这种情况很普遍。如果你察觉到了杂念，就重新把注意力放在呼吸上。一个建议是让这些杂念随着呼气排出体外。

在大多数情况下，正常的呼吸是不自觉的、无意识的行为，受延髓调节，使有意识的思维专注于

收束法（bandha）：一系列释放慢性疼痛的呼吸练习。

生存的其他方面。但横膈膜呼吸有意识地引导注意力集中在这一基本的生理功能之上，并抑制了通常会控制它的自主神经的影响。进入更深层次意识状态的途径之一是让精神随着气流进入身体，到达下肺叶，然后再返回。有时，一个心理暗示就可以帮助你："感觉气流进入你的鼻子（或嘴巴），深入肺部，感觉腹部起伏；然后当你呼气时，腹部收缩，感受气流离开了你的肺部、喉咙和鼻腔"。每次呼吸时进行重复。

注意呼吸的每一个环节，有助于提高专注力。每次呼吸都包括四个独特的阶段。

- **阶段 1**：吸气，或者通过嘴或鼻腔将空气吸入肺部。
- **阶段 2**：呼气之前的轻微停顿。
- **阶段 3**：呼出，或者通过嘴或鼻腔将空气从肺部释放出去。
- **阶段 4**：在下一个呼吸循环开始之前的轻微停顿。

通过缓慢深长的呼吸，延长呼吸循环，能最大限度地体验到这些阶段。练习这些技术时，试着分别感受这四个阶段是如何进行的。记住在每个阶段进行中都不要憋气，而要学着通过控制呼吸循环的各个阶段来调整呼吸。横膈膜呼吸不同于医学上的强力呼吸，它轻缓、放松，越深入则越舒适。人们都认为，人体最放松的时刻是横膈膜呼吸的第三个阶段——呼出。这一阶段胸部和腹部区域得到放松，这种感觉进而传递到全身各处。而且它不需要任何努力。所以当你注意呼吸时，请感受呼气时身体的放松，尤其是胸部、肩膀和腹部区域。

除了了解每一次呼吸的四个阶段，还要了解呼吸的容量。按照瑜伽的传统理论，肺由三部分构成：上叶、中叶和下叶。普通呼吸时，我们通常只使用肺的上叶。练习放松呼吸的初始阶段，肺的上部、中部充满了空气。然而深度呼吸时，肺所有的部分都参与了呼吸。当你监控自己的呼吸时，有意识地让空气充满肺部的每一部分。

第三步：可视化

在放松艺术中，呼吸和想象是强有力的伙伴。很多视觉形象都可以和呼吸的艺术结合起来。以下是两种在亚洲的放松训练中备受推崇的方法。

可视化练习 1：呼吸云

此技术可追溯到亚洲瑜伽的产生和日本禅宗静思的时代。它是一种净化心灵和身体的过程（Shiamora, 1992）。开始练习时（图 17.3），先闭上眼睛，把注意集中在你的呼吸上，想象你吸入肺部的空气是新鲜干净的空气，是纯净而充满能量的空气。新鲜充满能量的空气能清洁和治愈我们的躯体。当你吸入这些干净、新鲜的空气时，想象并感觉空气进入你的鼻腔（或口腔），由蜿蜒的腔部直达头顶，然后沿着脊柱渗入全身各处。现在，当你呼气的时候，想象离开身体的空气是污浊的——黑色浑浊的气体象征身体和心灵中的压力、疲劳和毒素。每次呼吸，都让干净新鲜的空气进入并在全身流动，身体恢复了活力；然后再呼出污浊的气体，随之将压力和紧张排出体外。每分钟重复 5 ～ 10 次这样的呼吸循环。练习呼吸云技术时，你可能会注意到，随着排出了压力和紧张，身体变得越来越放松，呼出的气体的颜色从灰色逐渐变白，象征着身体变得洁净而轻松。

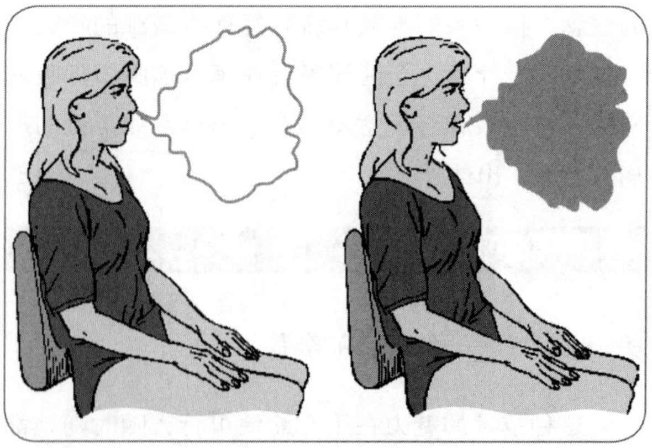

图 17.3 呼吸云练习。

可视化练习 2：鼻孔交替呼吸

这项技术可以追溯到瑜伽起源的时期，也被称为 nadi shadhanam。起初，这看起来很困难，不太可能实现，但经过反复练习，它能够促进人类的放松反应。首先，闭上眼睛把注意力集中在呼吸上。感觉空气进入嘴巴或鼻子，然后进入你的肺部。感觉腹部随着气流的进入而涨起，然后随着呼气，腹部又慢慢回落下去。开始感到放松之后，进行深长缓慢的呼吸。呼气时，让气流只从左鼻孔呼出（图 17.4）。感到肺部的空气完全排出后，再用你的右鼻孔吸气。就这样用左鼻孔呼气，右鼻孔吸气，重复做 15 ～ 20 次。

图 17.4　鼻孔交替呼吸练习。

当你对这种气流的进出感到完全放松舒适以后，用右鼻孔深长缓慢地吸一口气，这次改变方向，让气流从右鼻孔呼出去，再用左鼻孔吸气。重复做 15 ～ 20 次。在整个过程中，尝试想象呼吸时的气流运动。你可能想用手指堵住鼻孔去感觉这种方式是否在进行，你也可能感觉不到差别，但是请继续想象。鼻腔按照这种方式工作需要一段时间，但按照上述描述做练习，鼻孔会逐渐接受这种方式。尽管两个鼻孔一般也会轮换控制呼吸循环，但你可以把这种主动的控制视作一种放松技巧。

可视化练习 3：能量呼吸

能量呼吸是激发身体活力的一种方式，它不仅仅通过鼻子和嘴巴将空气吸入体内，实际上是利用整个身体进行呼吸。你的身体变成了一个很大的肺，让空气进来并在其中循环流动。练习此技术时可坐可躺。有三个步骤。首先，找到一个舒服的姿势，放松肩膀。如果你是坐着的，尽量让腿伸直。现在，想象你的头顶有一个圆形的洞。当你吸气时，想象能量像一束光一般从头顶进入你的体内（图 17.5）。吸气，把这些能量从头部带到你的腹部。呼气时，让能量从头顶离开身体。重复做 5 ～ 10 次，呼吸和能量的视觉想象要配合起来。随着你不断将能量带到腹部，让它也渗透到身体上半部的其他位置。

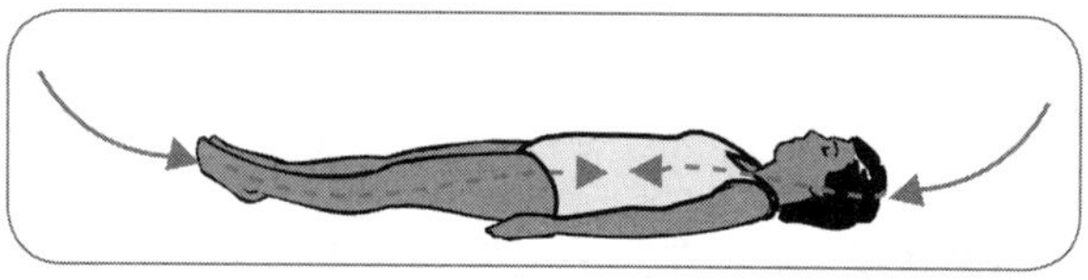

图 17.5　能量呼吸训练。

觉得进行第一个步骤比较自然舒适后，可以进行第二个步骤。想象你的每只脚掌上也有一个圆形的洞。能量仍然像光束一般射入。现在把注意力全部放在身体的下肢上，让能量流随着你的吸气，从脚部向上来到你的腹部。重复做 5 ～ 10 次，呼吸要和能量的流动配合。当你不断地将能量带到你的腹部，它也能够渗入身体下半部的其他位置（图 17.6）。

图 17.6　每天花些时间做腹式呼吸。

一旦你的呼吸和身体下肢的能量流想象可以相互配合，随着你的吸气，把头部和脚部的能量运动结合起来，让能量到达你的身体的中心部位。呼气时，让能量流按照各自的方向原路返回。充分做10～20次，每次都要将能量带到你全身的各个部位，感觉身体的各部分、每块肌肉和组织、每个细胞，都充满能量。起初，想象能量从身体的两个相反方向进入体内有点困难，但多次练习之后会越来越容易（专栏17.3）。

专栏17.3 呼吸的益处

1. 降低静息心率
2. 促进放松的感觉
3. 减少肌肉紧张
4. 提高心理清晰度
5. 增加肺部的氧气容量
6. 帮助处理超负荷压力

总 结

1. 横膈膜呼吸是最简单的放松技巧。当把呼吸的注意力放在小腹而非胸部时，交感神经系统的活动水平降低，导致更强的放松效果。
2. 横膈膜呼吸或腹式呼吸是分娩训练中最基础的放松技巧。
3. 在一般的意识状态下，人平均每分钟呼吸12～16次。在放松状态下，这个数字能降低到每分钟3～4次。
4. 几乎在所有文化中，呼吸都被视为极其重要的放松方式。尤其在亚洲，人们认为呼吸（“prana”或者“气”）能为身体带来能量。横膈膜呼吸几乎能和每种放松技巧配合使用。
5. 横膈膜呼吸只需要找到一个舒服的姿势，集中注意力，运用视觉想象就可以进行。
6. 横膈膜呼吸能够缓解慢性疼痛。
7. 一旦感到压力，横膈膜呼吸随时随地都可进行。就因为这个原因，横膈膜呼吸是最便捷的（而且可能是最有效的）能带来放松反应的技巧。

学习指导题

1. 什么是横膈膜呼吸？
2. 为什么说横膈膜呼吸是一种有效的放松技巧？
3. 运用这种技巧时有哪三个步骤？

第 18 章

冥想和正念

凡事预则立。
——《礼记·中庸》

没有人曾正式通知你：“欢迎来到数字-Wi-Fi-优兔-GPS 信息时代”。但是，现代人的头脑中比以往任何时候都更加不间断地充斥着数据信息。当我们沉浸在信息之中时，“信息爆炸”的说法已经不再那么幽默有趣了，因为我们被信息所吞没，当我写这些文字的时候，互联网、手机、短信、平板电脑和信息技术仍在不断革新，但是当你看到这些文字的时候，这些技术可能已经是很平常的事情了。虽然具备获得信息的能力是一件好事，但是信息的洪水也会使头脑失聪，这个术语叫作**感觉超载**。

如果你想听人们谈论技术（手机、电子邮件、短信、播客、推特和脸谱网，等等）的消极方面，你一定会听到一个不断重复的关键词——分心。在你每天醒着的时候，会有无数的干扰在分散你的注意力，让你很难集中注意力。分心一直是人类处境的一部分，主要是由自我（ego）产生的基于恐惧的思想。然而，在 21 世纪，分心物的数量呈指数级增长，部分原因是网络世界。其结果是，今天的人们不那么专注，不那么用心，不那么耐心，更愤世嫉俗。冥想不能治愈世界的弊病，但冥想的目的是培养思维，尽量减少分心，包括内部（以自我为基础的思想）和外部的，而使人变得更专注，更有思想，更耐心，有更高的快乐和幸福感。简单地说，冥想是一种让大脑从感觉轰炸、感觉超载以及干扰清晰思维的日常琐事中解脱出来的方法。

在任何年龄阶段，大脑都需要休息，暂时从各种思想、烦恼和外部刺激中解脱。**冥想**是使大脑从感觉超载中解脱的最好的办法（图 18.1）。在当今的西方世界，冥想已被认为是很有效的放松技巧。“新生代”曾认为“冥想”是非主流的活动，现在它却被认为是美国人的主流行为习惯。所以，《时代》杂志的封面故事宣称，大约有 3000 万人把冥想作为正式的放松活动，在同月的商业周刊杂志《财富》中，500 强企业的一些首席执行官把冥想作为定期活动。公司中冥想活动的风行和职业压力的增加有关，但首席执行官们认为，冥想不仅有助于保持头脑清晰，还可以在商界带来更强的创意。喜欢篮球的人们应该知道洛杉矶湖人队的前任教练菲尔·杰克逊（Phil Jackson）也是冥想的倡导者。演员理查德·基尔（Richard Gere）、斯汀（Sting）和美国前总统卡特也定期打坐。瑜伽习练人数的增加也对这种活动起到了推动作用。

感觉超载（sensory overload）：大量信息和干扰冲击着大脑，超出大脑的接受程度。
冥想（meditation）：集中注意力以提高觉察水平；对内部而不是外部刺激的反省活动。

图 18.1 当我们停下来倾听时，会被内部的智慧所引导。

依据有实证的报道，冥想不是一种宗教活动。更确切地说，它是一种对内部刺激而非外部刺激的自我反省活动。从技术上讲，冥想是一种提高注意力和意识的过程，是一种活在当下以产生和享受大脑平静状态的过程。冥想是已知的最古老的放松技巧。冥想如此受欢迎以致它们已经融入当今所有的放松技巧之中。

莎士比亚曾说："眼睛是心灵的窗户"。当闭上眼睛的时候，心灵才有机会净化自己。实际上，所有的身体感觉都是把外部刺激送入大脑进行解释和检查的端口。人类是视觉导向性动物，我们仅通过视觉就吸收了大约 2/3 的感觉信息。任何感官信息都会冲击大脑，在压力之下，大脑会歪曲很多由内部刺激或外部刺激产生的思想。在通常情况下，大量的感觉信息会导致感觉超载。在上课或工作了一天后，你就会有感觉超载的体会；也可能在参观艺术展览馆时，在参观了 2 小时以后，就感觉所有的作品看起来都是一样的。感觉超载就像一块黑板写满了各种记录和乱写乱画，但是这些东西很难再组织起来，使之有用。当大脑的信息超载时，就很难再集中注意力。多相性（polyphasia）是用来描述大量同时性信息导致大脑混乱的术语，大脑的混乱与压力有很大关系。

打个比方，冥想就像打扫大脑这个"黑板"的黑板擦。实际上，有人认为冥想也能擦掉黑板本身。冥想是使大脑清醒和保持内稳态的工具（图 18.2）。用信息技术的语言讲，冥想提高了人类意识的"带宽"。只有当大脑空无时，才会接受更多的新信息、新观点、处理未解决问题的新方法。在畅销书《先知》（*Prophet*）中，黎巴嫩作家卡里·纪伯伦（Kahlil Gibran）写道："除了在你知识的曙光中半睡半醒的东西，没有人能向你揭示任何东西。"换句话说，学生也是老师。但是在上课之前，必须创造适当的学习环境。这就是冥想的主要目的：集中注意力提升自我意识。因此，就像中国古语所说的，凡事预则立。

"经过几次努力，贾森终于达到了冥想的状态。"

图 18.2

历史回顾

冥想活动有着悠久的历史，其根源可以追溯到公元前 6 世纪的亚洲。当时，进行启蒙教化的先贤们力求在反省活动中求得安慰。这一做法后来成为几种哲学思想的基础，吸引了许多渴望学习和分享的追随者。这些追随者又建立了很多生活准则和指导思想，这些准则和指导思想又演化为几大著名的宗教信仰哲学，即印度教、佛教、道教、儒教和伊斯兰教。作为一种净化心灵的工具，冥想或反省的做法融入这些宗教信仰哲学之中。从此也可以看出，虽然冥想几乎被所有的宗教信仰采用，但是它本身并不是宗教信仰（Allen, 1983）。

自我反省是成熟过程的关键。每种文化和宗教都含有一些冥想或自我反省的成分。在如何进行冥想上，西方和东方文化之间存在细微但明确的差异。西方通过外部的手段提高对内部和平的探索，东方追求内部思想的协调和冲突的化解。这两种方法的不同导致了东方的神秘主义，以及西方世界对此的误解。简单地说，就像人的大脑，冥想可以分为几个层次。在最初的层次上，冥想对大脑的基本思想过程有平静的作用。一旦超过这个层次，一系列更深的思想层次才会展现出来，达到心灵、直觉或启迪的洞察力（Levey and Levey, 1999）。

东方文化已经接受了冥想的本质和许多原则。西方文化从本质上持怀疑论，直到最近才开始把冥想作为平静大脑从而达到内心平和的手段。在美国，冥想的做法是在 20 世纪 60 年代通过甲壳虫乐队的努力才开始被普遍接受的，他们的音乐和包含冥想成分的生活风格影响了很多人（Woo, 2008）。20 世纪 60 年代的“嬉皮士运动”也对冥想起到了推动作用，特别是旨在提升人类意识水平的人类潜能运动。然而，20 世纪 80 年代至 90 年代的唯物主义风尚几乎断送了这场运动。随着 21 世纪的到来，人们对提高人类潜力以及精神提升与发展的兴趣又开始复苏。冥想重新成为这一运动的主流，尤其是在各种自助工作坊、动机训练营和企业研讨会上。实际上，冥想是美国当前主流的放松活动，大约有 3000 万人声称经常做这项活动（Stein, 2003）。研究者乔斯 · 西尔瓦（Jose Silva）将冥想的概念更推进一步，将其整合到一项技术中，以增强他所说的个人精神控制。西尔瓦的方法主要是用冥想激发人们的思想力和记忆力（Silva andMiele, 1975）。冥想的基本假设也被 α 思维这个概念所采用，所谓 α 思维（alpha thinking）是由 α 脑电波所表示的大脑的一种心理状态。在 α 思维中，冥想和其他放松技巧（如呼吸、生物反馈和心理想象）结合起来以达到深度放松，提高记忆。

医学现在已经把冥想作为行为矫正技术，应对由与压力有关的心脏疾病所引起的发病率和死亡率上升。美国心脏协会（American Heart Association）曾怀疑冥想是否能够促进生理的平静与内心的平和，现在却建议把冥想和适当的营养、有氧运动结合起来，以减少患冠心病的风险。实际上，迪安 · 奥尼什博士（Dean Ornish, 1998）已经证明，在某些情况下，如果把冥想和营养、锻炼结合起来，冠心病是可以治疗的。美国国立卫生研究院鼓励把冥想作为缓解癌症所造成的心理和情绪痛苦的方法。慢慢地，随着东方文化与西方文化的融合，冥想活动逐渐被人们接受，成为一种能够使人达到心理与生理的内稳态的放松技巧。

虽然一些人把冥想作为个人提升的手段，但是还有人把它用于实现一个更大的目标——提高人类集体的意识水平。根据莱尔 · 沃森（Lyle Watson）的第 100 只猴子理论（one-hundredth monkey theory）和鲁伯特 · 谢尔德雷克（Rupert Sheldrake）的形态发生场理论（morphogenic field theory），一旦人类的某些意识思想达到一定量，人类思想就会进化到一个更高的（无压力）水平。而且，有理由相信，当有大量的人为世界和平以及生态平衡而致力于冥想时，会有越来越多的人对这种有着积极影响的思想框架产生共鸣（Hagelin, 2007）。冥想者的集体性思维（或非集体性思维，视情况而定）会产生什么效果呢？众所周知，许多超验冥想的练习者会集体在周末去很多城市旅行，呼吁用冥想的方法减少暴力犯罪。他们的努力也得到了回报。

冥想的种类

东方哲学发展出了两条不同的冥想分支：排他性冥想或**限制性冥想**；包容性冥想或**开放性冥想**。

> **限制性冥想（restrictive meditation）/ 排他性冥想（exclusive meditation）**：冥想的一种形式，专心于某一客体（例如，颂歌、特拉塔克）以排除所有的其他思想，提高自我觉察和放松水平。
> **开放性冥想（opening-up meditation）**：见包含性冥想——让所有的思想都进入大脑，不进行评价、判断或分析。

尽管这两个分支在风格和形式上存在很大的差异，但是二者都要求集中注意力和觉察。二者最终的目的也是一致的：净化心灵，达到内部平和。一旦大脑在意识水平上是平静的，没有自我的喋喋不休、思绪分散，那么新的思想就会从无意识水平进入意识水平，这些直觉通常会对我们下一步的活动起微妙的指导作用（“啊哈”的冥想状态）。不管采用排他性还是包容性的冥想形式，人们常将这些形式称为**顿悟式冥想**，因为当大脑学会倾听时，就会产生直觉思维过程，洞察力也源于此。

冥想类型 1——排他性冥想

有这样一个比喻：大脑就是一片布满云层的天空，这些云层之间是有层次的。每一片云层都代表为得到注意而进行竞争的各种思想。**排他性冥想**（也叫集中冥想）就是把意识集中于某个思想，从而把其他思想从意识中排除掉。大脑所聚焦的这个思想就像微风一样把云层吹散，只留下清澈的蓝色的天空。被聚焦的这个思想的力量是可以重复的，它会持续地清扫注意的表层，直到排除所有的其他思想。排他性冥想主张：只有对外部的感觉和所有的外部刺激进行封闭，才能指导内部思想的聚焦。在大多数情况下，排他性冥想要求冥想者闭上眼睛，防止视觉干扰。有五种做法可以让人们的注意集中于某个思想，这些做法包括：心理重复、视觉聚焦、声音重复、身体重复、触觉重复。

1. **心理重复**。心理重复是指一个思想一次次地产生。心理重复通常伴随着颂歌的使用。所谓**颂歌**是一个单音节的词（例如，om、one、peace或love），在诵读这些单音节词的时候伴随着呼气。颂歌也可以是一些积极短句（例如，我感觉很好、我值得被爱、我的身体平静而放松），可以起到增强自尊的作用。有些进行瑜伽冥想的文化相信，特定的声音（听得见的能量）具有改善身心的力量。因此，以柔软的耳语唱圣歌或者静静地重复诵读om这个词，能够达到最高水平的专注，这种专注意味着真理、爱和和平。瑜伽的颂歌作为一种特殊的声音被认为能够帮助人们释放阻碍心智稳态平衡的能量。诵读单词om可以产生一种颤动，这种颤动可以使身体的韵律与地球磁场同步，因而激发一种天人合一的感觉。西方哲学家认为，诵读任何一个词所产生的颤动都能够产生平静效应。我们可以暂时不管哲学上的看法，现在大家普遍接受这样的观点是：有规律地诵读某一单词会清除大脑意识中的其他思想。
2. **视觉聚焦**。视觉聚焦是指把视觉集中于或凝视一个物体或映像。在瑜伽冥想中，这称为稳定凝视或**特拉塔克**。视觉聚焦类似于视觉的颂歌。运用特拉塔克时，一般是在0.9～1.5米外凝视一个物体，不能眨眼，直到它印刻在大脑中，从而清除所有其他思想。凝视过程大约持续60秒，然后闭上眼睛想象这个物体。如果心理意象减退或消失，就睁开眼睛，再重复这一过程。凝视物可以是蜡烛的火苗、花、贝壳、美丽的图画或**曼荼罗**（图18.3）——一种圆形的物体，图案设计复杂，颜色鲜艳，通常分成四层。
3. **声音重复**。在某些形式的冥想中，持续地重复一种声音可帮助人们集中注意力。用术语来说，就是**那达慕**。自然的声音也可以用在那达慕中，例如，瀑布的涌动、海浪拍打海岸的声音或轰轰的雷声。在西方文化中，某些重复的新世纪音乐也被认为是那达慕。

图 18.3 曼荼罗是象征全体的一种圆形物体，可以用作视觉形式的颂歌（巴黎圣母院的玫瑰花窗）。

4. **身体重复**。很多人相信，呼吸和一些有氧运动（例如，慢跑、游泳或散步）可以从呼吸的声音或手臂的节奏性运动中产生冥想的状态（跑步者高潮）。身体重复被认为可以使大脑转向一种“意识改变状态”或者放松的思维模式状态。有人声称，他们最富有创造力的想法就是在这种类型的运动中产生的。伊斯兰教的苏非派认为，苦修僧人的旋转舞蹈通过重复的旋转圈运动能够产生恍惚状态。在很多放松课程的培训中，也广泛地把调息或横膈膜呼吸作为身体性重复的颂歌。在这种方法中，由于存在着重复的运动，因而又称为**活动性冥想**。
5. **触觉重复**。手握一个小物体，例如，一个小石块或贝壳，也能够使大脑集中注意力。在印度教中，在冥想时用念珠做道具，把念珠放在右手的拇指和中指之间，不断地诵掐。在西方文化中，念珠也能起到同样的作用。

图 18.4　莲花式的冥想姿势。

冥想的身体姿势

在所有形式的冥想中，尤其是限制性冥想，正确的身体姿势非常关键。被广泛接受的姿势是莲花式打坐。打坐要求个体盘腿而坐，双脚要放在另一条大腿上。对于初学者来说，半莲花的形式（图 18.4）比较舒服，腿以自己感觉舒服的姿势交叉而坐。这样坐着的时候，背部（脊柱）从头顶到尾骨完全对齐，使对肌肉的神经刺激最小化，从而促进（活跃的）精神集中。胳膊要放在大腿上，手掌朝下（置自己于地球能量的中心）或是拇指与中指相触（用于接收能量）。呼吸要用到腹部而不是胸部的扩张来调节。这种姿势应该舒适到可以持续大约 30 分钟或更长的时间而不会影响集中注意力。你可能会注意到肌肉、臀部和膝盖关节的疼痛。如果发生这种情况，就伸展一下腿，换一个更舒服的姿势。痛苦不利于冥想。

限制性冥想有几种不同的形式，超验冥想和放松反应就是两个例子。

超验冥想

超验冥想（TM）是排他性冥想的经典形式。超验冥想是由印度宗教领袖马赫什·约吉

顿悟式冥想（insightful meditation）：一种用于任何冥想类型（排他性或包容性）的表达，个体一旦清除混乱的思想和自我矛盾，就会扩展到对直觉的觉察或集体无意识中的深层智慧，因此对生活产生洞察。

颂歌（mantra）：一般情况下是一个单音节词（例如，om、one、peace 或 love）或者一个短语，诵读它们可以扫去那些无关紧要的（基于自我的）想法。

特拉塔克（tratak）：视觉形式的颂歌，用眼睛凝视一个贝壳、彩色的曼荼罗或任何一个物体，从而达到集中注意力、忽视干扰的目的。

曼荼罗（mandala）：一个圆形的物体，通过凝视它而达到清除大脑中不必要的（基于自我的）思想的目的。

那达慕（nadam）：听觉形式的颂歌，通过一个重复的声音帮助人们清除大脑中不必要的（基于自我的）思想。

活动性冥想（active meditation）：通过身体上的重复性运动（例如，散步、游泳）清除大脑中的各种思想的冥想。

超验冥想（transcendental meditation, TM）：排他性冥想的一个典型形式，指清除所有思想，只保留颂歌本身。

（Maharishi Mahesh Yogi, 2001）创造的。超验冥想的产生过程就像一个古老的神话故事。一个名叫瓦尔马（Mahesh Prasad Varma）的年轻的印度绅士一直立志成为一名科学家，并于1942年获得物理学学士学位。但是后来不知何故，他与著名的宗教领袖萨拉斯瓦提（Swami Brahmanada Saraswati）一起做研究，并与他一起度过了13年的宗教生活。在冥冥召唤之下，他创造了印度教冥想的简单形式，“所有人”都可以学和练。他的人生使命就是致力于训练和净化人类心灵，从而播撒世界和平的种子。后来他又去喜马拉雅山的废弃山洞中修炼。两年后，他带着新技术，也就是我们知道的超验冥想技术回到印度。在20世纪60年代末，这一技术以去掉宗教含义的瑜伽冥想简化形式被引入美国，并很快风行起来。对于经常吸毒并产生了可怕的副作用的人和在越南战争期间追求内心平静的人来讲，这种活动是一个很好的选择。在超验冥想训练中，人们会习得一种“特定的颂歌”，并学会如何把意识聚焦于这个单词上。宗教老师们认为，颂歌必须保密才会有效，后来证明，这种说法毫无根据（Russell, 2001）。

在10年间，大概有100万美国人学习过这种技术。人们报告，如果有规律地练习，的确会达到内心的平和以及生活的协调。超验冥想也成为科学研究的对象，一般用静息血压的显著下降和在压力下并没有表现出疾病症状作为内心平和的测量指标。这激起了人们把超验冥想作为一种新的放松技巧的兴趣。1972年，以罗伯特·基思（Robert Keith）和赫伯特·本森（Herbert Benson）为首的医学研究团队曾研究过超验冥想的效果。令人惊奇的是，他们发现其作为慢性压力的调节因素相当有效。在哈佛大学的一个实验室里，华莱士（Wallace）要求36名受过良好超验冥想训练的被试分别进行三次20～30分钟的超验冥想，并在练习前、练习中和练习后测量被试的氧消耗量、血乳酸浓度、皮肤电传导（出汗）和α脑电波。研究结果表明，超验冥想的确产生了生理的稳态平衡状态。考虑到这种活动的简单性，但是学习价格比较昂贵（目前价格为2500美元），本森对这种技术进行了美国化，并称之为**放松反应**。

放松反应

本森在《放松反应》（*Relaxation Response*）一书中描述了促进生理的稳态平衡的四个基本步骤。实际上，在所有的放松技巧（从心理想象到渐进式肌肉放松）里面，都有这四个成分。

1. **一个安静的环境。**安静的环境可以是在任何一个房间，只要保证外界干扰最少，你感觉在里面非常舒服就可以。冥想要求排除所有的感觉刺激，包括电话铃声、门铃声、电视或收音机的声音和街道的吵闹声等外部刺激。安静的环境也是为了减少内部刺激，如肌肉紧张和身体不适。
2. **一个心理道具。**心理道具可以是排除所有其他思想的任何物体或工具。它是使注意集中的焦点。例如，心理道具可以是一种颂歌的重复，集中于呼吸或一个特拉塔克（稳定凝视）或那达慕（一个重复的音）。本森建议一个颂歌用一个单词较好。他还建议如果你的大脑思绪混乱，可以使用单词“no”打断自由联想。
3. **一个被动的态度。**所谓被动的态度是指要持有一种接受的态度。这种态度要求你的大脑对任何思想都是开放的，而不是阻止它们。当然，这一点看起来与限制性冥想的排除其他思想的要求有点矛盾。但是，如果不能达到这种心智状态，自我（ego）的壁垒就会限制试图达到完全放松的任何努力。
4. **一个舒服的姿势。**最早的冥想倡导者认为，要想放松大脑，必须先放松身体。所以，你首先必须找到一个舒服的姿势。本森提倡能够支持大部分体重的坐姿。身体应该放松，肌肉不要紧张。应该避免采用容易睡着的姿势（专栏18.1）。

冥想类型2——包容性冥想

冥想的第二个种类是**包容性冥想**。包容性冥想又叫接近性冥想、顿悟性冥想和**正念**。包容性冥想好像和自由联想很相似，人的思想可以无目的地游

专栏 18.1 失眠和冥想

人们很早就认识到冥想对失眠具有矫正作用。由于冥想可以训练大脑，因此也不难理解人们为何用它来帮助自己更好地睡觉。通过训练大脑释放经常引起注意的思想和感受，从而达到清醒状态的心理平静，完成睡觉前的准备。实际上，心理的澄清状态与睡觉前的意识状态是很相似的。研究表明，经常有规律地练习冥想的人能够达到意识状态的 θ 波，这种脑电波与睡觉时的 δ 波最为接近。关于睡觉或失眠的研究表明，晚上清醒的被试或持续醒着的被试都会表现出 α 波或 β 波，这两种脑电波是大脑处于兴奋状态的标志。冥想的作用可以培养思维能力，减少大脑的活动，为良好的睡眠做准备。

荡。在包容性冥想中，大脑自由地接受任何思想，不做任何控制。大脑只是简单地接受这些自发的、来自潜意识的思想。然而，这种接受有一个条件：必须客观地对待进入意识水平的所以思想，不能对其进行任何判断和情绪性检测。这个过程叫**分离性观察**，不能对这些思想进行任何情绪性反应。实际上，这时大脑变成了一块屏幕，各种思想投射到上面，个体只是进行客观的观察。由于你把自己从情绪中分离出来，就使自我设置的障碍消失了。在这种类型的冥想中，眼睛通常是睁开的，但是你会发现这种类型的冥想在闭眼的时候最容易学习。

包容性冥想的目的是观察自己，即让你自己观察你的思想。为了达到这一目的，在面对压力的时候，你要使自己保持平稳，即“驯服自我”，不要有过于强烈的反应。正念就是在当前的状态下留意自己的思想。畅销书《此刻的力量》（*The Power of Now*）的作者埃克哈特·托尔（Eckhart Tolle）说：“当你观察自己的时候，就会激发一个较高的意识水平。你会认识到存在着超越当前思想的智慧，当前的思想只是智慧的一个微小的方面。你还可以认识所有真正重要的事物——美、爱、创造力、愉悦和内心平和——都超越了大脑。这时你就开始觉醒了。”

禅宗冥想

禅宗冥想可被看作包容性冥想。禅宗冥想来源于佛教。在公元 590 年前，乔达摩·悉达多（Gautama Siddhartha）王子放弃了家庭、财富和俗世的乐趣而成为一个僧侣或“行者”，在恒河平原过着简朴的生活。他被称为释迦牟尼，后来以佛（觉醒者）而存在。释迦牟尼从此开始了一段深刻的灵魂探索之旅，寻找生和死亡意义，达到自我的觉醒。他很快被很多追随者尊崇为导师。禅宗区别于类似哲学的地方在于它抛弃了二元论概念（好与坏、对与错、阴与阳），认为二元论将宇宙分离而非统合，用非此即彼的方式表达的思想往往具有分析或判断性质。真正的禅宗要求不对事物进行判断，把世界看成统一的，而不是割裂的。当听到禅宗这个词时，我们马上会联想到深刻、沉思和智慧。禅宗冥想的目的是达到意识的最高水平，从而做到神圣的启蒙。东方文化相信，真理和知识来自心灵的内部。想要达到启蒙状态，人们必须有耐心，匆忙的思考或过多地受情绪影响都无法达到启蒙的状态（Dumoulin, 1981）。

禅宗冥想有很多形式。有些形式是限制性的（例如：从 10 到 0，数自己的呼吸），其他一些形式要求大脑保持开放性（Austin, 2000）。禅宗冥想是

放松反应（relaxation response）：本森博士创造的术语。他把先验性冥想美国化，并使之为西方世界所接受。

包容性冥想（inclusive meditation）：冥想的一种形式，让所有的思想都进入大脑，不进行评价、判断或分析。禅宗冥想就是一例。

正念（mindfulness）：冥想的一个种类，关注当前的所有思想活动，例如，在吃苹果或洗碗时。

分离性观察（detached observation）：包含性冥想的一个术语，个体观察自己的冥想活动，实际上是把自己从自我中分离出来。

禅宗冥想（zen/zazen meditation）：一种冥想方式，通过成为这些思维的观察者，学习脱离自己情绪化的思维。

有人情味的压力

当亚当（Adam）拿到儿童教育学的学位后，准备大干一番。他是一个优秀的学生，导师对他的教学能力给予了很高的评价。亚当相信他具备了从事教学的一切条件。像很多大学生一样，亚当计划和一个朋友暑假就去欧洲，并在秋天开始工作。但是，当他在1月份毕业以后，就改变了计划。因为他很快就找到了一份教学工作。他获得了在哥伦比亚地区的东南部学校的工作，他认为他的祷告得到了回应。

"你可以在学校学到你想了解的所有理论，并且可以在附近最好的学校做你的实习，但是在城市学校工作时，我必须重新学习一切。在孩子们准备好学习之前，他们需要很多的管教和更多的爱。"他无奈地说。

作为我的压力管理课程的学生之一，亚当很快就喜欢上了冥想，从大学二年级的第二个学期开始，每天早上他都有规律地练习冥想。有好几次，他提到，作为校足球队队员（现在是半职业运动员），冥想练习为他赛前、赛中、赛后打下了很好的基础。他经常对我说冥想在他的生活中有多么宝贵。现在进入现实世界，冥想具有了全新的意义。

"工作完回家后，我都非常疲惫，绝不亚于参加完学校的足球活动。那些孩子每天都使我精疲力竭。你明白和那些孩子在一起时需要多么小心吗？"有一天午饭时，他说："让我再告诉你一些事。"他又说，"如果我在上班之前没有练习过冥想，我连第一周都撑不下来。我无法表达冥想在我的生活中的重要性。它是一切的基础。"

亚当继续解释他每天练习冥想的过程：半小时的呼吸练习以后，马上进行心理想象。"有时，我甚至在去学校的地铁上也进行练习。在大学时，我练习冥想通常是为了获得神秘体验，这些神秘体验具有妙不可言的力量，能够提高我踢足球时的注意力。我仍然因为这些原因去做冥想，但现在比起之前，更多的是为了澄清大脑。"冥想，并不是你所想的那样！

非常困难的，需要严格的训练。它通常要求在一定的环境中，几小时内一动不动。禅宗冥想还要求大脑不断为一个没有答案的问题或**公案**寻找答案，例如，一只手拍出的声音是什么样的？出生前你的脸长什么样？或者是解答一个谜题，例如，一个鸡蛋通过狭窄的瓶口被放入一个玻璃瓶中，在不到一天的时间内，鸡蛋孵出小鸡，但小鸡太大了，无法从瓶口出去。在既不伤害小鸡，又不打碎瓶子的前提下，如何把小鸡从瓶子中拿出来？每个公案都会引发深深的沉思。由于没有答案，大脑就会对谜题持默许的态度。大脑受挫后的屈服会使大脑对新思想开放，或者顿悟而产生更深的觉察。公案的最终目的是在生活中通过学习、询问和接受某个目标而打开启蒙的途径。在禅宗中，冥想仅仅是为启蒙做准备的一部分。

首先，包容性冥想练习起来比较困难。因为把情绪与思想分割开是一件极具挑战性的事情。由于"自我"之墙把大脑与心灵分割开，自我（个体同一性的保持者）也容易感受到压力。因此，把对所有思想的开放作为应对压力的策略是比较困难的。所以，限制性冥想比包容性冥想更受人们喜欢，而且在提到冥想时，人们更容易想到前者。

埃弗利和罗森菲尔德（Everly and Rosenfeld, 2002）所提出的冥想的过程模式阐明了在冥想活动中意识状态的全过程（图18.5）。当一个人开始冥想时，第一分钟专注于准备阶段：变得舒适，闭

冥想过程中的意识状态

4 **最高意识状态**

实现洞察、直觉，思想清晰（这一步被世人称为“启蒙”；通常被称为“超意识”，荣格将其描述为集体无意识）

3 **非自我意识状态**

情感上分离的知觉或观察（也称为清理和释放，这一步让人实现了对心理清晰的一瞥）

2 **平静的状态**

单焦点冥想（例如，超验冥想或横膈膜呼吸等）

在这个阶段发生游离思维、分散思想、无聊（心理静止）(在这个阶段的重复练习被称为“驯化自我”)

1 **正常的意识状态**（唤醒意识状态）

自我意识（以自我为中心的思想，分散自嘲的想法）

深度睡眠（不是任何冥想练习中的目标）

图 18.5 中间的过程，步骤 1—4，被称为“意识提升”。作为一种技能，人们学会“培养”思维以提高专注力，从而实现没有感情羁绊的觉察。

上眼睛，甚至深呼吸几次，然后集中注意力。在这个阶段后，可能会感到厌倦，因为意识会与心理命令进行斗争，以封闭所有思想和附带性情绪（在很多情况下，人们会在这个阶段停下来）。人们的意识会因为任何可缓解这种厌倦的想法而分心。但是一旦把干扰思想去除，人们就会进入深度放松的状态。在这一过程中，大脑左右半球的统治优势会来回转换。这种转换可以用脑电图中的 β 波减少、α 波增加来测量。随着持续的深度放松，任何出现在心理屏幕上的思想都会得到客观的观察，而不会得到任何情绪性含义，不会对任何思想进行判断和分析（专栏 18.2）。随着这一状态的深入，就会进入超意识状态，提高对内部自我的觉察，开始展现自我。在这个阶段的冥想中，人们会感到非常愉悦，会产生启蒙的感觉，与周围的环境虚拟地联结起来——感觉与宇宙融为一体。

裂脑理论

很久以前，人们就认为人类的思想过程是二分的（例如，序列的与非线性），这一观点并不新鲜；当发现人类大脑由两个半球组成时，解剖学研究好像也支持这种观点。后来在对癫痫症病人的治疗探索中，这种理论获得了实证证据。在 20 世纪 50 年代中期，研究者罗杰·斯佩里（Roger Sperry）及其同事设计了一系列实验来减轻猴子癫痫病发作的强度。他们假定如果癫痫病发作仅仅局限于大脑的一个半球，其强度会减半。令他们感到惊奇的是，切断联结左右半球的胼胝体后，癫痫病发作的频率和强度都下降了。为了验证在人类身上是否也存在类似的结果，研究者之后对 4 名自愿参与的病人进行了类似的研究。结果发现，这种手术并没有伤害大脑两侧的功能，病人的人格和智力也没有显著的变化，但是病人的认知过程发生了细微的变化，认知和日常行为中的这些细微差别很快就形成了人类意识的新范式（Gazzaniga, 1967）。

经过术后的密切观察，研究者首先注意到病人的右半边身体是由大脑的左半球控制的；相反，身体的左半边是受大脑的右半球控制的。后来，让这些病人识别隐藏在视野内的物体，将物体交替放在两只手中。在其中一个研究，当病人右手拿着铅笔

公案（koan）：一种无法解答的谜语，目的是使自己的意识从分析性思维转移到深刻的思考。

专栏 18.2 正念的艺术

正念是通过非判断性的眼光（关闭自我的声音）生活在当下的艺术。通过正念生活，人们不仅要学习观察他人的想法，还要观察自己的想法（这被认为是与自我分离的缩影）。因为自我的影响会不断将我们的思想指向过去（罪恶）、未来或可能发生的事件（担心），所以分离并不像看起来那么容易。请记住：正是自我影响了“战或逃”的反应。正念有助于在非威胁的状态下解除这种转换。

作为一种冥想练习，正念可追溯到几千年前佛教起源时。在 20 世纪 70 年代，越南佛教僧侣一行禅师将正念冥想引入美国。如今，正念在来自不同群体的成千上万人之间传播，并且已经在企业界中变得非常流行，所有人都有一个目标：通过实现内心的平静来减轻压力。

几十年前，通过马萨诸塞州医学院大学的乔恩·卡巴金（Jon Kabat-Zinn）的努力，正念冥想的概念在西方找到了一种更基本的方法——作为一种简单的、非宗教的疼痛缓解技术，他们为慢性疼痛患者提供了有关正念冥想的教学。他在疼痛管理方面的成功方法迅速扩展到整个身心治疗领域。这最终促使卡巴金——畅销书《多舛的生命》（*Full Catastrophe Living*）的作者——创建了一个结构化的、系统化的程序，来向其他教师传授他的成功方法。他称之为正念减压（Mindfulness-Based Stress Reduction，MBSR）。任何参加过卡巴金正念禅修课程的人都知道葡萄干练习：在看似几小时里，你抱着、闻着、研究着、凝视着葡萄干，最后品尝和咀嚼葡萄干（有些人使用巧克力），所有行动都极其小心谨慎。这种正念练习的基本前提是：当你越来越能意识到自己的想法和行为时，就可以控制自己的想法（通过分离性观察），从而减轻压力。许多教师用三个词来概括正念：注意力、意图和态度。

今天，正念减压由全美 250 多家医院的认证讲师传授，还有许多企业健康计划和美国陆军也采用了这项技术。在哈佛大学、加州大学洛杉矶分校和斯坦福大学，正念作为一种放松技巧已经得到了很好的研究，并且可能通过威斯康星大学麦迪逊分校的理查德·戴维森（Richard Davidson）教授的研究得到了最广泛的认可。研究结果显示，疼痛感显著降低，并且

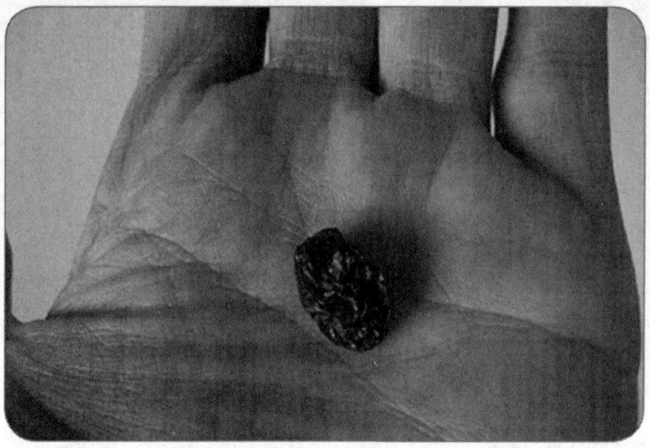

通过功能性磁共振成像（fMRI）数据，已经引导了对脑组织神经可塑性的探索。卡巴金的正念减压课程用 8 周的时间进行 10 节（31 小时）结构化的小组学习，并有每日家庭练习。杜克医疗中心等项目增加了 2 小时的培训计划，该计划的基础成本约为 500 美元，并按比例收费。如正念减压工作手册所述，正念减压的基础知识包括以下内容。

1. 静坐冥想：静坐，直背，闭眼，全神贯注于呼吸。
2. 身体扫描：将你的意识从头顶移到颈部、肩膀、躯干、手臂、手、腿和脚。
3. 轻柔的瑜伽（伸展）：这方面包括一系列简单的躺着的哈他瑜伽体式。
4. 步行冥想：在特定的时间内步行（最好在室外），注意你脚部的位置、周围景色、声音、气味，等等。
5. 爱心冥想：怀着对人和事的慈爱之心，通过观察人的思想，增强与他人和世界的联系感，来创造更加和谐的生活环境。这种冥想通常是通过重复坚定自信的话语来完成的，例如“愿你快乐”。

正念减压课程包括非正式练习和正式练习。非正式的做法包括在所有日常活动中注意自由浮动的意识，从呼吸和吃饭到散步、坐着，甚至洗碗。正式的做法是邀请参与者保持一个特定的结构（例如，一天中的特定时间），通过从细心的早上检查开始，然后进行 5 分钟的正念呼吸练习、身体扫描和常规的轻柔的瑜伽。这种正式的做法（聚焦单一重点而不是多任

专栏 18.2 正念的艺术（续）

务的方法）也鼓励参与者通过这些活动记录所有的经历，以帮助指导和深化这种做法。鼓励参与者继续做正式的练习，直到它成为根深蒂固的习惯。

像所有其他形式的冥想一样，正念的益处包括提升放松的能力，减轻身体疼痛，增强应付身体疼痛的能力，提高睡眠质量，减少自我批评，增强自我同情心，降低静息血压和心率，创造和维持自尊心的能力，以及增加对压力情况做出回应而不是应激的能力。正念被视为必不可少的生活技能，而不是实现单一结果或目标的具体手段。

时，能正确地描述这个铅笔（图 18.6）；当让病人左手拿铅笔时，就说不出来，这说明大脑右半球缺乏言语能力。研究者又设计了其他实验，把物体的视觉和触觉结合起来。在一个研究中，在病人的左侧视野（右半球）呈现勺子，并要求病人用左手找一个与图片类似的物体。病人识别勺子并没有困难，但是不能描述它们找到的东西是勺子。因此，得出的结论是：右半脑的言语能力较差，但是善于空间知觉。

根据这些研究结果可以得出这样的结论，即大脑的每一半球分别负责不同类型的思维过程。而且，大脑半球的功能是独立的。对中风患者的其他研究似乎也证实了这些研究结果。因此，我们现在明白大脑的每一半球分别负责不同的信息收集和加工过程，同时也作为一个统一的整体而工作。应该

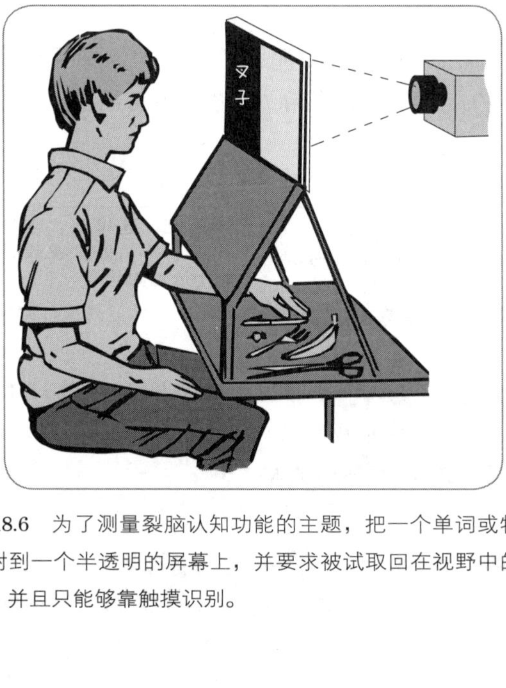

图 18.6 为了测量裂脑认知功能的主题，把一个单词或物体投射到一个半透明的屏幕上，并要求被试取回在视野中的物体，并且只能够靠触摸识别。

注意到，如果不是全部，大部分关于大脑左右半球功能的研究都是以癫痫患者和中风患者为研究对象。健康人的大脑是否是这样工作的，还有待探讨。斯佩里及其同事的工作对关于认知功能的二分研究起到了推动作用。表 18.1 列出了大脑半球不同的功能（Gazzaniga, 1972）。

斯佩里的同事罗伯特·奥恩斯坦（Robert Ornstein）在他的《意识心理学》（*The Psychology of Consciousness*）一书中解释说，作为智力基础的右脑，其认知功能还有待探索。当前的智力测量大多是语言性的，还没有一个标准的方法来评估非语言智力。只认识到认知过程的二元性的方面会限制对人类意识潜能的认识和开发。它也可能有利于我们对压力知觉的认识。用奥恩斯坦的话说，“问题不是我们的技术引导我们走向毁灭的道路，而是我们的技术革新超出了我们的视野和判断力。我们生活在难以理解的世界中。”奥恩斯坦支持这样的观点，

表 18.1 大脑左右半球的认知功能

大脑左半球功能	大脑右半球功能
分析功能	综合功能
决策功能	接受事物
时间意识	非时间意识
词汇的敏感性	符号意象
线性思维	非线性思维
理性思维	非理性思维
数学的敏感性	直觉
序列思维过程	想象力
整体和局部的定向	音乐欣赏
逻辑思维	幽默
	空间定位

即思维的两种模式是互补的，而不是竞争的。对于心智的健康来说，二者必须整合和平衡。

自最初的发现以来，人们从裂脑研究中得出了很多推论。例如，在西方和东方文化中，比较了左右大脑半球的功能与占支配地位的思维过程之间的差异问题，并且此后用核磁共振成像对脑进行研究考察（Parsons and Osherson, 2001）。西方文化被认为是由大脑左半球（具有较强的分析和判断功能，直觉思维能力较弱）主导的，而东方文化被认为是右半球主导的。也有假设说，左半球思维模式与应激反应中的心理状态存在很强的关联（Schaef, 1986；Borysenko, 1987）。尽管这种推论会使对文化差异和人类认知的理解复杂化，但是可以较好地解释为什么西方的工业化国家较难接受冥想，也可以解释冥想在获得右半球功能以达到半球认知平衡中发挥的作用。

左脑、右脑、上脑、下脑

人类的大脑真的很出色。几千年来，科学家、艺术家、哲学家和诗人都对人类思想感到惊叹。解剖学和生理学对大脑的科学研究揭示了它的许多秘密，但所有这些研究几乎都没有涉及意识、思维过程、记忆、创造力、直觉、想象等背后的内容。

没有一项研究可以解释大脑的复杂性（尽管许多人尝试过）。罗杰·斯佩里在1981年因研究右脑和左脑的认知功能而获得诺贝尔奖。最近，研究集中于理解大脑（额叶皮质）的“执行功能”，现在有许多研究利用大脑的功能性磁共振成像进行研究，揭示了更多的大脑秘密。一些研究人员将思维过程划分为上脑（位于大脑上部的额叶皮层，具有高级功能）和下脑（大脑皮层下的部分，与“战或逃”有关的低级功能）。也许过去10年中最大的研究发现是，大脑及其所有神经线路都可以为特定任务重新编程，以完成特定任务。大脑形成和重组突触连接的能力被称为“神经可塑性”。例如，冥想的人训练大脑在紧张事件中保持冷静；反复使用电脑屏幕和移动设备（涉及快速浏览和搜索数据）的人们会训练他们的思维在这种特定技能中保持警觉。确实，有些人比其他人更倾向于做出判断（左脑功能）。相反，有些人似乎比其他人更重直觉（右脑功能）。有趣的是，与斯佩里的研究相关的左脑技能在极端情况下倾向于产生更多与压力有关的思维过程（与大脑皮层下的低级功能相同）。右脑技能与放松更密切相关。毫无疑问，人类大脑的复杂性当然是繁杂的，但所有这些大脑研究的答案都是使用你的整个大脑，而不仅仅是它的一部分。

意识改变状态

斯佩里及其同事（Sperry et al., 1964）的这些研究和其他研究结果被公布于世以后，研究者发现，大脑右半球的认知功能与冥想引起的意识改变状态相关特点有着很强的相似性。此后研究表明，冥想活动产生的脑电波与平常的清醒状态和睡眠状态不同（Murphy and Donovan, 1997）。在“正常”的意识状态下，发出的主要脑电波是快速且呈锯齿状的 β 波（15～20周/秒），这好像意味着较快的神经传导（图18.7）。典型清醒状态下的思维过程带有大脑左半球认知活动的特点。换句话说，在意识的正常状态下，大脑倾向于压抑、分析、判断和理性。批评者则认为，意识的正常状态在学术、文化和社会实践中是被奖励的，结果是其他途径的思维和信息加工受到排挤。意识的正常状态会加重大脑的负担：在较短的时间内，我们可能每时每刻都会陷入意识改变模式，最有可能的情况是白日梦。

另一方面，冥想能够产生所谓的**意识改变状态**。众所周知，酒精和/或药品也可以引发类似的

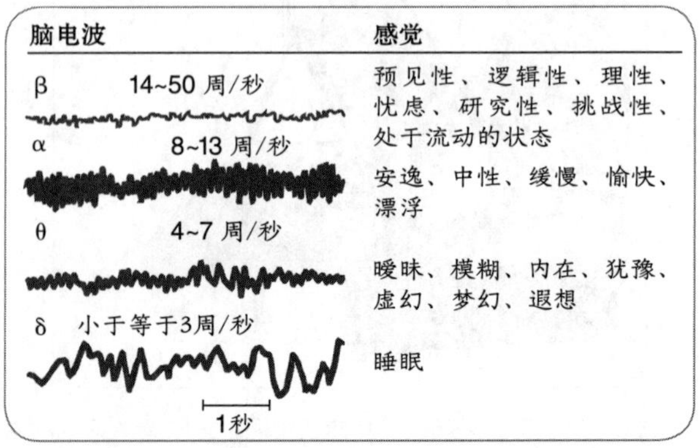

图18.7　在意识的不同状态中，大脑的神经活动模式是可变的。α 波被认为是大脑处于放松但充分警觉状态下的脑电波。

反应，但是不能鼓励这些做法。当认知过程的思维风格发生转换时，就会出现意识改变状态。从生理的角度讲，大脑在意识改变状态下会产生慢的（7～10 周 / 秒）和有节奏的振荡，称为 α 波，这表示感觉输入或脱敏作用的显著下降。（睡眠会产生 δ 波和一些 θ 波，在快速眼动阶段会产生 β 波。）从很多方面来看，意识改变状态与大脑右半球功能的特征非常相似：大脑是开放的，接纳新思想，不加批判地观察。

在冥想过程中，一些特征也表明了意识改变状态的出现（Allen, 1983）。当体验到这些感觉时，冥想过程就已经引起了从左半球优势到右半球优势的转化。过程如下。

1. **时间失真**。时间意识是左半球的功能。在冥想过程中，随着优势思维从左半球转移到右半球，可能导致时间感知失真。时间失真通常表现为时间损失，20 分钟好像只有几分钟一样。大脑右半球对时间不能认知，因此右半球不能表达也不能判断左脑在正常意识状态下所感知的时间流逝。
2. **无法表达**。你是否有无法用语言表达想法的经历？有时，你是不是无法找到合适的词语来恰当地描述你的经验？如果你有这样的经历，就是所谓的无法表达。大脑主管语言技能的区域在左半球，右半球用符号、意象和鲜艳的色彩“说话”。很多时候，冥想过程中会发生一些经验，你根本无法用言语表达出来。但可以通过感觉（视觉）形式来理解。
3. **当前中心化**。在意识的正常状态中，大脑以闪电般的速度在过去、当前和未来中穿梭。过去好像是愧疚的仓库，而未来则怀有对可能发生或可能不会发生的事情的担忧。冥想的目标是活在当下和以此时此刻为中心。
4. **知觉扭曲**。如果你曾经感觉自己的手臂和腿脚陷入地板之中，或消失了，同时还感觉很放松，就是出现了知觉扭曲。在意识改变状态中，并不是大脑不能加工信息，仅仅是因为信息是由大脑右半球加工的。空间定向就是右半球的功能。在思维过程中，当右脑占优势时，空间知觉就会扭曲。冥想过程中的知觉扭曲也包括所谓的**联觉**或感觉交叉。在联觉中，刺激是由负责其他认知功能的神经进行加工的，因而会导致不同的解释。例如，你可能会听到颜色，看到声音，这种感觉经验是不可能完全用言语解释的。
5. **接受性提高**。在冥想状态下，自我防御暂时减少，甚至消失。当这种情况发生时，来自无意识的思想会自由地进入意识层面中。随着意识的扩展，大脑变得更容易接受无意识的思想和想法。因而，恍然大悟是由自我产生的。这种改变状态的特征与催眠或潜意识暗示很相似。然而，在冥想中，这些想法与建议来自内部自我。
6. **自我超越**。冥想似乎确实具有神秘的精神品质。之所以说是精神上的，是因为它能够扩展意识领域，使人获得在意识的正常状态中无法

意识改变状态（altered state of consciousness）：思维发生的一种转变，一般来讲，是从左脑思维转为右脑思维，以便大脑变得更具有觉察性和接受性。

时间失真（time distortion）：由于意识改变状态，时间知觉会变化或扭曲，使得一段时间似乎比实际时间更长或更短。

无法表达（ineffability）：无法用言语表达的经验，在冥想中尤其常见。

当前中心化（present-centeredness）：在意识改变状态中，人们会全心关注当前，而不关心过去和将来。

知觉扭曲（perception distortion）：冥想期间的一种感觉（一种改变状态），例如，人们的手臂和腿脚好像很沉重。

联觉（synesthesia）：感觉通道的交叉（在改变状态中），例如，嗅到声音，看到噪声。

接受性提高（enhanced receptivity）：在冥想练习中，大脑变得更加开放，能够接受通常在正常的意识状态下受压抑的思想。

自我超越（self-transcendence）：一种感觉自己变得伟大的体验，在冥想过程中发生的神秘体验。

显示出的顿悟（图 18.8）。这是几千年前最初传授给寻求开悟的人的冥想活动：凡事预则立。自我超越也包括积极思维和内心平和。内部平和来自所有压抑解除后达成的统一。当达到超意识状态时，自我边界的缺失被体验为与万事万物的连接。

图 18.8 冥想这个抽象概念通常被比作水，当头脑平静时，像池塘或湖泊，就开始反映深层智慧的更宏大的图景。

冥想的生理和心理效果

截至 2011 年，已有超过 1200 项经过同行评议的关于冥想的科学研究展开并发表。绝大多数研究都观察到了冥想（包容、排斥和正念）对情绪状态的直接影响（Carlson et al., 2004；Shamini, 2007），也影响免疫功能（Kim et al., 2005）、睡眠（Bootzin and Stevens, 2005）、慢性疼痛（Morone et al., 2007）以及心理、情绪和身体健康的各个方面（Rausch et al., 2006）。加州大学戴维斯分校的研究人员托尼娅·雅各布斯（Tonya Jacobs）和克利福德·萨隆（Clifford Saron）发现，参加为期 3 个月的正念冥想项目的 57 名被试的静息皮质醇水平下降了，他们承诺会对更多的被试和对照组进行后续研究（Fell, 2013）。目前的重点正在从结果转向对“为什么”的机制的研究，并进一步探索冥想如何改变大脑处理信息的方式（核磁共振成像研究）。本节着眼于一些早期的标志性研究以及当代对脑研究的关注。在回顾关于冥想的生理方面的临床研究时，我们会遇到瑜伽、生物反馈和自律训练，它们似乎都有关联。1935 年，一位法国女性带着便携式心电图前往印度。当时，临床研究的首要目标是测量大脑对身体的控制。她发现，瑜伽习练者具有降低心率的能力，有一名瑜伽练习者甚至可以让他的心跳停下来。特雷斯·布罗斯（Therese Brosse, 1946）的这项先驱研究近 20 年来一直没有引起关注，可能是因为她的研究结果与之前关于自主神经系统调节的所有观点相矛盾。巴奇（Bagchi）和温格（Wenger）于 1957 年使用更好的仪器设备重复了布罗斯的研究，虽然并没有发现瑜伽习练者能够让心跳停止，但是他们的被试表现出了令人惊奇的对自主神经系统的控制能力。在 20 世纪 70 年代早期，埃尔默·格林（Elmer Green）和阿莱斯·格林（Alyce Green）在门宁格尔研究所（Menninger Institute）进行了几项临床案例研究，斯瓦米·拉玛（Swami Rama）作为研究对象的合作在很大程度上证实了布罗斯、巴奇和温格的早期研究。这些研究再次证明心理控制能够降低心率和通气量，并改变血流分布。

随着超验冥想进入美国，作为一种使心理平静和放松的技巧，大家认为其效果明显。其中包括控制心率、通气量和血流分布等。由华莱士和本森（Wallace and Benson, 1970, 1972）设计的一系列研究将这些内容置于“科学显微镜”之下时，得到了支持性结果。最近关于本森的放松反应的研究（Benson, 1989）也表明，冥想活动能够通过中枢神经系统降低去甲肾上腺素的释放和响应性。从华莱士、本森以及特里希等人的早期研究（Treichel et al., 1973），以及近期（Michael Delmonte, 1984, 1985）的研究看，冥想活动能够马上降低一些生理反应和习得反应。当有规律地进行冥想活动时，通常会发生以下生理变化。

1. 氧消耗降低；
2. 血乳酸降低；
3. 皮肤电阻增加；
4. 心率降低；
5. 血压降低；
6. 肌肉紧张降低；
7. α 波增加。

对冥想疗效的新探索涉及正念冥想对从时差到心血管疾病的各种情况的影响。一项研究考察了正念冥想如何影响乳腺癌和前列腺癌患者的生活质量。研究发现得到了喜人的结果，包括垂体—肾上腺介导的应激水平降低（Carlson et al., 2004）。滥用药物的青少年通过练习正念冥想能改善睡眠质量（Bootzin and Stevens, 2005）。弗吉尼亚联邦大学的大学生只接受了一次冥想（和渐进式肌肉放松），结果就显示了焦虑水平的下降（Rausch et al., 2006）。正念冥想可能是最近许多研究的焦点，但是韩国的研究人员研究了打坐式冥想对与冠状动脉相关的若干生理因素的影响，得到了令人喜悦的研究结果（Kim et al., 2005）。

由于冥想活动能够使大脑平静，因此人们以极大的热情研究了冥想活动产生的心理效果。令人惊讶的是，结果证明，它在减少许多与压力相关的因素和改善心理健康方面都非常有效（Baer, 2003；While, 2010）。

在对冥想的心理影响的研究进行全面回顾时，德尔蒙特（Delmonte）总结称，最重要的是，冥想活动确实促进了更广泛的普遍幸福感或内心的平静。冥想作为促进心理健康的主要工具被整合到心理治疗的实践中。

另一项关于冥想活动的生理和心理效果的综述发现，在所有方法中，冥想活动毫无疑问能够给身心带来有益的改变（Michael Murphy and Steven Donovan, 1997）。

神经可塑性：冥想的神经科学

人们普遍认为冥想练习可以促进放松，但冥想是否能改变脑神经生物学？答案似乎是肯定的。当临床研究第一次开始探查冥想的生物学前景时（例如，调节心率、血压和肌肉紧张度），考察的重点是超验冥想，因为这种放松练习使用了特定的方法。神经科学家理查德·戴维森（Richard Davidson）开辟了正念冥想神经生理学研究的新方向：正念冥想对大脑生理学的影响。结果推翻了先前有关脑科学的认知。

以前，人们普遍认为，成年后，大脑的神经回路就保持不变。进行这种心理训练的临床研究证明并非如此。在过去的 10 年中，功能性磁共振成像技术的使用揭示了一种关于大脑生理学和冥想神经科学的新观点（Davidson et al., 2003；Horrigan, 2005；Rubia, 2009），其中一些发现如下。

- 长期以爱、仁慈和同情为主题的冥想者会产生显著的 γ 脑电波的活动（30 倍）。这种脑电波通常很微弱，无法在非冥想者身上检测到。
- 通过冥想，大脑左侧前额叶和边缘系统区域的活动增加，反映了持续性注意和情绪调节的过程（Rubia, 2009）。
- 即使是短暂的正念冥想也会对大脑的生理机能和免疫系统产生可测量的影响。
- 用于冥想练习的部分大脑会发生体积增大的变化，并且会经历神经的重新连接，即所谓的神经可塑性。
- 与同情有关的脑体积的增加会导致研究人员好奇冥想是否会影响抑郁症的脑生理。

冥想和脑成像研究

随着磁共振成像技术的出现，研究者能够对思维过程中的大脑状况进行观察了。研究者以极大的兴趣探讨了冥想活动是如何影响大脑的不同部位和层次的（Stein, 2003）。本森及其同事（Lazar, 2000）观察到了边缘系统的血流量的下降，边缘系统是一个与情绪有关的区域。美国威斯康星大学麦迪逊分校的研究者理查德·戴维森的研究表明，冥想活动好像能够使大脑从压力模式转为接受和满意的状态（Land, 2003）。有规律的冥想活动好像能够使神经细胞适应感觉信息较少的状况，这个过程是通过激活负责当前的觉察的前额叶来完成的。纽伯格（Newberg）通过研究认为，负责时间和空间知觉的脑区的接受性可能提高而决策性可能降低；同时，海马的神经输入减少，降低了自我的警戒，提高了一体感。对于冥想活动的练习者来说，很容易做到为达到内部平和的神经性过程的改变。

冥想和慢性疼痛治疗

很多人大概知道乔恩·卡巴金是冥想活动的最大支持者，但很多人不知道他在这个领域的职业生涯始于关注冥想活动能够缓解疼痛反应（Kabat-Zinn, 1982；Kabat-Zinn et al., 1987）。后来，卡巴金找到了禅宗冥想活动能够缓解非医学疼痛的强有力证据。从此，很多其他研究者也得出了类似的结论（Kaplan, 1993）。尽管，疼痛好像是一个生理现象，但是心身灵模型认为，如果要处理好疼痛缓解中的心理和精神因素，即使不能根除疼痛，也能够减轻症状（疼痛）。卡巴金利用了联想（与疼痛保持接触并且舒适）作为正念的方法，而其他人主张使用冥想（排他性）来从疼痛中解脱，作为暂时缓解的手段。

冥想的步骤

如本森所说，冥想活动的成分相当简单。你所需要的仅仅是一个安静的环境、一个舒服的姿势、一个接受的态度和一个心理道具或者是“冥想扫帚”来清扫你心灵的各个角落。但是本森忽视了一个重要成分，即练习的规律性。冥想是大脑的一种状态，其有效性基于练习。集中注意，像其他很多行为一样，是一种技能，练习得越多，越有好处。

下面是我教授这种技术时的两个练习活动。第一个活动是包容性冥想。第二个活动是排他性冥想，是我从一个瑜伽老师那里学会的。首先，阅读这些练习活动的说明，使自己熟悉这一技术。接下来，尝试练习。刚开始练习的时候，时间可以短一点（5 分钟），然后逐渐增加时间，直到能够持续 30 分钟（大概需要几周的时间才能感觉持续 30 分钟是比较舒服的）。

心理影像的宏大视角

心理影像的宏大视角是包容性冥想的例子。在这种冥想活动中，应该让所有思想进入你的意识之中。同时，不要给出现在头脑中的图像附加任何情绪反应。只是观察这些意象，但是要使自己做到与它们情绪性分离。如果感觉带有情绪上的依恋，就让这片思绪消失，重新让一个新的思想进入意识。这种形式的冥想活动和自由联想类似，你会发现这些在大脑中徘徊的思想好像都存在着联系，那没有问题。尝试让此联系持续 3 ～ 5 分钟。每次练习时逐渐增加时间。如果有一个想法持续出现在大脑中，而且你不能对它持客观的态度，很可能就是需要尽快处理的问题。你也可以为这种练习选择柔和的乐器演奏的背景音乐，这样有时有助于练习。

1. 以舒服的方式坐下或躺下，脊背挺直，深呼吸，放松。
2. 闭上眼睛，想象你的心灵之眼在观察投射在心灵屏幕上的各种思想。投射到心灵屏幕上的电影是你所制作和导演的，但是现在你的主要角色是观众。
3. 把自己与各种思想隔离起来，让它们自由上演或消失，不要进行编辑和审查。让自己坐在心灵剧场的最后一排，以一个宏大的视角观看这些意象。为了使这种练习有效，要客观地观察这些思想，不要带有任何情绪，或进行任何分析。开始时，要做到这一点可能比较难，练习一段时间就容易了，就像坐在观众席上欣赏节目一样自然。

正念冥想

正念冥想并不需要限制在房间里。正念冥想的假设是享受当下。根据佛教一行禅师的观点，可以在任何地方进行冥想活动（图 18.9）。这就是埃克哈特·托尔（Eckhart Tolle）所说的，利用当下的力量。正念冥想意味着要意识到当下时刻你所做的一切，用你目前所体验的东西来填补你身体的感官。例如，可以在走路时做正念冥想，当你将每只脚迈到前面时，感受你身体重量的转移，并感受你身体的每一个动作。也可以在洗盘子时进行正念冥想，留意手上的水和洗洁剂带来的感受。下面的练习是通过吃苹果来提高觉察和注意。

1. 拿一个苹果放在手中。
2. 以舒服的方式坐下，后背挺直（你也可以靠墙坐）。

专栏 18.3 冥想和注意缺陷障碍

在美国，众所周知，注意缺陷障碍已经成为流行病。在特定时间内不能把注意集中在任何事物上已经成为一个社会问题。出现这个问题的原因是多方面的，从缺乏营养（缺乏 Ω-3 和过多摄入阿斯巴甜）到电视信号反复震荡（更不用说商业相机镜头和角度）。再加上对短信、电子邮件和即时消息的痴迷，随着科技干扰的扩散，任何人都能完成任何事情将是一个奇迹。尽管有药物的推动，但我们完全可以假设人们没有哌甲酯缺乏症。

禅师们不认同注意缺陷障碍这个概念，不是因为它好笑，而是因为他们认为每个拥有自我的人都有某种程度的注意缺陷障碍。他们还认为冥想是培养注意力的手段。说得更具体一点，冥想是在意识图景内驯化自我的重要途径。作为一种古老的工具，冥想能够提高注意并训练自己的注意力。

有很多人认为他们已被诊断为患有注意缺陷障碍，因此不能（也许永远不能）冥想。事实并非如此！尽管起初可能很难（说实话，最初每个人都很难学会冥想），但一定要坚持下去，它会变得更容易。学会尽量减少干扰，例如使用手机和吃得更健康，也是一个不错的主意！

3. 感受苹果的重量、苹果表面的纹理、苹果的曲线和苹果的茎部（如果有的话）。注意苹果各方面的细微差别。
4. 观察苹果，它是什么样的颜色？仔细地看，并研究它。对这个苹果熟悉到就算把它放到一桶苹果中，你也能够把它找出来的程度。
5. 现在闻苹果。闭上眼睛，集中注意闻这个苹果。它有什么气味？
6. 咬一口这个苹果，品尝它的滋味，包括果肉的纹理。在咀嚼的时候，感受一下你的舌头和下巴的运动。吞咽的时候，感受一下你的呼吸暂停。每吃一口苹果都要像第一口一样。
7. 注意有关此体验的其他观察。

图 18.9 可以在任何地方练习冥想，但最好有一个寂静的空间。有时，自然界重复的声音，例如瀑布声，有助于清理基于自我的思想，澄清人们的生活和目标。

冥想的最佳应用

有人说，在追求感官满足的现代，我们处于平静状态的时间很少。我们每天都生活在由电视机、洗碗机、收音机、手机、电冰箱和个人计算机所发出的声音之中——更不用说空气中的噪声和交通噪声——几乎没有一刻持续的心理平静。因此，人类心理因感官刺激过度而处于饱和状态。为了保持心智健全，人类心理必须摆脱过多的感官刺激，否则就要承担这种后果造成的痛苦。对于大多数人而言，典型的后果是生理唤醒的提高，这导致人们将这些感官刺激解释成潜在的威胁（压力）。心灵像身体一样渴望内在平衡。鉴于全球各个角落都充斥着感觉轰炸的喧嚣声，花时间让心灵安静已成为一种奢望，但它是保持心理平衡感的必要条件。

瑜伽式冥想在教授之初就要求练习者在早上 4 点至 6 点进行，因为这段时间最适合觉知的扩展。3000 年后的今天，清晨仍是练习冥想活动的时间。但是练习时间的长度更重要，每天应该持续练习 20 ～ 30 分钟。如果你每天只能安静地坐 5 分钟并专注于呼吸，也是一个很好的开始。在任何情况下，在一天中都应该拿出一段时间来练习冥想——无论在什么时间都可以，只要契合你的日常生活安排。在特定的地点练习冥想活动也是非常有益的，实际上你可以指定任何地方。

然而，无论你在何时何地练习冥想，最重要的是清除心理的混乱。毫无疑问，冥想可以归类为一种帮助预防持续的高压唤醒的技术。然而，在面临压力，尤其是无意识的愤怒时，人们很难进行高质量的冥想活动。但对于消除恐惧而言，它可能是最好的技巧。在练习的过程中，你会发现冥想活动有很多层次，可以产生深刻的放松效果。

总　结

1. 冥想是最古老的放松方式。简单地说，是清理大脑或达到空无的过程。在更深的层面上，冥想就是集中注意，提高对自己的存在的觉察。当大脑清空了有意识的思想之后，无意识思想就会进入意识领域，给生活带来启迪。
2. 清理大脑的方法基本有两种：一种是清除大脑中的所有思想；另一种是让所有的思想都进入大脑，但不能对这些意象进行情绪性反应。超验冥想和禅宗式冥想分别是排他性冥想和包容性冥想的例子。
3. 本森把超验冥想美国化，并称之为放松反应。他发现放松具有四个成分：一个安静的环境；一个帮助集中注意力的心理道具；一个被动的态度；一个舒服的打坐姿势。
4. 冥想活动会导致意识改变状态，在这种改变状态中，感知觉和意识正常的清醒状态是不一样的。感知觉的变化包括：时间失真、无法表达、当前中心化、知觉扭曲、接受性提高、自我超越。
5. 斯佩里观察到这些知觉和信息处理的变化，他发现当大脑两半球被割裂后，左右半球表现出独特而分割的认知功能，类似于正常状态和意识改变状态。
6. 有关研究也发现，习惯化的冥想活动对身体有广泛的生理效应，例如，静息心率降低，血压降低，静息通气降低等。这些都说明大脑和身体是有联系的，对内稳态有深远的影响。
7. 脑成像研究表明，冥想能够使大脑神经元建立新的连接，从而产生内心平和的感觉。
8. 研究表明，定期的冥想练习可以促进神经可塑性（即脑组织的新生长和新连接），从而促进更深层次的精神健康。
9. 已证实正念冥想可以缓解慢性疼痛。
10. 现在，美国心脏协会推荐将冥想作为减轻压力的手段之一，压力被认为是心脏病的风险因素之一。
11. 每种放松技巧都涉及冥想的某些方面。

学习指导题

1. 解释包容性冥想与排他性冥想的区别，并分别举例说明。
2. 赫伯特・本森对超验冥想进行了美国化，并称之为放松反应。描述他的冥想方法。
3. 冥想活动对大脑有什么样的影响？
4. 什么是意识改变状态？
5 冥想对心理和身体的影响是怎样的？
6. 什么是神经可塑性？冥想是如何对它产生影响的？

第 19 章

哈他瑜伽

瑜伽是灵魂的武术，而你所遇到的最强大的对手是你自己。

——佚名

在过去的 20 年里，哈他瑜伽已经从人们在家里私下做的深奥活动变成了一项流行的活动——它变成了深夜电视笑话和优兔视频片段恶搞的素材。好消息是，哈他瑜伽成为当今的主流。坏消息是它变得商业化，与千年前开始时的无我活动相去甚远。欢迎来到美国哈他瑜伽，那里的人们吹嘘一切：从瑜伽工作室的一个教程有多热，到佛经的正确发音或参加瑜伽训练营。如今，美国陆军士兵在瑜伽垫上做下犬式伸展运动的照片也是十分常见，还有企业高管进行瑜伽健身的照片。简而言之，哈他瑜伽是一种平衡的隐喻：一系列促进内心平和与安宁的身体运动。瑜伽最纯粹的形式就是把自我从这个体验中移出，以努力实现内心的平静。具有讽刺意味的是，如今美国大多数瑜伽课程都没有实现这一目的。时尚的瑜伽教练、豪华的瑜伽工作室、昂贵的瑜伽垫、氨纶瑜伽服、独家瑜伽俱乐部会员资格和高端瑜伽休假，都与原有的无我活动背道而驰。

瑜伽一词来自古梵语。可以翻译为“结合”——确切地说，是心、身、灵的完全结合。瑜伽的发展和习练深深根植于心灵提升的哲学中。随着这项技术传入西方世界，尤其是美国，很多传统的瑜伽体式被吸收到美国文化中了。这些姿势被作为锻炼前后的柔韧性习练。现在，大休息术，也叫挺尸式，被用在很多放松技巧中，包括渐进式肌肉放松法和自律训练。但是，瑜伽的很多其他方面，包括呼吸和经典姿势的象征与哲学意义被抛弃了。但是，后来，随着美国人对了解更多放松技巧的渴望，瑜伽的原始意义不仅再度出现，还在世界各地变得非常流行。它们形成了一种简单且意义深远的技术，以促进放松和身心灵的整合（Krafsow, 1999）。

瑜伽有很多种风格，习练瑜伽可以产生不同层次的内心平静。**哈他瑜伽**特别强调身体姿势，还有**调息**或呼吸控制的整合。哈达一词来源于两个梵语单词，“哈（ha）”的意思是“太阳”，“达（tha）”的意思是“月亮”。这些词的象征意义是宇宙生命力量的平衡（Iyengar, 1981；Rosen, 2002）。更具体的意义是通过行动、情感和智慧来平衡思想、身体和精神。下面简要介绍几个哈他瑜伽的概念和姿势。要学瑜伽，你必须体验它。本章仅作为入门，请在合格的指导下使用这项技术。

瑜伽（yoga）：一个意味着结合的梵文词，特别是思想、身体和精神的结合。

哈他瑜伽（Hatha yoga）：传统瑜伽，五个瑜伽流派之一；身体平衡之路。

调息（pranayama）：描述每个体式（瑜伽姿势）呼吸控制概念的瑜伽术语。

历史回顾

学者认为，瑜伽的起源可以追溯到公元前6世纪印度哲学家迦毗罗的教义。这些教义与印度的奎师那神的教义一起，奠定了很多概念，其要义是通过身心灵的结合促进生命的提升。古代经文指出，湿婆神或最高意识是瑜伽的创始人，他把最早的体式（王瑜伽）传给帕坦伽利，而帕坦伽利把这些体式汇编成**《瑜伽经》**（Allen，1983）。帕坦伽利也被认为创造了整个“王瑜伽”体系，包括帝王冥想、调息法和生活原则。最初，体式被用来净化身体，开启经脉及提升意识水平。随着时代的变迁，产生了很多变体或流派，每种流派都对提升途径有自己的解释。瑜伽大师斯瓦米·拉玛（Swami Rama）指出，有5种瑜伽流派：卡玛瑜伽（也称为**业瑜伽**[①]）——动作流派；巴克提瑜伽（也称**奉爱瑜伽**）——奉献流派；若那瑜伽（也称**智瑜伽**）——知识流派；昆达利尼瑜伽（也称**灵量瑜伽**）——精神觉醒、高级形式的冥想流派；还有在美国最常见的哈他瑜伽——身体平衡流派。很多瑜伽流派都包括很大一部分冥想内容，用来提升身心灵的结合，所以很多人都把瑜伽和冥想视作同义词。

正如早期的瑜伽支持者指出的：身心灵结合的前提是人类最突出的本性具有神圣的品质。有意识的理智和自我审查成了肉体和灵魂之间的一道高墙。就像最早的教义里描述的那样，当这道墙通过自我实现、超越意识的局限而消融了之后，神性就可能得到提升。然后，这道消融的墙的残余部分变成了更好地领悟或提升的桥梁。

1983年，斯瓦米·维韦卡南达（Swami Vivekananda）在芝加哥世界宗教议会发表演讲时，首次将瑜伽正式引入美国。他的美国之行持续了2年多，游历了几个城市。到了世纪之交，在加州建了两个瑜伽中心，紧接着全美各地涌现了更多的瑜伽馆。1970年，来自喜马拉雅研究所的瑜伽大师斯瓦米·拉玛（Swami Rama）被邀请到位于堪萨斯州托伊卡市的门宁格基金会。在那里，他参与了几项临床研究，通过不同的生物反馈方式测量了瑜伽和冥想的生理适应。据观察，斯瓦米·拉玛对几种自主功能（例如，呼吸、心率和血流）表现出了令人难以置信的控制能力，向临床研究人员展现出许多所谓的无意识身体功能实际上是可以在放松状态下通过有意识的观念来加以控制的。瑜伽这种草根运动已经逐渐成为被广泛接受的放松方式（Swami Rama，1979）（图19.1）。

最早的王瑜伽最接近限制性冥想习练，认为身体必须放松才能打开心灵。与此相反，哈他瑜伽融合了肌肉力量、耐力、柔韧性和肌肉放松的成分，同时也是冥想的催化剂。根据瑜伽杂志《美国瑜伽》（*Yoga in America*）在2008年所做的市场调查，大约有1580万美国人习练瑜伽。研究表明，希望保持或改善自己的健康状况是人们养成瑜伽习练习惯的主要原因。《瑜伽杂志》（*Yoga Journal*）出版人比尔·哈珀（Bill Harper）说：“瑜伽不再是单一的追求，而是一种生活方式的选择，也是健康和文化的一部分”（Macy，2008）。

图19.1

① “业”意为一切行动。——译者注

生理和心理效果

21 世纪初，瑜伽（主要是哈他瑜伽）作为一种改善个人整体健康状况的手段得到了广泛的研究。研究结果表明，这种古老的激发生命力的方法确实非常有效（Oken et al., 2006）。支持者主张，每天习练一系列特定的体式能使人长寿，也能促进身心灵的平衡。研究人员更关注的是可测量的生理结果。哈他瑜伽被证实能够降低压力水平（Smith et al., 2007）。瑜伽可以增加肌肉力量和灵活性，提升有氧能力，这些已经得到证实（Ray et al., 2001；Tran et al., 2001）。瑜伽现在被认为是改善许多慢性健康问题的适当辅助治疗方式，也是压力管理的多模式方法。以下是一些最新的研究。

越来越多的研究表明，哈他瑜伽作为一种放松方式，促进健康和幸福的效果显著。挪威的一项研究对 10 名哈他瑜伽习练者进行观察，在短短 4 小时的瑜伽课程中，与身体免疫功能有关的 111 个基因的表达发生了积极的变化。相比之下，音乐和步行冥想的效果不及其一半。数据表明，瑜伽能在分子水平上影响身体，可能提供持久的健康效益。研究还发现（Kiecolt-Glaser, 2010），哈他瑜伽习练可以降低压力水平，并诱导积极的内分泌或免疫反应，表明经常性的瑜伽习练有助于身体健康。瑜伽不仅对身体有益，而且对头脑有益。美国职业治疗协会（American Occupational Therapy Association, 2012）发表的一篇文章显示，在帮助从伊拉克战争中归来的士兵减轻焦虑和应对创伤后应激障碍方面，瑜伽非常有价值。黄教授和他的同事（Huang et al., 2013）发现，瑜伽是一种降低中年女性压力的非常有效的方法。

此外，研究已经渗透到瑜伽对经前综合征、糖尿病、临床抑郁症和学业考试焦虑的影响方面，有大量研究出现在与健康相关的期刊上。在一些研究中，哈他瑜伽被证明可以减少更年期症状，如潮热、睡眠障碍和生活质量下降（Booth-Laforce, 2007；Khalsa, 2004；Schell, 1994）。瑜伽似乎也是应对乳腺癌（Carson et al., 2007）、抑郁症（Uebelacker et al., 2010）和糖尿病（Mercuri et al., 2000）的有益方法。

毫无疑问，瑜伽可以增强柔韧性（Ruiz, 2000）。越难的体式越需要肌肉的耐受力和力量，比如那些把身体提离地面的姿势。习练瑜伽还被认为可以通过这些体式的放松来降血压。但是，瑜伽带来的最大益处可能是使身体知觉更敏感。很多人都知道，高科技社会的舒适程度和随之而来的久坐不动的生活方式常常导致姿势、肌肉质量、柔韧性、力量、平衡感、敏捷性和耐受性很差。习练瑜伽体式可以使人对这些方面的感受性增强。

大部分瑜伽习练者通过日常习练瑜伽体式可以获得一种精神愉悦感。现在，科学已经开始支持这些观点。一项研究（Michaelsen et al., 2005）考察 3 个月密集的瑜伽习练的认知效果，结果显示，受试者注意到了这种压力管理方式所引发的焦虑水平的急剧下降。另一研究还观察到，重复习练瑜伽可以改善肺活量，而它正是最佳健康状态的一个重要因素（Birkel and Edgren, 2000）。关于不同形式的瑜伽的进一步进行实证研究可帮助我们理解心身结合的各种途径。

最近的一些研究（Carneiro，Moraes，and Terra, 2016；Schuver and Lewis, 2016）都证实了之前的研究结果，发现从事瑜伽习练的被试的抑郁和焦虑症状减轻了。

瑜伽与慢性疼痛

在脸谱网上流传的许多视频中，有一段年复一年地被各种各样的人分享的视频。这是一个关于一位退役士兵阿瑟·博尔曼（Arthur Boorman）的非

《瑜伽经》（*Yoga Sutras*）：记录古代瑜伽的文字，归功于帕坦伽利，他描述了每一个瑜伽体式。

业瑜伽（karma yoga）：五种瑜伽流派之一；行动之路。

奉爱瑜伽（bhakti yoga）：五种瑜伽流派之一；奉献之路。

智瑜伽（jnana yoga）：五种瑜伽流派之一；知识之路。

灵量瑜伽（kundalini yoga）：五种瑜伽流派之一；精神觉醒之路。

凡故事，他面对严重的背痛和膝盖问题，被告知如果没有手杖或拐杖的帮助，他就没法再行走了，也永远不能跑步了。面对身体问题导致的黯淡前景，阿瑟决定开始习练瑜伽。在过去的几年中，他不仅减轻了体重，而且已经可以毫无痛苦地跑步了。瑜伽成了他的救星！受益的不止他一人，许多患有慢性疼痛的人通过习练瑜伽都实现了疼痛的缓解。

背痛是折磨 25 岁以上人群的最常见疾病。不当的坐立姿势、鞋不合脚、腹部肌肉无力和体育活动都是导致慢性背痛的罪魁祸首（Baxter, 2003）。很多通过正规的医疗而没有得到改善的人，尤其是有骶骨关节病和腰痛的人，都把瑜伽作为一种替代或补充治疗的形式。通过伸展产生疼痛的关节周围紧绷的肌肉和平衡肌肉的力量和柔韧性，瑜伽可以作为一种有效且经济的减轻和消除关节痛的手段。瑜伽还被发现对各种健康相关问题有帮助，包括腕关节问题等（Garfinkel et al., 1998）。

哈他瑜伽的入门步骤

你很可能做过一些瑜伽的体式，只是不知道它们是瑜伽体式而已。如果你对瑜伽已经很熟悉了，可以把这个当成概要性回顾。如果这些练习对你来说很陌生，那么下面选择的这些瑜伽体式将向你介绍瑜伽作为一种放松技巧的概念和应用。在最初的《瑜伽经》中，体式被描述为“舒适和稳定的”，需要缓慢优雅地完成，是用来唤醒你身体的感知的。

每个体式有三个阶段:（1）做出姿势;（2）维持姿势;（3）解除姿势。要记住，解除姿势的过程与做出姿势的过程一样，都要缓慢进行。起初，你所意识到的可能只是每个体式的身体经验。但是，慢慢地，你可能会开始注意到一种与身体宁静（肌肉放松）同等程度的内在（精神）平静。在学习任何新经验时，都需要记住几件事情：首先，疼痛和瑜伽体式不相容。你不应该让自己在做体式时感到痛苦。一些姿势可能看起来简单，而另外一些看起来几乎难以完成，做到你自己身体的极限就可以了。随着习练，较难的体式也会变得简单。其次，在习练瑜伽时，要记住三个概念：呼吸、有意识的伸展以及抗衡 / 平衡。

呼吸的艺术

在习练瑜伽时，呼吸对身心灵的结合有至关重要的作用。腹式呼吸或调息（pranayama）受横膈膜的影响，牵引着宇宙能量在全身流动。“prana”的意思是“呼吸”，“yama”的意思是“停顿”。腹式呼吸是最自然的呼吸类型。它与胸式呼吸不一样，后者不会随着空气进入肺部而扩张腹部空间（图 19.2）。强调用腹式呼吸（横膈膜呼吸）可以使身体的放松感增强。与胸式呼吸不同，调息把意识功能带入整个呼吸系统，包括鼻子、喉咙、肺、肋间肌和腹部。

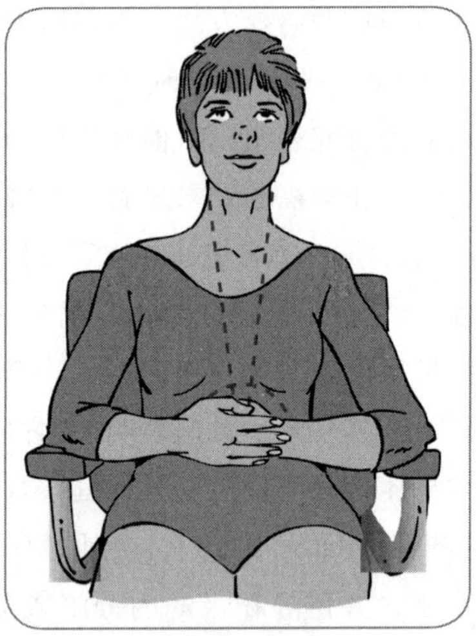

图 19.2 呼吸的艺术指的是意识到呼吸，并在吸气时扩张腹部区域。

在每个瑜伽体式中，都有收缩阶段和释放阶段；肌肉慢慢伸展并放松。将调息整合到每个体式中。呼吸是舒适缓慢和深度的，与收缩和释放阶段的动作协调一致。随着肌肉的伸展，空气由腹部引入肺部。然后，当肌肉放松时，空气被呼出。通常在抬头和身体进入体式时吸气；在低头和身体解除体式时呼气。每次呼吸保持约 10 秒。第一次学习这些体式时，你可能会发现，呼吸很难与动作同步。习练一段时间后，同步就变得比较简单了。

有意识伸展的艺术

你注意过猫或狗在打盹之后会伸懒腰吗？那其实是动物身体的准备运动。伸懒腰是一种天生的反应。在睡觉时或胎儿期，身体会蜷缩起来，很多肌肉，尤其是背部的肌肉收缩。为了在清醒后有效地运动，必须拉伸和拉长这些肌肉（图 19.3）。但是，胎儿一样的姿势并非唯一一种让肌肉以此种方式压缩的姿势。伏案工作、在计算机前工作、长时间开车，甚至是穿高跟鞋走路，都会导致肌肉、肌腱和韧带缩短。结果导致柔韧性明显丧失和某些关节活动受限。渐渐地，丧失柔韧性会导致身体在弯曲时肌肉僵硬和关节疼痛。

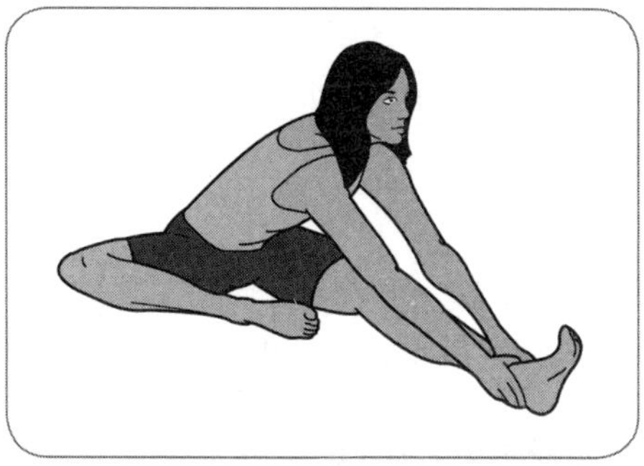

图 19.3 有意识伸展的艺术指的是当你在一系列运动中活动特定的关节时，要意识到你肌肉的柔韧性。

运动生理学家们早就知道，长期紧绷的肌肉很难做全方位的运动。柔韧性降低还与力量减小有关。在静息状态下，肌肉紧绷可能会减少或阻塞毛细血管中的血液供应，产生紧张的恶性循环。而且，随着生理成熟（尤其是在 30 岁后），身体渐渐丧失了产生弹性蛋白的能力，而弹性蛋白是使肌肉纤维伸长的蛋白质。因此，维持柔韧性的需要随着年龄的增长变得更加重要。因为这些原因和一些文化因素，瑜伽体式可能最初看起来有点难。但是随着持续的习练，身体会适应，这些体式也开始变得简单。

要记住的重要一点是，所有的瑜伽体式不应该达到疼痛的程度；这会导致肌肉、肌腱和韧带纤维的撕裂。身体意识是一种动觉技能：要全神贯注地感受身体的每个动作和身体每部分——尤其是每组肌肉的收缩和放松。不要勉强自己。瑜伽的目的是享受。

平衡的艺术

平衡的艺术指的是抗衡。瑜伽哲学认为，平衡是生命的钥匙。为了达到生命和谐，必须有平衡。所以，习练体式暗示着在所有思想和行动中寻求平衡，而体式的进行本意就是一种微妙的课程。当你尝试体式时，你很快就会注意到一系列体式有一个渐进的模式。例如在一个伸展下背部肌肉的体式之后，应该做一个放松同一区域肌肉的姿势（图 19.4）。当身体能够保持一种平衡的体式，并且通过一系列的体式来平衡紧张、放松肌肉，就会感受到身心灵的进一步结合。不论其哲学基础是怎样的，体式中论述的平衡概念都会带来更好的动作范围，潜在地降低了在高级体式中受伤的可能性。

下面将介绍一些简单的瑜伽体式。当你尝试习练这些体式的时候，慢慢地尝试把它们与呼吸、身体知觉和平衡整合在一起。

专栏 19.1 失眠与瑜伽

因为瑜伽倡导身心灵的结合和平衡，它现在已经被吹捧为一种可以缓解持续的睡眠质量不佳的技术。瑜伽种类繁多，从轻度伸展到需要肌肉耐力，它们都可以改善身心的动力系统，从而改善夜晚睡眠质量。现在，瑜伽作为一种治疗失眠的好方法已经获得了国际健康学会（National Institutes of Health）的研究和认证。传统观点认为，深度腹式呼吸和特别的体式能使大脑半球更容易进入最佳意识状态（没有忧虑的思维），从而减少了恐惧思维和降低随之而来的“战或逃”反应的神经紧张程度。用来促进良好睡眠的具体体式包括坐山式、婴儿式、腿向上靠墙式和挺尸式。

呼吸的艺术（the art of breathing）：瑜伽术语，强调呼吸停顿（调息）的重要性。

有意识伸展的艺术（the art of conscious stretching）：瑜伽习练者在做出和维持姿势时全神贯注。

平衡的艺术（the art of balance）：一种瑜伽术语，需要在身体的左右两侧均衡地做出体式。

图 19.4 平衡的艺术指的是当身体进入每个体式时，遵循自然的平衡法则。一旦某肌肉群被拉伸了，就要反方向做同样的姿势以保持身体平衡。

拜日式

拜日式是一系列非常典型的体式，通常在每次习练瑜伽的开始或结束时进行。拜日式开始于一种冥想崇拜，习练者每天早晨面朝东方，做一系列动作来保持一整天的和谐。现在，它被看成伸展和塑造全身肌肉（尤其是腿部和脊椎）的最好的运动之一。跑步的人可能对这样的伸展有所了解，因为这是极好的锻炼大小腿肌肉柔韧性的运动。拜日式需要缓慢地进行，为了维持每个姿势的平衡，需要付出努力。一旦这些动作变得更自然，就可以更快地进行这种习练了。每个姿势与接下来的体式都是平衡的。完整的拜日式由两套动作组成：在第一次动作循环中，在第四个体式中先迈右脚；在第二次循环中，先迈左脚。做这些动作时面向什么方向并无差别。但是，面向东方有觉察到生命中崭新的一天开始了的象征意义。

■ **预备式**：站立，两脚与肩同宽，脊柱完全伸直，体重均匀地分布在两脚上。双臂伸直，举过头

专栏 19.2 办公室或卧室瑜伽体式

去你最喜欢的瑜伽馆是逃离家庭、办公室或日常工作的好方法，但你不必每天都去瑜伽中心习练瑜伽，一些体式也适合在日常的工作场所进行。长时间的坐姿（姿势不好）会使脖子、肩膀和背部的肌肉紧张。

请记住：许多瑜伽体式建立在正确的脊柱姿势和基本平衡之上，几种瑜伽的姿势调整能指导总坐办公室的人保持理想的坐姿。以下是一些简单的练习，可以尝试并纳入日常工作中。

1. 躯干扭转：坐在椅子上，双手侧平举，让身体从腰部以上扭转到右侧，并保持 5 ~ 10 秒。放松并回到直立的坐姿。然后，双手侧平举，身体扭转到左侧并保持 5 ~ 10 秒。每边重复 2 ~ 3 次。
2. 下背弓：坐直，头后仰，腰部向前挺起，将腹部推向桌子，保持 5 ~ 10 秒。重复 2 ~ 3 次。
3. 从肩部到耳朵伸展：面对桌子坐直，肩膀保持不动，慢慢地将右耳贴向右肩，保持 5 ~ 10 秒。放松并回到直立的坐姿。接下来，肩膀保持不动，慢慢将左耳贴向左肩，保持 5 ~ 10 秒。每侧重复 2 次。
4. 坐山式：坐直，双手举过头顶，伸向天花板，保持 5 ~ 10 秒。握紧双手，向右弯（从肩膀到手，保持躯干平直），保持 5 ~ 10 秒。然后放松，把手臂和手放在头顶。再双臂向上伸，向左弯，保持 5 ~ 10 秒。然后放松，双臂放在身体两侧。重复 1 ~ 3 次。
5. 猫式弓背：把椅子从桌子边挪开大约 30 厘米。下巴抵在胸前，然后把头放到办公桌上，手臂伸到前面（或两侧），拱起背部（像猫）。保持 5 ~ 10 秒。坐直。重复 1 ~ 3 次。
6. 胸部扩展：坐直，双手在腰背后握紧（交叉手指）。伸直手臂，将肩膀往后拉。保持 5 ~ 10 秒。放松。重复 1 ~ 3 次。
7. 眼睛瑜伽：坐直，抬起下巴，保持头部静止，只转动眼睛。看向你视野的右上角，并保持 5 ~ 10 秒；然后把视线转移到你视野的左下角，保持 5 ~ 10 秒；接下来将视线移向左上角，保持 5 ~ 10 秒钟；然后把你的视线转移到右下角，保持 5 ~ 10 秒。放松，向前看。以随机顺序重复看向你视野中的四个角落，偶尔再看看你的鼻尖。

顶，掌心向前，手臂完全伸展。

- **体式** 1（图 19.5 和图 19.6）：双臂从体侧举过头顶，然后慢慢地从脸前落到胸前，双手合十，呼气。
- **体式** 2（图 19.7）：直接抬起你的双臂，举过头顶，腰部用力，双腿伸直，背部稍微后弯。这样做的同时，慢慢吸气，向上看。
- **体式** 3（图 19.8）：呼气的同时双臂落下，触碰脚趾，前额尽量触碰膝盖。保持背部伸直，膝盖略弯。（腿后侧韧带紧绷，可能让你够不到脚尖。在感到舒适的情况下，尽量去够。）
- **体式** 4（图 19.9）：双掌落到地上，把右脚放到两手之间。左腿向后迈出伸展，左膝落到地上。随着腿的伸展，吸气，背部后弯，抬头向上看。
- **体式** 5（图 19.10）：右脚退后与左脚齐平，呼气。抬高臀部，头向下，眼睛看向两脚之间。双臂要完全伸展。
- **体式** 6（图 19.11）：双膝落地，臀部不动，将胸部落到地上，腰稍微后弯。整个过程中缓慢呼气。
- **体式** 7（图 19.12）：臀部着地，双腿完全向后伸展。然后在吸气的同时，把双臂伸直，挺胸。向上看，背部后弯。
- **体式** 8（图 19.13）：臀部抬高，离开地面，手掌和脚平放在地面上，同时吸气。头向下，眼睛看向两脚之间。双臂要完全伸展。
- **体式** 9（图 19.14）：左脚向前迈于两手之间，

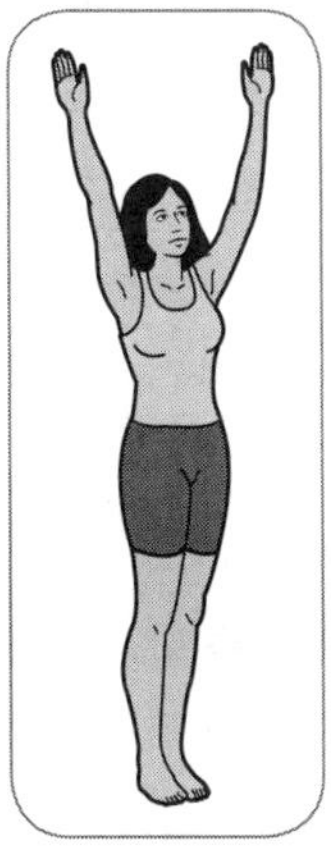

图 19.5

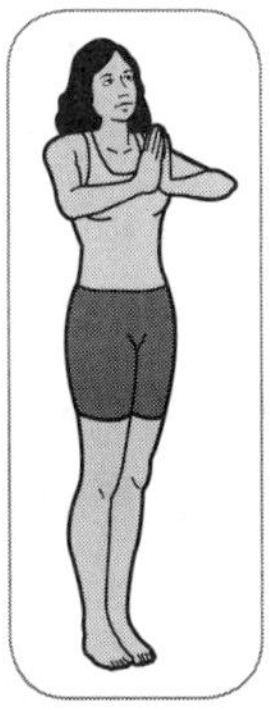

图 19.6

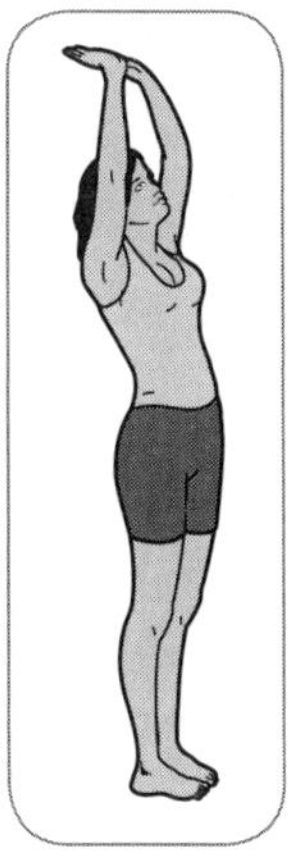

图 19.7

图 19.8

图 19.9

图 19.10

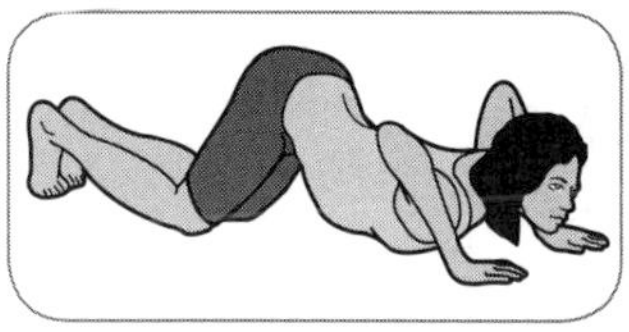

图 19.11

图 19.12

图 19.13

图 19.14

拜日式（surya namaskar）：这是最经典、最具象征意义的瑜伽体式之一，通常在每次瑜伽习练的开始或结束时进行。

右腿向后伸展，然后伴随着吸气把膝盖落于地面。背部后弯，抬头向上看。

■ **体式** 10（图 19.15）：双脚并拢，或与肩同宽。胳膊伸展，手够向脚。保持背部伸直，膝盖可以略弯。在头部靠向膝盖的同时，呼气。

■ **体式** 11（图 19.16）：双手举过头，慢慢吸气。头部向后伸展，向上看，背略后弯。

■ **体式** 12（图 19.17）：双臂落于胸前，双掌合十，呼气。

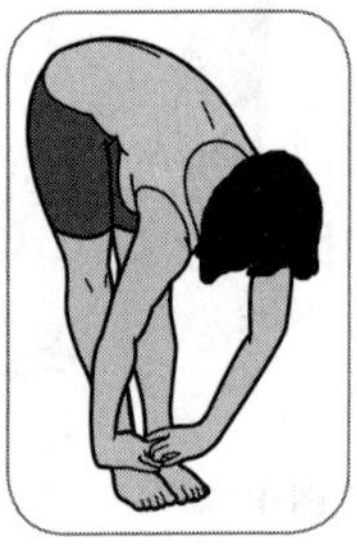

图 19.15

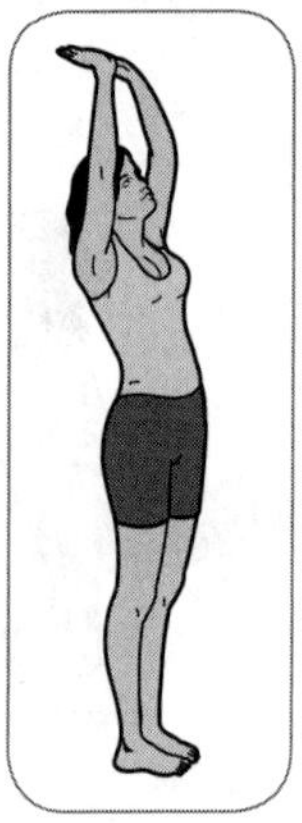

图 19.16

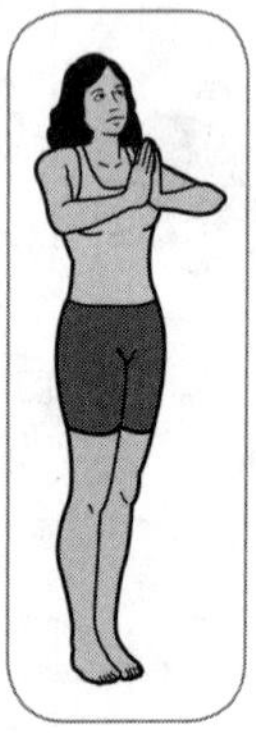

图 19.17

现在，重复整个动作，这次在体式 4 中先移动右脚。完成后，注意力转向内部，关注身体感觉。

瑜伽体式

下面的体式是以从站姿，到坐姿，再到卧姿的顺序安排的。但是，需要记住的是：每个体式需要用一个调动对侧肌肉的体式来平衡。这些体式要慢慢做，保持约 10 秒钟。这 13 种瑜伽体式是瑜伽体式中的一小部分（也是最简单的部分）。即使同样是瑜伽，不同的瑜伽教练所指导的每个体式的细节也不尽相同。所以你可能注意到这些体式和你先前或以后接触的体式有细微差异。在描述完这些体式后，我们列出了一套完整的瑜伽习练。记住，整套瑜伽要以挺尸式来结束，留几分钟平静的时间，来进行身体觉察，特别关注放松身体的各个部分（和自我反省）。

1. **山式**（图 19.18）：站立，双脚与肩同宽，脊柱完全伸直，眼睛直视前方。双臂举过头顶，掌心向内，吸气。舒服地举 10 秒钟，然后手臂缓慢地放回身体两侧，同时呼气。
2. **牛面式**（图 19.19）：站立，双脚与肩同宽，脊柱伸直。左臂绕到后背向下伸，就好像在挠肩胛骨之间的位置。右臂也由下方背到后面。尽量使两手在肩后接触到，并保持 10 秒钟。（如果手无法接触，你可以使用毛巾。）放松。然后对换手臂位置，尽量接触到，保持 10 秒钟。在这项习练过程中保持正常的呼吸。
3. **手过头式**（图 19.20）：以山式开始。双手置于腰后，握在一起（握拳）。身体前弯，双手缓慢抬过头部。保持 10 秒钟，然后缓慢松开双手，自然下垂。一节一节地向上伸直脊椎，直到完全站立。在双拳抬过头的过程中呼气，在放松和返回山式的过程中吸气。
4. **三角式**（图 19.21）：以山式开始，慢慢把双脚打开一米宽度。脊椎侧弯，左臂向下伸展到左脚踝，手掌张开向内。随着左手向下延伸，左脚向外打开，来保护膝关节。右臂抬高，手在头部正上方。转过头看向右手。保持 10 秒钟。右手举起时吸气，然后呼气。在返回山式的过程中吸气。完成后呼气。
5. **束脚式**（图 19.22）：以舒适的体式坐着，双膝弯曲，两脚脚底相对。慢慢把膝盖向地面压，直到感到紧绷，保持 10 秒钟。放松后再重复。在整个过程中正常呼吸。
6. **炮弹式**（图 19.23）：平躺，背部紧贴地面，抱

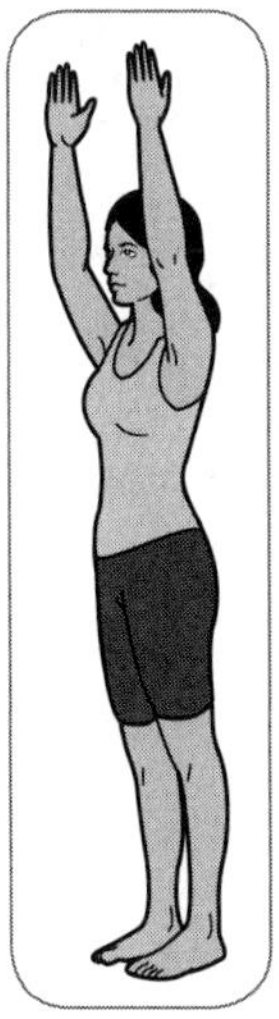

图 19.18

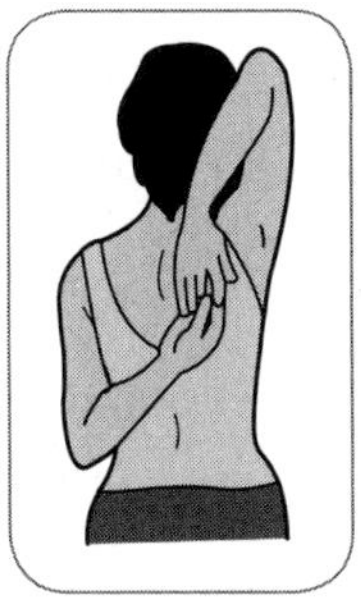

图 19.19

图 19.20

图 19.21

图 19.22

住右腿膝关节的后部，抬高右膝到胸部。保持 10 秒钟。右腿放回地面伸展放松。然后把左腿抬到胸部，保持 10 秒钟。每条腿抬到胸部时呼气；在腿返回完全伸展的过程中吸气。

7. **双腿炮弹式**（图 19.24）：平躺，背部紧贴地面，手臂抱住两腿膝盖后部，抬高两腿到胸部。保持 10 秒钟。在整个过程中正常呼吸。

8. **眼镜蛇式**（图 19.25）：俯卧，两腿完全伸展，足尖蹬地。双手置于肩下，收紧背部肌肉，慢慢把胸部和头部抬离地面。尽量不要用手推。保持 10 秒钟，然后胸部慢慢落回地面。胸部离开地面时吸气，落下时呼气。

9. **前屈式**（图 19.26）：采取坐姿，双腿向前伸直，保持脊椎伸直。胸部向膝盖、脚踝或足部自然靠近，手向前伸。保持背部伸直；保持 10 秒钟。然后稍微弯曲膝盖并坐直来放松。前屈时呼气，放松时吸气。重复三次以上。如果两腿同时伸展不舒服，就每次尝试一条腿。

10. **脊柱扭转式**（图 19.27）：采取坐姿，脊椎挺直，把左脚踩在右腿膝盖外侧，左脚平放在

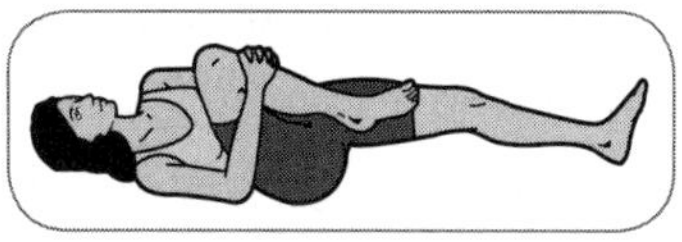

图 19.23

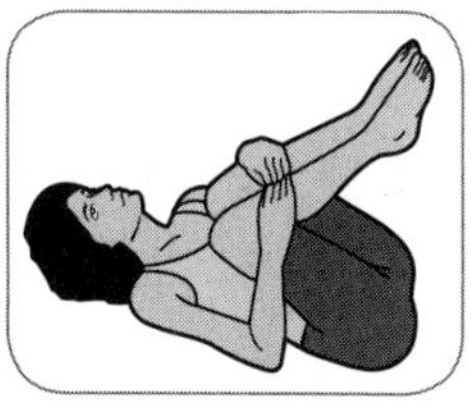

图 19.24

图 19.25

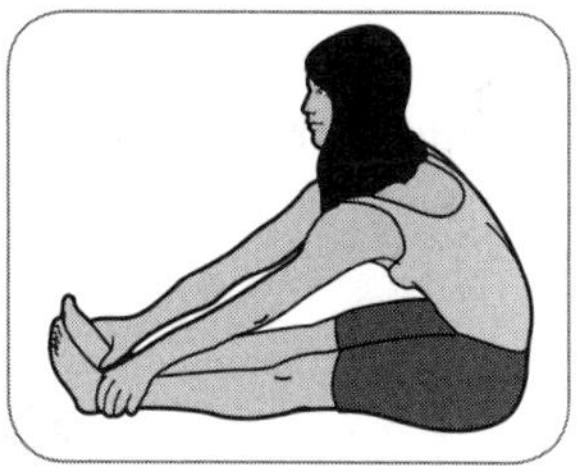

图 19.26

山式（tadasana）：一种经典的瑜伽体式，旨在促进平衡和稳定。

牛面式（gomukhasana）：一种经典的瑜伽体式，旨在促进手臂和肩膀的平衡。

手过头式（araha chakrasana）：一种经典的瑜伽体式，旨在促进手臂和肩膀的平衡。

三角式（trikonasana）：一种经典的瑜伽体式，旨在促进上半身的平衡。

束脚式（bandha konasana）：一种经典的瑜伽体式，旨在促进腿部肌肉的平衡。

炮弹式（pawan muktasana）：一种经典的瑜伽体式，旨在促进腰部的平衡。

双腿炮弹式（apanasana）：一种经典的瑜伽体式，旨在促进腰部的平衡。

眼镜蛇式（bhujanghasana）：一种经典的瑜伽体式，旨在促进腰部的平衡。

前屈式（paschimottasana）：一种经典的瑜伽体式，旨在促进腿部韧带和腰部的平衡。

脊柱扭转式（ardha matsyendrasana）：一种经典的瑜伽体式，旨在促进上背部、下背部和臀部的平衡。

地上。右手臂伸展，右手放在左脚踝外。左手落于臀部后，手掌放在地上支撑身体平衡。头和躯干向左转，抬高下颌。保持10秒钟。在整个过程中正常呼吸。

11. **鱼式**（图19.28）：平躺，双腿完全伸展，双手手掌放在腰部正下方。通过拱起背部和颈部抬高胸膛。保持10秒钟。放松，然后重复三次。在整个过程中正常呼吸。
12. **弓式**（图19.29）：俯卧，双手分别抓住同侧双足。慢慢把脚拉到臀部上方，弓起背部。保持10秒钟。手放到肩两侧的地面上，腿完全伸展，放松。重复三次。背部弓起时吸气，身体完全伸展时呼气。（注意：如果你有背痛的问题，就不要进行这项习练。）
13. **挺尸式**（图19.30）：背朝下平躺，来回活动腿，找到一个舒服的位置。绕肩活动双臂，舒服地放在地上，手掌朝上。接下来，旋转脊椎，分别向两侧转头。然后让脊椎处于放松状态。进行腹式呼吸。

图 19.27

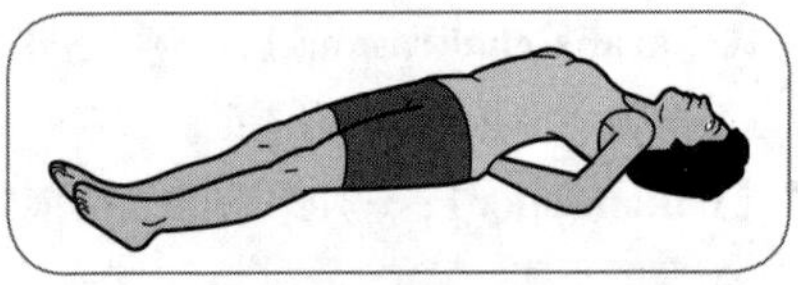

图 19.28

图 19.29

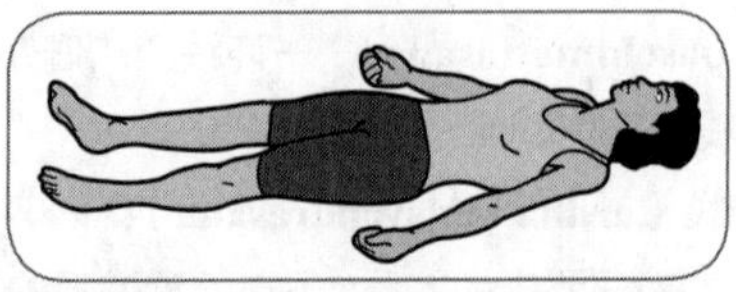

图 19.30

如果你愿意，可以用挺尸式作为习练瑜伽过程的开始，也可以在做完每个体式后返回这一体式。一个瑜伽过程必须包括这一体式。

过程举例

1. 拜日式。
2. 山式。
3. 牛面式。
4. 手过头式。
5. 三角式。
6. 眼镜蛇式。
7. 双腿炮弹式。
8. 山式。
9. 拜日式。
10. 挺尸式。

瑜伽的其他注意事项

下面补充的这几点原则可能对你享受瑜伽有帮助。

1. 最好不要在吃得很饱时习练体式。饭后1～2小时后再练瑜伽。
2. 穿宽松的衣服，不要戴较重的首饰。光脚可以使你更好地接触地面。
3. 找一个安静的地方习练：最理想的地方是一个光线充足、通风好的房间。最好找一块小薄毯，这样可以更舒服地做出体式。
4. 最好在清晨习练意识觉察。但是晚上身体的可塑性更强，在忙碌了一天后，瑜伽体式有更好的放松效果。找到一段最适合你自己的时间。
5. 把注意力集中在体式上，感受每个动作和你身体对动作的反应。
6. 瑜伽作为一种放松技巧不包括营养学的内容，但是如果你想进一步习练瑜伽，你就会发现，营养、

有人情味的压力

Courtesy of Kelly Andrews.

凯莉·安德鲁（Kelly Andrew）是佛罗里达州莱克兰市佛罗里达南方学院的健康副主任，她的工作是为 3000 多名教职员工和学生管理整个校园的健康计划。她每周都要教授瑜伽课程，而她以极大的热情进行着瑜伽授课，她还开设了自己的瑜伽工作室，每周举办一次课程和讲习班。尽管凯莉在过去的 10 年里一直在习练瑜伽，但是在 2000 年，她与认真交往了多年的恋人分手了，这让她心碎不已，促使她将瑜伽作为一种日常习练，让她在生活中恢复过来并保持平衡。这确实产生了效果。她定期做瑜伽习练，她决定通过南方瑜伽教练学院的认证。从此，哈他瑜伽使她的生活变得无比稳定。

凯莉在她的瑜伽工作室开设了各种初级和中级瑜伽课程。但是多年来她发现，越来越多的人来上她的养生瑜伽课。这些课程更强调呼吸，每个体式保持更多的时间，每个体式之间的休息更长，以及特别关注恢复——这一切都为身体和心灵提供了更多的可能性。简单地说，养生瑜伽习练的重点不在于做，而在于培养一种恢复的环境。她解释说："我认为，之所以有越来越多的人参加养生瑜伽班，是因为现代人的压力水平非常高。""就我个人而言，我从养生瑜伽课程中学到的东西，和我从基本的哈他瑜伽课程中获得的一样多。"

正如许多瑜伽教练一样，凯莉对一些教练的瑜伽指导方式感到担忧。2011 年《新闻周刊》（*Newsweek*）一篇题为"向瑜伽老师鞠躬致敬"（Schwartz，2011）的文章强调，"首先，我们是为了人们的健康和安全。瑜伽不是关于自我的！当一个老师忘记自己也是一个学生时，对每个人都不好。他们忘记了教学的本质。"

均衡的膳食是平衡的艺术的一个重要组成部分。

7. 所有瑜伽的终极目标都是减少意识思维——自我的围墙。如果你用竞争的态度来接近这个目标，就永远不可能达到身心灵的结合。瑜伽初学者经常勉强自己，把自己做出的体式与教练或瑜伽班的同学相比。这会导致身体疼痛，也是提升的障碍。瑜伽大师斯瓦米·拉玛说："这根本不是习练瑜伽的途径。"
8. 冥想在瑜伽中并不是必要的，但是对哈他瑜伽是很好的补充。在你完成选定的体式后，用挺尸式来结束时，是集中精神进行内部觉察或领悟的最佳时机。

瑜伽已经在美国文化中完全流行起来了，瑜伽的风格和教练——根据《瑜伽杂志》的调查（Hodge，2005），参与者超过 7 万人——变得非常具有领地意识（例如，认证、商标、专利、体式的精准度），使得哈他瑜伽比实际需要更有技术性（以自我为基础）。这一切产生的结果是找到一个高质量的瑜伽教练很容易。然而，并不是所有瑜伽课程都是同等水平的（表 19.1）。如果可能的话，最好能够试听一堂课（1 天课程），确认教练的教学风格和健康理念是否与你的相适合。大多数教练会允许你参加一个入门课程，你可以参与或观察。通常，

鱼式（matsyasana）：一种经典的瑜伽体式，旨在促进腰部的平衡。

弓式（dhanurasana）：一种经典的瑜伽体式，旨在促进腰部和腹部肌肉的平衡，以及颈部和肩部的平衡。

挺尸式（shavasana）：这是在每个瑜伽课程结束时恢复能量的典型体式。

表 19.1 哈他瑜伽的类型

类型	方法	优点
阿斯汤瑜伽	课程紧张，呼吸与动作同步的一系列体式	有效地锻炼肌肉，一种有氧运动
力量瑜伽	运用高强度肌肉力量的体式	美国化的瑜伽，对肌肉力量要求很高
高温瑜伽	在 41℃的热环境下（以模仿印度的气候）进行的瑜伽	高温会带来挑战；据说会产生一种洁净的感觉
艾扬格瑜伽	把注意力放在每个体式的细节上，在每一个体式上都停留更多的时间	对于不灵活的初学者比较友好；通常会使用道具

在社区娱乐中心、瑜伽中心等地都有课程，也包括私人教学。利德尔（Lidell）等人所著的《悉瓦南达瑜伽指南》（*The Sivananda Companion to Yoga*）是一本关于瑜伽的书，它详细的解释和绝妙的照片远超其他书。我推荐你阅读这本书，以了解作为特殊的放松技巧的瑜伽。

瑜伽的最佳应用

就像先前说到的那样，瑜伽可以在一天的开始或结束时习练。即使你在每天早上开始工作之前只做了几个体式，也是一个好的开始，许多体式可以在一天之内完成（例如，离开计算机，在锻炼之前或之后）。作为一项放松技巧，它最好用来释放任何原因导致的需要处理的压力和挫折感。在清醒状态下，当你感到肌肉开始紧张时，应用某些体式来伸展不同的肌肉组织，可能是最好的方法。研究表明，瑜伽有助于减少焦虑，保持情绪平衡，促进的身心联系。那些传授瑜伽的人认识到：身心灵的结合可以通过生活中的自我接纳、自爱、远离愤怒和恐惧而得到巩固。习练瑜伽的人在突然遭遇压力的情况下还能保持很好的情绪平衡，这证实了瑜伽可以使人获得内心的平静。

总 结

1. 瑜伽是一个梵语词，指的是通过冥想而达到的“整合”。更具体地讲，它指的是身心灵的结合。哈他瑜伽是五类冥想之一，它强调身体的平衡。哈他通常翻译为太阳和月亮（平衡）。哈他瑜伽是美国最常见的瑜伽冥想法。
2. 哈他瑜伽最重要的是一种无我的修炼。美国文化在对瑜伽的各种认证方面（瑜伽服、瑜伽垫、豪华的工作室，甚至包括体式的精确性方面）增加了很多自我的层次。真正的哈他瑜伽是没有自我的空间的。
3. 哈他瑜伽可以缓解慢性病，尤其是背部疼痛的发生率。
4. 哈他瑜伽建立在三个概念的基础上：呼吸的艺术、有意识伸展的艺术、平衡的艺术。
5. 在大多数情况下，哈他瑜伽始于拜日式，这是一系列可以激发身心灵整合的动作或体式。它还可以作为其他体式的热身运动。
6. 有文字记载的体式有几百种。本章介绍了一些比较流行的体式，很容易融入瑜伽习练中。
7. 尽管哈他瑜伽并不只是一系列柔韧性训练，但它确实改善了人的柔韧性。它还可以改善肌肉状况和促进内心的平静，瑜伽教练把这些归功于自尊的提升。

学习指导题

1. 为什么哈他瑜伽被认为是一种有效的放松技巧？
2. 解释瑜伽的生理和心理效果。
3. 哈他瑜伽包括三部分，说明是哪三部分并加以解释。
4. 一个人的自我是怎样影响他的瑜伽习练的？

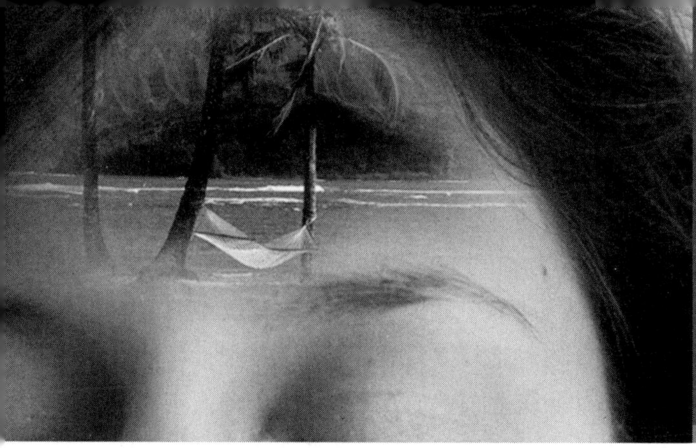

第 20 章

心理意象和可视化

我看见大理石上的天使，雕刻出他，直到把他从大理石中解放出来。

——米开朗琪罗（Michelangelo）

闭上眼睛，倾听海浪轻柔翻滚的声音。清澈而又碧蓝的海水冲击着海岸。感受着脚下金色的沙滩，温暖的阳光照着你的脸庞，轻柔的海风拂过，大王椰子树轻轻摇晃。呼吸时，会嗅到微咸的空气。这时，你会感受到完全的放松。

想象具有强大的力量，想象力是地球上的人类独具的特征之一。作为一种认知技能，想象是创意过程的第一步。当然，想象力并不是我们潜能的全部。当爱因斯坦说，想象力比知识更有力时，他的意思是说，我们的知识是以人类想象力的深度为基础的。没有想象的知识就好像一辆汽车没有燃料：它不能发动，哪儿也去不了。现在来看，那种认为在压力情况下不能进行想象的说法是不准确的，实际上，此时人仍可以发挥想象。只不过，人们经常以一种错误的方式运用它。我们的想象会从挫折和恐惧中想象最坏的情况。我们会想象压力情境下的最糟糕的结果。我们为什么会这么做？我们怎么会这样想问题？这是防御机制吗？人们只能猜测这背后的原因。然而，公平地说，当以负性方式进行想象时，会产生奖励“自我”的行为，否则人类早在几代前就不用这种思维模式了。压力管理专家认为，面对压力时，想象既有好处，也有坏处。古语有云：解铃还须系铃人。如果以正性的方式使用想象，它会成为征服压力的得力工具。正性想象，从用想象驱除隐喻中的邪恶到想象目标和梦想的达成，都会提高整体的健康状态。

心理意象技术有多个名字，有时是指这一技术的目的和用途的变化。**可视化**通常与心理意象同义，但是它也指心理意象的附加技术，并不直接与放松效应有关系。心理生理学家兼生物反馈专家帕特里夏·诺里斯（Patricia Norris）把可视化描述为：“指导下的有意识的选择”，而“想象是来自潜意识层面自发的思想流动。”心理训练和心理演练也是心理意象过程的一部分。运动心理学和行为医学也使用这些术语，表达一种更精细的行为变化的意象。这两门学科的目的都是促进积极的行为改变，例如，提高运动员的运动技能，或者健康行为的积极变化，例如戒烟。

心理意象（mental imagery）：用想象来观察，即无意识地创造意象。可以分为三个类别：（1）反复想象能够带来平和感受的意象，以进一步放松；（2）用一个更加健康的行为代替不良行为的意象；（3）帮助治疗受伤的身体的意象。

可视化（visualization）：在心理意象中，一种有指导的训练。有意识地创造成功、治愈或放松的意象，以达到自我完善的目的。

当在指导者、治疗专家或咨询师的指导下进行想象时，这一技术又叫**指导性心理意象**。帕特里克·范宁（Patrick Fanning）在《改变的可视化》（*Visualization for Change*）一书中，把可视化定义为："为了达到改变自己的目的，有意识地创造心理感觉意象。"可视化技术包括创造意象、场景或印象，即沉浸于自己身体对光、声音、感觉、嗅觉、味觉等生理感受的想象上，达到令人愉快的效果。

心理意象在心理学界有另一个名字：**预测编码**，这是一种利用潜意识来提高表现的心理训练策略。全世界都在研究心理训练和个人表现之间的关系，从优秀运动员到癌症患者，以及每个普通人。

当把心理意象和可视化用于恢复身体的平静时，其中也包括一些冥想成分，特别是提高专注力，扩展对大脑创造情境的觉察。也许最有力的是减少来自五种感官的信息数并降低强度，用来自深度想象的愉悦刺激代替威胁性刺激。最终的结果是整体的平静效应，在一些情况下，甚至能够达到治愈的效果（图 20.1）。

图 20.1 欣赏美丽的日落或在心中想象这一景象，能够帮助人们放松心智、身体和精神。

历史回顾

心理意象作为一种治疗技术，可追溯到地球各板块上的每一种文化起源。以这样或那样的形式，心理意象和可视化已经被澳大利亚土著居民、美洲印第安人、印度人、古希腊人用作对抗疾病和促进健康的辅助工具。例如，在一部关于美洲土著苏族医者的半自传小说《黑麋鹿如是说》（*BlackElk Speaks*）中，医者黑麋鹿描述了他在对几种病人的治疗中运用了"视觉想象"。其他文化也有类似的故事。由于这种治疗方式的神秘性和复杂性，西方文化在几个世纪之前就放弃了。在欧洲的文艺复兴时期，笛卡尔的理论把对心理（哲学）和身体（医学）的研究分开，从而弱化了心理意象这种治疗方式。尽管可视化以很多方式被全球很多文化使用，但是直到 20 世纪，在西方世界，它也没有得到权威医学界的认可。随着现代心理学的发展，心理意象和可视化作为连接心理和生理的可行手段才重新出现。

经过约瑟夫·布罗伊尔（Joseph Breuer）、西格蒙德·弗洛伊德和卡尔·荣格的早期工作，想象的一些成分被引入精神分析。每个治疗师都会遇到这样的案例，即病人有能力通过想象帮助自己治疗一些小病。然而，弗洛伊德的理论认为，想象可以洞察人类的基本动机。荣格认为，潜意识领域的大量知识会以意象的形式进入意识领域。荣格提出一个假设，认为很多意象都有一个"原型"，荣格用这个术语来描述所有族群共有的象征符号。这些意象包括树、圆形的物体（曼荼罗）和会飞的生物等。早在 1940 年，荣格就鼓励他的病人进行**积极想象**，这种想象可以帮助人们为反复出现的梦找到一个终极的意义，努力找到一个和平地解决心理问题的方式。在很多情况下，这种做法可以帮助人们治愈一些小病。

由于荣格的倡导，其他一些心理学家（Robert Assaglioli、Erik Peper、Paul Eckman）的研究都证明了想象对认知过程的影响，以及创造性思维所导致的生理变化。随着时间的推移，心理意象在咨询心理学的实践中被广泛接受，同时罗夏墨迹测验成为这一技术最有名的应用形式之一。约瑟夫·沃尔普（Joseph Wolpe）建议在遇到紧张性刺激、使用系统脱敏技术时，考虑应用想象。系统脱敏是通过用自己想象出来的比较舒服的意象代替紧张性刺激，从而提高对压力的耐受（后面会详细描述这一点）。在 20 世纪 70 年代，O. 卡尔·西蒙顿（O.Carl Simonton）和他的妻子使积极想象这一技术再次复活，他们二人使用这一技术帮助癌症病人与病魔做斗争。他们的工作极大地促进了心理意象在临床领域的应用研究。

贝尔鲁特·纳帕斯特克（Belleruth Naparstek）是指导性意象领域最受尊敬的人物之一。作为一名执业心理治疗师，纳帕斯特克在实践中看到了三种人：创伤受害者、自残行为者和慢性病患者。她指出，指导性意象适用于这三类人群。她说："指导性意象是一种有针对性的白日梦，非常具体地利用了想象力来帮助身心修复，保持强壮，甚至可以根据需要进行调整"（Naparstek, 1994）。迄今为止，她的大部分工作都集中在创伤治疗上，她一生致力于帮助许多遭受创伤的人，包括越南战争中的老兵、伊拉克战争退伍军人、科伦拜恩高中校园枪击案的师生，以及"9·11"恐怖袭击中的幸存者。作为多本书和百余张 CD 的作者，她把自己的 CD 送给了那些遭遇创伤事件的人，包括弗吉尼亚理工大学的学生。

神经生理学家已经知道人类大脑虽然有成千上万的细胞，但是只有一小部分（大约 2 亿，或 10%）用于意识活动。剩下的大部分细胞与无意识活动有关。斯佩里的研究让我们对大脑左右半球的认知功能有更深的认识，想象、音乐欣赏和空间知觉是右半球的功能。利用大脑右半球的能力是应对压力的重要财富。

对心理意象的研究

对于西方文化来讲，心理意象和可视化作为一种治疗技术还是新生事物。到现在为止，这一技术还没有被专业医疗机构普遍接受。但是，现在有两个专注于这一领域的科学杂志：马凯特大学（Marquette University）的《心理意象杂志》（*The Journal of Mental Imagery*）和耶鲁大学的《想象、认知和人格》（*Imagination, Cognition, and Personality*）。其他一些杂志（运动心理学和行为医学领域的）也刊登了这方面的研究。这些杂志的文章中的一个关注点是：如何在治疗癌症、高血压、慢性疼痛、哮喘、肥胖、骨折和头痛中利用可视化，作为一个辅助工具来提升病人的健康状态。这些研究结果为心理神经免疫学的出现提供了额外的支持。其他一些研究结果包括心理意象导致了行为的正向改变，例如提高运动成绩、摆脱药物依赖等。下面列举了这一领域的有关研究。

为了检验心理意象作为一种放松技巧对各种生化反应的影响，一项研究对进行心理意象的被试的唾液中的免疫球蛋白 A（SIgA）、皮质（甾）醇和心境反应进行了测量，结果支持假设，即当认知指向这些生物化学因素时，神经免疫调节发生了一系列变化（Jasnoski and Kugler, 1987）。佛罗里达州立大学研究了心理意象、积极自我对话、目标设定对膝关节和踝关节疼痛患者的影响，与对照组相比，实验组的被试恢复得更快（Ievleva and Orlick, 1991）。

虽然关于心理意象对癌症治疗的作用听起来像天方夜谭，但是爱泼斯坦（Epstein, 1989）相信，它一定与控制性研究一样有效。因在癌症治疗中使用心理意象而闻名的珍妮·阿赫特伯格（Jeanne Achterberg, 1978, 1984, 1985）认为，这种治疗与放射治疗、化学治疗是一样的，不应该视为"最后的替代方法"。她相信，在生化治疗过程中，心理意象起反应性和诱发性作用。

尽管有人主张心理意象可以缓解癌症的疼痛，但是应该注意，它不是治疗任何疾病的万能药。而且，并不是所有关于心理意象的研究都能得出预期的结果。宾夕法尼亚大学医学院在对 359 名癌症病人的研究中没有发现心理因素（心理意象和强烈意愿）与生理效果之间的关系，结果证明心理意象是无效的（Barrie Cassileth, 1990）。健康心理学家谢利·泰勒（Taylor, 2005）对有效的研究结果进行了另外的解释，即安慰剂效应，他认为医生的态度有时候比治疗本身更重要。泰勒引用了几篇临床研

指导性心理意象（guided mental imagery）：在指导者、治疗师或咨询师的指导下进行想象。

预测编码（predictive encoding）：利用潜意识改善表现的心理训练策略；心理意象的学术术语。

积极想象（active imagination）：卡尔·荣格用来描述心理意象过程的术语，在梦境或放松状态中，有意识地设想一个连续的梦的结尾。积极想象是可视化的一个形式。

究。她发现，对自己的治疗信心十足以及与病人关系紧密的医生，其治疗效果好于对治疗持怀疑态度的医生。而且无论药物是“真实的”（Feldman，1956）还是一种安慰剂（Miller，1989），都是如此。因此，泰勒认为，安慰剂效应既不是“医疗欺骗”，也不是纯粹的心理上的副作用，而是治疗过程中真实存在的现象。

最近有关指导性意象的研究发现，各种具有暗示性的图像对贪食症患者（Tuschen-Caffier et al.，2003）、临床抑郁症患者（Chou and Lin，2006）、养老院病人（Crow andBanks，2004）、肾透析患者（Matthews et al.，2001）、癌症患者（Freeman and Dirks，2006；Wyatt et al.，2007）的作用，以及使用图像作为记忆改善的手段的作用（Paddock et al.，2000），都有良好的效果。这表明，当被用来提升最高潜能时，大脑意象的力量是不可忽视的。如果对大脑如何影响身体的生理机制有任何疑问，可以看一项日本的研究，其结果表明，150 多名被试使用放松性指导意象，结果显示，其唾液中的皮质醇含量显著下降（Watanabe et al.，2006），这表明身心之间有更多的关联。

美国军方已经注意到身心能力对调节自主神经系统的良好效果，特别是对于那些患有创伤后应激障碍和创伤性脑损伤的陆军士兵，具有更好的效果。在由美国心理健康和创伤性脑损伤预防研究中心起草的白皮书（总结了研究结果）中，突出强调了心理意象（连同横膈膜呼吸、冥想和生物反馈）对神经系统调节的积极影响能力，简称“平衡自主功能”。

白皮书指出，大脑扫描表明，意象可以刺激大脑和神经系统的相同区域，这是一种类似的体验。在支持使用指导性意象的证据方面，一项对 46 项研究的元分析表明，指导性意象有助于缓解压力、焦虑、抑郁和疼痛管理（Naparstek，2011）。简而言之，象征性创造力和想象的感官刺激的联结力量是巨大的，为社会各行各业带来了健康的改善与最佳表现。

帕特里夏·诺里斯博士（曾是位于堪萨斯州托皮卡市的梅宁嘉诊所的生物反馈研究主任）对有关心理意象和可视化成功辅助医学治疗的案例研究进行了综述，她列出了心理意象作为一种有效的治疗工具的八个特征，尤其是在癌症治疗中。

1. **可视化过程必须是自主性的。**它必须是自主产生的，而不是医生的。由治疗师而不是病人自己产生的意象在治疗过程中似乎是无效的。
2. **意象必须是自我协调的。**意象必须符合自己的价值观和理想。例如，如果一个人是和平主义者，那么好战的或战争方面的意象就会削弱效果。诺里斯发现，意象一般含有情绪成分。很多病人会产生情感性想象。许多患者实际上在他们的想象中保护了癌症，即使是在治疗的时候（例如，用垃圾袋把肿瘤包起来，或看着肿瘤缩小）。
3. **意象必须是积极的。**消极的意象会强化消极的思想，不利于治疗。例如，鲨鱼这个意象对治疗来讲就不是一个好的意象。诺里斯认为意象应该“有助于康复或准备”。
4. **意象必须是动觉的和体内的。**意象不是看电影，你必须自己感受到它。你必须要有一种感觉：看到了在你身体内部（而不是“在外面的某处地方”）发生的一切。
5. **意象在解剖学上必须是正确且准确的。**要确切地知道哪个身体部位和生理系统有病，以及疾病的性质。不同疾病决定不同的意象。换句话说，意象进入了中枢神经系统还是免疫系统。有些疾病都属于特定的类型。诺里斯认为，身体智慧和临床数据、检测结果一样重要。她还认为在治疗过程中可以使用一个以上的意象。在对儿童的研究中，她发现儿童会使用一个象征性意象（比喻）和一个文字性意象（表征）。
6. **坚持和对话。**坚持意味着意象的规律性。诺里斯建议，每天要坚持进行三次，每次大约 15 分钟，在其他时间进行短暂的思想交流。当你的身体感觉疼痛时，说明身体在与你交流。实际上，她把疼痛比作朋友。诺里斯认为，通过自我对话，疼痛能够让我们觉察到身体某一部位存在问题，这样才有可能解决问题。所以，我们应该感谢疼痛。最后，诺里斯建议在得到允许的情况下消灭肿瘤。以爱的方式回应它，把你受折磨的身体部位看成你想要保护和养育的孩子，与你的身体和平相处。

7. **使用蓝图**。**蓝图**是一种策略。诺里斯建议把想象看作一个要完成的任务。蓝图可视化就像延时摄影，一朵花（代表着肿瘤）在几秒钟内开放，随后又闭合、凋谢，最后消失。也就是把一个程序可视化，看着它完成。例如，就好像一个建筑物的建造过程，从挖开地基开始，一直到竣工剪彩。

8. **想象加治疗**。诺里斯发现，心理意象配合化疗和放疗的病人比"抵抗"这些医学治疗的病人的效果好。她认为心理意象会帮助病人对医学治疗怀有友善的态度（不是矛盾的感觉）。她建议"欢迎对身体的医学治疗"，把治疗当作家里来的客人。根据她的病人的经验，她建议如下：

   - **化疗**：一种金色的液体，健康的细胞像水桶一样把它传递给癌细胞，癌细胞把它喝光。
   - **放疗**：就像定向于癌细胞的银色能量流，能够让白细胞躲开或者保护自己。像镜子一样，把放射线反射到癌细胞上，然后看到癌细胞死亡。

诺里斯与其他研究者一样（Rossman, 2002；Krippner, 2000），认为可视化如何有助于治疗还是一个谜，随着我们对人类意识和能量场的探讨，谜底迟早会揭开。与珀特（Pert）所描述的理论相似，阿赫特伯格（Achterberg, 1984）认为，想象是大脑右半球的功能，通过生物化学传导，把信息传到目标身体区域。尽管心理意象和可视化作为一种辅助治疗工具受到大家的欢迎，但实际上，任何人都可以使用它，尤其是可以用它来达到深度放松。

作为一种放松技巧的心理意象

白日梦是心理意象用于放松时最常见的形式（图 20.2）。研究者们现在已经清楚，有意识的大脑需要周期性的短暂休息，"下载"感觉信息进行

图 20.2 像这样的海滩场景，让人联想到一些度假区，很多人把它用于放松训练。

"再加工"（电脑软件屏保就是基于这个概念）。很多人能够觉察到白日梦，但是要求他们回忆梦境时，他们很难给出明确的描述。作为一种放松技巧的心理意象，接受了白日梦这个概念，并对这个概念进行了重组，使其合理化。在压力情况下，人们很难自发地进行白日梦。就像前面所提到的，在压力情况下，人们总是想象得比真实情况更糟糕。因

> **自主性（idiosyncratic）**：该术语指自我生成的，例如，在可视化中使用的图像是由执行可视化的人创建的。
>
> **自我协调（egosyntonic）**：可视化过程中产生的意象必须符合自己的价值观，才会最有效。
>
> **动觉（kinesthetic）**：在可视化过程中，五种感官都要运用。
>
> **蓝图（blueprint aspect）**：把要完成的目标可视化，因此蓝图是要完成想象活动的模板（例如，一个治愈的伤口）。

专栏 20.1 平和的场景能够促进放松

在课堂上，我要求学生创造五个心理意象，使其能够感受到深度的放松。不管意象的长短，关键是能够促进内心的平静。在这个过程中，我不会打断他们的想象过程。下面所介绍的是学生们创造的最好的心理意象场景。看完每个意象后，闭上眼睛，想想它是否带给了你片刻的宁静。

1. 我躺在两树之间的吊床上，慢慢摇荡，微风轻轻拂面。除了周围的树木外，还有一片很大的草地。绿色的草地，点缀着各色野花，延伸到视野的最远端。天空湛蓝，空气清新，几片白云在空中慢慢飘过。微风轻抚我的脸颊，也吹动了吊床。
2. 在夜晚的旷野，我凝视着晴朗而又布满繁星的夜空。附近的篝火慢慢燃烧、火苗渐小。我躺在睡袋中，注视着前方。篝火偶尔发出噼啪声，火花四溅。当我凝视夜空时，一颗流星划过，其光芒就像在微笑。我偎依在睡袋中，进入梦乡。
3. 我骑在马上，双腿会感觉到马奔跑时的呼吸。在一个空旷处，我们停了下来。接下来，我们要穿过一片白雪铺地的森林。雪很厚，空气冰凉而又清爽。马的鼻子喷出寒气，可以看到它在呼吸。我们停下来，倾听其他动物发出的声音。然后，我又用腿轻轻夹了一下马，继续前行，穿越这冬天的仙境。
4. 海水是蓝绿色的，就连 10 米以下都清晰可见。我在水中畅游。阳光穿过水面，照在水底的沙滩上，好像变得柔和了。水底是各种各样、色彩斑斓的珊瑚，美得无法言表。不知名的小鱼成群结队地游荡在我的周围，眨眼间又不知去向。我每游一下，都会感受到暖洋洋的海水的轻抚，气泡从我的脸庞滑过，欢快地浮向水面。
5. 我张开双臂在清澈的天空中翱翔，深蓝色的天空中飘浮着白云。当我穿入云中，寂静无比，孤独的感觉油然而生。我听着微风柔软的低语，拍动着我的双臂，感觉太阳就在前面，触手可及。

此，为了改变这种心理状况，白日梦能够阻止应激反应，给身体一个放松的机会。在白日梦中，可以用平和的意象代替负性的思想和知觉，从而达到放松的目的。就像真实的或想象的思维可以引发应激反应一样，放松的思维也能够促进放松反应。这也是心理意象的基本目标。当用想象来促进放松时，人体的五种感官的活动会减少，降低对压力刺激的感应。这样身体就会重新充电，当你回到现实世界中时，就能更加有效地处理对压力的知觉。

在很多情况下，心理意象就像电影一样，里面有很多角色。这样你就可以扮演所有的角色：制片人（选择背景和场景）、导演（组织感觉线索）、演员和观众（体验效应）。所有角色在创造意象的过程中都一样重要。通过实践，这种技术的使用会提高你扮演所有角色的技能，参与你自己所创造的过程会让你获得最大的满足感。

随着时间的推移，心理意象也发展成了三种类别。随着越来越多的人使用这一技术，人们对这三种类别也进行了一些修正。下面就介绍心理意象最初的三种类别。

安静的自然场景

就像前面所提到的，指导性心理意象在 20 世纪 60 年代末和 70 年代初开始普及，并被临床医学接受。这时，治疗师和心理学家也在寻求冥想技术的发展和变革。在这种类型的可视化过程中，要求病人闭上眼睛，随着指导者提出的场景进行想象，这时病人要利用想象的认知功能。实际上，通过这一过程，人们会置身于一个平和而又放松的场景之中。之所以选择**安静的自然场景**，是因为这是人们逃避家庭或上班的压力时选择的典型场所。热带海滩、山峦或林荫小道是通常被采用的意象。

一旦引入这种技术，经常参与可视化实践的人就会发现，可视化中的意象就像真实的度假胜地一样，给人以深度放松的感受。这些自然场景色彩鲜亮，空气清新，伴随天籁之音，以及大自然的其他元素，让人们能够畅想未来。自然场景能够让人们置身于大自然之中，使人们扭曲的知觉得到整理。而且，经过持续的可视化训练，也会发生生理变化，开始达到稳态平衡。在日出或日落时，遥望宽阔的海平面；仰望深蓝色的天空，星辰触手可及；在白雪皑皑、蜿蜒曲折的山峦中沉思。这时，所有的问题都变得渺小了，何况压力呢。当然这样并不会使问题真正消失，而是把它们压缩到能够容忍的范围之内，使它们得到管理和解决。在这样的意象中，即使达不到完全消除的程度，压力也显得不再那么吓人了。

在所有用于促进放松的自然场景中，最常见的是水，例如，海岸海滩、高山湖泊、瀑布溪流。人们一般认为，对水的感受是对母亲子宫中的早期经验的回忆。然而，任何能够让人放松的场景都具有相同的效果。除了视觉意象，其他感觉意象也是有效果的。看图像、听声音、闻新鲜空气、感受空气的温度、对风和阳光的感受等都有很好的效果。在这种想象中，你由一个被动的观察者变成一个意象场景的积极参与者。进而通过这样的意象，你会以“第一人称”的身份感受到平静和放松。

让人产生放松反应的意象有很多，只是对不同的人来讲，某一意象的效果是不同的。自然场景的可视化要想达到最大的效果，实际上是能够带来心静感受的。如果个体与自然场景间的关系不和谐，很可能制造压力而不是减少压力。例如，对于具有恐高症的人来讲，山峰的意象可能不具有放松效果。在向被指导者介绍指导性意象时，一个好的指导者应该建议被指导者自由地对待他的指导，使意象能够最大化地提高自己的放松水平。例如，由于我出生在美国科罗拉多州，所以当我教授心理意象时，经常把山间湖水作为平和的意象。但是，我的一个学生从来没有见过山间湖水。曾经做过救生员的他就把水体本身作为意象，看着自己在室内游泳池前沉思。这种与他相关的意象才会对他有用。

一些指导性心理意象会让人们把可视化意象与自己的生理放松状态进行比较。这种比较会使身体达到深度放松的状态。

行为变化

长期以来，很多心理学家都坚信，改变不良的健康习惯的关键是改变行为。价值观和态度是人格中最容易改变的部分。抽烟喝酒、饮食行为和物质成瘾是最常见的健康问题，它们也是行为改变的目标。过程成瘾行为（工作狂、购物狂）也属于这类问题。心理意象把暗示作为行为医学的基础，帮助人们把消极的健康行为变成积极的行为。尽管单独地使用这一技术很难引起**行为改变**，但是当与其他行为矫正技术及应对策略联合使用时，对有些人还是有效的。心理意象所做的就是强化新的、所期望的行为，反复使用意象确实会有更强的强化期望行为的效果。

心理意象是认知重组的一种类型。前面已经提到，沃尔普在帮助人们克服恐惧的过程中开创了**系统脱敏**这种心理意象过程。在这种过程中，恐惧者通过不断提高对压力源的容忍度，从而克服在特定情境下的焦虑。第一步，是让被试在一个放松的情境下，讲出自己的想法。例如，假设你害怕在公共场合演讲，而下一个月你要面对 300 人发表自己的想法。在系统脱敏过程中，你可以在脑海里想象这样一个场景：你站在空荡荡的礼堂里，站在讲台上，进行流畅的演讲。进行想象时，要注意运用横膈膜呼吸法，在开始演讲之前，可以先想象寂静的自然场景。经过几次这样的想象，你再想象面对几个观众（非常亲密的朋友）进行演讲，这些观众为你的演讲热烈鼓掌。重复几次这种想象，感觉舒服以后，你再进一步想象你成功地面对 100 多人进行演讲，获得同样精彩的效果，然后是面对所有观众进行演

安静的自然场景（tranquil natural scenes）：在心理意象（例如，海洋沙滩、山脉远景、原始森林、薰衣草花园）中使用的三类场景之一。

行为改变（behavioral change）：心理意象的三阶段之一（例如，戒烟、健美、减肥等活动）。

系统脱敏（systematic desensitization）：由心理学家约瑟夫·沃尔普（Joseph Wolpe）提出的概念，描述一个对压力渐进容忍的过程，通过重复暴露或可视化，获得更强的舒适感。

讲，全场爆满，掌声雷动。通过这样的训练，平静的意象就会压倒压力源，应激反应就会减小。系统脱敏的第二个阶段就是真实地在讲台上进行演讲彩排，同时回忆以前的想象（放松和成功的感觉），帮助你找回以前的平静感受。这样，应激反应就会减到最小，演讲开始的几秒后，应激反应就会消失。

另一个通过心理意象改变行为的例子是艾莉森（Allison），她主要是想尝试戒烟。她已经从每天两包烟减到每天几支烟，但是在上下班的路上，她还是想抽烟。为了彻底戒烟，她使用了心理意象技术。她想象自己在开车，车窗半开着，放着轻音乐。交通信号灯亮了（需要耐心等待时），她开始寻找窗外的鸟，直到信号灯变化为止。到了停车场时，她从车里走出来，接着走进办公室，整个过程没有觉得有抽烟的渴望。通过心理意象训练，艾莉森达到了自己的目标，强化了自己的正性行为。之后再遇到问题情境时，自己也没有抽烟的渴望了。

与此同时，心理意象和可视化也开始应用于临床，以促使行为向积极、健康的方面转变。这一技术最早应用于运动心理领域，为广大的运动员所知晓。最先广泛使用心理意象技术是网球运动。蒂莫西·加威（Timothy Gallwey）在《网球的内部运动》（*The Inner Game of Tennis*）一书中阐述了他的理论，让运动员在脑海里预演比赛，以提高实战中的比赛水平。此后的有关研究为这一理论提供了支持性证据，认为心理上的运动技能模拟训练有利于神经冲动从大脑到肌肉的传递（Harris and Robinson, 1986）。其中一个例子是通过心理意象训练把球投入击球区，经过不断的心理训练，实战中的协调性大大增强。因此，这一技术很快在业余和专业运动中普及，尤其是当运动员受伤而无法参加训练时，这一技术可以和康复计划联合使用。另外，运动员也开始把可视化技术应用于心理意象训练中，减少焦虑，提升动机与自尊（图 20.3）。

言语信息（积极的自我肯定）也已应用于心理意象技术，以增强意象的力量，影响行为改变。积极的自我肯定就是有意识或无意识地建立自己的信心和自尊。当你处在放松状态时，积极的想法会通过你内心的声音（不断地用单词、短句或长句）反

图 20.3 很多运动员应用心理意象（心理训练、心理彩排）作为实际训练的辅助手段。对于业余和专业选手都一样，要想发挥出最好的水平，心理技能很重要。

复出现在你的脑海中，以达到自我肯定的目的。这种方法通常也和横膈膜呼吸结合起来使用，在呼气时（身体最放松时），不断地重复这些积极的思想。因为大脑在放松状态最容易接收信息。例如，一个有名的咖啡杯的广告语是："那确实，我很棒！"就是一个很好的自我肯定的言语信息，这句话就可以和个人的成功意象结合来强化其信息。匿名戒酒者互助会的成员在康复计划中也会使用这类语句作为心理暗示或颂歌，最著名的一句话就是："总有一天我会戒掉酒。"

这种积极肯定的言语之所以起作用，其原理是：从后天习得的行为和人类共同的天性来看，负面思想往往在大脑中占优势。这些负面思想的长期累积会削弱自尊的根基。低自尊很容易使人们陷于压力之中。广告业认识到了这个问题，所以广告的目标就是引发不安全感。它们不断建议我们购买广告中推荐的产品，来提升自我形象。广告的潜在信息是：如果不购买它们的产品，我们就不够好。有关研究证明，我们每天要被 3000 条媒体信息轰炸（MortarBlog, 2006）。尽管并不是所有的广告都会引发我们的不安全感，但是很多广告信息是有负面倾向的，使我们倾向于做消极的自我反馈，甚至使这种循环更难以打破。我们成了自己最大的批评者。我们头脑中的声音——自我保护的岗哨——不断告诉我们：有些事情我们做错了，或者我们没有达到自己的预期。相反，积极的自我肯定有助于平

衡情绪天平，解除内部批评者的武装，增强积极自尊的基础。任何积极的思想都会达到这一目的。现在就可以花一点时间想一个让自我感觉良好的句子。一旦找到这样的句子，在进行放松训练时，就可以用内部言语的形式不断重复。当你感觉情绪低落或压力过大时，就闭上眼睛，回忆一下这个句子。然后不断地重复这个句子，同时可以运用支持性心理意象。这可能需要几次尝试，很多运动员都在他们的运动生涯和生活过程中使用这一技术，而且结果证明是有效果的。这一技术同样也能为你服务。

应该记住，结合心理意象的积极自我肯定不仅可以强化放松状态中的信息，还可以应用到对压力事件的处理中，例如交通堵塞、公共演讲、团体会议等。在很多情况下，负性行为或压力倾向是低自尊、失败感或拒绝感的表现。积极的可视化能够激发和保持高自尊。

内部的身体意象

心理意象的第三个类型是通过意象关注身体的健康状况和生理功能的直接变化。人们最关心的问题是应激反应在身体上的症状表现。康复者面临的主要问题是：如果与压力有关的思想能够导致生理疾病，那么大脑能否用健康的观念修复身体？1971 年，西蒙顿夫妇把包括心理意象在内的几种放松技巧教给了癌症病人，由此，心理意象技术迅速进入前沿的医学领域。这种技术要求病人想象免疫系统中的白细胞正与癌变细胞做斗争。病人通过运用他们的想象力，承担起治疗和康复的责任，很多病人感觉自己的肿瘤逐渐缓解了。西蒙顿在《重新康复》一书中，把这一具有划时代意义的治疗方案看成此类技术在美国普及的催化剂。马蒂·罗斯曼（Marty Rossman）博士是美国指导性意象学会的联合创始人兼总裁，正如他的书《从内部战胜癌症》（*Fighting Cancer from Within*）所描述的那样，他目前正在研究心理意象的成因，以及指导性可视化对各种疾病（从哮喘到癌症）的治疗能力。

在过去的 10 年中，有很多关于使用心理意象技术使身体成功康复的案例，从癌症及器官病变的自动消失，到骨骼和结缔组织的修复。这些案例大多是癌症患者，当然也包括其他疾病，例如高血压、偏头痛和腰椎痛等。前面也提到，这些案例就像传奇一样，但是作为对照的控制组被试没有类似变化。而且，心理意象并不是唯一的干预手段，只是多种治疗方式中的一种而已。然而，这些研究案例表明，当心理意象和其他治疗方式与传统医学结合起来应用时，效果最好。关键问题是病人必须认识到自己应该对自己的健康负责。

如前所述，现在还不能从科学角度完全理解心理意象的治愈机制。阿赫特伯格（Achterberg，1984）认为，大脑（尤其是右脑）产生的图像能够发送和转变为生化信息，很可能是通过神经肽把生化信息储存于淋巴细胞或其他靶向细胞的受体上，以促进治愈。这个过程启动了癌细胞毁灭或器官细胞的重组。在这种疾病治愈过程中，几大生理系统相互整合，包括神经系统和内分泌系统对压力激素分泌的抑制。一定要记住，心理意象并不能代替标准的医学治疗。但是，心理意象可以作为医学治疗的辅助技术。对某些人来说，把这种技术作为一种药物治疗的辅助手段似乎比单纯的药物治疗更有效。那些战胜癌症的故事就是对这一技术有效性的见证。然而，如果认为心理意象必能成功治愈癌症或器官组织，是不准确的，是一种误导。

影响心理意象能否成功的因素有很多，其中有几个因素是阿赫特伯格、西蒙顿、诺里斯和西格尔都认同的，这些因素包括意志力、对自身健康的责任心、对自我产生的思想的相信程度。另外，研究证明：当病人对身体的生理功能、疾病的性质和部位、特定的生理机制都有详细了解时，心理意象就更加有效。

《为什么是我？》（*Why Me?*）是一本自传体性质的案例研究报告，作者是加勒特·波特（Garrett Porter）和帕特里夏·诺里斯医生。主人公加勒特是一个孩子，被确诊患有恶性脑瘤，无法手术，这本书描述了他与病魔做斗争的过程。通过使用心理意

内部的身体意象（internal body images）：心理意象的形式之一，目的是治愈疾病（例如，减小肿瘤，修正骨折等）。

象、生物反馈和艺术疗法，加勒特能够“想象”或看着癌细胞被破坏，并且被白细胞吞噬（图 20.4）。由于加勒特对心理意象和身体觉察有很好的感受，并且知道肿瘤的确切部位，他成功地在想象中看到了肿瘤的缩小。几个月后，CT 扫描显示，肿瘤确实消失了。

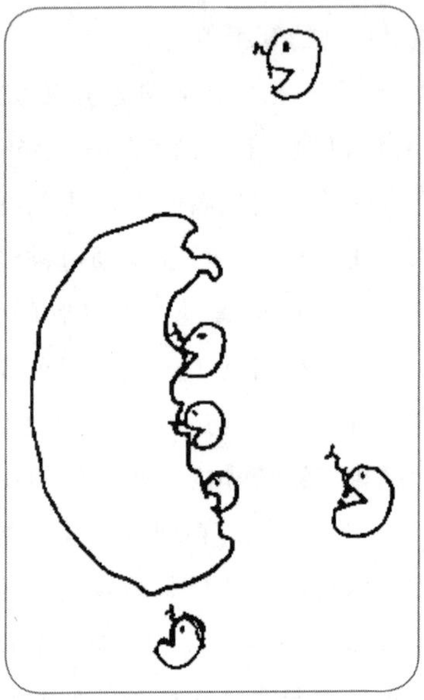

Reproduced from Porter, G. and Norris, P. Why Me? Stillpoint, Walpole, NH, 1985. Reprinted with permission from Patricia Norris.

图 20.4 加勒特的意象的草图，这个意象帮助他观察自己身体内部的治疗过程。小的“食豆小子”（白细胞）正在破坏和吞噬癌细胞（他称之为“大笨蛋”）。

吉尔达·瑞德尔（Gilda Radner）是一个喜剧演员，在《总是有事发生》一书中，也描述了她如何应用心理意象技术与卵巢癌做斗争并最终成功的过程。她把身体想象成一个很大的、毛茸茸的、粉红色的毛巾。用水洗毛巾，然后再拧干毛巾是治疗的意象符号。在想象中，吉尔达把癌细胞看作毛巾上的麻线。为了去掉癌细胞，她想象自己用力地拽毛巾上的麻线，把它完全拧干净。

康复的意象可以是具体的，例如某一种疾病（癌症或甲状腺功能障碍），也可以是一般性的，取决于你想取得的效果。但是，不管意象是直接的还是间接的（象征），在治疗过程中，效果都是一样的。通过织补袜子和蜘蛛网的想象，溃疡能得到治愈；通过解除交通堵塞的想象，血管扩张以减轻压力和增强抵抗力，从而治疗高血压。有很多象征性方法来辅助医疗过程，它们可以适应一系列特定的身体表现。

色彩疗法

色彩意象是另外一种促进放松的技术。费伯·比伦（Faber Birren, 1961, 1978）曾经进行过一系列具有里程碑意义的研究，探讨人们对颜色刺激的情绪和生理反应。现在，红色与蓝色的区别已经很清楚，红色往往与爱、恐惧和愤怒等情绪反应的增强有关。与此相对应的自主神经系统活动包括心跳加速、血压升高、呼吸急促、肌肉紧张和汗液分泌。当被试处在情绪唤醒状态时，如果暴露于红色光线下，被试会表现出较多的“烦躁”反应。蓝色光线的效果正好相反，被试会回归生理的稳态平衡状态。蓝色是一种令人平静的色调。当婴儿暴露于蓝色光线下时，会表现出较多的平静反应。在黄色和绿色光线下，反应是中性的。如果你有紧张或受挫的感觉，就闭上眼睛，想象你正被蓝色的光线环绕——浅蓝色、天蓝色、靛蓝色等。甚至可以想象自己在碧蓝的水中漂浮。然后，再做一下深呼吸，你会感觉全身放松。

自从有了比伦关于**色彩疗法**的开创性研究工作，色彩的治疗能力引起了人们的兴趣，在“振频医学（vibrational medicine）”的领域更是如此。不同颜色的光线就像可见的能量。颜色实际上是能量波以不同的频率振动而产生的。雅各布·利伯曼（Jacob Lieberman）博士在《光——医学的未来》（*Light: Medicine of the Future*）一书中指出了有关**光线疗法**的有趣事实。室内的人工光线（白炽灯和荧光灯发出的光线）的光谱并不全，其中缺少了一些波粒子，所以就没有蓝色光谱。人们如果暴露在这种光谱不全的光线下（利伯曼称之为照明不良），就容易产生压力和抑郁、牙齿脱落的倾向，更有可能造成胆固醇的升高。对在全光谱和不同颜色光下生长的植物进行的研究表明，植物的健康状况依赖全光谱的光线（Ott, 1985）。利伯曼的研究结果对人或许也适用。他建议，如果在现实生活中无法得到合适的光线照射，可以把你的身体想象成为一个棱镜，把光线分解成五颜六色的彩虹（红、橙、黄、绿、蓝、青、紫）。颜色比较难以想象，因此在想象过程中要尽量把它细节化。一些专家（Gardner，1990）认为，光线疗法和色彩疗法给疾病的治愈过程增加了另外一个维度。根据加德纳（Gardner）的假设，人们把这一理论和人类脉轮的振动结合起来，麻省理工学院和加州大学洛杉矶分校进行了有关研究。

心理意象和慢性疼痛

自从 O. 卡尔・西蒙顿的《重新康复》一书出版以来，心理意象和可视化技术已经应用到疼痛治疗领域，起初用于癌症病人，现在已经应用到慢性疼痛疾病中，从腰椎疼痛到肌纤维疼痛。但是这两种技术很少单独使用，一般和横膈膜呼吸、生物反馈、艺术治疗、冥想以及其他疗法联合使用。罗斯曼（Rossman，2002）认为，疼痛是一种信号，心理意象可以解决“这种信号意味着什么”的问题。对于运动损伤、腰椎损伤、肠胃问题和癌症等造成的多种慢性疼痛，这两种技术都可以发挥作用。

心理意象的步骤

1. **寻找一个舒服的地方**。心理意象和腹式呼吸一样，在任何地方都可以进行。这个地方应该能够使你很快地闭上眼睛，能够使你想象中的环境更加放松。开始使用心理意象时，可以以舒服的方式躺着或坐着，同时要闭上眼睛，也要松开紧绷在身上的衣物。甚至可以脱掉鞋子，有时在特定情况下，这样做也有助于心理意象。
2. **注意集中和积极的态度**。和其他放松技巧一样，在心理意象中集中注意很重要。应该找一个安静的地方，尽量减少噪声干扰，它会打扰你的意象（图 20.5）。集中注意力与想象力一样，是一种技能，二者也是协调一致的。一个心理意象可以持续几秒到几分钟。最初建立心理意象时，可能是短暂的，首先是集中注意，利用所有的想象力关注自己所创造的意象。把你的注意力集中于自己所创造的颜色、形状、纹理、声音、噪声、寂静、气味以及所创造的环境的整体感觉。一般情况下，首先在情境中看到的意象是一个“第三人称的你”。但是想象的真正力量来自你以“第一人称”的身份进行的想象活动，正如你平时在生活中做的那样，把注意力集中在你心中的图像上（你闭着眼睛看到的图像）。随着时间的推移，你将能够在更长的时间里保持注意力集中，更详细地处理每张图片。就像其他的放松技巧一样，重新调整呼吸，让呼吸变得舒适、做有规律的深呼吸。如果在你创造意象的时候头脑游离于其他想法，试着把注意力转到图像的细节上，并控制住，沉浸其中。

   积极的态度对心理意象的有效性至关重要。积极态度的基础就是坚信你的想象是有用的。积极态度的基石是想象力提供的信念。西格尔、博里森科和西蒙顿的有关经验表明，对意象的力量的信念与意象本身一样重要。希望、信念或信心等是意象产生的基础和成分。
3. **选择意象主题**。意象选择是无限的。首先要确定想象的目的。是暂时的逃避，仅仅想清理一下你的思想？还是要通过改变当前的健康行为来促使自己建立健康的生活方式？或者为了促使身体康复而建立治愈性意象？心理意象的目

图 20.5

色彩疗法（color therapy）：一种心理意象练习，颜色被想象为宁静（如绿色）或治愈（如蓝色）的媒介。

光线疗法（light therapy）：色彩疗法的扩展，使用全光谱照明或光谱中的一种颜色来促进稳态平衡和愈合。

的一旦确定，接下来就要寻找一个合适的意象以解决问题。虽然本章提供了几个意象，但是你还是要根据自己的情况创造一个属于自己的特定意象。建立意象是一种技能：使用的次数越多，它就越有力量，越有利于压力管理。有时，可以采用导游的方式对心理意象过程进行指导。诺里斯在治疗过程中就采用了提问的形式指导她的病人建立心理意象。例如，对于一个关于房子或城堡的意象，她可能问以下问题：你的城堡是什么样子的？它是什么材料做的？城堡是什么颜色的？走到入口处。门是什么样子的？门把手和门环是什么样子的？打开门，走进屋内，你看到了什么？诺里斯认为，通过诸如此类的问题，病人会从深度潜意识中创造意象，治愈过程也就开始了。

心理意象的最佳应用

心理意象实施起来很方便。尽管学习心理意象时最好找一个安静的环境，但是一旦比较熟练地掌握了，也可以在压力情境中进行。例如，发表公共演讲前，考试开始前，在邮局排队时，看牙医时，开令人烦恼的会议时，都可以进行心理意象活动。总之，在任何情况下，只要你能够闭上眼睛，得到片刻安静。练习一段时间后，有些人甚至可以睁着眼睛回忆起一个意象。不像其他技术，需要一定的时间才能够有效，心理意象在很短的时间内就可以生效。因此，在面对压力时，这是一个绝佳的干预技巧。作为一种预防性技巧，可视化是一种强有力的减压冥想活动。心理意象既可以驱散“恐惧”的阴霾，又可以融化“愤怒”的火药桶。

总　结

1. 心理意象是指无意识大脑产生意象的能力，这些意象具有使身体恢复平静和康复的效应。可视化是心理意象的一个方面，在可视化过程中，个体有意识地指导自我产生意象。指导性心理意象是在别人的（现场的或录音的）指导下进行的。
2. 心理意象的使用已有几千年的历史，是人们进行身体、大脑和心灵保健的手段。
3. 在20世纪，弗洛伊德和荣格重新给世人介绍了心理意象技术。荣格使用的术语是积极想象，即充分发挥无意识心理的力量，应对重续梦境的问题。
4. 迄今为止，已有几个把心理意象和可视化作为辅助治疗手段，尤其是作为癌症病人的辅助治疗手段的研究。诺里斯总结了证明心理意象技术确实有效的几条标准。
5. 心理意象可以分为三种类型：（1）安静的自然场景，或将人置于自然环境中的意象；（2）行为改变，或者想象自己正在完成一个更加健康的行为；（3）身体的内部意象，或者在身体内部进行漫游的意象，看着损伤的、病变的或功能混乱的部分治愈或修复。
6. 系统脱敏把压力源分解成为几个小部分，逐步提高人们对压力源的容忍度。心理意象技术能够增强这一过程的效果。
7. 色彩疗法和光线疗法与心理意象有一定的关系，也具有一定的治疗效果。光线的颜色是光波以不同频率振动的表现，能够增强心理能力。红色给人以兴奋的感受，而蓝色可以使人平静。
8. 增强心理意象效果的标准：一个安静的环境；一个舒服的姿势；一个接受的态度。
9. 心理意象通常也用于治疗慢性疼痛，一般情况下和其他压力管理技巧联合使用，才能达到最佳效果。

学习指导题

1. 什么是心理意象？它和可视化有何区别？
2. 列举心理意象和可视化用于促进放松的三条途径。
3. 什么是色彩治疗？怎样使用它促进放松？
4. 列举促进放松的三个步骤。

第 21 章

音乐治疗

音乐是一把神奇的钥匙，任何紧锁的心门都能被它开启。

——玛莉亚·冯·特拉普①（Maria Von Trapp）

也许自从人类的耳朵第一次识别出鸟鸣的婉转美妙，音乐就拥有了玄妙奇异的影响人类的特殊属性。现在请闭上眼睛，想象那首你最爱听的歌曲，让音乐萦绕在你脑海中，尽情地享受它，然后去感觉你的身体如何反映这美妙的旋律和音调。各种各样的声音作为一种感官刺激可以引起**刺激泛化**，即一种条件反射。汽车回火的声音可能引发了患有创伤后应激障碍的退伍军人的焦虑，正如一首受欢迎的情歌可以立刻勾起人们对一段恋情的回忆一样。这些被称作音乐的听觉刺激，无疑对我们的生理和情绪状态产生了巨大影响。音乐可以激发人的斗志：几个世纪以来，横笛和鼓点都是鼓舞士气的战斗号角；近代，音乐在体育赛事上也被用作类似的激励工具；然而，音乐也有安抚和镇定心绪的效果：只要一曲摇篮曲，就可以把啼哭的婴儿送入梦乡。

鉴于此，风格各异的音乐能对人类产生深远影响，并且还能起到积极的放松效果，后者也正好符合本书的目标。尽管上述已经是人们很长时间以来的共识，但人类现在终于能用一种更科学的眼光发掘音乐的强大治疗效果了。目前存在两种**音乐治疗**的流派：第一种流派提倡通过歌唱和/或演奏达到音乐的治疗效果。这种基于治疗领域临床专家研究的观点，把音乐治疗定义为：音乐治疗师通过系统地运用音乐改善人的情绪或生理状态。第二种流派通过聆听音乐达到放松目的。从这个意义上讲，音乐治疗被定义为通过音符的变幻、旋律的跃动和愉悦的器乐演奏，来体验和调整生理唤起状态和心境的一种能力。这也是本章更为关注的一种观点。

音乐是世界文化不可缺少的组成部分，各大网络媒体音乐服务的流行就是证明。音乐作为一种促进安宁的手段，已经得到了多次印证。尽管音乐的形式不同，但也是一种非常受欢迎的放松技巧，适用所有年龄段的人。音乐治疗作为一种放松技术的同时，也是一种应对策略，主要表现为能够提高内在的自我意识。一些音乐学者认为，聆听特定类型的音乐会激活不占主导地位的右脑加工过程，提高人类对新观点的接受能力。具体而言，音乐可以通过自发的心理意象来激发人类的创造力。音乐通过很多途径抚慰我们“狂野的心灵”。那些玩电子

刺激泛化（stimulus generalization）：一种对声音的条件性反应。

音乐治疗（music therapy）：一种聆听、吟唱和演奏音乐以促进心灵放松与稳态平衡的能力。

① 电影《音乐之声》的原著《崔普家庭演唱团》的作者。——译者注

游戏的人会告诉你音乐对于游戏体验的重要性。尽管对音乐这种放松技巧的研究还刚刚开始，也尚未完全明确音乐影响人类机体的机制，但它的益处确定无疑。这种放松技巧非常流行，以至在过去几年里已经成为一个巨大的研究领域。如今，关于音乐治疗益处的研究焦点相当广泛和深远，从对术后疼痛的影响（Bradt, 2010；Whitaker, 2010）到对阿尔茨海默病患者（Zare et al., 2010）和儿科保健（Treurnicht Naylor et al., 2010）的影响，所有这些都揭示了音乐对于减压的强大治愈力量。为了更好地理解音乐是如何进行治疗的，回顾音乐技术的历史很有帮助。

历史回顾

据我们所知，早期的人类相信，音乐可以驱除邪恶的灵魂，并且有治愈伤病的功效。古希腊人，包括亚里士多德、柏拉图、毕达哥拉斯等都对音乐的治愈能力有着直观的理解，他们认为每天听音乐可以强身健体。亚里士多德坚信，长笛声能够释放情绪。柏拉图指出，音乐不仅能维持人类内心的和谐与满足，也能够恢复民族丧失的道德水准。“音乐是道德的律例。”他写道：“它是秩序的基础，通往善良、公正、美丽、激情和永恒。”毕达哥拉斯赋予音乐节奏以特殊的治愈疗效，他说：“万物格局皆和谐。只有当我们和自然发展的步调脱节，不和谐才会产生”（Merritt, 1990）。

中世纪的君主们不仅雇用小丑，还雇用宫廷游吟诗人为他们的城堡带来宁静安适的旋律，减轻抑郁、沮丧和狂热。后来的几位古典音乐家，包括巴赫、帕赫贝尔和莫扎特，也是皇室贵族御用的谱曲人。然而，欣赏音乐不仅是上流社会的特权。早在收音机、录影机和CD播放机出现之前的几个世纪里，各阶层家庭的成员们都会定期聚会吟诗歌唱。父母和子女学习乐器以怡情娱乐也是很常见的。家庭成员完美地合奏，暗喻着为家庭和睦所做的努力。

美洲印第安部落的药师或萨满经常在治疗病痛的仪式上运用音乐，不单是为未来祈福，音乐还是治疗病人或垂死之人的灵药。音符的咒语和鼓点敲击是和圣灵交流的媒介，为人类灵魂的意志注入能量，治愈病痛的灵魂。无独有偶，在很多世纪以前的大洋彼岸的非洲人就懂得，打击器乐的节奏有降低心率和退烧的作用（Assagioli, 1999）。音乐（福音圣歌）挽救了那些生活在最残酷的条件下作为奴隶的非洲人。事实上，所有的音乐都是奴隶制下的解脱，非洲音乐和打击乐催生了美国音乐中的爵士乐、布鲁斯、灵魂音乐和嘻哈音乐。

随着留声机在1877年问世，音乐越来越多地融入了人们的生活。在19世纪末和20世纪初，音乐在欧洲成为备受尊崇的精神疾病治疗技术。然而直到1926年，音乐才被医疗机构承认为一项在临床上能治疗某些心理障碍的技术，尤其是对抑郁症的疗效显著。尽管不同文化下形式风格各异的音乐作为放松和治疗技术已被广为接受，但是直到1946年，美国才认可音乐为一种真正的并值得深入研究的治疗技术。一些美国退伍军人管理局下辖医院引进音乐疗法用于“二战”士兵的创伤后应激障碍的治疗，发现音乐刺激可以提振士气，缓解抑郁相关症状，改善病人的心理状态。1950年，国际音乐治疗协会（National Association for Music Therapy, NAMT）成立。通过几位前辈的开拓性研究，20世纪七八十年代，音乐治疗作为治疗压力相关症状的可行工具被广为提倡。

诺曼·卡曾斯以介绍和推广幽默、笑话的治疗功效而广为人知，在他颇受好评的著作《疾病剖析》中，有一整章内容介绍了音乐的治疗奇效。文中叙述了作者遇见大提琴演奏家卡萨尔斯（Pablo Casals）和著名医生艾伯特·施威泽尔（Albert Schweitzer）的故事，展示了这些名人如何通过音乐获得奇迹般的解脱。卡曾斯曾经观察过90岁高龄的卡萨尔斯忍痛下床，但当他坐在钢琴前弹奏勃拉姆斯B小调四重奏的时候，立刻变得年轻而富有活力。施威泽尔在80岁研习医术的同时，夜夜演唱巴赫的D小调《托卡塔》。卡曾斯看到这些人通过沉浸在音乐中而获得重生，暗示音乐对这些名人的健康长寿有所贡献。著名的欧洲学者和作家奥利弗·萨克斯（Oliver Sacks）发现了用音乐治疗帕金森病的方法。他的观点因罗宾·威廉斯（Robin

Williams）主演的电影《唤醒》（*Awakenings*）而出名。萨克斯在他的著作《恋音乐》（*Musicophilia*）一书中指出，如今患有阿尔茨海默病、中风和严重抑郁症的人都可以从音乐疗法中受益。他说：“音乐充满了神秘的力量。”

从 20 世纪 70 年代后期到 80 年代早期，当“压力”进入公众视野，成为美国社会的高频词，一种现被统称为新世纪音乐的新放松方式浮出水面。与摇滚、流行、布鲁斯、古典、爵士完全不同，新世纪音乐由慢节奏乐器组成，通常是合成的，通过旋律重奏与和声达到调整心境、增强意识察觉水平的目的。一些音乐家（Andrew Warson 和 Nevill Drury）追溯新世纪音乐源于 20 世纪 60 年代反传统文化时期的“迷幻”音乐，摇滚、爵士、乡村、印度拉格（印度的一种传统曲调）以及冥想音乐等音乐元素被整合在一起，形成了具有放松效果的循环式轻柔的“起伏音乐”。平克·弗洛依德（Pink Floyd）乐队的“干涉”（Meddle）专辑把这种音乐风格发扬光大，专辑的第二面“回声”（Echos）是电子合成的风格。平克·弗洛依德乐队鼓舞人心的作品体现了新世纪音乐家的血统，其中包括摇滚乐队绯红之王（King Crimso）里的吉他手罗伯特·弗里普（Robert Fripp）和洛克西音乐团（RoxyMusic）的键盘手布赖恩·伊诺（Brian Eno）合作的名为《晚星》（*Evening Star*）的歌曲。伊诺还录制了几张专辑，包括“机场音乐（Music for Airports）”和“氛围 2（Ambient Two）”，成为新世纪风格的主要势力（Watson and Drury, 1987）。这种音乐风格现已蔓延到各大洲，引起许多新世纪和环境音乐家的注意，包括日本的喜多郎，德国的安德列斯·佛伦怀德（Andreas Vollenweider），法国的让-米歇尔·雅尔（Jean-Michel Jarre），希腊的范吉利斯（Vangelis），爱尔兰的恩雅（Enya），北美的保罗·霍恩（Paul Horn）、菲利普·格拉斯（Philip Glass）、史蒂文·哈尔彭（Steven Halpern）、大卫·蓝兹（David Lanz）和威廉·阿克曼（William Ackerman），等等。尽管从唱片商店到网站下载，音乐的传播方式发生了巨大的变化，但各种类型的音乐的流行并没有改变。也许最明显的是，音乐节目大量出现在卫星广播和各种网络上。虽然新世纪音乐不再被认为是“新”的，但这种流派的放松风格仍然相当受欢迎。但是新世纪音乐仅仅是能促进放松的音乐类型之一。古典、爵士和原声民谣的放松效果同样明显。今天，所有类型的音乐在不同的临床机构和专业机构中作为治疗工具被广为采纳。

声音—噪声—音乐

从声音到噪声，再到音乐。声音是听得见的能量。周期性或随机性的振动产生声波。声音有悦耳的和不悦耳的，后者就是所谓的“噪声”。声波或振动一般用**赫兹**（Hz）来衡量，即每秒的振动次数或周期。这些振动频率被人耳知觉为**音高**（图 21.1）。根据身体健康状况和听觉神经系统所接受的训练，人耳能接收的声音频率或声波范围为 20 ～ 20000 赫兹。声波也可以通过皮肤和骨骼组织的神经通路传导而被人体接收。

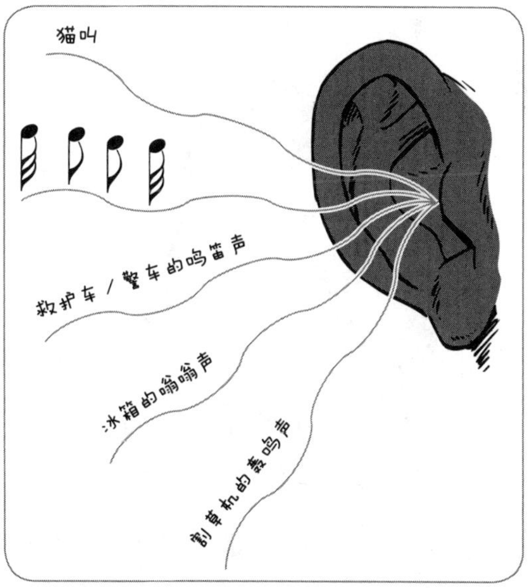

图 21.1 声波传入人耳，通过耳膜，进而被大脑加工。

赫兹（hertz）：用以形容每秒产生的振动或摆动次数的物理术语。

音高（pitch）：人类以音调的方式感受振动或摆动的频率。

尽管振动可以用赫兹或者每秒的振动次数来衡量，但是为了纪念发明家亚历山大·格雷厄姆·贝尔（Alexander Graham Bell），人们以**分贝**（dB）来度量声音。分贝表示人耳所感受到的特定声音的气压大小。1 分贝表示人耳所能感受到的最轻微、最柔和的声音。在马车的年代，呼救声可以透过窗户在整个城镇的上空回荡。随着现代科技的发展，大城市周围环境的噪声平均水平是 122 分贝，比能达到痛觉阈限的分贝还高 2 分贝。今天，嘈杂的噪声盖过了叫喊声，在两个街区以外就听不到呼救声了。反复暴露在高噪声环境下不仅会引发机体的应激反应，还会导致人耳的损伤（Halpern, 1985）（图 21.2）。噪声导致的听力损伤或听力下降有累积性的，也有永久性的。**耳鸣**是临床术语，用来描述反复暴露在高噪声环境中引起的耳朵持续的嘶嘶或嗡嗡作响的现象。今天，美国听力学家担心，便携耳机的使用和周围环境噪声水平所引发的听力损伤的发生率有年轻化趋势。据推测，噪声不仅让人有压力感，听力障碍也可能成为低强度的慢性压力源。就像过度紧张一样，如果没有诊断测试，早期的听力损伤是不会被发现的。表 21.1 是户外场所或噪声源相应的分贝等级表。

图 21.2　听音乐时，耳机可以提供一种独处感。然而，长期使用耳机并暴露于高音量下会损害听力并导致早发性耳聋。

表 21.1　一些日常声音的响度

声音	响度 / 分贝
树叶的沙沙声	10
普通的交流	50
郊外邻居家的噪声	52
真空吸尘器	70
城市噪声；拥挤的交通	80
客机机舱里的噪声（起飞时）	78 ～ 83
身长 15 米的重型卡车	76 ～ 88
家电工具	65 ～ 110
地铁的噪声	8 ～ 114
在喷气机旁边	150
开枪	150 ～ 170

来源：Reproduced from Alters, S., and Schiff, W. *Essential Concepts for Healthy Living*, 5th ed. update. Jones & Bartlett Learning,Sudbury, MA, 470, 2011.

为了对抗噪声污染，声音刺激（被称作白噪声）被用来掩盖、平衡及中和周围紧张、嘈杂的环境。从技术上讲，白噪声由声音频谱上所有频率的宽频声音组成。这就是你在机场和各种杂志上看到的降噪耳机广告背后的原理。然而一些音乐虽然可作为白噪声使用，但它更大的潜力在于使人宁静。前摇滚乐手、神经科学家丹尼尔·列维京（Daniel Levitin）在他广受欢迎的书《这就是你的音乐大脑》（*This Is Your Brain on Music*）中，探索了音乐在使用磁共振成像之前，是以如何方式协调大脑半球的。列维京总结说，从莫扎特到 U2 乐队，音乐比语言更重要，是人类天性发展的基础。音乐的整体效果优于其部分效果之和。音乐研究者兰德尔·麦克莱伦（Randall McClellan, 1988）说过："音乐是一种音符随时间而持续变幻的多层次动态矩阵。"正是这种动态矩阵产生了玄妙的放松感［（图 21.3（彩）］。

作为放松技巧的音乐

有关音乐和放松的关系，是由软科学和硬科学共同发展出来的，每个学派的思想都对认识音乐的放松疗效有所贡献。撇开理论不谈，以音乐形式传播并被人耳接收的声音频率对人类的生理有显著影响。但这些频率究竟是怎样被人体接收的，研究仍然处于推想阶段。也许，多种理论流派结合才能给出答案。

生物化学理论

音乐看似能通过大脑皮层和自主神经系统直接影响人类生理机能，实际上，声音刺激通过复杂的人耳神经组织（柯蒂氏器或者毛细胞）被转化为电神经冲动而被大脑接收。有意思的是，毛细胞与内耳的淋巴液只有一层薄膜，这表明它与免疫系统存在一定关系。此外，鼓膜通过迷走神经还与副交感神经系统有着联系。在非常复杂的神经元网络中，这些冲动首先被大脑皮层解码，然后被大脑皮层下部进一步解释，之后边缘系统下达命令给自主神经系统，也就意味着冲动传递到了全身。听觉包括以下元素：音高、节奏、音调、速度、音量以及可能最重要的元素——感知的特性或者大脑所解释的情感效果。由于解释的不同（喜欢或者不喜欢），交感神经系统或副交感神经系统被相应地激活。

神经心理学家兼作曲家曼弗雷德·克莱因斯（Manfred Clynes, 1982）博士提出这样一种理论：人类都有着自己的优势节奏风格，它是一种由心脏间接控制的冲动，主导着神经和激素的化学过程。优势节奏风格就好比自动调温器，对于特定的内部影响有不同的“定点”。但同时身体的节奏也能被外部节奏影响。从电钻的重复振动声，到莫扎特 C 小调钢琴协奏曲交响乐节奏声，都能影响身体节奏。学者认为，身体的优势节奏风格易受音乐共鸣或交感振动的影响。克莱因斯假设，神经系统含有一些能够影响身体对音乐节奏、旋律和音调进行反应的代码。克莱因斯还推测，这些代码由“**基础形态**”构成，基础形态影响神经肽活动，进而影响生命机体的新陈代谢功能，最显著的例子是心肌受基础形态的影响。

尽管许多机体组织参与优势节奏风格的形成，但心率是观察机体节奏的最佳方式。个体心率有所差异，人类的平均心率是每分钟 60 ～ 80 次。无独有偶，音乐治疗师也发现，绝大多数西方音乐和心跳保持着同样的速率。有人甚至认为，这种节奏的音乐最能影响人类的生理激素系统。一些研究观察了音乐对心脏的电刺激效果，但没有得出定论（Knight, 2001；Shaw, 2000）。还有人认为轻缓节奏的音乐能降低心率，其他研究者却没有证实这种效果。也许这和人们对音乐品质的感受有关。其他研究表明，只有在被试挑选了自己喜欢的音乐时，放松效果才最显著。

专栏 21.1 音乐的独特品质

音乐有许多品质，它们的组合产生了带有美感的听觉体验：

音调：最初产生的振动或声音。

音高：振动的频率。音高越高，振动的速度越快。高音高会唤起交感神经系统的活动，低音高会产生放松的感觉。

强度：和振动的振幅、响度有关。高强度对情绪有主宰和强制作用，低强度更加平和宁静。

音色：“音调的颜色”。相同的音符在不同的乐器上演奏出不同的效果，即音色。

和声：音调（声音）与其节奏形式的比率和关系。

音程：音阶的单位，两个音符之间的距离，是和声和旋律产生的结构基础。

节奏：音乐品质中最变幻的部分。它是音乐在时间模式（水平距离）上的特征，可以激发人们强烈的情绪反应。低音频率最能影响乐曲的节奏。

品质的感受：以主观态度对每种声音进行认知加工的过程。

分贝（decibels）：通过气压来测量声音或噪声强度的单位（以亚历山大·格雷厄姆·贝尔命名）。

耳鸣（tinnitus）：一个描述耳朵嗡嗡嘶嘶作响的症状的临床术语。

基础形态（essentic forms）：能够影响神经肽活动和新陈代谢活动的音乐模式（振动）。

一项神经生理研究测量了被试听慢节奏音乐时的脑电波，结果表明，脑电波节奏很快就与音乐节奏保持一致，音乐家比非音乐家的同步现象更明显（Bhattacharya and Petsce，2005）。

研究者也研究了音乐刺激的其他生理效果，例如，肌肉紧张和皮质类固醇水平。在这些研究中，音乐与其他的放松技巧（诸如引导性心理意象和生物反馈等）结合使用。1985年，东蒙大拿学院的马克·里德尔（Mark Rider）及其同事进行了一项研究，让被试在3周时间内聆听2段管弦乐曲节选的录音，其中音乐配合有促进放松技巧的配音。结果显示，与不听音乐的放松引导录音相比，在配有音乐的引导下，皮质类固醇水平有更显著的下降。与之类似，音乐和生物反馈结合时，对缓解肌肉紧张的效果比单独使用生物反馈技术好。放松音乐作为镇静止痛剂，在分娩过程中也显示出了减压和缓解肌肉紧张的神奇效果，尤其当孕妇在分娩之前长时间沉浸在音乐中时，分娩疼痛较少。

如果说慢节奏音乐有放松效果，那么是不是存在不利于健康的节奏或旋律呢？约翰·戴蒙德博士（John Diamond，1983）提出的转换理论对此有所启发。测量了肌肉纤维的电子传导水平和强度后，戴蒙德发现，摇滚乐中典型的“休止抑抑扬格”节拍（例如，短—短—长—休止，或者哒—哒—哒啊—休止）会降低肌肉收缩的力量。戴蒙德假设，这种“弱拍”会扭曲或者改变神经信息从大脑左半球向右半球的传递过程，并且损害知觉和决策等认知功能。它甚至会让人上瘾！经常处于这种环境对身体有害。这种类型的音乐会让血压升高、心率加快，使人无法恢复到平衡的基线状态。

一直以来，音乐鉴赏力都被视为右脑的功能，右脑负责识别和分析音符与和声形式的听觉刺激，尤其是当音乐是纯器乐性质、没有演唱的情况下。左脑精通文字信息，如果乐曲谱曲和演奏的分析是第一步的话，那么左脑半球会进一步解释音乐中歌词的含义。因此单纯的器乐演奏比伴有演唱的音乐具有更强的放松疗效。（注：用外语演唱的歌，如恩雅用拉丁语或凯尔特语演唱的歌，可能让人放松，因为大脑只是将歌手的声音解释为一种让人平静的工具。）此外，由一系列重复的音符和节拍组成的音乐，像咒语一样，会引发一种放松的冥想状态。尽管还尚未得到证实，但有人推测，音乐能使大脑和其他身体组织释放内啡肽（神经肽和化学鸦片剂），从而产生欣快感或兴奋感。另一种神经递质——黑色素——已被研究以确定其作为电子半导体的作用。弗兰克·巴尔（Frank Barr）博士认为，黑色素能通过神经化学信号将光能转化为声能。对特殊的神经递质功能的后续研究结论有可能进一步支持**生物化学理论**（Barr，1983）。

夹带理论

科学家一致认同，细胞新陈代谢影响着化学能量变化过程——为实现能量的新陈代谢，碳水化合物、脂肪和蛋白质在生化水平被分解。科学家也都认为人体是电子能量的传导体，各种生物反馈仪器（包括心电图、脑电图和肌电图等）能通过记录机体各个部位发出的脉冲来测量人体的电子能量。你在生活中可能感受过这种电能，比如当你走在铺着地毯的地板上被电击时的体验。另一种新理论（类似且可能结合了生化理论观点）认为：声音是通过人体的“第六感”接收的，这种“第六感”是人类的一种能量场（Campbell，1991；Halpern，1985）。

物理学告诉我们，几乎所有的物体（包括生物体）都会产生振动。任何物体的振动都会制造一个独特的能量场。亚原子微粒的运动被称为电磁场；就人类而言，这个场指的是能量场或者气场。在量子物理学中，研究发现，最小的亚原子微粒也能产生振动。人体包含很多产生生物节律振动的器官（例如，脑电波、心率以及由肌肉紧张产生的振动）。但是，人体作为由无数原子组成的整体，也会产生振动。伊扎克·本托夫（Itzhak Bentov）在《走在狂野的钟摆上》（*Stalking the Wild Pendulum*）一书中写道：在自然放松状态下，人体自身以7.8赫兹为单位，产生单一的、标准的系列振动；这就是

“人体稳态平衡的频率”。**舒曼共振**就是用来描述地球自身振动的术语，指的是地球周长和电磁辐射的函数，是频率大约每秒 7.8 周的振动。值得注意的是，这一频率和人脑休息状态下的 α 波以及海豚发出的声音频率是一样的。用音乐治疗师史蒂文·哈尔彭（Steven Halpern，with Savary，1985）的话说，“天人合一不仅仅是文学上的概念”。

1665 年，荷兰物理学家克里斯蒂安·惠更斯（Christian Huygens）发现，把两个时钟并排摆在一起，最终两个钟摆摆动的频率会趋于一致（图 21.4）。这种匹配的节奏就是所谓的“**夹带**”，即“相同环境中相似频率的互相锁定振动”。当两个或更多物体在附近范围内振动时，主导频率会占据优势。最后，它们会被“夹带”以一致的频率振动。振动夹带是自然界保存能量的一种方式。

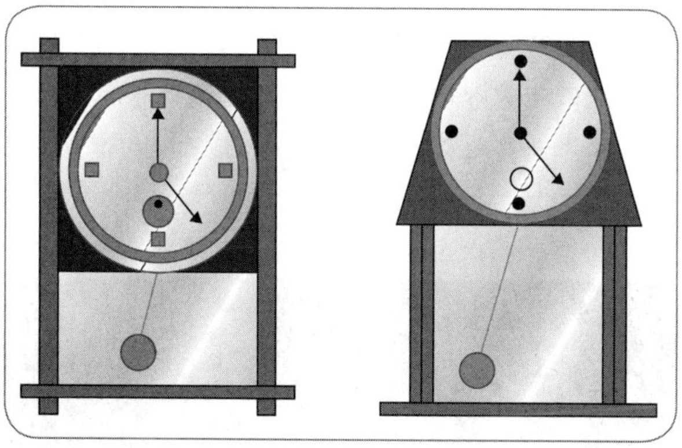

图 21.4　夹带的概念最初是在观察两个钟摆的运动中发现的。无论是在有生命物还是在无生命物上，都发现了该现象的存在，如游动的鱼群，甚至是同步闪烁的萤火虫（Kim，2004）。

一个音叉会与另一个在附近范围内振动的音叉产生共振，与此类似，夹带理论认为，如果某一组织（比如心脏）由于新陈代谢活动增强而加快跳动，那么临近的器官也会受到影响，被夹带产生同样高频振动。随着时间的推移，几个身体组织的振动又会恢复到稳定条件下的振动频率。同样的现象也会出现在人体对外部振动的反应上。身体就像收音机一样相当于一个传递者，它在接收（吸收）振动的同时也在发射振动。如果外部节奏更占优势（比如，超过 7.8 赫兹），那么身体就被迫“走调”，以更高的频率振动。夹带最常见的例子就是女性的月经周期。人们很久以前就有所认识，但直到最近才略为理解，当两名或者更多女性长期生活或工作在一起，月经周期就会互相夹带，她们的月经会相继到来，甚至几乎在同一天到来（Weller and Weller，1999）。栖息在同一片树丛中的萤火虫的发光模式，鱼群和鸟群的运动方式都存在相似的现象。

20 世纪 70 年代，关于音乐对植物生长影响的研究支持了夹带理论。例如，多萝西·雷塔拉克（Dorothy Retallack，1973）博士观察了玉米、南瓜、矮牵牛花、鱼尾菊、万寿菊在音乐环境下的叶片生长情况和水分吸收情况。她发现，某些类型的音乐具有“催肥效果”，能促进植物生长。有趣的是，当播放古典音乐（巴赫）和印度锡塔尔琴音乐（印度的一种大弦弹拨乐器）时，植物会朝播放器的方向生长（有时甚至缠绕着喇叭生长），这体现了植物对此类音乐的独特偏好。然而置身于摇滚音乐或迷幻摇滚乐中时，植物会向远离声源的方向生长。事实上，很多植物开始脱水，有些甚至枯萎死亡。在其他对比研究中也观察到音乐对动物的影响，置身于音乐环境中的母鸡会下更多的蛋，母牛会产更多的奶。人类显然比植物和动物更复杂，但尽管人类更为复杂，也会受到音乐影响（Harrelson，2006）。

互播网前执行官及门罗机构的创始人罗伯特·门罗（Robert Monroe）曾经对各种频率的声音及其对脑电波的影响进行过实验研究。其研究结果是他认识到：非音乐节奏的特定频率（0.5 ～ 20 赫

生物化学理论（biochemical theory）：一种理论，认为音乐通过鼓膜在内部被接收，声音被转换成神经化学物质，并被大脑记录下来，然后人们会觉得高兴或不高兴。

舒曼共振（Schumann's resonance）：描述地球实际振动的物理学术语：7.8 赫兹。

夹带（entrainment）：在物理学中，类似振荡的相互锁相；在人类生理学中，发出强烈振动的器官或有机体对振动较弱的器官或有机体产生影响，以配合较强的振动速度；被认为是一种保存能量的方式。

有人情味的压力

Courtesy of Naomi Judd.

掌声通常不被认为是交响乐，但对歌手兼作曲人娜奥米·嘉德（Naomi Judd）而言，它也是一首动人的旋律。她和她的女儿现在已经成为美国知名的乡村音乐歌手。娜奥米的演唱生涯差点在1990年夏天断送，那年她患上了丙型肝炎。她的医生发出警告，娜奥米只剩下几年的生命，并把她送回家中治疗。娜奥米抱着极大的信念，决定听从内心的声音而非医生的建议，不愿被动地迎接死亡。于是乎，为了战胜病魔，她变得越来越主动积极。

一直以来，娜奥米都坚信心身合一的说法，她开始用自身证明信念的真实。为了康复，她开始着手计划。一天，她召集丈夫、女儿以及其他亲戚到她的床边，把自己的计划透露给他们。她深知，如果自己放弃事业、同事以及她的音乐，她很快就会死去。她要对病魔进行反击，所以她决定进行巡回告别演唱会——一场告别之旅。这是一场不平凡的旅行，不仅是娜奥米对音乐的馈赠，也是她接受观众馈赠的旅程。她演唱每一首歌曲都传达出爱的能量，她赢得了掌声、欢呼、赞美，这些力量穿透她的全身——刺激了免疫系统的活动，杀死了病变细胞，治愈了存活的细胞。她说："我把每次掌声当作喝彩，它为我祈祷，给了我支持"。娜奥米成功了！20多年后，她仍然活跃在舞台上，她连续15年经历了严峻的考验，娜奥米越来越坚信希望、爱和信仰是身心灵平衡的核心。

音乐是娜奥米心中温柔的港湾，当她不断跟人们分享治愈之旅的信念时，这个港湾不断扩大。我们所有人都可以参与其中，滋养我们的灵魂，成为一个完整的人。

兹）能把脑电波夹带为 α 波，这种频率也被称为跟随反应频率。对左右耳直接给予不同频率的声音，发现两个半球都产生了夹带现象，门罗称之为"半球同步"，产生一种深度放松状态以及意识改变状态。

因此，夹带理论的结论是：放松性的音乐具有平静心情的效果，因为人类机体较高频率的节奏能够被乐曲缓慢、自然、平和的节奏所夹带。或者说，当身体与自然世界、与自身达到和谐时，就是处于放松当中。这一理论的支持者指出，人们通过聆听轻柔欢快的音乐来放松，实际上可能脱离自身机体原有的节奏。这也可以解释，为什么并非所有音乐类型的生物反馈测试参数都能显示出放松效果。目前，史蒂文·哈尔彭和詹姆斯·欧文·马修斯（James Owen Mathews）等音乐家正在试图把7.8赫兹的频率糅合到音乐当中，这一频率的声音还包括我们所知的海豚和鲸鱼发出的声音（图21.5）。

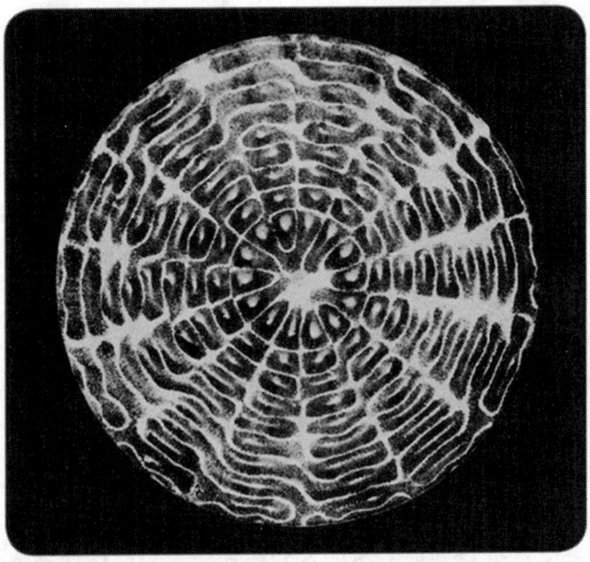

图 21.5 这个曼荼罗形状的、郑重的图形是一个由石英砂覆盖的钢板振动而形成的，这个过程被称为音流学（Cymaties）。在最小的振动区域，沿着钢板的节点线收集沙子。板材直径为32厘米，厚度为0.5毫米。这种模式的发生频率为8200赫兹。

形而上学理论

最不科学但也许最直观真实的理论表明，音乐具有神圣的品质。希腊神话中的俄耳甫斯认为，音乐是来自上天的礼物。在希腊神话中，阿波罗（音乐之神）给了俄耳甫斯一个七弦竖琴来唱赞美歌。虽然这个礼物是阿波罗赠予的，但教会俄耳甫斯演奏乐器的是诸女神（muses），由此有了“音乐（music）”这个词。而奥利弗·萨克斯（Oliver Sacks）等神经生理学家在寻找音乐平和效应的“本质”，他们认为音乐是神圣的，是用于人类交流的神圣的礼物（即整体性或治愈）。几乎每一种文化都把音乐作为冥想的工具。从欧洲的格里高利圣歌，到印第安人的歌唱，再到非裔美国人的福音诗，甚至连古典作曲家巴赫、贝多芬和莫扎特也常常被认为是通过神圣的灵感来创作的。巴赫曾说过，“一切音乐的最终目的无非是上天的荣耀和精神的恢复”。贝多芬曾经说过，“音乐是通向更高世界的灵魂之门”（Merritt, 1990）。

形而上学理论的支持者，法国心理学家和听力学家阿尔弗雷德·托马提斯（Alfred Tomatis, 1981）假设，音乐和歌曲具有超凡的品质，它提供了与更高权力的直接联系。这一理论也证明了音乐是一种通用语言的观点。音乐学家兼作曲家史蒂文·哈尔彭博士提倡一种音乐冥想，他将音符与身体的七个超自然能量源（脉轮）配对。在他设计的“频谱冥想”的 20 分钟的练习中［表 21.2（彩）］，他将音符与特定颜色、身体区域以及冥想的可视化结合起来，以特定的序列进行匹配。在哈尔彭（Halpern, 1978）测量音乐放松效果的研究中，观察到经典音乐和新世纪音乐（特别是哈尔彭的频谱冥想）通过生物反馈（皮肤电反应）测量，显示了应激反应显著降低的结果。

音乐治疗师斯蒂芬妮·梅里特（Stephanie Merritt, 1990）认为音乐有神圣的能力，它可以连接所有个体的人类精神。梅里特在她的著作《心灵、音乐和意象》（*Mind, Music, and Imagery*）中引用了许多古典音乐强大效果的例子，她写道：“音乐将我们带回同一性意识，并向我们展示：在一个更深刻的层面上，我们人类的进步在多大程度上取决于彼此的爱和相互帮助。梅里特将荣格的个体化和直觉的概念与创造力和右脑思维的元素整合起来，提出：音乐影响的不仅仅是身体的神经元。虽然不是每一种音乐都能振奋人心，但音乐对精神的影响毋庸置疑。

音乐的心理效应

也许音乐对态度和心境（诸如恐惧和抑郁）的影响不亚于音乐对人们生理状态的深远影响。一般而言，当人们听到自己喜爱的乐曲时，最初的反应是内心感受多么美好。“二战”期间为老兵录制的唱片也是基于此目的。沉浸在自己精心选择的音乐中，可以减少失落的情绪，心情甚至可以转变为适度的快乐和愉悦。

边缘系统，尤其是下丘脑（被称为“情绪中枢”）被认为是神经元核团，当听觉刺激激活它们时，心境和情绪就会发生变化。人们一般认为，在意识层面上，音乐对心境有影响，而事实上听觉刺激可以渗透到潜意识中，促进自我觉知和心境的改变。市场营销界很早就知道，当在超市里播放熟悉的慢节奏音乐，甚至是金曲作为背景音乐时，消费者停留在店内的时间更长，购买的东西也更多。这是音乐促销的作用。马克·阿伯特（Mark Alpert）及其同事在《商业研究杂志》（*Journal of Business Research*, 2005）上发表的一篇文章证实了这一营销策略。也因此，舒缓节奏的音乐进入了牙医和外科医生的诊疗室，以缓解病人的焦虑情绪。前提是这类音乐必须是“和谐的刺激”，比如容易被听觉通道接收和加工的器乐演奏音乐。这也是 MUZAK 公司制作的当代背景音乐的基础。

精心构思的音乐既可以制造紧张情绪，也可以缓解压力。在无声电影时代，剧院会聘请钢琴演奏家现场创作声道，以增强观众在戏剧化的和浪漫场景中的情绪感受。随着有声电影时代的到来，好莱

> **形而上学理论（metaphysical theory）**：一个理论认为，音乐是上天的礼物。

坞为电影专门配上音乐音轨，烘托高潮，助推观众的情绪。这一手段至今仍广泛运用于电影和电视广告中。

如今，音乐在电梯、杂货店等场所的播放已经很普遍，然而在手术室里播放音乐是相当新奇的医疗手段。在一项考察古典音乐对医院病人焦虑情绪的影响的研究中，音乐治疗师海伦·邦尼医生（Bonny，with Savary，1973）录制了一系列磁带，在普通医院和重症监护区播放，结果发现病人的血压、心率、呼吸和肌肉紧张等生理指标有显著下降，病人的睡眠质量提高，焦虑和抑郁等心理问题也有减少的趋势。护士在为病人更换静脉注射针头时更容易了。

音乐以言语无法实现的方式，深入我们思维和情绪的最深层。音乐有神奇的力量，能攻破强大的情感防御，让情绪自然流露。因此，治疗性音乐被用来舒缓和引导无数病人潜在或被压抑的情绪。音乐治疗师们已经利用快节奏、高音量的音乐帮助释放了潜在的愤怒情绪。令人振奋的、缓慢的、有韵律的音乐可用来稳定情绪、恢复身体组织器官的活力（图 21.6）。

图 21.6　聆听平静的音乐能让人非常放松。音乐治疗也包括演奏乐曲，它能带来平静安详的感受。

毫无疑问，音乐在意识和潜意识层面都对情绪有着深远影响。第一次聆听到的音乐通常与听众当时的意识状态形成了某种联系；因此，人们通常会对特定的音乐产生情绪依恋。不同类型的音乐不仅与生理唤醒有关，也与放松状态有很强的关联。一项研究测量了不同类型的音乐、音乐选择、喜悦程度与自我报告的放松水平之间的关系，结果没有发现哪种单一类型的音乐能提高所有被试的放松水平。相反，关键在于被试对音乐选择的喜欢程度（Valerie Stratton and Anthony Zalanowski，1984）。其他研究也得出了类似结论（McCraty，1998）。另一项研究（William DavisandMichael Thaut，1989）试图研究人们认为哪种音乐类型具有放松效果。被试年龄跨度从 18 岁到 53 岁，选择了各种风格的音乐（包括：U2、丽兹·斯托莉、丹·弗格伯特顿、桑塔纳乐队、莫扎特、乔治·索罗古德乐队、温顿·马沙利斯、范吉利斯、威廉·阿克曼和贝多芬），与预期一致，并非所有音乐片段都能带来生理平衡（由心率、肌肉紧张程度和手指皮肤温度等指标指示）。然而研究对象表示，自己选择的音乐的确带给了他们放松的感觉（表 21.3）。

其他音乐学者也已经在尝试研究表演（即演唱或演奏乐器）与健康之间的关系。《沉默的咆哮》（*The Roar of Silence*）一书的作者唐·坎贝尔（DonCampbell）认为，唱歌本身就是一种放松技巧，通过改变肺通气量、心率和血压以及脑电波，来对身体节律产生积极的影响。人们一般认为是音调而不是节奏引起了这些变化。坎贝尔讲述了一个发生在法国南部某教派教徒吟唱某教派圣歌的例子。由于禁止演唱圣歌，后果是教徒产生了一系列压力症状，反复出现的疲劳感和疾病。在恢复圣歌吟唱制度后，教徒的身体健康状况得到了明显改善。有趣的是，以圣歌方式演唱的音乐与其他抒情旋律的音乐和说唱音乐有着显著不同。哈尔彭注意到，唱歌（特别是格利高里和禅宗的吟唱）由一系列清脆的元音组成，质性柔和，逐渐减弱为轻微的嗡嗡声，使整个身体产生宁静的共鸣。另一方面，说唱和通俗歌曲强调辅音，辅音产生的平静共鸣更少。

听古典音乐真的可以让人更聪明吗？或许是这样的。一项研究显示，那些会唱歌或者会演奏一种乐器的学生在美国学业能力倾向测验中的成绩高出美国平均水平 51 分（Rauscher et al.，1993）。医学博士雷蒙德·巴尔指出，古典音乐就像给冠心病人

表 21.3　用于放松的器乐演奏 CD 排行榜

艺术家	CD 名称	演奏器乐
Yann	我的岁月	钢琴独奏
Deuter	太阳精神	电子合成
Everysound collection	平静的夜	各种乐器
Jim Wilson	北方海景	钢琴独奏
Bruce Becvar	永远的蓝色天空	吉他独奏
Michael Hoppe	诗歌	大提琴独奏
Michael Hoppe	梦想者	长笛独奏
Secret Garden	白色石头	小提琴和钢琴
David Lanz	克里斯托利的梦想	钢琴独奏
Chris Spheeris	爱神	吉他独奏

吃安定药片一样有效（Raymond Bahr, 2007）。音乐治疗师用“**莫扎特效应**”形容上述现象，意指音乐对健康、学习和行为的终生影响。坎贝尔在他的书中（Campbell, 1997）引用了多项研究来支持这一假设：音乐不仅镇定神经系统，也具有其他益处（图 21.7）。

虽然音乐促进放松的解释没有被完全理解，但这并没有阻止人们探索更多的方法来证明音乐的疗效。鲁丁（Rudin, 2007）研究了在胃镜检查过程中把音乐作为一种诱导更深层次稳态的手段。研究结果再次证实了这种永恒的智慧：音乐疗法的确是在医疗过程中缓解压力的有效工具。音乐似乎能提升老年人的睡眠质量（Lai and Good, 2005）和辅助骨髓移植（Sahler et al., 2003）。人们又提出了一个研究问题（Whitehead-Pleaux, 2007），音乐有助于减轻儿童在烧伤中心接受治疗的痛苦吗？事实证明，答案是肯定的：“音乐疗法减轻了痛苦和焦虑，也会促进放松。”谷歌通过对当代音乐治疗研究主题的搜索，提供了足够多的数据，甚至可以让莫扎特感到惊讶。

图 21.7　很多医院使用音乐疗法作为帮助病人放松的一种形式，包括在一些手术过程中。

视觉化和听觉意象

音乐和想象是最佳搭档。也许最好的例子莫过于 1940 年的电影《幻想曲》（*Fantasia*），在这部电影中，迪士尼公司和导演利奥波德·斯托科夫斯基（Leopold Stokowski）将卡通形象和几段伟大的

莫扎特效应（Mozart effect）：著名音乐治疗师唐·坎贝尔创造的术语，用来形容古典音乐对治疗人类疾病、影响人类学习和行为的终身影响。

古典音乐作品结合起来。另一个例子是 1936 年普罗科菲耶夫（Prokofiev）的音乐巨著《彼得和狼》（*Peter and the Wolf*），特定乐器的声音与动物和人类性格相对应，制造出一个音乐仙境（图 21.8）。音乐和想象力都是人类右脑的功能，这也可以解释为什么二者能够被如此紧密地结合。西德尼·帕尼斯（Sidney Parnes，1988）博士被迪士尼公司聘为佛罗里达的艾尔卡特设计中心的创意顾问。他提倡用音乐来产生创意，用音乐提升人类的想象力并促进创作过程。在他的创造力工作坊的创造力训练阶段，帕尼斯经常在创作中弹奏乐曲来激发想象力。音乐增强人类创造力的事实也支持了这样的观点：音乐既是一种放松方式，也是一种应对方式。想象力和创造力是应对压力的基本工具。通常在放松训练时，大自然的声音也能激发人类的想象力，比如暴风雨的声音、海浪的声音、山川溪流的声音和鸟鸣虫语。

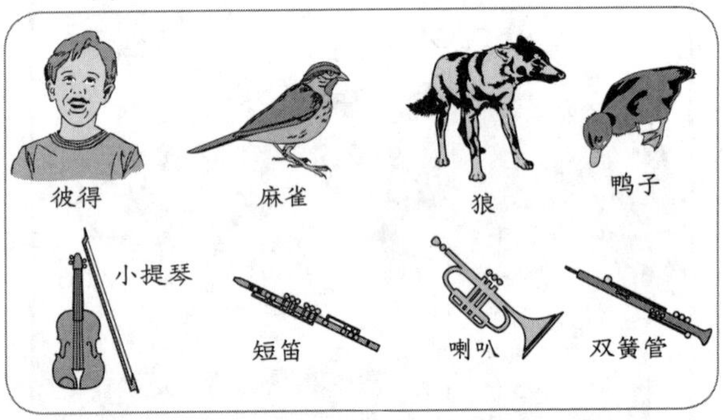

图 21.8　俄罗斯作曲家普罗科菲耶夫在他的作品《彼得和狼》中将音乐和想象相结合，每一章节都用不同的器乐演奏。

梅里特也提倡利用音乐（古典音乐）释放大脑的创造力。在北美面向所有年龄阶段人群开设的工作坊中，她播放了一系列古典音乐节选，让参与者回答以下问题：音乐让你变平静了吗？还是让你感到充满活力？或者带你进入了梦幻世界？有没有激起你的情绪？它让你集中注意力了吗？梅里特认为，不同的音乐风格能够开启思维和想象的宇宙，带领听者进入创造性表达之旅。

只要闭上眼睛想象，心理意象就可以随时随地浮现在眼前，熟悉的音乐旋律也可以在脑海中浮现。这种练习称为**听觉意象**或者联想回忆。人们可以忆起一首歌曲并在脑海中反复播放。举个例子，先想想贝多芬第五交响曲的第一小节旋律，它可以引发大脑“播放”这首旋律的其他部分或者整段旋律。尤其是当一个人的压力很大想要放松的时候，通过反复练习听觉意象，让人们回忆和播放一首放松的心仪歌曲，不断在脑海中播放。

音乐治疗与慢性疼痛

正如许多理论试图解释音乐放松效果的本质一样，也有许多理论尝试解释音乐对疼痛的缓解能力。最明显的一种观点认为，音乐有转移注意力的作用，将一个人最初对疼痛的注意力转移到音乐之上，为与疼痛的分离提供了暂时的缓解。夹带理论也被用来解释音乐缓解疼痛的能力，治疗性的乐音能产生比神经疼痛更强的振动。音乐治疗的效果可能结合了上述两种理论。目前对利用声音振动、夹带方法的研究，在癌症治疗和其他免疫系统疾病方面显示出了成功的希望（Lynes，1987；Roberts，2002；Sahler et al.，2003）。

米切尔·盖诺（Mitchell Gaynor）博士在他的《声音的治疗力量》（*The Healing Power of Sound*）一书中，讨论了影响音乐治疗效果的因素。盖诺引用了一些研究，比如音乐和镇痛鸦片剂之间的关系。他还引用了音乐作为疼痛管理的辅助手段在妇产科分娩及病人临终时的运用实例。尽管视音乐为药物的观点还算不上主流，但迪娜·斯皮尔（Deena Spear，2002）认为，这仅仅是一个时间问题。身为小提琴制造者和声学研究者，斯皮尔参与过许多治疗计划，也观察到了音乐在缓解疼痛方面的惊人效果。

音乐治疗的步骤

由于音乐作品种类繁多，我们首先要认识到，每个人对放松音乐的品位也不尽相同。尽管如此，还是有一些的特定因素影响到了放松音乐治疗（或可能的应对策略）的效果。以下是对音乐放松技巧的建议。

1. **乐曲选择**。最具放松效果、使机体恢复平衡的音乐，应符合两个标准：

a. **必须是慢速的器乐演奏或乐曲节选。**古典音乐、即兴爵士乐、新世纪音乐等都符合此条件。古典音乐有很多不同的类型和节奏，就像爵士乐也有不同的节奏旋律，从即兴创作到摇滚；不是所有类型的古典或即兴爵士都节奏舒缓、让人放松。典型的古典作曲家们会谱写三种不同速度的交响乐和协奏曲，自然平缓的行板和柔板是运用得最多的。林德研究所进行了一项研究（Charles Schimid, 1987），证实在以特定的音高、节奏和乐器的组合进行排序后，古典音乐是最有利于放松的。巴洛克时期的音乐以舒缓而闻名，而今新世纪音乐开始融合电子合成音乐和自然之声，包括海浪、汩汩小溪、海豚音以及鸟鸣。特殊的器乐组合对不同类型的健康状态有贡献。音乐学者林格曼（H. A. Lingerman）认为，铜管乐器和打击乐器有促进身体健康的力量感；木管乐器和弦乐器（小提琴）强化情绪上的祥和宁静状态；而弦乐器（大提琴和钢琴）放大心灵的幸福感；电子合成器乐和竖琴则滋养人类的灵魂。

b. **充分享受音乐的选择，别让自己感到烦躁。**没有哪首乐曲可以让所有人都得到同等程度的放松。对新作品的尝试和开放的心态将带领你进入一种适合自己的音乐境界。大部分放松型音乐可以在网上找到，在特定的广播节目以及朋友的音乐收藏库里也可以找到。刺耳、激烈的音乐非但不能起到放松效果，反而让人备感压力。找些你喜欢的音乐，并且尝试接受这种风格。

2. **聆听环境。**为了充分享受音乐治疗，所有的干扰因素都要排除或控制到最小，这样注意力才能完全集中到这些特别的听觉刺激上，并保持足够长的时间。作家兼作曲家史蒂文·哈尔彭在其《声音健康》（*Sound Health*）的著作中提出，聆听乐曲的环境的重要性仅次于乐曲选择。他认为音乐治疗最好在安静的环境中进行。一旦掌握了这种技巧，就可以转移到办公室或者其他产生了压力的环境中。

3. **姿势和认知。**对于进行音乐治疗时的身体姿势有两种建议：首先，最有效的姿势类似于冥想的姿势，或坐或躺在舒适的位置上，闭上眼睛，以减少分心。在这种姿势下，大脑右半球认知风格开始起作用，你接收音乐，但不会去分析作曲或演奏的好坏。让自己置身于音乐，沉浸其中，那些未经加工的思绪出现在你脑海中，却不带有任何的主观或情感因素。第二种姿势是一种活动状态，可以在做家务、完成作业或者办公的时候进行。音乐作为背景来平衡环境中其他声音的刺激。这种方式同样唤起了大脑右半球的认知风格，你以一种接纳、和谐的态度与环境共处，想象自己是这个整体的一分子，而非这个整体。

4. **创作自己的音乐。**更积极的音乐治疗类型就是创作自己的音乐。你可以唱歌、哼歌、吹口哨，或者弹奏一种乐器。你还可以用你的智能手机编程，在你需要放松时，你就可以这样做。演唱自己喜欢的歌曲是令人振奋的体验。当你堆积了很多压力想要放空的时候，尝试一下吧。即便没有观众，演奏乐器也非常有益。即使你既不能演唱也不能演奏乐器，你还可以在内心轻轻歌唱。

音乐治疗的最佳应用

由于科技的进步（例如，智能手机），音乐在今天可以随身播放。开车时、坐在办公室或者漫步时都可以播放音乐，为自己营造安静的环境。在以上情境中，音乐经常作为一种背景音，以一种潜意识的方式帮助身体恢复平静，而个人的注意力却可以放在别处。尽管这种方式肯定有效，但达到音乐治疗的最佳效果的理想环境还是家的环境，在家里有充足的时间来享受音乐的每一个音符。也许音乐疗法的最佳应用是制作你最喜欢

> **听觉意象（auditory imagery）：**在头脑中想象或回忆一首歌曲或一段旋律以放松神经的一种手段。

的音乐播放列表，当你感到有压力需要放松，或是从紧张的一天中放松下来时，或者想以轻松的音乐来结束一天的时候，你要聆听你喜欢的音乐。听觉意象和心理意象一样，可以随时随地发生。音乐能够影响任何心境。你最爱的乐曲可以在1毫秒之内让你的愤怒消散殆尽。如果你曾经听到有人在害怕的时候吹口哨，请记住，那也能够有效地镇定身体。

总 结

1. 音乐治疗被定义为“音乐治疗师系统化地运用音乐，为人们的情绪和身体健康带来有益的改变”，以及“通过音符的变幻、旋律的跃动和愉快的器乐演奏，体验和调整生理唤起状态和心境的能力”。
2. 音乐治疗包括聆听音乐和创作音乐，其目的都是达到平静内心的效果。
3. 音乐作为治疗的手段早已被使用了几百年。音乐在美国也是最流行的放松方式。
4. 音乐是通过声波形式能被人耳收听的能量。声波以每秒振动（振动）频率和分贝来测量。120分贝的声音可以导致人耳听觉组织的损伤。反复暴露在高分贝噪声下会导致耳朵听到嗡嗡声和蜂鸣声，在临床上称为耳鸣。
5. 目前有三种理论来解释音乐的放松效果。生物化学理论认为，音乐是通过听觉加工的感觉刺激。声音振动转化成神经冲动，进而激活交感或副交感神经系统。夹带理论认为，人体能量场能够接收音乐产生的振动，人体生理系统的振动与音乐的频率赫兹趋于一致。形而上学理论认为音乐在本质上是神圣的。
6. 各种临床研究表明，在特定情境下，音乐可以调整生理参数以及人类心境；然而具体的作用机制仍然不够明确。
7. 音乐治疗是缓解慢性疼痛的手段。
8. 为了达到音乐治疗放松技巧的最佳效果，最好采用器乐音乐（没有歌词）。不同类型的音乐选择、聆听环境、姿势和态度都能够影响音乐放松效果。

学习指导题

1. 什么是音乐治疗?
2. 列出解释音乐促进放松的三种流派（理论），并一一解释。
3. 聆听音乐是音乐治疗的一种形式。举出其他两种音乐治疗形式。

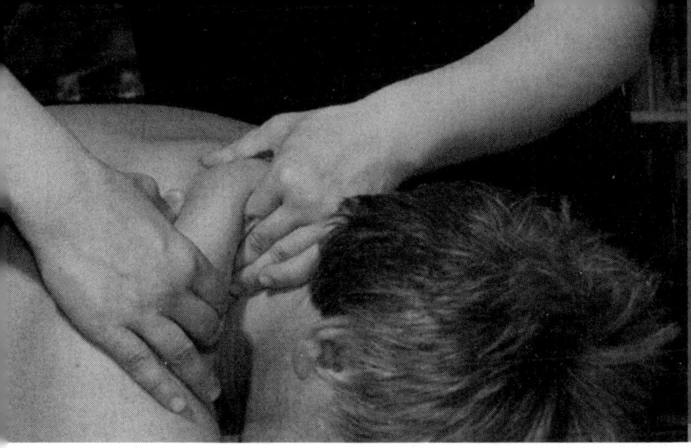

第 22 章

按摩疗法

流水能够随着时间的推移抚平岩石，

也许你的手能柔软我像风化岩石一般的身体。

——佚名

在所有能够减轻压力症状的放松技巧中，有一种技术需要特殊的帮助，那就是肌肉按摩。在自己够得着的身体区域，你可以按摩一下肌肉，以此减轻疼痛，然而如果要使放松效果最大化，就需要借助别人的手。肌肉紧张是应激反应的前兆，而按摩疗法（也被称为塑身）则是消除它的最好方法。专业的肌肉按摩是指对皮肤、肌肉、韧带以及结缔组织的推拿，为的是减轻肌肉的紧张和增加肌肉组织及其周围关节的舒适。按摩疗法比机体组织操作有更深层的影响。在这样一个“接触—意识”的社会中，专业化的身体接触能够培养你对连通性的知觉，而这种连通性在我们的生活中是缺失的。肌肉按摩用自己独特的方法建立了身心灵的和谐。

在过去的几十年里，由于信息的传播和旅行变得越来越容易，世界似乎变得越来越小，对肌肉按摩的喜爱也在地球村传播，尤其是在美国。从《美国新闻与世界报道》《时代》《新闻周刊》等杂志上的文章可以看出，**按摩疗法**作为一种被认可的治疗形式，对主流治疗造成了冲击。20 世纪 80 年代，健康和健身行业的繁荣使得这种技术在西方文化中获得了认可。除了在一些专业和业余运动员的更衣室进行的常规练习外，在健康俱乐部和社团机构中也经常使用按摩疗法（图 22.1）。

按摩疗法现在是一种真正的实践操作。按摩治

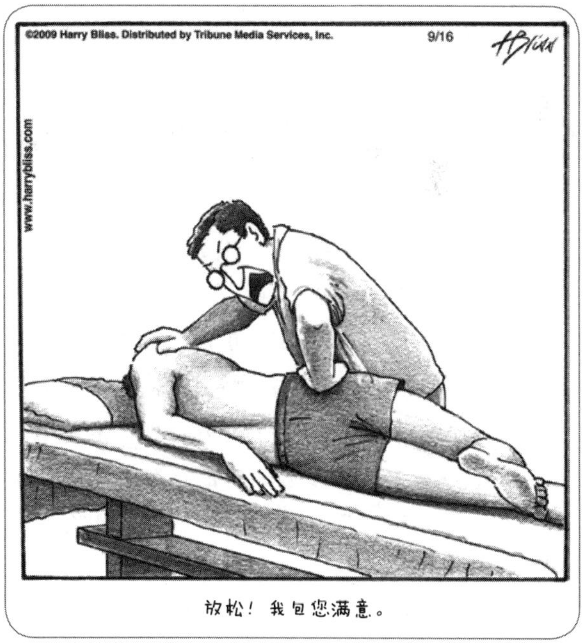

图 22.1

按摩疗法（massage therapy）：一种放松技术；对皮肤、肌肉、韧带以及结缔组织的推拿，以减轻肌肉的紧张和增加肌肉组织及其周围关节的舒适。

疗师可以从美国各地的认证学校获得认证资格。各地的认证要求不同，但大多数按摩疗法学校需要大约500小时的课堂教学和实践经验。自1943年**美国按摩治疗协会（AMTA）**成立以来，最近数十年，按摩作为一种治疗方式的受欢迎程度呈指数级增长，已有数百所获批的按摩学校和数十万名持证按摩治疗师。甚至在最近的奥运会上为运动员提供了按摩治疗。

当然，请别人帮你进行按摩并不便宜。每次按摩从50美元到120美元不等，要看按摩的时间和地点（通常上门服务更贵）。有的时候，企业和保险公司会支付按摩费用，作为员工的医疗福利。尽管有些人认为花费这些按摩费用是一件奢侈的事情，但任何有过专业的肌肉按摩体验的人都认为这些开销是值得的。几十年来，肌肉按摩被认为是一种只有精英才负担得起的奢侈品。随着人们大量使用台式机和笔记本电脑，几乎人人都需要按摩的帮助来维持个人健康。目前，按摩疗法的一个新热点是用热石头来温暖肌肉组织，以减少疼痛、僵硬和疲劳（热石疗法）。不管用什么方法，这种身体触摸能够减轻压力。

历史回顾

按摩疗法的使用已经有3000多年的历史了，最早提及这种疗法的是中国的医学著作。其中指出，按摩不仅能减轻肌肉酸痛，而且对恢复人们的生命力量和精神能量具有重要的康复作用。古希腊哲学家和医生希波克拉底被称为"现代医学之父"。他提倡用身心结合的方法进行治疗。在他的一本著作中提道："医生在许多方面都很有经验，但最确定的是按摩的经验。"按摩疗法在波斯、印度和埃及的文化中也都有记载。这种触摸治疗的方法不是人类特有的，许多动物也知道使用触摸（Downing，1972）。

按摩疗法虽然有不同类型，但大概可归为两类：一类起源于东方，尤其是中国和印度；另一类源自斯堪的纳维亚。由于受到当地文化的影响，按摩疗法作为一种可行的放松技巧，在亚洲和北欧长期兴盛。相比之下，一个世纪前的美国正受着维多利亚文化的影响，使得这种治疗方法得不到美国社会的接受。即使在今天，任何形式的身体接触在美国仍不占据优势。不过，在每一种文化中，人类都需要一些正规的接触来促进自己的健康。

人类的接触需要

1999年，《20世纪的大趋势》（*Megatrends 2000*）的作者约翰·奈斯比特（John Naisbitt）说："我们周围的高科技越多，我们对接触的需要就越多。"就像他在书中所说的，高科技一直被认为是导致压力增加的原因。奈斯比特的预言性评论现已成真。他们还透露出这样的见解：我们正逐渐步入全科技的社会，但我们离曾经为我们提供身体、情绪、精神支持的东西越来越远。其实，在高科技时代到来之前，美国文化就以尽量减少身体接触的习惯和风俗而闻名。在奈斯比特看来，科技的进步反而夸大了美国文化的这种特质。提出这种看法的并不只有奈斯比特一人。一些美国医疗人员已经意识到了什么是"触觉饥荒"或者接触剥夺。但是人类的相互接触就像空气、食物和水一样，是一种必需品。临床报告还声称，被剥夺了触摸的婴儿会慢慢死去（Field，2008）。这当然不是真的，却传达了一个严肃的信息。医疗人员鲍勃·捷克巴尔（Bob Czimbal）和玛吉·扎蒂托夫（Maggie Zadikov）是这样解释的：人们需要"维生素T"——触摸（touch）——来保持健康（见表22.1），就像需要其他维生素一样。随着身心灵的关系得到普遍认同，美国人开始对按摩疗法的疗效产生了积极的兴趣，这也使一些相关研究开始出现。

早在30年前，当未来学家约翰·奈斯比特就提出，按摩和身体锻炼会成为社会结构中广受欢迎的一部分，但是他没有预见到，使用智能手机和平板电脑等手持屏幕设备会导致脊柱畸形的问题。但如今，这种情况已经成为常态，以至专家们称之为"短信颈"。这种症状在千禧一代中很常见，是在看手机时头部呈60度倾斜造成的。这种倾斜对上椎骨施加了27千克的压力，导致脊柱弯曲，以及头部、颈部和肩部的肌肉组织扭曲（Bever，2014）。

表 22.1　维生素 T（接触）

类型	水平	例子
公共的接触	T7	相互介绍的时候握手
职业的接触	T6	工作中的接触
社会的接触	T5	问候、聊天、社交舞蹈
朋友的接触	T4	拥抱、开玩笑似的接触、安慰
家庭的接触	T3	抚摩、拥抱、亲吻
特殊的接触	T2	睡觉、拥抱、跳舞
个人的接触	T1	按摩、洗澡、独处的时间
性的接触	Ts	成人之间的激情和愉悦

维生素 T 术语：

水平：通过使用不同舒适度的接触水平使两人的关系融洽，通常不太亲密的接触水平（如 T7 或 T6）。

亲密度：与别人的友好或亲密程度，通过接触的频率、强度和持续时间反映。

主要缺乏：维生素 T 供应不足。

空间侵略者：那些侵占了你的个人空间的人，包括行为上的和口头上的侵犯。

痛：一种不愉快的接触经历。

停止：用于拒绝空间侵略者或者对不愉快接触的技巧。

按摩疗法的相关研究

按摩治疗领域的研究涉及几个人口统计学群体，例如，包括早产儿、可卡因成瘾者、大学生、康复中的酒精成瘾者和老年人，等等。所有的这些研究都发现，按摩（主要指瑞典式按摩，在后面的章节有详细介绍）是一种非常可行的技术，不仅能促进身体的放松，还能带来其他与健康相关的益处。迈阿密大学医学院触觉研究所的负责人蒂芙尼·菲尔德（Tiffany Field）博士进行了一些研究来考察按摩对婴儿健康的作用。她的一项研究表明，如果每天都在连续的 3 小时内对早产婴儿进行 3 次 15 分钟的按摩，持续 10 天，能够促进早产儿的生长（Field, 1990）。对 20 个婴儿进行“接触性的动觉刺激（tactile kinesthetic stimulation）”后发现，他们的体重每天平均增加 21%。更厉害的是，这些婴儿离开医院的时间比控制组早 5 天。因此，菲尔德认为，触觉疗法对婴儿在童年期的发展至关重要。她认为，那些被剥夺触觉接触（得不到足够的身体接触）的婴儿在以后的人生中会出现一些身心问题。

麦基奇尼（McKechnie, 1983）及其同事也对按摩进行了研究。他们发现，对结缔组织的按摩有助于减少安静状态下的心率、皮肤电阻和肌肉紧张（通过脑电图记录），说明这种放松能够减轻与焦虑有关的症状。温伯格（Weinberg, 1988）等人在大学生被试中考察了运动和按摩疗法对情绪的综合影响。他们发现，将两种方法结合后，被试能够保持较高的精力水平，其心境的提高也超过了使用单一方法的水平。同时，他们报告说自己的肌肉紧张、焦虑、疲劳、抑郁和愤怒的程度有了显著的大幅度下降。在一个类似的研究中（Channon, 1986），研究者对按摩疗法和渐进式肌肉放松法进行了比较（见第 23 章），结果发现，如果作为一种放松的技术，按摩减轻肌肉紧张的效果远好于雅各布森（Jacobson）的放松技巧。纳里博夫（Naliboff, 1991）等人让被试接受 30 分钟对前臂和斜方肌的按摩，用生物反馈技术来研究肌肉按摩对皮肤传导、皮肤温度、肌电活动的影响。结果表明，按摩能够显著降低肌肉的活动并提升前臂的皮肤温度。

苏联的研究人员（Kolpakov and Rumyantseva, 1987）进行了一项研究，考查普通的眼部按摩对改善工厂工人的视力和缓解眼睛疲劳的作用。他们发现，这种简单的按摩也能有效地减轻视觉疲劳，由此可见，按摩是一种可行的医学治疗。乔博（Jobo, 1988）对日本被试进行了研究，发现与控制组相比，每天 20 分钟的面部按摩还能够产生更大的生理平衡和放松感。有很多说法认为，按摩能够影响人体内的生化反应（激素和酶），就像它对身体表面的组织的改善一样。为了验证这种说法，格林和格林（Green and Green, 1987）测量了按摩疗法对皮质醇和唾液中的生化成分（分泌型免疫球蛋白）的影响。他们发现，20 分钟的按摩能够显著增加唾液中的免疫球蛋白，这说明按摩也许能够提高机体的

> **美国按摩治疗协会（American Massage Therapy Association，AMTA）：** 对按摩疗法学校和学生进行认证的机构。

有人情味的压力

Courtesy of Rafael O'Neil

如果你碰巧去休斯敦，或者住在休斯敦，需要按摩，那么首选是打电话预约拉斐尔·奥尼尔（Rafael O'Neil）。为什么？因为他被评为休斯敦最好的按摩师，他的客户包括几位职业运动员和名人，他们都说他的手有魔力，而且整个工作室都洋溢着治愈的气息。拉斐尔在1992年拿到按摩师执照。他走遍世界各地，包括西班牙、瑞士、法国和墨西哥。无论他走到哪里，成功总是随之而来，包括一份令人羡慕的日间水疗清单，这份清单经常被《休斯敦商业杂志》（*Houston Business Journal*）的专栏引用。

看看拉斐尔，你可能猜不到他有一半爱尔兰血统，还有一半是从他母亲和祖母那里继承来的墨西哥血统，这激发了他的治疗事业。不过，爱尔兰血统为那双会笑的眼睛添加了一丝轻松的元素，这也产生了独特的治疗效果。多年来，拉斐尔已经完善了他的整体治疗技术，包括瑞典式按摩、深层组织按摩、排毒按摩、石头按摩、孕产按摩、足底按摩、芳香疗法、声音疗法（西藏钵）和能量疗法。

他解释说："我治疗的每一个人都有压力，而且压力很大。压力始于思想，但很快就变成了身体上的紧张。几年前，人们认为按摩是一种奢侈品。如今，在这个狂热的社会，它成了必需品。"那么，拉斐尔自己是怎么放松的？他把与儿子共度美好时光放在首位。他说："对我来说，这是一种治疗！"

免疫功能。同样，戴（Day, 1987）发现，按摩疗法对血清中β-内啡肽和B-脂蛋白的水平有显著影响。

阿德科克（Adcock, 1987）进行了一项有关物质依赖的研究。他发现，当把药物或酒精治疗与按摩疗法结合时，病人的脱瘾周期会缩短，并且被试报告感受到了更多的身体放松、自我接受和自尊。高蒂尔（Gauthier, 1990）研究了按摩疗法在被诊断为缺乏情绪的儿童中的应用，发现它是多方式组合治疗的有效方法之一。按摩一直是21世纪关注的学术话题，这种方法在特定人群中获得了许多良好的效果，例如，癌症患者（Liu, 2008；Stringer et al., 2008）、腕管综合征患者（Moraska et al., 2008）及慢性腰背痛患者（Imamura et al., 2008）。一项研究回顾了几十年前有关深层组织按摩对心率和血压等生命体征影响的研究（Kaye, 2008）。结果显示，收缩压和舒张压显著降低，静息心率每分钟减少了10次。蒂芙尼·菲尔德（Tiffany Field, 2010）的研究涉及给孕妇按摩。接受按摩疗法的孕妇不仅腿部和背部疼痛（妊娠期间常见的疼痛）减少，而且抑郁和焦虑症状也明显减少。此外，应激激素皮质醇水平也有所下降。按摩不仅可以减轻分娩痛苦，还明显缩短了分娩时间（缩短3小时），用药需求也减少。从以上这些研究中，我们可以得出明确的结论：按摩疗法是一种能够促进放松并带来与健康有关的益处的技术。

按摩的种类

按摩可以分成很多种类型。通常，有执照的按摩治疗师即使不学习所有的按摩方法，也要学习大部分的，然后才专门研究或使用某一种特定的方法。也有些治疗师把几种按摩方法结合起来成为自己的一种综合方法。本章主要关注五种按摩类型：指压按摩、瑞典式按摩、罗尔夫按摩、肌筋膜松弛术和运动按摩。每一种都有自己的独特之处。另一些方法也值得一提，它们全部可以归类为身法，包括泰尔格疗法、零平衡法、姿势综合法、颅骶骨治疗术、灵气疗法、水疗、反射疗法和触发点疗法。

尽管按摩的主要好处是放松肌肉，但一些治疗师认为它还有其他的保健功能，包括促进血液和淋巴循环（使人不易生病），以及提升健康的感觉。许多人还认为按摩对情绪健康也有好处，而情绪健康又关系到个体的整体健康状况。情绪健康与身体健康密切相关，这种说法并非毫无根据。触摸的治疗力量在很多文化中早已被接受，按摩在美国也受到了重视，随着按摩治疗获得认证，按摩认证项目激增，按摩治疗师职业也蓬勃发展。尽管按摩疗法直接针对的是身体部位，主要有肌肉、结缔组织、骨头或神经末梢，但从临床上看来，神经系统、激素和免疫系统都可能受到影响。另外，最重要的是，身体和心理不是独立存在的，而是一个整体。因此通过按摩来放松身体当然能够对健康的其他方面产生作用。正是出于这个原因，在护理、理疗以及临床医学等领域，按摩疗法已被纳入医学培训。这里介绍的五种按摩类型都是当下最受欢迎的肌肉按摩疗法。

指压按摩法

指压按摩法，也叫穴位按压法，它的基本思想是释放体内堵塞的能量流。"指压"意为手指的压力。它是针灸疗法的远亲，这种方法不用针，而是用手指、前臂、肘部、手掌、膝盖来施加压力，消除能量堵塞（图 22.2）。这种古老的方法基于气或生命力的概念，压力被施加在身体的一些特殊部位上，这些部位是能量的交叉点或经络。能量在体内的通路与神经系统是平行的，却与神经系统没有联系。施加适度的按压能够疏通堵塞，让能量自由循环，这对健康和长寿来说很重要。表面上，指压法仅仅放松肌肉，但进一步的检验发现，它对细微的身体结构也有疗效。指压的哲学观点是从阴阳的思想中发展来的，认为中断了能量的循环会使得生命力量出现不平衡，而这将引发身体的疾病。能量通道恢复畅通可以减轻能量堵塞部位的疼痛，并且不会造成该部位的不适。

人体有 14 条经络。这些经络点就是施压的地方，这些点叫作**穴位**。指压就是对穴位进行施压，能够去除由肌肉紧张或肌肉组织中的毒素引起的能量堵塞。一旦确定了某个穴位，就要对它施以大约

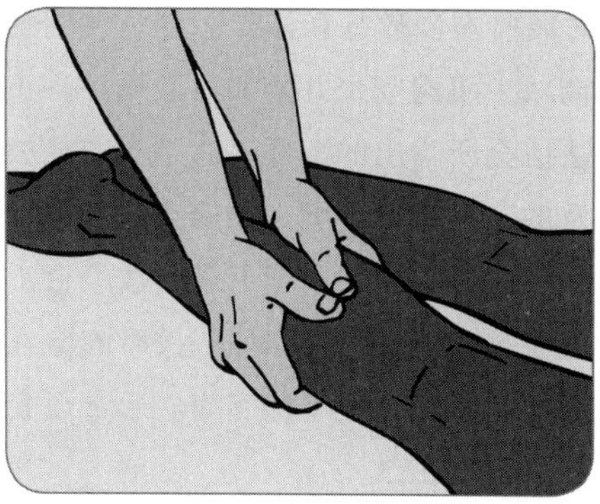

图 22.2　指压法的前提是在身体上特定的点施加压力能够释放拥挤在人体经络中的能量。并不是所有的地方都需要施予压力，要看那些地方是否酸痛。

9 千克的压力，并在穴位周围进行 15 ～ 20 秒的划圈按摩。然后在身体另一侧的相应点上重复这一过程。指压法主要是用拇指在特定的点上施加压力，可以用软的方法（用大拇指的指间关节进行按摩），也可以用硬的方法（用远节指骨尖进行按摩）。

尽管指压法主要用于减少肌肉紧张，但它也被用来减轻鼻窦疼痛和紧张性头痛。研究发现，穴位其实位于神经丛或者牵张感受器的附近，这就确保了按摩技术的有效性（Lundberg, 2003）。尽管人们能够立即感觉到穴位按压的效果，但专业人士认为持续 7 ～ 10 天的指压按摩才能带来完全的恢复和能量的平衡。人们之所以偏爱指压法，是因为它的简单易行，个体在接受按摩时不用脱衣服。指压法常用于演员或艺术工作者，例如芭蕾舞演员。指压按摩法还有其他的优点，包括：（1）没有副作用；（2）适用于任何年龄段的人；（3）能够进行全身放松。

瑞典式按摩法

作为一种全身按摩疗法，瑞典式按摩或西式按摩是由一个叫彼得·海因里克·林（Peter Heinrik

指压按摩法（shiatsu）：按摩疗法的一种，也叫针压法，在不同的点（穴位）施加压力，以释放堵塞的能量并由此促进放松。

穴位（tsubos）：人体经络中的特殊点，在针灸法中用来释放紧张。

Ling）的瑞典击剑教练和体操运动员发明的，这种方法强调减少肌肉紧张并增加血液循环。正如美国按摩疗法协会所指出的那样，这是当前在美国和欧洲最普及的一种按摩类型。在**瑞典式按摩**中，接受按摩的人要脱去衣服，脸朝下躺在按摩台上，用一块毛巾盖住臀部。要将按摩油或按摩液涂在需要滋养的皮肤上，避免产生摩擦疼痛。通常还会放一些轻松的音乐（图 22.3）。

瑞典式按摩有五个步骤：第一步叫作**轻抚**（图 22.4），就是沿着肌纤维进行轻轻地推抚。双手都用来推压以放松软组织，通常是朝着心脏的方向进行按摩。这一步的动作会使肌肉变得有弹性，并为下一阶段做好准备，也可能包括沿着脊椎按摩到颈椎。第二步是**揉**（图 22.5），用指尖或手掌对身体肌肉组织进行一系列转动、绕圈和挤压。这一步所施加的压力强度大于第一步。第三步称为**摩擦**（图 22.6），包括用手对肌肉组织进行深入地**捏**。摩擦也包括用拇指、手指关节或者指尖做些深度的、划圈的按摩，以使摩擦的作用能深入表皮以下。第四步是**轻叩**（图 22.7），表面上看起来有点像空手道的叩击动作，该方法用于特定部位，以使极度坚硬的肌肉组织中的神经细胞变得活跃。第五步是**振动**（图 22.8），它是一种颤动的振动手势，能够促进身体特定部位的循环。

瑞典式按摩的目标部位都在身体的背部——小腿、后腿腱、下背部、颈和肩。由于这些肌肉群在人们躺、走、立、坐之时都处于收缩状态，因此

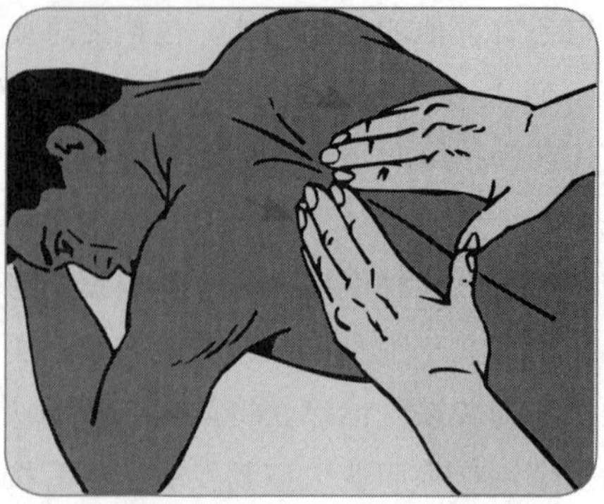
图 22.4 轻抚。

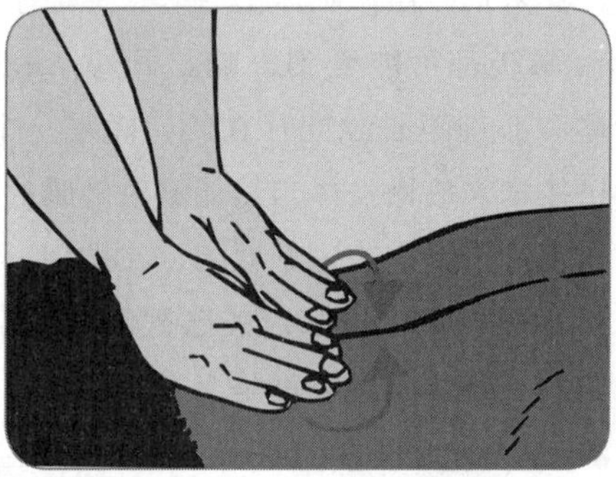
图 22.5 揉。

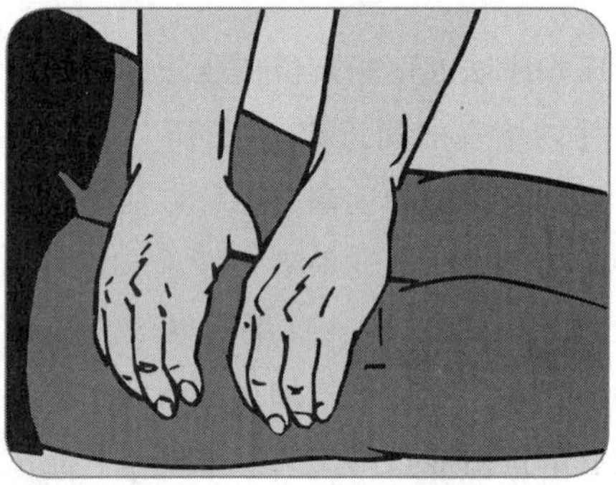
图 22.6 摩擦或者揉。

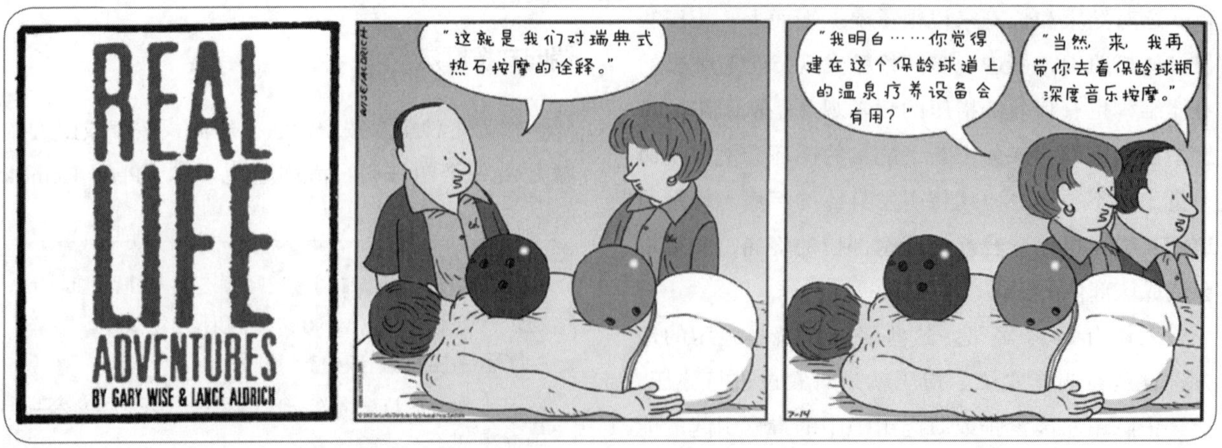

图 22.3

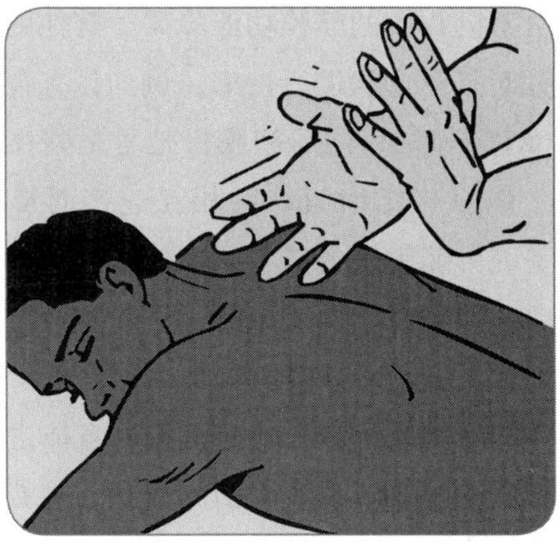

图 22.7　轻叩。

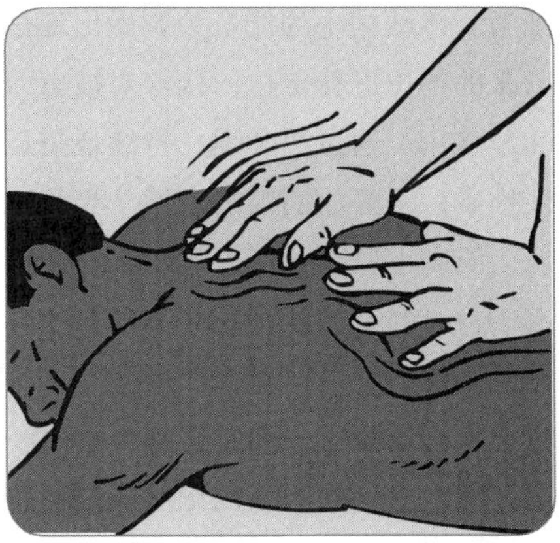

图 22.8　振动。

最容易变得紧缩。例如，像胎儿一样蜷着身体的睡姿会使小腿和后腿腱的肌肉收缩 6 ～ 8 小时。这些姿势会使身体前部及后部的肌肉出现不平衡和错位。

罗尔夫按摩法

如果把按摩的方式像武术中那样分类，从最柔软到最坚硬的，**罗尔夫按摩法**将被划分为最坚硬的按摩技术。事实上，有些人甚至认为罗尔夫按摩法对肌肉组织所进行的深位推拿是一种肉体上的折磨。尽管罗尔夫按摩法看起来像按摩，但罗尔夫治疗师认为它不是一种按摩方式。他们把罗尔夫按摩法定义为“对肌肉和结缔组织的推拿”（图 22.9）。这项技术开始于 1925 年，是由罗尔夫（Ida Rolf）经过 50 年的时间发展起来的。罗尔夫是洛克菲勒基金（Rockefeller foundation）的研究员，专门进行胶原质和结缔组织的研究。他假设，重复的动作

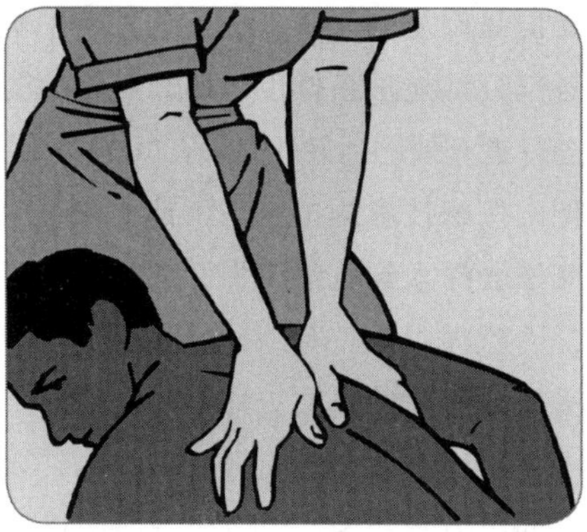

图 22.9　罗尔夫按摩法是一种非常深度的渗透性的按摩法，用来重新梳理那些由于不正确的姿势和不恰当的身体姿势（例如坐在电脑或书桌前）而变短的肌肉。

使得人们的肌肉组织开始偏离原来的排列，而这些动作是儿童期形成并在成年期保持下来的。这种不平衡是由于肌肉组织周围的肌筋膜变短、变厚造成的。罗尔夫认为，人类的骨骼结构被包裹在一些软组织（肌肉、腱、韧带）里，因此肌肉的长时间收缩会使得骨骼的结构失去本来的排列。罗尔夫借用了“完整的身体大于每部分肌肉的总和”的概念。罗尔夫的前提是，深位的肌肉按摩能通过身体结构

瑞典式按摩（Swedish massage）：在西方文化中最普及也是最出名的一种按摩类型，运用多种手部动作（例如，捏、推抚、空手道似的轻叩）来释放肌肉组织的压力。

轻抚（effleurage）：五个步骤中的第一步，包括沿着肌肉纤维的方向进行推抚。

揉（petrissage）：五个步骤中的第二步，包括用指尖或手掌进行一系列的划圈、挤压。

摩擦（fiction）：五个步骤中的第三步，也可称为对肌肉组织的捏揉。

捏（kneading）：在瑞典式按摩中也可称为摩擦，用手捏肌肉组织来促进放松。

轻叩（tapotement）：五个步骤中的第四步，看起来像空手道一样敲击肌肉。

振动（vibration）：五个步骤中的最后一步，类似一种抖动的手势，用来促进循环。

罗尔夫按摩法（Rolfing）：由罗尔夫创造的深层组织按摩，通过按摩肌肉周围及之间的软结缔组织而改善体姿。

上微小的但是反复的改变来矫正这种不平衡。如果身体的各部分都能重新排位，那么身体就能作为一个整体进行更有效的运转（Jones，2004）。

其他的按摩技术的按压力度都比较适中，但罗尔夫按摩法会深入到软组织中。它常常把肌肉的各层分离，治疗师用手、肘，有时甚至是按摩师的整个身体去拉伸肌肉的各层。并不是提倡每个人都用这个技术，它比较适合肌肉强壮的个体，或者那些受到严重的压力问题困扰以致出现肌肉极度紧张的个体，例如由髋部移位、颈部和肩部疼痛而引起背下部疼痛的个体。罗尔夫治疗师说，经过10个疗程，“压力拉伸”和肌筋膜排列的改变就能够保持住，以改善健康状况。尽管开始时推拿很疼痛，但体验过这种技术的人认为该技术的总体效果是令人满意的。

肌筋膜松弛术

并非所有的物理治疗理论都是以相同的方式被创造出来的，**肌筋膜松弛术**的产生就是一个特例。物理治疗师约翰·巴恩斯（John Barnes）对机械论的医疗方法感到失望，尤其是将其应用于身体操作时，他试图在将其应用于身体的更多临床应用中，更好地理解身心联系。在巴恩斯职业生涯早期，经过他的按摩帮助病人减轻痛苦、恢复舒适之后，他发现，这些病人一离开他的诊室之后，原来的症状很快会再次出现。正是工作中的这种挫败感致使他开始进行探索。他走遍全球各个角落，学习了针灸、关节松动、肌肉能量以及生物能等技术。他综合了所有经验，形成了一种基本的物理治疗理论，不久就发展为肌筋膜松弛术。巴恩斯说：“肌筋膜松弛术是三维应用系统，能够消除筋膜束缚，有助于情感模式和信仰系统出现。”

很多按摩工作者都将焦点放在肌肉推拿上，但巴恩斯关注把肌肉包围在其中的筋膜（结缔）组织。当身体的筋膜组织由于剧烈运动、外伤、手术或者在老化过程中变薄而出现疲劳时，就会变得紧绷，并导致运动失去灵活性和自发性。事实上，筋膜紧张会通过脊柱的三维立体排列使个体的姿势变形。巴恩斯说，在接受物理治疗的人中，超过90%的人都有不同程度的筋膜功能障碍。其他的按摩方式常常针对具体症状进行按摩（例如，有背下部疼痛就按摩背下部），但肌筋膜松弛术是整体性地进行按摩，以减轻结缔组织的相互连接而形成的紧张。这是因为筋膜把各部分肌肉连接起来，因此远处的肌肉也会受到影响。

肌筋膜松弛术的过程与瑞典式按摩以及运动按摩有什么区别呢？首先，对人们的身体进行视觉上的分析，寻找变形和不平衡的症状。接着，通过触摸各种筋膜层的组织结构，治疗师对对称性、比例、质量、颅荐节律（craniosacral rhythm）的强度、总体或细微身体结构中的能量失调做出评估，然后对筋膜紧张的部位进行定位，接着对被束缚的部位进行温和地挤压。通过温和地、持续地挤压，而不是强迫性推拿，来释放筋膜的束缚。当筋膜的束缚被释放后，肌肉也就变长了。这还不是全部。巴恩斯说，由于身心的动态联系，筋膜紧张的减轻常常伴随着情绪的释放。用巴恩斯的话来说就是，“组织似乎也有自己的意识。当它得到释放时，病人会出现与过去事件或创伤联系的记忆或是情感。即使是那些对所有传统的治疗方式都没有反应的病人，在筋膜系统的改变之后，他们的记忆和情感也会浮现，病人的情况得到改善。”肌筋膜松弛术的目的在于消除筋膜紧张，减轻疼痛和头痛，恢复运动和身体的平衡。当身体达到一个平衡的状态时，健康也就完全恢复了。巴恩斯说，这就是生命的真谛：寻找平衡。

运动按摩法

为了追求完美的竞技表现，现在的运动员每天训练的时间长度是10年前的3倍。自从像“铁人三项”（包括游泳、自行车和跑步）、穿越美国（Ride Across America）、极限马拉松等需要极强耐力的运动出现后，运动员们把自己的身体推向了一个以前从未出现过的状态。任何运动员都会遭遇肌肉损伤，而这可能导致长久的伤害。在竞技运动员的世界里，任何能够让他们比竞争对手更有优势的方法都是有价值的。这种优势常常在**运动按摩**中被发掘，因此运动按摩很快就获得了体育团体的认可。

在 1984 年洛杉矶奥运会上，所有运动员都能得到免费的运动按摩。从那时开始，从中学和大学的比赛到业余和专业的运动，各类运动对这类治疗师的需求开始猛增。现在，运动按摩被认为是专业教练的工作。

运动按摩似乎是指压按摩、瑞典式按摩以及深度组织按摩的混合，它强调进行有压力的、节律性的按压，从而消除由于肌肉重复收缩而产生的乳酸。体育运动的代谢产物中最主要的是乳酸，它使肌肉组织产生疲劳感。正因为重复的按压能够消除这种代谢物，运动按摩才会如此受欢迎。重复的运动还会在结缔组织与骨头的连接处导致微小的断裂，因此，运动按摩的另一个目的就是通过增强循环来刺激细胞生长，恢复细胞组织。**触发点治疗**是常用于运动按摩的一种方法，在引起放射性疼痛的区域的“高度易激发”的肌肉点上施加压力。特定触发点的按摩（按摩深层组织）释放了整个肌肉组织和相关区域的张力。

观看比赛的观众可以看到，运动员在赛前热身时会进行运动按摩、赛后的恢复性按摩，以及比赛期间的按摩。最常见的还是在训练时进行按摩，可以加快训练后组织再生的速度。尽管至今还没有科学的证据证明乳酸能靠这种方法移除（Hemmings et al., 2000；Moraska, 2005），因为 2 小时内，乳酸就会从肌肉中代谢掉（Fox，Bowers，and Foss，1989），但运动按摩对肌肉组织的治疗效果还是得到了医学上的承认。

其他的接触疗法

其他的一些技术与肌肉按摩的理念和实践有密切联系，因此被放到这一章。尽管这些方法很早就出现了，但都没有得到广泛的研究。因此，人们对它们为什么能够产生放松效果并不太了解。不管怎样，以下这些疗法都引起了人们的兴趣。

香薰疗法（也叫芳香疗法）

在**香薰疗法**技术中，香料的香味被用来促进平静感的产生。把天然的香精涂抹在身体上以此产生安神功效的做法可以追溯到古埃及时代，那时的人们都相信鲜花和草药的香气是身体与灵魂结合的唯一途径。香薰疗法的复苏是在两个时期：一是在 20 世纪 20 年代末，一个叫作爱德华·巴赫（Edward Bach）的顺势疗法医生在新大陆使这种方法复兴起来；二是 20 世纪 90 年代在日本，作为一种提高生产力的方法，各种各样的香气（例如，薄荷）被引进工作场所。

对于香薰疗法的作用有两种理论可以解释。第一个理论是，香薰疗法用愉快的感受替代威胁的感受。该理论认为，香薰疗法让人们在嗅觉上感受到了香味，以此降低人们意识的敏感性，或者减轻五官的负荷。很多香气都能引发强烈的记忆和思想（图 22.10）。

图 22.10

有很多关于香薰疗法效果的研究主要集中在欧洲和亚洲。美国国家整体芳香疗法协会（National Association for Holistic Aromatherapy）发行了《香

肌筋膜松弛术（myofascial release）：由约翰·巴恩斯创造的深层组织按摩，通过按摩肌筋膜（软结缔组织），释放紧张。

运动按摩（sports massage）：瑞典式按摩、指压按摩和一些深层组织按摩方法的综合体，在业余和专业的运动员中非常受欢迎。

触发点治疗（trigger point therapy）：在引起放射性疼痛的区域的“高度易激活”的肌肉点上施加压力，用于运动按摩。

香薰疗法（aromatherapy）：通过嗅觉，用提炼出的精油进行放松。常常作为一种补充的放松方法，在很多种类的身体治疗中都能用到。

薰疗法杂志》(*Aromatherapy Journal*),目的在于传播了解芳香植物和精油方面的医用知识。精油还被用于癌症病人的治疗。有研究发现,罗马洋甘菊精油能够让癌症病人变得更加放松(Wilkinson et al., 1999)。众所周知,斯隆凯特琳肿瘤医院[①](Sloan Kettering Cancer Hospital)用香草精油对那些对进入分层造影扫描仪感到焦虑的病人进行放松,正如很多产科病房都用薰衣草来让准备分娩的女性感到放松一样。

大脑中处理嗅觉感受的区域与下丘脑离得很近,这也许能够解释为什么特殊的香气能够迅速唤起记忆以及相关的情感。此外,情绪是右脑的一种功能,大家都知道当大脑的一个半球被积极情绪激活时,另一个半球的功能也会得到增强。香薰疗法的第二个理论是在按摩时把带香气的精油涂抹到皮肤上。皮肤的毛孔能够吸收这些精油,并通过循环系统和淋巴系统把这些物质带到全身各处,以此对身体进行内在地清洁并让人们逐步感觉到生理上的平静。

在过去的20年中,人们对香薰疗法在美学和临床上的应用非常感兴趣。彼得·霍姆斯(Peter Holmes, 1995)把临床香薰疗法定义为一种独特的治疗过程,这个过程通过生理的、局部的和心理的方式来实现。在霍姆斯看来,临床香薰疗法的主要作用在于"通过一些特殊的活动来改变人的生理机能(减少压力激素分泌物)、养护皮肤(通过使用精油),通过心理和情绪的放松来影响心理"。临床香薰疗法常常与按摩疗法、针灸疗法以及一些护理行为结合使用。香薰疗法为身心灵的联系提供了完整的、动态的放松。

薰衣草因其镇静作用而被人们广为接受,在过去的几年里一直是科学界关注的话题,也许是因为它比其他任何香薰疗法都更受关注,结果喜忧参半。俄亥俄州立大学的基考特-格拉泽和其同事(Kiecolt-Glaser et al., 2008)研究了薰衣草和柠檬对情绪、内分泌和免疫功能的影响。结果显示,香精对唾液中的皮质醇水平、心率、血压或免疫功能没有放松的效果。但研究人员发现,柠檬香味能改善人的情绪。相反,另一研究(Shiina, 2007)发现,薰衣草的香味能够显著降低健康男性的血清皮质醇水平,改善冠状动脉血流,但是血压和心率似乎没有受到影响。

以下列举了香薰疗法中常用的一些香精以及它们在生物医学上的减压应用。

- **薰衣草**:薰衣草最初是一种神经镇静剂,能够减弱神经冲动,因此能降低安静状态下的心率和血压。在紧张状态下使用时,它的香气能够让心理和身体都得到平静和放松。
- **杜松(松香)**:它最有效的作用是让肌肉放松。松香适合用于肌肉痉挛、纤维肌痛、肠和子宫痉挛,以及消化性溃疡。
- **洋甘菊(摩洛哥蓝艾菊)**:这是一种使人感到镇静、滋养、恢复的香味,洋甘菊能够降血压,是一种气管扩张剂和抗过敏药物,也是一种神经镇静剂和放松剂。它主要用于需要抑制愤怒、烦躁和怨恨的情况。
- **香根草(岩兰草)**:它能够促进免疫系统的完整性,因此被认为是一种免疫调节剂。它被用于治疗免疫缺陷和自体免疫障碍。这种香味因能使人们感到更真实、更自信而著称。
- **玫瑰草**:玫瑰草香精可以作为一种抗传染的药剂,在有细菌、病毒、真菌、念珠菌和衣原体感染以及鼻窦炎的情况下使用。它的医疗作用是有助于增强免疫力,使身体恢复稳态平衡。

水疗

沐浴、热浴以及现在的**浮力舱**,共同构成了**水疗**,它与肌肉按摩的关系较远。热浴的使用可以追溯到一些古代文化,罗马人、日本人和新西兰的毛利人都曾使用这种方法。当身体浸在热水中时,身体外围的血管(离皮肤和肌肉最近的那些血管)便会扩张。然后血液从身体中心流向外围,以此消散热量。由于血液向肌肉的流动能够减少运动终板位置的神经冲动,因此可以缓解肌肉紧张,肌肉很快

① 世界上最著名的研究和治疗癌症的中心之一。——译者注

就变得柔韧并且非常放松。20 世纪 50 年代早期，坎迪多按摩浴缸（Candido Jacuzzi）在热浴中使用了水喷，提高了热浴的功效。这种放松技巧直到今天都非常受欢迎。

1980 年，电影《变形金刚》（*Altered States*）将浮力舱介绍给了美国公众。虽然这是一部科幻电影，但其中的浮力舱是真实的。1954 年，约翰·C. 莉莉（John C. Lilly）博士在美国国立卫生研究所建立了第一个浮力舱，用来消除所有外在刺激，包括重力。人脱光衣服垂直悬在水中，所有的感觉都被“关闭”。对这种池子的早期改进是加入了泻盐（硫酸镁）和控制温度。泻盐会让身体水平地浮起来。现在的商业浮力舱大体都是相似的，但是通过使用计算机技术，它们用有特色的照明、紫外线净化水、水下音响，甚至是可选择的视频来迎合顾客的需要，而顾客每小时要支付 50 ～ 100 美元。毫无疑问，感觉的消失对身心都有深度影响，这种影响有时会持续四五天。国家卫生研究所进行的研究表明，浮力舱疗法能够减轻以下症状：抑郁、失眠、肌肉紧张、血液中的压力应激激素（皮质醇和促肾上腺皮质激素）、高静息心率和血压、焦虑、身体（肌肉骨骼）疼痛，等等（Hutchinson, 1984）。结果，整体健康显著提高。实际上，人们认为浮力舱能够提供最大的放松体验（Harby, 1988）。随着世界各地的人们的压力越来越大，人们开始对浮力舱用于放松、产科和康复治疗的疗效产生兴趣（Kotz, 2008；Kjellgren, 2003；Stark et al., 2008）。

宠物疗法

最近发现了一种特殊的神经肽——β-内啡肽，是由大脑、淋巴细胞以及其他细胞分泌出的一种类似天然吗啡的物质。随着这种特殊的神经肽的发现，新的研究理论很快发展起来。研究关注内啡肽与积极心境改变的关系以及影响这种物质释放的因素。同时，治疗实践在一些疗养院、临床医疗机构、监狱、学校中也开始出现，这就是**宠物疗法**（图 22.11）。当人们与宠物接触的时候，他们的生理和心理都会发生良好变化，暗示着这两种改变之间可能存在一定的关系。宠物疗法将动物与临床治疗结合起来。最典型的是让病人爱抚和拥抱一些家养小动物，例如猫和狗。不过在少数的个案中，也采用和海豚一起游泳的方式。在过去的一些年里，宠物疗法从最初只是猫猫狗狗在疗养院或家里转来转去，发展到现在可以在弗吉尼亚骑马，在佛罗里达和夏威夷与海豚游泳。宠物疗法有了一个新的名字，宠物辅助治疗（pet-assisted therapy）。几年前，位于休斯敦的得克萨斯州立大学与加尔维斯敦的穆迪公园[①]合作了一个项目，叫作希望治疗规划（Hope Therapy Program），为帮助烧伤患者而开发了一项“宠物伙伴”计划。“宠物伙伴”是一项全国性的计划，如今已经在 4 个国家和美国的 45 个州开展起来。

图 22.11　总的来说，拥有或照顾宠物的人比没有宠物的人的压力小，身体健康。全国各地都有许多宠物治疗项目，为医院病人和四肢瘫痪病人等容易处于紧张状态的人提供服务，为各种癌症支持团体的成员提供服务。

浮力舱（flotation tanks）：身体仰浮在热水池中，通过减少刺激来放松神经系统，以获得一种舒适的感觉。

水疗（hydrotherapy）：通过沐浴、热浴、浮力舱来改变触觉，以达到身体放松的目的。

宠物疗法（pet therapy）：通过与宠物的接触来促进放松的感觉，医院的病人、家庭护理中的病人、宠物主人都认为宠物有助于健康，能降低血压与心率。

① 一个集植物园、动物园、水族馆、科学馆为一体的综合公园，里面还有一个大的全景立体电影放映厅。——译者注

宠物疗法的效果是非常显著的：触觉接触与新的伙伴关系似乎具有特别的康复效果。尽管没有发现肌肉紧张的变化，但是有意思的是静息状态下的心率、血压和心境都有显著的改善（Cusack and Smith, 1984；Holden, 1984；Burke, 1992）。在宠物的陪伴下，静息状态下的心率和血压显著降低，心境也得到改善。另外，宠物拥有者在接触和爱抚他们的宠物时，身体感觉更好。布鲁克林大学的艾丽卡·弗里德曼（Erika Friedman）教授注意到拥有宠物的冠心病患者的存活率高于没有宠物的患者，有宠物的老年人也较少去看病（Burke, 1992）。从这些发现中，我们得出结论：与友好的动物发生身体上的接触能够促进放松，这种放松与通过沉思和生物反馈获得的放松类似。尽管在心理神经免疫学领域中与心境改善相关的一些生理因素仍然是一个谜，但常规的看法是，释放 β-脑内啡以及其他神经肽和接触有非常强的联系，这种联系对身体具有恢复作用。也许有一天，研究者会发现这种放松效果是因为动物能量气场的夹带引发了人类的能量气场的变化。

触摸疗法

几个世纪以来，临床医学一直回避触摸疗法的形而上学层面，但现在它开始承认触摸带来的身体恢复也许能够挑战药物治疗。注册护士德洛丽丝·克里格（Dolores Krieger）致力于**触摸疗法（TT）**的传播。如今，全世界已经有数以千计的护士学会了触摸疗法。《手中的光》（*Hands of light*）是治疗师芭芭拉·安·布伦南（Barbara Ann Brennen）的书。在书中，她说她正在与一些杰出的医生协作，共同致力于肿瘤治疗。与指压法相似，触摸疗法和生物能恢复都包括对堵塞的能量中心进行推拿，从而清理人类能量气场的通路（也就是脉轮）。但是触摸疗法不是通过拇指或手掌来施加压力的，而是通过手的放置来引导积极的或者复原的能量通过身体的能量气场。与之类似，日本的灵气疗法也将对肌肉和结缔组织的推拿与宇宙能量结合起来。物理学和临床医学在不断发展，不同学科对人类本质的理解的差异正逐渐缩小，多种学科也许能够在治疗上进行合作。

对心理和生理的益处

也许按摩疗法最显著的作用就是使人们在按摩过程或按摩结束后立即得到完全的放松。对紧张的肌肉进行按摩首先会激活神经反射感受器的活动，从而引起血管扩张和循环增强。通过传入神经机制，血液供应的加强能够显著减少神经的过度工作。实际上，这是在削弱神经末梢从大脑接收信息的敏感度，从而减少肌肉紧张。需要重申的是，尽管按摩是通过对循环系统和淋巴系统的按压来清除肌肉中的代谢废物的，但至今还没有科学的证据证明这一理论。有一个尚未得到证实的理论是，触摸能引起包括 β-内啡肽在内的神经肽的释放，这些神经肽也许能抑制或消除新陈代谢副产品的影响。尽管有很多理论都没能得到科学的证实，但是人们已经普遍承认按摩疗法对肌肉骨骼系统和神经肌肉系统的作用（包括增加灵活性和减轻肌肉的紧张）是无可辩驳的（Harrison, 1986；Moraska, 2005）。事实上，越来越多的医生已经建议患有下背部疼痛、骨折、多发性硬化症、结构性骨骼疾病和关节炎的病人使用按摩疗法进行治疗，以此作为药物治疗的补充（Bailey-Lloyd, 2007）。

只有当放松的情感体验产生后，按摩的生理效果才会接踵而至。大脑中的思想似乎也能在接触中获益。当大脑中的想法被清除掉，压力也就减到最小了。护理界报告：按摩还能给病人带来平静与安全感。科恩（Cohen, 1987）对癌症病人的心境和症状进行问卷测量，而这些病人都进行了按摩治疗。科恩发现，与单纯仅用卧姿来放松相比，按摩疗法能够增强病人的宁静感觉，并增加他们的活力。

紧张性头痛和其他与压力有关的疾病的减少，说明精神和身体之间有紧密的联系，而这两者都能够从按摩的放松技巧中获益。按摩师经常会评论他们的客户在按摩时表达他们自己的舒适感，这暗示客户的心理、情绪和肌肉紧张得到了放松。值得注意的是，有些情况下的按摩疗法是不被推荐的，例如，当人们有皮疹、严重的瘀伤以及肌肉拉伤时，按摩治疗师们都非常了解这些禁忌。

按摩疗法可以作为你所有放松技巧的有力补充。但要建议你先确认按摩师是否有资格证书，因为很多的从业者是没有经过正规训练的。除了证书以外，很多地区都要求按摩治疗师有营业执照（在纽约，按摩师们除了要有按摩技术以外，还要具备解剖学、生理学、人体运动学、神经学、病理学以及医疗保健的知识，还要掌握急救和心肺复苏的技术）。更多信息见参考文献中的美国按摩治疗协会。

按摩疗法与慢性疼痛

由于肌肉紧张是疼痛的首要症状，因此按摩疗法常常作为急性和慢性疼痛的治疗方法，特别是肌肉疼痛，包括颈、肩、腿和腰部的疼痛。身体按摩包括运动按摩法、罗尔夫按摩法、肌筋膜松弛术及其他一些方法，这些方法用各自独特的身体操作方式来减轻疼痛（图 22.12）。按摩能够减轻疼痛，这已经得到许多文献的支持（Schatz, 2001；Imamura et al., 2008）。研究结果也证实，香薰疗法能够减少疼痛（Buckle, 1999）。

按摩疗法的最佳应用

肌肉紧张被认为是压力的首要症状。所有形式的身体按摩都可以用来减少肌肉紧张和肌肉僵硬，帮助恢复身体（和精神）的平衡感觉。从事服务行业的人（如食品商店服务员、护士、店员、货架工人）需要在工作中一直站着或走动，他们都能从按摩疗法中获益良多，缓解肌肉紧张。随着人们的运动时间越来越少，在电脑屏幕前久坐的时间越来越长，导致颈部、肩部和上背部的肌肉因特定姿势而产生了过度压力。因此，身体按摩提供了一种有效的缓解压力的手段，促使过度劳累僵硬、疲惫的肌肉得以放松。

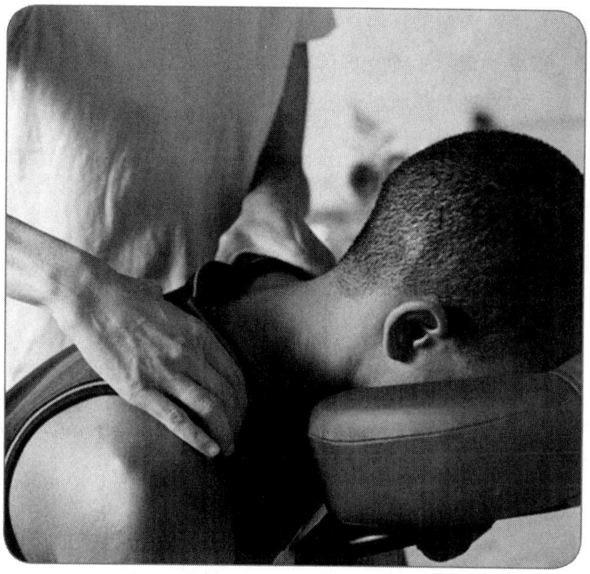

© Photodisc

图 22.12 肌肉紧张被视为压力的首要症状。瑞典式按摩是一种非常流行的按摩方式。指压按摩法、运动按摩法、肌筋膜松弛术也都是非常受欢迎的按摩方法。有些身体按摩综合了所有这些按摩方法。

触摸疗法（therapeutic touch）：一种以能量为基础的恢复形式，用细微能量的科学来恢复稳态平衡（类似于灵气疗法和治疗性接触）。

总 结

1. 肌肉按摩是指对皮肤、肌肉、韧带以及结缔组织的推拿，为的是减轻肌肉的紧张，增加肌肉组织及其周围关节的舒适度。这是一种需要别人的帮助才能达到完全放松的放松技巧。
2. 按摩治疗是一种有益的实践，如今已经有超过 56000 的从业者得到美国按摩治疗协会的资格认证。按摩师必须通过常规培训（500 小时的课堂学习），并且经过 3 年的实习才能获得资格。
3. 按摩疗法不仅能够帮助人们放松肌肉，还能满足人类的基本需要——触摸。研究指出，触摸对于人们的幸福感来说非常重要。人们对科技越专注，人与人间的接触就越少，从而导致触觉剥夺。
4. 菲尔德博士进行的里程碑式的研究表明，人类的触摸能够使婴儿健康成长；据推测，所有年龄段的人们都需要它。其他研究也显示，按摩疗法的放松效果与其他放松方式一样有效。

5. 有不同类型的按摩或身体按摩。瑞典式按摩在西方是被最普遍认可的一种按摩方式，但是指压按摩法、罗尔夫按摩法、肌筋膜松弛术和运动按摩法在其他国家比较受欢迎。
6. 香薰疗法、水疗法、宠物疗法以及触摸疗法都算是接触疗法的一种。
7. 对各种按摩疗法进行的研究发现，按摩不仅能带来肌肉的放松，还可以获得情绪方面的益处。
8. 自20世纪70年代末和80年代初健身行业开始繁荣以来，按摩已经成为健康维护的一种重要方式。现在有一些公司为那些整天坐在电脑前工作的员工提供肌肉按摩服务，作为员工福利的一部分。
9. 按摩疗法是一种能够减轻急性或慢性疼痛的方法。

学习指导题

1. 什么是按摩疗法？为什么它被视为一种放松方法？
2. 列出五种按摩类型，并进行描述。
3. 什么是香薰疗法？为什么人们认为这种技术具有放松功能？
4. 什么是水疗法？为什么人们认为这种技术具有放松功能？
5. 什么是宠物疗法？为什么人们认为这种技术具有放松功能？

第 23 章

太极拳

紧张是你认为你能成为什么样的人；而放松才能成为真正的你。

——太极格言

我们周围弥漫着一种微妙的生命能量，中国人称之为“气”。为了达到天人合一的境界，我们要与宇宙和谐，与生命能量一致，要行如流水。因为能量的和谐可以促进身体内部的宁静与平和。这就是**太极拳**的精髓：生命与自然界的和谐与平衡。“太极”有几种翻译，其一是：“最终的，终极的”，意味着平衡、能量、启迪。太极是最柔软的武术，英文也称之为“运动冥想”。同风水、哈他瑜伽的概念相近，太极是低冲击运动，它促进身心合一，宇宙之气的和谐。

为了理解“气”，要先了解太极起源的文化背景。中国人关于健康的观念与西方人不同。西方人认为健康就是没有细菌和病毒导致的疾病，但是中国人把健康看成周身的微能量的畅通循环，当循环于经脉中的“**气**”或微能量以及“穴位”受到限制、阻塞时，就会出现生理功能紊乱、免疫力下降的现象。中医认为，导致疾病的并不一定是细菌和病毒，因为它们是无处不在的。相反，不健康是因为内因和外因导致能量循环紊乱，进而降低抵抗力。换句话说，病原体总是存在的，而低抵抗力使得人成了疾病的牺牲品。针灸通过打通经脉来治愈疾病，同它的原理一样，太极拳是一种保健操，通过保持周身经脉畅通，来保持良好的健康状态。在中国人看来，能量的畅通循环可用于帮助其抵抗各个方面的影响，无论是生物的、心理的还是社会的。

自卫式运动和放松看上去似乎是矛盾的。然而，经过进一步调查，研究者发现太极是一种能够深刻阐释宁静的表达方式。它使人们保持冷静，集中精力对抗最大的对手——压力源，与攻击和恐惧和谐相处，而不是与之角斗。作为一种体育锻炼，它教人们集中精力、保持能量，而不让能量随意消散。将生命能量集中到自卫性的太极拳中，从这点上看，太极不是暴力运动。相反，它是一种保持生命平衡的运动。仅仅是这个原因，太极运动就完美地体现了有意识的放松和与环境保持平衡和谐的能力。如果你清晨走在北京或者上海的街头，就会发现成千上万的人在练习太极拳，把太极拳作为一种体育锻炼的方式，就像你在美国看到跑步或者骑自行车的人一样多。

历史回顾

太极运动的历史可以追溯到几千年以前，它起

太极拳（T'ai Chi ch'uan）：一种起源于中国的放松技术，通过一系列招式使得身体与宇宙能量（气）达到和谐，是一种运动冥想。

气（Chi）：萦绕在物质周围的具有微能量的宇宙生命力。

源于中国哲学的精髓与自然生存的融合。传说几千年前，有人看到了一场蛇鹤之战。鹤不断去啄蛇背，要击败蛇。但是蛇，好像能预知一切一样，在合适的时间恰当地变换身体的重心，不断保持着对鹤的威慑，直到鹤筋疲力尽，最终放弃。时光流逝，故事流传，太极发展成完整的拳术体系，它强调内在力量的灵活性和敏捷性，而不用蛮力。随着拳术的发展，微妙的哲学观念融入运动中，作为传授和强调肢体运动熟练技巧的方法，帮助我们去更好地理解和掌握太极拳的精髓（Jou，1988；Lo，1979）。

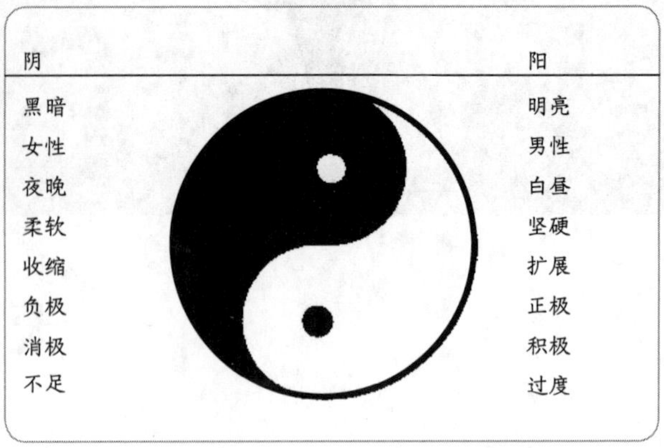

图 23.1　道家阴阳的象征图，是一个由两个相等却相对的部分组成的圆。

太极拳哲学

是什么使得太极与其他的自卫式运动不同，或者说独一无二呢，也许就是它是基于哲学的。太极中的一招一式可以比喻成有效对待日常生活压力的基本态度。这些招式是流畅的，它随力而动，不与之相悖。我们经常遇到这种情况：当我们感知到威胁的时候，本能反应是去抵抗，去征服那些没有得到控制的东西。太极拳却建议：随波逐流，不逆水行舟。对于力的处理，太极哲学的方法是：调控自己，成为力的一部分。

在太极哲学发展过程中，吸收了许多道家哲学中的观念，还有一点儒家思想。太极的标志是一个曼荼罗圆，分成黑白两半，每半中又含有另一半颜色的一个小圆——都体现了对立面的平衡（图23.1）。这些对立面，也就是“**阴**”和“**阳**”，代表了自然界中的正和负，合在一起又表示了完整与内在平衡。太极通过避免极端而达到一种和谐。道家哲学概念使用隐喻的意象——光明与黑暗、善良与邪恶、生与死等——都表示了寓静于动。然而并非所有观念都是绝对的“非此即彼”。阴阳对立，或者统一，都是在承认你自身特点的二元性的基础上达到平和。

太极中有四种基本的哲学观念：静心、回归自然、无为、以败为胜。**静心**是一种解释生命能量、流动本质的观念。静意味着安静，是灵魂进行交流的语言。静心也表示在孤独中寻找安慰。**回归自然**从另一个角度描述了回归童趣、体验的纯真、乐趣、欢笑和游戏。这些特性正是成年人丧失了的东西，失去了利用和欣赏自己的能力。**无为**描述为不知、不做的哲学。它意味着不带任何压力地做某些事情，顺其自然。用中国伟大的哲学家老子的话来说，“天下莫柔弱于水。而攻坚强者，莫之能胜”（Dreher，1991）。通常，无为用来表示对立面的较量。例如，收缩前先伸展，削弱前先增长，索取前先给予。另外一个例子就是在水中的乒乓球，不管多少次将它按入水底，它都将反弹上来，这样按它下去是徒劳无功的。第四个哲学观念是**以败为胜**，提倡失败的成功。胜利的第一步是承认失败。以败为胜可以表示为一种无条件地接受。太极的另一种观点是：真正的理解来自纯净的心智（减少自我防御）。这种纯净力能解放了人类思维，能联合宇宙的生命能力。尽管对于没有接触过太极的人来讲，这种能量似乎难以捉摸的，但它流过身体并且影响着生理系统。

生理和心理上的益处

太极拳的练习者及指导者都多次提及太极拳给人带来了身心方面的好处。

随着研究人员开始探索整合（补充）医学的核心模式，对太极拳的兴趣显示了对古代思想的期待。以下是一些亮点：太极因促进平衡而闻名，但一项研究（Michael Irwin，2007）显示，16 周的太极课可以增强免疫系统并增强流感疫苗的功效。太极拳也被证明可以减少老年人的神经（交感神经）紧张（Motivala et al.，2006）。还有一项研究（Jin，

图 23.2

1988）调查了太极拳对生理与心理的影响，结果发现太极对生理和心理的影响效果类似于其他的有氧运动。研究测量了太极拳初学者和爱好者（年龄在 15—75 岁）的心率、去甲肾上腺素、皮质醇和情绪指标，每天测量 3 次，连续测量数周。数据分析表明：每天练习后，心率和激素强度有明显的降低。太极拳所达到的效果是：减少身体的紧张和疲劳，减少愤怒和焦虑，减少情绪波动。从这些观察可以得出结论：太极拳确实能够促进放松（图 23.2）。一份报告说（Koh, 1981），1963 年的一项研究（Munyi, 1963）指出：与对照组相比，打太极拳的人的肌肉力量和灵巧性增加了。另外，普卢默（Plummer, 1981）做的一项研究表明：太极拳和针灸一样，也能促进了生理（姿势）与心理的平衡，增强了情绪的控制能力和平静能力。太极被推荐为一种理想的老年运动，据说其放松效果同越野式滑雪、游泳、骑自行车一样（Meusel, 1986）。来自远东的研究显示，太极运动可以治疗高血压、哮喘与失眠，并且能预防动脉硬化和脊椎畸形。虽然这些说法尚未被临床证实或者医学证实，但是医疗工作者还是相信，太极拳在预防压力导致的失调方面发挥着重要作用。研究者还关注了太极在防止骨质疏松方面的作用（Gass, 2003）。

太极的话题继续激发了研究界对它的极大兴趣，因为它对健康有极大的益处，尤其是预防易骨折老人的跌倒（Bülaet al., 2010；Campbell and Robertson, 2010）。太极甚至被认为可以帮助帕金森病患者（Klein, 2008）。触觉研究人员蒂法尼·菲尔德（Tiffany Field）研究了太极拳和瑜伽对焦虑、心率、脑电图读数和数学计算的影响，并注意到两种方式都有促进放松的积极效果（Field, 2010）。塔夫茨大学医学研究者们（Chenchen Wang, 2010）分析了 40 多项有关太极的心理和生理影响的研究，发现太极在很多方面都会促进健康。由此引发了一个问题：为什么不是每个人都在练习太极拳呢？

太极拳与慢性疼痛

如果你正在练习太极拳，就会理解运"气"。例如，创造一个更和谐的贯穿全身的气流是一种减少能量阻塞的方法，它也能减少疼痛。由于"气"的微妙，起初太极的治疗效果可能不如传统的止痛药所达到的效果显著。但对那些经常打太极拳的人来说，随着时间的推移，会发生一个明显的变

阴（Yin）：道家哲学中表示阴 / 阳互补的部分中表示黑色、女性、夜晚、柔软的部分。

阳（Yang）：道家哲学中表示阴 / 阳互补的部分中表示白色、男性、白天、刚硬的部分。

静心（fasting the heart）：太极中的术语，表示跟随能量进行移动、找到合适位置。

回归自然（return to nature）：用太极拳表示童趣、纯真、乐趣、笑和游戏。

无为（wu-wei）：太极术语，表示无所作为或通过不为而为，以简单、顺应自然的方式活动。

以败为胜（winning by losing）：太极术语，表示将失败作为通向成功的第一步。

化，不仅能感觉到生命能量的显著变化，而且能发现肌肉和骨骼的变化。研究者报告的案例显示，练习气功或者太极拳后，骨关节炎的疼痛显著减少了（Cohen，2003）。

太极拳是一种放松技巧

太极拳有100多种招式，其中有一些是相似的。多数学习太极拳的新手都会参加正式的课程，无论是小组学习还是私人教学。本章的目的是让你了解太极拳的一些概念和动作，并让你了解这一练习可以作为一种替代的放松技巧。首先要记住，太极拳很难通过阅读相关书籍来学习。我希望这个提醒会启发你去参加一门课程，以加深你对这一活动理解。

在有效地练习太极拳之前，我们要理解一些重要的概念，以使这项运动更加有趣，这些概念摘自赫尔曼·考兹（Herman Kauz）的《太极拳手册》（*T'aiChi Handbook*）。同瑜伽相比，太极开始时显得有些难度，不过随着练习的进行，它们变得非常自然，几乎不费力气。首先，太极是一种无我活动，也就是说，不要与其他学习者比较姿势的精确度。当你尝试学习姿势时，先开始练习一般的招式，之后再去完善细枝末节。这些观点没有对与错之分，它们只是一些观点。

1. **放松地呼吸**。呼吸应该是自然的。一些老师会教导学生将舌头抵在上腭处，用鼻呼吸。呼吸时，扩张腹部而不是胸部。初学的时候，呼吸对你来讲是最容易的事情。过一段时间，你会发现呼吸需要配合一招一式，最后你会习惯太极的呼吸方式与动作的协调。
2. **释放身体中所有不必要的紧张**。看一些人打太极拳，想到的第一个词就是"优雅"。当身体得到放松，能量流就会更加自由地流动，而身体中的任何紧张都会阻碍能量的流动。应该将完成这个动作所需要的肌肉的紧张降到最低限度。
3. **保持与地面垂直站立**。当与地面垂直站立时，比较容易做到姿势的平衡和动作的转换。重要的是要保持脊柱竖直（垂直于地面）。在教授太极时，常用比喻就是：像头顶牵线的木偶那样移动。许多教师会教"70/30"技巧，换句话说，当从一个位置移动到另一个位置时，前脚支撑体重的70％，而后脚支撑体重的30％。
4. **降低身体重心**。你的重心大概在你的腹部下方2～5厘米的地方。站立，闭眼，去感知你的身体重心，更低的重心意味着你移动到新位置上的时候会更稳定。在太极拳的移动过程中，膝盖要略微弯曲，尤其是在你将重心从一只脚移到另一只脚的时候。
5. **保持匀速**。太极的优雅动作来自连贯如流水的运动。运动的过程是匀速的，不是突然和剧烈地运动。努力用你的手去感知周围的空间，就好像是在空气中游泳一样。做到与身体同步移动你的胳膊和手。
6. **身心合一**。打太极拳时，思维想要跟着身体一起运动，集中注意力是非常重要的。努力不要让你的思想游离到其他的事情上。如果思维游离了，迅速转到你身体的运动上。

太极拳的招式

下面的招式是考兹（Kauz）的《太极拳手册》中介绍的前八式。初始的方位可能是北、南、东、西。为便于描述，假设第一个的姿势从面向北方开始，而实际你面朝哪里都可以。大多数人学习太极时都光着脚或者只穿着袜子，这有助于弄清楚脚的位置。脚受到更少的限制时，也会更加自由。

- **第一式：预备式**（图23.3）。身体中正站立，两脚与肩同宽，两臂放在身体两侧，自然下垂，掌心相对，下巴抬起，眼向前平视。
- **第二式：起始式**（图23.4）。以腕引臂，两臂向前平举，与肩同高，两肘微弯，两肩放松。以肘引臂，两臂回到初始位置，与腰同高。
- **第三式：左手护卫式**（图23.5）。重心移至左脚，左膝微弯，以右脚为轴，缓慢顺时针旋转身体90度。面向东方，缓缓抬起右手至胸中部高度，掌心向下，同时抬起左手与腰平，掌心向上，如怀中抱球。旋转完毕，身体主要重心移至右脚，左脚跟离地。接着将身体逆时针转回，重心移至左脚。置右臂于身体一侧，缓缓移动左臂至胸中部高度，掌心向内，臂部保持在肩膀正下方。

- **第四式：右手护卫式**（图 23.6）。身体重心移至左脚，抬起右脚跟，顺时针转动身体，面向东方。抬起左手至胸中部高度，掌心向下，同时抬起右手刚好低于腰，掌心向上，再次想象如怀中抱球。身体主要重心移至脚，抬右脚跟，并使其方向指向左脚尖的位置，面向东方。当身体转向东方时，移动身体 70％的重量到右脚上，保持膝盖弯曲，臂部与肩平行，并将左脚亦转向东方。与此同时，抬起右手至与肩平，掌心朝向胸部。随身体移动左手至胸前。
- **第五式：揽雀尾**（回转与按压）（图 23.7）：现在将身体重心从右脚移至左脚，移动中，微向北转，移动左手，掌心向内，缓缓以弧形从腰部抄回，上举，超过左肩。移动右手，掌心向内，朝向胸部，连续背向东方旋转身体，将重心移至右脚。同时用左手轻抹右手腕，右腕同时微弯。
- **第六式**：揽雀尾（推）（图 23.8）。面朝东方，双手分开，缓慢放下至上腹部高度，掌心向外。将重心从右脚移至左脚，就好像你在缓慢向后退，然后又将重心反移至右脚，向外伸展双手就好像你把物体从脸部向外推出。在推的过程中，有意感知向那个方向的能量。
- **第七式：单鞭**（图 23.9）。移动身体重心从右

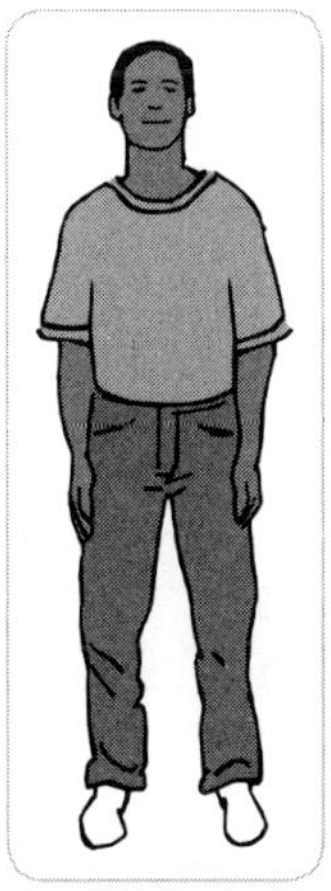

图 23.3

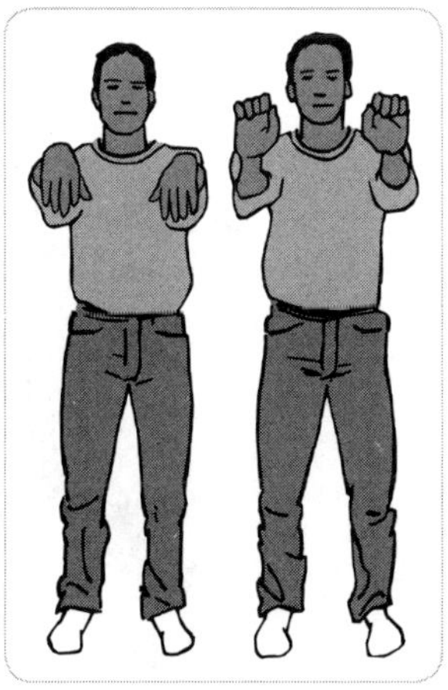

图 23.4

图 23.5

图 23.6

预备式（starting posture）：太极拳中许多招式的初始站立姿势。重心放在两脚之间，两眼平视前方。

起始式（beginning position）：预备式后，将双手上移至与眼平，掌心向下。

左手护卫式（left-hand ward-off）：传统太极拳的第三式，由一系列手部动作与脚部位置组成。

右手护卫式（right-hand ward-off）：传统太极拳的第四式，由一系列手部动作与脚部位置组成。

揽雀尾（grasp the bird's tail）：传统太极拳的第五式（回转和压）和第六式（推动），由一系列手部动作与脚部位置组成。

单鞭（the single whip）：传统太极拳的第七式，由一系列手部动作与脚部位置组成。

脚至左脚，逆时针旋转身体至西北方，同方向移动胳膊与手，保持手在胸部高度，放下右脚跟，此时右脚尖指向北方，接着移动重心到右脚，微转向东北方，将左手移至腰的高处，掌心向上。以肘带臂，收回右臂拉至右胯部，五指紧闭如握硬币。接着，慢慢向西转动身体，左脚前迈一步，重心从右脚移至左脚，同时，抬右手至与肩同高，将左手从左慢慢移至右，呈一个向上的弧形，手腕弯曲使得掌心向外，至手与肩平。

- **第八式：云手**（图 23.10）。缓慢抬右脚跟，并重放下，使得右脚尖指向北方，当脚跟相对时，将重心从左脚移至右脚。返回面向北方，手放松并向外侧伸展，手掌向内合拢，置左手接近于右肘处。

图 23.7

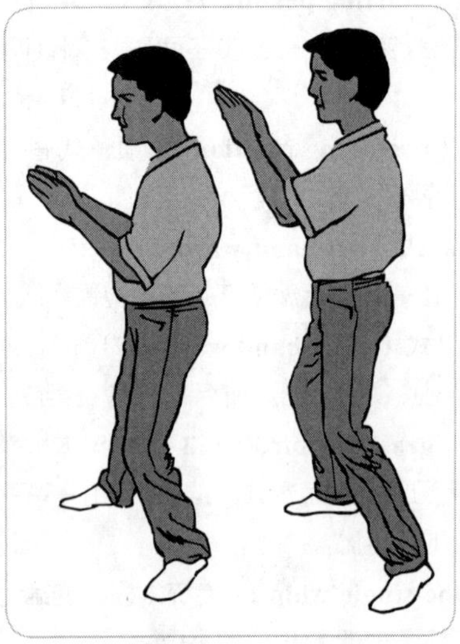

图 23.8

对太极拳的其他评论

太极给人的感觉是无与伦比的。感知你身体在引导下运动，产生内在的平和感，这些是其他放松运动无可比拟的。但是为了达到效果，每天要打半小时太极拳，而且要坚持不懈。有人提倡在早晨练习，以作为崭新一天的开始。另一些人则喜欢傍晚锻炼。实际上，并没有所谓的最佳时间，可以选择合适你日常时间表的任何时间。你当然可以自己打太极拳，但是如果和一群人一起打，更增加了一种整体的优雅与放松的感觉。社区晨练给人们开放了打拳的场地。记住不要和其

图 23.9

图 23.10

有人情味的压力

贝蒂·斯图尔特（Betty Stewart）几十年前就听说过太极拳，但是直到 1994 年 9 月才开始潜心练习。在 20 世纪 70 年代早期，她很想试试这种放松方式，甚至买了录像带自学，但是她说那根本不管用。一天，她注意到威望俱乐部要组织一个太极拳学习班，这是一个针对老年人、以医院为基础的独特的健康促进项目，将标准治疗和补充疗法相结合。贝蒂立刻报了名。

贝蒂的故事吸引人的地方就在于她上了这个课程后的迅速变化。这种变化持续到了一年之后。进行这一锻炼之前，贝蒂的身高是 140 厘米。令她的医生吃惊的是，参加锻炼后，她长高了近 3 厘米，而在她这个年龄段，人们的身高一般会因为骨质脱钙而变矮。在打太极的两年中，贝蒂的骨密度没有变。最近，她告诉我，"有个机会可以参加骨质脱钙的研究，但是我没有时间参加 4 年后的临床测验，我吃的只是安慰剂。我想要点实在的——这就是我开始打太极拳的原因。"

除了可以保持骨质健康，贝蒂说太极还有其他益处。"我的平衡性也变好了。为什么这么说呢？有一天，我在不平坦的人行道上行走，绊了一跤，因为我知道怎样调整重心，所以虽然我'砰'的一声摔倒了，但我的骨头没有受伤。我的协调和集中注意的技巧也提高了，还有我的能量水平也有所提高。你知道，如果你心猿意马，就不能打太极拳。你会不知道自己打到哪儿了。"

除了身体运动，贝蒂也被这种"运动冥想"所吸引。太极真的有神奇的力量，她笑着说："我也可以告诉你关于压力的事情，我和我的丈夫在过去的几年里，共同承担了不少压力。太极确实使我保持平衡。我认为太极是非常美妙的，我向你的学生推荐太极拳。"

他人比技术，应使太极成为无我的运动。要学习太极，应参加一些培训班，以得到合格的教练的指导。即使是最好的教练也在努力提高他们的技术。在寻找太极教练时，应确认他的理念与你一致，一些教练仅仅将太极作为一种自卫的形式，他也会按照这样的理念去教学员。另外一些教练则把它看作一种冥想，作为一种氛围去提升精神健康和身体健康。在计划提高你的技术之前，最好选出几个教练。信任教练对学习太极特别重要。最后，我的教练史蒂夫·皮尔曼（Steve Pearlman）建议：太极拳的课程应该是轻松有趣的，你可以找到乐趣。如果你在自卫时保持放松，那么在突然受到身体攻击时，你就能学会顺势而为，减少伤害。太极会教你在生活的各个方面得到放松，包括在面对压力的时候进行放松。

太极拳的最佳应用

如果你发现自己厌倦了其他的有氧运动或者冥想，并且渴望变化，那么你可以尝试一下打太极拳。一旦超越了你可能感到无聊的想法，太极调整放松的能力就是动态的。有些人将太极拳作为他唯一的放松运动，另一些人则用它来补充他们的技巧。当你第一次打太极拳的时候，要记住太极的特性是平静，不是急促。太极可以断开情绪与生命能量的联系，使得情绪不受影响。它要求顺势而动，不要与之角斗，要放弃由压力带来的

云手（lift hands）：传统太极拳的第八式，结合一系列手部动作与脚部位置使得气能流畅地运行。

情绪。作为一种体育锻炼，太极需要时间与空间。刚开始，这项技术并不适合作为完全克服压力的工具，但随着不断的练习与理解的深入，找到了平衡之后，当面对感知到的威胁时，压力的生理唤醒是最小的。

练习太极拳，你需要适于活动的空间，大概1.5平方米的大小，当然也可以更小一点，一旦这项运动深入人心，它就变得容易练习了。但是，同其他的技术一样，只有坚持有规律地练习，才能见到好处。

总 结

1. “气”这个词来自汉语，表示萦绕在每个人周围的微能量、生命力。太极拳是能够调节这些宇宙能量流动的锻炼形式。
2. 中国人相信，体质差是由于内部的能量阻塞、郁结造成的，它使得人的生理免疫力下降，易受各种病原体的侵扰。
3. 太极被许多人认为是最柔软的武术，也被称为运动冥想，或者是将人的生命力与人的能量统一起来的一系列运动。
4. 太极有深远的哲学基础，主要是道家哲学和一点儒家哲学。它的中心思想是随着宇宙能量而动，而不是与之角斗。这些姿势（超过100种的）加强了有意识的自觉运动的观念，而不去反抗、察觉生活中的压力。
5. 太极中的四项基本原则：静心、回归自然、无为以及以败为胜。
6. 对太极的生理效果的各项研究表明：这项技术与其他技术一样，可以有效地促进放松。
7. 练习太极的时候，做到放松地呼吸，不要让肌肉过度紧张，保持垂直站立，保持低重心，匀速移动，身心合一。

学习指导题

1. 太极被称为运动冥想，解释其含义。
2. 解释道家哲学在西方术语中是积极放松的一种方法。
3. 列出或解释太极在生理与心理方面的好处。

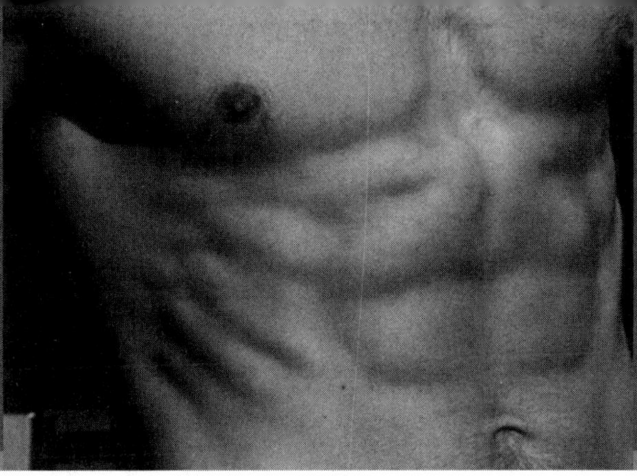

第 24 章

渐进式肌肉放松法

放松与紧张是完全相反的。在放松状态下，没有神经肌肉冲动。

——埃德蒙·雅各布森（Edmund Jacobson，M.D.）

身体肌肉会对感知到的威胁做出紧张或收缩反应。肌肉紧张被认为是压力导致的一种最常见症状，尽管它可能不会像其他压力相关疾病那样把人们送进医院的急救室，但是它的累积效应会导致身体僵硬、疼痛和不适。在某些极端情况下，它会扭曲和破坏体态和关节稳定性。肌肉收缩的组成部分包括运动神经末梢、运动神经纤维（神经元）、骨骼肌肉纤维，以及一个从神经纤维到肌肉纤维的刺激（称为动作电位）。这些神经元释放出被称为神经递质的化学物质，它们通过神经轴突流向肌肉纤维。神经递质分泌肾上腺素、去甲肾上腺素和乙酰胆碱来调节和控制肌肉收缩。

“收缩”一词常常被认为与“缩短”同义，但是并不总是如此。实际上，肌肉纤维可以像望远镜筒那样收缩，这叫作**向心收缩**。但是，有些却可以伸长，被叫作**离心收缩**。而且，肌肉还能在完全观察不到运动的状态下收缩，这种收缩叫**等长收缩**。等长收缩的强度可能有非常大的差异，但是紧张达到某个水平时，就可以观察到。持续一段时间后，这可能导致这些肌肉附着的关节僵硬和活动性减弱。等长收缩与压力导致的疼痛性肌肉紧张关系最大。随着重复的兴奋性神经刺激，肌肉紧张会表现在很多方面，包括紧张性头痛、颈部僵硬、背痛、胃痉挛和某些形式的颞颌关节功能紊乱。通常来说，肌肉紧张是在我们睡觉时由无意识思想引发的，所以它会导致关节僵硬，甚至是下颌、颈部、肩部和后背的结缔组织损伤。渐进式肌肉放松法是一种专门帮助个体减少肌肉紧张的技术。

历史回顾

20 世纪早期，美国医生埃德蒙·雅各布森（Edmund Jacobson）注意到他的病人被很多身体症状困扰，但是他们好像都有同一种症状：肌肉紧张。雅各布森想到，如果肌肉紧张降低或消除了，躯体疾病可能就会减少或全部消失了。通过询问患者，他发现，他们完全没有意识到自己身体肌肉的紧张水平。而且，当要求患者放松时，这一建议只能引起部分肌肉的放松，还有一些肌肉仍然保持轻度的紧张，这种现象被称为**残留紧张**。

向心收缩（concentric contraction）：肌肉缩短的一种肌肉收缩方式。

离心收缩（eccentric contraction）：肌肉拉长的一种肌肉收缩方式。

等长收缩（isometric contraction）：肌肉纤维的长度没有可见变化的一种肌肉收缩方式。

残留紧张（residual tension）：一些认为自己处于放松状态的人，肌肉其实还保持着轻度紧张。

雅各布森明白了，身体无法同时处于紧张和放松状态。他努力教给患者如何放松，在这一过程中，他创造了一种简单的技术来增进身体的神经肌肉觉察，被称为**渐进式肌肉放松法（PMR）**。在这项运动中，他引导患者进行一系列步骤，系统地收缩和放松每个肌肉群。雅各布森相信，如果个体能够辨认出肌肉纤维紧张和完全放松之间的差别，这种觉察就会加深放松感，这种放松感不只是肌肉本身，而是贯穿整个身体。他指出，这一技术可以帮助身体恢复健康状态；这一点在那些开始练习渐进式肌肉放松法的患者身上表现出来了。

雅各布森在《你必须放松》（*You Must Relax*）一书中把这一技术展示给美国公众，这是预防医学的第一次临床尝试。他说，“二战”前，压力和放松这两个词在美国人的词汇表中根本没有出现过。是雅各布森在这一领域的工作使“放松”一词家喻户晓。因为雅各布森的专业背景，医学团体明确地把这一技术据为己有，这是几十年来美国唯一指定的放松技巧，并作为主流的放松技巧。之后，瑜伽、坐禅、心理意象、冥想和其他国家的放松技巧才逐渐被了解和接纳。实际上，当学院和大学最初开设放松课程的时候，渐进式肌肉放松法常常是唯一传授的技术。实践证明，雅各布森的技术是非常易学和易教的；实际上，任何人都可以教。所以，现在这一方法出现了很多变式。无论如何变化，渐进式肌肉放松法的基本过程是一样的：把等长肌肉收缩与完全肌肉放松的阶段结合在一起的系统渐进过程。这一技术直接、有意识地压抑肌肉纤维的兴奋性神经驱动。这项技术可能比其他任何技术都能更好地阐明如何对压力应激反应进行拦截。

最初的雅各布森渐进式肌肉放松法包括以下几步。

1. 肌肉群的放松过程要从下肢开始，逐渐升到头部。
2. 肌肉群应该在等长肌肉收缩阶段被隔离，让所有剩余的肌肉放松。
3. 身体两侧的相同肌肉群应该同时收缩。
4. 收缩要保持 5～10 秒钟，相应的放松阶段大约是 45 秒。
5. 个体应该把注意力集中在收缩的强度上，感受产生的紧张水平。
6. 在每个肌肉群的放松阶段，要特别注意这种松弛感，并与肌肉收缩时的感受进行比较。

生理效果

使用渐进式肌肉放松法进行的研究发现，实际上，这种技术有益于降低肌肉紧张水平和提高对肌肉紧张的整体知觉。这一概念已经成了测量肌电图（EMG）活动（肌肉组织电传导率）研究的前提。有生物反馈研究（Belar & Cohen, 1979；Hayes, 1975）把电极贴在各个肌肉点，包括前额、下颌、颈部、肩部和后背下部，来测量神经肌肉紧张程度。结果发现，当使用渐进式肌肉放松法时，紧张水平明显降低。通过生物反馈，精通渐进式肌肉放松法的人学会了控制神经肌肉电传导的程度，并达到了**零紧张阈限**，也就是肌肉完全放松的状态。通过每天有规律的练习，个体能获得神经肌肉知觉。他们变得对肌肉紧张更敏感，并能够更好地释放紧张。虽然渐进式肌肉放松法被用来减轻紧张性头痛似乎不太协调，但是一项研究（Anderson and Seniscal, 2007）显示，运用渐进式肌肉放松法（无论是否进行整骨治疗），确实让 29 名患者在无头痛日子里有显著改善。

心理学家还指出，这种技术能有效地控制与愤怒有关的肌肉紧张。对吸烟者进行的研究发现，这一技术比其他技术（如冥想或心理意象，不包括横膈膜呼吸）有更好的戒烟效果（Allen, 1983）。雅各布森认为，一旦身体达到了神经肌肉的稳态平衡，大脑也会如此，达到一种完全放松和恢复活力的状态。现在，渐进式肌肉放松法被用来有效地干预很多身体疾病，比如失眠、高血压、头痛、腰痛和颞颌关节功能紊乱等身体疾病。

渐进式肌肉放松法的练习步骤

雅各布森技术的目的是通过对比特定肌肉群收缩和放松的状态，提高对放松的深刻感受。这一技术与东方放松技巧的最大区别是，没有用内部语言或积极思维来引发强烈的身体觉察。在这种技术中，不需要尝试发展自我知觉。

- **姿势**（图 24.1）：雅各布森的放松技巧可以采取舒适的坐姿来进行；但是，学习和练习渐进式肌肉放松法的最佳姿势是舒服地躺在铺着地毯的地面上。你的胳膊要舒服地放在身体两侧，手掌朝上。而且，穿能够使颈部和腰部放松的衣服，最好摘掉首饰、手表和眼镜。
- **呼吸**：渐进式肌肉放松法的呼吸的艺术非常简单。收缩肌肉的时候吸气，释放紧张的时候呼气。释放紧张与放松膈膜相协调，这会产生全身更深的放松感。
- **专注和气氛**：尽管集中注意力很重要，但是在这一过程中，干扰造成的麻烦少于其他以冥想为基础的技术，在那些技术中，一旦注意力被打破，就很难找回。但是，你可能希望安排特定的时间和地点来练习，把分心刺激减到最少。这需要注意房间的温度，较凉的环境可能会导致肌肉紧张（颤抖）。一旦熟练地掌握了这一技术，你就可以在任何地方进行：因堵车而只能坐在车里时、排队时或躺在床上试图入睡时。完成每个阶段后，效果很快就会显现，经过长时间练习（4～6 周）后，还会出现更明显的生理适应。雅各布森认为，这一技术的最佳应用是每天练习 3 次，每次 5 分钟，有规律地进行。

这项技术自 1929 年问世以来，在几个方面进行了改进。这些变化包括：（1）从头部开始向下至脚；（2）在收缩阶段，强度有所变化；（3）每组肌肉群放松后的横膈膜呼吸；（4）用坐姿代替平躺。

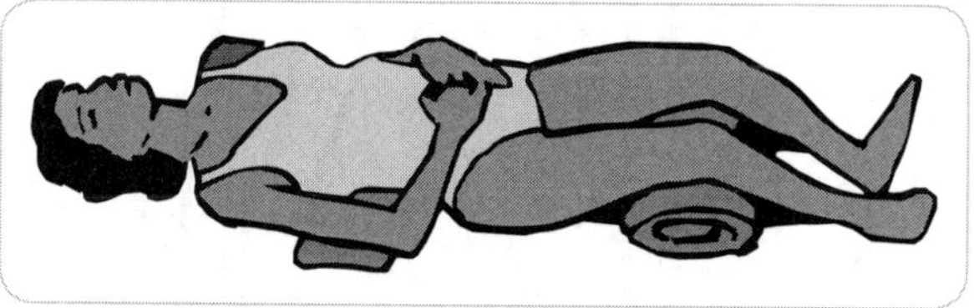

图 24.1　开始姿势。

但基本前提和过程都没有改变。

记住，只有特定的肌肉群收缩，身体的其余部分要保持放松。最初学习时不涉及周围肌肉好像很难，但是随着练习，就能逐渐克服这一问题。当完成整个过程后，静静地平躺在地板上几分钟，将所有的身体感觉内化。享受这种完全的放松感。然后，开始转而关注你当下对周围环境的感受。

下面的介绍与雅各布森最初的技术有微小变化，他把收缩分为三种强度：100%、50% 和 5%，然后是 5 秒之后的放松阶段。我发现，这是最有效的模式。通过感受肌肉收缩程度的不同，你会对自己在一天里的肌肉紧张水平有更好的觉察。下面的指示供你在使用这一技术之前自行阅读，或者由另外一个人读给你听。在你开始前，找一个舒服的姿势（最好躺在铺有地毯的地板上），解开所有较紧的衣物，脱掉鞋，开始放松。

1. **面部**。绷紧前额和眼部的肌肉，就好像要把全部面部肌肉都拉到鼻子那里（图 24.2）。能拉多紧就拉多紧，即 100% 的强度，然后保持；感受一下这些肌肉的紧绷感，尤其是前额和眼

图 24.2　面部收缩。

渐进式肌肉放松法（progressive muscular relaxation, PMR）：一种放松技术；以系统和渐进的方式拉伸，而后放松身体肌肉群，来减少肌肉的紧张。
零紧张阈限（zero firing threshold）：用来表示肌肉没有紧张、完全放松的术语。

部；现在放松和呼气；感受这些肌肉紧张感离开后的松弛和平静。现在，收缩同样的肌肉，但是这次只用50%的强度，并保持；然后放松和呼气；感受这些肌肉的放松感；对比这一感觉和先前收缩的感觉；这一对比会使肌肉进一步放松。最后，轻轻地收缩相同的面部肌肉，只用5%的强度。这好像感受到一阵微风吹过你的前额和脸颊，并保持。然后再放松。慢慢地、舒缓地深吸气，然后，随着呼气，体验你的肌肉是多么地放松。

2. **下颌**。用一点时间来感受你下颌的肌肉。注意任何紧张，即使是最微小的紧张。（下颌肌肉会储存大量未被发现的肌肉紧张。）现在，有意识地收缩你下颌的肌肉，能多紧就多紧，然后保持；现在放松这些肌肉，呼气，然后感受紧张完全消失（你还可能会感到嘴稍微张开了）；体验现在的肌肉感觉和刚才经历的肌肉100%收缩时有什么不同，感受紧绷感的消失。现在，收缩同样的肌肉，但是只有先前一半的强度，保持这种紧绷，然后再放松；感受这些肌肉的放松，对比这种放松感与先前50%的紧张强度的差异。然后，再次收缩相同的肌肉，但是只用5%的强度收缩，只是感觉这些肌肉可以有点收缩，保持住，然后放松。解除所有残留的紧张，以便这些肌肉完全松弛和放松，体验这些肌肉多么地放松。为了增加这种放松感，舒适、缓慢地深呼吸。

3. **颈部**。注意集中在你颈部肌肉，把它们与周围的头部的和肩膀肌肉分离开。注意任何紧张（颈部肌肉可能隐藏着大量未被觉察的肌肉紧张）。现在，有意识地紧绷你颈部的肌肉，能多紧就多紧，然后保持，再紧些，然后保持；现在释放这种紧张，然后完全放松这些肌肉，体验紧张感完全消失；意识到这些肌肉现在的感受与100%收缩时相比有什么不同。然后，再次收缩相同的肌肉，但只是50%的收缩。保持这种水平的紧绷，再保持，然后再次放松；感受你颈部肌肉有多么放松，把这一放松的感受与50%紧张时的感受进行比较。最后，收缩相同的肌肉，只用5%的强度，一阵颈部上下周围极轻微的收缩刺激，但是没有任何动作，保持住，然后放松；释放任何残留的紧张，肌肉完全放松，感受这些肌肉多么放松。为了增强这种放松感，慢慢地、舒缓地深呼吸，感受你的颈部肌肉变得多么放松。

4. **肩部**。关注肩部的肌肉，把这些肌肉与周围的颈部和前臂肌肉分离。用一点时间感受三角肌。注意到任何程度的残留紧张（肩部肌肉也会储存大量未被觉察的肌肉紧张，导致僵硬。毫不夸张地说，你的肩膀承担着你所有思想和整个世界的重量）。现在，有意识地紧绷肩部肌肉，越紧越好，然后保持，再紧些，并保持（图24.3）；现在，放松这些肌肉，感受紧张完全消失。再一次收缩相同的肌肉，但是这次只用一半的强度，保持这种紧张，再保持；然后完全放松这些肌肉，体验你肩部肌肉多么地放松，把这种感觉与你体验到的50%强度的紧张感觉进行比较。最后，只用5%的强度收缩这些肌肉，就好像衣服接触肩膀的感觉，再保持；然后放松，释放任何残留的紧张，这些肌肉完全松弛和放松，感受一下这些肌肉的放松程度。为了增强这种放松感，慢慢地、舒缓地

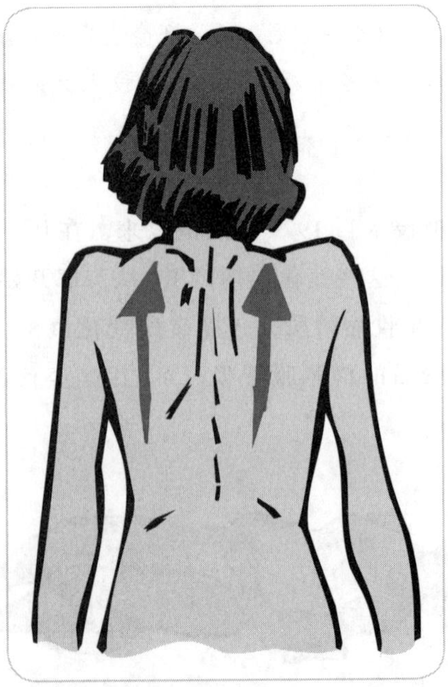

图24.3 背部拉伸。

深呼吸，感受你的肩部肌肉变得多么放松。

5. **胸部**。把注意力集中到前胸肌肉上。尽量把这些肌肉与颈部、肩部和前臂的肌肉分离开。花点时间来感受这些前胸肌肉，体验这些肌肉可能残留的最微小的紧张感。现在，有意识地紧绷前胸肌肉，能多紧就多紧，然后保持，再紧些，再保持；现在，完全放松这些肌肉，体验紧张完全消失的感觉，感受这些肌肉的松弛与你刚才经历的 100% 收缩有什么不同。再收缩相同的肌肉，但是只用一半的强度，保持这种紧张，坚持住，然后再放松；体验这些肌肉更强的放松感。把这一放松感与你刚才在 50% 强度的紧绷状态下的感受进行比较。最后，只用 5% 的强度收缩这些肌肉，就好像穿衣服的感受。然后保持，再放松；释放任何残留的紧张，胸部肌肉完全没有任何紧张，感受这些肌肉是多么地放松。为了增强这种放松感，慢慢地、舒缓地深呼吸。
6. **手和前臂**。关注你的手和前臂的肌肉。花点时间来感受这些肌肉，包括你的手指、手掌和手腕，注意到最细微的紧绷。现在，握拳，有意识地紧绷每只手和胳膊的肌肉，能握多紧就多紧，然后保持，就好像你在握住珍贵的生命，再紧些，然后保持；现在，释放这种紧张，放松这些肌肉，体验紧绷感完全消失，慢慢地张开手掌，伸展手指，然后让它们稍微活动一下；体验这些肌肉的放松程度和你刚才感受到的 100% 收缩的感觉有什么不同，它们肯定感到非常放松。现在，用 50% 的强度收缩相同的肌肉。保持这种紧绷，坚持住，然后再次放松；感受这些肌肉是多么地放松，把这种放松感与你刚才体验到的 50% 的紧张感进行比较。现在，只用 5% 的强度收缩这些肌肉，就好像你手掌里握着一个空的鸡蛋壳；保持，再保持，然后放松，释放任何残留的紧张，这些肌肉完全放松，感受这些肌肉变得多么放松。为了增强这种放松感，慢慢地、舒缓地深呼吸，感受你的前臂和手的肌肉变得多么放松。
7. **腹部**。把全部注意力放在腹部肌肉上。花点时间来感受这些肌肉或它们所保护的器官中残留的紧张。现在，有意识地紧绷你的腹部肌肉，就好像紧张性胃痉挛发作一样，你能收缩多紧就多紧，保持，再紧些，再保持；现在，放松这些肌肉，体验紧张完全消失的感觉，感受完全没有紧绷的状态。对比这些肌肉现在的感觉和刚才经历到的 100% 收缩时的感觉。再次收缩相同的肌肉，这次只有一半的强度，保持这种紧张，再保持，然后再次放松；感受这些肌肉是多么地放松，把这种放松感与半紧张感进行比较，当你感受到紧张水平和放松状态之间的差别时，会产生更强的放松感。最后，收缩相同的肌肉，只用 5% 的强度，你感觉就像衣服贴在腹部一样，只是知道这些肌肉可以收缩；现在，保持，再保持，然后放松，体验这些肌肉变得多么地放松。慢慢地、舒缓地深呼吸，并感受你腹部区域变得多么放松。
8. **背部**。分离你背部的肌肉。这些肌肉可能会非常紧张，导致很多疼痛。现在，尽力把你的后背压向地面，有意识地紧绷这些肌肉，维持这一姿势，然后保持，能绷多紧就绷多紧，坚持住；现在，放松这些肌肉，让你的后背自然弯曲，体验紧绷感完全消失；感受这些肌肉现在多么放松，并与先前经历的 100% 的收缩进行对比。再一次，收缩相同的肌肉，但是只用一半的强度；保持这种紧张感，继续保持，然后再次放松；感受这些肌肉变得多么放松，把这种放松感与 50% 收缩时的感觉进行对比。再一次，收缩这些肌肉，只用 5% 的强度，只是一阵非常微小的刺激；现在，保持，再保持，然后放松；释放任何残留的紧绷，这些肌肉是完全松弛和放松的，现在体验你的后背是多么地放松。现在，慢慢、舒缓地深呼吸。
9. **臀部**。注意力集中在臀部肌肉上。注意任何残留的紧张，并释放它。现在，有意识地绷紧这些肌肉，越紧越好，然后保持，再紧些，再保持；现在，释放这些紧张，放松肌肉，然后体验紧绷感完全消失；对比肌肉现在的感觉和刚才 100% 紧绷时的感觉有什么不同。现在，以 50% 的强度收缩同样的肌肉，保持这种紧张，再保持，然后再次放松；感受这些肌肉多么地放松。把这种放松感和刚才体验到的半紧张状态进行对比。现在，最后，用 5% 的强度收缩相同的肌肉，没有表现出来的动作，保持，再保持，然后放松，释放任何残留的紧张，这些肌肉是完全放松的；好好感受这些肌肉的放松程度。为了增强这种放松感，慢慢地、舒缓地深呼吸，感受这些肌肉变得多么放松。

10. **大腿**。注意力集中在你双腿膝盖以上的肌肉上。尽量不要涉及腹部或臀部的肌肉。花点时间来感受你的大腿肌肉。注意那里可能残留的任何紧张，并释放它。现在，有意识地紧绷这些肌肉，能多紧就多紧，然后保持，再紧些，再保持；现在，放松这些肌肉，体验紧张感完全消失；感受这些肌肉现在的感觉与刚才经历的有什么不同。再次收缩相同的肌肉，但是只用一半的强度；保持这种紧张，再保持，然后再次放松；感受这些肌肉是多么地放松。把这种放松感与你体验到的 50% 强度的紧张感进行比较。最后，只用 5% 的强度收缩这些肌肉。保持，再保持，然后放松；释放任何残留的紧绷，这些肌肉是完全放松的。感受这些肌肉变得多么地放松。慢慢地、舒缓地深呼吸。

11. **小腿**。定位和感受左右小腿的肌肉，并把它们与其他大腿肌肉分离。花点时间体验你的小腿肌肉，注意到任何残留的紧张（这些可能是所有腿部肌肉中最紧绷的）。现在，通过拉伸脚趾来有意识地绷紧这些肌肉（图 24.4）。如果它们开始抽筋，可以通过把脚趾拉向膝盖来释放这种紧张。尽量地绷紧，保持，再紧些；现在，放松这些肌肉，体验紧绷感消失；对比你现在体验到的肌肉放松与刚才体验到的 100% 的收缩。再次收缩相同的肌肉，只用 50% 的强度，就好像踮脚尖走在冰凉的木质地板上一样；保持这种紧张，再保持，然后再次放松；体验这些肌肉是多么地放松，把这种放松感与你先前感受到的进行对比。现在，只用 5% 的强度收缩相同的肌肉，稍微紧绷，但不要运动起来；现在，保持，再保持，然后放松，释放任何残留的紧张，这些肌肉是完全放松的；现在感受你的小腿肌肉是多么地放松。为了增强这种放松感，慢慢地、舒缓地深呼吸，感受你的小腿肌肉变得多么放松。

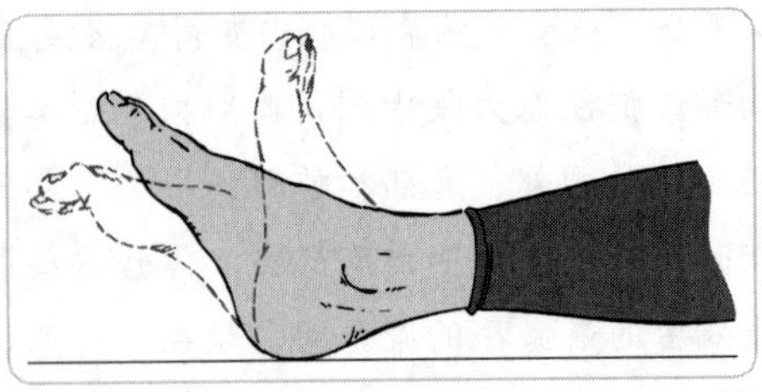

图 24.4 用钩脚的方式收紧小腿肌肉。

12. **足部**。把注意力集中在双脚肌肉上。一般来说，足部肌肉并不紧绷，但是站着时，它们会产生大量的紧张感。另外，鞋子有时会限制住脚，无法完全放松。现在，有意识地蜷曲脚趾，收缩足部肌肉，越紧越好；保持，再紧些，再保持；现在，放松这些肌肉，体验紧张感完全消失（当放松时，你可能会感到双脚变得温暖）；体验这些肌肉当下的感觉与刚才体验到的 100% 收缩有什么不同。再次以一半的强度收缩这些肌肉；保持这种紧张，再保持，然后再次放松；感受这些肌肉是多么地放松，把这种放松感与 50% 强度的紧绷感进行对比。现在，收缩相同的肌肉，只用 5% 的强度，只是非常微小的力度；现在，保持，再保持，然后放松，释放任何残留的紧张，这些肌肉是完全放松的；体验这些肌肉是多么地放松。最后，慢慢、舒缓地深呼吸，体验你整个身体的放松感觉。

你的面部和下颌肌肉，你的颈部、肩部、前胸、手和胳膊，你的胸部和后背，以及你的腿和脚——你的整个身体都感到完全放松和平静。现在，保持平躺的姿势，享受这种完全放松的感觉。

渐进式肌肉放松法的最佳应用

尽管最初雅各布森的技术是作为一种防止压力效果累积的方法而产生的，但渐进式肌肉放松法还可以用来作为当身体产生“战或逃”反应时的干预技术（图 24.5）。随着各种渐进式肌肉放松法的出现，这一技术还能使人在面对压力源时（比如堵车或排长队购物时）立即降低紧张程度。但是，作为一种预防技术，全身必须渐进地放松所有肌肉群，而肌肉群被系统地放松大概需要 30 分钟。作为一项干预技术，不需要放松全部肌肉群，只需要收缩手或肩颈部——哪部分肌肉紧张就收缩哪里。这一练习不仅可以在早晨或晚上进行，而且在一整天中都可以多次进行短暂的（5 分钟）渐进式肌肉放松休息。

愤怒可能引发最大的无意识肌肉紧张反应。研究发现，压抑愤怒会导致紧张性头痛和颞颌关节功能紊乱。一般认为，渐进式肌肉放松法是处理愤怒症状的最佳放松技巧。

关于这项技术，有些事项需要注意。渐进式肌肉放松法中使用的等长肌肉紧张会增加心脏收缩和舒张时的血压，还会使收缩时间变短。患有高血压（心脏收缩和 / 或舒张时血压较高）的个体应避免使用这项技术，它可能会使病情加重。

"老板，我只提一个小建议：下次你遇到特别有压力的一天时，你可以在事情变糟糕之前就使用渐进式肌肉放松法。"

图 24.5

总　结

1. 肌肉紧张是最常见的压力症状。之所以会这样，是因为对压力最初的神经反应引发了肌肉兴奋，使身体准备好面对痛苦。
2. 肌肉可以通过下面三种方式收缩：向心（缩短）、离心（伸长）和等长（没有可见的长度变化）。压力引发的肌肉收缩最初表现为等长，几乎观察不到变化。但是，过一段时间后，肌肉等长收缩会开始表现出缩短的迹象。
3. 在 20 世纪早期，雅各布森发现，他的所有患者，无论得了什么病，都表现出一种共同的症状：肌肉紧张。他得出结论：如果人可以降低肌肉紧张，他们对疾病的易感性就会降低。
4. 雅各布森创造的放松技巧被称为渐进式肌肉放松法，包括从脚到头，系统地拉伸和放松身体肌肉群。
5. 渐进式肌肉放松法很快被美国医学界接受，成了促进放松的最佳方法。现在，这个技术有很多版本，都表现出了相似的积极效果。
6. 很多研究，尤其是使用肌电图技术进行的生物反馈研究，证明了这一技术确实对缓解肌肉紧张有帮助。

学习指导题

1. 解释渐进式肌肉放松法的基本原理。
2. 用简单的语言描述如何用渐进式肌肉放松法来放松。

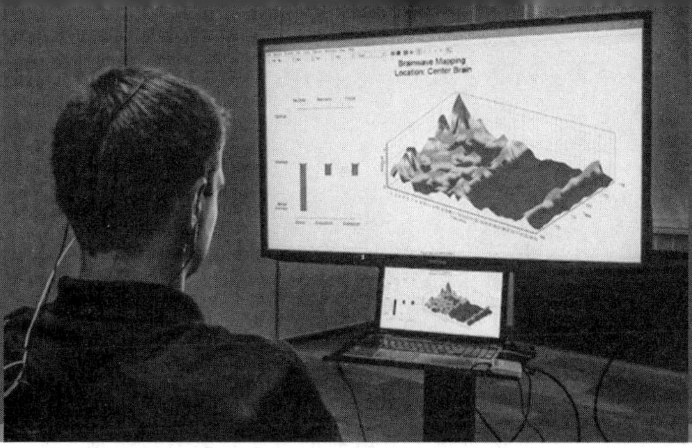

第 25 章

自律训练和临床生物反馈

敞开心灵迎接自我暗示的力量。

——约翰内斯·舒尔茨（Johannes Schultz）

控制身体对压力的生理反应的能力，被认为是压力管理中放松技巧的一个缩影。两个专门研究这种能力的技术被称为自律训练和生物反馈。然而，自律训练是一种无需特殊设备在任何地方都可以完成的放松方法；生物反馈通常需要在某些能提供生物指标信息的仪器设备下进行放松。这一章中所讨论的这两种放松技巧都强调了提高身体生理意识的重要性，以使自己恢复到内稳态。

自律训练

在躯体唤醒时，心率、血压、呼吸频率以及肌肉紧张度都会增加，为机体的“战或逃”做准备。在遇到人身伤害的威胁时，有机体就会强烈意识到自己产生了唤醒状态。当自我或同一性受到威胁时，需要“重新训练”身体的反应。因此，当心理、情绪或精神关注了心智或自我受到的威胁时，我们的躯体反应就需要重新调整。通过自我产生的想法或者他人的指令对躯体反应进行调整以后，会极大地减轻压力产生的躯体反应。现在我们知道，身心整合是如此紧密，通过思维调控，人类有机体可以去除旧的生存机制，带给人类更多利益。因此，**自律训练**的目的在于对大脑进行重新编程，以便在出现有害的躯体唤醒时，去除非适应性的应激反应。

历史回顾

在 19 世纪，当欧洲人周游全球，详细了解到遥远大陆上的人类所表现出的技艺时，他们关于身体功能调节的观点开始发生变化。那些到达过喜马拉雅山的欧洲旅行家会说，瑜伽大师拥有超凡的能力，他们可以控制自己的呼吸、心率以及血流，以致外界误以为他们已经死亡。这些瑜伽大师通过冥想达到深度放松的境界，显示出对自己躯体的生理功能不可思议的控制力。与其说他们有什么魔力，不如说这些人用非凡的冥想技术，把来自大脑的意识信息传递到特定器官，改变了它们的生理功能。上述现象的本质是：这些人具有能控制自己的信念，并通过控制意识达到自我催眠，诱导出深度放松的状态（图 25.1）。（1970 年，门宁格诊所的埃尔默·格林博士记录了对印度教瑜伽士斯瓦米·拉玛的观测资料。）

自律训练（autogenic training）：由舒尔茨和卢特介绍的一种放松技巧，让每个人有意识地传递信息，让身体各部位感受到温暖和沉重；这种效应被认为是由于血管舒张作用于特定的试图感到温暖和沉重的身体区域。

图 25.1

与此同时，在 19 世纪末和 20 世纪初的欧洲，脑生理学家奥斯卡·沃格特（Oskar Vogt）正在探索**自我催眠**现象。催眠是一种类似出神（入定状态）的意识状态，已经被医生们普遍采用，以更好地理解有情绪困扰的患者的意识与潜意识状态之间的关系。经过一段时间的尝试，沃格特发现，如果使个体得到放松，有些人就会进入“出神”状态。沃格特将这种现象称为自我催眠。

1932 年，两位欧洲生理学家约翰内斯·舒尔茨（Johannes Schultz）及其学生沃尔夫冈·卢特（Wolfgang Luthe）开始传播基于上述概念的自律训练放松技巧。最初，这种技术是为了使心灵恢复平静，但是病人经常报告两种不同的躯体感觉：一种是病人会感觉到手脚变暖（手臂、手和脚），另一种是手脚产生了负重感，这两种感觉相伴而生。舒尔茨认为，上述两种现象均是血流汇集于肌肉系统时动脉血管舒张造成的。正是血管舒张造成了血流分布的变化，使个体产生了来自身体内部的温暖感以及轻微但显著的负重感。虽然每个人似乎都能从自我催眠中获益，但是舒尔茨和卢特还是发现了可以加强自律反应的一些条件。与其他技术一样，相信自我催眠技术的人掌握的技巧越多，掌控自我反应越好，放松效应也就越强。

通过对那些掌握了自律训练技术的病人的研究，舒尔茨和卢特（Schultz and Luthe, 1959）认为，如果个体采取以下措施，自律训练将会更加有效。

1. **个体应具有强烈的动机并接受指导与暗示。**要掌握这一技巧，个体必须保持很强的自信心、信念及意志力，能够意识到源自心灵的意念会指导躯体产生期望的放松状态。舒尔茨与卢特称之为**被动专注**。
2. **个体应该具有强烈的自我指导与控制感。**练习该技巧时，意念必须是自己产生的。换句话说，个体必须掌控这些思想和意念来提高放松水平。在放松训练开始时，个体需要主动组织意念，并在放松过程中系统地灌输。虽然有一系列意念指引着个体，但是最终选择哪些意念，是在个体心灵深处进行的。
3. **个体应该采用舒适的姿势训练。**舒尔茨与卢特指出，要成功掌握放松技巧，身体姿势非常重要。通过研究，他们提供了两种备选姿势。最舒适的一种姿势是仰卧于铺着地毯的地板上，双臂置于身体两侧，手掌向上。这种姿势有利于感受沉重效应。如果无法采用这一姿势，也可以选择舒适的坐姿。
4. **个体应该保持强烈的专注感与躯体意识。**心理专注度降低会妨碍信息从大脑到躯体的传递。通过唤醒意识状态和来自无意识的想象，专注于某一特定的身体部位，会增强放松的效果。就像尼泊尔的瑜伽修行者所达到的完全专注那样，会极大地增强心理控制感和放松状态。
5. **个体应该尽力减少感官刺激。**来自眼睛、耳朵、鼻子、嘴巴以及皮肤的感官刺激会争夺意识层面的注意资源。只有关闭信息通道（比如闭上眼睛），大脑才会专注于内部感觉，使训练更高效。
6. **个体应当专注于内部生理过程。**通常，大脑会允许自主神经系统调控重要的躯体功能，意识活动并不参与。因此，意识的原始调节能量至多就是初级水平。但是通过训练，个体会对内部生理过程变得敏感。最终，深层意识会将接收的重复性信息通过与放松相连的神经生化反应传递给躯体（图 25.2）。

舒尔茨与卢特坚信，满足上述条件能为意识与

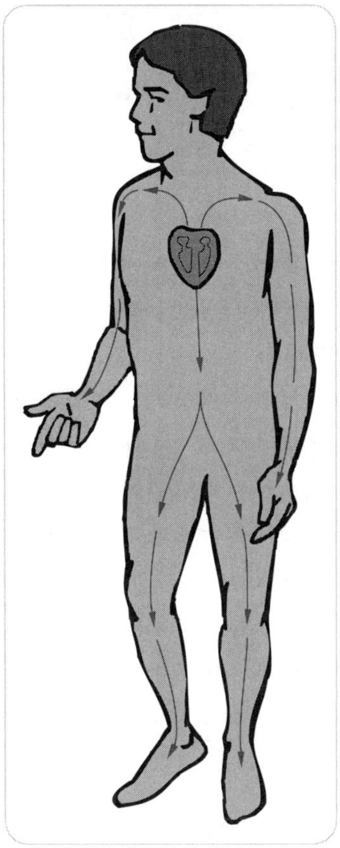

图 25.2 对血液流向四肢的可视化。

无意识心灵提供一个平台，通过有意识地平衡躯体与心理的唤醒水平，使机体恢复平衡状态。

不像技术完备的肌肉放松那样，在自律训练中，并无有意识的、主动的肌肉放松。相反，自律训练强调通过被动的自我暗示使特定的身体区域保持温暖和沉重。此外，要求更高程度的身体意识和注意集中，以产生更理想的放松效果。但是因为采用了被动态度，你就完全在控制状态中，并可以随时停止。

根据国际临床应用与自律治疗教学协调委员会（International Committee for the Coordination of Clinical Application and Teaching of Autogenic Therapy，ICAT）的研究，自律训练的训练序列是一个为期 3 个月的训练计划。系统而渐进的程序以一个呼吸热身开始，接着进入七个阶段之一（或更多阶段）。这些阶段包括：(1) 沉重；(2) 温暖；(3) 平静的心；(4) 呼吸；(5) 胃；(6) 冷静的前额；(7) 完成。需要注意的是，意念的确认分为吸气阶段（例如，“我的右臂”）和呼气阶段（例如，柔软和沉重）。一旦在第一个阶段，也就是 3 周的时间内，你的能力达到了，你就进入了下一个阶段。因此，3 个月的训练计划让人形成了一种日常习惯，在几乎任何情况下都能保持一种平静的自律状态。以下是对第一阶段的详细说明。

第一阶段：沉重程序（建议练习时间：21 天）

在呼吸热身之后，用你的右臂（或主导臂）开始这个阶段。深呼吸，然后默默地重复以下意念，确认 6 ～ 8 次：

吸气：“我的右臂”。呼气：“软弱无力”。

吸气：“我的右臂”。呼气：“越来越重”。

吸气：“我的右臂”。呼气：“完全沉重”。

重复一遍结束语：

吸气：“我感觉”。呼气：“极度平静”。

这个阶段应该每天练习 2 ～ 3 次，持续 3 天。然后，继续下面的意念确认过程，每一个步骤重复 6 ～ 8 次，持续 3 天。

吸气：“我的左臂（或非主导臂）正在变”。呼气：“软弱无力”。

吸气：“我的双臂”。呼气：“又软又重。”。

吸气：“我的右腿”。呼气：“软弱无力”。

吸气：“我的左腿”。呼气：“软弱无力”。

吸气：“我的双腿”。呼气：“又软又重”。

吸气：“我的胳膊和腿”。呼气：“又软又重”。

吸气：“我的胳膊和腿”。呼气：“越来越重”。

吸气：“我的胳膊和腿是”。呼气：“完全沉重”。

重复最后的结束语：

吸气：“我感觉”。呼气：“极度平静”。

自我催眠（self-hypnosis）：一种放松的形式；一个人对自己进行放松提示，而不是让别人提示。

被动专注（passive concentration）：用来表示对自我产生的思想的有意识的接受能力。

有人情味的压力

一个好的魔术师从不泄露他的秘密，这就是为什么去看一场魔术表演既令人沮丧又有趣。看着一个接一个的戏法，你会想，“他是怎么做到的呢？”这个表演越精彩，你就越觉得困惑。

我曾经去大学里看一场魔术表演。表演者是一个知名的逃脱艺术家，他宣称在表演的下半场，将挣脱手铐从水底锁了的箱子里逃脱。我和朋友被激发起兴趣，开始屏住呼吸（看他表演）。

在令人惊异的首演之后，我离开座位，想去活动一下。令我吃惊的是，当我走到观众席出口的时候，迎面遇到了这位明星魔术师。我伸出手向这位魔术师问候，并且表达了我对于这场精彩表演的赞叹。当我们的手紧握在一起的时候，我注意到他的手掌和手指肿胀得难以置信，似乎是中了剧毒。在我们互相寒暄之后，他回到更衣室，我回到座位上。

我不能忘记那次握手的感觉，就像握着盛满水的气球。这场逃脱秀令人印象非常深刻，在结束的时候，观众报以雷鸣般的掌声。那晚走回家的时候，我仍旧困惑于他是怎么逃脱的，但是我确信，他那海绵般的手跟这件事有一些关系。

许多年以后，我听说胡迪尼练习了一种与自律训练类似的技术来完成他的逃脱。他不仅是一位逃脱艺术大师，看起来也是一位放松大师。

心理和生理反应

自律技术运用的是所谓的“**选择性觉知**”。它指的是有意识思维承认和接受特定思想或信息的能力。在理想情况下，在选择的意识过程中，自我的审查作用被消除，思想可以自由地从意识进入无意识。缺乏审查制度可以极大地提高大脑改变或转换所需的生理功能的能力。在接受状态下，疼痛感也会减弱，有时甚至完全消失。事实上，世界各地的报纸都报道过大量的奇闻逸事，讲述的是人们经历了难以置信的经历，而在正常情况下，这些都是不可能的。例如，据报道，一名跑步者跑完整个波士顿马拉松时感到腿有些痛，直到跑过终点线时才因股骨骨折而倒下。虽然几乎没有科学的解释，但意识和无意识思想的强大结合允许人进入一种强大的精神和生理稳态平衡。

卢特（Luthe, 1969）还提出，因为意识和无意识的阻碍被解除，所以可能存在他所谓的**自发放电**的现象。无意识思想的释放触发了身体感觉（比如肌肉抽搐、麻木）和情感反应（比如哭泣等）。这些都被认为是自然而健康的。

温暖和沉重是自律训练中最典型的感觉。尽管在自律训练中肌肉接受的是内在按摩而不是在皮肤表面的按摩，但这种技术仍可以与肌肉按摩相比较。人体肌肉与大量的神经细胞相联系，这些神经细胞一般会在突触结点上释放儿茶酚胺，以产生最小或最佳的肌肉紧张。然而，在催眠状态下，肌肉在静息状态下充血，导致紧张感降低，并且信息通过传入神经传到大脑以阻止神经兴奋。这对于需要休息的肌肉和需要进行少量神经化学工作的大脑来说是一个双赢的状态，这其中整体的影响是深远的。

一些临床测验评估了这种技术的有效性，并且显示血流重新分配确实发生在自律训练中，许多其他的生理变化也都能在临床中观察到，例如，心率、呼吸和肌肉紧张的降低；大脑半球 α 波增加（表明大脑处于平静状态）；就连血清胆固醇水平也降低了（Greenberg, 2010）。自从自律放松技巧被引入，就被成功地应用于多种生理应激的治疗中，包括失眠症（Coates and Thoreson, 1978）、偏头痛（Blanchard et al., 1985）、肌肉紧张、雷诺氏病（Blanchard et al., 1985）、手脚的供血不足以及高血压（Silver, 1979）。

但是临床实验室和咨询中心并不是使用这种技术的唯一场所。据知，胡迪尼（Houdini）和其他几个魔术师在被铐住并锁在柜子里的时候，已经运用了这种自律技术，先使手和手腕“膨胀”，然后再使它们恢复正常，以逃离困境。获得过冬季两项冠军的卡利·斯文森（Kari Swenson）1985 年在蒙大拿博兹曼附近被两个人绑架，她用自律技术作为求生手段来尽力减少枪伤造成的血液流失。癌症外科医生伯尼·西格尔（Bernie Siegel）在他的书《和平、爱和治疗》(*Peace*，*Love*，*and Healing*）中称，他的病人在接受麻醉手术的过程中使用了这种技术。在让病人清楚地了解意识和无意识的力量之后，西格尔医生要求他的病人将血液从手术部位分流出去。在外科手术之后，要求他们配合来治愈这个伤口。西格尔发现，当病人放松的时候，切口区域的血流量会减少。此外，他注意到，那些接受了暗示的病人在术后康复得更快。西格尔也详述了一段关于病人术后立刻出现心律不齐迹象的小插曲，于是西格尔在病人耳边低语，暗示病人的心脏在一种放松的节奏下收缩，就像摆动状态下的秋千一样，然后心律失调消失了。

自从自律训练被作为一种真实的放松技巧以来，它就在许多临床环境中使用，并且帮助了许多患有与压力相关的躯体问题的病人。由于它的广泛应用，在过去的 50 年里发生了许多变化，包括它与其他技术（如横膈膜呼吸和心理意象）的联合使用。

自律训练的步骤

姿势

正如舒尔茨与卢特所建议的，有两个可推荐的姿势（图 25.3）。首选的姿势是仰卧在铺有地毯的地板上或床上，手臂放在身体两侧，手掌朝上，腿部伸直，脚跟平放在地面上。要使身体保持脊椎自然伸展的舒适状态，在头部和膝盖后面可能还要用薄枕头或垫子来支撑。如果情况不允许平躺，那么推荐一种在椅子上的坐姿。坐下的时候，保持你的头部和身体呈直线，你的手臂要放在大腿前侧或椅子扶手上。因为支撑起四肢很重要，这样它们就不用费力去平衡重力的作用，以免抵消你希望产生的理想效果。卢特建议，如果你的头部太重，就让它舒服地悬着。因为坐着的时候会用到几个部位的肌肉，因而可能没有仰卧的姿势有效。然而，经过练习，坐姿也将产生期望的放松效果。我们也建议摘掉珠宝首饰，松开拘束身体的衣服。更重要的是，避免在练习这项技术前暴饮暴食。这样将有损它的效果，因为在消化的时候，血液集中到胃肠，将与流到肌肉的血液竞争。

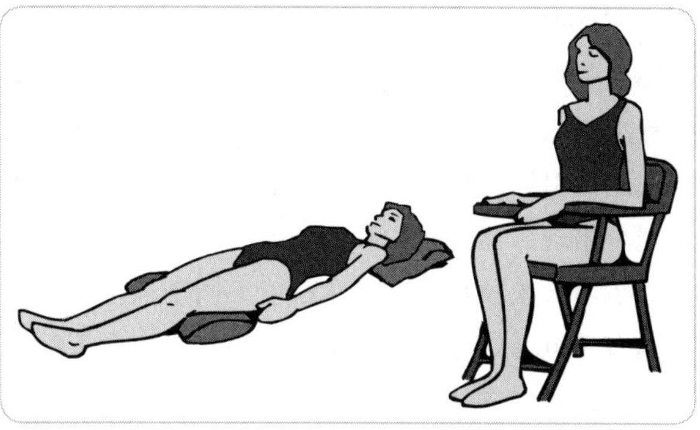

图 25.3　两个推荐姿势：(1）平躺在舒服的地板上或者床上；(2）舒服地坐在椅子上。一旦你熟练掌握了，任何姿势都一样。

集中和意识

在一般状态下，注意力很容易被打断或干扰，打断注意力的原因各种各样，从电话铃声到漫游在我们意识深处的各种随机的想法。为了减少外在干扰，首先，找一个安静的地方，把它作为你的放松空间。通过每一次都在同一个地方练习你的放松技巧，你的身心将产生一种舒适的模式。其次，关闭电话，关上门，关上窗或拉上窗帘等，以此来控制整个环境。

现在，你可以将注意力集中在内心。在第一次尝试这种技术的时候，你可能会发现你的思想会游离到更重要的想法或事情上去。但自律集中仅仅是

选择性觉知（selected awareness）：有意识地确认和接收特定的思想或信息的能力。

自发放电（autogenic discharge）：身体上的感觉，如肌肉抽搐、麻木、情绪反应（眼泪），也许是无意识的大脑在自律训练过程中释放的。

注意“此时此地”，确切地讲，就是你身体目前的状态。如果刚开始你发现有其他的念头在竞争你的注意力，只要确认这些念头然后改变意识方向，重新把意识引导到你的身体上。通过练习，杂念会越来越少出现，而且集中注意的能力也会提高。

练习放松技巧时的专注程度不同于开车、听报告或者看电影。那些事件常常需要判断和分析。相反，在放松状态中，特别是进行自律训练的时候，集中注意力只涉及不加判断地接纳思想（右脑的功能）。在这种技术中，你必须允许自己对各种建议持开放的态度，采取一种被动而非防御的心态。

其他的建议

大多数人能很快学会自律训练的规则，并立刻体验短期的放松效果。然而，像其他技术一样，你可能要花费数周的反复训练才能感受到累积效果。在学习并练习这种技术的时候，试着一天练习两次，每次 15 分钟，这样才会达到训练效果。

多年来，出现了两种自律放松技巧。第一种是**间接方法**，在这种方法中，你可以简单地暗示自己身体的某个部位变得温暖而沉重。第二种是**直接方法**，将你的心理意象作用于负责体验温暖和沉重感的特定生理系统上。

间接方法

就像大多数放松技巧（如瑜伽、太极拳）一样，人们会根据不同的目标受众调整这些技巧。随着时间的推移，自律训练也以类似的方式进行了调整。以下是根据 3 个月强化训练计划进行的调整。间接方法是包含有关于身体意识的一般指令。你可以重复几次，努力提高身体意识并促进放松。几乎很少涉及细节和内部视觉想象，这些指令的阶段分别是沉重的感觉、温暖的感觉、安宁的心灵、平静的呼吸以及冷静的前额。每一个阶段大约持续 1 分钟，重复这些指令任务，直到感受到你所期望的感觉。这些阶段的整个过程大约需要 15 分钟。当全部完成的时候，保持姿势并尽力把放松的感觉存入记忆库中，使你能在感受到压力和紧张的时候唤醒它们。

首先，做一个缓慢的深呼吸，并且在你呼气的时候感受一下放松的感觉。再做一遍，使你的呼吸比上次更慢更深。然后对自己说以下指令。

第一阶段：沉重

- 我的手和手臂感觉沉重。
- 我的腿和脚感觉沉重。
- 我的胳膊和腿感觉沉重。

第二阶段：温暖

- 我的手和手臂感觉温暖。
- 我的腿和脚感觉温暖。
- 我的胳膊和腿感觉温暖。

第三阶段：心

- 我的心是平静而放松的。
- 我的心跳是缓慢而放松的。

第四阶段：呼吸

- 我的呼吸是缓慢而放松的。
- 我的呼吸是平静而舒适的。

第五阶段：腹部神经丛

- 我的腹部是平静而放松的。

第六阶段：前额

- 我的前额是冷静的。
- 我的前额是平静而放松的。
- 我的整个身体是平静而放松的。

直接方法

直接方法也是对最初 3 个月的强化训练计划的改编，是对上面所列出的一般指导指令的细节化、生动化的解释。它原先是为那些需要更多地了解生理改变如何发生的人们提供的附加指导，现在有了一些细微的变化。在直接方法中，产生温暖和沉重感的特定机制更多强调引发更强烈的放松感觉（图 25.4）。你从横膈膜呼吸法开始诱导放松状态。当意识和身体通过这种技术变得放松的时候，意识会更加接纳附加思想（温暖和沉重），从而增强了选择性觉知。这种方法需要的时间长度也会改变。首先，你可以想象要作用于身体的某个部位，比如手臂和手。熟练之后，你可以增加每个阶段的持续时间。要获得直接方法的完整体验，请访问上文列出的网站。

增加心理意象

正如亚里士多德所说，“没有画面，灵魂就不会思考。”当意象与自律训练相结合时，就能对身

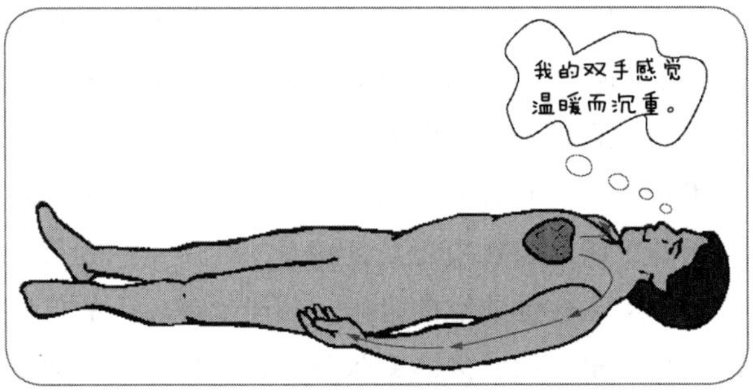

图 25.4　想象血液流到手臂和手，呼吸变得更慢更深。伴随每一次呼气，感觉你的身体变得更加放松。

图 25.5

体产生深刻的生理影响。意象由呈现真实生理反应的图像和符号组成，这些意象以语言无法做到的方式影响着身体功能。医学界分享了大量的成功故事，证实了这个概念的可信度。采用心理意象的高血压病人的血压显著降低。例如，我的一个来访者用公路的交通拥堵作为意象。通过清理想象中的交通堵塞，他的车在路上奔驰，他能够把静息时的血压降到正常水平。这个现象能用大脑左右半球的特定认知功能来解释。控制言语能力的左半球被认为是用言语与身体交流。精通图像加工的右半球通过视觉意象与身体交流。文字和图像结合对于生理的影响看起来比单独用文字更深刻。

自我催眠的应用

多年来，催眠的应用作为一种改善健康的手段（比如在减肥和戒烟方面），在心理学领域已经获得了广泛认可（并且取得了巨大成功）。自我催眠的前提是：自我催眠与各种放松技巧（使精神和身体平静）相似。自我催眠从一般横膈膜呼吸诱导放松开始，为接受新思维提供了一个舞台，来预演期望的态度或行为改变。只有在意识和身体都平静的时候，自我产生的催眠暗示才会发挥作用，因为在任何其他情况下，无意识心理都会审查你所采用的暗示（Vickers et al., 2001）。

自律训练的最佳应用

在最初的设计中，自律训练是用来放松整个身体的。训练阶段将持续 20 ～ 40 分钟，并且可以在一天的任何时间内练习。现在，压力管理教练提倡放松各个身体部位，使每个阶段完整持续，以达到完美的效果。然而，随着练习的熟练，温暖和沉重暗示下的放松效果能立刻显现。这一点在触发应激反应的情境下尤其有用。自律训练和创造它的思想一样简便易行。一些健康保健专业人士甚至建议，在忙碌的日子里把定期短暂的“自律休息”作为对压力累积效应的预防方案。在减少焦虑和愤怒方面，这种技术是否更有效，还有待确认。根据个体和环境的不同，它看起来对情绪反应都有效。你最好能亲自尝试，体会一下它怎样对你起到最佳作用。

临床生物反馈

欢迎来到生物识别技术的时代，在这里，一切

间接方法（indirect approach）：在自律训练中，当你暗示自己身体的各部分都温暖而沉重的时候所用的术语。

直接方法（direct approach）：在自律训练中，当你不仅仅暗示温暖和沉重，还要想象血液流到身体的某些部位（比如手或脚）的时候所用的术语。

皆有可能，未来就是现在。想象一下：你穿的衬衫中有成千上万个微型传感器，它们可以直接测量你的体表温度、心率、血压、肌肉紧张程度和胆固醇水平。计算机鼠标上的传感器可以检测到你的皮肤温度和手指上的一点点汗渍。计算机屏幕的左下角显示了你的压力水平，并建议你深呼吸，以降低你的静息心率。欢迎来到纳米生物反馈时代，在这里，只要轻点鼠标，就能让你了解自己身体的生理参数，对自己的健康状况承担更多的责任。床单、牙刷、绷带、智能手表和跑鞋都是通过人工智能创造出来的，可以帮助你调节身体的生理压力水平，帮助你实现稳态平衡。有些人（比如戴着手铐和脚镣时）可以监控你的血液酒精浓度，通过 Wi-Fi 将信息发送给假释官。橄榄球头盔可以向医生传递球员头部撞击的信息。日本的厕所现在可以通过尿液样本检测使用者是否患有糖尿病。与视频游戏连接操纵杆、拇指按钮和眼动传感器能够确定有压力倾向的思维模式。就连 Wii[①] 系统都是基于生物反馈技术的。的确，技术可能会给你带来压力，但技术也是帮助你调节压力的手段。未来就是现在。

这些设备可能看起来像来自科幻小说，但它们在今天已经出现了（在很大程度上是为了军事目的而设计的）。欢迎来到生物反馈仿生学的第一个纪元。虽然你可能无法接触到最新的技术，但生物反馈就像监测你的脉搏和每分钟的呼吸一样简单。当通过临床（和现在的纳米）仪器获取信息时，它被称为**临床生物反馈**。随着计算机界面技术的发展，一些研究者将生物反馈称为神经反馈。

现在，最热门的是应用程序监控着你身体的各个方面，以帮助你调节呼吸、睡眠、血糖和饮食习惯。所有这些应用程序都属于生物反馈范畴，因为它们提供了一种方法来测量你身体的生理功能，并帮助你恢复内心的平静。

什么是临床生物反馈

临床生物反馈可以被定义为：使用检测仪器来放大躯体器官产生的电化学能量。在正常情况下，个体意识不到这种能量的产生，但是通过生物反馈，他们就能够使用获得的信息，以达成对各种生理过程的自发控制。例如，让我们假设你刚从牙医那里得知你夜间有明显的磨牙习惯。由于意识不到自己的下颌肌肉在夜里是紧绷着的，使得问题很难解决。但是在你清醒的时候，测量生理反应的仪器能够显示出下颌肌肉的紧张状态，并教会你如何缓解这种紧张，从而消除你的磨牙现象。

临床生物反馈与其他技术的区别在于，它让人通过特殊仪器提供的数据来学会监控自己，从而提高对于自身生理反应（呼吸、肌肉紧张、血压、心率、体温）的意识。通过生物反馈训练，个体可以学会重新调整与自主神经活动相关的思维过程，从而达到放松的目的。有些压力源非常明显，就如同我们对它们的反应一样。其他的则微妙得多，以至我们会习惯性地忽略它们对我们身体产生的影响。临床生物反馈有这样的优势，它能够放大生物学机能，提供躯体变化的即时证据，从而使你在其发生的同时掌控它。尽管大部分放松技巧都会产生一般性的、全面性的效果，而生物反馈针对的却是个体希望达到的特定生理参数（例如：下颌肌肉紧张程度）。运动员（业余和专业）使用各种各样的生物反馈设备来提高他们的运动成绩。

临床生物反馈一般都会使用复杂的技术设备，并结合一种或多种其他的放松技巧，包括冥想、横膈膜呼吸、心理意象、自律训练以及渐进式肌肉放松。当这些放松技巧结合了仪器检测到的自主神经系统的活动信息时，个体对于如何放松身体的哪个部位就有了更好的感觉。

压力管理并非该技术唯一得到应用的领域。临床生物反馈还被用于多种其他类型的心理疗法（例如，格式塔疗法），以及膝盖、腰背和肩关节的生理康复病例。

需要再次强调的是，这种技术注重的是一种紧密的身心灵的联系。临床生物反馈当前正被运用于偏头痛、紧张型头痛、溃疡、高血压、磨牙症、雷诺氏病以及许多其他与压力相关疾病。纽约奥尔巴尼的压力和焦虑症中心（Center for Stress and Anxiety Disorders）的爱德华·布兰查德（Edward

① 日本任天堂公司出品的家庭游戏机。——译者注

Blanchard）教授进行了大量科学的调查，他发现在多种疾病的治疗中，临床生物反馈都有疗效，从而证实了这种技术的有效性。他的工作在相关医学领域备受瞩目。尽管临床生物反馈对于特定生物机能的控制而言是有效的，其准确的机理目前却尚未彻底弄清楚（图 25.6）。

图 25.6 这两幅壮观的图片出自“野生神之旅（Journey to the Wild Divine）”生物反馈程序和“放松节奏（Relaxing Rhythms）”生物反馈程序。游戏里的角色能帮助你控制自己的身体反应。通过增加、减少你的身体节奏或者使其同步，你将学会掌控旅程“事件”并且在游戏中通关。

历史回顾

生物反馈这个术语是由研究员芭芭拉·布朗（Barbara Brown）博士在 20 世纪 60 年代末创造的，用来描述通过电刺激产生的生物反馈。这个词是在 1969 年生物反馈学会（Biofeedback Society）第一次年度会议之前发明的（Allen, 1983）。生物学反馈包括任何能够被电生理仪器检测、放大并转变成视觉或听觉刺激的生理参数。一个人能够观察并解释这些刺激，并以此做出恰当的改变，以促进健康。尽管名称很新，但是生物反馈的概念最初可追溯至巴甫洛夫（Pavlov）的经典条件反射理论（通过联结，每一个刺激产生一个反应），以及桑代克（Thorndike）的操作性条件反射理论（行为可以通过间接的心理过程加以改变）。直到 1960 年，人们仍坚信，自主神经系统在本质上是反射性的，只受经典条件作用的影响，而非有意识的思考。就像一个自动操控的计算机程序一样，自主神经系统被认为完全是由大脑中枢的低端区控制的。基本的生理机能被描述为“不随意的”，因为人们相信，这些机能无法被个体有意识地影响和操纵。

正如在瑜伽和自律训练中讨论的，在门宁格诊所做的对瑜伽大师斯瓦米·拉玛的临床调查以及米

临床生物反馈（clinical biofeedback）：使用一个或多个特定仪器来放大身体信号（例如，心率、肌肉紧张），并以一种可理解的方式展示这些信号，从而使我们能够改变其强度，以实现个体的健康目标。

专栏 25.1 失眠和生物反馈

生物反馈已成功地运用于对失眠的治疗。通过使用脑电图，有时也使用肌电图，给病人展示他们的脑电图和肌电图，然后教他们如何减少神经系统的活动。当这些信息结合了其他应对技巧时（包括认知重构、可视化和横膈膜呼吸法），病人就能够控制自己的思维，从而实现最低水平的等同于前睡眠状态的脑活动。关于失眠与生物反馈的研究大部分是个案研究，但是所有这些研究证据综合起来构成了足够的数据，表明使用生物反馈来训练意念是减少失眠相关问题的一种有效方法。

勒（Miller，1968）的其他研究都开始表明，有意识的思考的确能够影响自主神经系统的机能。除了大幅降低他的静息心率以及让呼吸大大低于“正常的稳态平衡水平”，斯瓦米·拉玛还能够将血流导向身体的各个部位。类似的研究显示，有些人能够自由地改变脑电波。事实上，那些学习自律训练的人已经证明，通过练习，任何人都可以控制这些“不随意的”机能。并且，他们训练得越多，表现出的控制似乎也就越强。生物反馈训练目前被认为是一种操作性条件作用，在这种训练过程中，在一位训练有素的治疗师的帮助下，个体能够通过改变思维和知觉学会控制相应的生理机能。

压力研究者肯尼思·佩尔蒂埃（Kenneth Pelletie）在其著作《心灵是治疗者，心灵是杀戮者》（*Mind as Healer*，*Mind as Slayer*）中指出，生物反馈包括三个原则：（1）需要得到特定器官的活动信息，即可以用仪器将心肌的电生理信号与脑和骨骼肌的信号区分开来；（2）生理的每一个变化要对应态度或意识的一个变化，就如情绪的一个变化会带来某种生物功能的变化一样；（3）人们能够学会控制自主神经系统，以直接影响这些生理改变。他还补充说，个体必须对自己的健康状态负起责任。在这里，就是通过学习使思维和行为从病态的模式中脱离，从而走向健康。这个原则和罗特的“控制点”概念紧密相关，这个理论说的是，个体可以学会将控制点从外部（压力源）转到内部（自己的想法），从而控制自己的生理健康。

美国心脏数理研究院因其关于心率变化性的卓越研究而举世闻名。基于情绪和思维都会影响心率及其他心血管机能这样一个前提，多克·奇尔德（Doc Childre）博士发展出了一套名为电磁波PC减压系统（Em Wave PC Stress Relief System）的互动式电脑学习系统（图25.7），用来教参与者主动对促生压力的情境做出反应，而非被动地起反应。

图 25.7 通过美国心脏数理研究院的电磁波 PC 减压系统，一位来访者在学习观察她的心率活动。

生物反馈的目的

为了对我们的外表有个了解，我们可以通过镜子观察自己的头发、肤色以及所穿的衣服。镜子能够对我们的身体外观给出清晰的反映。可是身体内部发生的生理作用观察起来困难得多，但是同样需要我们的关注。例如，据疾病控制和预防中心估计，20%的美国人有高血压，但是血压通过外表或把脉是无法检测出来的，必须用血压计才能测量。我们无法看到血压的生理机制，它包括了神经、内分泌和免疫系统的作用，在压力的应激反应中会被强烈启动。尽管有些人具有“扫描”自己身体的能力，并且可以在没有仪器帮助的情况下控制特定的身体机能，但是大多数人需要生物反馈的帮助才能做到。通过足够的练习，这些人也能够获得这样的能力，即能够在不使用仪器或所谓**条件反射**的情况下，察觉并调节身体内部的机能。

尽管临床生物反馈技术看上去很复杂，但是其背后的原理非常简单。生物反馈是一个**闭合环路反馈系统**，在这个系统中，来自系统（躯体）的信息被转译成一种能被五官理解的语言（图25.8）。生物反馈就像一个赛马跑道，开始和结束在同一个点。在这里，环路起始于身体，身体被导线连接到某种电生理仪器上。导线接收来自身体的能量，并且传至仪器，在这里它被转换成可识别的刺激，然后通过五官中的一种继而返回至个体。更技术化一点说，特定组织器官产生的生化脉冲通过连接该部位的一个或多个电极传递出去，并送至电子接收器，后者会将脉冲转译成视觉或听觉刺激。这些刺激可以是彩色光、声音或其他形式，如给数据制图的针笔。在一个关于儿童生物反馈的例子中，将一个玩具火车连接到仪器上，这个火车仅在被试彻底放松之后才会给出反馈。

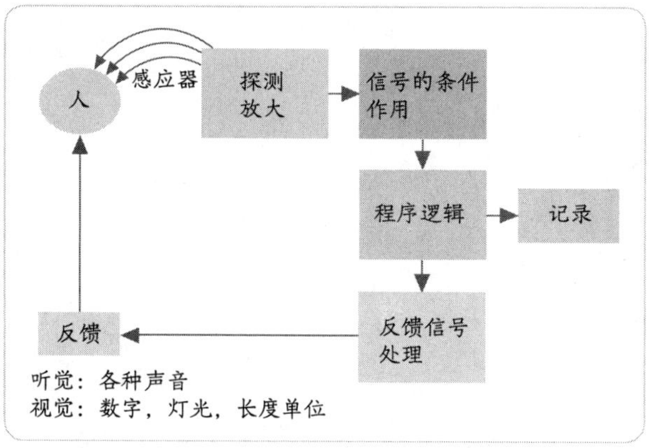

图 25.8　生物反馈环。

生物反馈曾被视作一个教育工具，这是因为它教会了人们如何通过控制（放松）电极连接的身体区域，来监控和改变电生理信号的频率和振幅。因此，生物反馈的目标就是教会人们调整他们的身体，以使他们可以调节那些生理机能，这些生理机能对压力导致的代谢活动的加速非常敏感。

生物反馈有三个彼此不同的阶段。

1. **对生理反应的觉知**。如前所述，通过生物反馈机制和五官中一种解码过的感觉刺激，可以帮助个体提高对压力做出生理适应的意识。操作仪器的是一位专业治疗师，他教会病人如何解释被放大的信号，从而在躯体当前的唤醒状态与指示灯或嘟嘟声之间建立联系。
2. **对生理反应的控制**。治疗师通过多种放松技巧来指导个体，包括冥想、心理意象和自律训练。与此同时，个体有意识地操纵自己的生理反应，从而将特定器官或躯体反应引入一种稳定状态。
3. **将修复反应应用于日常生活**。在借助生物反馈仪器进行大量练习之后，个体就可以抛开仪器，将这种新的放松技能运用于办公室、家里、汽车里或体验到压力的任何场合。这一步是对生物反馈训练课程效果的最好的检验。

生物反馈的类型

生物反馈设备有很多类型。有些小到你可以拿在手中，有些是巨型的（昂贵的）安装在墙上的仪器。人们已经设计出了不同的仪器，以接收来自心脏、脑、肌肉、皮肤、后背等部位的电生理信号。对于病人身体特定区域表现出来的症状，生物反馈需要有针对性地使用。不过总体而言，这些仪器不外乎两大类：**二元式**和**等级式**。二元式仪器提供的信息仅仅是让人知道自己是否在控制一种生理机能。举例来说，当一个人的收缩压高于 130 毫米汞柱时，指示灯熄灭，而当收缩压低于这个数字的时候灯又会变亮了。相反，等级式生物反馈仪器揭示的是一段时间内改变的数量。举例而言，当一个人变得更放松时，仪器会改变提示声音的音调。由于为病人提供了更多的信息，等级式生物反馈仪器被认为是更有效的训练工具。当然，无论使用什么仪器，生物反馈都是有效的，因为它准确可靠。

肌电生物反馈

肌电（EMG）生物反馈监测的是肌肉组织产生的电生理冲动（图 25.9）。电极安置在特定肌肉之上的皮肤表面，这些都易于缓解紧张的肌肉，如下颌、后背、颈部和肩部。为了整体放松，要对前额肌进行监测，因为这块肌肉没有与任何骨骼相连接。通过肌电图提供的视觉或听觉反馈，病人首先能够意识到当前肌肉的紧张水平。之后，在治疗师的帮助下，病人学会通过观察视觉或听觉数据，放松那些紧张的肌肉，并体验紧张与放松之间的差

条件反射（conditional response）：一种习得性反应（通过生物反馈）来控制各种生物功能，例如心率、血压等。

闭合环路反馈系统（closed-loop feedback system）：该术语描述生物反馈的动力，其感应器附在身体的各部位。

二元式（binary）：两大类生物反馈的一种；举例来说，就是一台可以让我们知道特定的生物机能的设备，该生物机能会使面板上的指示灯变亮。

等级式（proportional）：另一类生物反馈。举例来说，就是一台通过其提示音的音调让我们知道生理变化大小的设备。

肌电生物反馈［electromyographic（EMG）biofeedback］：一种测量特定肌肉电生理冲动的生物反馈。

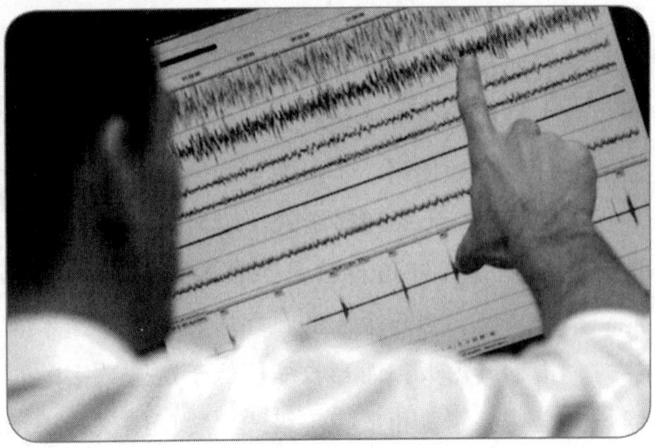

图 25.9 肌电生物反馈仪器。

别。肌电生物反馈在紧张性头痛、磨牙症或颞颌关节功能紊乱的治疗中应用得最为普遍。

脑电生物反馈

与心脏和肌肉一样，大脑也会产生电生理脉冲。1924 年，汉斯・伯杰（Hans Berger）发明了一种仪器来侦测和监控脑电波，他将其称为脑电图（图 25.10）。将电极放置在头皮指定的点上，这样就能够在靠近大脑表层的地方监测其电生理活动，脑电图就是通过这种方式来记录的。通过脑电图的使用，我们能够观察到，人脑在不同的意识状态下产生的不同的脑电波。这些脑电波通过频率和振幅来表征和分组。四组脑电波分别与正常或清醒状态相联系：β 波（大于 15 赫兹）、产生于改变或放松状态的 α 波（7～14 赫兹）、在无意识或睡眠状态下观察到的 θ 波（4～7 赫兹）和 δ 波（0.5～4 赫兹）。在脑电图中，不同的脑电波是以特定的声音或音高来表示的。为了达到放松的目的，医生教病人降低 β 波相关的音高，并提高 α 波的声音。这种生物反馈的主要作用在于缓解失眠中的认知觉醒。迄今为止，它对于减轻紧张性头痛或其他压力症状似乎没什么帮助。

心电生物反馈

由于在压力和冠心病之间表现出了很强的关系，所以**心电（EKG）生物反馈**常常运用于增强人们对静息心率和血压的控制能力（图 25.11）。目前已经有了便携式仪器，这样心脏病人就能够很有规律地监控自己的心率。高血压患者也可以随身携带便携式血压计。当心电生物反馈仪器显示心血管参数高于预设的静息水平时，就是告知病人运用放松

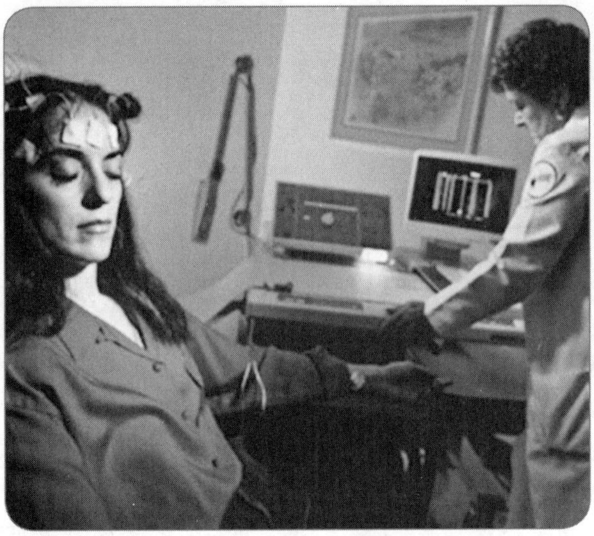

图 25.10 脑电生物反馈设备。

技巧来调节了。

但是，心电反馈并非仅被运用于心脏病人群。许多职业奥运会运动员也使用便携式心率监测仪来辅助训练。其中的几种设备构成相同，都有一个环绕胸部的带子和戴在手腕上的类似手表的接收器（图 25.11）。接收器会设定一个目标心率范围。如果运动员的心率低于或高于这个区域，它就发出嘟

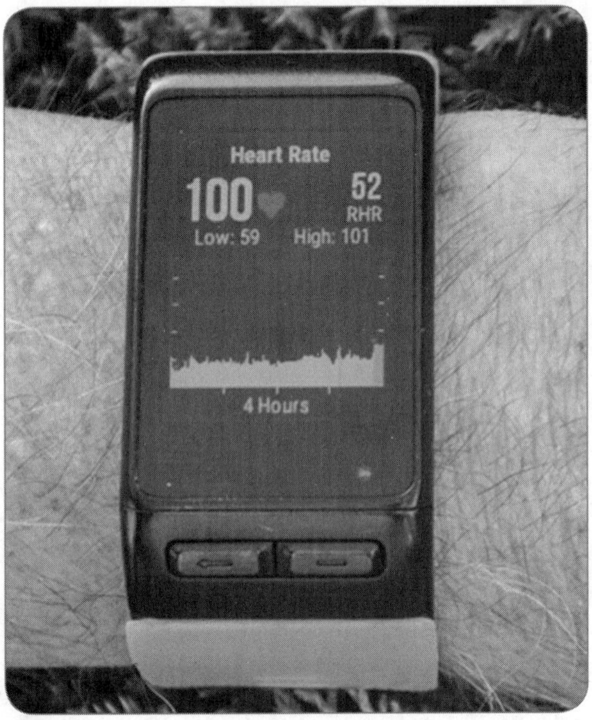

图 25.11 一个心率监测器。

嘟声，表示心血管的工作负荷需要上升或下降。有时候，接收器对心率的记录会长达 1 小时，这些数据能够被重新提取并记录到训练日志中。

另一种心血管监测仪器测量的是体温。**皮肤温度生物反馈**，正如它的名字所显示的，监测的是由心脏流至特定部位的血流。温度感受器放置在身体的特定部位（如手指和脚趾），通过温度的变化就能够检测出血流的改变了。皮肤温度生物反馈最常应用于偏头痛和雷诺氏病的治疗。

皮电生物反馈

皮电（EDR）生物反馈，又称皮肤电反应（galvanic skin response，GSR），用来测量皮肤本身的电流传导（图 25.12）。手和手指在压力下都会出汗，而水是一种良好的导电介质，这就构成了皮电反馈仪工作的基础。皮电的前提假设是，皮肤的电冲动是由交感神经系统激活的。在这种生物反馈中，电极先涂上导电凝胶，然后放置在皮肤上，通常环绕在左手的食指和无名指上。之后，和其他类型的生物反馈一样，可教会病人通过放松技巧降低交感神经的活动。皮电生物反馈主要用于监测紧张情绪，这种生物反馈的不断重复可以帮助病人学会减少焦虑。另外，这种技术也用于测谎仪。

生物反馈和慢性疼痛

如果你要以生物反馈为关键词在网上进行搜索，会发现其中绝大多数的研究都集中在生物反馈对于缓解或解除疼痛的有效应用上，无论是偏头痛、颞颌关节功能紊乱、慢性腰背痛、结肠炎，还有很多其他慢性症状。因为生物反馈是通过放大躯体电生理反应来起作用的，所以可通过在意识层面降低疼痛部位相关的神经活动，从而实现对疼痛的控制。通过使用生物反馈技术来加强自我调节的意识，从而将疼痛置于自己的控制之下，甚至在很多时候，疼痛能够被彻底消除掉。然而，为了充分发挥生物反馈的功效，它必须被更多地应用，而不仅仅用于减轻疼痛。如果在一位专业治疗师的帮助下恰当地使用生物反馈，以疼痛形式表现出来的压力原因也会得到解决（Norris, 2012）。

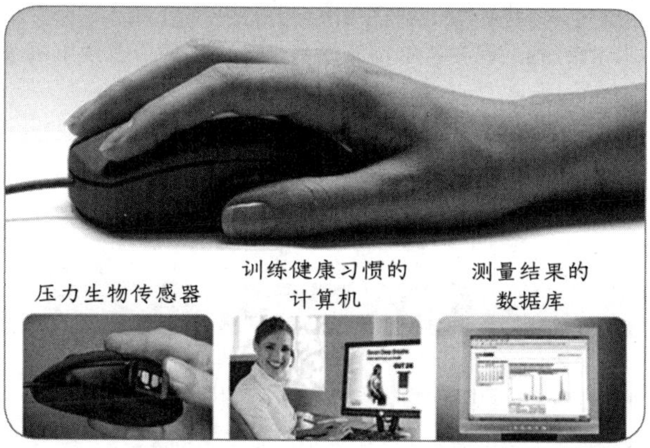

Courtesy of Logisens Corp.

图 25.12 皮电生物反馈仪的电极放置在手指上以检测焦虑水平，或结合录制设备来缓解焦虑。

临床生物反馈的最佳应用

临床生物反馈与肌肉按摩一样，是一种需要一位专业指导者或治疗师协助的技术。最主要的临床生物反馈治疗师的认证是由美国生物反馈认证机构（Biofeedback Certificate Institute of America，BCIA）负责的。自 1980 年以来，所有从事生物反馈的治疗师都要求通过这些机构来取得认证。如果你由于复发的健康问题而对这种放松治疗模式感兴趣，就可以联系你的主治医生、当地的医院或是心理咨询中心。你也可以在网上联系应用心理生理学和生物反馈协会（Association for Applied Psychophysiology and Biofeedback）。当你遇到一位生物反馈治疗师，他将会决定如何使用这种治疗来减轻你的压力相关症状，以及哪种类型的生物反馈是最适合的。治疗课程的长度依赖于症状的类型和严重程度。一旦你熟悉了这种技术，治疗师就会给你布置“家庭作业”，在一个指定时间段内，你要独自练习生物反

脑电生物反馈［electroencephalographic（EEG）biofeedback］：测量脑部电生理活动的生物反馈。

心电生物反馈［cardiovascular（EKG）biofeedback］：根据心跳的振幅和频率，测量心肌电生理活动的生物反馈。

皮肤温度生物反馈（thermal biofeedback）：通过皮肤温度变化来测量血流变化的生物反馈。

皮电生物反馈［electrodermal（EDR）biofeedback］：测量皮肤湿度变化的生物反馈。

馈治疗。

偶尔，人们也会担心为了获得彻底的放松而产生对生物反馈设备的依赖。如果治疗师指导得当，并且你以认真负责的态度练习放松技巧，就不存在生物反馈依赖的危险。平时可以留意寻找新的生物反馈小工具，它们可能很快就会出现在你的计算机中，帮助你调节压力水平。

当生物反馈首次被引入临床治疗领域时，它被誉为最有效果的放松技巧。从那时起，专家们已经逐渐了解到，相对于其他放松策略或应对技巧，这种技术并不具有任何的优越性。在很多情况下，对于有严重的压力相关症状的病人来说，单独采取冥想或心理意象似乎没有帮助时，引入生物反馈的确是有作用的。不管怎么样，研究已经揭示了一个健康从业者和东方神秘主义者早已知道的事实：我们的确能够有意识地控制自主神经系统，而且这种控制能够影响健康和幸福。

总 结

1. 自律训练是指人体通过有意识的暗示来调节特定生理功能的能力。这个术语常常和临床术语“自我调节”通用。
2. 两个德国内科医生舒尔茨和卢特发现，他们的病人能够在自我催眠时达到一种深度放松的状态。最显著的效果是使特定的身体部分变得温暖而沉重，这个效果被认为是由血流变化导致的。
3. 要想使技术显效，舒尔茨和卢特强调六个必要条件，包括对放松时的自我暗示的接受程度，把自己置于舒服的状态，集中注意力的能力，以及专注于内在生理过程等。
4. 选择性觉知是一个术语，用来解释大脑如何将注意力集中在产生放松感觉的自我暗示和接受能力上。
5. 自律放松是指这种技术引起的各种感官的感觉和情绪反应。
6. 自律技术已经被用在医院中，有助于避免病人在手术中失血过多，据说也加速了外科手术后的痊愈。
7. 练习技术有两个一般的方法。在直接方法中，人们有意识地把血液转移到希望获得温暖感和沉重感的身体部位。在间接方法中，人们只专注于温暖感和沉重感，而不关注血液流动。
8. 生物反馈是一个收集特定生理机能信息的过程，这些生理机能包括心率、呼吸以及体温等。临床生物反馈使用复杂的仪器，以测量并放大这些机能，从而使其很容易检测和解释。
9. 生物反馈的目的是教会患有压力相关疾病的人，如何重新调整反应，以使他们能够对症状相关的生理系统进行控制。
10. 临床生物反馈结合了复杂的技术和多种其他形式的放松技巧，包括横膈膜呼吸、自律训练、渐进式肌肉放松以及心理表象，以加强条件反射。
11. 临床生物反馈有几种类型，每一种都监测着特定的生理系统，它们分别是肌电、脑电、心电、皮电和皮肤温度生物反馈。
12. 临床生物反馈被广泛应用，并且被强烈推荐作为减少慢性疼痛的手段。
13. 关于临床生物反馈各方面的研究已经取得了令人振奋的结果。现在，生物反馈是目前公认的最有效果的放松手段之一。

学习指导题

1. 解释自律训练作为一种放松技巧的基本原理。
2. 简述如何通过自律训练达到放松。
3. 定义自我催眠的概念。
4. 解释生物反馈作为一种放松技巧的原理。
5. 列出三个可能在生活中使用生物反馈的人。
6. 描述三种类型的生物反馈，并解释它们如何促进放松。

第 26 章

体育锻炼、营养与压力

健全的精神寄于健康的身体。
——尤维纳利斯（Juvenal）

也许美国人高压力的最主要标志就是不断膨胀的腰围。肥胖已成为流行病。平均而言，现代人比他们的父母一代人吃得多得多，但体育锻炼少得多，比他们的祖父母就更少了。压力 / 营养方程式的案例之一就是现在不少儿童被诊断出了成人型糖尿病，这在上一代是前所未闻的。在一个快节奏时代，人们的生活方式发生了翻天覆地的变化。随着这些变化，在过去的几十年里，健康指数进一步下降：出现了癌症、糖尿病等许多与压力有关的疾病。遗憾的是，对于最佳健康状况的改善没有捷径可走，但体育锻炼和健康的饮食可以起到一定的作用。

体育锻炼利用应激激素达到预期目的，压力的宣泄释放效果几乎无懈可击。体育锻炼和活动的健康益处堪比黄金。毫无疑问：体育锻炼对身体来说是一种压力，它是运动中的"战或逃"反应。鉴于它能给身体带来稳态平衡，所以如果说真有传说中的"青春之泉"，那非体育锻炼莫属。根据被广泛引用的研究，体育锻炼和运动不仅能延年益寿，还能增加与记忆、多任务处理和注意力持续时间相关的脑细胞组织（Carmichael，2007；Ratey，2008）。

考虑到专家们特别提示的超重和久坐的人群，人们可能会得出这样的结论：美国人走错了路。然而，回归健康的生活方式，关注体育活动，首先需要做出心态上的调整，而且最重要的是，做出改变的好处不可估量。本章强调的运动和营养正是另外两种压力管理放松技巧，可以维持生理的稳态平衡、身体的健康状况，保持最佳的健康状态。

体育锻炼与压力

古老的战或逃反应使身体为即时的身体运动做好准备。心率和血压的升高使血液从腹部重新分布到大肌肉群，血液流动与循环加快，可以为肌肉运动提供更多的氧气。儿茶酚胺类压力应激激素的释放促进了脂肪和碳水化合物的代谢，为肌肉的收缩提供充足的能量。体育锻炼增强了身体生理系统的整体性。与塞利观察到的慢性压力导致身体衰退的现象类似，运动生理学领域的研究者发现，习惯性的体育锻炼能促进身体的改善。也就是说，既有生理系统对消极压力的适应，也有对积极压力的适应。

人体是一个神奇而复杂的系统。战或逃反应中的几个支持系统确保了人把握最佳的生存机会。比如，人体中有四种以上激素负责升高血压，将血液从身体内部分流到表皮。此外，蛋白质转化为葡萄糖基质就可以满足身体的能量需求。

即使运动能使人在运动时产生持久的应激反应，但当身体活动停止时，身体就会恢复稳态平衡。如果训练有素，锻炼后的身体不但恢复得更快，而且能达到更深层次的稳态平衡状态。面对压力时，我们的身体似乎有一种自然的本能倾向，那就是运动、活跃或锻炼。不活跃会给内部系统带来极度的压力。受到压力刺激而保持静止时，身体中各种组织都会进入过度代谢状态，就像拉开橡皮筋保持几小时不动。举个例子，波特和奥尔森（Porter and Allsen, 1978）的一项经典的研究显示，在比赛期间，首席篮球教练的心跳比休息时快得多，有些人在整个 90 分钟的比赛里，心跳能达到比赛前休息时的 253%（162 次 / 秒）。

在过去的 50 年中，人们认识到冠心病是致人死亡的头号杀手，这使得学者们热衷于研究体育锻炼在人体解剖与生理学方面的影响。多数研究的结论是：体育锻炼不仅有益，更是保持生理功能所必需的。身体需要安静与平衡，同样也需要生理刺激，否则将陷入功能紊乱。换句话说：用进废退。用我们现在所掌握的知识来解释就是：要达到最佳健康状态，人们需要在身体觉醒（活动）与内稳态（休息）之间取得平衡。

除非在过去的 10 年里你隐居世外，否则一定听说过美国日益严重的肥胖问题。肥胖不仅仅是一个健康问题，它还会成为那些体重超重、无法减掉多余体重的人的主要压力源。无论是肥胖儿童患成人糖尿病，还是芬威球场加宽了看台的座位以容纳肥臀，很明显，肥胖及相关健康问题成了当今的流行话题。尽管对各种快餐的投诉还没有得到最终定案，但是像肯·库珀（Ken Cooper，M.D.）这样的专家仍坚持：快餐是一种健康食品。热量摄入只是肥胖问题的一半[①]。身体的设计并非是用来数小时一动不动地坐在电脑或者电视机前的，体育锻炼（热量的支出）是维护稳态平衡所必需的。

锻炼对健康的诸多益处已经被研究了几十年，从压力和抑郁（Dahl, 2016），到失眠和长寿等诸多方面。研究继续证实了肯·库珀（Ken Cooper）的经典研究结果。最近，加拿大麦克马斯特大学（McMaster University）的马克·塔诺波尔斯基（Mark Tarnopolsky）在多伦多进行了研究，证实了几十年以前具有里程碑意义的研究结果，有氧运动和温和的力量训练（包括对心血管的功能、神经肌肉、免疫和内分泌系统的训练）就是人们一直在寻觅的"青春之泉"（Oacklander, 2016）。

体育锻炼的类型

健康体质有六大要素：心肺耐力、肌肉力量与耐力、柔韧性、敏捷性、力量和平衡性（有人认为，第七要素是身体组织）。**心肺耐力**是心、肺、血管运输含氧的血液给正在工作的肌肉进行能量代谢的能力；**肌肉力量**是全力做阻力运动的能力；**肌肉耐力**是长时间肌肉重复收缩的能力，如肌肉的伸展与柔韧度；**柔韧性**是利用肌肉群在最大范围内运动的能力。以上三个要素曾被认为是最重要的健康体质三要素。**敏捷性**指精细运动和大肌肉群的可操作性与协调性；**力量**被定义为力乘以距离除以时间；**平衡性**指运动中保持平衡稳定的能力。敏捷性、力量和平衡性是前三个要素的补充。每种体育活动都包含所有要素或者部分要素。

尽管有多种类型的体育锻炼（表 26.1），从游泳、举重到高尔夫球运动，但运动生理学家将它们分成两类：无氧运动与有氧运动。这个分类恰好平行于战或逃反应的两个方面，它们引发的情绪也是相对应的。

表 26.1 能量平衡

运动	消耗热量
游泳（自由泳）	249 千卡（1041.9 千焦）
慢跑	400 千卡（1673.6 千焦）
高尔夫球	129 千卡（539.7 千焦）
美式壁球	348 千卡（1456 千焦）
有氧舞蹈	201 千卡（841 千焦）
骑行	460 千卡（1924.6 千焦）
走路	280 千卡（1171.5 千焦）
滑雪	250 千卡（1046 千焦）
直排轮滑	345 千卡（1443.5 千焦）

各种运动消耗的热量是体重约 64 千克的人运动 30 分钟所消耗的热量。

① 即肥胖问题有两个要素：热量的摄入与热量的支出。——译者注

无氧运动

无氧运动被定义为一种短时间、高速剧烈的运动（图 26.1）。从理论上讲，无氧运动是运用“战”反应的一种运动或锻炼。当头脑中产生愤怒的情绪时，就附加产生了力量。也就是说，当某人被激怒并试图保卫自己或者其领土时，那么有力、迅速、坚定地解决问题是最好的策略。如果缺乏“战”反应，那么有一半的应激反应都失去了保证生存的意义。

“无氧”的意思是“没有氧气”，在无氧情况下有两种厌氧能量系统：**三磷酸腺苷肌酸系统**（ATP-PC），它只持续 1～10 秒；或无氧糖酵解（也称为**乳酸**系统），它在 ATP-PC 系统之后能持续作用五六分钟。这时，活动要么因为极度疲劳而暂停，要么有氧能量系统开始发挥作用。乳酸系统对肌肉收缩有不可思议的致疲劳效果。因为整个血液的重新分配需要 4 ～ 6 分钟，取决于个体的具体状况，因此运动初始的耗氧越少越好，耗氧量多意味着肌肉需要用存储在肌肉组织中的能量源（碳水化合物）进行能量新陈代谢。总之，无氧运动指短时消耗能量的运动，举重可能是最普遍的例子了，短跑与健美操也都属于这一类。无氧运动能锻炼肌肉的最大力量和爆发力。

有氧运动

跑步、游泳、骑行、越野滑雪、韵律操和步行都是有氧运动项目（图 26.2）。**有氧运动**或者是锻炼心肺耐力的活动，指富有节奏的、连续的运动。在运动中，氧气供应与需求相等。有氧运动的运动强度中等，但时间较长。运动强度通常由心率（次/秒）或者耗氧量（升/分）来测量。有氧运动对应

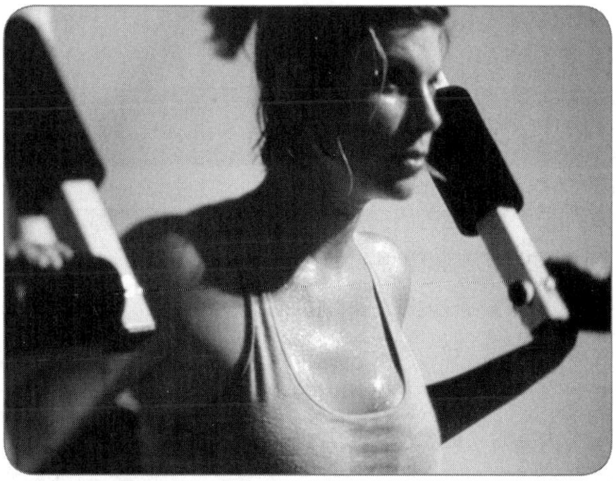

图 26.1　无氧运动对肌肉力量非常重要，但是一份好的锻炼计划应该能平衡有氧运动与无氧运动，这样才能刺激心肺与肌肉骨骼这两个系统。

图 26.2　游泳、慢跑、散步这样规则的、有韵律的运动都是有氧运动，有氧运动使得身体在一系列运动中保持较高的心率。从本质上说，有氧运动为了是利用应激激素达到预期的目的。有氧运动的好处是不可估量的。

心肺耐力（cardiovascular endurance）：心脏、肺和血管为工作中的肌肉提供含氧血液以进行能量代谢的能力。

肌肉力量（muscular strength）：肌肉对阻力施加最大力量的能力。

肌肉耐力（muscular endurance）：在长时间里肌肉持续反复收缩的能力。

柔韧性（Flexibility）：使用肌肉群在最大范围内活动的能力，显示肌肉的伸展与柔韧度。

敏捷性（agility）：一般和精细运动的大小肌肉群的可操作性和协调性。

力量（power）：力乘以距离除以时间。

平衡性（balance）：在运动中保持均衡、稳定的能力。

无氧运动（anaerobic exercise）：在缺氧状态下的身体锻炼，快速、富有力量且持续不超过几分钟的运动（如举重）。

三磷酸腺苷肌酸系统（adenosine-triphosphate-creatine, ATP-PC）：肌肉中的化学成分，能够为肌肉收缩产生能量。

乳酸（lactic acid）：ATP 系统在停止运动后的副产品，能被用作（无氧）能量源。

有氧运动（aerobic exercise）：有节奏的体力活动，持续不少于 20 分钟（如慢跑），给运动中的肌肉提供稳定的氧气供应。

于战或逃反应中的逃反应，其能量主要来源于脂肪。从理论上讲，作为逃反应，有氧运动是由于受到了恐惧与焦虑的刺激而产生的运动。

“有氧”一词是很多年前提出的，它描述了基于氧气新陈代谢的生物反应。20 世纪 70 年代初，肯尼思·库珀（Kenneth Cooper）医生对于健身训练效果（主要是跑步）的研究为健身项目制定了国家标准。同时，受有氧舞蹈创始人杰姬·索伦森（Jackie Sorenson）的启发，有氧运动一词开始用来描述一种新的活动，有节奏的“有氧舞蹈”。有氧舞蹈很快变成一项受人喜爱的流行运动，成为可以代替跑步的男女老少皆宜的流行运动。从那以后，不仅仅在美国，在全世界，“有氧”都成了家喻户晓的词语。如今，有氧运动的一大推动力是让人们（以任何可能的方式）动起来。最受欢迎的方法是计步器的使用，看看你能否通过从每天只走 2000 ～ 3000 步（约 1.6 公里）这一“久坐不动的”基准线，达到每天走 10000 步（8 公里）的最佳健康运动标准。

无氧运动能刺激肌肉力量（使肌肉纤维宽厚），有氧运动则能挑战心肺功能，以增加耐力（在某种程度上，对肌肉耐力的锻炼取决于活动的性质）。大量研究都支持这一观点，就是心肺耐力运动有益于减少心脏病发病风险，其效果主要包括：（1）降低血压；（2）减少胆固醇，尤其是低密度脂蛋白；（3）显著降低体脂率；（4）降低由压力引起的生理唤醒。因此，有氧运动较无氧运动更受关注。如果伴恐惧而生的激素——肾上腺素——的释放量是去甲肾上腺素的分泌量的 3 倍，并且时间更加持久，那么克服恐惧最好的技术就是做有氧运动了。我们可以注意到有氧运动对释放愤怒与焦虑情绪确有巨大作用。

美国运动医学学院（American College of Sports Medicine）发表了具有里程碑意义的主张：要使一个健身项目有效，就必须整合健康的所有要素。因此，良好平衡的运动计划既要包括有氧运动，又要包含无氧运动，还要包括柔韧性训练。

体育锻炼的生理效果

体育锻炼可以看作对健康的投资，这有点像在银行存钱。不同的是，它几乎没有利息，它是一分耕耘一分收获，一次锻炼的短期效果（在神经和激素上）大概只持续 36 小时。体育锻炼也有相当大的长远效果，只有不断地训练才能保持。学者们研究了在太空中缺乏运动的宇航员（Vailus, 1992）、健康恶化的跑步运动员（Coyle et al., 1984）以及卧床的病人（Coyle et al., 1984）。结果表明，当体育锻炼中断长达 2 周时，在心血管方面的效果就损失了 10%左右。有时，中断 1 个月就损失 40%。另一方面，一些临床研究指出（Davies & Knibbs, 1971；Shephard, 1968），参加体育锻炼 6 ～ 8 周后才出现显著的生理变化。心肺效率越高，说明健康状态越好，心肺运动所带来的益处令人印象深刻，有一大堆好处。

专栏 26.1 点燃大脑的火花

医学博士约翰·瑞特（John Ratey）在美国各地的大街上传播着一个重要信息：有氧运动可以增强脑细胞的活性。这个观点可以在他《火花》（*Spark*, 2008）一书中找到。在电视和广播谈话节目中都能听到他的声音。

新闻头条充斥着注意缺陷多动障碍和阿尔茨海默病病例增加、全国学生成绩不佳等报道，都假设所有年龄组的认知功能在下降。瑞特总结了在过去几年收集到的令人瞩目的研究结果，这些研究支持有氧运动可以促进新的脑细胞生成、提高神经可塑性、提高学习成绩、提高心理敏锐度以及减缓衰老进程。锻炼不仅对身体有好处，对大脑也有好处。点燃大脑的心智能力的火花也有助于调和大脑对压力的反应。锻炼的人比久坐的人更能从情感上缓解压力。这是一个值得注意的信息。

1. 降低静息心率。
2. 降低静息血压。
3. 降低肌肉紧张度。
4. 提高睡眠质量。
5. 增强对寒冷与疾病的抵挡力。
6. 降低胆固醇与甘油三酯水平。

对于长期锻炼者还有如下附加的好处。

1. 减少身体脂肪，优化身体组成成分。
2. 增加心脏效率。
3. 减少钙流失。
4. 延缓衰老。
5. 通过适应环境提高对冷热的忍耐力。

总的来说，心肺耐力锻炼可以作为保持身体生理系统平衡的催化剂。心肺耐力锻炼能刺激能量的新陈代谢、激素、酶及食品基质来达到促进生理系统稳态平衡的目的。例如，生理系统稳态平衡时，骨骼组织能吸收所需的矿物质，如钙元素。但是当处于不平衡的状态时，其他的组织，如血管内壁或者乳腺，也开始吸收这些矿物质，这就导致功能紊乱。至于怎样达到这种整体的稳态平衡，有待进一步的科学研究。

心肺运动对你的健康有好处吗？显然如此！斯坦福大学的詹姆斯·弗列斯（James Fries）的研究表明（Digitale, 2008），事实上，经常参加心肺运动（跑步）会延缓衰老，在本质上是抵御压力的影响。对 500 多名跑步者进行跟踪调查发现，经常锻炼不仅能减少失能，还能达到最终的健康目标：更长寿、更健康。

考虑到体育锻炼与放松反应的关系，需要记住的一个重要机制是：**副交感神经系统回弹**。在运动开始前的几秒内，肾上腺素和去甲肾上腺素按中枢神经系统的顺序释放。在运动过程中，儿茶酚胺的含量保持较高水平；在运动结束之前，肾上腺素和去甲肾上腺素的分泌受到副交感神经系统的抑制，这带来了镇静反应。通过对职业运动员与久坐者的压力应激反应的对比研究发现，锻炼后的运动员能更快地降低其心跳以及血清中的儿茶酚胺含量。另外，运动员的指标值能够连续降低，甚至能低于唤醒之前的水平。这些结果表明，副交感神经有非常有效的镇静功能。

一些研究者做了一个有价值的研究工作（Bellet et al., 1969；Davies and Few, 1974；Galbo and colleagues, 1977；Sutton, 1978；Tharp, 1975；Winder et al., 1973, 1982），研究了心血管锻炼作为放松技巧的即刻、短时和长时影响。首先，一个回合的有氧运动似乎能“燃烧”掉现存的儿茶酚胺和压力应激激素，用于支持新陈代谢，从而避免它们游弋于身体之中，破坏重要器官以及免疫系统的完整性。这本身就被认为是一种应对日常压力的建设性干预策略。其次，有氧运动的锻炼效果显现于产生愤怒与恐惧情绪之时，减少应激激素分泌，为面对之后的应激事件做好了准备。实际上，运动可以作为预防措施，减少对非人身威胁的生理唤醒。最后，锻炼的长期效果能够使一些器官长期发挥有效功能，包括心、肺、毛细血管、肾、肌肉和骨骼组织。所以，许多研究者都支持这样的观点：尽管运动锻炼不是众多疾病的万能药，但长期看来，它的累积效应似乎有益于促进身体健康，提高生活质量。

一直以来，人们都认为，保持良好的身材有助于延缓衰老，伊利诺伊州大学的研究者对此确信不疑（Barlow, 2003）。从认知功能的角度看，这种假设是正确的（图 26.3）。对心血管健康的研究提高了人们对大脑的三个特定区域的认知能力，这些区域与大脑衰老过程有关。通过使用核磁共振成像技术，研究者发现，在解剖学上，经常锻炼的身体健康者和久坐的不锻炼者的大脑灰质和白质存在显著的解剖差异：经常锻炼者的大脑萎缩程度较少。

运动条件理论

有大量研究都在寻找如何以最小的运动量维持体育锻炼的好处。这些研究调查了有氧运动的强

副交感神经系统回弹（parasympathetic rebound）： 运动后，副交感神经放松（恢复稳态）的作用。典型的反应是心率和血压等参数低于运动前的水平。

图 26.3 随着年龄的增长，锻炼变得越来越重要，不仅要保持健康的代谢平衡，还要对心血管和神经、肌肉、骨骼系统提出必要的挑战。运动也许不是青春之泉，但它是最接近青春之泉的东西。

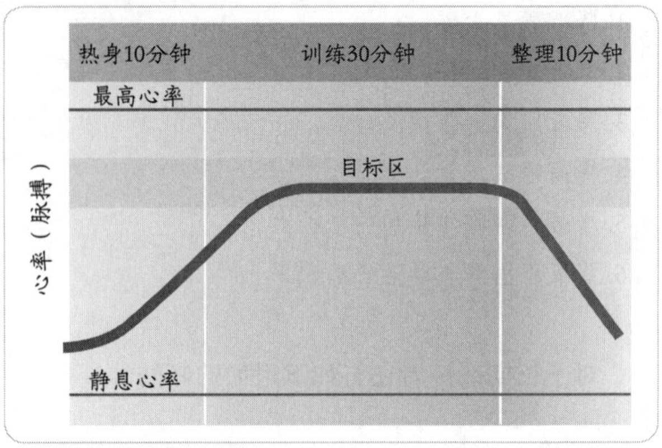

图 26.4 靶心率，即锻炼心脏以达到更高效的心血管系统所必需的工作强度。在你锻炼的整个过程中，心率应该维持在一定水平。

度、频率以及持久度，特别是有氧运动对减少心脏病有非常明显的效果。每一种变量和排列组合都经过了检验，现在美国运动医学学院已经接受了一个范式，作为个人参加体育锻炼的标准。这个范式有时也被称为全或无条件原则。

全或无条件原则

美国运动医学学院的指南说，四个主要因素组成了全或无条件原则：频率、强度、持久度以及锻炼方式。

- **频率**。频率是每周训练的次数，建议至少 3 次。
- **强度**。锻炼时特定的生理系统面临的生理挑战。强度是根据心率来测量的，根据年龄的不同而不同（图 26.4）。在一个心血管健康计划中，建议的心率范围是最大强度的 65%～85%，对于健康人来说，平均强度要达到最大强度的 75%，这通常被称为**靶心率**。
- **持久度**。指一次锻炼的时间长度。建议每次运动最少持续 20～30 分钟。少于 20 分钟不能保证有效果。
- **锻炼方式**。用于锻炼特定生理系统的活动类型。例如，散步、跑步和游泳属于有氧运动，用来锻炼心血管系统。另外，举重就是锻炼无氧能量系统的，这可能不同于一些重力训练器材制造商的声明——只有职业运动员才能从重力锻炼中获得心血管方面的好处。同样，跑步也可以锻炼肌肉，但是肌肉增大并无益于心肺耐力，所以跑步并不优于其他有氧运动。

锻炼阶段

正如有一个公式可以计算运动对心血管的最大益处一样，也有一个公式可以确保安全的锻炼。锻炼的三个阶段包括：热身阶段、刺激阶段以及放松阶段（或整理阶段）。

- **热身阶段**。热身是准备运动，通常持续 5～10 分钟。在此期间，血液从胃肠道转移到大肌肉群。肌肉就像海绵，干燥时很难拉伸，这就是为什么最好在热身结束时再进行肌肉拉伸。
- **刺激阶段**。刺激阶段是锻炼的“正餐”。在这个阶段体现了对各个生理系统的锻炼强度。不管是哪种能量系统——有氧的和无氧的——训练阶段都应该持续至少 20 分钟（图 26.5）。
- **整理阶段**。使身体从紧张状态转变为放松状态，

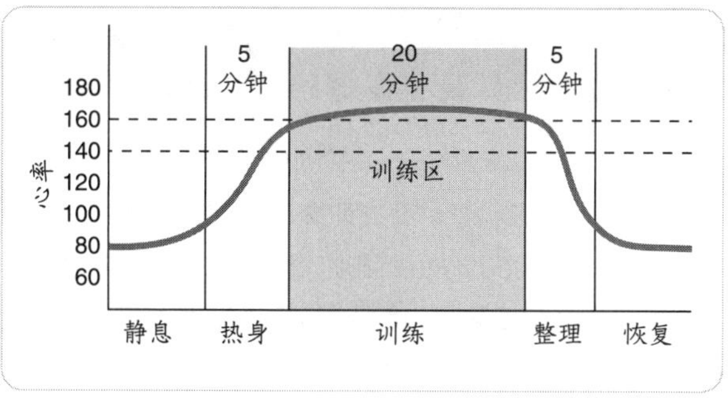

图 26.5　在锻炼的三个阶段（热身、刺激和恢复）中，刺激阶段是你的目标心率应该保持在较高水平的阶段。你的心血管系统越高效，你的心率在整理过程中恢复到静息水平的时间就越短。

血液从肌肉流向身体核心部位，而不是四肢。首先是降低运动强度，然后拉伸 5 ～ 10 分钟。

体育锻炼的心理效果

健身运动在 20 世纪 70 年代末蓬勃兴起时，许多好处的复杂性让临床医学领域的一些人措手不及。当时，美国最常用的处方药就是镇静剂安定。滚石乐队曾创作过一首热门金曲《妈妈的小帮手》（*Mother's Little Helper*），就是讽刺对这种药的过度使用。

后来跑步运动兴起了，人们越来越少抱怨肌肉酸痛、天气状况糟糕以及司机的粗鲁了，这些似乎不那么重要了。取而代之的是，人们开始关注内心，跑步开始像宗教一样令人痴迷。跑步成了一种私人时间，用来梳理问题、解决麻烦、反思生活、厘清关系以及思索生活。跑步成了自我反省和冥想的时间。许多人停止服用镇静剂，有人甚至不再去见心理医生。不久，医学界也开始倡导跑步运动。一些心理学家甚至改变了咨询方式，带着他们的患者离开诊疗室的沙发，去人行道或者校园的操场上。

当调查的目光集中在这项全国性的运动时，便有报道说，跑步可能具有成瘾性。具体来说，当中断了几天的跑步锻炼后，一些人会出现类似化学成瘾的戒断症状。在《正向成瘾》（*Positive Addiction*）这本书中，威廉・格拉瑟（William Glasser）采访了超过 700 名的长跑者，以对这种现象有更深入的了解。他总结了运动成瘾的六大标准。

1. 这项活动必须每天至少进行 1 小时。
2. 这项活动必须定期进行。
3. 这项活动必须有 6 个月以上的训练基础。
4. 这项活动必须是个人喜欢的。
5. 这项活动必须非竞赛性的。
6. 这项活动必须单独进行或者与另外一个人一起进行。

就在格拉瑟进行他的研究时，还有一些科学家用心理学方法对同样的主题进行了研究。在 20 世纪 80 年代初，一种新的人类神经肽被发现，它显示出了惊人的类似吗啡的特性。β-内啡肽很快就被视为人体的天然鸦片。在几分钟内，它能显著降低疼痛的感觉，并使人感到心情愉快。同其他化学药剂类似，β-内啡肽有成瘾性，许多患者在几天不

全或无条件原则（all-or-none conditioning principle）：锻炼的一条原则，要从体育锻炼中得益，身体的各个部位的锻炼都必须达到合适的强度、频率以及持续时间。

频率（frequency）：每周进行体育锻炼的次数，理想的次数是至少 3 次。

强度（intensity）：锻炼时特定的生理系统面临的生理挑战。

靶心率（target heart rate）：为了测定心血管活动强度的理想心率或范围。

持久度（duration）：每次锻炼持续的时间，理想的时间是在靶心率范围内持续 30 分钟，不包括热身和放松阶段。

锻炼方式（type of exercise）：用于锻炼一种或数种生理系统的运动方式（如散步、慢跑、骑行等）。

锻炼阶段（phases of a workout）：热身阶段、刺激阶段和整理阶段（恢复阶段）。

热身阶段（warm-up period）：锻炼的第一阶段，在这一阶段，大肌肉的血液循环加速，并能保持一定的灵活性。

刺激阶段（stimulus period）：是锻炼的“正餐”。这个阶段体现了对各个生理系统的锻炼强度（心脏、肺和肌肉）。

整理阶段（cool-down period）：也称为恢复阶段，是刺激阶段结束后的一段时间，以减慢身体周围的血液循环并恢复到静息状态。

专栏 26.2 失眠与体育锻炼

多年来，运动生理学家一直鼓吹运动的好处之一是有规律、有节奏的（心肺）运动可以提高睡眠质量，减轻失眠症状。运动的本质会加速人的新陈代谢，提高人的体内温度。身体在剧烈运动之后恢复平衡时，体温又会下降。在睡眠过程中，由于新陈代谢的降低，体温会达到最低点。研究表明，与不运动的人相比，在剧烈运动后的 4 ～ 6 小时里睡觉，体温的下降就会使人困倦瞌睡，进入深度睡眠（δ 波睡眠）。因此，建议睡前不要进行剧烈的体力活动。根据《强大的睡眠》（*Power Sleep*）一书的作者詹姆斯・马斯（James Maas）的观点，安排训练的最佳时间是中午或者下午，而晨练对睡眠的影响最小。心血管类锻炼实际上是保证良好睡眠的最佳运动类型，包括有一定强度的散步、慢跑、游泳或者自行车运动等，它们都能在一段时间内提升人的心率到其目标区。各种规律的运动能使压力所导致的应激激素发挥它们本来的作用，帮助身体将那些没有被利用的物质作为废弃物代谢掉。

活动后就出现了沮丧的症状。而且，这种神经肽是在身体运动（尤其是跑步）时，由大脑和其他部位释放。但是，不是所有的跑步者都能体会到这种效果，这大概同训练效果有关吧。如今，对跑步者高潮的研究不仅集中在内啡肽上，还集中在新发现的一种叫作内源性大麻素的神经递质上。与内啡肽不同的是，内源性大麻素可以通过血脑屏障来增加快感和减少痛苦（Ratey, 2008）。

虽然至今还没有歌曲来写**跑步者高潮**，但现在人们普遍认可锻炼的巨大心理效应。事实证明，跑步不是唯一能产生 β-内啡肽的活动。许多其他方式的心肺耐力锻炼，如游泳和散步，都会潜在地产生同样的效果。不论什么活动，产生内啡肽的必要条件是：活动是无我的、非竞争性的。

现在的推测认为，有节奏的重复性运动，如游泳、跑步、散步或骑行，是一种有意识的冥想形式。这种有节奏的运动能将大脑左半球的优势转移到右半球。不同的研究者（Fixx, 1977；Glasser, 1976）访谈了若干长跑运动员，结果表明：跑步提高了心理感受性，在问题解决时拥有更强的想象力和创造力。面对这些发现和其他积极效果，心理学家对心肺运动产生了新的兴趣，把它作为一种应对方法来减少压力带来的心理影响。有数千名研究人员投入到了对运动与情绪健康之间关系的研究中（例如，Berger, 1982, 1983；Berger and Motl, 2001）；Dishman, 1981；Folkins and Sime, 1981；Ismail and Young, 1977；Morgan, 1980, 1982, 1987；Gosselin and Taylor, 1999）。所有这些研究得出的结论都是：专业训练或者锻炼可以作为放松技巧和压力应对技巧。下面是已有报道的习惯性运动（尤其是慢跑运动）的心理效应。

1. 提高自尊；
2. 提高独立自主的精神和自我效能；
3. 提高心理警觉性、感知和信息加工能力；
4. 提高被他人接纳的觉知力；
5. 降低沮丧和焦虑的感觉；
6. 降低整体的压力和紧张感。

体育锻炼和慢性疼痛

10 年前，普拉提这个词还有些陌生。今天，大多数人都知道普拉提是对肌肉力量和柔韧性的锻炼形式（图 26.6）。但是，不为人知的是，它是减轻腰部和脊柱慢性疼痛的最佳锻炼形式（Ungaro, 2002；Stanmore, 2002）。普拉提训练法是几十年前由乔・普拉提（Joe Pilates）创建的，他将普拉提发展成一种强化身体核心肌肉的一系列运动，最初被舞者和运动员用来预防和恢复运动损伤。今天，像哈他瑜伽一样，各种健身俱乐部和美国的普拉提中心都开设了普拉提训练课程。

具有讽刺意味的是，许多慢性疼痛的发作都是

有人情味的压力

我原来住的地方在暑期基本只有两种工作：服务员和救生员。我就是靠后者长大的，并赚到了我的大学教育经费，同时我也教授游泳课程，并且常年指导几个游泳队。但是在我选择了学术生涯后，救生员和游泳课程就成了遥远的记忆（至少我自己这么认为）。有一天在校园里，当我认识了一位全国知名的人物后，我又重新开始教授游泳课程。刚开始，丹（化名）说他的主要目的是减肥，保持健康。因为后背受伤，跑步和骑自行车都不予考虑，因此他选择了游泳。但是后来他发现，他不仅仅需要身体上的调适，还需要一些独处的时间来进行思考、整理问题，获得他的日常直觉和创造力。但是他在首都的这份快节奏工作对身体来说没有任何益处，还使他冠心病（主要是高血压）发作的风险增加了。他知道只有一种解决方案：在泳池中宣泄他的焦虑和暴力。

丹现在每天游 1600 米，从水中出来淋浴时，他总是面带笑容。危险的因素已经被最小化了，他每天都能感觉到全新的自我。在无数的场合，他都说，从某种意义上说，我救了他的命。其实我更清楚，救他的是他自己。

图 26.6 普拉提运动已经被证明对减轻由肌肉无力和姿势不正确引起的慢性疼痛非常有效。

由体育锻炼引起的，尤其是过度使用综合征（过度使用、频繁使用），它会导致使用部位的关节疼痛。常识告诉我们，无论是急性还是慢性关节和肌肉疼痛，都需要在引起疼痛的运动之间休息一下。出于这个原因，最好有一项补充性锻炼或运动，如游泳或散步，以便在你的基本的健身模式中暂停时，恢复到原来的状态。

健身训练的步骤

尽管体育锻炼被视为减轻压力的良药，但如果不能正确进行训练，也会对身体健康产生危害。多数人进行训练的方法可以总结为四个字：太多、太快（图 26.7）。有些人急于求成，结果走入极端，认为锻炼越多越好，结果导致筋疲力尽、受伤，甚至是拉伤肌肉和筋腱。

毫无疑问，体育锻炼是一项要求很高的工作。当人们在办公室、商店或者其他商业场所工作了 8 ~ 10 小时后，最不想做的就是工作了。一天结束的时候，人的动机更加难以捉摸。因为锻炼的效果不会在一夜之间就显现，所以人们不再对会让肌肉疲劳和出汗的锻炼感兴趣了。事实上，健身俱乐部

跑步者高潮（runner's high）：由心肺运动释放的内啡肽产生的愉悦感。

图 26.7

的老板会告诉你，动机的高峰出现在开始健身训练计划的3～7天，之后会迅速下降。没有内部或外部的强化，大多数的健身训练计划在出现真正的生理变化之前就慢慢夭折了。

运动专家和健康教育者已经开始将训练目标合并到训练的设计和处方当中，目标设定可以作为在这个关键阶段维持动机的手段。科学研究已经证实，体育锻炼是保持健康的必要条件。体育锻炼应该成为每个人的生活方式。下面是一些对心肺（有氧）运动的建议，可以帮助你度过过渡期。

1. **慎重适度地开展训练**。美国运动医学院建议，每个人，尤其是35岁以上的锻炼者，在训练计划开始前要进行体检，请医生对健康状况做一个评估，并开一个锻炼处方。处方包括靶心率、运动方式、选择强度、频率、持续时间，一份训练组成部分的清单和为个人设计的训练目标。有时，将锻炼看成一个过程而不是一个结果更有益。那些在锻炼中体验到天然快感的人不再只关注生理的兴奋和运动的即时效应（例如，减肥）。训练时需要遵循一个经验法则：如果在训练中你不能自如地说话，那么你的训练就太用力了。
2. **选择你真正喜欢的活动**。并非人人都是喜欢慢跑，如果你尝试过慢跑，并且觉得困难或者无趣，还有许多其他的有氧运动可供选择。如果能达到足够的心率，散步同跑步一样有益。同样，游泳是最好的选择之一，因为它能提高心肺耐力、肌肉耐力和柔韧性，而且似乎是最不易导致组织和关节的过劳伤害的运动。有时候，交替进行不同的活动项目可以避免单一的运动耗竭和厌倦（图26.8）。最重要的是，选择的活动应该是不以自我为中心的和非竞争性的。许多人都发现，当自我参与其中时，运动会带来压力而不是减少压力感。
3. **选择恰当的锻炼时间**。每天在某个时间专门进行训练，保证这个时间完全由你支配，没有其他安排。锻炼最容易安排的时间通常是工作或上学前的早晨。这也是最容易产生直接的生理影响的时间，锻炼效果能帮你应付白天的各种挑战。有时，晨练意味着需要牺牲一定的睡眠，如果不愿意，改在下午或傍晚锻炼也是一个较好的选择。在漫长而繁忙的一天过后，锻炼是一种舒展和释放被压抑的能量的好方法。

图 26.8 非竞争性的无我运动可以作为坚持这项运动的巨大动机。

如果上述选择都不行，中午或许是可选的方案。现实地说，如果你是那种业务繁忙、工作不规律的人，锻炼的时间可能每天都要改变。记住，你每周只需要安排 3 天的锻炼，每次半小时，就能达到和维持锻炼的效果。也就是说，每周的总运动时间达 1.5 小时。

4. **装备合适的服装和器材来进行锻炼**。也许，最重要的装备是一双好的运动鞋。它的价格可能相当高，但是高质量的鞋性能良好，能防止腰部、胫骨、踝、脚，尤其是膝盖受伤。膝盖是人体最脆弱的关节。质量差的鞋会降低支撑膝盖的肌腱和韧带的稳定性，导致慢性膝关节疼痛，即**髌骨软化症**。同样，心肺运动会显著提高身体温度，所有衣着应该分层，以便在寒冷的天气里锻炼时，觉得热了就可随时脱掉外层衣服。
5. **建立支持性团队**。就算锻炼不总是令人痛苦的，有时候在锻炼时也需要有人陪伴。有时候，你只想一个人锻炼，但是团体运动的好处是，在你对锻炼不那么积极的时候，让你有坚持下去的动机。
6. **设定自己的健康目标**。你希望减肥吗？你希望降低胆固醇水平吗？你希望有个好胃口吗？你希望降低你的静息血压吗？你希望参加 10 公里公路赛跑吗？这些都是很多人常常提起的目标。实现健康的目标是一种良好的动机方式。做记录很容易让你看到锻炼的进度。常用的方法是在日历上做简单的标记。与实现目标相伴的是奖励，当你达到了一个目标时，就给自己一个奖励。
7. **保护和预防受伤**。防止受伤最好的办法是预防，但是如果你不幸面对伤痛，你要立即医治。关节是最易受伤的部位，也就是肌腱开始脱离骨头的部位。如果你感觉到关节部位疼痛，应该停止活动，并尽快在关节上敷冰。某些伤害如果发现得早，也许能免去医疗处理。如果疼痛持续了一两天，就只能去医院了。不久以前，医生不太了解运动医学，但是现在你很容易得到这方面的可靠治疗。请不要忽视受伤。

开展一项个人健身训练时要遵守一些基本的指导规则。要启动个人健身计划，但是最重要的是，要掌握常识。如果在个人健身训练方面需要一些帮助，就去健身俱乐部、社区娱乐中心等正规的健身或运动场所，找一个有专业资格的人帮你设计一个安全、优质的训练计划。祝你好运，玩得开心。

体育锻炼的最佳应用

要从体育锻炼中获得最大的收益，就一定要达到合适的强度、频率和持久度，以及采用最恰当的锻炼方式。人们可以运用各种类型的体育活动来缓解应激反应，除非在某些状况下必须到户外去运动。锻炼（有氧和无氧的）提供了宣泄消极情感（包括沮丧、焦虑和愤怒）的方式。最好设计一个锻炼时间表，并严格执行。因为你喜欢的活动会导致受伤或者疲劳的现象，所以要有一个备用方案。

怎样才能最好地找到平衡热量摄入和消耗热量的方法呢？这取决于你的态度。运动生理学领域的专家会告诉你：任何活动都是理想的方法，例如，爬楼梯而不坐电梯，把车停在离目的地较远的地方，参加普拉提课程。在活动和静止之间找到平衡，在平静的头脑和健康的身体之间保持平衡。最后，体育锻炼的最佳应用是每天做一些运动来将压力激素从身体中释放出来。

营养与压力

毫无疑问，像成千上万的美国人一样，坐下来吃一顿美餐是你的一大乐趣。食物不仅为我们的身体提供了必要的营养，也为我们带来了情感上的愉悦，尤其是当这些食物美味诱人时。专家们已经认识到，食物可以作为安抚神经的安慰剂；因此，饮食不仅是一种生存手段，而且被认为是一种流行的放松技巧。然而对许多人来说，吃东西经常被滥用。我们吃东西是为了庆祝，我们吃东西是为了放松，我们吃东西是因为沮丧和无聊，我们吃东西是

髌骨软化症（chondromalacia）：慢性膝关节疼痛，通常是由于过度跑步和不适当的足部动作造成的。

专栏 26.3 皮质醇与体重增加

慢性应激和肥胖之间有联系吗？或许有！当个体处于压力状态而产生应激反应时，肾上腺会分泌皮质醇。有一种新的推断认为，皮质醇跟个体体内脂肪的稳步累积有关。联想到今天美国人的慢性压力源，以及令人难以置信的肥胖率，这两者之间可能的确存在联系。皮质醇负责战或逃反应中的新陈代谢活动，包括释放葡萄糖和自由脂肪酸到血液中以提供短期或长期的能量。如果个体既不选择战也不选择逃（即不进行无氧运动或有氧运动），而是看了几小时的电视，身体就会重新分配这些能量，作为脂肪储存下来。另一种推断认为，皮质醇是一种负责调节压力状态下食欲的激素，并确保身体有足够的短期或长期的能量供给。众所周知，不论是急性压力还是慢性压力，都能提高 2 型糖尿病患者的血糖水平，因此对这些目标人群来说，锻炼计划尤为重要。

专家指出，在皮质醇、体重增加和肥胖方面，人类的生理状态比单一的因果关系更复杂，胰岛素和皮质醇的共同作用可能是罪魁祸首。皮质醇是导致体重增加的主要激素吗？还未有定论（Chang, 2006）。然而，考虑到压力与身心灵的联系，我们不能低估它的重要性。

锻炼计划（包括有规律的心肺运动等）能确保应激激素的合成与释放对健康有利，就像在慢性应激中要发挥其新陈代谢的作用，把废弃物排出体外。锻炼能够燃烧热量，人人渴望。市场上充斥着形形色色的药物和草药产品，这些产品能减少或阻断皮质醇对食欲和体重增加的影响。然而，这些药物和产品可能有一些副作用，会使你身体的生化机能失去平衡。如果能够正确地开展锻炼，运动的短期或长期效应就会显现，能对身心灵恢复平衡起到作用，而且无害，还不用花钱。

为了压制饥饿感。食物配心情就像花生酱配果冻一样。

要谈论适当的营养问题，就离不开压力问题，两者有着千丝万缕的联系。对于这个问题，也不能忽视特殊利益集团的政治问题和美国食品和药物管理局的力量，他们努力控制信息的传播导致一系列结论不一致的报告。有一天，有一项研究报告了一个特别的发现；第二天，就有另一项研究驳斥了第一项研究结果。这使得消费者常感不知所措。毫不夸张地说，许多人对营养领域的争论感到困惑和沮丧，更不用说越来越多的流行饮食，这本身就会给人制造了压力，尤其是在注重体重意识的文化中。本节试图澄清一些关于健康饮食习惯的概念：压力如何影响饮食；反之，饮食又如何影响压力和情绪。此外，本节还介绍了一种叫作精神营养的东方饮食方法。

公平地说，美国的粮食产量被世界瞩目。然而，食物质量却很糟糕：高糖、高脂、漂白面粉、转基因食品、激素、抗生素，还有无数的石化产品介绍通过化肥、除草剂、杀菌剂、杀虫剂对我们今天的食物施加着影响，使治疗更具有挑战性。我们食物中的毒素（生物生态压力源）会被储存在体内（现在被称为生物积累），并危及免疫系统，导致出现大量健康问题。当情感又加入其中时，健康问题就会被放大，后果不堪设想。特别是压力有损于消化、吸收、代谢和消除营养物质（例如，碳水化合物、脂肪、蛋白质、维生素、矿物质和水），而人体的智慧会在战或逃中战胜这些过程。所以，你应该准确地了解营养方面的基础知识，所以，现在让我们仔细看看营养和压力之间的关系。

如果研究食物、压力和健康的动态关系，就会发现直接影响免疫系统的因素汇合在一起了。简单地说，营养、压力和免疫系统之间的关系最好用四块多米诺骨牌来说明（图 26.9）。

- **多米诺骨牌 1**：压力会消耗体内的营养物质。即使你整天坐在电脑屏幕前，水溶性维生素和一些重要的矿物质也可以生成能量，为战或逃做准备。
- **多米诺骨牌 2**：当今，处于压力下的生活方式

专栏 26.4　有利于免疫系统的健康饮食

俗语说："让食物成为你的药，让药物成为你的食物"。不幸的是，现在绝大多数人不是把食物当药吃，而是把食物当毒药吃。就像把毒素倾倒进河里，人体只摄取了少量的毒素，但是疾病症状已经显现。下面列出了一个清单，给出了一些建议，一是增强免疫系统的能力，二是减少毒素摄入量，使人体恢复平衡，进而促进健康。

1. 摄入足够的抗氧化剂（β-胡萝卜素、维生素 C 和维生素 E、硒）。这些物质可以抵抗自由基对细胞膜、DNA、RNA 以及线粒体的破坏作用。抗氧化剂存在于新鲜的水果、蔬菜以及草本植物当中。
2. 食用足够的纤维食品（30 ～ 40 克 / 天，搭配有机蔬菜）。纤维可以帮助清除结肠中的有毒物质，防止毒素被血液吸收。纤维存在于新鲜水果、蔬菜和一些谷物中。
3. 饮用足够新鲜干净（过滤）的水（目标是让尿液几乎是透明的），适当地补水对于消除毒素和代谢副产品是必不可少的。
4. 减少食用含有农药、杀菌剂、除草剂和化肥的农产品中，其中许多是有毒或致癌的（尽可能多吃有机食品）。
5. 摄取足够的蛋白质，为人体提供必需的氨基酸（白细胞是由蛋白质来源的氨基酸组成的）。
6. 减少或杜绝食用加工食品（如垃圾食品、快餐）。考虑一下"开箱即食"的生活方式，尽量避免食用含有添加剂和防腐剂的食物，虽然它们可以延长食品寿命，但对人体是有害的。
7. 减少服用抗生素和含有激素的食物（例如，牛奶、牛肉和鸡肉制品）。这些可能对你的身体有负面影响，会减弱肠道蠕动，减少嗜酸性乳杆菌的量，导致念珠菌感染。
8. 食用适量及平衡的 δ-3（冷水鱼类及亚麻子油）和 δ-6（植物油）。
9. 减少饱和性（固态）脂肪（肉和奶制品）的摄入量。
10. 减少或避免反式脂肪酸的摄入，比如大多数烘烤食物及盒装的食物含有的部分氢化油。
11. 吃不同颜色的食物（含有生物黄酮素的水果和蔬菜）。
12. 减少脂肪的总摄入量。（高脂肪的摄入会威胁淋巴系统的完整性，淋巴系统是通向免疫系统细胞的途径）
13. 补充因应激反应而被消耗掉的营养（比如，复合维生素 B、矿物质）。
14. 减少单糖的摄入，包括高果糖的谷物果汁（这样做不仅可以减轻胰腺的负担，还有益于免疫系统，因为癌细胞对糖有偏爱）。
15. 减少或避免摄入兴奋毒素（阿斯巴甜、坚果糖、味精），这些物质会抑制大脑机能。
16. 饮用适量的酒（高酒精摄入会威胁肝脏及免疫系统的功能）。
17. 尽可能用最好的方式准备食物（比如，蒸食物，而不用微波炉）。
18. 尽可能食用有机食品和放养牲畜的肉。
19. 避免使用转基因食物，因为有可能引起过敏问题。
20. 使用草药（如黄芪、紫锥菊、香菇、水飞蓟）来增强免疫系统。

提示：每天至少吃一餐有益于免疫系统的食物。

并不能促进或强化良好的饮食习惯。因此，在慢性压力下耗尽的营养无法补充（安慰性食品、垃圾食品、快餐食品和加工食品都热量高而营养成分少，被称为"空热量"，这通常被认为是导致肥胖的主要原因）。身体会尽其所能地弥补营养缺失，但最终会以健康的损伤为代价。

- **多米诺骨牌** 3：已知一些食物会增加交感神经冲动或其他生理反应，从而使应激反应升高，包括咖啡因、加工糖、加工面粉和盐。有些人用酒精来放松自己，饮酒也会带来很多健康问题，这块多米诺骨牌会倒向下一块骨牌。
- **多米诺骨牌** 4：许多加工食物会导致毒素的累

图 26.9 多米诺骨牌展示了压力和营养之间微妙的平衡。当第一块多米诺骨牌倒下时，其他骨牌通常也会很快倒下，损害你的健康。

积效应。例如，在许多食物中发现了合成的或石油基化肥、除草剂和杀虫剂的残留物，它们会阻碍免疫系统有效地工作。当这块多米诺骨牌倒下时，一个人的健康状况就大大受损（例如，出现癌症、糖尿病、感冒、流感等）。

由于压力和饮食习惯的共同作用，每一块多米诺骨牌的倒下都增加了健康问题发生的概率。本节强调了这些因素的重要方面，这样你就可以做出选择，让你嘴巴的选择能够滋养你的身心灵。

压力情境下的饮食

随着经济及贸易的全球化，可选择的食物范围空前的大。在超市里，常年看到草莓、葡萄已不足为奇，一年四季都可以买到新鲜的蔬菜，更不用说进口肉类、鱼类，各种食物的数量都很充足。但这并不意味着这些食物的质量可以达到祖父母那一辈的水平。纵观全球，虽然我们摄入的热量比祖父母一辈多得多，但越来越引起人们注意的是，用来种植农作物的土壤的营养成分严重流失，导致食物中营养素的流失以及营养不良现象越来越严重。

美国最大的营养问题就是过度消费，而过度消费并不意味着维持人体正常功能所需的多种营养物质已经达到了平衡（Wansink, 2006；Taubes, 2007）。人们消费了含过高的脂肪、单糖及空热量的食物，这些食物取代了人体必需的营养物质。结果，人体只能在营养缺乏的情况下运转，而不是在营养均衡的情况下运转。在这种情况下，人体维持正常的新陈代谢的功能就会受到影响。如此循环下去，某一个甚至更多的生理系统就会出现病变。除此之外，大家都知道当人们感到压力时，饮食习惯会改变，会出现恶性循环。简单地说，一个人在压力情境下极易受到营养缺乏的影响。

在理想环境下，压力会影响人体消化和吸收营养的能力，这就会阻止人体获得必需的营养物质，尤其是维生素和矿物质。正如你将看到的，营养不良对生理系统的影响最大的是免疫系统。下面描述了压力如何影响我们对必要的营养物质的吸收，并最终引发一系列疾病。

压力与矿物质缺乏

美国农业部的研究表明（Sizer & Whitney, 2007），尽管有足够的饮食摄入量，但是人们对几种矿物质的摄取量已经比过去 20 年减少了 33%。矿物质缺乏会降低人体免疫系统的功能，使人们很容易生病。在长时间的慢性压力环境下需要补充镁、铬、铜、铁及锌这几种矿物质。

压力与维生素缺乏

抗氧化剂维生素 A、维生素 C、维生素 E 及复合维生素 B 这四种维生素会受到长时间的慢性压力的影响。

抗氧化剂。 人体每天会面临多种压力源，包括自由基。**自由基**是高度活性氧粒子，自由基在人体正常的新陈代谢中也会出现，但是在空气污染的环境下会出现过度氧化反应。例如，在吸烟、辐射、除草剂以及垃圾食物等环境下会产生过多自由基。如果不加以控制，自由基会破坏与它们有联系的多种细胞组织。

- **细胞膜**：自由基会改变细胞膜的渗透性，阻断营养物质运输进入细胞以及细胞的副产品的排出。
- **线粒体**：自由基破坏线粒体（细胞呼吸作用之地）的结构，并损害细胞能量的容量。
- DNA：自由基附着在 DNA 结构上，使调节细胞繁殖及功能的遗传编码过程被中止。

专栏 26.5 失眠与营养

学生们手里拿着一杯咖啡或是含有咖啡因的苏打水熬通宵是很常见的事情。如果你正为失眠而苦恼，那么你最好避免饮用含有咖啡因的食品，因为咖啡因的摄取会对人的生理产生更大的影响。研究表明，咖啡因的摄取减少了快速眼动睡眠的时间。快速眼动睡眠是每 2 小时的睡眠周期中最重要的阶段。

为什么喝一杯牛奶有助于睡眠？问题的答案在于牛奶中有一种叫作色氨酸的氨基酸。色氨酸（同样存在于高浓缩的火鸡肉里）可以诱使睡眠。基于此，人们经常在睡前饮用牛奶。随着天然治疗方法的流行，下面这几种草本植物成了降低神经系统兴奋性、放松身体、为良好的睡眠做准备的良药，它们是缬草、人参、时钟草以及卡法根（须按指导食用）。最后，值得注意的是，大多数加工过的食物都含有可以影响大脑化学机制的物质，包括阿斯巴甜和味精，都应该避免食用。

- RNA：自由基扭曲了 RNA 在中枢神经系统之间传递信息的能力。

在正常的健康条件下，自由基是可以通过 β-胡萝卜素、维生素 C 和维生素 E 的新陈代谢作用被排出体外。但在长期慢性压力环境下，这些维生素会被耗尽，或者说在很多情况下，人体没有吸收这些维生素，就无法抑制自由基的作用。自由基可以引发冠心病、癌症等疾病。

维生素 C。 维生素 C 除了作为抗氧化剂之外，还可以协助免疫系统预防感冒和流感。在压力环境下，如果要维持免疫系统的功能，大约需要摄取 200 毫克的维生素 C。在正常条件下，人们消耗的维生素 C 的量不足压力条件下的一半（每天大约 60 毫克，这也是饮食参考摄入量）。

复合维生素 B。 在长时间的慢性压力下，人体对复合维生素 B 的需求量会增加，这是因为复合维生素 B 主要负责协助中枢神经系统，而中枢神经系统在有压力时处于高唤醒状态。复合维生素 B 包括硫胺素（维生素 B_1）、核黄素（维生素 B_2）、烟酸（维生素 B_3）、维生素 B_6、叶酸、维生素 H，泛酸盐酸（维生素 B_5）以及维生素 B_{12}。加利福尼亚洛马林达大学（Loma Linda University）的研究表明，维生素 B_6 需求量的下降与免疫系统的功能息息相关（Webb, 2001）。

关于营养补充品

很多年前，我们用来种植农作物的土壤肥沃，富含营养，那个时候，服用营养补充品是多余的。人们服用营养品有些是为了快些把病治愈，有些是为了减肥，还有很多人用它们代替正常的饮食。尽管如此，对大多数普通人来说，如果他们的食物中的营养非常均衡，他们根本没有必要服用营养补充品。而今天就不同了！因为土壤养分的流失，伴随着快节奏的生活步伐所形成的饮食习惯，导致食物中的营养供给大打折扣。因此，不仅建议人们服用补品，而且往往需要保持最佳的健康状态（图 26.10）。以下是人们在选择日常的营养补充品时需要注意的事项。

Courtesy of Jesse Geraci

图 26.10 最好的维生素来源是未经加工的食物。维生素补充剂是为那些得不到必需营养的人提供的，但维生素补充剂不能代替膳食。

自由基（free radicals）：在异常电刺激下高度反应的氧分子，能够破坏细胞膜及 DNA。

- **维生素营养补充品**的产生过程不尽相同。维生素可以由一些食物萃取而得，也可以由一些化学反应合成。在加工过程中，维生素可以被合成、结晶、低压冻干或者完全从食物中获得。前两个过程需要经过高温处理，因此很多有益的物质很可能在高温处理的过程中流失。而且，维生素凝固成药片后结构非常稳定，以致人体内的酶也无法分解它，结果这些药片在未被胃肠消化道吸收之前就被排出体外。因此，我们建议大家服用经过低压冻干或者食物萃取的维生素营养补充品，并以粉状的形式放入胶囊中服用，这样有利于人体的消化和吸收。
- 集中服用维生素、矿物质及蛋白质的营养补充品实际上会阻碍其他营养物（其他维生素及矿物质）的吸收（降低生物利用度），不会产生积极效果。因此，建议大家在服用之前应该向专业的营养师咨询。
- 摄取大剂量的脂溶性维生素（维生素A、维生素D、维生素E、维生素K）是有毒的，因为维生素B、维生素C是水溶性的，过量的维生素B、维生素C将会被排出体外，营养都随着尿液流失掉了。

其他需要考虑的压力及营养因素

营养物质在降低或提高应激反应的生理唤醒两方面都有重要作用。应激反应会提高新陈代谢率，促使碳水化合物及脂肪进入血液以提供能量。另外，有些物质被吸收之后，可以诱使应激反应的产生或降低新陈代谢率，这就会使人体对压力产生更多的生理反应。反过来，应激反应也会消耗很多营养物质，包括维生素及矿物质，如此下去，压力与营养物质之间就会产生一种非健康的循环。压力及营养物质之间的关系如此密切，原因如下所示。

- 压力会增加皮质醇的分泌量，皮质醇又会增加大脑内化学神经肽的分泌量。神经肽Y被认为是导致人们渴望富含碳水化合物的食物，尤其是甜食（可能导致体重增加）的原因。在正常情况下，神经肽Y在上午分泌得较多，再加上充满压力的一天，这样下来，人体对糖类的消耗量非常大，会让你一整天都想吃甜食。一顿有营养的早餐对于维持神经肽Y的水平很有帮助（Sommer, 1999）。
- 根据营养学家伊丽莎白·萨莫（Elizabeth Sommer, 1995）的研究，低脂肪含量的食物有益于免疫系统，而高脂肪含量的食物容易增加患病风险。因此，人们在完成了一天的工作之后，食用高脂肪含量的食物虽然会让你感觉很舒适，但从长远来看，对你的健康是非常有害的。
- 过量的单糖会消耗维生素储备，尤其是复合维生素B（烟酸、硫胺素、核黄素、维生素B_6和维生素B_{12}）。比如，白糖（漂白的面粉）会消耗相应的维生素及矿物质，这就需要代谢掉更多的复合维生素B。这些被消耗掉的维生素对中枢神经系统功能的执行至关重要。复合维生素B的损耗会使人体出现疲倦、焦虑及易怒的特征。同时，增加单糖的摄入量可能会引起血糖浓度的大幅度波动，导致疲劳、头痛及易怒。《纽约时报》（*New York Times Magazine*）调查记者加里·陶比斯（Gary Taubes）是畅销书《好热量，坏热量》（*Good Calories, Bad Calories*, 2007）的作者，他指出精制糖（而不是饱和脂肪）是导致肥胖和许多其他慢性病的主要因素。
- 咖啡因是一种兴奋剂，可以刺激人体交感神经系统的唤醒水平，这可能就是人们每天早晨喝咖啡提神以开始新的一天的原因（图26.11）。咖啡因在血液中被快速吸收，并输送到人体的各个部位，直接作用于大脑使之兴奋起来。众所周知，咖啡因是一种利尿剂。它会使多种矿物质排出体外，如钙和镁。含有咖啡因的食物可以触发交感神经系统，被认为是类交感神经作用剂。在咖啡因中负责这一效能的物质被称为**甲基化黄嘌呤**。这种具有安非他命样特征的化学刺激物能激发交感神经系统，使其处于高度兴奋状态，并刺激多种应激激素的释放。这样，人体的警戒状态会提高，对压力刺激也会更加敏感。很多食物中都含有咖啡因，包括巧克力、

图 26.11　你可能认为咖啡是你最基本的食物之一，但研究表明，每天两杯 220 克以上的咖啡所含的咖啡因足以引发“战或逃”反应。茶、汽水和巧克力中也含有咖啡因。如果你感到压力大，就不建议喝咖啡、茶或苏打水，尽管文化趋势在强化这种习惯。

咖啡、茶以及一些软饮料。有数据表明，美国人每天平均会喝掉 3 杯容量为 170 克的咖啡。每杯咖啡中含有近 250 毫克的咖啡因，这一半的量就足以使中枢神经系统产生不良反应。一杯咖啡的代谢大约需要 8 小时（Cherniske, 1998）。

- 长时间的压力会造成人体能量代谢所必需的一些维生素的流失，同时也会引起应激反应本身所需要的成分的流失。皮质醇的合成需要那些维生素。应激反应会激活一些激素，这些激素又会促进脂肪和碳水化合物的代谢。而脂肪和碳水化合物的分解又会消耗多种维生素，比如维生素 C、复合维生素 B。人体如果缺乏这些维生素就容易精神紧张、沮丧和失眠。压力不仅会消耗维生素，还会造成钙元素的流失，使骨骼无法吸收适量的钙，引起骨质疏松、骨骼脱矿等症状。是否应该服用维生素的补充品也是一个有争议的话题。如果我们的饮食是均衡的，人体就有足量的维生素及营养物质以供能量代谢。然而，大多数美国人的饮食都不均衡。我们建议高压下过度紧张的人群服用一些维生素的补充品。
- 美国人好像非常喜欢吃盐。很多人还没有品尝食物就开始往里面加盐。食盐中的钠元素的高摄入量会使血压升高，这是因为钠元素可以增加水分潴留。在血管这个封闭的系统中，随着水容量的增加，血压也随之升高。如果这种情况一直持续，就可能导致高血压。
- 过量饮酒会抑制免疫系统的功能，酒精会造成水溶性维生素及矿物质（主要指钾、镁、钙和锌）的流失，而这些元素是合成免疫系统的组成成分所需要的。饮用多少酒算是过量呢？这因人而异，营养学家认为，一般来说，每天多于一杯的饮酒量就是过量的。
- 多年来，专家们一直告诫我们，食用太多含胆固醇及饱和脂肪的食物是很危险的（图 26.12），但是可以代替这类食物的食品并不尽如人意。人造黄油就是植物油通过氢化作用加工而成的。氢化作用使植物油的空隙被填满，分子结构发生改变，使得室温条件下的液态植物油转化成固态的人造黄油。近期科学家观察到，氢化过程会影响细胞壁的完整性，可能引发癌症及冠

图 26.12　吃加工食品前要三思。

维生素营养补充品（vitamin supplements）：包含多种维生素（比如，维生素 A、复合维生素 B、维生素 C、维生素 E）加工药片。

甲基化黄嘌呤（methylated xanthine）：咖啡因中的活性成分，能引起交感神经反应。

状心脏病。从2013年11月起，美国食品和药品管理局禁止了所有含有反式脂肪（氢化油）的食品，因为它们会带来慢性健康风险。

- 整日忙碌的现代人很少有时间自己准备食物，饮食也不规律（图26.13）。人们平均每天要在外面吃一两顿饭，这会使我们形成不健康的饮食习惯，长此下去，也就成为压力的来源。不管你是出于方便还是社交习惯，这种行为都是值得注意的。因为餐馆食物中的钠及糖的含量都很高，尤其是高含量的饱和脂肪。人们喜欢吃高脂肪的食物，拿起菜谱就很容易选择这些食物，这是因为这种食物味道很香。油炸的食品、油腻的沙拉酱、奶油甜点等都隐藏着极高的热量。快餐对人体也是非常不利的，其中的脂肪、钠以及糖的含量都非常高。假如你不得不在餐馆就餐，那么点餐时最好不要选择油炸食品、软饮料、沙拉酱以及餐后甜点，应该选择一些新鲜的蔬果。

图26.13 压力大的生活方式会导致不良的饮食习惯，从而导致营养缺乏和免疫系统受损。养成习惯，不管你一天有多忙，每天吃一顿饭来保护你的免疫系统。

关于转基因食物

几个世纪以来，人们为了得到更多美味营养的食物，已经通过研究创造了很多杂交新品种，比如豌豆、橙子以及生菜。然而人们过度追赶这一热潮，2000年有报道，食品科学家正在试图把比目鱼（咸水鱼）的基因植入西红柿的DNA中，把巴西坚果的基因植入玉米的DNA中。科学家们又将一种人工合成的杀虫剂的一组基因植入玉米的DNA中以改变玉米的基因结构，结果基因改造过的玉米导致了成千上万迁徙而来的帝王蝶的神秘死亡（Teitel & Wilson, 1999）。消费者开始担心这些基因改造的玉米对人体也有害，对**转基因生物（GMOs）**以及贴有"**科学食品**"标签的食品感到恐慌。到2000年秋，美国第二大谷类早餐制造商家乐氏公司召回了玉米卷，召回了超市食品架上所有的玉米片。虽然

专栏26.6 食物过敏和转基因生物

2013年5月22日，周六，全世界数百万人聚集在一起，抗议美国孟山都公司（Monsanto）在其转基因食品上的作为（例如，将除草剂农达植入玉米基因中）。杂交物种DNA被篡改会产生有害后果。随着转基因食品的增多，食物过敏现象也在增加。众所周知的问题是：当你把一条比目鱼的基因放入番茄植株中时，它是一种动物还是一种蔬菜？全球抗议活动结束不到1周，科学家们对在俄勒冈州费尔德的基因改良小麦感到十分惊讶。虽然转基因玉米和大豆是美国政府允许的，但转基因小麦不是。蛋白质含量高的小麦为农民创造了更大的产量，并被认为更耐旱，但它也更难消化和吸收。据估计，现在超过30%的美国人不耐谷蛋白（麸质是小麦、黑麦和大麦中的蛋白质来源）。纽约梅奥诊所估计，每110人中就有1人患有乳糜泻（严重的小麦不耐受症）。小麦产品包括面包和汉堡面包片，包括汉堡包、谷物、汤、土豆泥、一些香料和许多调味料（Rizzo, 2013）。除了鸡蛋、花生和牛奶，今天的人们还遭受着许多食物过敏。转基因食品可能是罪魁祸首，因为这些"创造"出来的基因被一些人的免疫系统认为是外来病原体（一种应激源）。据估计，在超市出售的食品中，超过65%的食品是转基因食品，但很多食品没有被贴上转基因标签。

转基因食物一度受到排斥，但现在食品店中 65% 以上的食物还是转基因食品（Glave, 2004；Mercola, 2008）。现在商业食品和食品产品不得标明含有转基因成分。由于这些商业食品可能会导致过敏反应，所以最好避免食用，我们在选择食物的时候最好选择那些贴有“有机”标签的天然食物（图 26.14）。

图 26.14 强烈推荐不含杀菌剂、杀虫剂或合成肥料的有机食品，尤其是对免疫系统受损的人来说。

精神营养

营养与精神有什么关系呢？表面上看，二者没有什么关系，但深入地审视，我们会发现营养中有很多精神和能量的成分。例如，在东方的文化中，从人的头顶到脊柱的底端有几个能量的中心（被称为脉轮）。每一个能量中心可以用一种颜色代表：红色（脊柱的底端）、橘色（肚脐）、黄色（脾）、绿色（心脏）、蓝绿色（舌头）、靛蓝色（额头）以及紫色（头顶）。女性被建议饮用蔓越莓汁来治疗尿道感染，糖尿病患者被建议多吃覆盆子来保护眼睛，以减少视网膜病变的影响，这并非巧合。基于此，印度传统草药学建议人们多吃颜色与能量中心相匹配的蔬菜和水果。近期关于光线疗法和色彩疗法的研究也指出，每一种颜色都有一个振动的频率，如果人或动物被剥夺了全光谱的照射，多种器官的功能都会受到显著影响，吃含有某一颜色的食物可以弥补不能暴露在自然光线下所产生的不良后果。新近的研究表明，水果和蔬菜中的“非营养物”——**生物黄酮素**——具有抗氧化剂的作用，并可抵抗癌症（Simone, 1994；Kale et al., 2008）。

加布里埃尔·库森斯博士（Gabriel Cousens）在其著作《精神营养和彩虹食谱》（*Spiritual Nutrition and Rainbow Diet*）中给出了几种让我们的营养及饮食习惯更有益于健康、更协调的方法。他的建议包括以下方面。

1. 食物要有多样性（包含全光谱），食物的颜色应该包含所有的能量中心（脉轮）的颜色，以滋养每一脉轮的器官。
2. 在冥想或思考之前不要吃太多食物，因为胃和大脑运作时会竞争血流量，而当人吃饱了之后，胃的消化过程会消耗大量的血流，阻碍大脑中的血液流动。因此，冥想之前通常要少吃些。
3. 饮用足量的水。这样可以清除体内多余的营养以及毒素。
4. 除了食用营养丰富的食物之外，充足的阳光（维生素 D）、充足的新鲜空气（氧气）以及充足的纯净水都是很好的营养品。
5. 把精力放在你正在吃的食物上，感受它的味道、质地、温度甚至是食物的产地。根据东方的传统，留心我们所吃的食物是一种精神体验。

转基因生物（genetically modified organisms，GMOs）：为提高食品的质量或延长货架期，把一种食物的基因植入另一种食物的 DNA 中得到的经 DNA 处理的食物。目前，人们认为转基因生物会引发食物过敏症。把比目鱼的基因片段抽取出来植入西红柿的 DNA 中就是一个转基因生物的例子。

科学食品（frankenfood）：欧洲新创的一个词，用来强调转基因食物的潜在危害。欧洲目前已经禁止生产和销售转基因食物。

精神营养（spiritual nutrition）：水果和蔬菜中的颜色可以加大其所代表的能量中心（脉轮）的能量流动（比如，红色的食物有益于脊柱底端这一能量中心及这一区域的器官）。

生物黄酮素（Bioflavonoids）：食物（水果和蔬菜）中的非营养物质，含有抗生素，并有益于抵御癌症及其他疾病。它们也让食物有了颜色。

食物的心理效应

布赖恩·万辛克（Brian Wansink）在他的书《无意识的饮食》（*Mindless Eating*）开头部分描述了一种文化，是一种催眠作用下的文化，在大众营销人员的催眠作用下，通过注入一种潜意识信息“吃！吃！吃！”来破坏你的最佳饮食习惯。当这种效应与情绪压力结合在一起时，结果令人担忧。在压力下，情绪不好时会促使人们吃东西，而与身体的营养需求无关。如果吃东西只是为了获取营养，那么我们的世界会变得多么简单，但事实并不如此。食物经常被用来安抚我们情绪和心灵，人类从婴儿吮吸妈妈的乳头或是奶嘴开始就已经习得了这种安抚方式（图 26.15），并一直持续到成年期，就像很多成人为了控制情绪会不断地吃东西。这些行为虽不致命，但后果很严重。研究饮食行为的专家认为，肥胖不仅仅是表面上的过度饮食引起的问题，肥胖的背后隐藏着一些严重的情绪问题。同样，像厌食和贪食这样的饮食障碍也不是表面上的营养失调问题，而是很多情绪问题的征兆。吃东西可能是一种发泄愤怒的途径（比如内疚、自我惩罚，甚至用老板的钱大吃大喝来报复老板延长工作时间）。但是，并不是所有的愤怒都能以吃东西的方式来发泄，无聊、孤独、拖延、焦虑以及低意志力都会导致心理和生理上的交互作用，食物在这个过程中则起到镇静剂的作用，缓解人们紧张的情绪。

图 26.15 吃一顿健康的饭可以被认为是一种放松的方式，尤其是在好朋友的陪伴下。当你和别人一起吃饭时，放松并享受这种体验，记住，一个强大的社会支持团体会增加你放松的潜力。

进食欲望

大多数人在感到沮丧或是孤独的时候会吃东西。在身边没有其他朋友的时候，食物就充当了“朋友”，抚慰人们的情绪。而且，一旦人们在低潮的时候选择了某一种食物，以后当情绪再次陷入低潮的时候，就会条件反射性地继续选择上次的食物（让人舒服的食物）。巧克力、炸薯条、碳酸饮料、土豆片、棒棒糖、爆米花和冰激凌都是人们在压力下愿意吃的食物。如果你也和大多数人一样，在情绪出现问题的时候有进食的欲望，那么你最想吃的是什么食物？哪些食物可以缓解你的紧张情绪或是让你在失望时感到振奋？虽然食物可以让人愉悦，但是当偶然的欲望变成一种习惯，这种行为就成了一个严重的问题。偶尔的进食欲望并不是坏事，但是如果人们不终止这种行为或是任它成为缓解情绪问题的方法，这种欲望就会变成一种自我毁灭。

饮食障碍

想要解决饮食障碍并不简单，因为饮食障碍涉及饮食习惯、对食物的看法、家族史、社会压力以及人格等多方面因素，矫正这些因素、改变饮食行为是非常艰巨的任务。最常见的三种饮食障碍是厌食症、贪食症以及暴食症。

厌食症。 厌食症患者可以分为两类：第一类，限制食物的摄入量，经常让自己饿着；第二类，饱食之后再人为地呕吐、排泄出来。一些受过良好教育的具有中上层社会地位的女性是典型的厌食症易感人群。厌食症患者觉得自己很无助、很没用，他们通过让自己挨饿的方式来控制食物，增加他们的控制感，改变自己的情绪状态，然而这种做法实际上毫无用处。厌食症患者伴有体相障碍，他们特别关注自己的体重，即使自己根本不胖，也总觉得自己臃肿，想要把自己饿到苗条为止。厌食症患者除了体重急剧下降，还会有其他症状：失眠、强迫、禁欲主义、完美主义、内向以及经常性的情绪压抑。统计学家指出，厌食症在青春期女孩中很常见，大约 1% 的青春期女孩患有厌食症（Levenkron, 2000；Gordon, 2000）。

贪食症。 在美国的文化中，人们以瘦为美。女性杂志封面人物都是一些很纤瘦的女模特，这就在人们的潜意识里传递了一个信息：如果你不像模特那么瘦，你就不漂亮。在这种市场营销理念和社会道德观念下，女性经常陷入两难境地，既想吃又想拥有苗条的身材，食物就成了影响自我形象、自我价值以及自尊的因素。为了控制体重，贪食症患者会狼吞虎咽地吃下大量食物（通常是垃圾食品），之后再利用催吐、服用利尿剂、泻药等各种方式将食物排出体外，这样做既满足了想吃的欲望也满足了控制体重的需要。她们吃起东西来非常疯狂、极端，可以在短时间内吃掉 4 升冰激凌或是一整张比萨饼或是一整盒蛋糕。这种行为的结果就是失去了对热量平衡的控制，形成狂吃然后排泄出来的恶性循环。这种循环会导致营养失衡。由于长期采用这些不当的饮食手段，这种病人会出现牙齿腐蚀（由于经常呕吐，酸性物沾在牙齿上使珐琅质损坏）、肠道问题、便秘、月经不调、电解质代谢紊乱以及胃肠道撕裂。

暴食症。 暴食可能是很多因素造成的，包括内疚、孤独或是紧张。用食物来作为安抚神经的“奶嘴”在日常生活中已经成了根深蒂固的习惯。暴食症患者经常在深夜、独处或无聊、沮丧和愤怒的情况下出现暴食行为，无法自制地大吃，直到腹胀难受，才肯罢休。他们用食物缓解紧张，也会把暴食的行为作为与他人隔绝起来的保护壳。那些童年受过性虐待以及有暴力倾向的人们易患暴食症。很多暴食症患者的自尊都很低。

对饮食障碍有生理上的解释吗？也许并没有，但饮食与人格之间的联系有助于理解人们是如何处理饮食问题的。就像这本书告诉我们的一样，事物都是彼此关联的，心与身有着直接的联系，下丘脑就是明证。下丘脑是记录情绪感受的地方，也是控制食欲的地方。当食物进入胃，就会将一种“平静”的信息传达给下丘脑，进而降低身体其他部位的神经刺激强度，使人平静下来。食物和压力之间也有很强的联系，人们经常用食物安抚神经，缓解紧张，而这种行为在压力管理领域经常被忽视，这些看起来很正常的行为事实上是非常不利于健康的。因此，我们应该注意自己在压力期间的饮食行为（或许可以记在日记本里）。你要问问自己，到底是我们控制着食物，还是食物控制着我们。

关于健康饮食习惯的建议

专家认为，以下饮食习惯可以最大限度地减少人体对压力的唤醒水平并促进人体机能达到最佳状态。

平衡饮食结构

现代人的饮食常常不均衡，人们食用了太多含有脂肪和蛋白质的食物，而碳水化合物的摄入量不足，尤其是复杂的碳水化合物（Sizer and Whitney, 2007）。饮食不平衡会导致生理机能不良，年轻的时候，饮食不平衡会阻碍生理发育。虽然成年男女的身体机能都达到了正常的水平，但是如果这个时候的饮食习惯不正确，就会在以后的人生中引发一系列健康问题。下面是美国人的饮食和联邦政府建议的饮食的比较：

典型的美国人饮食	建议的饮食
碳水化合物：30% ～ 40%	碳水化合物：55% ～ 70%
脂肪：40% ～ 50%	脂肪：20% ～ 30%
蛋白质：20% ～ 30%	蛋白质：15% ～ 20%

吃好早餐

上班族经常不吃早餐，尤其是大学生。碳水化合物是给人体提供能量的主要物质，而碳水化合物大多是早餐的组成成分，比如面包、谷类食品以及水果。人体在 8 ～ 10 小时的睡眠之后得不到碳水化合物提供的能量补给，就无法很好地运转，会产生注意范围狭窄、易疲劳以及抑郁等症状。如果人的精神状态不好，人体就不能很好地应对压力，经常会对应激反应过度。这是因为人体在认知功能不良的情况下会做出糟糕的决策，而这种决策不利于人们应对压力，如此下去，就会造成压力的恶性循环。一个新的理论认为，为了更好地代谢，人们每天应该吃六顿小餐而不是三顿大餐（ClevelandClinic.org）。不管吃多少顿，每天的进食时间应该均匀地间隔开，不规则的饮食会打乱人体自身的节律。

减少摄入咖啡因和糖

过度摄入咖啡因是不健康的，在短期内会引起头痛、兴奋易怒、紧张、失眠以及肠胃不适等症状。因此，在面对压力源时，建议大家不要饮用咖啡，不仅如此，最好在放松的环境下也不要喝咖啡。精制糖也会引起很多问题。研究表明（Sizer and Whitney，2000），精制糖会让人的体重增加，这是极不健康的。基于此，我们应该尽量减少精制糖的消耗量。

摄入足量的维生素和矿物质

维生素可分为脂溶性维生素（维生素A、维生素D、维生素E、维生素K）和水溶性维生素（复合维生素B及维生素C）。在压力情境下，水溶性维生素更容易被破坏。为了更好地应对压力，平衡饮食中的维生素含量应该超过人体对维生素的最小需求量，所含有的矿物质也应该超过每日所需的矿物质补充量。不良的饮食习惯再加上持续的生理压力会造成维生素缺乏。建议大家吃些维生素补充品，但是要谨慎。摄入过多的脂溶性维生素会导致维生素中毒，而摄入过量的水溶性维生素也是不利的，人体会把过量的维生素C和复合维生素B随尿液排出体外。所以，平衡的饮食应该含有丰富且新鲜的食物，并配有一定量的维生素补充品（Sizer and Whitney，2007）。

遵循国家饮食指南

不像很多发展中国家还需要为自己的公民温饱而努力，美国面临着消耗过度的问题。美国联邦政府称，总体上，国民消费了过多的脂肪、单糖、盐以及酒精，饮食结构失衡与美国十大死因中的六种密切相关，包括冠心病和癌症。基于对国民饮食行为的考虑，美国农业部、卫生与人类服务部制定了以下膳食指南。

1. 健康的体重是目标。
2. 每天都让身体活动起来。
3. 让食物金字塔指导你的饮食。
4. 每天食用多种谷物类食品，尤其是全麦制品。
5. 每天食用多种水果和蔬菜。
6. 确保食物安全。
7. 饮食中不要含有太多的饱和脂肪及胆固醇，脂肪的总量要适中。
8. 选择饮料及食物，控制糖类摄入量。
9. 选择含盐量比较少的食物。
10. 饮用含酒精的饮料时要适量。

健康饮食的其他技巧

我们的饮食习惯大多在多年前就已形成并根深蒂固。谈到营养，也已经有很多指导人们吃得更好的建议了。下面再介绍一些额外的小技巧。

- 吃东西之前把水果和蔬菜上的杀虫剂洗净。虽

专栏 26.7 食品标签的警告

下列物质会威胁人体健康，因此人们在饮食中应该减少或完全避免含有这些物质的食物。

- 氢化油（反式脂肪酸）
- 部分氢化油（反式脂肪酸）
- **阿斯巴甜**
- 饱和性脂肪
- 钠
- **味精**
- 咖啡因
- 红色和蓝色的色素
- 含有超过30%的单糖或高果糖的玉米糖浆食物
- 非有机牛乳（含有激素及类固醇）
- 亚硝酸盐
- 硝酸盐
- 类固醇、杀虫剂以及红肉和鸡肉中的激素
- 脂肪代替物（蔗糖聚酯）
- 人造香料或色素
- 人造防腐剂

注意：不要吃那些你根本叫不出名字的食物。

然有研究称有点杀虫剂对人体没有危害，但多种杀虫剂的效应累积起来是否对人体无害就难说了。所以，在食用之前，把农产品清洗干净才是健康的。

- 尽量避免食用罐装的水果和蔬菜。因为罐装食物中的水分会吸收蔬果的维生素和矿物质，而且这类食物的营养也很容易在烹煮的过程中流失。
- 不要相信营养补充品的功能是“延时释放”的，这样的广告词只是一种市场营销招数。维生素的补充品在人体生理限制下是不可能延时吸收的。
- 在外面吃饭的时候也要尽量选择健康的食物。其实，在超市买些农产品吃同在快餐店就餐一样简单快捷。
- 服用营养补充品时，请与食物和水搭配着吃，不要空腹服用。
- 食用大量的碳水化合物会迅速提高血糖浓度，吃完之后血糖浓度又会下降至低于静息状态的水平，这会引发疲劳感。为了缓解疲劳，建议大家把蛋白质和碳水化合物配合着食用。
- 不要边看电视边吃饭，应该养成只在厨房或餐厅吃饭的习惯。商业的电视节目经常会使你忽略已经饱了的感觉而继续吃东西。坚持一条原则：永远不在电视前吃东西。
- 膳食营养素参考摄入量表中给出了每日平均膳食营养素摄入量的参考值，然而这些参考值只是针对平均水平而言的，不是最佳的营养水平。因此，在没有毒素囤积的情况下，大家应该增加营养物质的摄入量，尤其是维生素和矿物质的摄入量。
- 当你想补水时，尽量避开含有阿斯巴甜和咖啡因的饮料，选择茶或水。
- 如果晚上睡眠有问题，避免含咖啡因的食物，睡前不要吃整顿饭或零食。
- 不要一下子改变你所有的饮食习惯。试着一次做一个改变（也许是一周一次），直到你可以很好地适应一种新的饮食习惯。
- 在你不了解草药和处方药之间的作用关系时，应该向你的医生咨询，以免产生副作用。

阿斯巴甜（aspartame）：由两种脂肪酸组成的具有糖味的人造物质，可以影响大脑化学反应以及认知功能。和味精一样，这种物质被视作“兴奋剂”。（阿斯巴甜又称糖类代用品）。

味精（monosodium glutamate，MSG）：一种可以影响大脑化学反应以及认知功能的食物。和阿斯巴甜一样，这种物质被视作“兴奋剂”。但在很多情况下，人们仅把味精当作一种调味剂而没有看到它的危害。

总 结

1. 体育锻炼是压力的一种形式：战或逃反应触发了身体生存的所有生理系统的活动。
2. 体育锻炼分为无氧（战）或者有氧（逃）两类。无氧运动是短促、强烈、有力的活动，而有氧运动是长时间的、强度适中的运动。有氧运动是促进放松的最好方式。
3. 身体会适应积极压力和消极压力。适当的体育锻炼会引起许多适应性变化，从长远来看，这些变化被认为是通过使身体回到一种较好的稳态平衡状态来有效减少压力的有害影响的。体育锻炼允许身体将压力激素用于预期目的，通过建设性地使用应激激素来解毒。
4. 要获得体育锻炼的好处，必须遵从四个原则：强度、持久度、频率和锻炼方式。这四个原则被叫作全或无原则，意味着这四项如果不能全部符合，则很难收到运动的效果。身体需要 6 ～ 8 周才能感受到显著的好处。
5. 体育锻炼的积极效果是：降低静息心率和血压，以及肌肉紧张度等，帮助维持或恢复生理平衡功能。
6. 锻炼不仅引起了生理变化而且引起了心理变化（如跑步者高潮），再次证明了身心一体的观点。惯常的体育锻炼可以达到生理和心理两方面的和谐。经常锻炼的人有更高的自信心和较低程度的沮丧和焦虑。

7. 虽然我们吃东西主要是为了获取营养，但是很多人把食物当成了填补压力下情绪空虚的工具。
8. 由于土壤养分流失越来越严重，即使再健康的食物，也不能保证它不缺乏维生素和矿物质，因此建议服用一些营养补充品。
9. 缺乏基本的氨基酸、脂肪、维生素以及矿物质的食物会导致营养失调，这样的食物对人体本身就是一种负担。
10. 研究表明，很多食物可以诱使压力的应激反应产生。过量的糖、咖啡因、盐以及缺乏维生素和矿物质的食物会削弱人体对压力的抵御作用，使人更容易得病。
11. 并不是所有营养补充品的效果都一样。在服用补充品之前要确保它不会破坏原来的营养过程。服用过量的营养补充品会阻碍人体对营养物质的消化与吸收，对人体的弊大于益。
12. 食物既可以促进免疫系统功能，也可以抑制免疫系统功能。
13. 食物不仅会影响身体，还会影响心理、情绪以及精神等方面。精神营养这一概念让我们知道，人们应该食用不同颜色的水果、蔬菜以及谷物，为人体七个主要的能量中心（脉轮）提供营养。
14. 饮食障碍主要是情绪问题引起的，而不是生理问题引起的。如果不好好处理厌食症、贪食症、暴食症这些症状背后的情绪问题，后果是非常严重的。
15. 调整你的饮食，包括减少或避免咖啡因、精制糖、钠以及脂肪的摄入，这样有助于减少压力相关问题。

学习指导题

1. 请解释“体育锻炼是压力但又可以减轻压力”。
2. 无氧运动与有氧运动有什么不同?
3. 列举心肺锻炼的五个生理效果。
4. 列举并解释一项成功的体育锻炼计划的全部步骤。
5. 压力是如何影响饮食习惯的?
6. 压力是如何影响消化、吸收以及排泄过程的?
7. 压力是如何影响身体营养的?
8. 什么食物会诱发压力应激反应?
9. 写出三条关于健康营养饮食的建议。

第 27 章

生态疗法

别忘了，大地喜欢你光着脚，风喜欢你的头发。

——卡里·纪伯伦（Kahil Gibran）

清晨，当你徒步旅行时，呼吸到新鲜空气，闻一闻松树的芳香，会使你神清气爽；当你漫步在沙滩上，凝望大海，感受温暖的阳光，你内心充满了奇妙的感觉；当你站在山顶上，语言无法描述你的所见所闻。永恒的智慧一次次提醒我们：在她所有的荣耀里，大自然对身心灵的平衡具有非凡的治愈力量。然而，我们迷失在对当今这个充斥着技术的 24/7、随需应变、即刻满足的世界里，并充满了对它的疯狂迷恋。每次点击鼠标、发短信、更新脸谱网、发布照片墙和下载应用程序，我们就失去了与自然世界的内在联系。如果《瓦尔登湖》的作者亨利·戴维·梭罗（Henry David Thoreau）今天还活着，他会满脸狐疑。不单是他，来自世界各地的专家都认为，我们与自然的脱节已经成一个严重的健康问题（Sifferlin，2016）。

想想看：各种各样的统计调查表明，如今的人们每天花在户外活动上的时间不到 5%，这与几十年前的农业社会相比，即使不是巨变，也是显著变化。此外，有关高度工业化的环境对人类身心健康影响的调查研究表明，反复暴露在人造光、令人不安的办公室噪声、糟糕的室内空气、复印机的化学微粒以及电磁污染中，都对健康有害。这些变量与压力和慢性疾病的流行有直接联系（Chalquist，2009）。

然而，将人类与自然分离的深渊并不始于台式计算机或互联网的发明。几个世纪以来，西方文明中有影响力的人物一直主张一种优越感和对自然的统治力。这一理念至今仍然存在，从转基因作物和克隆牛制作的牛排，到明亮的城市灯光，已经造成了严重的、意想不到的健康危害。

尽管我们对大自然的背离会对健康造成负面影响，但它们也可以被抵消。融入生态疗法，一个最新的（也许是最古老）放松方式被重新引入 21 世纪的人类生活。**生态疗法**是一种通过暴露在自然世界中与体验大自然来获得最佳健康与幸福的方法。

历史回顾

几千年来，各种各样的健康专家都知道并倡导自然的治愈作用，从古代的禅宗花园到欧洲的温泉浴。1858 年，弗雷德里克·劳·奥姆斯特德（Frederick Law Olmstead）特别设计了纽约市的中央公园，以消除市民对现代文明的不满。此外，美国国家公园系统的建立不仅仅是为了保护原野，也

> **生态疗法（ecotherapy）**：一种通过日常接触和体验自然界来恢复最佳健康和幸福的方法，体现了大自然的治愈力量。

是为了维护人与自然的健康关系。“假期”这个词是在美国南北战争后进入词典的。1869 年的畅销书《荒野探险》(*Adventures in the Wilderness*)的作者威廉·H. H. 默里(William H. H. Murray)鼓励人从波士顿和纽约离开忙碌的城市生活，前往纽约州北部的阿迪朗达克山脉，作为对身心灵的滋补(Perrottet, 2013)。

然而，直到 20 世纪 90 年代初，心理学领域才更深入地研究了自然对心理健康的影响，以及心理学与环境保护之间的联系。这种意识首先出现在旧金山市，这个城市是以自然和动物的守护神圣弗朗西斯的名字命名的。治疗师开始让他们的客户离开沙发，到树林和公园里散步，享受独处的宝贵时光。不久，一个新兴的心理治疗领域在“生态疗法”的框架下发展起来。深层生态学、生态心理学、绿色疗法、地球心理学(terra-psychology)和荒野疗法(wildernesstherapy)都属于这一框架。这一领域的最新研究显示了新流行的一些治疗方法：森林疗法、自然疗法，甚至称为“阿凡达疗法”(以詹姆斯·卡梅隆的电影《阿凡达》命名)。在谷歌快速搜索一下“生态疗法”(以及相关术语)，就会发现这一主题的重要性，因为它关系到人类的压力水平和个人健康。

有几个人已经在生态疗法领域做出了重大贡献，包括西奥多·罗斯扎克(Theodore Roszak)、乔安娜·梅西(Joanna Macy)、比尔·麦克基本(Bill McKibben)、克雷格·查尔奎斯特(Craig Chalquist)、伊丽莎白·罗伯茨(Elizabeth Roberts)、拉里·罗宾逊(Larry Robinson)和琳达·巴兹尔(Linda Buzzell)。这些人和其他专业人士对心理世界和自然世界之间的联系表现出了极大的兴趣。他们开始追踪病人的焦虑程度、悲伤过程、死亡恐惧，以及其对森林砍伐、全球变暖、动物灭绝和其他环境问题的担忧。他们发现，对环境问题的担忧加重了患者的心理状况。

尽管个人无法独自解决全球性环境问题，但他们可以影响自己周围的环境。这些早期研究人员发现，将我们与自然的关系恢复到平衡状态有助于人们的心智。生态疗法渗透在很多环节，基础设施、医院设置、学校的教室环境、后院花园、动物治疗、家居设计，等等，这些都可以成为所有年龄段和各种人口统计学人群的生态疗法的一部分。生态疗法的术语最初在心理学专业人士中使用，但是现在，这个术语已经远远超出了心理健康的范畴，扩展到了身体健康和最佳健康状态领域。事实证明，生态疗法不仅仅是心理咨询师、治疗师和心理学家推荐的一种认知疗法。来自许多学科的专家，包括心理学、免疫学、人类学、户外运动，甚至神学的专家，都得出了同样的结论：人们需要到户外去，让自己与大自然接触，以达到最佳的健康状态。曾经被认为是理所当然的事情(例如，花在户外的时间)现在被认为是平衡生活的重要组成部分(图 27.1)。正如这个新领域的新研究表明的那样，在大自然中放松身心的效果不可低估。简单地说：我们是自然的一部分，自然也是我们的一部分。

图 27.1 在大自然中养成一个独处的习惯是一种很好的方法，可以让你的头脑冷静下来，让你的生活有更好的视角。

自然缺失症

几年前，作者兼记者理查德·卢夫(Richard Louv)得到了一个严肃的启示。他意识到，当今这代人根本不去外面玩，而出去玩耍是他那一代的每一个孩子都做过的事，或许在他之前的几百代人也是如此。就算现在的孩子们到户外玩耍，也是玩像足球这种结构化的运动项目，而不是进行非结构化的探索。尽管有些人可能认为不活动是导致儿童肥胖的原因之一，但卢夫有一个完全不同的担忧：与自然界的脱节。令人难以相信的是，现在的男孩和女孩更愿意花时间待在室内享受科技带来的乐趣，而不是在室外捕捉萤火虫，看流星雨，跟着蝴蝶穿过野花遍地的田野，堆雪人，筑城堡，看青蛙，或者在附近的池塘钓鱼。他发现：总的来说，21 世纪的孩子宁愿玩电子游戏和看电视，而不是在户外的草地上寻找新的发现，或找出隐藏在溪涧的岩石。这就是“与自然脱节”的典型现象，其影响是惊人的。

越来越多的人意识到，人们很少花时间在户外或从事户外活动会对健康产生不良影响，这一点已经引起了游戏行业的注意。2016 年的手机游戏“精灵宝可梦 GO（Pokémon GO）”是专门为了让人们去户外活动而设计的。

卢夫（Louv，2005）在他的畅销书《树林中最后的孩子》（*Last Child in the Woods*）中，创造了术语“**自然缺失症**”，这是现在的一种常见行为，人们没有足够的户外活动，因此失去了与自然界的联系，失去了自然界赋予我们的神奇与治愈力。卢夫很快就意识到，受折磨的不仅是孩子，成年人（父母）也很少外出，孩子们模仿了父母的行为。耶鲁大学的学者史蒂文·凯勒特（Steven Kellert）是《天赋权利》（*Birthright*，2012）的作者，他指出，每个人平均有 95% 的时间是在室内度过的。凯勒特解释说，这种行为违背了我们的本性；具体而言，它违背了我们的 DNA 的智慧。生活在大自然中（如森林、海滩、花园和公园）和我们呼吸的空气一样重要。没有它，健康将受到损害。凯勒特的同事、著名的哈佛大学生物学家 E.O. 威尔逊（E.O. Wilson）对“**生物恋**”这个词的描述是：描述人类与其他生物的情感联系。凯勒特接受了这个观点，他说人类与自然界有着内在的联系和亲切感。一旦这种与生俱来的权利被放弃或丧失，健康问题（无论是个人的还是行星的）就会随之而来。

几十年前，人们迫不及待地想要逃离办公室、磨坊和工厂，到最近的海滨沙滩或山林度假。这种方式已经有上百年的历史了。著名博物学家约翰·缪尔（John Muir）早在 19 世纪晚期就说：“成千上万疲惫不堪、神经紧张的文明人开始发现，到山里去就是回家；野性是必要的；山里的公园和保护区不仅是木材和灌溉河流的源泉，而且是生活的源泉。”自从他说出这些话后，世界变得更加复杂、更加高科技、有更强的压力。此外，现在人们度假都带着智能手机和笔记本电脑（他们的虚拟办公桌），这让他们无法与大自然建立真正的联系。

并非只有美国人在工作中压力过大或和自然脱节。日本人以工作时间长而出名。事实上，他们制造了一个词来描述那些真正死于工作压力的人——过劳死。许多欧洲人同样处于自然缺失状态。事实上，2008 年是人类历史上的一个奇怪的里程碑：有史以来第一次，城市人口超过了农村人口。随着越来越多的文化采用了西方的生活方式——局限于室内活动，越来越多的文化成了与自然脱节的牺牲品。随着越来越多的人在大自然中花费的时间越来越少，他们对环境问题的冷漠急剧增加。根据 2008 年的《美国国家科学院院刊》（*Proceedings of the National Academy of Sciences*），自 20 世纪 80 年代末以来，美国人基于自然的户外休闲活动减少了 35%。根据他们对数据的汇编和分析，作者预测了即将发生的严重健康问题（Cordell，2008）。今天，来自日本、韩国、中国和美国的研究人员开始研究自然对健康的各个方面的影响，特别是压力水平。在日本各地，你现在可以找到“森林疗法”的踪迹，即日本人所说的“森林浴”。直接翻译为让自然通过五官进入你的灵魂。尽管许多美国人在进行户外跑步或户外徒步，但在通常情况下，他们的心都被 MP3 和手机“拴住”了（图 27.2）。由于他们的思想仍然依附于工作或其他的责任，所以在很大程度上抵消了“户外效应”（Reynolds，2012）。

自然缺失症（nature deficit disorder）：由理查德·卢夫创造的一个术语，用来描述一种现在普遍存在的行为（或痛苦），人们（尤其是孩子）根本无法走出家门，因此失去了与自然世界及其奇观的联系。

生物恋（biophilia）：人类与其他生物（如植物、树木、动物、鸟类、海豚和鲸鱼）以及地球的情感联系。

有人情味的压力

要到一个位于狼救生保护区内的落基山野生动物基金会，你得从科罗拉多斯普林斯前往24号公路向西。最好打电话询问路线，因为这些地区的部分道路尚未在你最喜欢的地图或GPS设备上标出。当然，参观这个保护区的目的是与狼交流。如果你幸运的话，你可能会得到一个狼吻。

马克·约翰逊（Mark Johnson）是这个野生动物基金会的负责人，他在2001年创建了这个项目。故事从他发现自己成了一头名叫夏安的小狼崽的看守人开始。马克的心与落基山脉一样广大。他收养夏安的目的是让人们知道，狼在我们的生态系统中扮演着重要角色，因此它们有很多东西可以教给我们。小狼夏安因能与人类成为朋友而出名，尤其是那些需要身体或精神治疗的人，更是关注夏安。

马克说："在夏安去世之前，它曾经见过22 000多人，并亲吻了1900多人。它甚至有独特的能力来辨别那些患有慢性疾病的人，并会花更多的时间与他们待在一起。它是一头非常特殊的狼，拥有非常特殊的治疗能量。"不久，其他狼仔加入进来，这些狼的治疗任务也随之增加。马克最骄傲的时刻之一是将两头狼带到联邦监狱，并让犯人有机会与大自然交流。他说："它改变了人们的生活。"

随着有关夏安的消息传出去，马克发现自己正在照顾更多的狼和混血狼（狼与爱斯基摩犬或哈士奇的混血）。有些人可能会把马克称为狼语者，但他会告诉你，他从不说什么。他将肢体语言和语音命令结合起来，从来不用手击打它们。如果你今天要参观狼保护区，马克首先会给你上一个关于狼和野生动物基金会历史的讲座。之后，你会遇到几头狼和混血狼犬，其中很多狼都渴望得到你的喜爱。如果你幸运，你可能会得到一两个吻，就像拉科塔（Lakota）在照片中给马克的吻一样。

图 27.2　度假者在落基山国家公园查看他的短信和语音邮件。

生态疗法的生理效应

有一本发人深省的书《脑对自然的思考》（*Your Brain on Nature*, 2012），作者伊娃（Eva Selhub）和艾伦·洛根（Alan Logan）编辑了来自地球各个角落和几个学科的大量研究数据，以揭示花时间待在大自然中对你的身体、心理和情绪的益处。重点包括以下方面。

- 当人们看到自然的景象时，大脑中的 α 波增加，血清素水平（快乐激素）相应增加。
- 那些看到大自然的照片的人报告，他们的愤怒感减弱（而城市生活的图像增加了挫折感，并且通过对大脑杏仁核的 fMRI 扫描而证实）。

- 在病房里摆放盆栽植物的患者比没有植物的病人更能感受到快乐和幸福。在家中种有花草的人表现出的压力水平会降低，压力调节能力增强。
- 功能性核磁共振成像结果显示，观察自然界美景的照片对应于海马旁回活动增加，该区域富含与神经肽多巴胺相关的阿片受体。
- 在森林中漫步 2 小时可改善睡眠质量（Morita et al., 2011）

“如果只是孤立地看待这些结果，评论家可能对其中一些研究不屑一顾。如果把主观和客观资料一起分析，自然界的影响就显现出来了。我们对压力的感知、我们的精神状态、我们的免疫力、我们的幸福感以及我们的抗逆力，都会受到神经系统及其对自然环境的反应的化学影响”（Selhub and Logan, 2012）

在大自然中散步可能会降低压力水平，这看起来很直观，但今天的许多研究人员正在试图发现，当你将科技抛在身后并适应自然界的节奏时，身体究竟会发生什么变化。最新的研究不仅令人着迷，而且支持几代哲学家和治疗师的观点：反复接触自然元素对你有好处。以下是最近的一些发现。

- 悠闲地散步于森林中（图 27.3），会使皮质醇水平下降 12.4%，静息心率和血压显著降低（Park, 2010；Miyazaki, 2011）。
- 在大自然中生活的时间显著增加了自然杀伤细胞和抗癌蛋白质的数量，有时增加会多达 40%（Li et al., 2008）。
- 长青树木所释放的植物杀菌剂（芳香气味）与自然杀伤细胞增加及应激水平降低有关（Li et al., 2009）。
- 让在培养皿中生长的癌细胞暴露于植物杀菌剂中，会增加抗癌蛋白和蛋白酶、颗粒酶 A 和 B 以及已知能破坏癌性肿瘤的穿孔素物质（Li et al., 2009）。
- 能看到自然景观（如树木）的病人比那些看到砖墙的病人恢复得更快（Ulrich, 1984）。
- 暴露在阳光下会增加白细胞和红细胞的数量，白细胞可以增强免疫系统，红细胞可以增加携氧能力（Williams, 2012）。
- 反复多次的自然阳光照射（紫外线），会将皮肤中的胆固醇转化为维生素 D（因此阳光的绰号也叫“阳光维生素”）。众所周知，缺乏自然阳光的照射会增加胆固醇水平（Liberman, 1991）。

图 27.3 你不需要成为一个“树木拥抱者”来获得“森林浴”的好处。在森林或公园里散步，对人的健康也有好处。

夹带：自然节奏中的交响曲

当最后一个人就坐时，晚上的主题演讲人、作曲家史蒂文·哈尔彭走上舞台并开始讲话。这是新墨西哥州圣达菲“科学与意识会议”上的最后一场主题演讲。哈尔彭的演讲内容是音乐的治愈力量。在接下来的几分钟里，他解释说，大自然的各个方面都有一种愈合节奏，其中包括演讲台旁鲜活的盆栽植物。在解释物理学的一些基本概念时（例如，万物都是能量，一切都有振动），他开始谈论人们在森林中遇到的振动，以及人类如何通过直接接触（通过交感共振）引发这些振动。然后他将电极连接到盆栽植物的叶子上。通过神奇的音频技术，将电极导线插入传感器，音响就会发出一种旋律；这是一个令观众震惊的、难以置信的和声旋律。“这只是植物的一片叶子。”他说，“你能想象如果我有一个电极连接到所有的叶子上会发生什么吗？你能想象一下，当你穿过森林时，你的身体在能量水平上感受到了什么吗？这就是大自然的治愈力量。欢迎来到自然界夹带的治疗力量中。”

瀑布、鲸歌以及构成世界的许多其他的自然奇观都能产生 7.8 赫兹的振动。这种能量振动也被称为舒曼共振，现在被认为是稳态平衡的振动频率。当与这种振动分离时（或者当我们更接近较高的振动频率时，比如笔记本电脑持续的嗡嗡声），我们的身体无法与自然界的节奏同步，这种自然力量就无法帮助我们保持健康。这种干扰从影响褪黑素的产生（导致睡眠质量下降），到调节身体最佳健康状态的代谢过程。按照物体随振动而生的假设，花时间待在大自然中，“沐浴在世界的自然节奏中”作为重新校准人体自然节奏的一种方式，开始变得更有意义了。

昼夜（生物）节律与身体健康

你之前可能听说过“生物节律”这个词，但准确的科学术语是“**昼夜节律**”。昼夜节律是指发生在 24 小时内的各种身体节奏。简而言之，昼夜节律定义了身体的内部时钟（也叫生物钟）。正是这个生物钟调节着从晚上释放褪黑素（睡眠激素）到增加胃肠道活动等。这些节奏基于地球在其轴上 24 小时旋转一周以及相应的明暗周期；自人类诞生以来，这些节奏就已经刻在我们的 DNA 中。在当今世界，它们的重要性毫不亚于人类最初进化的时候。但由于我们依赖的人造光源以及经常接触到发光的电视和电脑屏幕，以至自然的生物节律常常受到干扰，被扰乱。

昼夜节律领域的研究表明，我们的身体在睡眠、饮食和锻炼方面保持有规律的作息时会表现得最好，例如，每天在同一时间吃早餐、午餐和晚餐；每天在同一时间睡觉和起床；每天大约在同一时间锻炼。有规律的作息和保持节奏的人往往活得更长寿、更健康。

相反，当我们脱离生物节奏时，身体很难调整，扰乱昼夜节律也在制造压力。随着时间的推移，结果是更易生病，更快变老。肿瘤学家会告诉你：与傍晚时分相比，上午进行癌细胞化疗的效果最佳。运动员会告诉你：他们的最佳比赛成绩是在与他们的训练时间同步时取得的。所以，人体渴望养成保持最佳健康的习惯。

生态疗法的心理效应

户外露营广告的一句妙语是：“到户外去思考。不需要盒子。”信息很简单：出去！只要去看看各行各业的人们描写大自然的佳句、书籍和散文（专栏 27.1 和专栏 27.2），就能明白大自然的治愈力量。纵观历史，世界各地的哲学家、圣贤和智者都曾求助于大自然来帮助他们解决各种各样的问题。光是自然的浩瀚，更不用说那令人惊叹的美丽，从海洋沙滩、壮丽的森林到雄伟的山脉，就能让每个人的日常生活问题显得渺小而微不足道。户外活动可以帮助你理清思路，把个人问题简化到可以管理的范围。也许约翰·缪尔说得最好：“我只是出去散步，最后决定待在外面直到日落，因为我发现，出去真

专栏 27.1 治愈之水的声音有很多

治愈之水的声音很多，
她的溪流与她曾经闯入的峭壁相呼应，
她的波浪不断地向海滩唱着副歌，
她湿润的云彩不停地向树林和山峦低语，
不久，飘落的白丝带叠着朦胧的彩虹，
所有这些歌曲都有音乐，
这音乐如春雨般湿润着我干涸的心。
然而，我最喜欢的歌曲是轻柔飘落的雪花无声的旋律，
有时，她的声音是雷鸣般的咆哮，恳求我的注意，
但大多数时候，水之歌是对生命的庆祝，我也用它来庆祝。
我渴望听到水的声音，当我在凉爽的湖面上摇动我的脚时，
或者在浅海的水浪里涉水，或在冰冷的山间溪流饮水。
治愈之水的声音很多，我和他们一起歌唱。

——布赖恩·卢克·西沃德

的是在往里走。”卡尔·荣格也注意到大自然提供了一张画布，来探索心灵的风景。他经常提到在大自然中散步所带来的好处，以及沉浸于大自然中如何有益于对整体的向往；他在他的著作中发出了严重警告：当与自然的联系被切断时，将会对个人的心灵造成伤害（Jung, 2002）。

在《避难所》（*Refuge*）一书中，作者兼博物学家特里·泰姆斯特·威廉斯（Terry Tempest Williams）描述了她母亲与癌症抗争的故事（这是核试验的结果），还有 1983 年大盐湖洪水摧毁了许多野生动物的故事。威廉斯并不是唯一一个尝试将我们的生活与自然界的相似之处联系起来的人。2000 多年前，中国古代哲学家老子以自然的节奏和周期为基础，创造了一种生活哲学，他称之为“道家”，并在他的经典著作《道德经》中雄辩地描述了这一哲学。

你周围的物理环境会影响你的思想和行为吗？心理学的学生可能会对《环境心理学》杂志感兴趣。该杂志报道了自然、空间、设计和建筑对认知、记忆、注意力广度、注意力集中和行为各方面的影响。最近对自然与认知关系的调查研究包括来自密歇根大学的雷切尔·卡普兰（RachelKaplan）和史蒂芬·卡普兰（Stephen Kaplan）的研究，他们提出了注意恢复理论（attention restoration theory）。研究发现，能看到自然景观（如树木）的公寓居民与看不到自然景观的居民相比，注意力明显提高。通过更广泛的研究，卡普兰提倡与自然建立紧密的联系，作为促进心理健康的手段（Kaplan, 1995, 2001）。

专栏 27.2

问余何意栖碧山，笑而不答心自闲。
桃花流水窅然去，别有天地非人间。

——李白（中国唐代诗人）

当风吹起时，
这是我的药
当天空落雨时，
这是我的药
当天空飘雪时，
这是我的药
当雨过天晴时，
这是我的药

——美国人的祷告词

自然和独处的艺术

社会学领域的专家一致认为，现代生活不仅节奏快，而且拥挤和喧闹。花时间将自己从文明的喧嚣中分离出来，寻求安静的独处，是一剂让内心宁静的处方。在独处的时间里，一个人有机会理清混乱的思绪，并把问题放在正确的视角下思考。一个人只有尊重简单的生活原则，思绪才能变得清晰，而不是一直处在我们习以为常的人类制造的复杂性中。**独处**不同于孤立的概念。尽管许多人在电脑屏幕外就变得孤立，但与朋友和家人暂时分离的行为却绝非孤立。对于某些人来说，独处不仅能净化心灵，还会成为一种精神体验。19 世纪初英国诗人拜伦（Byron）在他的诗《孤独》（*Solitude*）中是这样描述的。

坐在山岩上，对着河水和沼泽冥想，
或者缓缓地寻觅树林荫蔽的景色，
走进那从没有脚步踏过的地方，
和人的领域以外的万物共同生活，
或者攀登绝路的、幽独奥秘的峰峦，
和那荒野中无人圈养的野兽一起，
独自倚在悬崖上，
看瀑布的飞溅

这不算孤独，这不过是和自然的美丽展开会谈，这是打开她的富藏浏览。

昼夜节律（circadian rhythms）：在 24 小时内发生或循环的生物节律（如体温），产生身体内部的生物钟，也被称为时间生物学。这些都可能受到压力的影响，会给身体带来更大的压力。
独处（solitude）：在安静的空间，远离家人、朋友和日常事务的干扰，以寻求内心平静。

灵性时刻

蜂鸟栖息在你的手指，轻轻喝手中的花蜜；在水晶蓝的水域中与一只小座头鲸一起游泳（图27.4）；发现一头麋鹿或者盯着窗帘上映射的绿色、黄色交替变换的北极光；这不仅仅是与自然的短暂连接，大家都说这是一种灵性体验。很简单，这些时刻能让你屏住呼吸。在一个充满压力的世界里，就算不以自我为中心，也容易变得眼光短浅，工作和生活中的许多责任模糊了我们关于更广阔世界的愿景。自然界的这些灵性时刻充当温馨的提醒，我们是一个更宏大的宇宙的一部分；谦卑地认识到这一点，会让我们重新审视自己的生活。为昼夜周期和季节变化的认识提供了一个切实的提醒，让我们跟随自然的流动，而不是与之对立。在一次次的调查中，人们认为有水的地方，例如海洋沙滩、湖泊和山间溪流，是大自然中最令人放松的地方。正如人体有一条能量流——经络，地球上也有一条能量流（通常位于水体中），称为莱伊线（ley lines）。尽管智慧守护者会告诉你整个星球都是神圣的，但在这颗特别有灵性的星球上发现许多能量点是很常见的，这些地方被认为有特别的精神力，有些人称之为地球上的天堂。

图 27.4 许多人认为，在大溪地茉莉亚岛的潟湖中与一只 2 周大的 3.7 米长的小座头鲸一起游泳是一种灵性体验。

赚取“自然点”

没有人会去记分数，但是将自然积分累加起来是一个好主意，可以让你的生活恢复平衡。你多久出去一次？如果你回答“每天”，但是你戴着电子设备或者全程都在用手机打电话，你就得不到自然积分（但是，用手机拍摄几张大自然的照片会让你得几分）。养狗养猫不会给你自然积分，但是如果你到外面遛狗，就会得到积分。如果你看到了（甚至可以识别）野生动物物种，你肯定会从自然中获得灵感，可以得到积分。今晚月亮在什么相位？如果你必须查看日历才能知道答案，则没有自然积分。如果你想观看流星雨或月食，这会得到很多自然积分。

保护自然的户外活动包括同时使用五种感官；它要求你在体验的瞬间完全处于当下。虽然自然积分没有官方的记分卡，但每天得到很多积分会让你成为赢家。

生态疗法的最佳应用

生态疗法的信息很明确。我们需要在大自然之中花更多时间。在树林里散步或跑步，花些时间看日落或日出，或关闭智能手机或平板电脑，晚上外出去熟悉星座、月相和偶尔的流星雨，等等。这些只是让你回归自然的几种方式。可以在你家里的后院安装一个喂鸟器。在做这些事情时，你就开始以正确的比例来分配自己的生活了。每天规划一些户外专用时间，为了重新校准你的昼夜节律，哪怕只是晒晒太阳，也与刷牙或支付账单同等重要。自然随处可见，包括城市公园种的花卉和当地的温室苗圃。找到你身边的大自然，并去了解它吧！

总　结

1. 数千年来，哲学家们宣称自然是身心灵的伟大治愈剂。
2. 生态疗法最初是一门心理学学科，通过反复接触自然来促进身心健康。
3. 自然缺失症这一术语用来解释由于人们对科技的热爱而缺乏接触大自然的情况。
4. 在大自然中度过一段时间的生理效应包括降低静息心率、血压和皮质醇，增加白细胞数量和对大脑有镇静作用的生物化学物质。
5. 与大自然的联结能使心灵和人类精神恢复平静。在比自己更强大的力量面前，个人问题显得微不足道，从而使人可以正确地看待事情。
6. 昼夜节律是基于地球自转的 24 小时周期；这些节奏会影响生理健康，包括睡眠模式和各种代谢过程。
7. 大自然会客观地影响我们（例如，提高多巴胺和 5-羟色胺的水平，降低皮质醇水平）并影响到我们的主观世界（给我们一种平静、惊奇和敬畏之感）。
8. 定期将自己暴露在自然环境中可以提高心理认知能力，包括注意力和记忆力。

学习指导题

1. 什么是生态疗法?
2. 什么是自然缺失症?
3. 什么是生物恋?
4. 列出自然对人体生理的三种影响。
5. 夹带的概念如何与生态疗法相对应?
6. 昼夜节律的紊乱如何影响健康和压力水平?
7. 解释生态疗法如何影响身心。
8. 描述独处的治愈效果。
9. 举三个例子说明你如何在目前的每周例行公事中赚取自然积分。然后描述你将在日常生活中做哪些调整，以便在将来获得更多的自然积分。

后　　记

创建你个人的压力管理计划

人们就像茶叶袋，只有放置于热水中，你才知道自己的力量。

——布鲁斯·莱恩根（Bruce Laingen）[①]

创建压力管理计划是自己的事情。既没有公式，也没有规范性指导，仅仅有一些建议。如果说成功的压力管理有一个秘诀，那么这个秘诀就是培养和运用你的内部资源。内部资源是指一些抽象的品质和特征，它们能成为跨越混乱深渊的坚实桥梁。这些内部资源包括直觉、创造力、毅力、信念、幽默感、爱、勇气、自信心和乐观，等等。

如果人们养成了这些品质，又如何使它们成为内在资源呢？问题的答案始于对成长的意识和渴望。这种渴望能够成为一种强大的、对你自己以及周围的事件和环境的知觉，而这有助于你的成长和成熟。对成长的意识和渴望是某些积极改变的催化剂。

没有哪种放松技巧能应对一切，也没有哪种应对策略适用于所有的压力情境。每种放松技巧或者应对策略都只在一定的范围内有效。介绍一系列的应对策略和放松技巧使你能从中进行选择，挑选最适合你的、保证有最大收效的策略和技术。这本书最初的目的就是：提供尽可能多的压力管理知识与方法介绍。如今，我们可以通过阅读来获得知识，这正是教育得以进行的前提。但是人们只有亲身经历过，才不会轻易忘记，因此，把本书中的内容放到实践中去，这才是真正的学习。

以下是我对建立个人压力管理计划的一些建议。

1. **养成每天都花些时间来了解自己的习惯。**无论是用普通的记录方式，还是用艺术疗法、音乐疗法或者其他的形式，请每天用大约半小时的时间来独自进行探索。要相信所花的时间是值得的，你将发现这些时间在生活中的重要性。时间管理是成功地进行压力管理的重要基础，它为个人发展分配时间。谨记：每天用于了解自己的时间长度都是固定的，当计划进行新的活动时，就要把旧的活动从日程中删除。查一下你每日的事务，看看从哪里可以挤出这半小时。如果半小时太长，就从5分钟开始并逐渐增加。记住，当你觉得你没有时间做自我探索的时候，正是你最需要做自我探索的时候。
2. **养成阅读你的情绪晴雨表的习惯。**了解你出现愤怒、沮丧、焦虑、内疚等情绪的次数。当意识到自己正在感受一种负面情绪时，问问自

① 前美国外交官。——译者注

己，是什么导致了这样的反应？为什么会出现这种情绪？什么样的举动或行为最适合解决这种情绪问题？情绪健康是一种能够感知和表达所有情绪的能力，但是也意味着能够控制这些情绪。平均来说，人们每天笑 15 次。请你务必达到这个次数。

3. **练习无条件关爱的艺术**。对于有效的压力管理来说，自尊是极其关键的，因此在设计你的压力管理计划时，应把它放在首要位置。你要关注于自己的积极品质，而不是那些消极的东西，并且要增强积极的态度。不要认为你仅仅是一个物质实体，还应欣赏自己的智慧、情感以及心灵等方面。无条件关爱能够加强自尊。问好、微笑、分享歌曲、给予积极反馈——这些都是爱的表达。当练习这些关爱行为时，我们所感受到的自尊和自爱就会加倍。
4. **培养你的创造技能**。在压力管理方法上，创造力的重要性仅次于自尊。它对问题解决有直接影响，在“休闲玩耍”时，创造力发挥着间接作用，把注意力从压力事件中转移出去。不要让以前的记忆阻碍你的创造能力。
5. **平衡所有健康成分并花时间去培养它们**。压力常常在失衡的时候出现，在生理学上，这叫作缺乏稳态平衡。但是我们的心智、情绪以及精神也同样会缺乏稳态平衡。通过学习如何刺激或降低心理敏感性，来寻找和实践达到心理稳态平衡的途径。同样也要注意你的情绪，当情绪变得强烈时，要了解它的状况。学会表达情绪，不要压抑它，但是表达的方式要恰当并具有治疗功能。照顾好你的身体，有规律地进行锻炼。保证良好的营养以及充足的睡眠。最后，通过逐步加强高层意识的成熟，来达到对精神层面的注意。有规律地练习集中、清空、打基础训练和联系。寻找并实现你生活中的目标。
6. **像个孩子一样**。孩子也像大人一样会面临压力，但他们并不知道自己在傻笑，也不知道要压抑眼泪。在被要求符合大人的期望之前，孩子们充满了好奇心、想象力和创造力。如果肯花时间，孩子的这些特点是能够重新学习的。

起初，设计和执行你的压力管理计划并不是一件容易的事，但是它也不一定会成为困难。仅仅需要一些要求、一些纪律，以及意识到你的努力是值得的。最重要的是，不要等到被大量的压力源袭击的时候才开始创建平静的生活。你可以现在就开始，每次前进一步。

以下的策略计划涉及本书之前的章节内容。当进行下列步骤时，不要让自己有过多的束缚，这样能够使你的压力管理计划尽可能地个性化。

步骤 1：确定你的压力源。 列举五个最严重的压力源（从压力最大的到压力最小的，依次列出），用一句话来说明每种压力源。这么做的目的是识别问题，这是解决问题的第一步。

1. ______________________________
2. ______________________________
3. ______________________________
4. ______________________________
5. ______________________________

步骤 2：干预。 现在，看看你在上面列举的压力源。问问你自己，哪些压力源引起的是恐惧，并在这些压力源旁边做出标记“F”。接着，看看哪些压力源会激起愤怒的感觉（记住，愤怒有多种表达方式，包括急躁、生气和敌意），在这些压力源旁标记“A”。如果有一个或者多于一个的项目被同时标记了“F”和“A”，也没有关系。记住，在你确定了与问题相关的潜在情绪之后，处理和解决问题就会变得更容易。

步骤 3：整合。 压力影响着我们的各个方面，包括思想、情绪、身体和精神。

- **思想**：你是否对自己的问题感到不知所措或厌烦？如果你觉得不知所措，就意味着你的思想中有太多的东西，需要删除一些。如果你觉得厌烦，表示你的刺激阈限还没达到，你也许要考虑改变或增加一些东西来达到思想的平衡。心理健康也包括态度和感知觉。

  描述一件能让你找到心理平衡的事件：

  ____

  ____

- **情绪**：尽管压力所引起的情绪范围相当广，但每种情绪都有一些恐惧或愤怒的成分。问问自己感觉到的是什么。如果你发现压力感占据了多于 50% 的时间，那就暗示着你的情绪处于不平衡状态。

描述一件能让你达到情绪平衡的事件：________

____

- **身体**：正如你从本书中学到的，压力能够并且必将影响身体健康。你有什么健康问题与压力有关吗？

  描述一件能让你达到身体平衡的事件：________

  ____

- **精神**：看一看你目前的压力源列表。有多少压力源涉及关系、价值观（或价值观冲突）和人生目的。精神的平衡能够通过很多方法获得，从独自冥想到团队支持都有作用。

  描述一件能让你获得精神平衡的事件：________

  ____

  自尊是精神健康的一个方面。低自尊会使一个小小的不顺心的事发展为炼狱般的一天。

  列举一件能够让你提高自尊的事情：________

  ____

步骤 4：你个人的压力管理策略。 应对技巧都是心理和情绪上的技巧，它们可以帮助你把受威胁感觉转变为不受威胁的感觉。幽默、重构、时间管理、创造力、社会统筹只是应对技巧的一些例子。

看看你在步骤 1 中完成的压力源列表。尝试为每种压力源配上至少三种有效的应对技巧。

现在可以利用的技巧：

1. ________________________________
2. ________________________________
3. ________________________________
4. ________________________________
5. ________________________________
6. ________________________________

你可能会加入的技巧：

1. ________________________________
2. ________________________________
3. ________________________________
4. ________________________________
5. ________________________________
6. ________________________________

放松技巧包括了任何能使你恢复平静与安宁的活动。

你现在使用的技巧：

1. ________________________________
2. ________________________________
3. ________________________________
4. ________________________________
5. ________________________________
6. ________________________________

你可能会加入的技巧：

1. ________________________________
2. ________________________________
3. ________________________________
4. ________________________________
5. ________________________________
6. ________________________________

时间管理对压力管理策略的有效实施具有非常巨大的作用，特别是对放松技巧。这里有一个重要的问题问你自己：我怎么才能找出一整块时间（15 ～ 30 分钟），舒服地、放松地坐着或躺着？

参考文献*

第一部分　压力的概述

第 1 章　压力的本质

Allen, R. *Human Stress: Its Nature and Control*. Burgess Press, Minneapolis, MN, 1983.

Alter, A. *Irresistible: The Rise of Addictive Technology and the Business of Keeping Us Hooked.* Penguin Press, New York, 2017.

American Cancer Society. *Cancer Facts & Figures 2007*. www. cancer. org/downloads/STT/CAFF2007PWSecured. pdf.

American Institute of Stress (AIS). *Homepage*.

American Psychological Association. Stress in America: Paying with Our Health. February 4, 2015.

American Psychological Association. Stress in America: The Impact of Discrimination. March 10, 2016.

Anxiety Disorders Association of America (ADAA).

Austin, J. Why Patients Use Alternative Medicine, JAMA 279:1548–1553, 1998.

Barrow, B. Stress Is Top Cause of Workplace Sickness and So Widespread It's Dubbed the Black Death of the 21st Century. Mail Online. October 5, 2011.

Becker, D. *One Nation Under Stress*. Oxford University Press, New York, 2013.

Beckford, M. Working Nine to Five Is Becoming a Thing of the Past, *Daily Telegraph*, May 4, 2007.

Cannon, W. *The Wisdom of the Body.* W. W. Norton, New York, 1963.

Carpi, J. Stress... It's Worse Than You Think, *Psychology Today* 29(1):34–41, 74–76, 1996.

Chopra, D. Personal conversation, June 22, 2000.

Comarow, A. Embracing Alternative Care, U. S. *News & World Report*, 31–40, January 2008.

Condon, G. Futurists Say World Is at Turning Point. *Chicago Tribune* (Section 5), April 9, 2003.

Cryer, B., McCraty, R., and Childre, D. Pulling the Plug on Stress. *Harvard Business Review*, *81*(7):102–107, 2003.

Damasio, A. *Descartes' Error*. HarperCollins, New York, 2006.

Dawson, P. *Sleep and Adolescents*. 2005.

Dossey, L. Personal conversation, July 30, 2004.

Dossey, L. *Reinventing Medicine*. Harper, New York, 1999.

Dossey, L. *Space, Time, and Medicine*. Bantam New Age Books, New York, 1982.

Eisenberg, D., et al. Unconventional Medicine in the United States, *New England Journal of Medicine*, 328:246–252, 1993.

Eisenberg, D., et al. Trends in Alternative Medicine Use in the United States, 1990–1997: Results of a Follow-up National Survey, JAMA, 280:1569–1575, 1998.

Expedia. com. 2012 *International Vacation Deprivation Survey Results*. 2012.

Ferri, J. Millennials: The Most Stressed-Out Generation in America. Yahoo! February 8, 2013.

Gerber, R. *Vibrational Medicine*, 3rd ed. Bear and Company, Inner Traditions, 2001.

Giradano, D., Everly, G., and Dusek, D. *Controlling Stress and Tension, A Holistic Approach*, 9th ed. Addison-Wesley, Boston, 2012. Greenberg, J. Comprehensive Stress Management, 13th ed. McGraw-Hill Humanities, New York, 2012.

* 为了环保，也为了节省您的购书开支，本书参考文献不在此一一列出。如果您需要完整的参考文献，请通过电子邮箱 1012305542@qq.com 联系下载，或者登录 www.wqedu.com 下载。您在下载中遇到问题，可拨打 010-65181109 咨询。

Hettler, W. *The Six Dimensional Wellness Model*. The National Wellness Institute.

Holmes, T. H., and Rahe, R. The Social Readjustment Rating Scale, *Journal of Psychosomatic Research*, 11:213–218, 1967.

Huffington, A. *The Sleep Revolution*. Harmony Books. New York, 2016.

Kanner, A., et al. Comparison of Two Modes of Stress Management: Daily Hassles and Uplifts versus Major Life Events, *Journal of Behavioral Medicine* 4(1):1–37, 1981.

Kaplan, A., ed. *Health Promotion and Chronic Illness*. World Health Organization, Geneva, 1992.

King, S. K. Removing Distress to Reveal Health. In R. Carlson and B. Shield (eds.), *Healers on Healing*, Jeremy Tarcher Inc., Los Angeles, 1989.

Krugman, M. *The Insomnia Solution*. Grand Central Publishing, New York, 2005.

Kübler-Ross, E. Keynote Address, American Holistic Health Association Annual Conference, Lacrosse, WI, 1981.

Kuhn, T. *The Structure of Scientific Revolutions*. University of Chicago Press, Chicago, 2012.

Lazarus, R. Puzzles in the Study of Daily Hassles, *Journal of Behavioral Medicine* 7:375–389, 1984.

Lazarus, R., and DeLongis, A. Psychological Stress, and Coping in Aging, *American Psychologist* 38:245–254, 1983.

Levine, P. A. *Waking the Tiger: Healing Trauma*. North Atlantic Books, Berkeley, CA, 1997.

Levy, S. Facebook Grows Up, *Newsweek*, August 20, 2007: 41–46.

Lippmann, S., Mazour, I., and Shahab, H. Insomnia: Therapeutic Approach, *Southern Medical Journal* 94:866–873, 2001.

Luskin, F., and Pelletier, K. *Stress Free for Good: 10 Scientifically Proven Life Skills for Health and Happiness*. HarperOne, New York, 2005.

Maas, J. *Power Sleep*. Quill Books, New York, 2001.

Manning, G., Curtis, K., and McMillian, S. *Stress: Living and Working in a Changing World*. Whole Persons Associates, Duluth, MN, 2011.

Markes, J. *Time Out, U. S. News and World Report* 119 (23): 84–96, 1995.

Mayo Clinic. *Post-traumatic Stress Disorder*.

McGonigal, K. *The Upside of Stress: Why Stress Is Good for You, and How to Get Good at It*. Penguin Random House, New York, 2013.

Meyer, A. *The Common Sense Psychiatry of Dr. Adolf Meyer: Fifty-Two Selected Papers*. Ayer, Salem, NH, 1948.

Mitchum Report on Stress in the '90s. Research and Forecast Inc., New York, 1990.

Moyers, B. *Healing and the Mind*. Doubleday, New York, 1993.

Moyers, B. *Healing and the Mind*. Public Broadcasting System, 1993.

National Public Radio. Stressed-Out. 2014.

Neu, S. Warderburg Health Center. University of Colorado, Boulder, CO. Personal conversation, March 2, 2013.

Ornstein, R., and Sobel, D. *Healthy Pleasures*. Addison-Wesley, Reading, MA, 1990.

Pelletier, K. *Mind as Healer, Mind as Slayer*, 2nd ed. Dell, New York, 2011.

Perman, C. Argggh! American Workers are at a breaking point. April 9, 2013.

Rahe, R., et al. Simplified Scaling for Life Events, Journal of Human Stress 6:22–27, 1980.